Eléments de logique, sommes et récurrences
(ou comment bien démarrer)

01

RÉPARTITION DES EXERCICES

I. ÉNONCÉS DES EXERCICES

1.01 Montrer que : $\forall\,(x,y) \in \mathbb{R}^2, ||x| - |y|| \leqslant |x-y|$.

◇

1.02 Montrer que, a et b étant deux réels quelconques : $a \neq b \implies a^3+a \neq b^3+b$.

◇

1.03 Montrer que : $\forall\, x \in \mathbb{R}_+^*, x + \dfrac{1}{x} \geqslant 2$.

◇

1.04 Soit x un nombre réel.

1°) Montrer que : $10^{-4} < |x| < 10^{-3} \implies \dfrac{1}{x} > 10^3$ ou $\dfrac{1}{x} < 10^{-4}$.

2°) Montrer que pour que l'on ait $|x^2+2x-3| < 1$ il suffit que l'on ait $|x-1| < \dfrac{1}{5}$.

3°) Montrer que pour que l'on ait $|x^2+2x-3| < 1$ il faut que l'on ait $x < 2$.

4°) Résoudre l'inéquation : $|x^2+2x-3| < 1$.

◇

1.05 Les propositions suivantes sont-elles vraies ?

a) $\forall\, x \in \mathbb{R}, \exists\, y \in \mathbb{R}, x+2y = 0$.

b) $\exists\, y \in \mathbb{R}, \forall\, x \in \mathbb{R}, x+2y = 0$

◇

1.06 Soit $I =]-1,1[$. Montrer que si $x \in I$ et $y \in I$ alors $\dfrac{x+y}{1+xy} \in I$.

La réciproque est-elle vraie ?

◇

1.07 Montrer que : $\forall\,(a,b)\in\mathbb{R}^2$:

$$\max(a,b)=\frac{1}{2}(a+b+|a-b|) \text{ et } \min(a,b)=\frac{1}{2}(a+b-|a-b|).$$

◇

1.08 Soient $P(x)$ et $Q(x)$ des énoncés portant sur les éléments d'un ensemble E. Dans chaque cas, laquelle des deux propositions entraîne l'autre ?

a) $[\forall\,x\in E,(P(x) \text{ ou } Q(x))]$ et $[(\forall\,x\in E,P(x)) \text{ ou } (\forall\,x\in E,Q(x))]$.

b) $[\exists\,x\in E,P(x) \text{ et } Q(x)]$ et $[(\exists\,x\in E,P(x)) \text{ et } (\exists\,x\in E,Q(x))]$.

◇

1.09 **1°)** Soit n un entier donné, $n\geqslant 3$, montrer que si n est un nombre premier alors n est un nombre impair.

2°) Pour tout entier naturel n, montrer que si n^2 et pair alors n est pair.

◇

1.10 **1°)** Donner une condition nécessaire sur x réel pour que $x^2<3$.

2°) Donner une condition suffisante sur x réel pour que $x^2<3$.

◇

1.11 **1°)** Montrer que : $\forall\,x\in\mathbb{R},\mathrm{e}^x\geqslant x+1$.

2°) En déduire que : $\forall\,n\in\mathbb{N}^*,\forall\,t\in[0,\sqrt{n}],\mathrm{e}^{t^2}\left(1-\frac{t^2}{n}\right)^n\leqslant 1$.

◇

1.12 Résoudre l'inéquation : $x-1\leqslant\sqrt{x+2}$.

◇

1.13 **1°)** Résoudre dans $\mathbb{R}$, et dans $[0,2\pi[$, l'équation : $\sin x+\dfrac{1}{4\cos x}=0$.

2°) Résoudre dans $\mathbb{R}$, et dans $[0,2\pi[$, l'équation : $\sin x+\dfrac{\cos 2x}{2\cos x}=0$.

◇

1.14 Résoudre dans $\mathbb{R}$:
1°) $|4x+5|=|3-x|$; **2°)** $|x-4|\leqslant 2x+1$.

◇

1.15 Montrer que : $\forall\,n\in\mathbb{N},n<2^n$.

◇

1.16 On considére la suite de Fibonacci $(u_n)_{n\in\mathbb{N}}$ définie par :

$$u_0=0,\,u_1=1 \text{ et } \forall\,n\in\mathbb{N},u_{n+2}=u_{n+1}+u_n$$

et on pose $\alpha=\frac{1}{2}(1+\sqrt{5})$.

1°) Montrer que : $\forall\,n\geqslant 1,\alpha^{n-2}\leqslant u_n\leqslant\alpha^{n-1}$.

2°) Vérifier que : $\forall n \in \mathbb{N}, (n \geqslant 4 \implies n^2\alpha > (n+1)^2)$.

3°) Vérifier que : $\forall n \in \mathbb{N}, (n \geqslant 13 \implies \alpha^{n-2} > n^2)$.

4°) En déduire l'ensemble des entiers naturels n tels que $u_n = n^2$.

◇

1.17 **1°)** Calculer pour $n \in \mathbb{N}$, $\sum\limits_{i=0}^{n} 3^{-i}$.

2°) Calculer pour $k \in \mathbb{N}^*$ et $a \in \mathbb{R}^*$, $\sum\limits_{j=1}^{k} \dfrac{a^{k-j}}{2^j}$.

3°) Calculer pour $n \in \mathbb{N}^*$, $\prod\limits_{i=1}^{n} \dfrac{\sqrt{i}}{2^i}$.

◇

1.18 Montrer que : $\prod\limits_{k=1}^{n} (2k+1) = \dfrac{(2n+1)!}{2^n n!}$.

◇

1.19 On considère la suite u définie par : $u_0 = 2$ et $\forall n \in \mathbb{N}, u_{n+1} = \sqrt{\prod\limits_{k=0}^{n} u_k}$.

Montrer que : $\forall n \in \mathbb{N}, u_n > 1$.

◇

1.20 Calculer les sommes suivantes :

a) $A_n = \sum\limits_{0 \leq i \leq j \leq n} \dfrac{i}{j+1}$.

b) $B_n = \sum\limits_{k=1}^{n-1} (\dfrac{5}{k} - \dfrac{3}{k+2} - \dfrac{2}{k+3})$, pour $n \geqslant 5$ et déterminer $\lim\limits_{n \to +\infty} B_n$.

c) $C_n = \sum\limits_{k=1}^{n} \ln\left(\dfrac{k^3}{(k+1)^2(k+2)}\right)$.

◇

1.21 Soient $x \in \mathbb{R}$ et $n \in \mathbb{N}^*$, on pose $C_n = \sum\limits_{k=1}^{n} \cos((2k-1)x)$.

a) Montrer que : $\forall (a,b) \in \mathbb{R}^2, \sin a \cos b = \dfrac{1}{2}[\sin(a+b) + \sin(a-b)]$.

b) Transformer en des sommes les expressions :
$A_n = \sin x \cos((2n+1)x)$ et $B_n = \sin(nx)\cos(nx)$.

c) Montrer que : $(\sin x) C_n = \dfrac{1}{2} \sin(2nx)$

d) En déduire que : $\forall n \in \mathbb{N}^*, \forall x \in \mathbb{R} \setminus \pi\mathbb{Z}, C_n = \cos(nx)\dfrac{\sin(nx)}{\sin x}$.

◇

1.22 **1°)** Montrer que pour tout réel x, on a : $\cos(3x) = (2\cos(2x) - 1)\cos x$.

2°) Pour tout entier naturel n, non nul, on pose :

$S_n(\theta) = \sum\limits_{k=1}^{n} \ln(2\cos(\dfrac{\theta}{3^k}) - 1)$, où $\theta \in]-\dfrac{\pi}{3}, \dfrac{\pi}{3}[$.

a) Montrer que : $\forall\,\theta \in \left]-\frac{\pi}{3}, \frac{\pi}{3}\right[, \forall\,k \in [\![1,n]\!], 2\cos(\frac{\theta}{3^k}) - 1 > 0$.
En déduire l'existence de $S_n(\theta)$.

b) En utilisant la question **1°**), montrer que :

$$S_n(\theta) = \ln[\cos(\frac{\theta}{2})] - \ln[\cos(\frac{\theta}{2.3^n})].$$

c) En déduire, en fonction de θ, la valeur de $\lim\limits_{n\to+\infty} S_n(\theta)$.

◇

1.23 **1°**) Démontrer que : $\forall\,x \in \left]0, \frac{1}{2}\right[, 1 + \frac{x}{2} < \frac{1}{\sqrt{1-x}} < 1 + x$.

2°) On considère la fonction $f : x \mapsto \dfrac{x^2}{\sqrt{x^2-1}}$ et on note E son ensemble de définition.

a) Déterminer E et montrer que la fonction f est paire.

b) Etudier les variations de f et calculer la limite de f en 1 à droite et en $+\infty$. Dresser alors le tableau des variations de f.

c) Montrer que : $x > \sqrt{2} \implies 0 < \frac{1}{x^2} < \frac{1}{2}$ et en utilisant la question **1°**), montrer que : $\forall\,x > \sqrt{2}, x + \frac{1}{2x} < f(x) < x + \frac{1}{x}$.

3°) On considère la suite $(S_n)_{n\geq 2}$ définie par : $\forall\,n \geqslant 2, S_n = \frac{1}{n^3}\sum\limits_{i=2}^{n} f(i^2)$ et on se propose dans cette question d'étudier la convergence de cette suite.

a) Rappeler la valeur de $\sum\limits_{i=1}^{n} i^2$, pour $n \in \mathbb{N}^*$.

b) Calculer pour $n \geqslant 2$, la somme $T_n = \sum\limits_{k=2}^{n}(\frac{1}{k-1} - \frac{1}{k})$.

c) Montrer que : $\forall\,k \geqslant 2, \frac{1}{k} - \frac{1}{k+1} < \frac{1}{k^2} < \frac{1}{k-1} - \frac{1}{k}$ et en déduire que :

$$\frac{1}{2} - \frac{1}{n+1} < \sum_{k=2}^{n}\frac{1}{k^2} < 1 - \frac{1}{n}.$$

4°) En utilisant la question **2°**) **c)**, déterminer deux suites $(u_n)_{n\geq 1}$ et $(v_n)_{n\geq 1}$ telles que :

$\forall\,n \geqslant 2, u_n \leqslant S_n \leqslant v_n$ et déterminer $\lim\limits_{n\to+\infty} u_n$ et $\lim\limits_{n\to+\infty} v_n$.

En déduire que la suite $(S_n)_{n\geq 2}$ converge vers un réel que l'on déterminera.

II. INDICATIONS

1) Rappels des principales méthodes d'étude

❑ Eléments de logique

Soient P et Q deux propositions.

$\star$ Utiliser dans un raisonnement une **hypothèse** de la forme « P et Q » revient à utiliser les deux propositions P et Q qui sont supposées vraies simultanément.

$\star$ **Prouver** une proposition de la forme « P et Q », c'est montrer que cet assemblage est une proposition vraie. Il faut donc montrer que les deux propositions P et Q sont vraies. Après avoir prouvé, par exemple, P, on peut utiliser le résultat obtenu pour démontrer Q : il faut donc réfléchir à l'ordre dans lequel on montre les deux propositions.

$\star$ Utiliser dans un raisonnement une **hypothèse** de la forme « P ou Q » revient à raisonner en deux temps : dans un premier temps on suppose que P est vraie. On part alors de P pour mener à bien la preuve. Dans un second temps on suppose que P est fausse et comme « P ou Q » est supposée vraie, Q est vraie. On exploite alors le fait que P est fausse et Q vraie pour raisonner et conclure.

$\star$ Pour **prouver** une proposition de la forme « P ou Q », soit on prouve que P est vraie, le résultat à démontrer est alors acquis puisqu'alors « P ou Q » est vraie, soit on suppose que P est fausse et on prouve alors que Q est vraie.

$\star$ **Prouver** l'implication « $P \implies Q$ », c'est montrer que la proposition $P \implies Q$ est vraie, c'est-à-dire que si P est vraie, alors Q est vraie.
Ainsi dans tout cet ouvrage « on a $P \implies Q$ » est un raccourci pour dire « $P \implies Q$ est une proposition vraie ».
On peut aussi raisonner par **contraposée**, car démontrer que « $P \implies Q$ » est vraie est équivalent à démontrer que l'implication « non $Q \implies$ non P » est vraie. Par conséquent on suppose que Q est fausse et on en déduit que P est fausse.
$\star$ **Prouver** l'équivalence « $P \iff Q$ » revient à prouver les deux implications : $P \implies Q$ et $Q \implies P$. Les débutants ont intérêt à procéder selon ces deux étapes, car vouloir procéder par équivalences est souvent source d'erreurs logiques.

❏ **Sommes.**

$\star$ $\sum\limits_{k=1}^{n} k = \dfrac{n(n+1)}{2}$; $\sum\limits_{k=1}^{n} k^2 = \dfrac{n(n+1)(2n+1)}{6}$; $\sum\limits_{k=1}^{n} k^3 = \left(\dfrac{n(n+1)}{2}\right)^2$.

$\star$ Si $q \neq 1$, $\sum\limits_{k=0}^{n} q^k = \dfrac{1-q^{n+1}}{1-q}$ et si $q = 1$, $\sum\limits_{k=0}^{n} q^k = n+1$.

$\star$ Pour tous nombres réels ou complexes : $\sum\limits_{k=0}^{n} (\lambda u_k + v_k) = \lambda \sum\limits_{k=0}^{n} u_k + \sum\limits_{k=1}^{n} v_k$.

$\star$ Par associativité de l'addition, on a pour p et n entiers tels que $0 \leqslant p < n$, et tous nombres réels ou complexes : $\sum\limits_{k=0}^{n} u_k = \sum\limits_{k=0}^{p} u_k + \sum\limits_{k=p+1}^{n} u_k$.

$\star$ Par **télescopage** on a pour tous nombres réels ou complexes :

$$\sum_{k=0}^{n} (u_{k+1} - u_k) = u_{n+1} - u_0$$

$\star$ Pour tous nombres réels ou complexes, on a :

$$\sum_{i=1}^{n} \sum_{j=1}^{q} u_{i,j} = \sum_{j=1}^{q} \sum_{i=1}^{n} u_{i,j}$$

Ces sommes étant aussi notées $\sum\limits_{\substack{1 \leq i \leq n \\ 1 \leq j \leq p}} u_{i,j}$.

⋆ En revanche $\sum_{i=1}^{n}\sum_{j=1}^{i} u_{i,j} = \sum_{j=1}^{n}\sum_{i=j}^{n} u_{i,j}$

Ces sommes étant aussi notées $\sum_{1\leq j\leq i\leq n} u_{i,j}$.

❑ **Produits.**

⋆ $\prod_{k=1}^{n} k = n!$; $\prod_{k=1}^{n} i = i^n$.

⋆ Si, pour tout indice k, $u_k \in \mathbb{R}_+^*$, alors $\ln(\prod_{k=1}^{n} u_k) = \sum_{k=1}^{n} \ln(u_k)$.

⋆ Pour tous nombres réels ou complexes :

$$\prod_{k=1}^{n} (\lambda u_k) = \lambda^n \prod_{k=1}^{n} u_k \ ; \ \prod_{k=1}^{n} (u_k v_k) = (\prod_{k=1}^{n} u_k)\times(\prod_{k=1}^{n} v_k)$$

---

2) Indications spécifiques à chaque exercice

1.01. On peut utiliser, pour $b \geqslant 0$: $|a| \leqslant b \iff (a \leqslant b$ et $-a \leqslant b)$.

1.02. Raisonner par contraposée.

1.04. Il faut prouver en **2)** que l'on a : $|x-1| < \frac{1}{5} \implies |x^2+2x-3| < 1$ et en **3)** que l'on a : $|x^2+2x-3| < 1 \implies x < 2$.

1.07. Etudier deux cas en comparant a et b.

1.08. Pour prouver qu'une implication n'est pas vraie, trouver un «contre-exemple».

1.11. Faire l'étude des variations de la fonction $f : x \mapsto \mathrm{e}^x - x - 1$.

1.12. Faire attention au signe de $x-1$.

1.13. Pour **1)** utiliser l'égalité $\sin 2x = 2\sin x\cos x$ et pour **2)** on peut se ramener à une équation du type $a\cos 2x + b\sin 2x = 0$, à mettre sous la forme $\cos(2x-\varphi) = 0$.

1.15. Raisonner par récurrence.

1.16. 1) Faire un raisonnement par récurrence sur 2 rangs et remarquer que $1+\alpha = \alpha^2$.
4) Par condition nécessaire limiter d'abord les valeurs de n à considérer.

1.17. Attention au cas $a = 1/2$.

1.18. Faire apparaître au numérateur $(2n+1)!$.

1.20. a) Sommer d'abord sur i, puis sur j.

1.22. On peut commencer en écrivant $\cos(3x) = \cos(2x+x)$ et en développant.

III. CORRIGÉS DÉTAILLÉS DES EXERCICES

Corrigé 1.01

⋆ On utilise l'inégalité triangulaire de façon astucieuse :
$x = (x-y)+y \implies |x| = |(x-y)+y| \leqslant |x-y| + |y|$, donc :

$$|x| - |y| \leqslant |x-y|$$

⋆ Comme x et y jouent des rôles similaires, on a aussi :

$$|y| - |x| \leqslant |y-x| = |x-y|$$

Avec $a = |x|-|y|$, on a donc $a \leqslant |x-y|$ et $-a \leqslant |x-y|$, comme $|a|$ est l'un des nombres a ou $-a$, on a par conséquent $|a| \leqslant |x-y|$, soit :

$$\boxed{\forall (x,y) \in \mathbb{R}^2, ||x| - |y|| \leqslant |x-y|}$$

Corrigé 1.02

On raisonne par contraposée. Montrons donc que :

$$\forall (a,b) \in \mathbb{R}^2, a^3 + a = b^3 + b \implies a = b$$

Supposons donc que $a^3 + a = b^3 + b$, on a : $a^3 - b^3 + a - b = 0$, soit : $(a-b)(a^2 + ab + b^2) + (a-b) = 0$, ou encore :

$$(a-b)(a^2 + ab + b^2 + 1) = 0 \quad (*)$$

Or $a^2 + ab + b^2 + 1 = (a + \frac{1}{2}b)^2 + \frac{3}{4}b^2 + 1 > 0$, on déduit donc de $(*)$, l'égalité $a - b = 0$, soit $a = b$.
Ainsi, par contraposée :

$$\boxed{\forall (a,b) \in \mathbb{R}^2, a \neq b \implies a^3 + a \neq b^3 + b}$$

Corrigé 1.03

$x + \dfrac{1}{x} \geqslant 2 \iff x - 2 + \dfrac{1}{x} \geqslant 0 \iff \dfrac{x^2 - 2x + 1}{x} \geqslant 0 \iff \dfrac{(x-1)^2}{x} \geqslant 0$
La dernière inégalité est vraie pour $x > 0$, donc la première également, soit :

$$\boxed{\forall x \in \mathbb{R}_+^*, x + \frac{1}{x} \geqslant 2}$$

Corrigé 1.04

1°) Par hypothèse $(10^{-4} < x < 10^{-3})$ ou $(10^{-4} < -x < 10^{-3})$, donc par décroissance de la fonction inverse sur $\mathbb{R}_+^*$, il vient :

$$(10^3 < \frac{1}{x} < 10^4) \text{ ou } (10^3 < -\frac{1}{x} < 10^4)$$

De la première proposition on déduit : $10^3 < \dfrac{1}{x}$. En multipliant par -1 les membres de la seconde proposition on a : $-10^4 < \dfrac{1}{x} < -10^3$ donc $\dfrac{1}{x} < -10^3 < 10^{-4}$. D'où le résultat.

2°) Il s'agit de montrer l'implication : $|x-1| < \dfrac{1}{5} \implies |x^2 + 2x - 3| < 1$.
Remarquons que $x^2 + 2x - 3 = (x-1)(x+3)$.
Par hypothèse : $-\dfrac{1}{5} < x - 1 < \dfrac{1}{5}$, soit $\dfrac{4}{5} < x < \dfrac{6}{5}$, donc $\dfrac{19}{5} < x + 3 < \dfrac{21}{5}$ et ainsi $|x+3| < \dfrac{21}{5}$.
En multipliant membre à membre les inégalités obtenues pour encadrer $|x-1|$ et $|x+3|$ il vient : $|x^2 + 2x - 3| < \dfrac{1}{5} \times \dfrac{21}{5} < 1$. D'où le résultat souhaité.

3°) Il s'agit de montrer l'implication : $|x^2 + 2x - 3| < 1 \implies x < 2$, soit encore en raisonnant avec la contraposée, que :

$$x \geqslant 2 \implies |x^2 + 2x - 3| \geqslant 1$$

Par hypothèse, on a : $x \geqslant 2$ donc $x - 1 \geqslant 1$ et $x + 3 \geqslant 5$ et par produit il vient : $x^2 + 2x - 3 \geqslant 5 > 1$, donc on a bien $|x^2 + 2x - 3| \geqslant 1$.

4°) Résoudre $|x^2 + 2x - 3| < 1$, est équivalent à résoudre : $-1 < x^2 + 2x - 3 < 1$, soit encore : $(x^2 + 2x - 4 < 0)$ et $(0 < x^2 + 2x - 2)$.

⋆ Les racines de $x^2+2x-4=0$ sont $-\sqrt{5}-1$ et $\sqrt{5}-1$. L'ensemble des solutions de l'inéquation $x^2+2x-4<0$ est donc

$$S_1 =]-\sqrt{5}-1, \sqrt{5}-1[$$

⋆ Les racines de $x^2+2x-2=0$ sont $-\sqrt{3}-1$ et $\sqrt{3}-1$. L'ensemble des solutions de l'inéquation $x^2+2x-2>0$ est donc $S_2 =]-\infty, -\sqrt{3}-1[\cup]\sqrt{3}-1, +\infty[$.

[On rappelle que si l'équation $ax^2+bx+c=0$ a deux racines réelles, alors le trinôme est du signe de a à l'extérieur des racines et du signe contraire entre les racines.]

Ainsi l'ensemble des solutions de l'inéquation $|x^2+2x-3|<1$ est :

$$\boxed{S = S_1 \cap S_2 =]-\sqrt{5}-1, -\sqrt{3}-1[\cup]\sqrt{3}-1, \sqrt{5}-1[}$$

Corrigé 1.05

a) Cette première propriété signifie que pour tout réel x, il existe un réel y qui en fait vaut $-2x$. Cette proposition est donc manifestement vraie.

b) Par contre la seconde proposition est fausse : si elle était vraie, elle traduirait qu'il existe un réel y, indépendant de x, tel que quel que soit le réel x on ait $x+2y=0$. Pour y donné , si on choisit par exemple $x=1-2y$, alors $x+2y=1\neq 0$. D'où l'impossibilité de trouver y convenant et le résultat.

Corrigé 1.06

⋆ Si on suppose $x \in I$ et $y \in I$, alors $|x|<1$ et $|y|<1$, donc $|xy|<1$ et en particulier $xy>-1$, donc $1+xy>0$.
On a alors :

$$\begin{aligned}\frac{x+y}{1+xy} \in I &\iff -1 < \frac{x+y}{1+xy} < 1 \iff -(1+xy) < x+y < 1+xy \\ &\iff (x+y+xy+1>0 \text{ et } xy-x-y+1>0) \\ &\iff ((1+x)(1+y)>0 \text{ et } (1-x)(1-y)>0)\end{aligned}$$

Comme $-1<x$ et $-1<y$, on a bien $(1+x)(1+y)>0$ et de même comme $1>x$ et $1>y$, on a également $(1-x)(1-y)>0$. Ainsi la dernière proposition est vraie et il en est de même de la première :

$$\boxed{(x,y)\in I^2 \implies \frac{x+y}{1+xy} \in I}$$

⋆ Il suffit de prendre $x=3$, $y=4$ pour remarquer que $\dfrac{x+y}{1+xy} = \dfrac{7}{13} \in I$, alors que $x \notin I$. La réciproque est donc fausse.

Corrigé 1.07

Les réels a et b sont comparables et deux cas se présentent :

⋆ Si $a \leqslant b$, alors $|a-b| = b-a$, $\max(a,b)=b$ et

$$\frac{1}{2}(a+b+|a-b|) = \frac{1}{2}(a+b+b-a) = b = \max(a,b)$$

d'où l'égalité voulue.

De même $\min(a, b) = a$ et $\frac{1}{2}(a+b-|a-b|) = \frac{1}{2}(a+b-b+a) = a$, on obtient ici aussi le résultat voulu.

$\star$ Si $b < a$, en permutant les rôles de a et b, on écrit :

$$\max(a, b) = \max(b, a) = \frac{1}{2}(b + a + |b - a|) = \frac{1}{2}(a + b + |a - b|)$$
$$\min(a, b) = \min(b, a) = \frac{1}{2}(b + a - |b - a|) = \frac{1}{2}(a + b - |a - b|)$$

On obtient donc bien les mêmes résultats.

$$\boxed{\forall\, a, b \in \mathbb{R}, \max(a, b) = \frac{1}{2}(a + b + |a - b|), \min(a, b) = \frac{1}{2}(a + b - |a - b|)}$$

Corrigé 1.08

a) Supposons que l'on ait la proposition $[(\forall\, x \in E, P(x))$ ou $(\forall\, x \in E, Q(x))]$. cela signifie que pour tout élément x de E on a $P(x)$ vraie ou que pour tout élément x de E on a $Q(x)$ vraie, ainsi pour tout élément x de E, on a $[P(x)$ ou $Q(x)]$ vraie. On a donc l'implication :

$$[(\forall\, x \in E, P(x)) \text{ ou } (\forall\, x \in E,\ Q(x))] \implies [\forall\, x \in E, (P(x) \text{ ou } Q(x))]$$

Par contre la réciproque est fausse, en effet considérons $E = \mathbb{N}$, et les deux propriétés $P(n)$: n est pair et $Q(n)$: n est impair. Comme tout entier est soit pair soit impair, la proposition : $[\forall\, n \in E, (P(n)$ ou $Q(n))]$ est vraie par contre la proposition $[(\forall\, n \in E, P(x))$ ou $\forall\, n \in E, Q(n))]$ qui signifie que tous les entiers sont pairs ou que tous les entiers sont impairs est manifestement fausse.

b) Supposons que $[\exists\, x \in E, P(x)$ et $Q(x)]$ soit vraie. Cela signifie qu'il existe un élément $x_0 \in E$ pour lequel les propriétés $P(x_0)$ et $Q(x_0)$ sont toutes les deux vraies.

Ainsi on a trouvé un élément x de E pour lequel la propriété $P(x)$ est vraie et on a trouvé un élément (ici c'est le même) x de E pour lequel la propriété $Q(x)$ est vraie. On a donc l'implication :

$$\boxed{[\,\exists\, x \in E, P(x) \text{ et } Q(x)] \implies [\,(\exists\, x \in E, P(x)) \text{ et } \exists\, x \in E, Q(x))]}$$

Par contre la réciproque est fausse, il suffit de considérer les deux propriétés précédentes : on peut trouver un entier pair, on peut trouver un entier impair, mais trouver un entier à la fois pair et impair ... !

Corrigé 1.09

1°) On raisonne par contraposée. Supposons donc que n ne soit pas impair, alors n est pair et il existe $p \in \mathbb{N}$ tel que $n = 2p$.

Or comme $n \geqslant 3$, nécessairement $p \geqslant 2$, ainsi $n \geqslant 4$ et admet 2 pour diviseur différent de 1 et n : il n'est pas premier.

Ainsi : $\forall\, n \in \mathbb{N}, n \geqslant 3$, si n est un nombre premier alors n est un nombre impair.

2°) On raisonne comme précédemment et on suppose que n n'est pas pair, il est donc impair, d'où $n = 2p+1, p \in \mathbb{N}$. Ainsi $n^2 = 4p^2+4p+1 = 1+2(2p^2+2p)$. Comme $2p^2 + 2p$ est un nombre entier, n^2 est un nombre entier impair (de la même façon tout produit de nombres impairs est impair).

Ainsi : $\forall\, n \in \mathbb{N}$, si n^2 est pair alors n est pair.

Corrigé 1.10

On a $x^2 < 3$ si et seulement si $-\sqrt{3} < x < \sqrt{3}$. Par conséquent :

1°) Si $x^2 < 3$ alors par exemple $x^2 < 4$ donc $x \in]-2, 2[$. La condition $x \in]-2, 2[$ est une condition nécessaire mais non suffisante pour avoir $x^2 < 3$.

2°) Si $x \in]-1, 1[$ alors $x \in]-\sqrt{3}, \sqrt{3}[$ donc $x^2 < 3$. La condition $|x| < \sqrt{2}$ est une condition suffisante mais non nécessaire pour avoir $x^2 < 3$.

Corrigé 1.11

1°) Considérons la fonction $f : x \mapsto \mathrm{e}^x - x - 1$. Cette fonction est dérivable sur $\mathbb{R}$ et $f'(x) = \mathrm{e}^x - 1$. On a : $f'(x) \geqslant 0 \iff \mathrm{e}^x \geqslant 1 \iff x \geqslant 0$.

D'où le tableau de variation :

x	$-\infty$	0	$+\infty$
$f'(x)$	$-$	0	$+$
f	$\searrow$	0	$\nearrow$

Une simple lecture de ce tableau donne alors :

$$\forall x \in \mathbb{R}, f(x) \geqslant 0, \textit{i.e. } \mathrm{e}^x \geqslant 1 + x$$

2°) Soit $t \in [0, \sqrt{n}]$, posons $x = \dfrac{t^2}{n} \in [0, 1]$, d'après la question précédente on a : $\exp\left(-\dfrac{t^2}{n}\right) \geqslant 1 - \dfrac{t^2}{n} \geqslant 0$ et par croissance de la fonction $x \mapsto x^n$ sur $\mathbb{R}^+$, il vient : $\mathrm{e}^{-t^2} \geqslant \left(1 - \dfrac{t^2}{n}\right)^n$ et en multipliant les deux membres de l'inégalité par $\mathrm{e}^{t^2} > 0$, on aboutit à :

$$\boxed{\forall n \in \mathbb{N}^*, \forall t \in [0, \sqrt{n}], 1 \geqslant \mathrm{e}^{t^2}(1 - \frac{t^2}{n})^n}$$

Corrigé 1.12

L'inéquation proposée n'a de sens que si $x + 2 \geqslant 0$, soit pour $x \in [-2, +\infty[$.
Deux cas se présentent selon le signe de $x - 1$.

$\star$ Si $x - 1 \leqslant 0$ alors l'inégalité $x - 1 \leqslant \sqrt{x + 2}$ est banalement vérifiée (le terme de gauche est négatif ou nul et celui de droite positif ou nul !). L'ensemble des solutions telles que $x - 1 \leqslant 0$ est donc $S_1 = [-2, 1]$.

$\star$ Si $x - 1 > 0$, l'inéquation à résoudre porte sur des nombres positifs et, par croissance de la fonction carrée sur $\mathbb{R}^+$, est équivalente à $(x - 1)^2 \leqslant x + 2$, soit à :

$$x^2 - 3x - 1 \leqslant 0$$

Les racines de $x^2 - 3x - 1 = 0$ étant : $\dfrac{3 - \sqrt{13}}{2}$ et $\dfrac{3 + \sqrt{13}}{2}$, l'ensemble des solutions de l'inéquation $x^2 - 3x - 1 \leqslant 0$ est $[\dfrac{3 - \sqrt{13}}{2}, \dfrac{3 + \sqrt{13}}{2}]$, qui contient le nombre 1 (car $1^2 - 3 - 1 < 0$).

L'ensemble des solutions telles que $x - 1 > 0$ est donc

$$S_2 = [\frac{3 - \sqrt{13}}{2}, \frac{3 + \sqrt{13}}{2}] \cap]1, +\infty[=]1, \frac{3 + \sqrt{13}}{2}[$$

En conclusion l'ensemble S des solutions de l'inéquation $x-1 \leqslant \sqrt{x+2}$ est la réunion des deux ensembles précédents :

$$\boxed{S = S_1 \cup S_2 = [-2, \frac{3+\sqrt{13}}{2}]}$$

Corrigé 1.13

1°) L'équation (1) : $\sin x + \dfrac{1}{4\cos x} = 0$ est définie si et seulement si $\cos x \neq 0$, c'est-à-dire si et seulement si $x \in E = \mathbb{R} \setminus \{\frac{\pi}{2} + k\pi, k \in \mathbb{Z}\}$.
Soit alors $x \in E$, on a :

$$(1) \iff \frac{4\sin x\cos x + 1}{4\cos x} = 0 \iff 4\sin x\cos x + 1 = 0 \iff 2\sin(2x) + 1 = 0$$
$$\iff \sin(2x) = -\frac{1}{2} \iff \sin(2x) = \sin(-\frac{\pi}{6})$$
$$\iff (2x = -\frac{\pi}{6} + 2k\pi \text{ ou } 2x = \pi - (-\frac{\pi}{6}) + 2k\pi),\ k \in \mathbb{Z}$$

$$\boxed{(1) \iff (x = -\frac{\pi}{12} + k\pi \text{ ou } x = \frac{7\pi}{12} + k\pi),\ k \in \mathbb{Z}}$$

(on vérifie que les nombres trouvés sont bien dans E !)

2°) L'équation (2) : $\sin x + \dfrac{\cos 2x}{2\cos x} = 0$ est définie si et seulement $x \in E$, où E est défini en **1°)**.
Soit alors $x \in E$, on a :

$$(2) \iff \frac{2\cos x\sin x + \cos 2x}{2\cos x} = 0 \iff \sin 2x + \cos 2x = 0.$$

On est en présence d'une équation du type $a\cos 2x + b\sin 2x = 0$, en divisant par $\sqrt{a^2+b^2} \neq 0$, soit ici par $\sqrt{2} = \dfrac{2}{\sqrt{2}}$, on a :

$$(2) \iff \frac{\sqrt{2}}{2}\sin(2x) + \frac{\sqrt{2}}{2}\cos(2x) = 0 \iff \cos(2x - \frac{\pi}{4}) = 0$$
$$\iff 2x - \frac{\pi}{4} = \frac{\pi}{2} + k\pi,\ k \in \mathbb{Z}.$$

$$\boxed{(2) \iff x = \frac{3\pi}{8} + \frac{k\pi}{2},\ k \in \mathbb{Z}}$$

(même remarque et on aurait aussi pu passer par la fonction tangente, mais la méthode exposée est à connaître dans le cas général ...).

Corrigé 1.14

1°) Deux nombres réels positifs sont égaux si et seulement si il en est de même de leurs carrés, donc :

$$|4x+5| = |-x+3| \iff (4x+5)^2 = (-x+3)^2 \iff (4x+5)^2 - (-x+3)^2 = 0$$
$$\iff ((4x+5) - (-x+3))((4x+5) + (-x+3)) = 0$$
$$\iff (5x+2)(3x+8) = 0$$
$$\iff x \in \{-2/5, -8/3\}.$$

2°) De même :

$$|x-4| \leqslant 2x+1 \iff (x-4)^2 \leqslant (2x+1)^2 \text{ et } 2x+1 \geqslant 0$$
$$\iff (-x-5)(3x-3) \leqslant 0 \text{ et } x \geqslant -\frac{1}{2}$$

Comme $(-x-5)(3x-3) \leqslant 0 \iff x \in]-\infty-5] \cup [1,+\infty[$ (faites un tableau de signes), avec la condition supplémentaire$x \geqslant -\frac{1}{2}$, on obtient pour ensemble des solutions de l'inéquation initiale : $[1,+\infty[$.

Corrigé 1.15

$\star$ Comme $2^0 = 1$, on a $0 < 2^0$, et l'inégalité est vraie au rang $n = 0$.

$\star$ On a $1 < 2^1$ et l'inégalité est vraie au rang $n = 1$.

$\star$ Supposons la propriété $P_n : n < 2^n$ vraie à un certain rang $n \in \mathbb{N}^*$, alors

$$n+1 \leqslant n+n = 2n < 2.2^n = 2^{n+1}$$

Ce qui prouve que P_{n+1} est vraie. On conclut par le principe de récurrence (bien initialisé) :

$$\boxed{\forall n \in \mathbb{N}, n < 2^n}$$

Corrigé 1.16

1°) On montre à l'aide d'un raisonnement par récurrence sur deux rangs la propriété : $P(n) : \alpha^{n-2} \leqslant u_n \leqslant \alpha^{n-1}$.

$\star$ Comme $\alpha^{1-2} = \dfrac{2}{1+\sqrt{5}} = \dfrac{\sqrt{5}-1}{2} \leqslant 1 = u_1 \leqslant \alpha^0$, d'où $P(1)$.

$\star$ $u_2 = u_1 + u_0 = 1 < \dfrac{1+\sqrt{5}}{2}$, donc $\alpha^{2-2} \leqslant u_2 \leqslant \alpha^{2-1}$, d'où $P(2)$.

$\star$ Soit alors $n \geqslant 1$ et supposons $P(n)$ et $P(n+1)$ vraies, en faisant la somme de ces deux inégalités, on en déduit :

$$\alpha^{n-2}(1+\alpha) = \alpha^{n-2} + \alpha^{n-1} \leqslant u_{n+2} \leqslant \alpha^{n-1} + \alpha^n = \alpha_{n-1}(1+\alpha)$$

et comme $\alpha^2 = \frac{1}{4}(1+\sqrt{5})^2 = \frac{1}{4}(6+2\sqrt{5}) = 1 + \dfrac{1+\sqrt{5}}{2} = 1+\alpha$, il vient : $\alpha^n \leqslant u_{n+2} \leqslant \alpha^{n+1}$, et $P(n+2)$ est vraie.

Ainsi par le principe de récurrence : $\boxed{\forall n \in \mathbb{N}^*, \alpha^{n-2} \leqslant u_n \leqslant \alpha^{n-1}}$

2°) Soit $n \geqslant 4$, alors $\dfrac{(n+1)^2}{n^2} = 1 + \dfrac{2}{n} + \dfrac{1}{n^2} \leqslant 1 + \frac{1}{2} + \dfrac{1}{16} = \frac{1}{2} + \dfrac{17}{16}$

Or $\dfrac{\sqrt{5}}{2} = \dfrac{8\sqrt{5}}{16}$ et $(8\sqrt{5})^2 = 320 > 289 = 17^2$, donc $\dfrac{1+\sqrt{5}}{2} > \frac{1}{2} + \frac{17}{16}$, et :

$n \geqslant 4 \implies \alpha > \dfrac{(n+1)^2}{n^2}$, *i.e.* $\boxed{n \geqslant 4 \implies n^2\alpha > (n+1)^2}$

3°) On raisonne par récurrence :

$\star$ On sort sa calculette : $\left(\frac{1+\sqrt{5}}{2}\right)^{11} \simeq 199 > 169 = 13^2$, donc $\alpha^{13-2} > 13^2$, et la propriété est vérifiée au rang 13.

$\star$ Soit $n \geqslant 13$, supposons que $\alpha^{n-2} > n^2$, alors comme $\alpha > 0$, il vient $\alpha^{n-1} > n^2\alpha > (n+1)^2$, car $n \geqslant 13 \geqslant 4$. D'où le résultat au rang $n+1$.

Donc, par le principe de récurrence : $\boxed{\forall n \geqslant 13, \alpha^{n-2} > n^2}$

4°) On raisonne tout d'abord par condition nécessaire :
si $u_n = n^2$, alors d'après le résultat de la question **1°**), on a $n^2 \geqslant \alpha^{n-2}$, donc d'après la question précédente, $n \leqslant 12$.

Il ne reste plus qu'à calculer les treize premiers termes. On a : $u_0 = 0$, $u_1 = 1$, $u_2 = 1$, $u_3 = 2$, $u_4 = 3$, $u_5 = 5$, $u_6 = 8$, $u_7 = 13$, $u_8 = 21$, $u_9 = 34$, $u_{10} = 55$, $u_{11} = 99$, $u_{12} = 144$.
Ainsi :

$$\boxed{u_n = n^2 \iff n \in \{0, 1, 12\}}$$

Corrigé 1.17

1°) On est en présence de la somme des premiers termes d'une suite géométrique de raison $\frac{1}{3} \neq 1$, donc :

$$\boxed{\sum_{i=0}^{n} 3^{-i} = \frac{1 - (\frac{1}{3})^{n+1}}{1 - \frac{1}{3}} = \frac{1}{2}\left(3 - \left(\frac{1}{3}\right)^n\right)}$$

2°) $\sum_{j=1}^{k} \frac{a^{k-j}}{2^j} = a^k \sum_{j=1}^{k} \left(\frac{1}{2a}\right)^j$ est la somme des premiers termes d'une suite géométrique de raison $\frac{1}{2a}$, donc deux cas se présentent :

→ Si $a = \frac{1}{2}$ alors $\sum_{j=1}^{k} \frac{a^{k-j}}{2^j} = \left(\frac{1}{2}\right)^k \sum_{j=1}^{k} 1^j = \frac{k}{2^k}$.

→ Si $a \neq \frac{1}{2}$, alors $\sum_{j=1}^{k} \frac{a^{k-j}}{2^j} = a^k \sum_{j=1}^{k} \left(\frac{1}{2a}\right)^j = \frac{a^k}{2a} \times \frac{1 - (\frac{1}{2a})^k}{1 - \frac{1}{2a}}$

$$\boxed{\sum_{j=1}^{k} \frac{a^{k-j}}{2^j} = \frac{2^k a^k - 1}{2^k(2a-1)}}$$

3°) Soit $n \geqslant 1$, on a : $\prod_{i=1}^{n} \frac{\sqrt{i}}{2^i} = \frac{\prod_{i=1}^{n} \sqrt{i}}{\prod_{i=1}^{n} 2^i} = \frac{\sqrt{n!}}{2^{1+2+\cdots+n}} = \frac{\sqrt{n!}}{2^{n(n+1)/2}}$.

Corrigé 1.18

A connaître impérativement : afin de faire apparaître $(2n+1)!$, on multiplie et on divise par le produit de tous les nombres pairs compris entre 1 et $2n$, on a alors :

$$\boxed{\prod_{k=1}^{n} (2k+1) = \frac{(2n+1)!}{2.4\cdots(2n)} = \frac{(2n+1)!}{2^n n!}}$$

Corrigé 1.19

Soit P_n la propriété demandée.
⋆ Comme $2 > 1$, on a $u_0 > 1$, et la propriété P_0 est vraie.
⋆ Soit $n \in \mathbb{N}$, supposons la propriété vraie jusqu'au rang n. Ainsi :

$$\forall\, k \in [\![1, n]\!], u_k > 1$$

alors $\prod_{k=0}^{n} u_k > 1$ et par croissance de la fonction racine carrée sur $]1, +\infty[$, il vient :

$u_{n+1} = \sqrt{\prod_{k=0}^{n} u_k} > \sqrt{1}$, et la propriété P_{n+1} est vraie, donc P_k est vraie du rang

0 au rang $n+1$. On conclut par le principe de récurrence appliqué à la propriété $Q_n =$ « $P_0, P_1, \ldots, P_n$ sont vraies » :

$$\boxed{\forall n \in \mathbb{N}, u_n > 1}$$

Corrigé 1.20

a) $A_n = \sum_{0 \leq i \leq j \leq n} \frac{i}{j+1} = \sum_{j=0}^{n} \sum_{i=0}^{j} \frac{i}{j+1} = \sum_{j=0}^{n} \frac{1}{j+1} \left(\sum_{i=0}^{j} i \right)$

$= \sum_{j=0}^{n} \frac{1}{j+1} \times \frac{j(j+1)}{2} = \frac{1}{2} \sum_{j=0}^{n} j = \frac{n(n+1)}{4}$, donc :

$$\boxed{A_n = \frac{n(n+1)}{4}}$$

b) $B_n = \sum_{k=1}^{n-1} \left(\frac{5}{k} - \frac{3}{k+2} - \frac{2}{k+3} \right) = 5 \sum_{k=1}^{n-1} \frac{1}{k} - 3 \sum_{k=1}^{n} \frac{1}{k+2} - 2 \sum_{k=1}^{n-1} \frac{1}{k+3}.$

En posant $i = k$ dans la première sommation, $i = k+2$ dans la deuxième et $i = k+3$ dans la dernière :

$$B_n = 5 \sum_{i=1}^{n-1} \frac{1}{i} - 3 \sum_{i=3}^{n+1} \frac{1}{i} - 2 \sum_{i=4}^{n+2} \frac{1}{i}$$

$$B_n = 5\left(1 + \frac{1}{2} + \frac{1}{3}\right) - 3\left(\frac{1}{3}\right) + 5 \sum_{i=4}^{n-1} \frac{1}{i} - 3 \sum_{i=4}^{n-1} \frac{1}{i} - 2 \sum_{i=4}^{n-1} \frac{1}{i}$$
$$- 3\left(\frac{1}{n} + \frac{1}{n+1}\right) - 2\left(\frac{1}{n} + \frac{1}{n+1} + \frac{1}{n+2}\right)$$

les sommes centrales se simplifient et il reste :

$$\boxed{B_n = \frac{49}{6} - \frac{5}{n} - \frac{5}{n+1} - \frac{2}{n+1} \text{ et } \lim_{n \to \infty} B_n = \frac{49}{6}}$$

c) Changeons de méthode :

$$C_n = \sum_{k=1}^{n} \ln \left(\frac{k^3}{(k+1)^2 (k+2)} \right) = \ln \left(\frac{\left(\prod_{k=1}^{n} k\right)^3}{\left(\prod_{k=1}^{n} (k+1)\right)^2 \prod_{k=1}^{n} (k+2)} \right)$$

$$= \ln \left(\frac{(n!)^3 \times 2}{((n+1)!)^2 (n+2)!} \right) = \ln \left(\frac{2}{(n+1)^2 \times (n+1)(n+2)} \right)$$

Soit :

$$\boxed{C_n = \ln 2 - 3 \ln(n+1) - \ln(n+2)}$$

Corrigé 1.21

a) $\frac{1}{2}[\sin(a+b) + \sin(a-b)] = \frac{1}{2}[\sin a \cos b + \cos a \sin b + \sin a \cos b - \cos a \sin b]$

$$\frac{1}{2}[\sin(a+b) + \sin(a-b)] = \sin a \cos b$$

b) On en déduit les égalités suivantes :

$$A_n = \sin x . \cos((2n+1)x) = \frac{1}{2}[\sin((2n+2)x) + \sin(-2nx)]$$
$$= \frac{1}{2}[\sin((2n+2)x) - \sin(2nx)].$$

$$B_n = \frac{1}{2}[\sin(2nx) + \sin(nx - nx)] = \frac{1}{2}\sin(2nx).$$

c) On a, d'après la question précédente :

$$\begin{aligned}(\sin x)C_n &= \sum_{k=1}^{n} \sin x \cos((2k-1)x) = \sum_{k=1}^{n} A_{k-1} = \sum_{i=0}^{n-1} A_i \\ &= \sum_{i=0}^{n-1} \frac{1}{2}[\sin((2i+2)x) - \sin(2ix)] \\ &= \frac{1}{2}\Big(\sum_{i=0}^{n-1} \sin((2i+2)x) - \sum_{i=0}^{n-1} \sin(2ix)\Big)\end{aligned}$$

donc en posant $j = i + 1$ dans la première somme et en raisonnant par télescopage, il vient :

$$\boxed{(\sin x)C_n = \frac{1}{2}\Big(\sum_{j=1}^{n} \sin(2jx) - \sum_{i=0}^{n-1} \sin(2ix)\Big) = \frac{1}{2}(\sin(2nx))}$$

d) On a donc $(\sin x)C_n = \sin(nx)\cos(nx)$ et puisque $\sin x$ est non nul :

$$\boxed{C_n = \frac{\sin(nx)\cos(nx)}{\sin x}}$$

Corrigé 1.22

1°)
$$\begin{aligned}\cos(3x) &= \cos(2x + x) = \cos(2x)\cos x - \sin(2x)\sin x \\ &= \cos(2x)\cos x - 2\sin^2 x \cos x \\ &= \cos x(\cos(2x) - 2\sin^2 x)\end{aligned}$$

Or $\cos(2x) = 1 - 2\sin^2 x$ et donc $-2\sin^2 x = \cos(2x) - 1$, ainsi :

$$\boxed{\cos(3x) = \cos x(2\cos(2x) - 1)}$$

2°) a) Pour k entier variant de 1 à n, on a : $|\frac{\theta}{3^k}| \leqslant |\frac{\theta}{3}| < \frac{\pi}{3}$ donc $\cos(\frac{\theta}{3^k}) > \frac{1}{2}$, soit : $2\cos(\frac{\theta}{3^k}) - 1 > 0$, ce qui justifie l'existence de $\ln\big(2\cos(\frac{\theta}{3^k}) - 1\big)$ et donc de $S_n\,(\theta)$.

b) Lorsque $\cos x \neq 0$, d'après la question 1, on a : $2\cos(2x) - 1 = \frac{\cos 3x}{\cos x}$, par conséquent, avec $x = \frac{\theta}{2.3^k}$: $2\cos(\frac{\theta}{3^k}) - 1 = \frac{\cos(\frac{\theta}{2.3^{k-1}})}{\cos(\frac{\theta}{2.3^k})}$

et tous les cosinus étant strictement positifs :

$$\ln\big(2\cos(\frac{\theta}{3^k}) - 1\big) = \ln\Big(\cos\big(\frac{\theta}{2.3^{k-1}}\big)\Big) - \ln\Big(\cos\big(\frac{\theta}{2.3^k}\big)\Big)$$

Enfin, par télescopage :

$$\boxed{S_n = \sum_{k=1}^{n} \ln(2\cos(\frac{\theta}{3^k}) - 1) = \ln\Big(\cos\big(\frac{\theta}{2}\big)\Big) - \ln\Big(\cos\big(\frac{\theta}{2.3^n}\big)\Big)}$$

c) Comme $\lim\limits_{n\to+\infty} \frac{\theta}{2.3^n} = 0$, on a $\lim\limits_{n\to+\infty} \ln(\cos(\frac{\theta}{2.3^n})) = \ln\cos 0 = \ln 1 = 0$, et donc :

$$\boxed{\lim_{n\to+\infty} S_n = \ln(\cos\frac{\theta}{2})}$$

Corrigé 1.23

1°) Montrons que : $\forall\, x \in]0, \frac{1}{2}[, 1+\frac{x}{2} < \frac{1}{\sqrt{1-x}} < 1+x$ (1), pour cela comme les termes sont tous positifs il est équivalent de comparer leurs carrés donc :

$$(1) \Longleftrightarrow (1+\tfrac{x}{2})^2 < \frac{1}{1-x} < (1+x)^2$$

$$(1) \Longleftrightarrow (1+x+\tfrac{x^2}{4})(1-x) < 1 < (1+2x+x^2)(1-x)$$

$$\Longleftrightarrow 1+x+\frac{x^2}{4}-x-x^2-\frac{x^3}{4} < 1 < 1+x^2+2x-x-x^3-2x^2$$

$$\Longleftrightarrow \frac{-3x^2}{4}-\frac{x^3}{4} < 0 < x-x^3-x^2 \Longleftrightarrow 0 < x(1-x^2-x).$$

Or $0 < x < \frac{1}{2}$, donc : $0 < x^2 < \frac{1}{4}$ et $1-x-x^2 > 1-\frac{1}{2}-\frac{1}{4} > 0$. Ainsi (1) est vérifiée et

$$\boxed{\forall\, x \in]0, \tfrac{1}{2}[, 1+\tfrac{x}{2} < \frac{1}{\sqrt{1-x}} < 1+x}$$

2°) a) Soit $f : x \mapsto \dfrac{x^2}{\sqrt{x^2-1}}$, $f(x)$ est défini si $x^2-1>0$, donc

$$E =]-\infty, -1[\, \cup\,]1, +\infty[$$

D'autre part si $x \in E$, $-x \in E$ et $f(-x) = f(x)$ donc f est paire et il suffit de l'étudier sur $]1, +\infty[$.

b) La fonction f est dérivable comme quotient de 2 fonctions dérivables sur $]1, +\infty[$ et :

$$\forall\, x > 1, f'(x) = \frac{2x}{\sqrt{x^2-1}} + x^2 \times \left(2x \times \frac{-1}{2}(x^2-1)^{-3/2}\right) = \frac{2x(x^2-1)-x^3}{(x^2-1)\sqrt{x^2-1}}$$

$$= \frac{x(x^2-2)}{(x^2-1)\sqrt{x^2-1}}$$

De plus $\lim\limits_{x\to+\infty} f(x) = \lim\limits_{x\to+\infty} \dfrac{x}{\sqrt{1-1/x^2}} = +\infty$ et $\lim\limits_{x\to 1^+} f(x) = +\infty$, on en déduit donc le tableau des variations de f :

x	1		$\sqrt{2}$		$+\infty$
$f'(x)$		$-$	0	$+$	
f	$+\infty$	$\searrow$	2	$\nearrow$	$+\infty$

c) Soit $x > \sqrt{2}$, alors $x^2 > 2$ et $0 < \frac{1}{x^2} < \frac{1}{2}$, on peut donc appliquer l'inégalité obtenue en **1°)**, d'où : $1+\frac{1}{2x^2} < \frac{1}{\sqrt{1-1/x^2}} < 1+\frac{1}{x^2}$, soit : $1+\frac{1}{2x^2} < \frac{x}{\sqrt{x^2-1}} < 1+\frac{1}{x^2}$, donc en multipliant par x, on en déduit : $x+\frac{1}{2x} < f(x) < x+\frac{1}{x}$.

[On en déduit que $\forall\, x > \sqrt{2}, \frac{1}{2x} < f(x)-x < \frac{1}{x}$ et $\lim\limits_{x\to+\infty} f(x)-x = 0$, ainsi la droite Δ d'équation $y = x$ est asymptote au graphe de f en $+\infty$. Comme $f(x)-x > \frac{1}{2x} > 0$, la droite Δ est au dessous du graphe de f sur $]\sqrt{2}, +\infty[$.]

3°) a) $\forall n \geqslant 1, \sum\limits_{i=1}^{n} i^2 = \dfrac{n(n+1)(2n+1)}{6}$

b) Soit $n \geqslant 2$, $T_n = \sum\limits_{k=2}^{n} (\dfrac{1}{k-1} - \dfrac{1}{k}) = \sum\limits_{k=2}^{n} \dfrac{1}{k-1} - \sum\limits_{k=2}^{n} \dfrac{1}{k} = \sum\limits_{k=1}^{n-1} \dfrac{1}{i} - \sum\limits_{k=2}^{n} \dfrac{1}{k}$

$$\forall n \geqslant 2, T_n = 1 - \frac{1}{n}$$

c) $\forall k \geqslant 2, \dfrac{1}{k} - \dfrac{1}{k+1} = \dfrac{1}{k(k+1)} < \dfrac{1}{k^2}$ (car $k+1 > k$)

$\forall k \geqslant 2, \dfrac{1}{k-1} - \dfrac{1}{k} = \dfrac{1}{k(k-1)} > \dfrac{1}{k^2}$ (car $k-1 < k$)

$$\boxed{\forall k \geqslant 2, \frac{1}{k} - \frac{1}{k+1} < \frac{1}{k^2} < \frac{1}{k-1} - \frac{1}{k}}$$

Faisons maintenant la somme des termes de ces doubles inégalités pour k variant de 2 à n, il vient : $\sum\limits_{k=2}^{n} (\dfrac{1}{k} - \dfrac{1}{k+1}) < \sum\limits_{k=2}^{n} \dfrac{1}{k^2} < \sum\limits_{k=2}^{n} (\dfrac{1}{k-1} - \dfrac{1}{k})$.

Soit, par télescopages :

$$\boxed{\frac{1}{2} - \frac{1}{n+1} < \sum_{k=2}^{n} \frac{1}{k^2} < 1 - \frac{1}{n}}$$

4°) On a : $S_n = \dfrac{1}{n^3} \sum\limits_{i=2}^{n} f(i^2) = \dfrac{1}{n^3} \sum\limits_{i=2}^{n} \dfrac{i^2}{\sqrt{i^2-1}}$.

Sachant que $i^2 + \dfrac{1}{2i^2} < f(i^2) < i^2 + \dfrac{1}{i^2}$, il vient :

$$\frac{1}{n^3} \sum_{i=2}^{n} (i^2 + \frac{1}{2i^2}) < \frac{1}{n^3} \sum_{i=2}^{n} f(i^2) < \frac{1}{n^3} \sum_{i=2}^{n} (i^2 + \frac{1}{i^2})$$

soit :

$$\frac{1}{n^3} \sum_{i=2}^{n} i^2 + \frac{1}{2n^3} \sum_{i=2}^{n} \frac{1}{i^2} < S_n < \frac{1}{n^3} \sum_{i=2}^{n} i^2 + \frac{1}{n^3} \sum_{i=2}^{n} \frac{1}{i^2}$$

et en utilisant l'encadrement précédent, on a :

$$\frac{1}{n^3} \sum_{i=2}^{n} i^2 + \frac{1}{2n^3} (\frac{1}{2} - \frac{1}{n+1}) < S_n < \frac{1}{n^3} \sum_{i=2}^{n} i^2 + \frac{1}{n^3} (1 - \frac{1}{n})$$

donc :

$$\frac{n(n+1)(2n+1)}{6n^3} + \frac{1}{2n^3} (\frac{1}{2} - \frac{1}{n+1}) < S_n < \frac{n(n+1)(2n+1)}{6n^3} + \frac{1}{n^3} (1 - \frac{1}{n})$$

Il ne reste plus qu'a conclure en faisant tendre n vers $+\infty$:

$\lim\limits_{n \to +\infty} \dfrac{n(n+1)(2n+1)}{6n^3} = \lim\limits_{n \to +\infty} \dfrac{2n^3}{6n^3} = \dfrac{1}{3}$, $\lim\limits_{n \to +\infty} \dfrac{1}{2n^3} (\dfrac{1}{2} - \dfrac{1}{n+1}) = 0$ et aussi $\lim\limits_{n \to +\infty} \dfrac{1}{n^3} (1 - \dfrac{1}{n}) = 0$.

Donc par le théorème d'encadrement, on en déduit que la suite (S_n) converge et :

$$\boxed{\lim_{n \to +\infty} S_n = \frac{1}{3}}$$

Ensembles, applications 02

RÉPARTITION DES EXERCICES

I. ÉNONCÉS DES EXERCICES

2.01 Soit E un ensemble quelconque. Montrer que pour toutes parties A, B, C de E : $A \subset B \implies (A \cup C) \subset (B \cup C)$.

◇

2.02 Soient X et Y deux parties d'un ensemble E, montrer que :

$$X = Y \iff X \cap Y = X \cup Y.$$

◇

2.03 Soit E un ensemble et X, Y des parties quelconques de E. Simplifier :

$$A = (X \cap Y) \cup (X \cap \overline{Y}) \cup (\overline{X} \cap Y) \cup (\overline{X} \cap \overline{Y})$$

où $\overline{A}$ désigne le complémentaire dans E de A.

◇

2.04 Soit E un ensemble, $\forall\ (X, Y) \in \mathcal{P}(E)^2$ montrer que :

$$X \setminus (X \cap Y) = X \setminus Y = (X \cup Y) \setminus Y.$$

◇

2.05 A et B étant deux parties d'un ensemble E, simplifier de deux manières différentes :

$$C = [(A \cap B) \cup (A \cup \overline{B}) \cup (\overline{A} \cap B)] \cap (\overline{A} \cap \overline{B}).$$

◇

2.06 Soit E un ensemble et A, B, C, D quatre parties de E (non nécessairement deux-à-deux distinctes). Montrer que :

a) $(A \setminus C) \cap (B \setminus C) = (A \cap B) \setminus C$.

b) $(A \setminus C) \cup (B \setminus C) = (A \cup B) \setminus C$.

c) $\begin{cases} A \cup B = A \cap C \\ B \cup C = A \cap B \\ A \cup C = B \cap C \end{cases} \implies A = B = C.$

d) $\begin{cases} A \subset C \\ B \subset D \\ C \cap D = \emptyset \\ A \cup B = C \cup D \end{cases} \Longrightarrow A = C \text{ et } B = D$

◇

2.07 On considère l'application $f : \mathbb{R} \to \mathbb{R}, x \longmapsto x^2 + 1$.

1°) Déterminer $f(\mathbb{R})$, l'application f est elle bijective ?

2°) Montrer que la restriction de f à $\mathbb{R}^+$ est une bijection de $\mathbb{R}^+$ sur l'intervalle $[1, +\infty[$.

◇

2.08 On considère l'application $f : [-1, 2] \to \mathbb{R}, x \longmapsto x + \lfloor x \rfloor$ ($\lfloor x \rfloor$ désignant la partie entière de x, c'est-à-dire le plus grand entier inférieur ou égal à x).

1°) Démontrer que f est injective.

2°) En déduire que f est une bijection de $[-1, 2]$ sur un ensemble que l'on déterminera. Définir f^{-1}.

◇

2.09 On considère 4 ensembles E, F, G, H et 3 applications $f : E \to F$, $g : F \to G$, $h : G \to H$. On suppose que $g \circ f$ et $h \circ g$ sont bijectives. Démontrer que f, g, h sont bijectives.

◇

2.10 Soient $f : \mathbb{N} \to \mathbb{N}, x \mapsto x + 1$ et $g : \mathbb{N} \to \mathbb{N}, x \mapsto \begin{cases} 0 & \text{si } x = 0 \\ x - 1 & \text{si } x \geqslant 1 \end{cases}$

Etudier injectivité, surjectivité et bijectivité éventuelles de f et de g. Préciser $g \circ f$ et $f \circ g$.

◇

2.11 On considère deux applications f de l'ensemble E vers l'ensemble F et g de F vers l'ensemble G. Montrer que :

1°) ($g \circ f$ injective et f surjective) $\Longrightarrow$ g injective.

2°) ($g \circ f$ surjective et g injective) $\Longrightarrow$ f surjective.

◇

2.12 Soit f une application d'un ensemble E vers lui-même telle que $f \circ f \circ f = f$. Montrer que f est injective si et seulement si f est surjective.

◇

2.13 **Différence symétrique**.

Soient A et B deux parties d'un ensemble E, on définit l'ensemble $A \,\Delta\, B$ par :

$$A \,\Delta\, B = (A \cup B) \cap (\overline{A \cap B})$$

1°) Justifier l'égalité : $A \,\Delta\, B = (A \cap \overline{B}) \cup (\overline{A} \cap B)$.

2°) Calculer $A \,\Delta\, A$, $A \,\Delta\, E$, $A \,\Delta\, \emptyset$ et montrer que :

$$\forall (A, B, C, D) \in P(E)^4, (A \cap B) \,\Delta\, (C \cap D) \subset (A \,\Delta\, C) \cup (B \,\Delta\, D).$$

◇

2.14 Soit E un ensemble non vide, A et B deux parties non vides de E et f l'application de $\mathcal{P}(E)$ dans $\mathcal{P}(A) \times \mathcal{P}(B)$ définie par :

$$f(X) = (X \cap A, X \cap B).$$

Montrer que :

1°) f est injective si et seulement si $A \cup B = E$.

2°) f est surjective si et seulement si $A \cap B = \emptyset$.

◇

2.15 Etant données deux parties A et B non vides d'un ensemble E, on pose : $A_1 = A \cap B, A_2 = \complement_A(A \cap B), A_3 = \complement_B(A \cap B), A_4 = \complement_E(A \cup B)$. où, pour $V \subset U$, $\complement_U(V)$ désigne le complémentaire dans U de V.

Montrer que : $\{A_1, A_2, A_3, A_4\}$ est une partition de E si et seulement si :

$$A \cap B \neq \emptyset, A \cup B \neq E, A \not\subset B \text{ et } B \not\subset A$$

◇

2.16 Soit E un ensemble et A une partie de E. On définit les applications f_A et g_A par :

$f_A : \mathcal{P}(E) \to \mathcal{P}(E), X \mapsto X \cap A$ et $g_A : \mathcal{P}(E) \longrightarrow \mathcal{P}(E), X \mapsto X \cup A$.

Montrer que :

1°) f_A injective $\iff A = E \iff f_A$ surjective.

2°) g_A injective $\iff A = \emptyset \iff g_A$ surjective.

◇

2.17 **Une partition du produit cartésien de deux ensembles**

Soit E et F deux ensembles non vides, $(A, B) \in \mathcal{P}(E)^2$, $(C, D) \in \mathcal{P}(F)^2$.

1°) Démontrer que :

a) $(A \times C) \cup (B \times C) = (A \cup B) \times C$.

b) $(A \times C) \cup (A \times D) = A \times (C \cup D)$.

En déduire que : $(A \cup B) \times (C \cup D) \subset (A \times C) \cup (B \times D)$.

2°) Démontrer que : $(A \times C) \cap (B \times D) = (A \cap B) \times (C \cap D)$.

3°) Déterminer à l'aide de $A, D, \complement_E(A), \complement_F(D)$ l'ensemble $\complement_{E\times F}(A \times D)$.

4°) Dans quels cas a t'on : $\complement_{E\times F}(A \times D) = \complement_E(A) \times \complement_F D)$?

5°) Déterminer une condition nécessaire et suffisante pour que $A \times D$, $A \times \complement_F(D), \complement_E(A) \times D, \complement_E(A) \times \complement_F(D)$ forment une partition de $E \times F$.

◇

2.18 **Fonction caractéristique d'un sous ensemble de E.**

Soit E un ensemble ; pour toute partie A de E, on désigne par χ_A la fonction caractéristique de A définie sur E par :

$$\forall x \in A, \chi_A(x) = 1 \text{ et } \forall x \in E \setminus A = \overline{A}, \chi_A(x) = 0$$

1°) Montrer que : $\forall\,(A,B)\in[\mathcal{P}(E)]^2, (A=B)\Longleftrightarrow(\chi_A=\chi_B)$.

2°) Montrer que : $\chi_{\overline{A}}=1-\chi_A$. En déduire l'expression de $\chi_{A\cap B}$, $\chi_{A\setminus B}$, $\chi_{A\cup B}$, $\chi_{A\,\Delta\,B}$ en fonction de χ_A et χ_B.

3°) Utiliser ce qui précède pour justifier les égalités :

$$A\cap(B\cup C)=(A\cap B)\cup(A\cap C)\,;\,A\cup(B\cap C)=(A\cup B)\cap(A\cup C)$$
$$(A\,\Delta\,B)\,\Delta\,C=A\,\Delta\,(B\,\Delta\,C)$$

4°) Soit f une application de E dans $\{0,1\}$, montrer qu'il existe une unique partie A de E telle que $\chi_A=f$.

En déduire que l'application qui à une partie de E associe sa fonction caractéristique est une bijection de $\mathcal{P}(E)$ vers $\mathcal{F}(E,\{0,1\})$.

II. INDICATIONS

1) Rappels des principales méthodes d'étude

❑ Pour montrer qu'un ensemble A est inclus dans un ensemble B, on montre que :

$$x\in A\Longrightarrow x\in B$$

Le raisonnement s'écrit donc : « Soit $x\in A\ldots$ d'où $x\in B$ ». Par exemple, on a pour tous ensembles A et B, $A\subset A\cup B\ldots$

❑ Pour montrer que deux ensembles A et B sont égaux, on montre que $A\subset B$ et que $B\subset A$. Si ces deux ensembles sont de même cardinal **fini**, il suffit de montrer une seule inclusion.

❑ Une application $f:E\to F$ est **injective** si :

$$\forall(x,y)\in E^2, f(x)=f(y)\Longrightarrow x=y$$

Ce qui revient à dire, par contraposée : $\forall(x,y)\in E^2, x\neq y\Longrightarrow f(x)\neq f(y)$.

❑ Une application $f:E\to F$ est **surjective** si :

$$\forall\,y\in F,\exists\,x\in E, y=f(x)$$

[*Démontrer qu'une application est surjective est, souvent, difficile car il faut montrer une existence ce qui se fait habituellement en partant d'un y quelconque de F et en construisant effectivement un élément x de E qui convient.*]

❑ Une application $f:E\to F$ est **bijective** si elle est injective et surjective, et donc :

$$f \text{ est bijective}\Longleftrightarrow\forall\,y\in F,\exists!x\in E, y=f(x)$$

f est bijective si et seulement si il existe $g:F\to E$ telle que $f\circ g=id_F$ **et** $g\circ f=id_E$. Une telle application g est alors unique et se note f^{-1}.

Si $f:E\to F$ et $g:F\to G$ sont bijectives, alors $g\circ f$ est bijective et

$$(g\circ f)^{-1}=f^{-1}\circ g^{-1}.$$

❑ Rappelons que $\complement_E(A)$, où A est une partie de l'ensemble E, désigne l'ensemble des éléments de E qui ne sont pas dans A :

$$\forall\,x\in E, x\in\complement_E(A)\Longleftrightarrow x\notin A$$

On note souvent $\overline{A} = \complement_E(A)$, lorsque l'ensemble ambiant E est défini sans ambiguïté.
Rappelons également que si A et B sont deux parties de E, alors $A \setminus B$ désigne l'ensemble des élements de E qui appartiennent à A mais qui n'appartiennent pas à B, c'est-à-dire : $A \setminus B = A \cap \complement_E(B)$.
On a alors les lois de Augustus de Morgan :

$$\forall (A, B) \in [\mathcal{P}(E)]^2, \overline{A \cap B} = \overline{A} \cup \overline{B} \; ; \; \overline{A \cup B} = \overline{A} \cap \overline{B} \; ; \; \overline{\overline{A}} = A$$

---

2) Indications spécifiques à chaque exercice

2.02. Penser à écrire : $X = X \cap (X \cup Y)$.

2.03. Utiliser la distributivité.

2.04. Revenir à la définition de la différence de deux ensembles :
$X \setminus Y = \{x \in X \, / \, x \notin Y\} = X \cap \overline{Y}$.

2.05. Simplifier à l'intérieur du crochet ou utiliser la distributivité.

2.08. Pour étudier une fonction contenant la fonction $\lfloor . \rfloor$, il convient de placer la variable entre deux entiers consécutifs.

2.09. Exploiter successivement l'injectivité et la surjectivité d'une composée.

2.11. Si f est bijective alors on peut écrire $g = (g \circ f) \circ f^{-1}$.

2.12. Si f est injective, écrire : $f(x) = f[f \circ f(x)]$. Si f est surjective montrer que $f \circ f = id$.

2.13. **2)** Utiliser la question précédente pour évaluer $(A \cap B) \,\Delta\, (C \cap D)$.

2.14. **1)** Si f est injective, comparer $f(A \cup B)$ et $f(E)$. **2)** Si f est surjective, chercher un antécédent de $(A, \emptyset)$, et si $A \cap B = \emptyset$, étudier $f(U \cup V)$ avec $(U, V) \in \mathcal{P}(A) \times \mathcal{P}(B)$.

2.15. **1)** Montrer f_A injective $\Longrightarrow A = E \Longrightarrow f_A$ surjective et prouver la réciproque.
2) Soit $h : \mathcal{P}(E) \to \mathcal{P}(E), X \mapsto \overline{X}$, exprimer g_A à l'aide des applications h et $f_{\overline{A}}$.

2.16. Vérifier que $\chi_{\overline{A}}$ et $1 - \chi_A$ coincident sur A et $\overline{A}$ et que $\chi_{A \cap B} = \chi_A \chi_B$.

III. CORRIGÉS DÉTAILLÉS DES EXERCICES

Corrigé 2.01

Supposons $A \subset B$. Soit $x \in A \cup C$, on a donc $x \in A$ **ou** $x \in C$ (ces deux cas ne s'excluent pas mutuellement).
Si $x \in A$, alors $x \in B$, donc $x \in B \cup C$ et si $x \in C$ alors $x \in B \cup C$. Dans les deux cas $x \in B \cup C$. Donc :

$$A \subset B \Longrightarrow (A \cup C) \subset (B \cup C)$$

Corrigé 2.02

$\star$ Si $X = Y$, alors $X \cap Y = X$ et $X \cup Y = X$, d'où l'égalité.

$\star$ Si $X \cap Y = X \cup Y$, alors comme $X \subset X \cup Y$, on a :
$X = X \cap (X \cup Y) = X \cap (X \cap Y) = (X \cap X) \cap Y = X \cap Y \subset Y$.
En permutant les rôles de X et Y, on a aussi $Y \subset X$ et finalement $X = Y$.
On a donc bien :

$$\boxed{\forall X, Y \in \mathcal{P}(E), X = Y \iff X \cap Y = X \cup Y}$$

Corrigé 2.03

Par distributivité de l'intersection par rapport à la réunion, on a :

$(X \cap Y) \cup (X \cap \overline{Y}) = X \cap (Y \cup \overline{Y}) = X \cap E = X$ et aussi

$(\overline{X} \cap Y) \cup (\overline{X} \cap \overline{Y}) = \overline{X} \cap (Y \cup \overline{Y}) = \overline{X} \cap E = \overline{X}$,

ainsi :

$$\boxed{A = X \cup \overline{X} = E}$$

Corrigé 2.04

$\star\ X \setminus (X \cap Y) = X \cap (\overline{X \cap Y}) = X \cap (\overline{X} \cup \overline{Y}) = (X \cap \overline{X}) \cup (X \cap \overline{Y})$
$= \emptyset \cup (X \cap \overline{Y}) = X \cap \overline{Y}$

$\star\ (X \cup Y) \setminus Y = (X \cup Y) \cap \overline{Y} = (X \cap \overline{Y}) \cup (Y \cap \overline{Y}) = X \cap \overline{Y}$.

Ce qu'il fallait.

Corrigé 2.05

$\star$ *Méthode 1* : en simplifiant à l'intérieur du crochet.

Comme $A \cap B \subset A \subset A \cup \overline{B}$:

$(A \cap B) \cup (A \cup \overline{B}) \cup (\overline{A} \cap B) = (A \cup \overline{B}) \cup (\overline{A} \cap B)$
$= (A \cup \overline{B} \cup \overline{A}) \cap (A \cup \overline{B} \cup B) = E \cap E = E.$

Donc $C = E \cap (\overline{A} \cap \overline{B}) = \overline{A} \cap \overline{B}$.

$\star$ *Méthode 2* : en distribuant $(\overline{A} \cap \overline{B})$ dans le crochet on obtient :

$C = [(A \cap B) \cap (\overline{A} \cap \overline{B})] \cup [(A \cup \overline{B}) \cap (\overline{A} \cap \overline{B})] \cup [(\overline{A} \cap B) \cap (\overline{A} \cap \overline{B})]$

Or $(A \cap B) \cap (\overline{A} \cap \overline{B}) = A \cap \overline{A} \cap B \cap \overline{B} = \emptyset \cap \emptyset = \emptyset = (\overline{A} \cap B) \cap (\overline{A} \cap \overline{B})$

Donc : $C = (A \cup \overline{B}) \cap (\overline{A} \cap \overline{B}) = (\overline{A} \cap \overline{B} \cap A) \cup (\overline{A} \cap \overline{B}) = \emptyset \cup (\overline{A} \cap \overline{B}) = \overline{A} \cap \overline{B}$.

Corrigé 2.06

a) $(A \setminus C) \cap (B \setminus C) = (A \cap \overline{C}) \cap (B \cap \overline{C}) = (A \cap B) \cap \overline{C} = (A \cap B) \setminus C$.

b) $(A \setminus C) \cup (B \setminus C) = (A \cap \overline{C}) \cup (B \cap \overline{C}) = (A \cup B) \cap \overline{C} = (A \cup B) \setminus C$.

c) $\begin{cases} A = A \cap (A \cup B) = A \cap (A \cap C) = A \cap C \implies A \subset C \\ B = B \cap (B \cup C) = B \cap (A \cap B) = A \cap B \implies B \subset A \\ C = C \cap (A \cup C) = C \cap (B \cap C) = B \cap C \implies C \subset B \end{cases}$

D'où : $A \subset C \subset B \subset A$ et donc $A = B = C$.

d) Par hypothèse on a : $A \subset C; B \subset D; C \cap D = \emptyset$ et $A \cup B = C \cup D$.

Donc $C = C \cap (C \cup D) = C \cap (A \cup B) = (C \cap A) \cup (C \cap B) = A \cup (C \cap B)$

D'où : $C \subset A \cup (C \cap D) = A$, donc $C \subset A$ et comme $A \subset C$, on a bien l'égalité entre A et C.

L'égalité entre B et D se démontre exactement de la même façon, par symétrie des rôles joués par les parties en présence.

Corrigé 2.07

1°) $\star$ Soit $x \in \mathbb{R}$, comme $x^2 + 1 \geqslant 1, f(x) \in [1, +\infty[$ donc $f(\mathbb{R}) \subset [1, +\infty[$.
Soit $y \in [1, +\infty[$,

$$y = x^2 + 1 \Longleftrightarrow x^2 = y - 1 \Longleftrightarrow (x = \sqrt{y-1} \text{ ou } x = -\sqrt{y-1}).$$

Ainsi tout réel de $[1, +\infty[$ possède au moins un (ici deux) antécédents donc $[1, +\infty[\subset f(\mathbb{R})$ et finalement $f(\mathbb{R}) = [1, +\infty[$.

$\star$ Par exemple 5 possède deux antécédents par f qui sont 2 et -2, donc f n'est pas une bijection de $\mathbb{R}$ sur $[1, +\infty[$.

2°) Par contre tout élément $y \in [1, +\infty[$ possède un antécédent unique dans $\mathbb{R}^+$ qui est $x = \sqrt{y-1}$, ainsi la restriction de f à $\mathbb{R}^+$ est une bijection de $\mathbb{R}^+$ sur $[1, +\infty[$, c'est l'application définie par $y \mapsto \sqrt{y-1}$.

[Bien entendu nous apprendrons à répondre à ce genre de question par une étude de variations.]

Corrigé 2.08

1°) Comme $\lfloor x \rfloor$ est le plus grand entier relatif inférieur ou égal à x, on distingue plusieurs cas :

$\star$ Si $x \in [-1, 0[$ alors $\lfloor x \rfloor = -1$ et $f(x) = x - 1$
$\star$ Si $x \in [0, 1[$ alors $\lfloor x \rfloor = 0$ et $f(x) = x$
$\star$ Si $x \in [1, 2[$ alors $\lfloor x \rfloor = 1$ et $f(x) = x + 1$
$\star$ Si $x = 2$ alors $f(x) = 4$.

On peut remarquer que l'application f (qui est d'ailleurs une application affine par morceaux) est strictement croissante sur chaque intervalle (somme d'une fonction strictement croissante et d'une fonction croissante) donc est injective.

2°) $\star$ L'application f étant injective sur $[-1, 2]$, c'est une bijection de $[-1, 2]$ sur $f([-1, 2])$.
Comme $f([-1, 0[) = [-2, -1[$, $f([0, 1[) = [0, 1[$; $f([1, 2[) = [2, 3[$ et $f(2) = 4$, il vient :

$$E = f([-1, 2]) = [-2, -1[\cup [0, 1[\cup [2, 3[\cup \{4\}.$$

On peut remarquer que l'image de l'intervalle $[-1, 2]$ n'est pas un intervalle, ceci provenant de la non continuité de f sur $[-1, 2]$.

$\star$ L'application réciproque de f est donc définie sur l'ensemble E et pour la déterminer on résout l'équation $y = f(x)$, d'inconnue x, avec $y \in E$.
$\rightarrow \forall y \in [-2, -1[, f(x) = y \Longleftrightarrow y = x - 1 \Longleftrightarrow x = y + 1$
$\rightarrow \forall y \in [0, 1[, f(x) = y \Longleftrightarrow x = y$
$\rightarrow \forall y \in [2, 3[, f(x) = y \Longleftrightarrow y = x + 1 \Longleftrightarrow x = y - 1$
$\rightarrow f(2) = 4 \Longleftrightarrow 2 = f^{-1}(4)$.
Ainsi :

$$f^{-1}(t) = \begin{cases} t + 1 & \text{si } -2 \leqslant t < -1 \\ t & \text{si } 0 \leqslant t < 1 \\ t - 1 & \text{si } 2 \leqslant t < 3 \\ 2 & \text{si } t = 4 \end{cases}$$

Corrigé 2.09

$\star$ De l'injectivité de $g \circ f$ on déduit celle de f, en effet : $\forall (x, x') \in E^2$, si $f(x) = f(x')$ alors $g \circ f(x) = g \circ f(x')$, d'où comme $g \circ f$ est injective $x = x'$. Ce qui prouve bien l'injectivité de f.

$\star$ De la surjectivité de $g \circ f$ on déduit celle de g, en effet : soit $y \in G$, $\exists x \in E, y = g \circ f(x) = g(f(x))$. Ainsi tout élément y de G possède par g au moins un antécédent (à savoir $f(x)$) dans F. Ce qui prouve bien la surjectivité de g.

$\star$ De même, comme $h \circ g$ injective, on a g injective et comme $h \circ g$ surjective, on a h surjective.
Ainsi g étant injective et surjective est une bijection de F dans G, d'où l'existence de g^{-1}.
On peut alors écrire :
$f = g^{-1} \circ (g \circ f)$ qui est donc bijective, comme composée de 2 bijections et $h = (h \circ g) \circ g^{-1}$ qui est aussi bijective, comme composée de 2 bijections.

Corrigé 2.10

$\star$ Clairement $x \neq x' \implies x + 1 \neq x' + 1$ et f est injective. En revanche f n'est pas surjective (donc non bijective) car 0 n'a pas d'antécédent.

$\star$ On a $g(0) = g(1) = 0$ et g n'est pas injective (donc n'est pas bijective). Pour tout $y \in \mathbb{N}$, on a $y + 1 \geqslant 1$ et $g(y + 1) = y + 1 - 1 = y$, donc g est surjective.

$\star$ Pour tout $x \in \mathbb{N}$, on a $x + 1 \geqslant 1$ et $(g \circ f)(x) = g(x + 1) = x + 1 - 1 = x$, donc $g \circ f = id_{\mathbb{N}}$.
$\star$ Pour tout $x \in \mathbb{N}^*$, $(f \circ g)(x) = f(g(x)) = f(x - 1) = x - 1 + 1 = x$, tandis que $(f \circ g)(0) = f(g(0)) = f(0) = 1 = (f \circ g)(1)$

[On peut remarquer que l'application $g \circ f$, composée de deux applications non bijectives, est une bijection. Par contre l'application $f \circ g$ n'est pas bijective, 1 ayant deux antécédents qui sont 0 et 1.]

Corrigé 2.11

1°) Soit $(x, y) \in E^2$ tel que $f(x) = f(y)$. Alors $g \circ f(x) = g \circ f(y)$, et comme $g \circ f$ est injective, on en déduit $x = y$. Ainsi $g \circ f$ injective $\implies$ f injective. Or, par hypothèse f est surjective. Par conséquent f est bijective et on peut écrire : $g = (g \circ f) \circ f^{-1}$.

L'application f^{-1} est bijective, donc injective, et la composée de deux injections étant une injection, on en déduit que g est injective.

2°) Soit $z \in G$, comme $g \circ f$ est surjective, il existe $x \in E$, tel que $g \circ f(x) = z$. Par conséquent $z = g\big(f(x)\big)$ et $f(x) \in F$, ceci prouve que z est image par g d'au moins un élément de F, *i.e.* que g est surjective. Par hypothèse g est injective, donc g est bijective et on peut écrire : $f = g^{-1} \circ (g \circ f)$.

L'application g^{-1} est bijective, donc surjective, et la composée de deux surjections étant une surjection, on en déduit que f est surjective.

Corrigé 2.12

• Supposons f injective. Comme par hypothèse on a $f \circ f \circ f = f$ on obtient : $\forall\, x \in E, f(x) = f[(f \circ f)(x)]$, et puisque f est injective, on a donc : $x = (f \circ f)(x)$, *i.e.* $x = f[f(x)]$.
Ainsi, x possédant au moins un antécédent par f (à savoir $f(x)$), on en déduit le caractère surjectif de f.

• Supposons f surjective. Ainsi $\forall\, x \in E, \exists\, x' \in E, x = f(x')$. En appliquant $f \circ f$, on obtient :
$(f \circ f)(x) = (f \circ f \circ f)(x')$, *i.e.* $(f \circ f)(x) = f(x') = x$, donc $f \circ f = id_E$.
L'application f est donc bijective, de bijection réciproque $f^{-1} = f$, d'où l'injectivité de f.

Corrigé 2.13

1°) On a : $A \,\Delta\, B = (A \cup B) \cap (\overline{A \cap B}) = (A \cup B) \cap (\overline{A} \cup \overline{B})$
$= (A \cap \overline{A}) \cup (A \cap \overline{B}) \cup (B \cap \overline{A}) \cup (B \cap \overline{B})$
Comme $A \cap \overline{A} = B \cap \overline{B} = \emptyset$, on en déduit :

$$A \,\Delta\, B = (A \cap \overline{B}) \cup (B \cap \overline{A})$$

Il est donc intéressant de noter que $x \in A \,\Delta\, B$, si et seulement si x appartient à l'une et l'une seulement des deux parties A et B : ceci correspond en français à l'expression : « x appartient soit à A soit à B ».

2°) • $A \,\Delta\, A = (A \cap \overline{A}) \cup (A \cap \overline{A}) = \emptyset$;
$A \,\Delta\, E = (A \cap \overline{E}) \cup (E \cap \overline{A}) = E \cap \overline{A} = \overline{A}$;
$A \,\Delta\, \emptyset = (A \cap \overline{\emptyset}) \cup (\emptyset \cap \overline{A}) = A \cap E = A$.

• On a : $(A \cap B) \,\Delta\, (C \cap D) = [(A \cap B) \cap (\overline{C} \cup \overline{D})] \cup [(\overline{A} \cup \overline{B}) \cap (C \cap D]$
$= (A \cap B \cap \overline{C}) \cup (A \cap B \cap \overline{D}) \cup (C \cap D \cap \overline{A}) \cup (C \cap D \cap \overline{B})$.
D'autre part :

$$(A \,\Delta\, C) \cup (B \,\Delta\, D) = (A \cap \overline{C}) \cup (C \cap \overline{A}) \cup (B \cap \overline{D}) \cup (D \cap \overline{B})$$

Or : $(A \cap B \cap \overline{C}) \subset (A \cap \overline{C}), (A \cap B \cap \overline{D}) \subset (B \cap \overline{D})$,
$(C \cap D \cap \overline{A}) \subset (C \cap \overline{A}), (C \cap D \cap \overline{B}) \subset (D \cap \overline{B})$.
par croissance de la réunion on en déduit bien :

$$(A \cap B) \,\Delta\, (C \cap D) \subset (A \,\Delta\, C) \cup (B \,\Delta\, D)$$

Corrigé 2.14

1°) $\star$ Supposons que f soit injective, pour démontrer l'égalité entre $A \cup B$ et E il suffit donc de vérifier que $f(A \cup B) = f(E)$. On a :
$f(A \cup B) = \big((A \cup B) \cap A, (A \cup B) \cap B\big) = (A, B)$ et
$f(E) = (E \cap A, E \cap B) = (A, B)$
D'où la conclusion.

$\star$ Réciproquement, supposons que $A \cup B = E$ et montrons que f est injective.
Soit $(X, Y) \in [\mathcal{P}(E)]^2$ et supposons que $f(X) = f(Y)$. On a donc $X \cap A = Y \cap A$ et $X \cap B = Y \cap B$. Par conséquent :

$$X = X \cap E = X \cap (A \cup B) = (X \cap A) \cup (X \cap B) = (Y \cap A) \cup (Y \cap B)$$
$$= Y \cap (A \cup B) = Y \cap E = Y.$$

et f est bien injective.

2°) $\star$ Supposons que f soit surjective. Dans ce cas tout élément de $\mathcal{P}(A) \times \mathcal{P}(B)$ possède un antécédent par f. Considérons alors le couple $(A, \emptyset) \in \mathcal{P}(A) \times \mathcal{P}(B)$. Il existe $X \in \mathcal{P}(E)$, tel que $f(X) = (A, \emptyset)$, *i.e.* tel que $X \cap A = A$ et $X \cap B = \emptyset$.

Alors $A \cap B = X \cap A \cap B = (X \cap B) \cap A = \emptyset \cap A = \emptyset$.

Ainsi f surjective $\Longrightarrow A \cap B = \emptyset$.

$\star$ Réciproquement, supposons que $A \cap B = \emptyset$.

Etant données deux parties $U \in \mathcal{P}(A)$ et $V \in \mathcal{P}(B)$, calculons $f(U \cup V)$:
$f(U \cup V) = \big((U \cup V) \cap A, (U \cup V) \cap B\big) = \big((U \cap A) \cup (V \cap A), (U \cap B) \cup (V \cap B)\big)$
Or $U \cap A = U$; $V \cap A = \emptyset$, car $V \subset B$; $U \cap B = \emptyset$, car $U \subset A$; $V \cap B = V$.
Ainsi $f(U \cup V) = (U, V)$, d'où la surjectivité de f.

Corrigé 2.15

1°) $\star$ Supposons f_A injective, alors :
$f_A(A) = A \cap A = A$ et $f_A(E) = A \cap E = A$ donc de l'égalité $f_A(A) = f_A(E)$, par injectivité de f_A, il vient : $A = E$.
Alors pour tout partie B de E, on a $f_A(B) = B \cap E = B$ et $f_A = id_{\mathcal{P}(E)}$ ce qui prouve la bijectivité donc la surjectivité de f_A.

$\star$ Réciproquement, supposons f_A surjective, alors pour toute partie Y de E, il existe une partie X de E telle que $Y = f_A(X) = X \cap A$ donc en particulier pour $Y = E$, $\exists X_0 \in \mathcal{P}(E), E = X_0 \cap A$, donc nécessairement $X_0 = A = E$ et $A = E$.
Dans ce cas pour tout partie B de E, $f_A(B) = E \cap B = B$, ainsi f_A est l'application identique de $\mathcal{P}(E)$, elle est donc injective.

2°) $\star$ Supposons g_A injective, comme on a : $g_A(\emptyset) = \emptyset \cup A = A \cup A = g_A(A)$, on en déduit bien $A = \emptyset$.
Alors, pour toute partie B de E, $g_A(B) = B \cup \emptyset = B$ et g_A est l'application identique de $\mathcal{P}(E)$, donc est surjective.

$\star$ Réciproquement, si g_A est surjective, il existe une partie X de E telle que $g_A(X) = \emptyset$, donc telle que $X \cup A = \emptyset$ et donc $A = \emptyset$. On en déduit que g_A est l'application identique de $\mathcal{P}(E)$, donc est injectve.

Corrigé 2.16

1°) $\star$ Evidemment, si $A = B$, alors $\chi_A = \chi_B$.

$\star$ Réciproquement, supposons que $\chi_A = \chi_B$.
$\forall x \in A, \chi_A(x) = 1 = \chi_B(x)$ et $x \in B$ (car sinon $\chi_B(x) = 0$), ainsi $A \subset B$.
$\forall x \in B, \chi_B(x) = 1 = \chi_A(x)$ et $x \in A$ (car sinon $\chi_A(x) = 0$), ainsi $B \subset A$.

Conclusion : $\chi_A = \chi_B \Longleftrightarrow A = B$.

2°) $\star$ On a :

$$\chi_{\overline{A}}(x) = 1 \Longleftrightarrow x \in \overline{A} \Longleftrightarrow x \notin A \Longleftrightarrow \chi_A(x) = 0 \Longleftrightarrow 1 - \chi_A(x) = 1$$
$$\chi_{\overline{A}}(x) = 0 \Longleftrightarrow x \notin \overline{A} \Longleftrightarrow x \in A \Longleftrightarrow \chi_A(x) = 1 \Longleftrightarrow 1 - \chi_A(x) = 0$$

Ainsi les deux applications $\chi_{\overline{A}}$ et $1-\chi_A$ coïncident sur A et $\overline{A}$, donc sont égales.

⋆ La fonction $\chi_A\chi_B$ prend encore ses valeurs dans $\{0,1\}$ et :
$\chi_A\chi_B(x)=1 \Leftrightarrow \chi_A(x)=1$ et $\chi_B(x)=1 \Leftrightarrow x\in A$ et $x\in B \Leftrightarrow x\in A\cap B$.
Ainsi $\chi_A\chi_B(x)=1 \Longleftrightarrow \chi_{A\cap B}(x)=1$ et $\chi_A\chi_B=\chi_{A\cap B}$

⋆ Comme $A\setminus B=A\cap\overline{B}$, d'après ce qui précède on a :

$$\chi_{A\setminus B}=\chi_A\chi_{\overline{B}}=\chi_A(1-\chi_B).$$

⋆ $\chi_{A\cup B}=1-\chi_{\overline{A\cup B}}=1-\chi_{\overline{A}\cap\overline{B}}=1-\chi_{\overline{A}}\chi_{\overline{B}}=1-(1-\chi_A)(1-\chi_B)$
Donc :

$$\chi_{A\cup B}=\chi_A+\chi_B-\chi_A\chi_B$$

Notons que **si la réunion** $A\cup B$ **est disjointe**, on a $\chi_A\chi_B=\chi_{A\cap B}=\chi_\emptyset=0$ et la formule précédente prend la forme plus simple :

$$\chi_{A\cup B}=\chi_A+\chi_B$$

⋆ Comme $A\,\Delta\,B=(A\setminus B)\cup(B\setminus A)$, la réunion étant disjointe, on en déduit :
$\chi_{A\Delta B}=\chi_{A\setminus B}+\chi_{B\setminus A}=\chi_A(1-\chi_B)+\chi_B(1-\chi_A)=\chi_A+\chi_B-2\chi_A\chi_B$

3°) ⋆ Pour démontrer que $A\cap(B\cup C)=(A\cap B)\cup(A\cap C)$, vérifions que : $\chi_{A\cap(B\cup C)}=\chi_{(A\cap B)\cup(A\cap C)}$.
On a :
• $\chi_{A\cap(B\cup C)}=\chi_A\chi_{B\cup C}=\chi_A(\chi_B+\chi_C-\chi_B\chi_C)=\chi_A\chi_B+\chi_A\chi_C-\chi_A\chi_B\chi_C$.
• $\chi_{(A\cap B)\cup(A\cap C)}=\chi_{A\cap B}+\chi_{A\cap C}-\chi_{A\cap B}\chi_{A\cap C}=\chi_A\chi_B+\chi_A\chi_C-\chi_A\chi_B\chi_A\chi_C$
Donc : $\chi_{(A\cap B)\cup(A\cap C)}=\chi_A\chi_B+\chi_A\chi_C-\chi_A\chi_B\chi_C$ (car $\chi_A\chi_A=\chi_A$, puisque χ_A ne prend que les valeurs 0 et 1).

On a donc bien l'égalité des fonctions caractéristiques, et d'après la première question, on en déduit l'égalité des parties.

⋆ De même :
• $\chi_{A\cup(B\cap C)}=\chi_A+\chi_{B\cap C}-\chi_A\chi_{B\cap C}=\chi_A+\chi_B\chi_C-\chi_A\chi_B\chi_C$
• $\chi_{(A\cup B)\cap(A\cup C)}=\chi_{A\cup B}\chi_{A\cup C}=(\chi_A+\chi_B-\chi_A\chi_B)(\chi_A+\chi_C-\chi_A\chi_C)$
et comme $\chi_A\chi_A=\chi_A, \chi_C\chi_C=\chi_C$, il vient :

$$\chi_{(A\cup B)\cap(A\cup C)}=\chi_A+\chi_A\chi_C-\chi_A\chi_C+\chi_B\chi_A+\chi_B\chi_C-\chi_A\chi_B\chi_C-\chi_A\chi_B-\chi_A\chi_B\chi_C+\chi_A\chi_B\chi_C$$

C'est-à-dire :

$$\chi_{(A\cup B)\cap(A\cup C)}=\chi_A+\chi_B\chi_C-\chi_A\chi_B\chi_C=\chi_{A\cup(B\cap C)}$$

et donc l'égalité : $(A\cup B)\cap(A\cup C)=A\cup(B\cap C)$.

⋆ On développe, et :

$$\begin{aligned}\chi_{(A\Delta B)\Delta C}&=\chi_{A\Delta B}+\chi_C-2\chi_{A\Delta B}\chi_C\\&=\chi_A+\chi_B-2\chi_A\chi_B+\chi_C-2(\chi_A+\chi_B-2\chi_A\chi_B)\chi_C\\&=\chi_A+\chi_B-2\chi_A\chi_B+\chi_C-2\chi_A\chi_C-2\chi_B\chi_C+4\chi_A\chi_B\chi_C.\end{aligned}$$

puis, de même (ou en disant simplement que l'on change les rôles des parties A,B,C :

$$\begin{aligned}\chi_{A\Delta(B\Delta C)}&=\chi_A+\chi_{B\Delta C}-2\chi_A\chi_{B\Delta C}\\&=\chi_A+\chi_B+\chi_C-2\chi_B\chi_C-2\chi_A(\chi_B+\chi_C-2\chi_B\chi_C)\\&=\chi_A+\chi_B-2\chi_A\chi_B+\chi_C-2\chi_A\chi_C-2\chi_B\chi_C+4\chi_A\chi_B\chi_C\end{aligned}$$

D'où l'égalité.

4°) Procédons en deux temps, par analyse et synthèse :

$\star$ Soit f une application de E dans $\{0,1\}$ et supposons qu'il existe $A \in \mathcal{P}(E)$ telle que $\chi_A = f$.
Alors : $\forall x \in A$, on a : $\chi_A(x) = f(x) = 1$, et $\forall x \notin A$, on a : $\chi_A(x) = f(x) = 0$.
Donc nécessairement $A = f^{-1}(\{1\})$.

$\star$ Vérifions que la partie A ainsi définie convient, *i.e.* que $f = \chi_A = \chi_{f^{-1}(\{1\})}$.
Or, par construction même de la partie A, on a :
$\forall x \in A, \chi_A(x) = 1 = f(x)$, et $\forall x \notin A, \chi_A(x) = 0 = f(x)$ (puisque $f(x) \neq 1$)
Donc la partie $f^{-1}(\{1\})$ convient et ainsi tout élément de l'ensemble des applications de E dans $\{0,1\}$ possède un unique antécédent par l'application qui à toute partie A de E associe sa fonction caractéristique.
On a donc construit ainsi une bijection de $\mathcal{P}(E)$ dans $\mathcal{A}(E,\{0,1\})$.
[Si E est de cardinal fini n*, alors* $\operatorname{card}(\mathcal{A}(E,\{0,1\})) = (\operatorname{card}\{0,1\})^{\operatorname{card} E} = 2^n$. *Comme* $\mathcal{P}(E)$ *a le même cardianl, on retrouve la relation :* $\operatorname{card} E = n \implies \operatorname{card} \mathcal{P}(E) = 2^n$*.]*

Nombres complexes — *03*

RÉPARTITION DES EXERCICES

I. ÉNONCÉS DES EXERCICES

3.01 **1°)** Ecrire sous forme algébrique $z = \dfrac{3-2i}{1+4i}$.

2°) Ecrire sous forme trigonométrique $z' = \dfrac{\sqrt{3}+i}{1+i}$.

◇

3.02 Résoudre dans $\mathbb{C}$:

$z^2 = 1 + i\sqrt{3}$; $6z^2 - (5-i)z + 2 - \dfrac{5i}{6} = 0$; $\left(\dfrac{z+i}{z-i}\right)^3 = -1$.

◇

3.03 Soit θ un nombre réel appartenant à $\left]-\frac{\pi}{2}, \frac{\pi}{2}\right[$. Résoudre dans l'ensemble des nombres complexes l'équation :

$$z^2 - 2(\sin\theta)z + \tan^2\theta = 0$$

et déterminer module et arguments de chaque solution.

◇

3.04 Déterminer le module et un argument de :

1°) $z_1 = (1-i)^n, n \in \mathbb{N}$.

2°) $z_2 = \dfrac{e^{i\alpha} + e^{i\beta}}{1 + e^{i(\alpha+\beta)}}, \alpha \in \left]0, \frac{\pi}{2}\right[, \beta \in \left]0, \frac{\pi}{2}\right[$.

◇

3.05 On considère a, b, c trois nombres complexes de module 1.

1°) Comparer a^{-1} et $\overline{a}$.

2°) On pose $z_1 = \dfrac{a+b}{a-b}$ et $z_2 = \dfrac{a+b}{1-ab}$, montrer que z_1 et z_2 sont des imaginaires purs.

3°) On note α un argument de a et β un argument de b. Calculer z_1 et z_2 en fonction de α et β.

4°) Comparer les modules de $a+b+c$ et $ab+bc+ca$.

5°) Montrer que $\dfrac{c+ab\overline{c}-(a+b)}{a-b}$ est un imaginaire pur.

◇

3.06 On note $z_1 = 2\sqrt{6}(1+i)$ et $z_2 = \sqrt{2}(1+i\sqrt{3})$.

1°) Déterminer l'écriture trigonométrique de z_1 et z_2.

2°) Déterminer la forme algébrique de $z = \frac{z_1}{z_2}$.

3°) Déterminer la forme trigonométrique de z.

4°) En déduire la valeur de $\cos\frac{\pi}{12}$ et $\sin\frac{\pi}{12}$.

◇

3.07 Soit $n \in \mathbb{N}$, montrer que : $\lim\limits_{n\to+\infty} \sum\limits_{k=0}^{n} \dfrac{\cos k}{2^k} = \dfrac{4-2\cos 1}{5-4\cos 1}$.

◇

3.08 Soit $n \in \mathbb{N}$, pour $x \in \mathbb{R} \setminus \{\frac{\pi}{2} + k\pi, k \in \mathbb{Z}\}$, calculer : $\sum\limits_{k=0}^{n} \dfrac{\cos kx}{\cos^k x}$.

◇

3.09 Déterminer module et arguments des nombres complexes suivants :

$z_1 = a\dfrac{1+i\tan\alpha}{1-i\tan\alpha}$, avec a et α deux nombres réels.

$z_2 = \cos\alpha + i(1+\sin\alpha)$, avec $\alpha \in [0, 2\pi[$.

$z_3 = \dfrac{1-\cos\alpha - i\sin\alpha}{1+\cos\alpha + i\sin\alpha}$, avec $\alpha \in [0, \pi[$.

◇

3.10 **1°)** Démontrer que : $\forall\,(z, z') \in \mathbb{C}^2$, $|z+z'|^2 + |z-z'|^2 = 2\big(|z|^2 + |z'|^2\big)$.

2°) Démontrer que : $\forall\,(z, z', z'') \in \mathbb{C}^3$ tels que : $zz' = z''^2$,

$\left|\frac{z+z'}{2} + z''\right| + \left|\frac{z+z'}{2} - z''\right| = |z| + |z'|$.

◇

3.11 **1°)** Résoudre l'équation $z^4 = 2 - 2i\sqrt{3}$ (on donnera les solutions sous forme trigonométrique).

2°) Déterminer par une méthode algébrique les nombres complexes X tels que : $X^2 = 2-2i\sqrt{3}$, puis les nombres complexes z vérifiant $z^4 = 2-2i\sqrt{3}$.

3°) En déduire la valeur de $\cos\frac{\pi}{12}$ et celle de $\sin\frac{\pi}{12}$.

◇

3.12 **1°)** Démontrer que : $\forall\, n \in \mathbb{N}^*$, $\sum\limits_{k=0}^{n-1} (k+1)i^k = \frac{1}{2}[-(n+1)i^{n+1} - ni^n + i]$.

2°) En déduire que : $\forall\, k \in \mathbb{N}^*$

$1 - 3 + 5 - 7 + \cdots + (2k+1)(-1)^k = (k+1)(-1)^k$

$2 - 4 + 6 - 8 + \cdots + (2k)(-1)^{k-1} = \frac{1}{2}[1 - (2k+1)(-1)^k]$.

◇

3.13 **1°)** Résoudre dans $\mathbb{C}$ l'équation : $z^4 = 1$.

2°) En déduire les solutions dans $\mathbb{C}$ de l'équation : $1 + z + z^2 + z^3 = 0$. (On donnera les résultats sous forme trigonométrique)

3°) Déterminer les solutions dans $\mathbb{C}$ de l'équation $Z^2 = \mathrm{e}^{\frac{ik\pi}{2}}$, pour $1 \leqslant k \leqslant 3$.

4°) Résoudre dans $\mathbb{C}$ l'équation : $1 + \left(\frac{z+i}{z-i}\right)^2 + \left(\frac{z+i}{z-i}\right)^4 + \left(\frac{z+i}{z-i}\right)^6 = 0$.

◇

3.14 Démontrer que : $\sum\limits_{k=1}^{n} \frac{1}{2^k} \cos\left(k\frac{\pi}{3}\right) = \frac{1}{2^n\sqrt{3}} \sin\left(n\frac{\pi}{3}\right)$.

◇

3.15 Soit n un entier naturel $n \geqslant 2$, on considère la somme $S_n = \sum\limits_{k=1}^{n-1} \sin\frac{k\pi}{n}$.

Montrer que : $S_n = \frac{1}{\tan(\pi/2n)}$.

◇

3.16 **1°)** Résoudre dans $\mathbb{C}$ l'équation : $z^2 - 2z\cos\theta + 1 = 0$.

2°) Montrer que pour $n \in \mathbb{N}$, $n \geqslant 2$ et $z_k = \mathrm{e}^{i\frac{2k\pi}{n}}$ pour $k \in [\![0, n-1]\!]$, on a : $\prod\limits_{k=0}^{n-1} (z_k^2 - 2z_k\cos\theta + 1) = 2(1 - \cos n\theta)$

◇

3.17 Soit n un entier naturel non nul. Résoudre dans $\mathbb{C}$ l'équation :

$$1 + \frac{z-i}{z+i} + \left(\frac{z-i}{z+i}\right)^2 + \left(\frac{z-i}{z+i}\right)^3 + \cdots + \left(\frac{z-i}{z+i}\right)^n = 0.$$

◇

3.18 Soit $a \in \left]-\pi/2, \pi/2\right[\setminus \{0\}$ et n un entier naturel non nul.
Résoudre dans $\mathbb{C}$ l'équation : $\left(\frac{1+iz}{1-iz}\right)^n = \frac{1+i\tan a}{1-i\tan a}$.

◇

3.19 Soit $n \in \mathbb{N}^*$, $\alpha \in [0, \pi[$.
Résoudre dans $\mathbb{C}$ l'équation : $\left(\frac{z-1}{z+1}\right)^n + \left(\frac{z+1}{z-1}\right)^n = 2\cos\alpha$.

◇

3.20 Pour $n \in \mathbb{N}$, tel que $n \geqslant 2$, on pose $w = \mathrm{e}^{i\frac{2\pi}{n}}$. Soit $z \in \mathbb{C}$, calculer $S_n = \sum\limits_{k=1}^{n} (z + w^k)^n$.

◇

3.21 **1°)** Soit n un entier naturel non nul, résoudre dans $\mathbb{C}$ l'équation :

$$(1+z)^n - (1-z)^n = 0.$$

2°) On considère la fonction $f : \mathbb{R} \to \mathbb{R}, x \mapsto (1+x)^n - (1-x)^n$.

Déterminer une factorisation de f en produit de fonctions polynômes de degré inférieur ou égal à 2 et à coefficients réels.

II. INDICATIONS

1) Rappels des principales méthodes d'étude

❑ Si $z = x + iy$, avec $x, y \in \mathbb{R}$, alors $\overline{z} = x - iy$ et donc :

$$\boxed{\operatorname{Re} z = \frac{z+\overline{z}}{2}} \ ; \ \boxed{\operatorname{Im} z = \frac{z-\overline{z}}{2i}} \text{ et } \overline{z_1 + z_2} = \overline{z_1} + \overline{z_2},\ \overline{z_1.z_2} = \overline{z_1}.\overline{z_2}$$

$$z \in \mathbb{R} \iff \operatorname{Im} z = 0 \iff z = \overline{z} \ ; \ z \in i\mathbb{R} \iff \operatorname{Re} z = 0 \iff z = -\overline{z}$$

$$|z| = \sqrt{x^2 + y^2} \text{ est le module de } z \text{ et } |\operatorname{Re} z| \leqslant |z|,\ |\operatorname{Im} z| \leqslant |z|$$

❑ Si z est un zéro complexe non réel d'un polynôme P de $\mathbb{R}[X]$, alors $\overline{z}$ est aussi zéro de P et avec le même ordre de multiplicité.

❑ Si $z \in \mathbb{C}$ est non nul, on peut écrire $z = |z|(\cos\theta + i\sin\theta) = |z|.\mathrm{e}^{i\theta}$.
θ est ainsi défini modulo 2π et est appelé un argument de z.

❑ On a les formules d'Euler : $\boxed{\cos\theta = \frac{1}{2}(\mathrm{e}^{i\theta} + \mathrm{e}^{-i\theta})}$ et $\boxed{\sin\theta = \frac{1}{2i}(\mathrm{e}^{i\theta} - \mathrm{e}^{-i\theta})}$

❑ Pour $n \in \mathbb{N}^*$, on a : $\boxed{(z \in \mathbb{C} \text{ et } z^n = 1) \iff z \in \left\{\mathrm{e}^{\frac{2ik\pi}{n}}, k \in [\![0, n-1]\!]\right\}}$

En particulier les racines cubiques de l'unité sont 1, $j = \mathrm{e}^{i\frac{2\pi}{3}}$ et $\overline{j} = j^2 = \mathrm{e}^{-i\frac{2\pi}{3}}$.

❑ Pour $n \in \mathbb{N}^*$ et $z_0 = \rho.\mathrm{e}^{i\theta}$, les racines $n^{\text{èmes}}$ de z_0 sont les nombres : $\sqrt[n]{\rho}\,\mathrm{e}^{i\frac{\theta+2k\pi}{n}}$, avec $k \in [\![0, n-1]\!]$. On obtient donc toutes les racines $n^{\text{èmes}}$ en multipliant l'une d'elles par les racines $n^{\text{èmes}}$ de 1.

❑ Pour trouver les racines carrées d'un nombre complexe écrit sous forme algébrique $z = a + ib$ (a et b réels !), on peut procéder de façon trigonométrique, mais aussi de façon algébrique en les cherchant sous la forme $x + iy$ (avec x et y réels), ce qui conduit au système :

$$\begin{cases} x^2 - y^2 = a \\ 2xy = b \end{cases} \iff \begin{cases} x^2 - y^2 = a \\ x^2 + y^2 = \sqrt{a^2 + b^2} \\ \operatorname{sgn}(xy) = \operatorname{sgn}(b) \end{cases}$$

qui a toujours deux solutions opposées (sauf si $z = 0$).

❑ Pour résoudre $az^2 + bz + c = 0$, les coefficients étant complexes, avec $a \neq 0$: on calcule $\Delta = b^2 - 4ac$, on cherche une racine carrée δ de Δ et les racines sont :

$$\frac{-b-\delta}{2a} \text{ et } \frac{-b+\delta}{2a}$$

Il y a donc toujours au moins une solution (attention : la notation $\sqrt{z}$ est excusivement réservée à la racine carrée positive d'un nombre réel positif).

---

2) Indications spécifiques à chaque exercice

3.01. 1) Multiplier numérateur et dénominateur par le complexe conjugué du dénominateur. **2)** Déterminer séparément l'écriture trigonométrique du numérateur et du dénominateur.

3.02. 1) On peut faire une résolution trigonométrique en posant $z = |z|\mathrm{e}^{i\theta}$. **2)** On calcule « Δ » puis on cherche $\delta \in \mathbb{C}$ tel que $\delta^2 = \Delta$. **3)** On pose $Z = \dfrac{z+i}{z-i}$ et on résout $Z^3 = -1$ avec $Z = |Z|\mathrm{e}^{i\theta}$.

3.03. Dans le calcul de Δ mettre $\tan^2\theta$ en facteur. Faire attention au signe de θ.

3.04 1) Utiliser l'écriture trigonométrique de $1-i$. **2)** Simplifier les écritures à l'aide de la demi-somme des angles en présence tant au numérateur qu'au dénominateur.

3.05. 3) Ecrire $a = e^{i\alpha}$, $b = e^{i\beta}$ et utiliser à nouveau la technique de l'angle moitié pour simplifier. **5)** Utiliser la caractérisation : z est un imaginaire pur si et seulement si $\overline{z} = -z$.

3.07. Utiliser $\cos k = \frac{1}{2}(e^{ik} + e^{-ik})$ et la formule donnant la somme de termes consécutifs d'une suite géométrique.

3.08. Remarquer que $\frac{\cos kx}{\cos^k x} = \text{Ré}\left[\left(\frac{e^{ix}}{\cos x}\right)^k\right]$ et utiliser l'identité géométrique.

3.09. Utiliser la technique de l'angle moitié.

3.10. 2) Ecrire $z = a^2$, $z' = b^2$, $(a,b) \in \mathbb{C}^2$.

3.11. Déterminer l'écriture trigonométrique de $2 - 2i\sqrt{3}$ et poser $z = |z|e^{i\theta}$.

3.12. On peut procéder par récurrence.

3.13. 2) $z^4 - 1 = (z-1)(z^3 + z^2 + z + 1)$. **4)** Poser $Z = \frac{z+i}{z-i}$.

3.14. Remarquer que $\sum\limits_{k=1}^{n} \frac{1}{2^k}\cos(k\frac{\pi}{3}) = \text{Ré}(\sum\limits_{k=1}^{n}(\frac{1}{2}e^{i\pi/3})^k)$.

3.15. Remarquer que $S_n = \text{Im}(\sum\limits_{k=0}^{n-1}(e^{i\pi/n})^k)$.

3.16. Utiliser la factorisation $z_k^2 - 2z_k\cos\theta + 1 = (z_k - e^{i\theta})(z_k - e^{-i\theta})$, puis séparer le produit.

3.17. Poser $Z = \frac{z-i}{z+i}$. Simplifier les solutions en utilisant la technique de l'angle moitié.

3.18. Ecrire $\frac{1 + i\tan a}{1 - i\tan a}$ sous forme trigonométrique.

3.19. Poser $Z = \frac{z-1}{z+1}$ et remarquer que $Z^2 - 2\cos\alpha Z + 1 = (Z - e^{i\alpha})(Z - e^{-i\alpha})$.

3.20. Utiliser la formule du binôme de Newton et permuter l'ordre des sommations.

3.21. 1) Résoudre $\left(\frac{1+z}{1-z}\right)^n = 1$, en posant $Z = \frac{1+z}{1-z}$. **2)** Selon la parité de n, faire le bilan des racines et penser au coefficient du terme de plus haut degré.

III. CORRIGÉS DÉTAILLÉS DES EXERCICES

Corrigé 3.01

1°) $\frac{3-2i}{1+4i} = \frac{(3-2i)(1-4i)}{|1+4i|^2} = \frac{-5-14i}{1+16} = -\frac{5}{17} - \frac{14}{17}i$.

2°) $\star$ $\sqrt{3} + i = 2(\frac{\sqrt{3}}{2} + \frac{i}{2}) = 2(\cos\frac{\pi}{6} + i\sin\frac{\pi}{6}) = 2e^{i\frac{\pi}{6}}$.

$\star$ $1 + i = \sqrt{2}(\frac{\sqrt{2}}{2} + i\frac{\sqrt{2}}{2}) = \sqrt{2}(\cos\frac{\pi}{4} + i\sin\frac{\pi}{4}) = \sqrt{2}e^{i\frac{\pi}{4}}$, donc :

$$\boxed{\frac{\sqrt{3}+i}{1+i} = \frac{2e^{i\frac{\pi}{6}}}{\sqrt{2}e^{i\frac{\pi}{4}}} = \sqrt{2}e^{i(\frac{\pi}{6}-\frac{\pi}{4})} = \sqrt{2}e^{-i\frac{\pi}{12}}}$$

Corrigé 3.02

$\star$ On a : $1 + i\sqrt{3} = 2(\frac{1}{2} + i\frac{\sqrt{3}}{2}) = 2.e^{i\frac{\pi}{3}}$.

Par conséquent, posons $z = |z|e^{i\theta}$.

$$z^2 = 1 + i\sqrt{3} \iff |z|^2 e^{i2\theta} = 2e^{i\frac{\pi}{3}} \iff |z|^2 = 2 \text{ et } 2\theta = \frac{\pi}{3} + 2k\pi$$
$$\iff |z| = \sqrt{2} \text{ et } \theta = \frac{\pi}{6} + k\pi,\ k \in \{0, 1\}.$$

Les solutions sont donc $\boxed{z_1 = \sqrt{2}.e^{i\frac{\pi}{6}}}$ et $\boxed{z_2 = \sqrt{2}.e^{i\frac{7\pi}{6}} = -z_1}$

⋆ On est en présence d'une équation du second degré à coefficients complexes. On calcule son discriminant :

$$\Delta = (5 - i)^2 - 4(6)(2 - \frac{5i}{6}) = 24 - 10i - 48 + 20i = -24 + 10i.$$

• On détermine ensuite $\delta \in \mathbb{C}$, tel que $\delta^2 = \Delta$ *i.e.* $\delta^2 = -24 + 10i$.

L'expression trigonométrique de Δ n'apparaîssant pas, on procède algébriquement : Posons $\delta = x + iy$, avec $(x, y) \in \mathbb{R}^2$.

$$\delta^2 = -24 + 10i \Leftrightarrow \begin{cases} x^2 - y^2 = -24 \\ |\delta^2| = |-24 + 10i| \\ 2xy = 10 \end{cases} \Leftrightarrow \begin{cases} x^2 - y^2 = -24 \\ x^2 + y^2 = 26 \\ xy > 0 \end{cases} \Leftrightarrow \begin{cases} x^2 = 1 \\ y^2 = 25 \\ xy > 0 \end{cases}$$

On peut donc prendre $\delta = 1 + 5i$.

• On en déduit alors les solutions :

$$\boxed{z_1 = \frac{(5 - i) + (1 + 5i)}{12} = \frac{3 + 2i}{6}} \text{ et } \boxed{z_2 = \frac{(5 - i) - (1 + 5i)}{12} = \frac{2 - 3i}{6}}$$

⋆ On a évidemment $z \neq i$ et on peut poser $Z = \dfrac{z + i}{z - i}$. On va donc résoudre d'abord l'équation $Z^3 = -1$:

$$Z^3 = -1 \iff Z^3 = e^{i\pi} \iff Z \in \left\{e^{i\frac{\pi + 2k\pi}{3}}, k \in \{0, 1, 2\}\right\}$$
$$\iff Z \in \left\{e^{i\frac{\pi}{3}}, -1, e^{i\frac{5\pi}{3}}\right\}.$$

Or, pour $z \neq i$: $\dfrac{z + i}{z - i} = e^{i\theta} \iff z + i = e^{i\theta}(z - i) \iff z(1 - e^{i\theta}) = -i(1 + e^{i\theta})$.

Ici $Z = e^{i\theta}$, avec $\theta \in \left\{\frac{\pi}{3}, \pi, \frac{5\pi}{3}\right\}$, donc $e^{i\theta} \neq 1$ et $z = -i\,\dfrac{1 + e^{i\theta}}{1 - e^{i\theta}}$

Pour simplifier cette expression, on pourrait multiplier haut et bas par la quantité conjuguée, mais il vaut mieux connaître l'astuce habituelle dans ce genre de calcul :

$$\begin{cases} 1 + e^{i\theta} = e^{i\frac{\theta}{2}}(e^{i\frac{\theta}{2}} + e^{-i\frac{\theta}{2}}) = 2.e^{i\frac{\theta}{2}} \cos\frac{\theta}{2} \\ 1 - e^{i\theta} = e^{i\frac{\theta}{2}}(-e^{i\frac{\theta}{2}} + e^{-i\frac{\theta}{2}}) = -2i.e^{i\frac{\theta}{2}} \sin\frac{\theta}{2} \end{cases}$$

En reportant, il reste donc $z = \operatorname{cotan}\dfrac{\theta}{2}$ et les solutions sont :

$$\boxed{\operatorname{cotan}\frac{\pi}{6} = \sqrt{3}, \operatorname{cotan}\frac{\pi}{2} = 0, \operatorname{cotan}\frac{5\pi}{6} = -\sqrt{3}}$$

Notons que l'équation admettait 0 pour solution évidente, on pouvait donc aussi développer et résoudre l'équation du second degré obtenue. L'intérêt de la méthode que nous venons de présenter est qu'elle se généralise aisément . . .

Corrigé 3.03

• Le discriminant Δ vaut :

$$\Delta = 4\sin^2\theta - 4\tan^2\theta = 4\tan^2\theta(\cos^2\theta - 1) = (2i\sin\theta\tan\theta)^2$$

Donc les solutions sont : $z_1 = \dfrac{2\sin\theta - 2i\sin\theta\tan\theta}{2} = \mathrm{e}^{-i\theta}\tan\theta$ et $z_2 = \overline{z_1}$

• Déterminons module et arguments de chaque solution.

$|z_1| = |z_2| = |\tan\theta|$ et comme $\theta \in \left]-\frac{\pi}{2}, \frac{\pi}{2}\right[$, on est amené à distinguer plusieurs cas :

⋆ Si $\theta = 0$, alors $z_1 = z_2 = 0$ et il n'y a pas d'écriture trigonométrique.

⋆ Si $\theta \in \left]-\frac{\pi}{2}, 0\right[$, alors $z_1 = (-\tan\theta)(-\mathrm{e}^{-i\theta}) = (-\tan\theta)\mathrm{e}^{i(-\theta+\pi)}$, c'est l'écriture trigonométrique de z_1 et :

$$\arg z_1 \equiv -\theta + \pi \pmod{2\pi}, \text{ d'où } \arg z_2 \equiv \theta - \pi \pmod{2\pi}$$

⋆ Si $\theta \in \left]0, \frac{\pi}{2}\right[$, alors $z_1 = (\tan\theta)(\mathrm{e}^{-i\theta})$, c'est l'écriture trigonométrique de z_1 et :

$$\boxed{\arg z_1 \equiv -\theta \pmod{2\pi}, \text{ d'où } \arg z_2 \equiv \theta \pmod{2\pi}}$$

Corrigé 3.04

1°) $1 - i = \sqrt{2}\left(\frac{\sqrt{2}}{2} - i\frac{\sqrt{2}}{2}\right) = \sqrt{2}\left(\cos(-\frac{\pi}{4}) + i\sin(-\frac{\pi}{4})\right) = \sqrt{2}\mathrm{e}^{-i\frac{\pi}{4}}$.

On en déduit : $z_1 = (1-i)^n = (\sqrt{2})^n\mathrm{e}^{-i\frac{n\pi}{4}}$, donc :

$$\boxed{|z_1| = (\sqrt{2})^n = 2^{n/2} \text{ et } \arg z_1 \equiv -\frac{n\pi}{4} \pmod{2\pi}}$$

2°) Comme dans l'exercice **3.02.**, on simplifie une écriture de la forme $\mathrm{e}^{i\alpha} + \mathrm{e}^{i\theta}$ en utilisant l'angle moitié

$$\begin{aligned}\mathrm{e}^{i\alpha} + \mathrm{e}^{i\beta} &= \mathrm{e}^{i\frac{\alpha+\beta}{2}}\left(\mathrm{e}^{i\frac{\alpha-\beta}{2}} + \mathrm{e}^{i\frac{\beta-\alpha}{2}}\right) = \mathrm{e}^{i\frac{\alpha+\beta}{2}}\left(\mathrm{e}^{i\frac{\beta-\alpha}{2}} + \mathrm{e}^{-i\frac{\beta-\alpha}{2}}\right)\\ &= \mathrm{e}^{i\frac{\alpha+\beta}{2}} \times 2\cos\frac{\beta-\alpha}{2}\end{aligned}$$

$$1 + \mathrm{e}^{i(\alpha+\beta)} = \mathrm{e}^{i\times 0} + \mathrm{e}^{i(\alpha+\beta)} = \mathrm{e}^{i\frac{\alpha+\beta}{2}} \times 2\cos\frac{\alpha+\beta}{2}$$

Comme α et β sont dans $]0, \pi/2[$, il en est de même de $\dfrac{\alpha+\beta}{2}$ et $\cos\dfrac{\alpha+\beta}{2} \neq 0$,

donc : $z_2 = \dfrac{\mathrm{e}^{i\alpha} + \mathrm{e}^{i\beta}}{1 + \mathrm{e}^{i(\alpha+\beta)}} = \dfrac{\cos(\frac{\beta-\alpha}{2})}{\cos(\frac{\alpha+\beta}{2})}$

Enfin puisque $\dfrac{\beta-\alpha}{2} \in]-\pi/2, \pi/2[$, z_2 est un réel strictement positif, et :

$$\boxed{|z_2| = z_2 \text{ et } \arg z_2 \equiv 0 \pmod{2\pi}}$$

Corrigé 3.05

1°) Par hypothèse $|a|^2 = 1$, donc $a\overline{a} = 1$ et $\overline{a} = a^{-1}$.

2°) Un nombre complexe est un imaginaire pur si et seulement si son conjugué est égal à son opposé.

⋆ $\overline{z_1} = \dfrac{\overline{a} + \overline{b}}{\overline{a} - \overline{b}} = \dfrac{\frac{1}{a} + \frac{1}{b}}{\frac{1}{a} - \frac{1}{b}} = \dfrac{b+a}{b-a} = -z_1$, donc z_1 est un imaginaire pur.

$\star\ \overline{z_2} = \dfrac{\overline{a}+\overline{b}}{1-\overline{ab}} = \dfrac{\frac{1}{a}+\frac{1}{b}}{1-\frac{1}{ab}} = \dfrac{b+a}{ba-1} = -z_2$, donc z_2 est un imaginaire pur.

3°) Comme a et b ont pour module 1, on pose $a = \mathrm{e}^{i\alpha}$ et $b = \mathrm{e}^{i\beta}$ et pour simplifier toute écriture du type $\mathrm{e}^{i\varphi} + \mathrm{e}^{i\theta}$, on utilise la technique de l'angle moitié.

$$\star\ z_1 = \frac{e^{i\alpha}+e^{i\beta}}{e^{i\alpha}-e^{i\beta}} = \frac{\mathrm{e}^{i\frac{\alpha+\beta}{2}}}{\mathrm{e}^{i\frac{\alpha+\beta}{2}}} \times \frac{\mathrm{e}^{i\frac{\alpha-\beta}{2}}+\mathrm{e}^{i\frac{\beta-\alpha}{2}}}{\mathrm{e}^{i\frac{\alpha-\beta}{2}}-\mathrm{e}^{i\frac{\beta-\alpha}{2}}} = \frac{2\cos\frac{\alpha-\beta}{2}}{2i\sin\frac{\alpha-\beta}{2}} = -i\,\mathrm{cotan}\,\frac{\alpha-\beta}{2}$$

et

$$\star\ z_2 = \frac{\mathrm{e}^{i\alpha}+\mathrm{e}^{i\beta}}{1-\mathrm{e}^{i(\beta+\alpha)}} = \frac{\mathrm{e}^{i\frac{\alpha+\beta}{2}}}{\mathrm{e}^{i\frac{\alpha+\beta}{2}}} \times \frac{\mathrm{e}^{i\frac{\alpha-\beta}{2}}+\mathrm{e}^{i\frac{\beta-\alpha}{2}}}{\mathrm{e}^{-i\frac{\alpha+\beta}{2}}-\mathrm{e}^{i\frac{\beta+\alpha}{2}}} = \frac{2\cos\frac{\alpha-\beta}{2}}{-2i\sin\frac{\alpha+\beta}{2}} = i\frac{\cos\frac{\alpha-\beta}{2}}{\sin\frac{\alpha+\beta}{2}}$$

4°) *Méthode 1* : on se contente de calculer :

$$\begin{aligned}\star\ |a+b+c|^2 &= (a+b+c)(\overline{a}+\overline{b}+\overline{c})\\ &= a\overline{a}+b\overline{b}+c\overline{c}+a\overline{b}+a\overline{c}+b\overline{a}+b\overline{c}+c\overline{a}+c\overline{b}\\ &= 3+a\overline{b}+a\overline{c}+b\overline{a}+b\overline{c}+c\overline{a}+c\overline{b}.\end{aligned}$$

$$\begin{aligned}\star\ |ab+bc+ca|^2 &= (ab+bc+ca)(\overline{ab}+\overline{bc}+\overline{ca})\\ &= ab\overline{ab}+ab\overline{bc}+ab\overline{ca}+bc\overline{ab}+bc\overline{bc}+bc\overline{ca}+ca\overline{ab}+ca\overline{bc}+ca\overline{ca}\\ &= 3+a\overline{c}+b\overline{c}+c\overline{a}+b\overline{a}+c\overline{b}+a\overline{b}.\end{aligned}$$

Donc $|a+b+c|^2 = |ab+bc+ca|^2$ et $|a+b+c| = |ab+bc+ca|$.

Méthode 2 : exploitons directement le fait qu'il s'agit de nombres de module 1 :

$$|a+b+c| = |\frac{1}{\overline{a}}+\frac{1}{\overline{b}}+\frac{1}{\overline{c}}| = |\frac{\overline{bc}+\overline{ca}+\overline{ac}}{\overline{abc}}| = |\overline{bc}+\overline{ca}+\overline{ac}| = |bc+ca+ab|$$

5°) Soit $z = \dfrac{c+ab\overline{c}-(a+b)}{a-b}$, on a :

$$\overline{z} = \frac{\overline{c}+\overline{a}\overline{b}c-(\overline{a}+\overline{b})}{\overline{a}-\overline{b}} = \frac{\overline{c}+\frac{1}{ab}c-(\frac{1}{a}+\frac{1}{b})}{\frac{1}{a}-\frac{1}{b}} = \frac{\overline{c}ab+c-(b+a)}{b-a} = -z$$

Donc z est un imaginaire pur.

Corrigé 3.06

1°) • Comme $1+i = \sqrt{2}.\mathrm{e}^{i\frac{\pi}{4}}$, on en déduit l'écriture trigonométrique de z_1 :

$$\boxed{z_1 = 4\sqrt{3}\mathrm{e}^{i\frac{\pi}{4}}}$$

• Comme $1+i\sqrt{3} = 2\mathrm{e}^{i\frac{\pi}{3}}$, on en déduit l'écriture trigonométrique de z_2 :

$$\boxed{z_2 = 2\sqrt{2}\mathrm{e}^{i\frac{\pi}{3}}}$$

2°) $z = \dfrac{z_1}{z_2} = \dfrac{2\sqrt{6}(1+i)}{\sqrt{2}(1+i\sqrt{3})} = \sqrt{12}\dfrac{(1+i)(1-i\sqrt{3})}{4}$, c'est-à-dire :

$$\boxed{z = \frac{\sqrt{3}}{2}[(1+\sqrt{3})+i(1-\sqrt{3})]}$$

3°) A l'aide de l'écriture trigonométrique de z_1 et de z_2, on en déduit celle du quotient :

$$\boxed{\frac{z_1}{z_2} = \frac{4\sqrt{3}.\mathrm{e}^{i\frac{\pi}{4}}}{2\sqrt{2}.\mathrm{e}^{i\frac{\pi}{3}}} = \sqrt{6}.\mathrm{e}^{i(\frac{\pi}{4}-\frac{\pi}{3})} = \sqrt{6}.\mathrm{e}^{i(-\frac{\pi}{12})}}$$

4°) Procédons par identification des parties réelles et imaginaires :

$z = \frac{\sqrt{3}}{2}[(1+\sqrt{3}) + i(1-\sqrt{3})] = \sqrt{6}.\mathrm{e}^{i(-\frac{\pi}{12})}$, donc :

$$\frac{\sqrt{3}}{2}(1+\sqrt{3}) = \sqrt{6}\cos\left(-\frac{\pi}{12}\right) \text{ et } \frac{\sqrt{3}}{2}(1-\sqrt{3}) = \sqrt{6}\sin\left(-\frac{\pi}{12}\right)$$

Ainsi :

$$\cos\frac{\pi}{12} = \cos\left(-\frac{\pi}{12}\right) = \frac{\sqrt{3}(1+\sqrt{3})}{2\sqrt{6}} \text{ ; } \sin\frac{\pi}{12} = -\sin\left(-\frac{\pi}{12}\right) = -\frac{\sqrt{3}(1-\sqrt{3})}{2\sqrt{6}}$$

Soit : $\boxed{\cos\frac{\pi}{12} = \frac{\sqrt{2}+\sqrt{6}}{4}}$ et $\boxed{\sin\frac{\pi}{12} = \frac{-\sqrt{2}+\sqrt{6}}{4}}$

Corrigé 3.07

Par la formule d'Euler : $\cos k = \frac{1}{2}(\mathrm{e}^{ik} + \mathrm{e}^{-ik})$, on a :

$$\sum_{k=0}^{n} \frac{\cos k}{2^k} = \frac{1}{2}\Big(\sum_{k=0}^{n} \frac{\mathrm{e}^{ik}}{2^k} + \sum_{k=0}^{n} \frac{\mathrm{e}^{-ik}}{2^k}\Big)$$

La formule donnant la somme des premiers termes d'une suite géométrique de raison $q \in \mathbb{C} \setminus \{1\}$ est : $\sum_{k=0}^{n} q^k = \frac{1-q^{n+1}}{1-q}$, donc :

$$\sum_{k=0}^{n} \frac{\mathrm{e}^{ik}}{2^k} = \sum_{k=0}^{n} \left(\frac{\mathrm{e}^{i}}{2}\right)^k = \frac{1-(\frac{\mathrm{e}^{i}}{2})^{n+1}}{1-\frac{\mathrm{e}^{i}}{2}} \text{ et } \sum_{k=0}^{n} \frac{\mathrm{e}^{-ik}}{2^k} = \sum_{k=0}^{n} \left(\frac{\mathrm{e}^{-i}}{2}\right)^k = \frac{1-(\frac{\mathrm{e}^{-i}}{2})^{n+1}}{1-\frac{\mathrm{e}^{-i}}{2}}$$

Ainsi $\sum_{k=0}^{n} \frac{\cos k}{2^k} = \frac{1}{2}\left[\frac{1-(\frac{\mathrm{e}^{i}}{2})^{n+1}}{1-\frac{\mathrm{e}^{i}}{2}} + \frac{1-(\frac{\mathrm{e}^{-i}}{2})^{n+1}}{1-\frac{\mathrm{e}^{-i}}{2}}\right]$

On sait que : si $q \in \mathbb{C}$ est tel que $|q| < 1$, alors $\lim_{n\to+\infty} q^n = 0$, ici $|\frac{\mathrm{e}^{i}}{2}| = |\frac{\mathrm{e}^{-i}}{2}| = \frac{1}{2}$, donc :

$$\lim_{n\to+\infty} \sum_{k=0}^{n} \frac{\cos k}{2^k} = \frac{1}{2}\left[\frac{1}{1-\frac{\mathrm{e}^{i}}{2}} + \frac{1}{1-\frac{\mathrm{e}^{-i}}{2}}\right] = \frac{1}{2} \times \frac{2-\frac{1}{2}(\mathrm{e}^{i}+\mathrm{e}^{-i})}{(1-\frac{\mathrm{e}^{i}}{2})(1-\frac{\mathrm{e}^{-i}}{2})}$$

$$= \frac{1}{2} \times \frac{2-\cos 1}{\frac{5}{4}-\frac{1}{2}(\mathrm{e}^{i}+\mathrm{e}^{-i})} = \frac{1}{2} \times \frac{2-\cos 1}{\frac{5}{4}-\cos 1}$$

Ainsi :

$$\boxed{\lim_{n\to+\infty} \sum_{k=0}^{n} \frac{\cos k}{2^k} = \frac{4-2\cos 1}{5-4\cos 1}}$$

Corrigé 3.08

Par hypothèse $x \neq \frac{\pi}{2} + k\pi, k \in \mathbb{Z}$, donc $\cos x \neq 0$ et le calcul a un sens.
Comme $\cos kx = \text{Ré}(\mathrm{e}^{ikx})$ et $\cos^k x \in \mathbb{R}$, la partie réelle d'une somme de nombres complexes étant la somme des parties réelles, on peut écrire :

$$\sum_{k=0}^{n} \frac{\cos kx}{\cos^k x} = \text{Ré}\Big(\sum_{k=0}^{n} \frac{\mathrm{e}^{ikx}}{\cos^k x}\Big) = \text{Ré}\Big(\sum_{k=0}^{n} \big(\frac{\mathrm{e}^{ix}}{\cos x}\big)^k\Big)$$

Pour évaluer la somme $\sum_{k=0}^{n} q^k$ avec $q = \frac{\mathrm{e}^{ix}}{\cos x}$, on doit traiter à part le cas où $q = 1$.

$$q = 1 \iff \mathrm{e}^{ix} = \cos x \iff \cos x + i\sin x = \cos x \iff \sin x = 0$$
$$\iff x \equiv 0 \pmod{\pi}$$

$\star$ Si $x \equiv 0 \pmod{\pi}$, alors $\sum\limits_{k=0}^{n} \dfrac{\cos kx}{\cos^k x} = \text{Ré}(\sum\limits_{k=0}^{n} 1) = n+1$.

$\star$ Sinon :

$$\sum_{k=0}^{n}\left(\frac{e^{ix}}{\cos x}\right)^k = \frac{1-\left(\frac{e^{ix}}{\cos x}\right)^{n+1}}{1-\frac{e^{ix}}{\cos x}} = \frac{\cos^{n+1}x - e^{i(n+1)}}{\cos^n x(\cos x - e^{ix})} = \frac{\cos^{n+1}x - e^{i(n+1)}}{\cos^n x(-i\sin x)}$$

$$= i\times \frac{\cos^{n+1}x - \cos((n+1)x) - i\sin((n+1)x)}{\cos^n x \sin x}$$

$$\boxed{\sum_{k=0}^{n} \frac{\cos kx}{\cos^k x} = \frac{\sin((n+1)x)}{\cos^n x \sin x}}$$

Corrigé 3.09

1°) $z_1 = a\,\dfrac{1+i\tan\alpha}{1-i\tan\alpha} = a\,\dfrac{\cos\alpha + i\sin\alpha}{\cos\alpha - i\sin\alpha} = a\,\dfrac{e^{i\alpha}}{e^{-i\alpha}} = a.e^{i2\alpha}$.

$\star$ Si $a = 0$, alors $z_1 = 0$ qui ne possède pas d'écriture trigonométrique.

$\star$ Si $a > 0$, alors $|z_1| = a$ et l'écriture trigonométrique de z_1 est $z_1 = a.e^{i2\alpha}$.

$\star$ Si $a < 0$, alors $|z_1| = -a$ et $z_1 = (-a)(-e^{i2\alpha}) = (-a)e^{i(2\alpha+\pi)}$, c'est l'écriture trigonométrique de z_1.

2°) $z_2 = \cos\alpha + i(1+\sin\alpha) = i(1+\sin\alpha - i\cos\alpha)$

$= i\big(1+\cos\left(\alpha - \frac{\pi}{2}\right) + i\sin\left(\alpha - \frac{\pi}{2}\right)\big) = i(1+e^{i(\alpha-\frac{\pi}{2})})$.

Pour simplifier une écriture de la forme $1+e^{i\theta}$, utilisons l'angle moitié en écrivant :

$$1+e^{i\theta} = e^{i\frac{\theta}{2}}(e^{i\frac{\theta}{2}} + e^{-i\frac{\theta}{2}}) = 2\cos\left(\frac{\theta}{2}\right)e^{i\frac{\theta}{2}}$$

Soit, ici : $z_2 = e^{i\frac{\pi}{2}}\cdot 2\cos\left(\frac{\alpha}{2} - \frac{\pi}{4}\right)e^{i(\frac{\alpha}{2}-\frac{\pi}{4})} = 2\cos\left(\frac{\alpha}{2} - \frac{\pi}{4}\right)e^{i(\frac{\alpha}{2}+\frac{\pi}{4})}$ (1)

Comme $-\frac{\pi}{4} \leqslant \frac{\alpha}{2} - \frac{\pi}{4} < \frac{3\pi}{4}$, on est amené à distinguer plusieurs cas :

$\star$ Si $\alpha = \frac{3\pi}{2}$, alors $\cos\left(\frac{\alpha}{2} - \frac{\pi}{4}\right) = 0$ et $z_2 = 0$ qui n'a pas d'écriture trigonométrique.

$\star$ Si $\alpha \in [0, \frac{3\pi}{2}[$, alors $-\frac{\pi}{4} \leqslant \frac{\alpha}{2} - \frac{\pi}{4} < \frac{\pi}{2}$ et $\cos\left(\frac{\alpha}{2} - \frac{\pi}{4}\right) > 0$, donc $|z_2| = 2\cos\left(\frac{\alpha}{2} - \frac{\pi}{4}\right)$ et l'écriture (1) est l'écriture trigonométrique de z_2.

$\star$ Si $\alpha \in]\frac{3\pi}{2}, 2\pi[$, alors $\frac{\pi}{2} < \frac{\alpha}{2} - \frac{\pi}{4} < \frac{3\pi}{4}$ et $\cos\left(\frac{\alpha}{2} - \frac{\pi}{4}\right) < 0$, donc $|z_2| = -2\cos\left(\frac{\alpha}{2} - \frac{\pi}{4}\right)$ et l'écriture trigonométrique de z_2 est :

$$z_2 = \left[-2\cos(\tfrac{\alpha}{2} - \tfrac{\pi}{4})\right].e^{i(\frac{\alpha}{2}+\frac{5\pi}{4})}.$$

3°) En multipliant haut et bas par l'expression conjuguée du dénominateur :

$$z_3 = \frac{(1-\cos\alpha - i\sin\alpha)(1+\cos\alpha - i\sin\alpha)}{|1+\cos\alpha + i\sin\alpha|^2} = \frac{-2i\sin\alpha}{(1+\cos\alpha)^2 + \sin^2\alpha}$$

$$z_3 = \frac{-4i\sin\frac{\alpha}{2}\cos\frac{\alpha}{2}}{2(1+\cos\alpha)} = -i\tan\frac{\alpha}{2}.$$

$\star$ Si $\alpha = 0$, alors $z_3 = 0$ qui n'a pas d'écriture trigonométrique.

$\star$ Si $\alpha \in]0, \pi[$, alors $\tan\frac{\alpha}{2} > 0$, donc $|z_3| = \tan\frac{\alpha}{2}$ et l'écriture trigonométrique de z_3 est : $z_3 = \left(\tan\frac{\alpha}{2}\right).e^{-i\frac{\pi}{2}}$.

Corrigé 3.10

1°) D'une part :
$|z+z'|^2 = (z+z')(\overline{z}+\overline{z'}) = z\overline{z}+z\overline{z'}+z'\overline{z}+z'\overline{z'} = |z|^2+|z'|^2+(z'\overline{z}+z\,\overline{z'})$.
D'autre part :
$|z-z'|^2 = (z-z')(\overline{z}-\overline{z'}) = z\overline{z}-z\overline{z'}-z'\overline{z}+z'\overline{z'} = |z|^2+|z'|^2-(z'\overline{z}+z\,\overline{z'})$.
donc, en sommant :

$$\boxed{|z+z'|^2+|z-z'|^2 = 2(|z|^2+|z'|^2)}$$

2°) Soit a et b dans $\mathbb{C}$ tels que $z=a^2$ et $z'=b^2$ (tout nombre complexe non nul a deux racines carrées opposées dans $\mathbb{C}$, 0 n'a qu'une racine carrée).
Alors $zz'=(ab)^2$ et z'' vaut ab ou $-ab$. Par symétrie du résultat on peut supposer que $z''=ab$ et alors :
$\frac{z+z'}{2}+z'' = \frac{a^2+b^2+2ab}{2} = \frac{(a+b)^2}{2}$; $\frac{z+z'}{2}-z'' = \frac{a^2+b^2-2ab}{2} = \frac{(a-b)^2}{2}$
Donc :

$$\begin{aligned}|\frac{z+z'}{2}+z''|+|\frac{z+z'}{2}-z''| &= \frac{1}{2}(|(a+b)^2|+|(a-b)^2|)\\ &= \frac{1}{2}(|a+b|^2+|a-b|^2) = |a|^2+|b|^2 = |a^2|+|b^2|\end{aligned}$$

Soit :

$$\boxed{|\frac{z+z'}{2}+z''|+|\frac{z+z'}{2}-z''| = |z|+|z'|}$$

Corrigé 3.11

1°) Posons $u = 2-2i\sqrt{3}$ et déterminons l'écriture trigonométrique de u :
$u = 4(\frac{1}{2}-i\frac{\sqrt{3}}{2}) = 4\mathrm{e}^{-i\frac{\pi}{3}}$, d'où :
$z^4 = 2-2i\sqrt{3} \iff z^4 = 4\mathrm{e}^{-\frac{i\pi}{3}} \iff z \in \{\sqrt{2}.\mathrm{e}^{-\frac{i\pi}{12}+\frac{2ik\pi}{4}}, k\in\{0,1,2,3\}\}$.

Donc les solutions sont : $\boxed{\sqrt{2}.\mathrm{e}^{-\frac{i\pi}{12}}, \sqrt{2}.\mathrm{e}^{\frac{5i\pi}{12}}, \sqrt{2}.\mathrm{e}^{\frac{11i\pi}{12}}, \sqrt{2}.\mathrm{e}^{\frac{17i\pi}{12}}}$

2°) • Résolvons algébriquement l'équation $X^2 = 2-2i\sqrt{3}$, en posant $X = x+iy$, avec $(x,y)\in\mathbb{R}^2$:

$$X^2 = 2-2i\sqrt{3} \iff \begin{cases} x^2-y^2=2\\ x^2+y^2=4\\ xy=-\sqrt{3}\end{cases} \iff \begin{cases} x^2=3\\ y^2=1\\ xy=-\sqrt{3}\end{cases}$$

les solutions sont donc : $\alpha = -\sqrt{3}+i$ et $\sqrt{3}-i = -\alpha$.

• On résout algébriquement l'équation $z^2 = -\sqrt{3}+i$, en posant $z=a+ib$, avec $(a,b)\in\mathbb{R}^2$:

$$z^2 = -\sqrt{3}+i \iff \begin{cases} a^2-b^2=-\sqrt{3}\\ a^2+b^2=2\\ 2ab=1\end{cases} \iff \begin{cases} a^2 = 1-\frac{\sqrt{3}}{2}\\ b^2 = 1+\frac{\sqrt{3}}{2}\\ ab=\frac{1}{2}\end{cases}$$

les solutions de cette équation sont donc : $z_1 = \sqrt{1-\frac{\sqrt{3}}{2}}+i\sqrt{1+\frac{\sqrt{3}}{2}}$ et $-z_1$.

• On résout également l'équation $z^2 = \sqrt{3} - i$, *i.e.* $z^2 = i^2(-\sqrt{3} + i)$, ou encore $(iz)^2 = -\sqrt{3} + i$. En utilisant les solutions de l'équation $z^2 = -\sqrt{3} + i$, on en déduit ses solutions : $iz = z_1$ ou $iz = -z_1$, donc $z = -iz_1$ ou $z = iz_1$.

• Or $z^4 = u \iff z^4 = \alpha^2 \iff (z^2 - \alpha)(z^2 + \alpha) = 0 \iff (z^2 = \alpha \text{ ou } z^2 = -\alpha)$

En conclusion les solutions de l'équation $z^4 = 2 - 2i\sqrt{3}$ sont : $z_1, -z_1, iz_1, -iz_1$, avec $z_1 = \sqrt{1 - \frac{\sqrt{3}}{2}} + i\sqrt{1 + \frac{\sqrt{3}}{2}}$.

(Les racines quatrièmes d'un nombre complexe s'obtiennent en multipliant l'une d'elles par les racines quatrièmes de l'unité.)

3°) On a donc : $\{\sqrt{2}.\mathrm{e}^{-\frac{i\pi}{12}}, \sqrt{2}.\mathrm{e}^{\frac{5i\pi}{12}}, \sqrt{2}.\mathrm{e}^{\frac{11i\pi}{12}}, \sqrt{2}.\mathrm{e}^{\frac{17i\pi}{12}}\} = \{z_1, -z_1, iz_1, -iz_1\}$

La solution $\sqrt{2}.\mathrm{e}^{-\frac{i\pi}{12}}$ est la seule des quatre ayant une partie réelle positive et une partie imaginaire négative, elle correspond donc à $-iz_1 = \sqrt{1 + \frac{\sqrt{3}}{2}} - i\sqrt{1 - \frac{\sqrt{3}}{2}}$.

Ainsi $\sqrt{2}\cos(-\frac{\pi}{12}) = \sqrt{1 + \frac{\sqrt{3}}{2}}$ et $\sqrt{2}\sin(-\frac{\pi}{12}) = -\sqrt{1 - \frac{\sqrt{3}}{2}}$. C'est-à-dire :

$$\boxed{\cos\frac{\pi}{12} = \frac{\sqrt{2+\sqrt{3}}}{2} \text{ et } \sin\frac{\pi}{12} = \frac{\sqrt{2-\sqrt{3}}}{2}}$$

Corrigé 3.12

1°) Démontrons la formule demandée par récurrence.

⋆ Si $n = 1$, $\sum\limits_{k=0}^{n-1}(k+1)i^k = 1$ et $\frac{1}{2}[-(n+1)i^{n+1} - ni^n + i] = \frac{1}{2}[-2i^2 - i + i] = 1$.

⋆ Soit $p \in \mathbb{N}^*$ et supposons la formule acquise au rang p, alors :

$$\begin{aligned}\sum_{k=0}^{p}(k+1)i^k = \sum_{k=0}^{p-1}(k+1)i^k + (p+1)i^p &= \frac{1}{2}[-(p+1)i^{p+1} - pi^p + i] + (p+1)i^p \\ &= \frac{1}{2}[-(p+1)i^{p+1} - pi^p + i + 2(p+1)i^p] \\ &= \frac{1}{2}[i^p(-p + 2p + 2) - (p+1)i^{p+1} + i] \\ &= \frac{1}{2}[-i^{p+2}(p+2) - (p+1)i^{p+1} + i]\end{aligned}$$

D'où le résultat au rang $p + 1$ et la conclusion par le principe de récurrence.

Remarque : On aurait pu écrire $(1 - X)(1 + X + \cdots + X^n) = 1 - X^{n+1}$. On dérive alors cette identité polynômiale, puis on substitue à X la valeur i...

2°) Considérons la relation précédente, en posant $n = 2p + 1$:

$$\begin{aligned}\forall p \in \mathbb{N}^*, \sum_{k=0}^{2p}(k+1)i^k &= \frac{1}{2}[-(2p+2)i^{2p+2} - (2p+1)i^{2p+1} + i] \\ &= (-1)^p(p+1) + \frac{i}{2}[(-1)^{p+1}(2p+1) + 1]\end{aligned}$$

D'où : $\mathrm{Ré}[\sum\limits_{k=0}^{2p}(k+1)i^k] = (-1)^p(p+1)$, $\mathrm{Im}[\sum\limits_{k=0}^{2p}(k+1)i^k] = \frac{1}{2}[1 - (-1)^p(2p+1)]$

Or $\sum_{k=0}^{2p}(k+1)i^k = [1-3+\cdots+(2p+1)(-1)^p] + i[2-4+\cdots+(2p)(-1)^{p-1}]$

En conclusion :

$$\boxed{\begin{cases} 1-3+\cdots+(2p+1)(-1)^p = (-1)^p(p+1) \\ 2-4+\cdots+(2p)(-1)^{p-1} = \frac{1}{2}[1-(-1)^p(2p+1)] \end{cases}}$$

Corrigé 3.13

1°) Comme 0 n'est pas solution de l'équation à résoudre, on pose $z = |z|e^{i\theta}$ et :

$z^4 = 1 \iff |z|^4 e^{i4\theta} = 1 \iff |z| = 1$ et $4\theta = 2k\pi \iff z \in \{e^{ik\frac{\pi}{2}}, k \in \mathbb{Z}\}$

On obtient toutes les solutions en donnant à k, par exemple, les valeurs $0, 1, 2, 3$ et :

Les solutions de l'équation $z^4 = 1$ sont : $1, i, -1, -i$.

2°) Comme 1 n'est pas solution de l'équation $1+z+z^2+z^3=0$, on peut écrire :

$1+z+z^2+z^3 = 0 \iff [z \neq 1$ et $\dfrac{1-z^4}{1-z} = 0\,] \iff z \neq 1$ et $z^4 = 1$.

Donc de la question précédente on en déduit que les solutions de l'équation $1+z+z^2+z^3=0$ sont : $i, -1, -i$.

[On aurait pu remarquer que -1 était racine évidente et factoriser par $(z+1)$:
$1+z+z^2+z^3 = (z+1)(z^2+1)\ldots$*]*

3°) Posons $Z = |Z|e^{i\theta}$, alors pour $k \in [\![1,3]\!]$, on a :

$$Z^2 = e^{ik\pi/2} \iff [\,|Z|^2 = 1, 2\theta = \frac{k\pi}{2} + 2k'\pi, k' \in \mathbb{Z}\,]$$
$$\iff [\,|Z| = 1, \theta = \frac{k\pi}{4} + k'\pi, k' \in \mathbb{Z}\,]$$

(et il suffit de donner à k' les valeurs 0 et 1)

Ainsi pour chaque valeur de k, il y a deux solutions pour θ :

Si $k=1$, $Z \in \{e^{i\pi/4}, e^{i5\pi/4}\}$; si $k=2$, $Z \in \{e^{i\pi/2}, e^{i3\pi/2}\}$;
si $k=3$, $Z \in \{e^{i3\pi/4}, e^{i7\pi/4}\}$.

En conclusion l'ensemble des solutions de l'équation à résoudre est :

$$\{e^{i\pi/4}, e^{i\pi/2}, e^{i3\pi/4}, e^{i5\pi/4}, e^{i3\pi/2}, e^{i7\pi/4}\} = \{e^{ik\pi/4} \text{ pour } k \in [\![1,7]\!] \setminus \{4\}$$

4°) Posons $Z = \left(\dfrac{z+i}{z-i}\right)^2$, alors l'équation devient : $1+Z+Z^2+Z^3=0$, dont les solutions sont i, -1 et $-i$.

On est donc ramené à résoudre : $\left(\dfrac{z+i}{z-i}\right)^2 = e^{ik\pi/2}$ avec $k \in \{1,2,3\}$, ce qui donne en utilisant la question précédente :

$$\frac{z+i}{z-i} \in \{e^{ik\pi/4}, k \in [\![1,7]\!] \setminus \{4\}\}$$

Or $\dfrac{z+i}{z-i} = e^{ik\pi/4} \iff z+i = e^{ik\pi/4}(z-i) \iff z(1-e^{ik\pi/4}) = -i(1+e^{ik\pi/4})$

et comme $1 - e^{ik\pi/4} \neq 0$:

$$z = \frac{1+e^{ik\pi/4}}{1-e^{ik\pi/4}}(-i) = i\,\frac{e^{ik\pi/4}+1}{e^{ik\pi/4}-1} = i\,\frac{e^{ik\pi/8}+e^{-ik\pi/8}}{e^{ik\pi/8}-e^{-ik\pi/8}} = i\,\frac{2\cos(k\pi/8)}{2i\sin(k\pi/8)}$$
$$= \operatorname{cotan}\frac{k\pi}{8}.$$

Ainsi les solutions de l'équation proposée sont les nombres $\operatorname{cotan}\frac{k\pi}{8}$, pour $k \in \{1,2,3,5,6,7\}$.

Corrigé 3.14

Afin de faire intervenir la somme des termes d'une suite géométrique complexe de raison différente de 1, écrivons :

$$\sum_{k=1}^{n} \frac{1}{2^k} \cos\left(k\frac{\pi}{3}\right) = \text{Ré}\left[\sum_{k=1}^{n} \frac{1}{2^k}(e^{\frac{i\pi}{3}})^k\right] = \text{Ré}\left[\sum_{k=1}^{n} \left(\tfrac{1}{2}e^{\frac{i\pi}{3}}\right)^k\right]$$

Or comme $\frac{1}{2}e^{\frac{i\pi}{3}} \neq 1$, on a : $\sum_{k=1}^{n} \left(\frac{1}{2}e^{\frac{i\pi}{3}}\right)^k = \frac{1}{2}e^{\frac{i\pi}{3}} \cdot \dfrac{1-(\frac{1}{2}e^{\frac{i\pi}{3}})^n}{1-(\frac{1}{2}e^{\frac{i\pi}{3}})}$.

De plus $1 - \frac{1}{2}e^{\frac{i\pi}{3}} = \frac{3}{4} - i\frac{\sqrt{3}}{4} = (-i\sqrt{3})(\frac{1}{4} + i\frac{\sqrt{3}}{4}) = (-i\sqrt{3})(\frac{1}{2}e^{\frac{i\pi}{3}})$.

$$\begin{aligned}\text{Donc } \sum_{k=1}^{n} \left(\tfrac{1}{2}e^{\frac{i\pi}{3}}\right)^k &= \frac{1}{-i\sqrt{3}}\left[1 - \frac{1}{2^n}e^{\frac{in\pi}{3}}\right] \\ &= \frac{1}{-i\sqrt{3}}\left[\left(1 - \frac{1}{2^n}\cos\frac{n\pi}{3}\right) - i\left(\frac{1}{2^n}\sin\frac{n\pi}{3}\right)\right] \\ &= \left[\frac{1}{2^n\sqrt{3}}\sin\frac{n\pi}{3}\right] + i\left[\frac{1}{\sqrt{3}}\left(1 - \frac{1}{2^n}\cos\frac{n\pi}{3}\right)\right].\end{aligned}$$

Soit, en isolant la partie réelle :

$$\boxed{\sum_{k=1}^{n} \frac{1}{2^k} \cos\left(k\frac{\pi}{3}\right) = \frac{1}{2^n\sqrt{3}}\sin\frac{n\pi}{3}}$$

[On aurait aussi pu raisonner par récurrence, en remarquant que $\cos(\pi/3) = \sqrt{3}/2$ *et* $\sin(\pi/3) = 1/2$.*]*

Corrigé 3.15

$$S_n = \sum_{k=1}^{n-1} \sin\frac{k\pi}{n} = \sum_{k=0}^{n-1} \sin\frac{k\pi}{n} = \text{Im}\left[\sum_{k=0}^{n-1} e^{\frac{ik\pi}{n}}\right] = \text{Im}\left[\sum_{k=0}^{n-1} (e^{\frac{i\pi}{n}})^k\right].$$

Comme $e^{\frac{i\pi}{n}} \neq 1$, on a : $\sum_{k=0}^{n-1} (e^{\frac{i\pi}{n}})^k = \dfrac{1-(e^{\frac{i\pi}{n}})^n}{1-e^{\frac{i\pi}{n}}} = \dfrac{2}{1-e^{\frac{i\pi}{n}}}$, d'où, en utilisant la technique de « l'angle moitié » :

$$\frac{2}{1-e^{\frac{i\pi}{n}}} = \frac{-2}{e^{\frac{i\pi}{2n}}(e^{\frac{i\pi}{2n}} - e^{-\frac{i\pi}{2n}})} = \frac{-2.e^{\frac{-i\pi}{2n}}}{2i\sin\frac{\pi}{2n}} = i\frac{e^{\frac{-i\pi}{2n}}}{\sin\frac{\pi}{2n}}$$

et donc :

$$\boxed{S_n = \text{Im}\left[i\frac{e^{\frac{-i\pi}{2n}}}{\sin\frac{\pi}{2n}}\right] = \frac{\cos\frac{-\pi}{2n}}{\sin\frac{\pi}{2n}} = \operatorname{cotan}\frac{\pi}{2n} = \frac{1}{\tan(\pi/2n)}}$$

Corrigé 3.16

1°) Le discriminant de cette équation est

$$\Delta = 4\cos^2\theta - 4 = -4\sin^2\theta = (2i\sin\theta)^2$$

Ses racines sont donc $\dfrac{2\cos\theta + 2i\sin\theta}{2} = e^{i\theta}$ et $\dfrac{2\cos\theta - 2i\sin\theta}{2} = e^{-i\theta}$

2°) Par conséquent :

$$\begin{aligned}P_n &= \prod_{k=0}^{n-1}(z_k^2 - 2z_k\cos\theta + 1) = \prod_{k=0}^{n-1}\left((z_k - \mathrm{e}^{i\theta})(z_k - \mathrm{e}^{-i\theta})\right)\\ &= \prod_{k=0}^{n-1}(\mathrm{e}^{i\theta} - z_k)\prod_{k=0}^{n-1}(\mathrm{e}^{-i\theta} - z_k)\end{aligned}$$

Or les $z_k = \mathrm{e}^{\frac{2ik\pi}{n}}$, avec $k \in [\![0, n-1]\!]$, sont les racines $n^{\text{èmes}}$ de l'unité donc :

$$\forall\, z \in \mathbb{C}, z^n - 1 = \prod_{k=0}^{n-1}(z - z_k)$$

Ainsi :

$P_n = \left((\mathrm{e}^{i\theta})^n - 1\right)\left((\mathrm{e}^{-i\theta})^n - 1\right) = (\mathrm{e}^{in\theta} - 1)(\mathrm{e}^{-in\theta} - 1) = 1 - (\mathrm{e}^{in\theta} + \mathrm{e}^{-in\theta}) + 1$

C'est-à-dire :

$$\boxed{\prod_{k=0}^{n-1}(z_k^2 - 2z_k\cos\theta + 1) = 2(1 - \cos n\theta)}$$

Corrigé 3.17

On a $z \neq -i$ et en posant $Z = \dfrac{z-i}{z+i}$ l'équation proposée (E) devient :

$$1 + Z + \cdots + Z^n = 0$$

et comme $Z \neq 1$: $(E) \Longleftrightarrow \dfrac{1 - Z^{n+1}}{1 - Z} = 0, Z \neq 1 \Longleftrightarrow Z^{n+1} = 1, Z \neq 1$

Ainsi $Z = \mathrm{e}^{\frac{2ik\pi}{n+1}}$, avec par exemple, $k \in [\![1, n]\!]$.

De plus $Z = \dfrac{z-i}{z+i} \Longleftrightarrow z(1 - Z) = i(1 + Z) \Longleftrightarrow z = -i\dfrac{Z+1}{Z-1}$, car $Z \neq 1$

Les solutions de l'équation initiale sont donc les nombres :

$$z_k = -i\frac{\mathrm{e}^{\frac{2ik\pi}{n+1}} + 1}{\mathrm{e}^{\frac{2ik\pi}{n+1}} - 1} = -i\frac{\mathrm{e}^{\frac{ik\pi}{n+1}}(\mathrm{e}^{\frac{ik\pi}{n+1}} + \mathrm{e}^{\frac{-ik\pi}{n+1}})}{\mathrm{e}^{\frac{ik\pi}{n+1}}(\mathrm{e}^{\frac{ik\pi}{n+1}} - \mathrm{e}^{\frac{-ik\pi}{n+1}})} = -i\frac{2\cos\frac{k\pi}{n+1}}{2i\sin\frac{k\pi}{n+1}}$$

C'est-à-dire : $\boxed{z_k = -\operatorname{cotan}\dfrac{k\pi}{n+1}, \text{ avec } k \in [\![1, n]\!]}$

Corrigé 3.18

Posons $Z = \dfrac{1+iz}{1-iz}$, comme $\dfrac{1 + i\tan a}{1 - i\tan a} = \dfrac{\cos a + i\sin a}{\cos a - i\sin a} = \mathrm{e}^{2ia}$, l'équation proposée devient :

$$Z^n = \mathrm{e}^{2ia}, \text{ avec } Z = \frac{1+iz}{1-iz}$$

$\star\ Z^n = \mathrm{e}^{2ia} \Longleftrightarrow Z = \mathrm{e}^{i\frac{2a+2k\pi}{n}}$, avec par exemple, $k \in [\![0, n-1]\!]$

$\star\ Z = \dfrac{1+iz}{1-iz} \Longleftrightarrow iz(1 + Z) = Z - 1, z \neq -i.$

Or : $\mathrm{e}^{i\frac{2a+2k\pi}{n}} = -1 \Longleftrightarrow \exists\, h \in \mathbb{Z}, \dfrac{2a + 2k\pi}{n} = \pi + 2h\pi$

$\qquad\qquad\qquad\qquad \Longleftrightarrow \exists\, h \in \mathbb{Z}, a = \dfrac{n\pi}{2} + (nh - k)\pi$

Compte tenu des hypothèses faites sur a, cette égalité est donc impossible et on peut écrire : $z = -i\dfrac{Z-1}{Z+1}$ (et on a bien $z \neq -i$).

Les solutions de l'équation initiale sont donc les nombres :

$$z_k = -i\frac{e^{i(\frac{2a+2k\pi}{n})}-1}{e^{i(\frac{2a+2k\pi}{n})}+1} = -i\frac{e^{i(\frac{a+k\pi}{n})}-e^{-i(\frac{a+k\pi}{n})}}{e^{i(\frac{a+k\pi}{n})}+e^{-i(\frac{a+k\pi}{n})}} = \frac{\sin\frac{a+k\pi}{n}}{\cos\frac{a+k\pi}{n}}$$

C'est-à-dire : $\boxed{z_k = \tan\frac{a+k\pi}{n}, \text{ avec } k \in [\![0, n-1]\!]}$

Corrigé 3.19

Posons $Z = \left(\frac{z-1}{z+1}\right)^n$, pour $z \neq 1$ et $z \neq -1$. On est amené à résoudre l'équation : $Z + \frac{1}{Z} = 2\cos\alpha$, *i.e.* $Z^2 - (2\cos\alpha)Z + 1 = 0$, ce qui s'écrit :

$$(Z - e^{i\alpha})(Z - e^{-i\alpha}) = 0, \text{ soit : } Z = e^{i\alpha} \text{ ou } Z = e^{-i\alpha}$$

On doit donc maintenant résoudre : $\left(\frac{z-1}{z+1}\right)^n = e^{i\alpha}$ puis $\left(\frac{z-1}{z+1}\right)^n = e^{-i\alpha}$, et on peut noter dès à présent que les solutions de la seconde équation sont les conjuguées des solutions de la première, ou qu'il suffira de changer α en $-\alpha$.

• On a $\left(\frac{z-1}{z+1}\right)^n = e^{i\alpha} \iff \frac{z-1}{z+1} = e^{i\frac{\alpha+2k\pi}{n}}$, avec par exemple $k \in [\![0, n-1]\!]$.

Posons $\theta_k = \frac{\alpha+2k\pi}{n}$, alors :

$$\frac{z-1}{z+1} = e^{i\theta_k} \iff z - 1 = (z+1)e^{i\theta_k} \iff z(1 - e^{i\theta_k}) = e^{i\theta_k} + 1.$$

Afin de pouvoir diviser par $1 - e^{i\theta_k}$, il faut regarder s'il existe des valeurs de k pour lesquelles $e^{i\theta_k} = 1$, c'est-à-dire $\frac{\alpha+2k\pi}{n} \equiv 0 \pmod{2\pi}$.

Or $0 \leqslant \frac{\alpha}{n} \leqslant \frac{\alpha+2k\pi}{n} \leqslant \frac{\alpha+(2n-2)\pi}{n} \leqslant \frac{(2n-1)\pi}{n} < 2\pi$, donc la seule valeur possible est obtenue pour $\frac{\alpha}{n} = 0$, c'est-à-dire $\alpha = 0$ et $k = 0$, d'où deux possibilités :

⋆ Si $\alpha \neq 0$, alors $\forall k \in [\![0, n-1]\!]$, on a

$$z_k = \frac{e^{i\theta_k}+1}{1-e^{i\theta_k}} = -\frac{e^{i\frac{\alpha+2k\pi}{n}}+1}{e^{i\frac{\alpha+2k\pi}{n}}-1} = -\frac{e^{i\frac{\alpha+2k\pi}{2n}}+e^{-i\frac{\alpha+2k\pi}{2n}}}{e^{i\frac{\alpha+2k\pi}{2n}}-e^{-i\frac{\alpha+2k\pi}{2n}}} = -\frac{2\cos\frac{\alpha+2k\pi}{2n}}{2i\sin\frac{\alpha+2k\pi}{2n}}$$

C'est-à-dire $z_k = i\,\text{cotan}\,\frac{\alpha+2k\pi}{2n}$.

⋆ Si $\alpha = 0$, alors il faut exclure la valeur $k = 0$, donc $z_k = i\,\text{cotan}\,\frac{k\pi}{n}$, avec $k \in [\![1, n-1]\!]$

• Pour la seconde équation, la résolution et la discussion sont les mêmes en remplaçant α par $-\alpha$. En conclusion :

⋆ Si $\alpha = 0$, les solutions sont les nombres $i\,\text{cotan}\,\frac{k\pi}{n}$, $k \in [\![1, n-1]\!]$.

⋆ Si $\alpha \neq 0$, les solutions sont les nombres $i\,\text{cotan}\,\frac{\alpha+2k\pi}{2n}$, $k \in [\![0, n-1]\!]$ et $i\,\text{cotan}\,\frac{-\alpha+2h\pi}{2n}$, $h \in [\![0, n-1]\!]$.

Remarquons enfin que ces racines sont bien deux à deux distinctes :

⋆ la restriction de la fonction cotangente à un intervalle de longueur π est injective et donc les racines de chacune des deux familles sont deux à deux distinctes.

⋆ $i\,\text{cotan}\,\frac{\alpha+2k\pi}{2n} = i\,\text{cotan}\,\frac{-\alpha+2h\pi}{2n}$ si et seulement si il existe un entier K tel que $\frac{\alpha+2k\pi}{2n} = \frac{-\alpha+2h\pi}{2n} + K\pi$, *i.e.* $\alpha = (h - k + nK)\pi$, et comme

$\alpha \in [0, \pi[$, ceci ne peut avoir lieu que pour $\alpha = 0$. Ainsi, pour $\alpha \neq 0$ les racines de la première famille sont distinctes des racines de la seconde.

Corrigé 3.20

A l'aide de la formule du binôme de Newton, on peut écrire :

$$(z + w^k)^n = \sum_{\ell=0}^{n} \binom{n}{\ell} (w^k)^\ell z^{n-\ell}, \text{ donc : } S_n = \sum_{k=1}^{n} \Big(\sum_{\ell=0}^{n} \binom{n}{\ell} (w^k)^\ell z^{n-\ell} \Big)$$

et par permutation des deux sommes (finies), il vient :

$$S_n = \sum_{\ell=0}^{n} \Big(\sum_{k=1}^{n} (w^k)^\ell \Big) \binom{n}{\ell} z^{n-\ell} = \sum_{\ell=0}^{n} \Big(\sum_{k=1}^{n} (w^\ell)^k \Big) \binom{n}{\ell} z^{n-\ell}$$

On peut remarquer que : $w^\ell = \mathrm{e}^{i\frac{2\pi\ell}{n}} = 1$ si et seulement si ℓ est multiple de n et donc pour $\ell \in [\![1, n-1]\!]$, l'identité géométrique donne :

$$\sum_{k=1}^{n} (w^\ell)^k = w^\ell \times \frac{1 - (w^\ell)^n}{1 - w^\ell} = w^\ell \times \frac{1 - w^{\ell n}}{1 - w^\ell} = 0,$$

car $w^{\ell n} = \mathrm{e}^{i2\ell\pi} = 1$.

Donc dans l'expression de S_n ne restent que les termes correspondant à $\ell = 0$ et à $\ell = n$:

Donc $S_n = \displaystyle\sum_{k=1}^{n} (w^0)^k \binom{n}{0} z^{n-0} + \sum_{k=1}^{n} (w^n)^k \binom{n}{n} z^{n-n} = \Big(\sum_{k=1}^{n} 1\Big) z^n + \Big(\sum_{k=1}^{n} 1\Big)$

Ainsi : $\boxed{S_n = nz^n + n}$

Corrigé 3.21

1°) Comme $z = 1$ n'est pas solution, $(1 + z)^n = (1 - z)^n \iff \left(\frac{1+z}{1-z}\right)^n = 1$.

Donc : $\left(\frac{1+z}{1-z}\right)^n = 1 \iff \frac{1+z}{1-z} = \mathrm{e}^{\frac{2ik\pi}{n}}$, avec $k \in [\![0, n-1]\!]$,

et $\frac{1+z}{1-z} = \mathrm{e}^{\frac{2ik\pi}{n}} \iff z(1 + \mathrm{e}^{\frac{2ik\pi}{n}}) = \mathrm{e}^{\frac{2ik\pi}{n}} - 1$.

Afin de pouvoir diviser par $1 + \mathrm{e}^{\frac{2ik\pi}{n}}$, déterminons les valeurs de k pour lesquelles $\mathrm{e}^{\frac{2ik\pi}{n}} = -1$. Comme $k \in [\![0, n-1]\!]$, on a $\frac{2k\pi}{n} \in \left[0, \frac{2(n-1)\pi}{n}\right]$ et :

$$\mathrm{e}^{\frac{2ik\pi}{n}} = -1 \iff \frac{2k\pi}{n} = \pi, \textit{ i.e. } k = \frac{n}{2}$$

Par conséquent :

⋆ Si n est impair, $\forall\, k \in [\![0, n-1]\!], 1 + \mathrm{e}^{\frac{2ik\pi}{n}} \neq 0$

⋆ Si n est pair, $n = 2p$, alors $1 + \mathrm{e}^{\frac{2ik\pi}{n}} = 0$ et $k \in [\![0; n-1]\!] \iff k = p$.

Donc les solutions sont les z_k définis par :

⋆ Si n est impair, $n = 2p + 1$:

$$z_k = \frac{\mathrm{e}^{\frac{2ik\pi}{2p+1}} - 1}{\mathrm{e}^{\frac{2ik\pi}{2p+1}} + 1} = \frac{\mathrm{e}^{\frac{ik\pi}{2p+1}} - \mathrm{e}^{-\frac{ik\pi}{2p+1}}}{\mathrm{e}^{\frac{ik\pi}{2p+1}} + \mathrm{e}^{-\frac{ik\pi}{2p+1}}} = \frac{2i \sin \frac{k\pi}{2p+1}}{2 \cos \frac{k\pi}{2p+1}} = i \tan \frac{k\pi}{2p+1}, k \in [\![0, 2p]\!]$$

⋆ Si n est pair, $n = 2p$: $z_k = i \tan \frac{k\pi}{2p}$, $k \in [\![0, 2p-1]\!] \setminus \{p\}$

2°) Etudions deux cas :

⋆ Si $n = 2p$, alors $\forall\, z \in \mathbb{C}$:

$$\begin{aligned}(1+z)^{2p}-(1-z)^{2p}&=\sum_{k=0}^{2p}\binom{2p}{k}z^k-\sum_{k=0}^{2p}\binom{2p}{k}(-1)^kz^k\\&=2\binom{2p}{2p-1}z^{2p-1}+\cdots=4pz^{2p-1}+\cdots\end{aligned}$$

D'autre part la seule racine réelle étant $z_0=0$, il reste $(2p-2)$ racines non réelles et l'équation étant à coefficients réels, si z est racine alors $\overline{z}$ l'est aussi. Or si k décrit $[\![1,p-1]\!]$, $\tan\frac{k\pi}{2p}>0$, et donc $\{z_1,\dots,z_{p-1}\}$ ne contient pas deux nombres conjugués, ce qui signifie que l'ensemble des racines est exactement :

$$\{0,z_1,\dots,z_{p-1},\overline{z_1},\dots,\overline{z_{p-1}}\}$$

On en déduit alors la factorisation :

$$\begin{aligned}(1+z)^{2p}-(1-z)^{2p}&=(4p)z\prod_{k=1}^{p-1}\left[(z-i\tan\frac{k\pi}{2p})(z+i\tan\frac{k\pi}{2p})\right]\\&=4pz\prod_{k=1}^{p-1}(z^2+\tan^2\frac{k\pi}{2p})\end{aligned}$$

Ainsi : $$\boxed{\forall x\in\mathbb{R}, f(x)=(1+x)^{2p}-(1-x)^{2p}=4px\prod_{k=1}^{p-1}(x^2+\tan^2\frac{k\pi}{2p})}$$

⋆ Si $n=2p+1$, en raisonnant de même (mais cette fois les termes en z^{2p+1} ne s'éliminent pas), la seule racine réelle étant $z_0=0$, on en déduit que l'ensemble des racines est $\{0,z_1,\dots,z_p,\overline{z_1},\dots,\overline{z_p}\}$

D'où la factorisation :

$$\begin{aligned}(1+z)^{2p+1}-(1-z)^{2p+1}&=2z\prod_{k=1}^{p}\left[(z-i\tan\frac{k\pi}{2p+1})(z+i\tan\frac{k\pi}{2p+1})\right]\\&=2z\prod_{k=1}^{p}(z^2+\tan^2\frac{k\pi}{2p+1})\end{aligned}$$

$$\boxed{\forall x\in\mathbb{R}, f(x)=(1+x)^{2p+1}-(1-x)^{2p+1}=2x\prod_{k=1}^{p}(x^2+\tan^2\frac{k\pi}{2p+1})}$$

Polynômes 04

RÉPARTITION DES EXERCICES

I. ÉNONCÉS DES EXERCICES

4.01 Soit P le polynôme défini par : $P = (1 + aX)(1 + a^2X) \cdots (1 + a^nX)$, a étant un entier relatif différent de 1 et de -1. On pose $P = \sum\limits_{i=0}^{n} a_iX^i$.

1°) Montrer que : $(1 + aX)P(aX) = (1 + a^{n+1}X)P(X)$.

2°) Montrer que : $\forall\, k \in [\![1, n]\!], a_k(a^k - 1) = a_{k-1}(a^{n+1} - a^k)$.

En déduire que : $\forall\, k \in [\![1, n]\!], a_k = \dfrac{\prod\limits_{i=1}^{k}(a^{n+1} - a^i)}{\prod\limits_{i=1}^{k}(a^i - 1)}$

◇

4.02 Soit $n \in \mathbb{N}$, déterminer le polynôme $P_n \in \mathbb{R}_n[X]$, de degré exactement n tel que $P_n - P_n' = \dfrac{1}{n!}X^n$.

◇

4.03 On considère le polynôme $P_n = \prod\limits_{k=0}^{n}(1 + X^{2^k})$. Calculer les coefficients de l'expression développée de ce polynôme.

◇

4.04 **1°)** Déterminer les réels p et q pour que le polynôme $A = X^3 + pX + q$ soit divisible par $B = X^2 + mX - 1$, $m \in \mathbb{R}$.

2°) Déterminer le reste de la division du polynôme $A = aX^{n+1} + bX^n + 1$ par $B = (X - 1)^2$, $n \in \mathbb{N}^*$.
Déterminer les valeurs de a et b pour que A soit divisible par B.

◇

4.05 Soit P le polynôme défini par : $P = (X-1)^{n+2} + X^{2n+1}$. Montrer que P est divisible dans $\mathbb{C}[X]$ par $X^2 - X + 1$.

◇

4.06 Déterminer a et b pour que le polynôme $P = X^4 + aX^3 + bX + 81 \in \mathbb{C}[X]$, vérifie :

$$\exists\, \alpha \in \mathbb{C}, P(\alpha) = P'(\alpha) = P''(\alpha) = 0 \text{ et } P'''(\alpha) \neq 0$$

(On verra en seconde période que ceci caractérise le fait que α soit une racine d'ordre exactement 3 de P).
Calculer alors cette racine α.

◇

4.07 Soit $n \in \mathbb{N}^*$.
Déterminer le reste dans la division de $A = (X-2)^{2n} + (X-1)^n - 2$ par le polynôme B, dans les cas suivants :

1°) $B = (X-1)(X-2)$.

2°) $B = (X-2)^2$. (On prouvera que si $S \in \mathbb{R}[X]$ est de la forme $S = (X-2)^2 Q$, avec $Q \in \mathbb{R}[X]$, alors $S(2) = S'(2) = 0$).

3°) $B = (X-2)^3$ (on pourra utiliser le résultat de la question précédente).

◇

4.08 Soit $P = (X+1)^7 - X^7 - 1$.

1°) Déterminer le degré et le coefficient dominant du polynôme P.

2°) Montrer que P possède au moins deux racines réelles entières et donner leur ordre de multiplicité.

3°) Démontrer que P est divisible par $X - j$, où $j = \mathrm{e}^{2i\pi/3}$.

4°) Vérifier que $P'(j) = 0$ et montrer que $(X-j)^2$ divise P.

5°) Factoriser P dans $\mathbb{C}[X]$ puis dans $\mathbb{R}[X]$.

◇

4.09 On considère le polynôme $P = (X-2)^{2n} + (X-1)^n - 1$.

1°) Montrer que le polynôme P est divisible par $C = X^2 - 3X + 2$.

2°) Déterminer le quotient dans la division de $P_1 = (X-1)^n - 1$ par $X-2$, en déduire le quotient dans la division de P par $X-2$.

3°) Déterminer le quotient dans la division de P par C.

◇

4.10 Soit P un polynôme de degré inférieur ou égal à 4. Déterminer P sachant que le polynôme $P + 10$ est divisible par $(X-2)^2$ et que le polynôme $P - 12$ est divisible par $(X+2)^3$.

◇

4.11 Soit $n \in \mathbb{N}$, $n \geqslant 3$, on considère le polynôme :

$$P = [\cos(n-2)\theta]X^n - [\cos(n-1)\theta]X^{n-1} - (\cos\theta)X + 1.$$

1°) Montrer que $X^2 - 2(\cos\theta)X + 1$ divise le polynôme P.

2°) Soit $x \in \mathbb{R}_+^*$, on considère $\theta \in]0, 2\pi[$ et on pose $z = xe^{i\theta}$.
En calculant de deux manières la partie réelle de

$$A(z) = 1 + z + z^2 + \cdots + z^{n-2}$$

déterminer le quotient de la division de P par $X^2 - 2(\cos\theta)X + 1$.

◇

4.12 *Polynômes de Tchébychev de première espèce.*

On considère la suite $(T_n)_{n\geq 0}$ de polynômes définie par : $T_0 = 1, T_1 = X$ et $\forall\, n \in \mathbb{N}, T_{n+2} = 2XT_{n+1} - T_n$.

1°) a) Calculer T_2 et T_3.

b) Montrer que : $\forall\, n \in \mathbb{N}^*$, T_n est un polynôme de degré n et de coefficient dominant 2^{n-1}.

2°) a) Rappeler l'expression de $\cos a \cos b$ en fonction de $\cos(a+b)$ et $\cos(a-b)$.

b) Montrer par récurrence que : $\forall\, n \in \mathbb{N}, \forall\, \theta \in \mathbb{R}, T_n(\cos\theta) = \cos n\theta$.

3°) a) Justifier que : $\forall\, x \in]-1, 1[$, il existe de manière unique $\theta \in]0, \pi[\![$ tel que $x = \cos\theta$.

b) Soit $n \in \mathbb{N}^*$, déduire des questions précédentes l'ensemble des racines de T_n appartenant à $]-1, 1[$, puis l'ensemble des racines de T_n.

c) Soit $n \in \mathbb{N}^*$, en déduire la factorisation de T_n en produits de polynômes irréductibles dans $\mathbb{R}[X]$.

◇

4.13 On admet provisoirement que pour tout $k \in \mathbb{N}$, il existe un polynôme $L_k \in \mathbb{R}[X]$ et un seul, de coefficient dominant égal à 1, tel que

$$kL_k = (X-1)L_k' - XL_k''.$$

1°) Montrer que L_k est de degré k.

2°) Que vaut L_0 ?

3°) Montrer que $\forall\, k \in \mathbb{N}, L_k = \sum\limits_{i=0}^{k} (-1)^{k-i}(k-i)!\binom{k}{i}^2 X^i$.

◇

4.14 **1°)** Soit P le polynôme de $\mathbb{R}[X]$ défini par $P = X^5 - 1$. Vérifier que 1 est une racine de P et déterminer le polynôme $Q \in \mathbb{R}[X]$ tel que : $P = (X-1)Q$.

2°) Résoudre dans $\mathbb{C}$ l'équation $z^5 - 1 = 0$ et en déduire une factorisation de P en produits de polynômes irréductibles dans $\mathbb{R}[X]$.

3°) a) Soit z un nombre complexe non nul, on pose $u = z + \dfrac{1}{z}$, déterminer le polynôme $T \in \mathbb{R}_2[X]$ tel que : $\forall\, z \in \mathbb{C}^*, \sum\limits_{k=0}^{4} z^k = z^2 \times T(u)$.

b) Résoudre l'équation $u^2+u-1=0$ et en déduire sous forme algébrique les solutions de : $u = z + \frac{1}{z}$, z étant l'inconnue.

4°) Déduire des questions précédentes les valeurs de : $\cos\frac{2\pi}{5}$, $\cos\frac{4\pi}{5}$, $\cos\frac{\pi}{5}$ et $\sin\frac{\pi}{5}$.

◇

4.15 Soit a un nombre réel.

1°) a) Résoudre dans $\mathbb{C}$ l'équation : $z^2 - 2z\cos a + 1 = 0$.

b) En déduire la résolution dans $\mathbb{C}$ de l'équation : $z^{2n} - 2z^n\cos a + 1 = 0$, $n \in \mathbb{N}^*$. (On donnera les solutions sous forme trigonométrique.)

2°) On considère le polynôme $P_a = X^{2n} - 2X^n\cos a + 1$.

Montrer que $P_a = \prod_{k=0}^{n-1}\left(X^2 - 2\cos(\frac{a+2k\pi}{n})X + 1\right)$

3°) Application 1 : Calculer $P_{\frac{\pi}{6}}(1)$. En déduire que :

$$\prod_{k=0}^{n-1}\sin^2\left(\frac{\frac{\pi}{12}+k\pi}{n}\right) = \frac{2-\sqrt{3}}{4^n}.$$

4°) Application 2 : Montrer que $P_a(\mathrm{e}^{i\theta}) = 2\mathrm{e}^{in\theta}(\cos n\theta - \cos a)$.

Montrer que $P_a(\mathrm{e}^{i\theta}) = \prod_{k=0}^{n-1}[2\mathrm{e}^{i\theta}(\cos\theta - \cos(\frac{a+2k\pi}{n}))]$

En déduire que : $\prod_{k=0}^{n-1}[\cos\theta - \cos(\frac{a+2k\pi}{n})] = \frac{\cos n\theta - \cos a}{2^{n-1}}$.

◇

4.16 On considère la suite de polynômes $(P_n)_{n\in\mathbb{N}^*}$ définie par :

$$P_1 = 1,\ P_2 = X \text{ et } \forall n \geqslant 1\ P_{n+2} = XP_{n+1} - P_n$$

1°) Calculer P_3 et P_4.

2°) Montrer que : $\forall n \geqslant 1, \forall a \in]0,\pi[, \sin na = P_n(2\cos a)\times\sin a$.

3°) a) Déterminer les solutions de l'équation : $\sin ny = 0$. En déduire les racines de P_n appartenant à $]-2,2[$.

b) Déterminer le degré de P_n et déduire toutes les racines de P_n puis l'expression factorisée de P_n.

c) En déduire que : $\forall a \in]0,\pi[, \frac{\sin na}{\sin a} = 2^{n-1}\prod_{k=1}^{n-1}[\cos a - \cos\frac{k\pi}{n}]$.

◇

4.17 Soit $P \in \mathbb{K}_n[X]$ et $a \in \mathbb{K}$. Montrer la formule de Taylor :

$P = \sum_{k=0}^{n}\frac{P^{(k)}(a)}{k!}(X-a)^k$ (où $P^{(k)}$ désigne le polynôme dérivé k ème du polynôme P, avec $P^{(0)} = P$).

◇

4.18 *Polynômes d'Euler*

On considère les polynômes $P_n, n \in \mathbb{N}$, définis par :

$$P_0 = 1, \forall n \in \mathbb{N}^*, P_n = X^n - \frac{1}{2}\sum_{k=0}^{n-1}\binom{n}{k}P_k \quad (*)$$

1°) a) Déterminer P_1 et P_2.

b) Démontrer que pour tout n, P_n est un polynôme unitaire de degré n.

2°) a) Montrer que : $\forall n \in \mathbb{N}^*, \sum_{k=0}^{n-1}\binom{n}{k}X^k = (X+1)^n - X^n$.

b) Montrer que : $\forall n \in \mathbb{N}, P_n(X+1) + P_n(X) = 2X^n$.

3°) Montrer par récurrence que : $\forall n \in \mathbb{N}^*, P_n' = nP_{n-1}$.

4°) a) Soit $n \in \mathbb{N}$, montrer que : $\forall k \in [\![0, n]\!], P_n^{(k)} = \dfrac{n!}{(n-k)!}P_{n-k}$.

b) Soit $n \in \mathbb{N}$, calculer $P_n^{(k)}$ pour $k \geqslant n+1$.

5°) a) Soit $n \in \mathbb{N}^*$. En utilisant la formule de Taylor montrer que :

$\forall a \in \mathbb{R}, P_n = P_n(a) + \sum_{k=1}^{n}\binom{n}{k}P_{n-k}(a)(X-a)^k$.

b) En déduire : $P_n(X+1) = \sum_{k=0}^{n}\binom{n}{k}P_{n-k} = \sum_{k=0}^{n}\binom{n}{k}P_k$ et retrouver la relation du **2°) b)**.

6°) a) Soit $T \in \mathbb{R}[X]$ tel que $T(X+1) + T(X) = 0$, montrer que $T = 0$

b) Soient $(R_1, R_2) \in (\mathbb{R}[X])^2$ tel que :

$R_1(X+1) + R_1(X) = R_2(X+1) + R_2(X)$.

Montrer que $R_1 = R_2$.

c) Soit $n \in \mathbb{N}$, déduire des questions précédentes l'existence d'un polynôme unique $Q \in \mathbb{R}[X]$ tel que $Q(X+1) + Q(X) = 2X^n$.

◇

4.19 Pour tout entier $n \in \mathbb{N}$, on définit le polynôme Q_n de $\mathbb{C}[X]$ par :

$$Q_n = \frac{1}{2i}[(X+i)^{n+1} - (X-i)^{n+1}].$$

1°) Déterminer le degré de Q_n et son terme dominant.

2°) Montrer que : $\forall, r \in \mathbb{N}, Q_{2r} = \sum_{p=0}^{r}(-1)^p\binom{2r+1}{2p+1}X^{2r-2p}$.

3°) Déterminer les racines (dans $\mathbb{C}$) de Q_n et montrer qu'elles sont réelles, en déduire la décomposition de Q_n en produits de polynômes irréductibles dans $\mathbb{R}[X]$.

4°) Montrer que pour $r \in \mathbb{N}^*$: $Q_{2r} = (2r+1)\prod_{k=1}^{r}(X^2 - \cot^2\dfrac{k\pi}{2r+1})$.

◇

4.20 *Polynômes de Tchébychev de deuxième espèce.*

Pour tout entier naturel n, on définit le polynôme P_n par :

$$P_n = \sum_{k=0}^{\lfloor n/2 \rfloor}(-1)^k\binom{n+1}{2k+1}(1-X^2)^kX^{n-2k}$$

1°) Vérifier que $P_0 = 1$, $P_1 = 2X$ et calculer P_2 et P_3.

2°) Etudier la parité de la fonction polynôme $x \mapsto P_n(x)$ suivant la parité de n.

3°) Montrer que pour tout n et tout t : $\sin((n+1)t) = (\sin t)\times P_n(\cos t)$.

4°) a) Montrer que : $\forall n \in \mathbb{N}^*, \forall t \in \mathbb{R} \setminus \{k\pi, k \in \mathbb{Z}\}$:

$$(n^2+2n)P_n(\cos t) - 3\cos t P_n'(\cos t) - (\cos^2 t - 1)P_n''(\cos t) = 0$$

b) En déduire que : $(n^2+2n)\, P_n - 3XP_n' - (X^2-1)P_n'' = 0_{\mathbb{R}[X]}$.

5°) a) Montrer que pour tout entier naturel n et pour tout réel t :

$$\sin((n+2)t) + \sin(nt) = 2\cos(t)\sin((n+1)t).$$

b) En déduire que pour tout entier naturel n non nul, on a :

$$P_{n+1} - 2XP_n + P_{n-1} = 0_{\mathbb{R}[X]}.$$

6°) Montrer que $\deg P_n = n$ et que le coefficient dominant de P_n est 2^n.

◇

4.21 Pour $p \in \mathbb{N}^*$, on pose : $P_p(X) = \sum\limits_{\ell=0}^{p} (-1)^\ell \binom{2p+1}{2\ell} X^\ell$.

1°) Montrer que $(X+i)^{2p+1} - (X-i)^{2p+1} = (-1)^p \times 2iP_p(X^2)$.

2°) a) Pour $k \in [\![1,p]\!]$, calculer $P_p(x_k)$ avec $x_k = \dfrac{\cos^2(\frac{k\pi}{2p+1})}{\sin^2(\frac{k\pi}{2p+1})}$.

b) Quelles sont toutes les racines de P_p ? Que vaut leur somme ?

3°) a) Montrer que $0 < x < \pi/2 \implies \sin x < x < \tan x$.

b) En déduire que $0 < x < \pi/2 \implies \dfrac{\cos^2 x}{\sin^2 x} < \dfrac{1}{x^2} < 1 + \dfrac{\cos^2 x}{\sin^2 x}$.

4°) a) Montrer que : $\dfrac{p(2p-1)}{3} \leqslant \sum\limits_{k=1}^{p} \dfrac{(2p+1)^2}{k^2\pi^2} \leqslant p + \dfrac{p(2p-1)}{3}$.

b) En déduire que $\lim\limits_{p\to\infty} \sum\limits_{k=1}^{p} \dfrac{1}{k^2} = \dfrac{\pi^2}{6}$.

◇

4.22 Soit $n \in \mathbb{N}^*$.

1°) a) A l'aide de la formule de de Moivre exprimer $\cos n\theta$ en fonction des $\cos^k\theta$, $k \in \mathbb{N}$. En déduire l'existence d'un unique polynôme $P_n \in \mathbb{R}[X]$ tel que : $\forall \theta \in \mathbb{R}, P_n(\cos\theta) = \cos(n\theta)$.

b) Montrer l'existence d'un unique polynôme $Q_n \in \mathbb{R}[X]$ tel que : $\forall \theta \in \mathbb{R}, (\sin\theta)Q_n(\cos\theta) = \sin(n\theta)$.

2°) Déterminer le degré de P_n, ses racines dans $\mathbb{C}$, leur ordre de multiplicité et la parité de P_n.

3°) a) Trouver une relation entre P_n' et Q_n.

b) Déterminer le degré de Q_n, ses racines dans $\mathbb{C}$ et leur ordre de multiplicité.

4°) a) Vérifier que : $\forall n \in \mathbb{N}^*$,
$P_{n+1} = 2XP_n - P_{n-1}$ et $Q_{n+1} = 2XQ_n - Q_{n-1}$.
b) Vérifier que : $(X^2 - 1)P_n'' + XP_n' = n^2 P_n$.

5°) a) Montrer que P_n peut s'écrire sous la forme : $P_n = \sum\limits_{k=0}^{\lfloor n/2 \rfloor} a_k X^{n-2k}$.
b) Déterminer une relation entre a_k et a_{k-1}, pour $k \in \mathbb{N}^*$.

6°) Déterminer en fonction de n l'expression des polynômes P_n et Q_n.

II. INDICATIONS

1) Rappels des principales méthodes d'étude

❑ Si $P = \sum\limits_{i=0}^{n} a_i X^i \in \mathbb{K}[X]$, alors le polynôme dérivé P' de P est défini par :

$$P' = \sum_{i=1}^{n} i.a_i X^{i-1} \text{ (si } n = 0\text{, alors } P' = 0).$$

On définit alors par récurrence les dérivées successives par $P^{(k)} = [P^{(k-1)}]'$, avec $P^{(0)} = P$.

❑ Un nombre a de $\mathbb{K}$ est racine du polynôme $P \in \mathbb{K}[X]$ si et seulement si $P(a) = 0$ ou si et seulement si il existe un polynôme Q tel que $P = (X - a)Q$. Il est racine d'ordre de multiplicité k s'il est divisible par $(X - a)^k$ sans l'être par $(X - a)^{k+1}$.

❑ Tout polynôme $P \in \mathbb{C}[X]$ de degré n possède exactement n racines comptées avec leurs ordres de multiplicité (théorème de d'Alembert–Gauss). En particulier un polynôme ayant une infinité de racines est le polynôme nul.

❑ Si $z \in \mathbb{C} \setminus \mathbb{R}$ est racine de $P \in \mathbb{R}[X]$, alors $\overline{z}$ est aussi racine de P avec le même ordre de multiplicité.

❑ Les théorèmes précédents peuvent aussi s'énoncer sous la forme :

⋆ Tout polynôme $P \in \mathbb{C}[X]$, non constant, peut s'écrire comme produit de polynômes du premier degré (non nécessairement distincts)

⋆ Tout polynôme $P \in \mathbb{R}[X]$, non constant, peut s'écrire comme produit de polynômes du premier degré à coefficients réels et de polynômes du second degré à coefficient réels et de discriminant négatif (les facteurs ne sont pas nécessairement distincts et il se peut qu'il n'y ait des facteurs que d'un seul type).

❑ Si A et B appartiennent à $\mathbb{K}[X]$, il existe un couple unique de polynômes Q et R de $\mathbb{K}[X]$ tel que :

$$A = B.Q + R, \text{ avec } \deg R < \deg B$$

On dit que Q et R sont respectivement le quotient et le reste dans la division (euclidienne) de A par B.

---

2) Indications spécifiques à chaque exercice

4.01. **2)** Traduire l'égalité précédente à l'aide des coefficients de P. **3)** Raisonner par récurrence en utilisant le résultat précédent.

4.02. Pas de ruse : écrire $P_n = \sum_{i=0}^{n} a_i X^i$ et en déduire par identification une relation entre a_i et a_{i+1}.

4.03. Calculer $P_0, P_1, \ldots$ jusqu'à deviner !

4.04. **1)** Poser la division de A par B et déterminer p et q de façon que le reste soit nul. **2)** On a $A = BQ + R$ avec $\deg R < 2$. Remarquer que 1 est racine double de B et en déduire $R(1)$ et $R'(1)$.

4.05. Chercher les racines de $X^2 - X + 1$.

4.07. Penser que le degré du reste est toujours strictement inférieur au degré du diviseur.

4.09. Déterminer les racines de $X^2 - 3X + 2$.
Penser à l'identité géométrique $X^n - a^n = (X - a) \sum_{k=0}^{n-1} a^{n-1-k} X^k$.

4.10. Remarquer que 2 et -2 sont racines d'ordre respectivement au moins 1 et au moins 2 de P' qui est ainsi à déterminer.

4.11. **1)** Déterminer une bonne fois pour toutes les racines complexes de $X^2 - 2(\cos\theta)X + 1$. **2)** La partie réelle d'une somme est la somme des parties réelles. Remarquer ausi que $A(z)$ est la somme des termes d'une suite géométrique de raison z.

4.12. Un polynôme de degré n ne peut avoir plus de n racines distinctes, donc si on en connait n ...

4.13. Pour la dernière question faire, ce qui est assez peu fréquent, une récurrence descendante.

4.14. **4)** On dispose de 2 écritures de l'ensemble des racines non réellles de P, procéder par identification en regardant le signe des parties réelles et imaginaires.

4.15. **3)** Utliser $1 - \cos\theta = 2\sin^2\theta$.

4.19. Développer à l'aide de la formule du binôme de Newton : $(X + i)^{n+1}$ et $(X - i)^{n+1}$.

4.20. **3)** Déterminer deux écritures de $(\cos t + i \sin t)^{n+1}$.
4) Poser $\varphi : t \mapsto \sin(n+1)t - (\sin t)\, P_n(\cos t)$ et dériver deux fois.

4.21. **1)** et **2)** **a)** Faire comme en **4.19.**, pour **b)** remarquer que la somme des racines (dans $\mathbb{C}$ et en les comptant avec leur ordre de multiplicité) d'un polynôme peut s'obtenir en comparant la forme développée et la forme obtenue en développant la forme factorisée.

III. CORRIGÉS DÉTAILLÉS DES EXERCICES

Corrigé 4.01

1°) Comme $P = (1 + aX)(1 + a^2X) \ldots (1 + a^nX) = \prod_{k=1}^{n} (1 + a^kX)$, on a :

$$P(aX) = (1 + a^2X)(1 + a^3X) \ldots (1 + a^{n+1}X) = \prod_{k=2}^{n+1} (1 + a^kX)$$

et :

$$(1 + aX)P(aX) = \prod_{k=1}^{n+1} (1 + a^kX) = (1 + a^{n+1}X) \prod_{k=1}^{n} (1 + a^kX) \text{ soit}$$

$$\boxed{(1 + aX)P(aX) = (1 + a^{n+1}X)P(X)}$$

2°) On traduit alors l'égalité précédente à l'aide des coefficients de P :

$$(1+aX)\Big(\sum_{i=0}^{n} a_i a^i X^i\Big) = (1+a^{n+1}X)\Big(\sum_{i=0}^{n} a_i X^i\Big)$$

$$\sum_{i=0}^{n} a_i a^i X^i + \sum_{i=0}^{n} a_i a^{i+1} X^{i+1} = \sum_{i=0}^{n} a_i X^i + \sum_{i=0}^{n} a_i a^{n+1} X^{i+1}$$

Soit, par décalage de l'indice dans la deuxième et la quatrième somme :

$$\sum_{i=0}^{n} a_i a^i X^i + \sum_{i=1}^{n+1} a_{i-1} a^i X^i = \sum_{i=0}^{n} a_i X^i + \sum_{i=1}^{n+1} a_{i-1} a^{n+1} X^i$$

L'identification des coefficients des termes en X^0 et aussi en X^{n+1} ne donne que les banalités : $a_0 = a_0$ et $a_n a^{n+1} = a_n a^{n+1}$, et en identifiant les coefficients des termes en X^k, pour $k \in [\![1,n]\!]$, il vient :

$$\forall\, k \in [\![1,n]\!], a_k a^k + a_{k-1} a^k = a_k + a_{k-1} a^{n+1}$$

Soit :

$$\boxed{\forall\, k \in [\![1,n]\!], a_k(a^k - 1) = a_{k-1}(a^{n+1} - a^k)}$$

3°) Montrons par récurrence que : $\forall\, k \in [\![1,n]\!], a_k = \dfrac{\prod\limits_{i=1}^{k}(a^{n+1} - a^i)}{\prod\limits_{i=1}^{k}(a^i - 1)}$.

→ On remarque que $a_0 = 1$, donc $a_1 = \dfrac{a_0(a^{n+1} - a)}{a-1} = \dfrac{a^{n+1} - a}{a-1}$, d'où la relation au rang 1.

→ Soit $k \in [\![1,n-1]\!]$ et supposons la propriété vraie au rang k, alors :

$$a_{k+1} = \frac{a^{n+1} - a^{k+1}}{a^{k+1} - 1} \times a_k = \frac{a^{n+1} - a^{k+1}}{a^{k+1} - 1} \times \frac{\prod\limits_{i=1}^{k}(a^{n+1} - a^i)}{\prod\limits_{i=1}^{k}(a^i - 1)} = \frac{\prod\limits_{i=1}^{k+1}(a^{n+1} - a^i)}{\prod\limits_{i=1}^{k+1}(a^i - 1)}$$

et la propriété est vraie au rang $k+1$. On conclut, par le principe de récurrence :

$$\boxed{\forall\, k \in [\![1,n]\!], a_k = \frac{\prod\limits_{i=1}^{k}(a^{n+1} - a^i)}{\prod\limits_{i=1}^{k}(a^i - 1)}}$$

Corrigé 4.02

Remarquons déjà que si P est un polynôme tel que $P - P' = \dfrac{1}{n!}X^n$, alors nécessairement P est de degré n, puisque $\deg(P - P') = \deg(P)$.

Cherchons donc P sous la forme $P = \sum\limits_{i=0}^{n} a_i X^i$, avec $a_n \neq 0$.

P convient si et seulement si $\sum\limits_{i=0}^{n} a_i X^i - \sum\limits_{i=1}^{n} i a_i X^{i-1} = \dfrac{1}{n!}X^n$, c'est-à-dire :

$$\sum_{i=0}^{n} a_i X^i - \sum_{k=0}^{n-1}(k+1)a_{k+1}X^k = \frac{1}{n!}X^n$$

ou encore : $\sum_{i=0}^{n-1}\big(a_i-(i+1)a_{i+1}\big)X^i + a_nX^n = \frac{1}{n!}X^n$.

On en déduit donc par identification des coefficients :

$$\forall i \in [\![0, n-1]\!], a_i = (i+1)a_{i+1} \text{ et } a_n = \frac{1}{n!}.$$

Ainsi : $a_{n-1} = n.a_n = \frac{n}{n!} = \frac{1}{(n-1)!}$; $a_{n-2} = (n-1)a_{n-1} = \frac{1}{(n-2)!}$, et plus généralement, par induction : $a_k = (k+1)a_{k+1} = \frac{k+1}{(k+1)!} = \frac{1}{k!}, \dots, a_0 = 1$.

Le problème a donc une solution et une seule :

$$\boxed{P = \sum_{k=0}^{n} \frac{1}{k!}X^k}$$

Corrigé 4.03

$\star$ $P_0 = 1+X$, $P_1 = \prod_{k=0}^{1}(1+X^{2^k}) = (1+X)(1+X^2) = 1+X+X^2+X^3$.

$P_2 = \prod_{k=0}^{2}(1+X^{2^k}) = (1+X)(1+X^2)(1+X^4) = 1+X+X^2+\cdots+X^7$.

$\star$ On peut donc conjecturer que : $\boxed{P_n = \sum_{k=0}^{2^{n+1}-1} X^k}$, ce que nous allons vérifier par récurrence, la propriété étant vraie pour $n=0$, $n=1$ (et aussi pour $n=2$).

Si la propriété est vraie pour un cetain entier $m \geqslant 1$, alors :

$$\begin{aligned}
P_{m+1} &= \prod_{k=0}^{m+1}(1+X^{2^k}) = (1+X^{2^{m+1}})P_m = (1+X^{2^{m+1}})\sum_{k=0}^{2^{m+1}-1} X^k \\
&= \sum_{k=0}^{2^{m+1}-1} X^k + X^{2^{m+1}}\Big(\sum_{k=0}^{2^{m+1}-1} X^k\Big) = \sum_{k=0}^{2^{m+1}-1} X^k + \sum_{k=0}^{2^{m+1}-1} X^{k+2^{m+1}} \\
&= \sum_{k=0}^{2^{m+1}-1} X^k + \sum_{i=2^{m+1}}^{2^{m+1}+2^{m+1}-1} X^i = \sum_{k=0}^{2^{m+2}-1} X^k
\end{aligned}$$

Ce qui montre le résultat au rang $m+1$. On conclut alors par le principe de récurrence : la propriété annoncée est vraie pour tout $n \in \mathbb{N}^*$.

Corrigé 4.04

1°) Considérons les deux polynômes $A = X^3 + pX + q$ et $B = X^2 + mX - 1$. Posons la division de A par B :

$$\begin{array}{rrrr|l}
X^3 & & +pX & +q & X^2 \quad +mX \quad -1 \\
X^3 & +mX^2 & -X & & \overline{X \quad -m} \\
\hline
 & -mX^2 & +(p+1)X & +q & \\
 & -mX^2 & -m^2X & +m & \\
\hline
 & & (p+1+m^2)X & +q-m &
\end{array}$$

Ainsi $A = BQ + R$, avec $R = (p + 1 + m^2)X + q - m$ et B divise A si et seulement si $R = 0$ donc si et seulement si $p + 1 + m^2 = 0$ et $q - m = 0$ soit $p = -m^2 - 1$ et $q = m$.

2°) • On sait que l'on peut écrire, de façon unique, $A = BQ + R$, avec $Q \in \mathbb{R}[X]$, $R \in \mathbb{R}[X]$ et $\deg R < \deg B$, *i.e.* $\deg R \leqslant 1$. Ainsi :

$$\exists(\alpha, \beta) \in \mathbb{R}^2, A(X) = aX^{n+1} + bX^n + 1 = (X - 1)^2 Q(X) + \alpha X + \beta$$

⋆ En substituant à X la valeur 1 : $a + b + 1 = \alpha + \beta$.

⋆ Dérivons : $A'(X) = (X - 1)^2 Q'(X) + 2(X - 1)Q(X) + \alpha$, et en substituant à X la valeur 1 : $A'(1) = \alpha$.

Or $A'(X) = a(n + 1)X^n + bnX^{n-1}$, donc $\alpha = (n + 1)a + nb$ et on en déduit $\beta = -na + (1 - n)b + 1$.

Ainsi : $$R = \big((n + 1)a + nb\big)X - na + (1 - n)b + 1$$

• Le polynôme B divise le polynôme A si et seulement si $R = 0$, donc si et seulement si : $(S) : \begin{cases} (n + 1)a + nb = 0 \\ na + (n - 1)b = 1 \end{cases}$

Or $(S) \iff \begin{cases} (n + 1)a + nb = 0 \\ a + b = -1 \end{cases} \iff \begin{cases} -n + a = 0 \\ a + b = -1 \end{cases} \iff \begin{cases} a = n \\ b = -n - 1 \end{cases}$

Corrigé 4.05

Soit $B = X^2 - X + 1$. Le polynôme B est irréductible dans $\mathbb{R}[X]$, mais possède deux racines complexes : $-j$ et $-\overline{j}$. Par conséquent B divise P si et seulement si $P(-j) = 0$ et $P(-\overline{j}) = 0$.

Comme P appartient à $\mathbb{R}[X]$, si z_0 est une racine de P alors $\overline{z_0}$ est aussi racine de P, donc B divise P si et seulement si $P(-j) = 0$.

Or $P(-j) = (-j - 1)^{n+2} + (-j)^{2n+1}$, et comme $1 + j + j^2 = 0$, on a :
$P(-j) = (j^2)^{n+2} - j^{2n+1} = j^{2n+1}(j^3 - 1) = 0$, car $j^3 = 1$.

On a donc bien montré que P est divisible par B.

Corrigé 4.06

P admet α pour racine d'ordre exactement 3 si et seulement si :

$$P(\alpha) = P'(\alpha) = P''(\alpha) = 0, \text{ et } P^{(3)}(\alpha) \neq 0$$

On a : $P = X^4 + aX^3 + bX + 81$, $P' = 4X^3 + 3aX^2 + b$ et $P'' = 12X^2 + 6aX$, donc α est racine d'ordre exactement 3 si et seulement si :

$$\begin{cases} \alpha^4 + a\alpha^3 + b\alpha + 81 = 0 \\ 4\alpha^3 + 3a\alpha^2 + b = 0 \\ 12\alpha^2 + 6a\alpha = 0 \\ 24\alpha + 6a \neq 0 \end{cases}$$

Comme $\alpha = 0$ ne convient pas, la troisième équation donne $a = -2\alpha$, et le système est équivalent à :

$$\begin{cases} a = -2\alpha \\ b = 2\alpha^3 \\ \alpha^4 = -81 \end{cases}$$

$\alpha^4 = -81 = 3^4.e^{i\pi}$ donne $\alpha \in \{3.e^{i(\frac{\pi}{4}+\frac{k\pi}{2})}, k \in [\![0,3]\!]\}$, c'est-à-dire :

$$\alpha \in \{\frac{3}{\sqrt{2}}(1+i), \frac{3}{\sqrt{2}}(i-1), -\frac{3}{\sqrt{2}}(1+i), \frac{3}{\sqrt{2}}(1-i)\}$$

D'où l'on déduit dans chaque cas les valeurs de a et b correspondantes.

Corrigé 4.07

1°) D'après le théorème de la division euclidienne :
$\exists!(Q,R) \in (\mathbb{R}[X])^2, (X-2)^{2n} + (X-1)^n - 2 = (X-1)(X-2)Q + R,$
avec $R = 0$ ou $\deg R < \deg[(X-1)(X-2)] = 2$.
Posons $R = aX + b$.
En substituant à X les valeurs 1 et 2, on obtient :

$$\begin{cases} (-1)^{2n} + 0^n - 2 = R(1) = a + b \\ 0^{2n} + (1)^n - 2 = R(2) = 2a + b \end{cases} : \begin{cases} a + b = -1 \\ 2a + b = -1 \end{cases}.$$

La solution est évidente : $a = 0$ et $b = -1$:

$$\boxed{R = -1}$$

2°) De même :
$\exists!(Q,R) \in (\mathbb{R}[X])^2, (X-2)^{2n} + (X-1)^n - 2 = (X-2)^2Q + R,$
avec $R = 0$ ou $\deg R < \deg(X-2)^2 = 2$. On pose encore $R = aX + b$.
En substituant à X la valeur 2, il vient encore $-1 = 2a + b$.
Mais on n'a plus d'autre valeur à notre disposition ... On pense alors à dériver :

$$2n(X-2)^{2n-1} + n(X-1)^{n-1} = 2(X-2)Q + (X-2)^2Q' + R'$$

et en substituant **maintenant** à X la valeur 2, il vient : $n \times 1^{n-1} = R'(2) = a$
Donc $a = n$ et comme $2a + b = -1$, $b = -2n - 1$:

$$\boxed{R = nX - 2n - 1}$$

3°) Une fois de plus :
$\exists!(Q,R) \in (\mathbb{R}[X])^2, (X-2)^{2n} + (X-1)^n - 2 = (X-2)^3Q + R,$
avec $R = 0$ ou $\deg R < \deg(X-2)^3 = 3$. On pose $R = aX^2 + bX + c$.
$\star$ Si $n = 1$, comme le degré du diviseur (3) est supérieur à celui du dividende (2), le quotient est nul et le reste vaut $A = (X-2)^2 + (X-1) - 2$.

$\star$ Si $n \geqslant 2$, alors ici aussi on ne dispose que d'une valeur facilement substituable à X. Mais on peut dériver deux fois !

$$(X-2)^{2n} + (X-1)^n - 2 = (X-2)^3Q + aX^2 + bX + c$$
$$2n(X-2)^{2n-1} + n(X-1)^{n-1} = 3(X-2)^2Q + (X-2)^3Q' + 2aX + b$$
$$2n(2n-1)(X-2)^{2n-2} + n(n-1)(X-1)^{n-2} = 6(X-2)Q + 3(X-2)^2Q' + 3(X-2)^2Q' + (X-2)^3Q'' + 2a$$

et en substituant à chaque fois à X la valeur 2, on obtient :

$$\begin{cases} -1 & = & 4a + 2b + c \\ n & = & 4a + b \\ n(n-1) & = & 2a \end{cases}$$

Ce système se résout en remontant les équations et donne :

Ainsi :

$$a = \frac{n(n-1)}{2},\ b = 3n - 2n^2,\ c = 2n^2 - 4n - 1$$

$$\boxed{R = \frac{n(n-1)}{2}X^2 + (3n - 2n^2)X + 2n^2 - 4n - 1}$$

Corrigé 4.08

1°) A l'aide de la formule du binôme de Newton on a :

$$P(X) = (X+1)^7 - X^7 - 1 = \sum_{k=0}^{7} \binom{7}{k} X^k - X^7 - 1$$
$$= \sum_{k=1}^{6} \binom{7}{k} X^k = 7X + 21X^2 + \cdots + 7X^6.$$

Donc P est un polynôme de degré 6 et de coefficient dominant 7.

2°) On a $P(0) = 0$ et on peut remarquer que $P(-1) = -(-1)^7 - 1 = 0$, donc 0 et -1 sont des racines de P.

L'expression développée de P montre que 0 est racine simple de P, et comme $P'(X) = 7(X+1)^6 - 7X^6$, on a $P'(-1) = -7 \neq 0$ et -1 est aussi racine simple de P.

3°) Comme $j = e^{i2\pi/3} \neq 1$, on a : $1 + j + j^2 = \dfrac{1 - j^3}{1 - j}$ et comme $j^3 = 1$, il vient $1 + j + j^2 = 0$. Ainsi :

$$P(j) = (j+1)^7 - j^7 - 1 = (-j^2)^7 - j^7 - 1 = -j^{14} - j^7 - 1$$
$$= -j^{12}j^2 - j^6 j - 1 = -j^2 - j - 1 = 0.$$

4°) $P'(j) = 7(j+1)^6 - 7j^6 = 7j^{12} - 7j^6 = 0 - 0 = 0.$

Effectuons alors la division euclidienne de P par $(X - j)^2$, il existe $Q \in \mathbb{C}[X], (a, b) \in \mathbb{C}^2$ tels que :

$$P(X) = (X - j)^2 Q(X) + (aX + b)$$

alors :

$$P'(X) = 2(X - j)Q(X) + (X - j)^2 Q'(X) + a\,.$$

Des égalités $P'(j) = P(j) = 0$, on en déduit $a = 0$ puis $b = 0$, donc :

$$(X - j)^2 \text{ divise } P$$

5°) Comme P est un polynôme à coefficients réels, $\overline{j}$ est aussi racine de P et aussi de P', ainsi $\overline{j}$ est une racine de P au même ordre de multiplicité que j.

Faisons le bilan :

P possède déjà deux racines d'ordre 1 qui sont : $0, -1$, et deux racines d'ordre au moins 2 qui sont j et $\overline{j}$.

Comme P est un polynôme de degré 6, il ne peut posséder d'autres racines que celles citées précédemment.

Sachant que son coefficient dominant vaut 7, on en déduit la factorisation de P en produits de polynômes irréductibles dans $\mathbb{C}[X]$, puis dans $\mathbb{R}[X]$:

Dans $\mathbb{C}[X]$, $P(X) = 7X(X+1)(X - j)^2(X - \overline{j})^2$

Dans $\mathbb{R}[X]$, $P(X) = 7X(X+1)[(X - j)(X - \overline{j})]^2 = 7X(X+1)(X^2 + X + 1)^2$

Corrigé 4.09

1°) On remarque que $C = (X-1)(X-2)$. Comme $P(1) = (-1)^{2n} - 1 = 0$ et $P(2) = (2-2)^n + (2-1)^n - 1 = 0$, on en déduit que 1 et 2 sont racines de P. Ainsi le polynôme C divise le polynôme P.

2°) Le polynôme $P_1 = (X-1)^n - 1$ est divisible par $(X-2)$ car $P_1(2) = 0$, déterminons son quotient, pour cela utilisons la relation géométrique :

$$X^n - a^n = (X-a)\sum_{k=0}^{n-1} a^{n-1-k}X^k$$

Ainsi $P_1 = (X-1)^n - 1^n = [(X-1)-1]\big[\sum_{k=0}^{n-1}(X-1)^k\big] = (X-2)\big[\sum_{k=0}^{n-1}(X-1)^k\big]$.

Comme $P = P_1 + (X-2)^{2n}$, on en déduit, par unicité, le quotient dans la division de P par $X-2$:

$$\boxed{P = (X-2)\Big[(X-2)^{2n-1} + \sum_{k=0}^{n-1}(X-1)^k\Big]}$$

3°) Pour déterminer le quotient dans la division de P par C il suffit alors de déterminer le quotient dans la division de $T = \Big[(X-2)^{2n-1} + \sum_{k=0}^{n-1}(X-1)^k\Big]$ par $(X-1)$.

Pour cela on décompose T en la somme de 2 polynômes divisibles par $(X-1)$, en écrivant : $T = \sum_{k=1}^{n-1}(X-1)^k + \big[(X-2)^{2n-1} - 1\big]$.

En raisonnant comme précédemment on peut écrire :

$$\begin{aligned}(X-2)^{2n-1} - 1 &= (X-2)^{2n-1} - (-1)^{2n-1}\\ &= \big[(X-2)-(-1)\big]\Big[\sum_{k=0}^{2n-2}(-1)^{2n-2-k}(X-2)^k\Big]\\ &= (X-1)\sum_{k=0}^{2n-2}(-1)^k(X-2)^k\Big]\end{aligned}$$

Ainsi : $T = (X-1)\Big[\sum_{k=1}^{n-1}(X-1)^{k-1} + \sum_{k=0}^{2n-2}(-1)^k(X-2)^k\Big]$ et donc :

$$\boxed{P = C\Big[\sum_{k=1}^{n-1}(X-1)^{k-1} + \sum_{k=0}^{2n-2}(-1)^k(X-2)^k\Big]}$$

Corrigé 4.10

Par hypothèse il existe des polynômes Q_1 et Q_2 tels que :

$$P(X) + 10 = (X-2)^2Q_1(X) \text{ et } P(X) - 12 = (X+2)^3Q_2(X)$$

et comme $\deg P \leqslant 4$, on a $\deg Q_1 \leqslant 2$ et $\deg Q_2 \leqslant 1$. On a :

$$P'(X) = 2(X-2)Q_1(X) + (X-2)^2Q_1'(X) = (X-1)R_1(X)$$
$$P'(X) = 3(X+2)^2Q_2(X) + (X+2)^3Q_2'(X) = (X+2)^2R_2(X)$$

Ainsi P', qui est de degré $\leqslant 3$, admet 1 et -2 pour racines, -2 étant racine au moins double. Il existe donc $\alpha \in \mathbb{R}$ tel que :

$$P'(X) = \alpha(X-2)(X+2)^2 = \alpha(X^3+2X^2-4X-8)$$

Il existe donc un réel k tel que $P(X) = \alpha\left(\frac{1}{4}X^4 + \frac{2}{3}X^3 - 2X^2 - 8X\right) + k$.

Des égalités $P(X)+10 = (X-2)^2Q_1(X)$ et $P(X)-12 = (X+2)^3Q_2(X)$, on déduit $P(2) = -10$, et $P(-2) = 12$.

Les nombres α et k sont donc solutions du système $\begin{cases} -10 = -\frac{44}{3}\alpha + k \\ 12 = \frac{20}{3}\alpha + k \end{cases}$, d'où :

$\alpha = \dfrac{33}{32}$ et $k = \dfrac{41}{8}$.

On vérifie alors que le polynôme

$$\boxed{P = \frac{33}{32}\left(\frac{1}{4}X^4 + \frac{2}{3}X^3 - 2\,X^2 - 8X\right) + \frac{41}{8}}$$

convient.

Corrigé 4.11

1°) On écrit :
$B = X^2 - 2(\cos\theta)X + 1 = (X-\cos\theta)^2 + 1 - \cos^2\theta = (X-\cos\theta)^2 + i^2\sin^2\theta$
Soit :
$$X = (X - \cos\theta - i\sin\theta)(X - \cos\theta + i\sin\theta) = (X - \mathrm{e}^{i\theta})(X - \mathrm{e}^{-i\theta})$$
Montrons alors que $\mathrm{e}^{i\theta}$ est racine du polynôme P. On a :
$P(\mathrm{e}^{i\theta}) = [\cos(n-2)\theta]\mathrm{e}^{in\theta} - [\cos(n-1)\theta]\mathrm{e}^{i(n-1)\theta} - (\cos\theta)\mathrm{e}^{i\theta} + 1.$
Soit à l'aide des formules d'Euler :
$$P(\mathrm{e}^{i\theta}) = \left[\frac{\mathrm{e}^{i(n-2)\theta} + \mathrm{e}^{-i(n-2)\theta}}{2}\right]\mathrm{e}^{in\theta} - \left[\frac{\mathrm{e}^{i(n-1)\theta} + \mathrm{e}^{-i(n-1)\theta}}{2}\right]\mathrm{e}^{i(n-1)\theta} - \left(\frac{\mathrm{e}^{i\theta} + \mathrm{e}^{-i\theta}}{2}\right)\mathrm{e}^{i\theta} + 1$$
Soit, en développant : $2P(\mathrm{e}^{i\theta}) = \mathrm{e}^{i(2n-2)\theta} + \mathrm{e}^{i2\theta} - \mathrm{e}^{i(2n-2)\theta} - 2 - \mathrm{e}^{i2\theta} + 2 = 0.$

Ainsi $\mathrm{e}^{i\theta}$ est racine du polynôme P et comme P est à coefficients réels, $\mathrm{e}^{-i\theta}$ est aussi racine de P.

Par conséquent le polynôme B divise le polynôme P.

2°) $\star$ Comme $z \neq 1$, on a :
$$A(z) = \frac{1-z^{n-1}}{1-z} = \frac{1 - x^{n-1}\mathrm{e}^{i(n-1)\theta}}{1 - x\mathrm{e}^{i\theta}} = \frac{1 - x^{n-1}\mathrm{e}^{i(n-1)\theta}}{1 - x\mathrm{e}^{i\theta}} \times \frac{1 - x\mathrm{e}^{-i\theta}}{1 - x\mathrm{e}^{-i\theta}}$$
$$= \frac{1 - x^{n-1}\mathrm{e}^{i(n-1)\theta} - x\mathrm{e}^{-i\theta} + x^n\mathrm{e}^{i(n-2)\theta}}{x^2 - 2x\cos\theta + 1}.$$

Par conséquent on obtient une première expression de la partie réelle de $A(z)$:
$$\text{Ré}\,A(z) = \frac{x^n\cos(n-2)\theta - x^{n-1}\cos(n-1)\theta - x\cos\theta + 1}{x^2 - 2x\cos\theta + 1}$$
$\star$ D'autre part :
$\text{Ré}\,A(z) = \text{Ré}(1 + z + \cdots + z^{n-2}) = 1 + x\cos\theta + \cdots + x^{n-2}\cos(n-2)\theta.$
En conclusion, en égalant ces deux parties réelles, on obtient :
$$\sum_{k=0}^{n-2} x^k\cos(k\theta) = \frac{x^n\cos(n-2)\theta - x^{n-1}\cos(n-1)\theta - x\cos\theta + 1}{x^2 - 2x\cos\theta + 1}$$

Donc, pour tout $x > 0$:

$$P(x) = B(x)(1 + x\cos\theta + x^2\cos 2\theta + \cdots + x^{n-2}\cos((n-2)\theta)$$

Posons $Q = 1 + (\cos\theta)X + (\cos 2\theta)X^2 + \cdots + (\cos((n-2)\theta))X^{n-2}$.

Comme $\forall\, x > 0, (P - BQ)(x) = 0$, le polynôme $P - BQ$ possédant une infinité de racines est le polynôme nul, donc :

$$P = BQ \text{ avec } Q = 1 + (\cos\theta)X + (\cos 2\theta)X^2 + \cdots(\cos((n-2)\theta))X^{n-2}$$

Corrigé 4.12

1°) a) $T_2 = 2XT_1 - T_0 = 2X^2 - 1\,;\, T_3 = 2XT_2 - T_1 = 4X^3 - 3X$.

b) Montrons par récurrence que $\forall\, n \in \mathbb{N}^*, T_n = \sum_{k=0}^{n} a_k X^k$ avec $a_n = 2^{n-1}$.

→ Comme $T_1 = X = 2^{1-1}X$ et $T_2 = 2^{2-1}X^2 - 1$, la propriété est vérifiée aux rangs 1 et 2.

→ Soit $n \in \mathbb{N}^*$, supposons que pour $k \in \{n-1, n\}$, T_k est un polynôme de degré k et de coefficient dominant 2^{k-1}.

Comme $\deg(2XT_n) = 1 + \deg T_n = n + 1 > \deg T_{n-1}$, on a :

$$\deg(T_{n+1}) = \max(\deg(2XT_n), \deg T_{n-1}) = n + 1$$

et le coefficient dominant de T_{n+1} est celui de $2XT_n$, soit : $2.2^{n-1} = 2^n$. D'où le résultat au rang $n+1$. Ainsi le résultat est vrai aux rangs n et $n+1$. On conclut par le principe de récurrence :

Pour $n \geqslant 1, T_n$ est un polynôme de degré n et de coefficient dominant 2^{n-1}

2°) a) On a : $\cos a \cos b = \frac{1}{2}[\cos(a+b) + \cos(a-b)]$.

b) Montrons par récurrence que : $\forall\, n \in \mathbb{N}, \forall\, \theta \in \mathbb{R}, T_n(\cos\theta) = \cos(n\theta)$.

→ Comme $T_0 = 1$ et $T_1 = X$, on a bien $T_0(\cos\theta) = \cos(0\times\theta) = 1$ et $T_1(\cos\theta) = \cos(1\times\theta)$. La propriété est vérifiée aux rangs 0 et 1.

→ Soit $n \in \mathbb{N}^*$, supposons que pour $k \in \{n-1, n\}$, $T_k(\cos\theta) = \cos(k\theta)$. Alors :

$$\begin{aligned} T_{n+1}(\cos\theta) &= 2\cos\theta T_n(\cos\theta) - T_{n-1}(\cos\theta) \\ &= 2\cos\theta\cos(n\theta) - \cos((n-1)\theta) \\ &= \cos((n+1)\theta) + \cos((n-1)\theta) - \cos((n-1)\theta) = \cos((n+1)\theta) \end{aligned}$$

Ainsi, la propriété est vérifiée au rang $n+1$, donc aux rangs n et $n+1$. On conclut par le principe de récurrence :

$$\forall\, n \in \mathbb{N}, \forall\, \theta \in \mathbb{R}, T_n(\cos\theta) = \cos(n\theta)$$

3°) a) La fonction $x \mapsto \cos x$ est une bijection de $]0, \pi[$ sur $]-1, 1[$ donc :

$\forall\, x \in]-1, 1[, \exists!\theta \in]0, \pi[$ tel que : $\cos\theta = x$

b) Soit x une racine de T_n appartenant à $]-1, 1[$, alors :

$T_n(\cos\theta) = \cos(n\theta) = 0 \Longleftrightarrow n\theta = \frac{\pi}{2} + k\pi, k \in \mathbb{Z}$ donc $\theta = \frac{\pi}{2n} + \frac{k\pi}{n}, k \in \mathbb{N}^*$.

Donc les nombres $x_k = \cos\left(\frac{\pi}{2n} + \frac{k\pi}{n}\right), k \in [\![0, n-1]\!]$ sont racines de T_n.

On remarque que $0 \leqslant k \leqslant n-1 \implies 0 < \frac{\pi}{2n} + \frac{k\pi}{n} < \pi$, donc les racines x_k correspondantes sont deux-à-deux distinctes.
Comme $\deg T_n = n$, on vient donc de trouver **toutes** les racines de T_n et la quête est finie :
Les racines (dans $\mathbb{C}$) de T_n sont les nombres $x_k = \cos\left(\frac{\pi}{2n} + \frac{k\pi}{n}\right)$, $k \in [\![0, n-1]\!]$

c) On en déduit alors la décomposition de T_n en produits de polynômes irréductibles dans $\mathbb{R}[X]$:

$$\boxed{\forall n \in \mathbb{N}^*, T_n(X) = 2^{n-1} \prod_{k=0}^{n-1} \left(X - \cos\left(\frac{\pi}{2n} + \frac{k\pi}{n}\right)\right)}$$

Corrigé 4.13

1°) Comme $L_k = \sum_{i=0}^{p} a_i X^i$, avec $a_p = 1$, de l'égalité $kL_k = (X-1)L_k' - XL_k''$, on déduit : $k \sum_{i=0}^{p} a_i X^i = (X-1) \sum_{i=1}^{p} i a_i X^{i-1} - X \sum_{i=2}^{p} i(i-1) a_i X^{i-2}$.
Comme $\deg((X-1)\sum_{i=1}^{p} i a_i X^{i-1}) = p$ et $\deg(X \sum_{i=2}^{p} i(i-1) a_i X^{i-2}) = p-1$, en égalant les coefficients dominants de part et d'autre du signe d'égalité, on a : $ka_p = pa_p$ soit $k = p$.

$$\boxed{\forall k \in \mathbb{N}, \deg L_k = k}$$

2°) L_0 est un polynôme de degré nul et unitaire, donc $L_0 = 1$.

3°) Reprenons l'égalité précédente :

$$k \sum_{i=0}^{p} a_i X^i = (X-1) \sum_{i=1}^{p} i a_i X^{i-1} - X \sum_{i=2}^{p} i(i-1) a_i X^{i-2} \iff$$
$$k \sum_{i=0}^{k} a_i X^i = \sum_{i=1}^{k} i a_i X^i - \sum_{i=1}^{k} i a_i X^{i-1} - \sum_{i=2}^{k} i(i-1) a_i X^{i-1} \iff$$
$$k \sum_{i=0}^{k} a_i X^i = \sum_{i=1}^{k} i a_i X^i - \sum_{j=0}^{k-1} (j+1) a_{j+1} X^j - \sum_{i=1}^{k-1} j(j+1) a_{j+1} X^j$$
$$k \sum_{i=0}^{k} a_i X^i = \sum_{i=1}^{k} i a_i X^i - \sum_{j=0}^{k-1} (j+1)^2 a_{j+1} X^j$$

Donc : $\forall i \in [\![0, k-1]\!], ka_i = ia_i - (i+1)^2 a_{i+1}$. Ou encore :

$$\boxed{\forall i \in [\![0, k-1]\!], a_i = \frac{(i+1)^2}{i-k} a_{i+1}}$$

Montrons alors par récurrence que : $\forall i \in [\![0, k]\!], a_i = (-1)^{k-i}(k-i)!\binom{k}{i}^2$.

→ Comme $a_k = 1 = (-1)^0 0! \binom{k}{0}^2 = 1$, l'égalité est vérifiée au rang k.

→ Soit $i \in [\![0, k-1]\!]$, supposons que $a_{i+1} = (-1)^{k-i-1}(k-i-1)!\binom{k}{i+1}^2$ alors :

$$a_i = -\frac{(i+1)^2}{k-i} a_{i+1} = (-1)^{k-i} \frac{(i+1)^2}{k-i} (k-i-1)! \left(\frac{k!}{(i+1)!(k-i-1)!}\right)^2$$

$$\begin{aligned}a_i &= (-1)^{k-i}(k-i)!\Big(\frac{k!(i+1)}{(k-i)(i+1)!(k-i-1)!}\Big)^2\\ &= (-1)^{k-i}(k-i)!\Big(\frac{k!}{(k-i)!(i!)}\Big)^2\end{aligned}$$

Ainsi : $a_i = (-1)^{k-i}(k-i)!\binom{k}{i}^2$, d'où le résultat demandé par récurrence (pour une fois descendante).

Corrigé 4.14

1°) Clairement : $X^5 - 1 = (X-1)(1 + X + X^2 + X^3 + X^4)$.

2°) Soit $z = \rho e^{i\theta}$, avec $\rho \geqslant 0$. On a :

$$z^5 = 1 \Longleftrightarrow \rho^5 e^{i5\theta} = 1 \Longleftrightarrow [\rho = 1, 5\theta \equiv 0 \pmod{2\pi}]$$

Ainsi θ est congru à 0 modulo $\frac{2\pi}{5}$, donc de la forme $\frac{2k\pi}{5}$.

Pour obtenir toutes les racines, il suffit de donner à l'entier k cinq valeurs consécutives :

$z_0 = 1$, $z_1 = e^{2i\pi/5}$, $z_2 = e^{4i\pi/5}$, $z_3 = e^{6i\pi/5} = \overline{z}_2$, $z_4 = e^{8i\pi/5} = \overline{z}_1$

La factorisation de P en produits de polynômes irréductibles est donc :

$$P = (X-1)[(X - e^{2i\pi/5})(X - e^{-2i\pi/5})][(X - e^{4i\pi/5})(X - e^{-4i\pi/5})]$$

et si on demande que les facteurs soient réels et irréductibles :

$$P = (X-1)(X^2 - 2\cos(\tfrac{2\pi}{5})X + 1)(X^2 - 2\cos(\tfrac{4\pi}{5})X + 1)$$

3°) a) Soit $z \in \mathbb{C}^*$,

$$\begin{aligned}Q(z) &= 1 + z + z^2 + z^3 + z^4 = z^2\big(\frac{1}{z^2} + \frac{1}{z} + 1 + z + z^2\big)\\ &= z^2[(z^2 + \frac{1}{z^2}) + (z + \frac{1}{z}) + 1]\\ &= z^2[(z + \frac{1}{z})^2 + (z + \frac{1}{z}) - 1]\end{aligned}$$

Soit en posant $u = z + \frac{1}{z}$ on a : $Q(z) = z^2[u^2 + u - 1]$. Ainsi :

$$\boxed{T = X^2 + X - 1}$$

b) $u^2 + u - 1 = 0 \Longleftrightarrow u = \dfrac{-1+\sqrt{5}}{2}$ ou $u = \dfrac{-1-\sqrt{5}}{2}$.

Comme $u = z + \frac{1}{z} \Longleftrightarrow z^2 - uz + 1 = 0$, on est amené à résoudre les deux équations $2z^2 + (1-\sqrt{5})z + 2 = 0$ (1) et $2z^2 + (1+\sqrt{5})z + 2 = 0$ (2).

$\star$ Résolution de (1) : $\Delta_1 = (1-\sqrt{5})^2 - 16 = -10 - 2\sqrt{5} < 0$ et

$$(1) \Longleftrightarrow z = \frac{\sqrt{5} - 1 + i\sqrt{10 + 2\sqrt{5}}}{4} \text{ ou } z = \frac{\sqrt{5} - 1 - i\sqrt{10 + 2\sqrt{5}}}{4}$$

$\star$ Pour résoudre (2), il suffit de changer $\sqrt{5}$ en $-\sqrt{5}$:

$$(2) \Longleftrightarrow z = \frac{-1 - \sqrt{5} + i\sqrt{10 - 2\sqrt{5}}}{4} \text{ ou } z = \frac{-1 - \sqrt{5} - i\sqrt{10 - 2\sqrt{5}}}{4}$$

4°) On dispose donc de deux façons d'écrire l'ensemble des racines non réelles du polynôme P : sous forme algébrique et sous forme trigonométrique.

$\rightarrow$ $e^{2i\pi/5}$ est la seule ayant une partie réelle et une partie imaginaire positive (c'est la seule qui soit dans le premier quadrant), par conséquent c'est la première solution de (1) et :

$$\boxed{\cos(\frac{2\pi}{5}) = \frac{\sqrt{5}-1}{4}}$$

$\rightarrow$ $e^{4i\pi/5}$ est la seule ayant une partie réelle négative et une partie imaginaire positive (c'est la seule qui soit dans le deuxième quadrant), par conséquent c'est la première solution de (2) et :

$$\boxed{\cos(\frac{4\pi}{5}) = \frac{-1-\sqrt{5}}{4}}$$

Avec $\cos\frac{2\pi}{5} = 2\cos^2\frac{\pi}{5} - 1$, on déduit $\cos^2\frac{\pi}{5} = \frac{\sqrt{5}+3}{8}$, $\sin^2\frac{\pi}{5} = \frac{5-\sqrt{5}}{8}$ et comme $\cos\frac{\pi}{5}$ et $\sin\frac{\pi}{5}$ sont positifs :

$$\boxed{\cos\frac{\pi}{5} = \sqrt{\frac{3+\sqrt{5}}{8}},\ \sin\frac{\pi}{5} = \sqrt{\frac{5-\sqrt{5}}{8}}}$$

Corrigé 4.15

1°) a) $z^2 - 2z\cos a + 1 = (z-\cos a)^2 + 1 - \cos^2 a = (z-\cos a)^2 + \sin^2 a$
Soit : $z^2 - 2z\cos a + 1 = (z - \cos a - i\sin a)(z - \cos a + i\sin a)$
ou encore : $z^2 - 2z\cos a + 1 = (z - e^{ia})(z - e^{-ia})$

$$z^2 - 2z\cos a + 1 = 0 \iff z \in \{e^{ia}, e^{-ia}\}$$

b) Ainsi :
$z^{2n} - 2z^n\cos a + 1 = 0 \iff (z^n - e^{ia})(z^n - e^{-ia}) = 0 \iff z^n \in \{e^{ia}, e^{-ia}\}$
et avec $z = \rho e^{i\alpha}$, il vient $\rho = 1$ et $n\alpha \equiv a \pmod{2\pi}$ ou $n\alpha \equiv -a \pmod{2\pi}$
Donc z est de la forme $e^{i\alpha}$, avec :

$$\alpha = \frac{a}{n} + \frac{2k\pi}{n} \text{ ou } \alpha = -(\frac{a}{n} + \frac{2k\pi}{n}), \text{ avec } k \in [\![0, n-1]\!]$$

2°) On a donc :

$$X^n - e^{ia} = \prod_{k=0}^{n-1}(X - e^{i(\frac{a}{n}+\frac{2k\pi}{n})}) \text{ et } X^n - e^{-ia} = \prod_{k=0}^{n-1}(X - e^{-i(\frac{a}{n}+\frac{2k\pi}{n})})$$

(même si $a \equiv 0 \pmod{\pi}$)

Donc : $P_a = \prod_{k=0}^{n-1}[(X - e^{i(\frac{a}{n}+\frac{2k\pi}{n})})(X - e^{-i(\frac{a}{n}+\frac{2k\pi}{n})})]$

et en regroupant les facteurs deux par deux :

$$P_a = \prod_{k=0}^{n-1}\left(X^2 - 2\cos(\frac{a+2k\pi}{n})X + 1\right)$$

3°) $P_{\pi/6} = X^{2n} - \sqrt{3}X^n + 1$, donc $P_{\pi/6}(1) = 2 - \sqrt{3}$

D'autre part : $P_{\pi/6}(X) = \prod_{k=0}^{n-1}\left(X^2 - 2\cos(\frac{\pi}{6n} + \frac{2k\pi}{n})X + 1\right)$ donc :

$$P_{\pi/6}(1) = \prod_{k=0}^{n-1}\left(2 - 2\cos(\frac{\pi}{6n} + \frac{2k\pi}{n})\right) = 2^n\prod_{k=0}^{n-1}\left(1 - \cos(\frac{\pi}{6n} + \frac{2k\pi}{n})\right)$$

Comme $\cos 2\theta = 1 - 2\sin^2\theta$, on a : $1 - \cos(\frac{\pi}{6n} + \frac{2k\pi}{n}) = 2\sin^2(\frac{\pi}{12n} + \frac{k\pi}{n})$, d'où :

$$2^n \prod_{k=0}^{n-1} \left(1 - \cos(\frac{\pi}{6n} + \frac{2k\pi}{n})\right) = 2^n \prod_{k=0}^{n-1} 2\sin^2(\frac{\pi}{12n} + \frac{k\pi}{n})$$
$$= 4^n \prod_{k=0}^{n-1} \sin^2(\frac{\pi}{12n} + \frac{k\pi}{n})$$

Par conséquent : $4^n \prod_{k=0}^{n-1} \sin^2(\frac{\pi}{12n} + \frac{k\pi}{n}) = 2 - \sqrt{3}$, soit :

$$\boxed{\prod_{k=0}^{n-1} \sin^2(\frac{\pi}{12n} + \frac{k\pi}{n}) = \frac{2-\sqrt{3}}{4^n}}$$

4°) ⋆ $P_a(e^{i\theta}) = e^{i2n\theta} - 2e^{in\theta}\cos a + 1 = e^{in\theta}(e^{in\theta} + e^{-in\theta} - 2\cos a)$

$$P_a(e^{i\theta}) = e^{in\theta}(2\cos n\theta - 2\cos a) = 2e^{in\theta}(\cos n\theta - \cos a)$$

⋆ De même (en remplaçant $n\theta$ par θ) :

$$P_a(e^{i\theta}) = \prod_{k=0}^{n-1}(e^{i2\theta} - 2\cos\frac{a+2k\pi}{n}e^{i\theta} + 1) = \prod_{k=0}^{n-1} e^{i\theta}(e^{i\theta} + e^{-i\theta} - 2\cos\frac{a+2k\pi}{n})$$
$$= \prod_{k=0}^{n-1} 2e^{i\theta}\left(\cos\theta - \cos\frac{a+2k\pi}{n}\right).$$

Donc :

$$P_a(e^{i\theta}) = 2^n e^{in\theta} \prod_{k=0}^{n-1} \left(\cos\theta - \cos\frac{a+2k\pi}{n}\right)$$

La comparaison de ces deux résultats donne :

$2^n e^{in\theta} \prod_{k=0}^{n-1} \left(\cos\theta - \cos\frac{a+2k\pi}{n}\right) = 2e^{in\theta}(\cos n\theta - \cos a)$, soit :

$$\boxed{\prod_{k=0}^{n-1} \left(\cos\theta - \cos\frac{a+2k\pi}{n}\right) = \frac{\cos n\theta - \cos a}{2^{n-1}}}$$

Corrigé 4.16

1°) On a : $P_3 = XP_2 - P_1 = X^2 - 1$ et $P_4 = XP_3 - P_2 = X^3 - 2X$.

2°) Procédons par récurrence sur n :

⋆ Si $n = 1$, $P_1(2\cos a)\sin a = \sin a$;

⋆ si $n = 2$, $P_2(2\cos a)\sin a = 2\cos a \sin a = \sin 2a$.

La relation est donc vérifiée aux deux premiers rangs.

⋆ Soit $m \in \mathbb{N}$ tel que $m \geqslant 1$ et supposons que :

$$\sin ma = P_m(2\cos a)\sin a \text{ et } \sin(m+1)a = P_{m+1}(2\cos a)\sin a$$

On a alors :

$$P_{m+2}(2\cos a)\sin a = \sin a[2\cos a P_{m+1}(2\cos a) - P_m(2\cos a)]$$
$$= 2\cos a \sin a P_{m+1}(2\cos a) - \sin a P_m(2\cos a)$$
$$= 2\cos a \sin(m+1)a - \sin ma$$
$$= \sin(m+2)a + \sin ma - \sin ma = \sin(m+2)a$$

D'où le résultat par le principe de récurrence.

3°) a) $\sin ny = 0 \iff ny = k\pi \iff y = \dfrac{k\pi}{n}$, $k \in \mathbb{Z}$.

Soit $x \in]-2, 2[$,alors $\frac{x}{2} \in]-1, 1[$, donc il existe $a \in]0, \pi[$, tel que $\frac{x}{2} = \cos a$. Par conséquent :

$$\begin{aligned}(P_n(x) = 0, x \in]-2, 2[) &\iff P_n(2\cos a) = 0 \iff \sin a P_n(2\cos a) = 0\\ &\iff \sin na = 0 \iff a = \frac{k\pi}{n}, \text{ avec } k \in [\![1, n-1]\!]\\ &\iff x = 2\cos\left(\frac{k\pi}{n}\right), \text{ avec } k \in [\![1, n-1]\!]\end{aligned}$$

b) Montrons, par récurrence, que $\deg P_n = n - 1$.

$\star$ On a $P_1 = 1$ et $P_2 = X$, donc $\deg P_1 = 0$ et $\deg P_2 = 1$.

$\star$ Soit $m \in \mathbb{N}^*$, et supposons que $\deg P_m = m - 1$ et $\deg P_{m+1} = m$.

Alors comme $P_{m+2} = XP_{m+1} - P_m$, et $\deg(XP_{m+1}) = m + 1 \neq \deg P_m$, on a l'égalité $\deg P_{m+2} = \max\big(\deg(XP_{m+1}), \deg P_m\big) = m + 1$.

Donc par le principe de récurrence, on a bien :

pour tout n, P_n est un polynôme de degré $n - 1$.

Or on a déterminé $(n - 1)$ racines distinctes de P_n, ce sont les $2\cos\left(\frac{k\pi}{n}\right)$, $k \in [\![1, n-1]\!]$ (elles sont bien deux à deux distinctes, car la fonction cosinus est strictement monotone sur $[0, \pi]$). P_n étant un polynôme de degré $n - 1$, on a ainsi toutes ses racines.

D'autre part, une récurrence immédiate montre que le coefficient du terme dominant de P_n est 1, donc on en déduit la décomposition de P_n en produits de polynômes irréductibles dans $\mathbb{R}[X]$:

$$\boxed{P_n = \prod_{k=1}^{n-1} \left(X - 2\cos\frac{k\pi}{n}\right)}$$

c) On a vu que : $\forall n \in \mathbb{N}^*, \forall a \in]0, \pi[, \sin na = P_n(2\cos a)\sin a$, c'est-à-dire : $P_n(2\cos a) = \dfrac{\sin na}{\sin a}$.

Donc : $\dfrac{\sin na}{\sin a} = \displaystyle\prod_{k=1}^{n-1}\left(2\cos a - 2\cos\frac{k\pi}{n}\right) = 2^{n-1}\prod_{k=1}^{n-1}\left(\cos a - \cos\frac{k\pi}{n}\right)$.

Ainsi : $$\boxed{\frac{\sin na}{\sin a} = 2^{n-1}\prod_{k=1}^{n-1}\left(\cos a - \cos\frac{k\pi}{n}\right)}$$

Corrigé 4.17

Notons $P = \sum\limits_{k=0}^{n} a_k X^k$.

• Supposons dans un premier temps que $a = 0$.

$\star$ $P^{(0)} = P \implies P^{(0)}(0) = P(0) = a_0 = a_0 \times 0!$;

$\star$ $P' = \sum\limits_{k=1}^{n} k a_k X^{k-1} \implies P'(0) = a_1 = a_1 \times 1!$ (si $n \geqslant 1$) ;

$\star$ $P'' = \sum\limits_{k=2}^{n} k(k-1) a_k X^{k-2} \implies P^{(2)}(0) = 2a_2 = a_2 \times 2!$ (si $n \geqslant 2$).

Il est temps de généraliser :

Soit $j \in [\![0, n]\!]$, on a $P^{(j)} = \sum\limits_{k=j}^{n} k(k-1)\cdots(k-j+1)a_k X^{k-j} = j!a_j + \cdots$

Ainsi $P^{(j)}(0) = a_j \times j!$

Par conséquent $P = \sum\limits_{k=0}^{n} a_k X^k = \sum\limits_{k=0}^{n} \dfrac{P^{(k)}(0)}{k!} X^k$

• Supposons maintenant simplement que $a \in \mathbb{K}$. Posons $T(X) = P(X+a)$.

On a alors $T = \sum\limits_{k=0}^{n} \dfrac{T^{(k)}(0)}{k!} X^k$ et $T^{(k)}(X) = P^{(k)}(X+a)$

Donc : $P(X+a) = \sum\limits_{k=0}^{n} \dfrac{P^{(k)}(a)}{k!} X^k$, d'où :

$$\boxed{P(X) = P((X-a)+a) = \sum_{k=0}^{n} \frac{P^{(k)}(a)}{k!}(X-a)^k}$$

Corrigé 4.18

1°) a) $P_1 = X - \frac{1}{2}P_0 = X - \frac{1}{2}$ et $P_2 = X^2 - \frac{1}{2}(P_0 + 2P_1)_2 = X^2 - X$.

b) Montrons, à l'aide d'une récurrence dite « forte » que P_n est un polynôme de degré n et unitaire.

→ On vient de voir que la propriété est vérifiée aux rangs $0, 1, 2$.

→ Supposons la propriété vraie jusqu'à un certain rang $n \in \mathbb{N}$. On a :

$$P_{n+1} = X^{n+1} - \frac{1}{2}\sum_{k=0}^{n}\binom{n+1}{k}P_k,$$

donc comme par hypothèse $0 \leqslant k \leqslant n \implies \deg P_k = k$, on a :

$\deg \sum\limits_{k=0}^{n}\binom{n+1}{k}P_k = n$ (car c'est une somme de polynômes de degrés différents

donc $\deg\left(\sum\limits_{k=0}^{n}\binom{n+1}{k}P_k\right) = \max(\deg P_k, 1 \leqslant k \leqslant n))$

Ainsi le terme de plus haut dégré de P_{n+1} est X^{n+1} ce qui prouve que P_{n+1} est unitaire de degré $n+1$. Ainsi par le principe de récurrence on a prouvé :

$$\forall n \in \mathbb{N}, P_n \text{ est unitaire de degré } n$$

2°) a) On utilise la formule du binôme de Newton dans $\mathbb{R}[X]$:

$$(X+1)^n = \sum_{k=0}^{n}\binom{n}{k}X^k = X^n + \sum_{k=0}^{n-1}\binom{n}{k}X^k, \text{ ainsi :}$$

$$\sum_{k=0}^{n-1}\binom{n}{k}X^k = (X+1)^n - X^n$$

b) On procède à nouveau par récurrence :

→ $P_0 = 1 \implies P_0(X+1) + P_0(X) = 2 = 2X^0$, d'où la relation au rang 0.

→ Supposons la propriété vraie jusqu'à un certain rang n, alors :

$$\Delta = P_{n+1}(X+1) + P_{n+1}(X) = \left[(X+1)^{n+1} - \frac{1}{2}\sum_{k=0}^{n}\binom{n+1}{k}P_k(X+1)\right]$$

$$+ \left[X^{n+1} - \frac{1}{2}\sum_{k=0}^{n}\binom{n+1}{k}P_k(X)\right]$$

$$\Delta = (X+1)^{n+1} + X^{n+1} - \frac{1}{2}\sum_{k=0}^{n}\binom{n+1}{k}[P_k(X+1)+P_k(X)]$$
$$= (X+1)^{n+1} + X^{n+1} - \frac{1}{2}\sum_{k=0}^{n}\binom{n+1}{k}\times 2X^k$$

et en ajoutant et retranchant le terme $\binom{n+1}{n+1}X^{n+1}$:

$$\Delta = (X+1)^{n+1} + X^{n+1} - \sum_{k=0}^{n+1}\binom{n+1}{k}X^k + \binom{n+1}{n+1}X^{n+1}$$

ainsi, puisque $\sum_{k=0}^{n+1}\binom{n+1}{k}X^k = (X+1)^{n+1}$

$\Delta = P_{n+1}(X+1) + P_{n+1}(X) = 2X^{n+1}$, ce qui montre le résultat au rang $n+1$.

Ainsi par récurrence :

$$\boxed{\forall n \in \mathbb{N}, P_n(X+1) + P_n(X) = 2X^n}$$

3°) Montrons par récurrence que : $\forall n \in \mathbb{N}^*, P_n' = nP_{n-1}$.

$\star$ $P_1 = X - \frac{1}{2} \implies P_1' = 1 = P_0$, $P_2 = X^2 - X \implies P_2' = 2X - 1 = 2P_1$, ce qui prouve le résultat aux rangs 1 et 2.

$\star$ Supposons le résultat acquis jusqu'à un certain rang n, alors

$P_{n+1} = X^{n+1} - \frac{1}{2}\sum_{k=0}^{n}\binom{n+1}{k}P_k$, donne en dérivant :

$$P_{n+1}' = (n+1)X^n - \frac{1}{2}\sum_{k=1}^{n}\binom{n+1}{k}P_k' = (n+1)X^n - \frac{1}{2}\sum_{k=1}^{n}k\binom{n+1}{k}P_{k-1}$$

Or un retour aux factorielles montre que $\binom{n+1}{k} = \frac{n+1}{k}\binom{n}{k-1}$, donc :

$$P_{n+1}' = (n+1)X^n - \frac{1}{2}\sum_{k=1}^{n}(n+1)\binom{n}{k-1}P_{k-1}$$
$$= (n+1)\left[X^n - \frac{1}{2}\sum_{k=1}^{n}\binom{n}{k-1}P_{k-1}\right] = (n+1)\left[X^n - \frac{1}{2}\sum_{i=0}^{n-1}\binom{n}{i}P_i\right]$$

donc $P_{n+1}' = (n+1)P_n$, et le résultat est vrai jusqu'au rang $n+1$. On a donc montré par récurrence « forte » que :

$$\boxed{\forall n \in \mathbb{N}^*, P_n' = nP_{n-1}}$$

4°) a) En dérivant la relation précédente, on a, pour $n \geqslant 2$:

$$P_n'' = nP_{n-1}' = n(n-1)P_{n-2}$$

Alors pour $n \geqslant 3$, $P_n''' = n(n-1)P_{n-2}' = n(n-1)(n-2)P_{n-3}, \ldots$

Une récurrence simple montre alors que pour $0 \leqslant k \leqslant n$, on a :

$P_n^{(k)} = n(n-1)\ldots(n-k+1)P_{n-k}$, soit :

$$P_n^{(k)} = \frac{n!}{(n-k)!}P_{n-k}$$

Les calculs faits supposent implicitement $n \geqslant 1$ et $k \geqslant 1$, mais le résultat est banalement vrai pour tout n pour $k = 0$.

b) Comme P_n est un polynôme de degré n, en dérivant ce dernier au moins $(n+1)$ fois on obtient le polynôme nul. Donc :

$$P_n^{(k)} = 0_{\mathbb{R}[X]}, \text{ pour } k \geqslant n+1$$

5°) a) Comme P_n est un polynôme de degré n, la formule de Taylor appliquée au point a à l'ordre n est exacte et donne :

$$P_n = \sum_{k=0}^{n} \frac{P_n^{(k)}(a)}{k!}(X-a)^k$$

Or, d'après le résultat **4°) a)** : $P_n^{(k)}(a) = \dfrac{n!}{(n-k)!}P_{n-k}(a)$, donc :

$$\boxed{P_n = \sum_{k=0}^{n} \frac{1}{k!} \times \frac{n!}{(n-k)!} P_{n-k}(a)(X-a)^k = \sum_{k=0}^{n} \binom{n}{k} P_{n-k}(a)(X-a)^k}$$

b) D'après la question précédente, en considérant la fonction polynôme associée on a : $\forall\, x \in \mathbb{R}, P_n(x+1) = \sum\limits_{k=0}^{n} \binom{n}{k} P_{n-k}(a)(x+1-a)^k$.

Prenant alors $a = x$, il vient : $\forall\, x \in \mathbb{R}, P_n(x+1) = \sum\limits_{k=0}^{n} \binom{n}{k} P_{n-k}(x)$. Ainsi en revenant à la notation polynôme : $P_n(X+1) = \sum\limits_{k=0}^{n} \binom{n}{k} P_{n-k}(X)$.

Comme $\binom{n}{p} = \binom{n}{n-p}$, le changement d'indice $j = n-k$ donne

$$\sum_{k=0}^{n} \binom{n}{k} P_{n-k}(X) = \sum_{j=n}^{0} \binom{n}{n-j} P_j(X)$$

Ainsi :

$$P_n(X+1) = \sum_{k=0}^{n} \binom{n}{k} P_{n-k}(X) = \sum_{k=0}^{n} \binom{n}{n-k} P_k(X)$$

On retrouve alors la relation $P_{n+1} + P_n = 2X^n$, en effet comme

$$P_n = X^n - \frac{1}{2}\sum_{k=0}^{n-1} \binom{n}{k} P_k$$

en utilisant l'égalité précédente, on a :

$$\begin{aligned} P_n(X+1) &= X^n - \frac{1}{2}\sum_{k=0}^{n-1} \binom{n}{k} P_k + \sum_{j=0}^{n-1} \binom{n}{j} P_j = X^n + \frac{1}{2}\sum_{k=0}^{n-1} \binom{n}{k} P_k \\ &= X^n + (X^n - P_n(X)), \text{ ainsi :} \end{aligned}$$

$$\boxed{P_n(X+1) + P_n(X) = 2\,X^n}$$

6°) a) Soit $T \in \mathbb{R}[X]$, tel que $T(X+1) + T(X) = 0_{\mathbb{R}[X]}$.

Si on avait $T \neq 0$, on écrirait $T(X) = \sum\limits_{i=0}^{m} a_i X^i$, avec $m \geqslant 0$ et $a_m \neq 0$. Alors $T(X+1) = \sum\limits_{i=0}^{m} a_i (X+1)^i$ et ainsi le terme dominant de $T(X+1) + T(X)$ est $2a_m X^m$, qui doit être nul puisque $T(X+1) + T(X) = 0_{\mathbb{R}[X]}$. Ce qui est absurde puisque a_m est non nul. Ainsi si $T \in \mathbb{R}[X]$, est tel que $T(X+1) + T(X) = 0_{\mathbb{R}[X]}$, on a $T = 0_{\mathbb{R}[X]}$.

b) On a $R_1(X+1) + R_1(X)] = R_2(X+1) + R_2(X)$, donc :

$$[R_1(X+1) - R_2(X+1)] + [R_1(X) - R_2(X)] = 0_{\mathbb{R}[X]}$$

Ainsi, le résultat **a)** montre que $T = R_1 - R_2$ est le polynôme nul, et $R_2 = R_1$.

c) $\star$ On a vu à la question **2°**) que le polynôme P_n vérifait l'égalité

$$P_n(X+1) + P_n(X) = 2X^n$$

$\star$ Soit Q un polynôme vérifiant la relation $Q(X+1) - Q(X) = 2X^n$, alors : $P(X+1) + P(X) = Q(X+1) + Q(X)$ et, d'après la question précédente, on a l'égalité $P = Q$.

En conclusion :

il existe un seul polynôme Q vérifiant $Q(X+1) + Q(X) = 2X^n$, c'est P_n.

Corrigé 4.19

1°) Utilisons la formule du binôme de Newton :

$$\begin{aligned} Q_n &= \frac{1}{2i}\left[(X^{n+1} + i\binom{n+1}{n}X^n + \cdots) - (X^{n+1} - i\binom{n+1}{n}X^n + \cdots)\right] \\ &= \frac{1}{2i}\left[2i(n+1)X^n + \cdots\right] = (n+1)X^n + \cdots \end{aligned}$$

Le degré de Q_n est donc égal à n et son coefficient dominant à $n+1$.

2°) $$\begin{aligned} Q_{2r} &= \frac{1}{2i}\left[(X+i)^{2r+1} - (X-i)^{2r+1}\right] \\ &= \frac{1}{2i}\left[\left(\sum_{k=0}^{2r+1}\binom{2r+1}{k}(i)^k X^{2r+1-k}\right) - \left(\sum_{k=0}^{2r+1}\binom{2r+1}{k}(-i)^k X^{2r+1-k}\right)\right] \\ &= \frac{1}{2i}\left[\sum_{k=0}^{2r+1}\binom{2r+1}{k}[1-(-1)^k]i^k X^{2r+1-k}\right] \end{aligned}$$

Les termes d'indices k pair disparaissent et donc :

$$\boxed{Q_{2r} = \frac{1}{i}\sum_{p=0}^{r}\binom{2r+1}{2p+1}(i)^{2p+1}X^{2r-2p} = \sum_{k=0}^{r}\binom{2r+1}{2p+1}(-1)^p X^{2r-2p}}$$

3°) Déterminer les racines (*a priori* complexes) de Q_n revient à résoudre dans $\mathbb{C}$ l'équation $(z+i)^{n+1} = (z-i)^{n+1}$, c'est-à-dire $\left(\frac{z+i}{z-i}\right)^{n+1} = 1$ (on peut diviser par $z-i$ car i n'est pas racine de l'équation précédente).

$$\left(\frac{z+i}{z-i}\right)^{n+1} = 1 \Leftrightarrow \frac{z+i}{z-i} = \mathrm{e}^{i\frac{2k\pi}{n+1}}, \text{ avec par exemple } k \in [\![0, n]\!]$$

$\star$ Pour $k = 0$, on doit résoudre $\dfrac{z+i}{z-i} = 1$, qui n'a pas de solution, et on peut donc se limiter à $k \in [\![1, n]\!]$.

$\star$ On a alors $\dfrac{z+i}{z-i} = \mathrm{e}^{i\frac{2k\pi}{n+1}} \Longleftrightarrow z\left(1 - \mathrm{e}^{i\frac{2k\pi}{n+1}}\right) = -i\left(\mathrm{e}^{i\frac{2k\pi}{n+1}} + 1\right)$, ce qui donne, comme $\mathrm{e}^{i\frac{2k\pi}{n+1}} \neq 1$: $z = i\dfrac{\mathrm{e}^{i\frac{2k\pi}{n+1}} + 1}{\mathrm{e}^{i\frac{2k\pi}{n+1}} - 1} = i\dfrac{\mathrm{e}^{i\frac{k\pi}{n+1}} + \mathrm{e}^{-i\frac{k\pi}{n+1}}}{\mathrm{e}^{i\frac{k\pi}{n+1}} - \mathrm{e}^{-i\frac{k\pi}{n+1}}} = \operatorname{cotan}\dfrac{k\pi}{n+1}$

La fonction cotangente étant strictement monotone sur $]0, \pi[$, on obtient ainsi n racines réelles distinctes. Le coefficient dominant valant $n+1$, on a donc :

$$Q_n = (n+1)\prod_{k=1}^{n}\left(X - \operatorname{cotan}\frac{k\pi}{n+1}\right)$$

4°) $Q_{2r} = \sum\limits_{k=0}^{r}\dbinom{2r+1}{2p+1}(-1)^p X^{2r-2p}$ est un polynôme pair, donc si x_0 est une racine de Q_{2r}, alors $-x_0$ est aussi racine.

Or $\operatorname{cotan}\dfrac{(2r+1-k)\pi}{2r+1} = -\operatorname{cotan}\dfrac{k\pi}{2r+1}$. On peut donc se contenter de faire varier k dans $[\![1,r]\!]$ ($2r+1-k$ décrira alors $[\![r+1,2r]\!]$), en complétant avec les racines opposées :

$$Q_{2r} = (2r+1)\prod_{k=1}^{r}\left(X - \operatorname{cotan}\frac{k\pi}{2r+1}\right)\left(X + \operatorname{cotan}\frac{k\pi}{2r+1}\right)$$

$$\boxed{Q_{2r} = (2r+1)\prod_{k=1}^{r}\left(X^2 - \operatorname{cotan}^2\frac{k\pi}{2r+1}\right)}$$

Corrigé 4.20

1°) $P_0 = \sum\limits_{k=0}^{0}(-1)^k\binom{1}{2k+1}(1-X^2)^kX^{2k} = \binom{1}{1}(1-X^2)^0X^0 = 1.$

$P_1 = \sum\limits_{k=0}^{0}(-1)^k\binom{2}{2k+1}(1-X^2)^kX^{1-2k} = \binom{2}{1}X = 2X.$

$P_2 = \sum\limits_{k=0}^{1}(-1)^k\binom{3}{2k+1}(1-X^2)^kX^{2-2k} = \binom{3}{1}X^2 - \binom{3}{3}(1-X^2).$

$P_3 = \sum\limits_{k=0}^{1}(-1)^k\binom{4}{2k+1}(1-X^2)^kX^{3-2k} = \binom{4}{1}X^3 - \binom{4}{3}(1-X^2)X.$

Donc :

$$\boxed{P_2 = 4X^2 - 1\,;\, P_3 = 8X^3 - 4X}$$

2°) $\forall x \in \mathbb{R}$:

$$P_n(-x) = \sum_{k=0}^{\lfloor n/2\rfloor}(-1)^k\binom{n+1}{2k+1}(1-x^2)^kx^{n-2k}(-1)^{n-2k} = (-1)^nP_n(x)$$

(car $(-1)^{-2k} = 1$)

Par conséquent, si n est pair $P_n(-x) = P_n(x)$, la fonction polynôme $x \mapsto P_n(x)$ est paire, si n est impair, $P_n(-x) = -P_n(x)$, la fonction polynôme $x \mapsto P_n(x)$ est impaire.

3°) On détermine deux écritures de $(\cos t + i\sin t)^{n+1}$:

$\rightarrow e^{i(n+1)t} = \cos((n+1)t) + i\sin((n+1)t)$ (de Moivre)

$\rightarrow (\cos t + i\sin t)^{n+1} = \sum\limits_{k=0}^{n+1}\binom{n+1}{k}i^k(\sin t)^k(\cos t)^{n+1-k}$ (Newton)

En regroupant les valeurs de k paires et les valeurs de k impaires, pour séparer les parties réelles et imaginaires, en remplaçant tout de suite i^{2k} par $(-1)^k$:

$$(\cos t + i\sin t)^{n+1} = \Big(\sum_{k=0}^{\lfloor (n+1)/2\rfloor}\binom{n+1}{2k}(-1)^k(\sin t)^{2k}(\cos t)^{n+1-2k}\Big)$$
$$+ i\Big(\sum_{k=0}^{\lfloor n/2\rfloor}\binom{n+1}{2k+1}(-1)^k(\sin t)^{2k+1}(\cos t)^{n-2k}\Big)$$

Ainsi : $\sin((n+1)t) = \sum\limits_{k=0}^{\lfloor n/2\rfloor}\binom{n+1}{2k+1}(-1)^k(\sin t)^{2k+1}(\cos t)^{n-2k}$, soit :

$\sin((n+1)t) = \sum\limits_{k=0}^{\lfloor n/2\rfloor}\binom{n+1}{2k+1}(-1)^k(\sin t)(1-\cos^2 t)^k(\cos t)^{n-2k}$ donc :

$$\boxed{\sin((n+1)t) = (\sin t)P_n(\cos t)}$$

4°) a) Les deux fonctions écrites dans la formule précédente sont égales et sont deux fois dérivables, donc en dérivant en tout point $t \in \mathbb{R}$:

$$\begin{aligned}(n+1)\cos((n+1)t) &= (\cos t)P_n(\cos t) + \sin t \times (-\sin t)P_n'(\cos t) \\ &= (\cos t)P_n(\cos t) - (\sin t)^2 P_n'(\cos t)\end{aligned}$$

et, en redérivant :

$$\begin{aligned}-(n+1)^2\sin((n+1)t) &= (-\sin t)P_n(\cos t) - \cos t \sin t P_n'(\cos t) \\ &\quad - 2\sin t\cos t P_n'(\cos t) - (\sin t)^2(-\sin t)P_n''(\cos t) \\ &= (-\sin t)P_n(\cos t) - 3\cos t\sin t P_n'(\cos t) \\ &\quad + (\sin t)^3 P_n''(\cos t)\end{aligned}$$

c'est-à-dire :

$$\begin{aligned}&-(n+1)^2 \sin t P_n(\cos t) \\ &\qquad = -\sin t P_n(\cos t) - 3\sin t\cos t P_n'(\cos t) + \sin^3 t P_n''(\cos t)\end{aligned}$$

De plus, comme $t \in \mathbb{R} \setminus \pi\mathbb{Z} \implies \sin t \neq 0$, donc en divisant par ce terme non nul, on a, pour tout $t \in]0, \pi[$:

$$-(n+1)^2 P_n(\cos t) = -P_n(\cos t) - 3\cos t P_n'(\cos t) + (1-\cos^2 t)P_n''(\cos t)$$

Ainsi :

$$(n^2+2n)P_n(\cos t) - 3\cos t P_n'(\cos t) - (\cos^2 t - 1)P_n''(\cos t) = 0$$

b) Le polynôme $(n^2+2n)P_n - 3XP_n' - (X^2-1)P_n''$ a donc une infinité de racines (tous les nombres $\cos t$, pour $t \in]0, \pi/2]$, donc tous les éléments de $]0, 1]$), il s'agit bien du polynôme nul :

$$\boxed{(n^2+2n)P_n - 3XP_n' - (X^2-1)P_n'' = 0_{\mathbb{R}[X]}}$$

5°) a) On a : $\sin p + \sin q = 2\sin\dfrac{p+q}{2}\cos\dfrac{p-q}{2}$, d'où :

$$\sin((n+2)t) + \sin(nt) = 2\sin\frac{(n+2+n)t}{2}\cos\frac{nt+2t-nt}{2}, \text{ donc :}$$
$$\sin((n+2)t) + \sin(nt) = 2\sin((n+1)t)\cos t$$

b) La relation précédente donne, pour tout $t \in \mathbb{R}$:

$$(\sin t)P_{n+2}(\cos t) + (\sin t)P_n(\cos t) = 2\sin t P_{n+1}(\cos t)\cos t$$

et pour $t \in]0, \pi[$, on peut simplifier par $\sin t$:

$$\forall t \in]0, \pi[, P_{n+2}(\cos t) + P_n(\cos t) = 2\cos t P_{n+1}(\cos t)$$

Le polynôme $P_{n+2} + P_n - 2XP_{n+1}$ admet donc tous les réels de l'intervalle $]-1, 1[$ pour racines, donc admet une infinité de racines et est par conséquent le polynôme nul :

$$\boxed{\forall n \in \mathbb{N}^*, P_{n+1} - 2XP_n + P_{n-1} = 0_{\mathbb{R}[X]}}$$

6°) $\star$ Montrons par récurrence que $\deg P_n = n$.

$\rightarrow$ $P_0 = 1, P_1 = 2X$ donc $\deg P_0 = 0$ et $\deg P_1 = 1$, la propriété est vérifiée aux rangs 0 et 1.

→ Soit $n \in \mathbb{N}^*$, supposons que $\deg P_{n-1} = n-1$ et $\deg P_n = n$, alors $\deg(2XP_n) = n+1 > \deg P_{n-1}$, donc $\deg(2XP_n - P_{n-1}) = n+1$, c'est-à-dire $\deg P_{n+1} = n+1$.
On conclut par le principe de récurrence : $\forall n \in \mathbb{N}, \deg P_n = n$.

⋆ Montrons par récurrence que le terme dominant de P_n est $2^n X^n$.

→ $P_0 = 1 = 2^0 X^0$, $P_1 = 2X = 2^1 X^1$, ce qui est largement suffisant pour initialiser le raisonnement.

→ Supposons que pour un certain rang n, on ait $P_n = 2^n X^n + Q_n$, avec $\deg Q_n < n$, alors : $P_{n+1} = 2XP_n + P_{n-1} = 2^{n+1}X^{n+1} + 2XQ_n + P_{n-1}$.
Comme $\deg(2XQ_n + P_{n-1}) < n+1$ on a bien ainsi mis en évidence le terme dominant de P_{n+1} qui est $2^{n+1}X^{n+1}$. On conclut par le principe de récurrence :

$$\forall n \in \mathbb{N}, P_n = 2^n X^n + Q_n \text{ avec } \deg Q_n < n$$

Corrigé 4.21

1°) $(X+i)^{2p+1} = \sum\limits_{k=0}^{2p+1} \binom{2p+1}{k} i^{2p+1-k} X^k$

$(X-i)^{2p+1} = \sum\limits_{k=0}^{2p+1} \binom{2p+1}{k} (-i)^{2p+1-k} X^k$

Donc :

$$(X+i)^{2p+1} - (X-i)^{2p+1} = \sum_{k=0}^{2p+1} \binom{2p+1}{k} (i^{2p+1-k} - (-i)^{2p+1-k}) X^k$$

$$(X+i)^{2p+1} - (X-i)^{2p+1} = \sum_{k=0}^{2p+1} \binom{2p+1}{k} (i^{2p+1-k} - (-1)^{2p+1-k} i^{2p+1-k}) X^k$$

$$(X+i)^{2p+1} - (X-i)^{2p+1} = \sum_{k=0}^{2p+1} \binom{2p+1}{k} (1 + (-1)^k) i^{2p+1-k} X^k$$

Tous les termes correspondant aux indices k impairs disparaissent et les termes correspondant aux indices k pairs compris entre 0 et $2p$ se doublent. Soit, avec $k = 2\ell$:

$$(X+i)^k - (X-i)^k = \sum_{\ell=0}^{p} \binom{2p+1}{2\ell} 2 i^{2p+1-2\ell} X^{2\ell}$$

et avec $i^{2p+1-2\ell} = (i^2)^{p-\ell} i = (-1)^{p-\ell} i = (-1)^p (-1)^{-\ell} i = (-1)^p i (-1)^\ell$:

$$\boxed{(X+i)^{2p+1} - (X-i)^{2p+1} = (-1)^p 2i \sum_{\ell=0}^{p} (-1)^\ell \binom{2p+1}{2\ell} (X^2)^\ell = (-1)^p 2i P_p(X^2)}$$

2°) a) On a donc : $P_p(X^2) = \dfrac{(-1)^p}{2i}[(X+i)^{2p+1} - (X-i)^{2p+1}]$.

En substituant à X la valeur $\dfrac{\cos(\frac{k\pi}{2p+1})}{\sin(\frac{k\pi}{2p+1})}$:

$$P_p(x_k) = \frac{(-1)^p}{2i} \left[\left(\frac{\cos(\frac{k\pi}{2p+1})}{\sin(\frac{k\pi}{2p+1})} + i \right)^{2p+1} - \left(\frac{\cos(\frac{k\pi}{2p+1})}{\sin(\frac{k\pi}{2p+1})} - i \right)^{2p+1} \right]$$

$$P_p(x_k) = \frac{(-1)^p}{2i \sin^{2p+1}(\frac{k\pi}{2p+1})} \left[\left(\cos \frac{k\pi}{2p+1} + i \sin \frac{k\pi}{2p+1} \right)^{2p+1} \right.$$

$$- \left(\cos \frac{k\pi}{2p+1} - i \sin \frac{k\pi}{2p+1} \right)^{2p+1} \Big]$$

$$P_p(x_k) = \frac{(-1)^p}{2i \sin^{2p+1}(\frac{k\pi}{2p+1})} \left[\mathrm{e}^{ik\pi} - \mathrm{e}^{-ik\pi} \right] = \frac{(-1)^p}{2i \sin^{2p+1}(\frac{k\pi}{2p+1})} \left[(-1)^k - (-1)^{-k} \right]$$

Donc

$$\boxed{P_p(x_k) = 0}$$

b) Ainsi pour tout $k \in [\![1, p]\!]$, x_k est une racine de P_p. Mais l'application $\varphi : x \mapsto \dfrac{\cos(x)}{\sin(x)}$ est définie et dérivable sur $]0, \pi/2]$ de dérivée :

$$\varphi'(x) = \frac{-\sin^2(x) - \cos^2(x)}{\sin^2(x)} = -\frac{1}{\sin^2(x)} < 0$$

Comme $\lim\limits_{x \to 0^+} \varphi(x) = +\infty$ et $\varphi(\pi/2) = 0$, φ réalise une bijection strictement décroissante de $]0, \pi/2]$ sur $\mathbb{R}^+$ et il en est de même de la fonction $x \mapsto [\varphi(x)]^2$. Comme $k \in [\![1, p]\!] \implies \dfrac{k\pi}{2p+1} \in]0, \pi/2[$, les nombres $x_1, \ldots, x_p$ sont deux-à-deux différents et comme ils sont racines de P_p qui est de degré p, ils forment l'ensemble des racines de P_p.

Le terme dominant de P_p est $(-1)^p \dbinom{2p+1}{2p} X^p$ et on dispose donc des deux écritures :

$$\begin{aligned} P_p &= (-1)^p \binom{2p+1}{2p} (X - x_1)(X - x_2) \cdots (X - x_p) \\ &= (-1)^p (2p+1)(X - x_1)(X - x_2) \cdots (X - x_p) \end{aligned}$$

$$\begin{aligned} P_p &= (-1)^p \binom{2p+1}{2p} X^p + (-1)^{p-1} \binom{2p+1}{2p-2} X^{p-1} + \cdots \\ &= (-1)^p (2p+1) X^p + (-1)^{p-1} \frac{(2p+1)(2p)(2p-1)}{6} X^{p-1} + \cdots \end{aligned}$$

Revenons alors sur l'expression factorisée de P_p : si on développe, le calcul des deux premiers termes donne :

$$P_p = (-1)^p (2p+1)(X^p - (x_1 + x_2 + \cdots + x_p) X^{p-1} + \cdots)$$

et l'unicité de l'écriture développée donne :

$$(-1)^{p-1} \frac{(2p+1)(2p)(2p-1)}{6} = -(-1)^p (2p+1)(x_1 + x_2 + \cdots + x_p)$$

Soit :

$$\boxed{x_1 + x_2 + \cdots + x_p = \frac{2p(2p-1)}{6} = \frac{p(2p-1)}{3}}$$

3°) a) ⋆ La fonction $x \mapsto x - \sin x$ est continue et dérivable sur $[0, \pi/2[$ de dérivée $x \mapsto 1 - \cos x$. Donc cette fonction est strictement croissante sur $[0, \pi/2[$ et étant nulle en 0, elle est strictement positive sur $]0, \pi/2[$.

⋆ La fonction $x \mapsto \tan x - x$ est continue et dérivable sur $[0, \pi/2[$ de dérivée $x \mapsto 1 + \tan^2 x - 1$. Donc cette fonction est strictement croissante sur $[0, \pi/2[$ et étant nulle en 0, elle est strictement positive sur $]0, \pi/2[$.

Bref :

$$0 < x < \pi/2 \implies \sin x < x < \tan x$$

b) Pour $0 < x < \pi/2$, on a $0 < \sin x < x < \tan x$, donc

$$0 < \sin^2 x < x^2 < \tan^2 x = \frac{\sin^2 x}{\cos^2 x}$$

puis :

$$\frac{\cos^2 x}{\sin^2 x} < \frac{1}{x^2} < \frac{1}{\sin^2 x} = 1 + \frac{\cos^2 x}{\sin^2 x}$$

4°) a) En particulier, pour $x = \dfrac{k\pi}{2p+1}$, on obtient, avec les notations des questions précédentes : $x_k < \dfrac{(2p+1)^2}{k^2\pi^2} < 1 + x_k$, puis en sommant pour k variant de 1 à p :

$$\sum_{k=1}^{p} x_k < \frac{(2p+1)^2}{\pi^2} \sum_{k=1}^{p} \frac{1}{k^2} < p + \sum_{k=1}^{p} x_k$$

C'est-à-dire :

$$\frac{p(2p-1)}{3} < \frac{(2p+1)^2}{\pi^2} \sum_{k=1}^{p} \frac{1}{k^2} < p + \frac{p(2p-1)}{3}$$

b) Ainsi : $\dfrac{p(2p-1)}{3} \times \dfrac{\pi^2}{(2p+1)^2} \leqslant \displaystyle\sum_{k=1}^{p} \frac{1}{k^2} \leqslant \frac{p(2p+2)}{3} \times \frac{\pi^2}{(2p+1)^2}$

On écrit alors :

$$\frac{p(2p-1)}{(2p+1)^2} \times \frac{\pi^2}{3} = \frac{2 - \frac{1}{p}}{4 + \frac{4}{p} + \frac{1}{p^2}} \times \frac{\pi^2}{3} \underset{p\to\infty}{\longrightarrow} \frac{\pi^2}{6}$$

$$\frac{p(2p+2)}{(2p+1)^2} \times \frac{\pi^2}{3} = \frac{2 + \frac{2}{p}}{4 + \frac{4}{p} + \frac{1}{p^2}} \times \frac{\pi^2}{3} \underset{p\to\infty}{\longrightarrow} \frac{\pi^2}{6}$$

Ainsi, par encadrement :

$$\boxed{\lim_{p\to\infty} \sum_{k=1}^{p} \frac{1}{k^2} = \frac{\pi^2}{6}}$$

Corrigé 4.22

1°) a) • On a : $e^{in\theta} = (\cos\theta + i\sin\theta)^n$ donc $\cos n\theta = \text{Ré}[(\cos\theta + i\sin\theta)^n]$.

$$(\cos\theta + i\sin\theta)^n = \sum_{k=0}^{n} \binom{n}{k} \cos^{n-k}\theta . i^k \sin^k\theta \quad (*)$$

Si k est pair, $k = 2p$, alors $i^k = i^{2p} = (-1)^p$ est réel, tandis que si k est impair, $k = 2p+1$, alors $i^k = (-1)^p i$ est un imaginaire pur, on a donc en séparant partie imaginaire et partie réelle :

$$\cos n\theta = \sum_{p=0}^{\lfloor n/2 \rfloor} \binom{n}{2p} \cos^{n-2p}\theta . (-1)^p (\sin^2\theta)^p$$

i.e. : $\cos n\theta = \displaystyle\sum_{p=0}^{\lfloor n/2 \rfloor} \binom{n}{2p} \cos^{n-2p}\theta (-1)^p (1 - \cos^2\theta)^p$

Ainsi $\cos n\theta = P_n(\cos\theta)$, avec $P_n(X) = \displaystyle\sum_{p=0}^{\lfloor n/2 \rfloor} (-1)^p \binom{n}{2p} X^{n-2p}(1 - X^2)^p$

• Soit Q un polynôme tel que $Q(\cos\theta) = \cos n\theta$, alors pour tout réel θ on a $Q(\cos\theta) - P_n(\cos\theta) = 0$. Comme la fonction cosinus prend toutes les valeurs de $[-1, 1]$, le polynôme $Q - P_n$ a une infinité de racines, donc est le polynôme nul. Ainsi $Q = P_n$, ce qui prouve l'unicité.

b) • En revenant à $(*)$ et en prenant la partie imaginaire, il vient :

$$\sin n\theta = \sum_{p=0}^{\lfloor (n-1)/2 \rfloor} \binom{n}{2p+1} \cos^{n-2p-1}\theta.(-1)^p \sin^{2p+1}\theta$$

i.e. $\sin n\theta = \sin\theta \sum_{p=0}^{\lfloor (n-1)/2 \rfloor} (-1)^p \binom{n}{2p+1} \cos^{n-2p-1}\theta(1-\cos^2\theta)^p$

Ainsi $Q_n = \sum_{p=0}^{\lfloor (n-1/2 \rfloor} (-1)^p \binom{n}{2p+1} X^{n-2p-1}(1-X^2)^p$.

• Si R est un polynôme tel que $\sin n\theta = \sin\theta.R(\cos\theta)$, alors pour tout $\theta \in]0, \pi/2]$, on a : $\sin\theta.(Q_n(\cos\theta) - R(\cos\theta)) = 0$ et $Q_n - R$ s'annule en tout point de $[0, 1[$, donc est le polynôme nul. Ce qui prouve à nouveau l'unicité.

2°) • Le terme de plus haut degré de $X^{n-2p}(1-X^2)^p$ vaut $(-1)^p X^n$, donc :

$$P_n = (\sum_{p=0}^{\lfloor n/2 \rfloor} \binom{n}{2p})X^n + \cdots$$

Ainsi P_n est de degré exactement n.

(Pour $n \geqslant 1$ on a : $2^n = (1+1)^n = \sum_{k=0}^{n} \binom{n}{k}$ et $0 = (1-1)^n = \sum_{k=0}^{n} (-1)^k \binom{n}{k}$

D'où l'on déduit, en sommant : $2^n = 2 \sum_{p=0}^{\lfloor n/2 \rfloor} \binom{n}{2p}$ et P_n est donc de coefficient dominant 2^{n-1})

• Déterminons déjà les racines de P_n (avec $n \geqslant 1$) dans l'intervalle $[-1, 1]$:
Pour $x \in [-1, 1]$, $\exists\, \theta \in [0, \pi]$ tel que $x = \cos\theta$ et alors :
$P_n(x) = 0 \iff P_n(\cos\theta) = 0 \iff \cos n\theta = 0 \iff \theta = \dfrac{(2k+1)\pi}{2n}$, avec par exemple $k \in [\![0, n-1]\!]$.
La fonction cosinus étant strictement monotone sur $[0, \pi]$, on en déduit que les nombres $z_k = \cos\dfrac{(2k+1)\pi}{2n}$, avec $k \in [\![0, n-1]\!]$, sont des racines deux à deux distinctes de P_n. Comme $\deg P_n = n$, on en déduit que ce sont les seules racines dans $\mathbb{C}$ de P_n et qu'elles sont toutes des racines simples.

• On a $P_n(X) = \sum_{p=0}^{\lfloor n/2 \rfloor} (-1)^p \binom{n}{2p} X^{n-2p}(1-X^2)^p$. Donc si n est pair (resp. impair) le développement de P_n ne comporte que des termes de puissances paires (resp. impaires) et P_n est pair (resp. impair).

3°) a) On a : $\forall\, \theta \in \mathbb{R}, P_n(\cos\theta) = \cos n\theta$, d'où par dérivation :

$$\forall \theta \in \mathbb{R}, (-\sin\theta)P_n'(\cos\theta) = -n\sin n\theta, \textit{ i.e. } \sin\theta\big[\frac{1}{n}P_n'(\cos\theta)\big] = \sin n\theta$$

Or Q_n est le seul polynôme vérifiant $\sin\theta.Q_n(\cos\theta) = \sin n\theta$. Donc :

$$Q_n = \frac{1}{n}P'_n$$

b) • Ainsi $\forall\, n \geqslant 1, \deg Q_n = \deg P_n' = n-1$.

• $Q_1 = 1$ n'a pas de racine et pour $n \geqslant 2$, déterminons déjà les racines de Q_n appartenant à $]-1, 1[$. Pour $x \in]-1, 1[$, $\exists\, \theta \in]0, \pi[$ tel que $x = \cos\theta$ et alors :
$Q_n(\cos\theta) = 0 \iff \dfrac{\sin n\theta}{\sin\theta} = 0 \iff \theta = \dfrac{k\pi}{n}$, avec par exemple $k \in [\![1, n-1]\!]$.

Ainsi les nombres $y_k = \cos\dfrac{k\pi}{n}$, avec $k \in [\![1, n-1]\!]$ sont des racines deux à deux distinctes de Q_n. Comme $\deg Q_n = n-1$, on en déduit que ce sont les seules racines de Q_n et elles sont toutes simples.

4°) a) • On a : $\forall\theta \in \mathbb{R}, 2\cos\theta\cos n\theta = \cos(n-1)\theta + \cos(n+1)\theta$ et donc :

$$2\cos\theta.P_n(\cos\theta) = P_{n-1}(\cos\theta) + P_{n+1}(\cos\theta)$$

Ainsi les polynômes $2XP_n$ et $P_{n-1}+P_{n+1}$ coïncident sur l'ensemble infini $[-1,1]$, donc sont égaux :

$$\forall n \geqslant 2, P_{n+1} = 2XP_n - P_{n-1}$$

(cette formule reste valable pour $n=0$, en posant $P_0 = 1$)

• De la même façon :

$$\begin{aligned}\sin\theta.[2\cos\theta.Q_n(\cos\theta) - Q_{n-1}(\cos\theta)] &= 2\cos\theta\sin(n\theta) - \sin(n-1)\theta\\ &= \sin(n+1)\theta = \sin\theta.Q_{n+1}(\cos\theta)\end{aligned}$$

En se limitant aux valeurs de θ appartenant à $]0,\pi[$, on peut simplifier par $\sin\theta$ et on en déduit que les polynômes $2XQ_n - Q_{n-1}$ et Q_{n+1} coïncident sur $]-1,1[$, donc sont égaux :

$$\forall n \geqslant 2, Q_{n+1} = 2XQ_n - Q_{n-1}$$

b) On a, pour tout θ réel : $P_n(\cos\theta) = \cos(n\theta)$. En dérivant deux fois par rapport à θ, il vient alors : $-\sin\theta.P_n'(\cos\theta) = -n\sin(n\theta)$, puis :
$-\cos\theta.P_n'(\cos\theta) + \sin^2\theta P_n''(\cos\theta) = -n^2\cos(n\theta)$, c'est-à-dire :

$$(\cos^2\theta - 1)P_n''(\cos\theta) + \cos\theta.P_n'(\cos\theta) = n^2P_n(\cos\theta)$$

$\cos\theta$ prenant une infinité de valeurs distinctes, on en conclut, comme de coutume :

$$(X^2-1)P_n''(X) + X.P_n'(X) = n^2P_n(X)$$

5°) a) On a déjà vu que P_n est de degré n et ne comporte que des termes dont la puissance a la parité de n. On peut donc bien écrire :
$P_n = a_0X^n + a_1X^{n-2} + a_2X^{n-4} + \cdots$, le dernier terme étant a_p si $n = 2p$ et a_pX si $n = 2p+1$, soit : $P_n = \sum\limits_{k=0}^{\lfloor n/2\rfloor} a_kX^{n-2k}$.

b) On a donc :

$$P_n' = \sum_{k=0}^{\lfloor (n-1)/2\rfloor}(n-2k)a_kX^{n-2k-1},$$

$$P_n'' = \sum_{k=0}^{\lfloor n/2\rfloor-1}(n-2k)(n-2k-1)a_kX^{n-2k-2}$$

D'où : $XP_n' = \sum\limits_{k=0}^{\lfloor (n-1)/2\rfloor}(n-2k)a_kX^{n-2k}$ et

$$(X^2-1)P_n'' = \sum_{k=0}^{\lfloor n/2\rfloor-1}(n-2k)(n-2k-1)a_kX^{n-2k} - \sum_{k=0}^{\lfloor n/2\rfloor-1}(n-2k)(n-2k-1)a_kX^{n-2k-2}$$

En remplaçant dans la formule obtenue en 4) et en identifiant les termes en X^{n-2k} de part et d'autre (grâce à un décalage de l'indice pour la seconde sommation obtenue pour $(X^2-1)P_n''$) :

$(n-2k)a_k + (n-2k)(n-2k-1)a_k - (n-2k+2)(n-2k+1)a_{k-1} = n^2 a_k$
Cette formule étant valable pour $k \in [\![1, \lfloor n/2 \rfloor]\!]$.

On en déduit : $\forall\, k \in [\![1, \lfloor n/2 \rfloor]\!], a_k = \dfrac{(n-2k+2)(n-2k+1)}{(n-2k)^2 - n^2} a_{k-1}$, *i.e.* :

$$\forall\, k \in [\![1, \lfloor n/2 \rfloor]\!], a_k = -\frac{(n-2k+2)(n-2k+1)}{4k(n-k)} a_{k-1}$$

6°) On en déduit :

$$a_k = (-1)^k \frac{(n-2k+2)(n-2k+1)}{4k(n-k)} \cdot \frac{(n-2k+4)(n-2k+3)}{4(k-1)(n-k+1)} \cdots \frac{n(n-1)}{4(n-1)} a_0$$

C'est-à-dire, en remettant les facteurs du numérateur dans le bon ordre et en multipliant haut et bas par les facteurs nécessaires pour faire apparaître des factorielles :

$$a_k = (-1)^k \frac{n!(n-k-1)!}{(n-2k)!4^k k!(n-1)!} a_0 = (-1)^k \frac{n(n-k-1)!}{(n-2k)!4^k k!} 2^{n-1}$$

Ce qui s'écrit encore : $a_k = (-1)^k \dfrac{n}{n-k} \dbinom{n-k}{k} 2^{n-2k-1}$.

$$P_n = \sum_{k=0}^{\lfloor n/2 \rfloor} (-1)^k \frac{n}{n-k} \binom{n-k}{k} 2^{n-2k-1} X^{n-2k}$$

et comme $Q_n = \dfrac{1}{n} P'_n$:

$$Q_n = \sum_{k=0}^{\lfloor (n-1)/2 \rfloor} (-1)^k \frac{n-2k}{n-k} \binom{n-k}{k} 2^{n-2k-1} X^{n-2k-1}.$$

Calcul matriciel et systèmes linéaires

05

RÉPARTITION DES EXERCICES

I. ÉNONCÉS DES EXERCICES

5.01 Calculer le produit :

$$\begin{pmatrix} 1 & -1 \end{pmatrix}\begin{pmatrix} 0 & 2 & -1 \\ -2 & -1 & 2 \end{pmatrix}\begin{pmatrix} 1 & 0 & 1 \\ -1 & 1 & -2 \\ 0 & 2 & 1 \end{pmatrix}\begin{pmatrix} -2 & 1 \\ 1 & 0 \\ 0 & 2 \end{pmatrix}\begin{pmatrix} -1 \\ 3 \end{pmatrix}$$

◇

5.02 Soit $A = \begin{pmatrix} 1 & 2 \\ 3 & 4 \\ -1 & 4 \end{pmatrix}$. Déterminer $B \in \mathcal{M}_{2,3}(\mathbb{R})$ telle que $BA = I_2$.

◇

5.03 Soit $E = \left\{ M = \begin{pmatrix} a+c & b & -c \\ b & a+2c & -b \\ -c & -b & a+c \end{pmatrix}, (a,b,c) \in \mathbb{R}^3 \right\}$.

1°) Montrer qu'il existe deux matrices J et K de E, que l'on déterminera telles que $E = \{M = aI + bJ + cK, (a,b,c) \in \mathbb{R}^3\}$, où I désigne la matrice identité de $\mathcal{M}_3(\mathbb{R})$.
En déduire que la somme de deux matrices de E appartient à E et que le produit d'une matrice de E par un réel est encore une matrice de E.

2°) Montrer que : $\forall (A,B) \in E^2, AB \in E$ et $AB = BA$.

◇

5.04 Calculer la puissance $n^{\text{ème}}$ ($n \in \mathbb{N}^*$) des matrices suivantes, où a et b sont deux réels fixés.

$$A = \begin{pmatrix} a & b \\ 0 & a \end{pmatrix}, B = \begin{pmatrix} a & 0 \\ b & 0 \end{pmatrix}, C = \begin{pmatrix} a & b \\ 0 & 0 \end{pmatrix}, D = \begin{pmatrix} a & 0 \\ 0 & b \end{pmatrix}.$$

◇

5.05 On considère une matrice symétrique H de $\mathcal{M}_3(\mathbb{R})$ vérifiant l'égalité $H^2 = H$. Pour tout réel a, on note $M(a) = aI_3 + (1-a)H$, où I désigne la matrice identité de $\mathcal{M}_3(\mathbb{R})$.

1°) a) Montrer que pour tout réel a, $M(a)$ est une matrice symétrique réelle.

b) Montrer que pour tous les réels a et b, $M(a)M(b) = M(ab)$.

2°) Soit a un réel strictement positif.

a) Montrer que $M(a)$ est inversible et que $M(\frac{1}{a})$ est son inverse.

b) Justifier que $M(a) = {}^t(M(\sqrt{a}))M(\sqrt{a})$.

3°) On suppose qu'il existe une matrice colonne non nulle X et un réel λ qui vérifient $M(a)X = \lambda X$.

a) Montrer que ${}^t(M(\sqrt{a})X)(M(\sqrt{a})X) = \lambda {}^tXX$.

b) En déduire que $\lambda > 0$.

◇

5.06 Soient a et b deux nombres réels, on considère la matrice $A = \begin{pmatrix} a & b & b \\ 0 & a & b \\ 0 & 0 & a \end{pmatrix}$.

1°) Déterminer une matrice $J \in \mathcal{M}_3(\mathbb{R})$ telle que $A = aI + bJ$, où I est la matrice identité de $\mathcal{M}_3(\mathbb{R})$.

2°) Pour $n \in \mathbb{N}$, calculer A^n.

3°) Soient (u_n), (v_n) et (w_n) les trois suites réelles définies par : $u_0 = \alpha$, $v_0 = \beta$, $w_0 = \gamma$ et :
$\forall n \in \mathbb{N}, u_{n+1} = \frac{u_n}{3} + v_n + w_n, v_{n+1} = \frac{v_n}{3} + w_n, w_{n+1} = \frac{w_n}{3}$
Déterminer une expression de u_n, v_n et w_n en fonction de n, α, β et γ.

◇

5.07 On considère la matrice $A = \begin{pmatrix} 2 & 1 & 0 \\ 0 & 2 & 1 \\ 0 & 0 & 2 \end{pmatrix}$.

1°) Calculer A^k, pour tout $k \in \mathbb{N}^*$.

2°) Si $P = \sum_{k=0}^{n} a_k X^k \in \mathbb{R}_n[X]$, avec $n \geqslant 2$, on définit la matrice $P(A)$ par : $P(A) = \sum_{k=0}^{n} a_k A^k$, où $A^0 = I$, matrice identité de $\mathcal{M}_3(\mathbb{R})$.

Démontrer que : $P(A) = \begin{pmatrix} P(2) & P'(2) & \frac{1}{2}P''(2) \\ 0 & P(2) & P'(2) \\ 0 & 0 & P(2) \end{pmatrix}$.

◇

5.08 On considère la matrice $A = \begin{pmatrix} 1 & -2 & -6 \\ -3 & 2 & 9 \\ 2 & 0 & -3 \end{pmatrix}$.

1°) Calculer A^2, A^3, puis A^n pour n entier naturel quelconque.

2°) La matrice A est-elle inversible ?

◇

5.09 On considère la matrice $A = \begin{pmatrix} 1 & 3 & 3 & 2 \\ 1 & 1 & -1 & 5 \\ 1 & 3 & -1 & 4 \\ 1 & 1 & 3 & m \end{pmatrix}$.

1°) Déterminer les valeurs de m pour lesquelles A est inversible.

2°) Dans le cas où $m = 0$, calculer A^{-1}.

◇

5.10 Soit $A \in \mathcal{M}_n(\mathbb{K})$ une matrice nilpotente, montrer que $A - I_n$ est inversible et déterminer son inverse, I_n étant la matrice identité de $\mathcal{M}_n(\mathbb{K})$.

◇

5.11 Soient $\alpha_1, \alpha_2, \ldots, \alpha_n$, des nombres réels non nuls, on considère la matrice :

$$A = \begin{pmatrix} & & & \alpha_n \\ & & \cdot^{\cdot^{\cdot}} & \\ & \alpha_2 & & \\ \alpha_1 & & & \end{pmatrix}$$

Montrer que A est inversible et déterminer A^{-1}.

◇

5.12 On considère $A = (a_{i,j})$ la matrice de $\mathcal{M}_n(\mathbb{R})$, $n \geqslant 1$, définie par :
$\forall (i,j) \in [\![1,n]\!]^2, i > j \implies a_{i,j} = 0$ et $i \leqslant j \implies a_{i,j} = 1$.
Montrer que A est inversible et déterminer A^{-1}.

◇

5.13 Soit $A = \begin{pmatrix} 1 & 2 & 3 & \ldots & n-1 & n \\ 0 & 1 & 2 & & & n-1 \\ \vdots & \ddots & 1 & 2 & & \\ \vdots & & \ddots & \ddots & \ddots & \vdots \\ \vdots & & & \ddots & 1 & 2 \\ 0 & \ldots & \ldots & \ldots & 0 & 1 \end{pmatrix} \in \mathcal{M}_n(\mathbb{R})$

Montrer que A est inversible et déterminer A^{-1}.

◇

5.14 Déterminer les matrices qui commutent avec les matrices diagonales suivantes :

a) $\mathrm{diag}(1, 2, \ldots, n)$ **b)** $\mathrm{diag}(a, a, b, b)$ **c)** $\mathrm{diag}(a, b, a, b)$,

où a et b sont deux réels distincts.

◇

5.15 Soient a et b deux éléments de $\mathbb{K}$, on considère dans $\mathcal{M}_n(\mathbb{K})$ les matrices :

$$M = \begin{pmatrix} a & b & \cdots & b \\ b & \ddots & \ddots & \vdots \\ \vdots & \ddots & \ddots & b \\ b & \cdots & b & a \end{pmatrix} \text{ et } J = \begin{pmatrix} 1 & \dots & \cdots & 1 \\ \vdots & \ddots & \ddots & \vdots \\ \vdots & \ddots & \ddots & \vdots \\ 1 & \cdots & \dots & 1 \end{pmatrix}.$$

1°) Trouver un polynôme annulateur de J.

2°) En déduire un polynôme annulateur de M.

3°) Déterminer une condition nécessaire et suffisante sur a et b pour que M soit inversible.

◇

5.16 **A)** Soit (w_n) la suite définie par : $w_0 = 2$, $w_1 = 4$ et :

$$\forall n \in \mathbb{N}, w_{n+2} = -4w_{n+1} - 4w_n$$

On pose pour $n \in \mathbb{N}, T_n = \begin{pmatrix} w_{n+1} \\ w_n \end{pmatrix}$.

1°) Déterminer une matrice $M \in \mathcal{M}_2(\mathbb{R})$ telle que : $\forall n \in \mathbb{N}, T_{n+1} = MT_n$ et en déduire : $T_n = M^n T_0$.

2°) Montrer que, pour $n \in \mathbb{N}^*$, la seconde ligne de M^n est :
$(\, n(-2)^{n-1} \quad (-2)^{n-1}(2n-2)\,)$.

3°) En déduire l'expression de w_n en fonction de n.

B) On considère les matrices suivantes :

$$A = \begin{pmatrix} 5 & 5 & -14 \\ 6 & 6 & -16 \\ 5 & 5 & -14 \end{pmatrix} ; B = \begin{pmatrix} 8 & 4 & -16 \\ 0 & 4 & -8 \\ 4 & 4 & -12 \end{pmatrix} \text{ et } P = \begin{pmatrix} 1 & 1 & 1 \\ 2 & -1 & 1 \\ 1 & 0 & 1 \end{pmatrix}$$

Ainsi que les matrices colonnes : $V_1 = \begin{pmatrix} 1 \\ 2 \\ 1 \end{pmatrix}, V_2 = \begin{pmatrix} 1 \\ -1 \\ 0 \end{pmatrix}, V_3 = \begin{pmatrix} 1 \\ 1 \\ 1 \end{pmatrix}$.

1°) a) Déterminer trois réels λ_1, λ_2 et λ_3 tels que $AV_1 = \lambda_1 V_1$; $AV_2 = \lambda_2 V_2$ et $AV_3 = \lambda_3 V_3$.

b) Montrer que P est inversible et que $P^{-1} = \begin{pmatrix} 1 & 1 & -2 \\ 1 & 0 & -1 \\ -1 & -1 & 3 \end{pmatrix}$.

c) Vérifier que : $P^{-1}AP = \begin{pmatrix} 1 & 0 & 0 \\ 0 & 0 & 0 \\ 0 & 0 & -4 \end{pmatrix}$. On note D cette matrice.

d) Calculer la matrice $\Delta = P^{-1}BP$ et vérifier qu'elle est diagonale.

2°) On se propose de calculer les matrices colonnes X_n définies par les relations :

$$X_0 = \begin{pmatrix} 1 \\ 0 \\ 1 \end{pmatrix}, X_1 = \begin{pmatrix} 0 \\ -1 \\ 1 \end{pmatrix} \text{ et } \forall n \in \mathbb{N}, X_{n+2} = AX_{n+1} + BX_n.$$

A cet effet, on définit pour tout n élément de $\mathbb{N}$: $Y_n = P^{-1}X_n = \begin{pmatrix} u_n \\ v_n \\ w_n \end{pmatrix}$.

a) Calculer Y_0 et Y_1.

b) Montrer que pour tout entier naturel n, $Y_{n+2} = DY_{n+1} + \Delta Y_n$.

c) Montrer alors que pour tout entier naturel n :

$$u_{n+2} = u_{n+1}\ ;\ v_{n+2} = 4v_n\ ;\ w_{n+2} = -4w_{n+1} - 4w_n$$

d) En déduire les expressions de u_n, v_n, et w_n en fonction de n.

e) Donner finalement la matrice X_n, en fonction de n.

◇

5.17 On pose $A = \begin{pmatrix} 3 & -2 & 3 \\ 1 & 0 & 2 \\ 0 & 0 & 2 \end{pmatrix}$, $P = \begin{pmatrix} 1 & 2 & 1 \\ 1 & 1 & 1 \\ 0 & 0 & 1 \end{pmatrix}$, $T = \begin{pmatrix} 1 & 0 & 0 \\ 0 & 2 & 1 \\ 0 & 0 & 2 \end{pmatrix}$ et on note :

$C(A) = \{M \in \mathcal{M}_3(\mathbb{R})\ /\ AM = MA\}$.

1°) a) Montrer que P est inversible et déterminer P^{-1}.

b) Calculer $P^{-1}AP$ et comparer cette matrice avec la matrice T.

2°) Soit $M \in \mathcal{M}_3(\mathbb{R})$ une matrice quelconque.

a) On pose $M' = P^{-1}MP$, montrer que :

$$AM = MA \Longleftrightarrow TM' = M'T$$

b) Soit $M' \in \mathcal{M}_3(\mathbb{R})$, montrer que : $TM' = M'T$ si et seulement si M' est de la forme $\begin{pmatrix} x & 0 & 0 \\ 0 & y' & z' \\ 0 & 0 & y' \end{pmatrix}$, x, y', z' réels quelconques.

c) En déduire que :

$$C(A) = \left\{ \begin{pmatrix} -x+2y' & 2x-2y' & -x+y'+2z' \\ -x+y' & 2x-y' & -x+y'+z' \\ 0 & 0 & y' \end{pmatrix}, (x, y', z') \in \mathbb{R}^3 \right\}.$$

◇

5.18 On note $A = \begin{pmatrix} 0 & 1 & -1 \\ -3 & 4 & -3 \\ -1 & 1 & 0 \end{pmatrix}$.

1°) Montrer que $A^2 - 3A + 2I = 0$, déduire de cette égalité que A est inversible et exprimer A^{-1} en fonction de A et de I, où I est la matrice identité de $\mathcal{M}_3(\mathbb{R})$.

2°) On pose, pour $n \in \mathbb{N}, B_n = A^n + A - 2I$. Montrer que l'on a, pour tout n de $\mathbb{N}$:

a) $A^{n+2} - 2A^{n+1} = A^{n+1} - 2\,A^n$.

b) $A^{n+2} = 2A^{n+1} + A - 2I$.

c) $B_{n+1} = 2B_n$.

3°) Déterminer, pour tout entier naturel n, l'expression de B_n en fonction de n et donner l'expression de A^n en fonction de n (on donnera les 9 coefficients de A^n).

4°) On considère les trois suites u, v et w définies par : $u_0 = 1$, $v_0 = 1$, $w_0 = 1$ et $\forall n \in \mathbb{N}$:

$$u_{n+1} = v_n - w_n,\ v_{n+1} = -3u_n + 4v_n - 3w_n,\ w_{n+1} = -u_n + v_n.$$

En posant $X_n = \begin{pmatrix} u_n \\ v_n \\ w_n \end{pmatrix}$, trouver une relation entre X_{n+1} et X_n et en déduire l'expression de u_n, v_n et w_n en fonction de n.

5°) Pour tout entier naturel n non nul, on note $A^{-n} = (A^{-1})^n$.

Montrer que l'expression de A^n, obtenue à la question **3°)**, en fonction de A et de I est encore valable pour les exposants strictement négatifs et en déduire l'expresssion de $(A^n)^{-1}$ en fonction de A et de I.

◇

5.19 On note I la matrice identité de $\mathcal{M}_3(\mathbb{R})$.

1°) Soit $M = \begin{pmatrix} -5 & 0 & -6 \\ 3 & 1 & 3 \\ 3 & 0 & 4 \end{pmatrix}$.

a) Calculer $A = \frac{1}{3}(M - I)$ puis A^2.

b) Par convention on note $M^0 = I$. Démontrer qu'il existe une suite $(u_n)_{n \geq 0}$ telle que : $\forall n \in \mathbb{N}, M^n = I + u_n.A$, avec pour tout n, $u_{n+1} = -2u_n + 3$.

c) Calculer u_n en fonction de n et en déduire M^n en fonction de n.

2°) Soit $J = \begin{pmatrix} -1 & 0 & -2 \\ 1 & 1 & 1 \\ 1 & 0 & 2 \end{pmatrix}$.

a) Calculer J^2.

b) On considère $E = \left\{ \begin{pmatrix} a-b & 0 & -2b \\ b & a+b & b \\ b & 0 & a+2b \end{pmatrix}, (a,b) \in \mathbb{R}^2 \right\}$.

Soit N une matrice de E, exprimer N en fonction de I et J et calculer N^2 en fonction de I et J.

c) En déduire les matrices $X \in E$ telles que :

i) $X^2 = I$.

ii) $X^2 = X$.

3°) **a)** Montrer que $M \in E$.

b) Montrer que $\forall n \in \mathbb{N}$, $M^n = (1 - (-2)^n)J + (-2)^n I$.

II. INDICATIONS

1) Rappels des principales méthodes d'étude

❑ Si $A = (a_{i,j}) \in \mathcal{M}_{n,p}(\mathbb{K})$ et $B = (b_{k,\ell}) \in \mathcal{M}_{p,q}(\mathbb{K})$, la matrice $C = AB$ est la matrice de $\mathcal{M}_{n,q}(\mathbb{K})$ définie par : $\forall (i,\ell) \in [\![1,n]\!] \times [\![1,q]\!]$:

$$c_{i,\ell} = \sum_{j=1}^{p} a_{i,j} b_{j,\ell}$$

❑ Pour chercher les puissances d'une matrice carrée $A \in \mathcal{M}_n(\mathbb{K})$, on peut :

Calculer $A^2, A^3, \ldots$ jusqu'à deviner une formule générale que l'on vérifie alors par récurrence.

Ecrire $A = B + C$, avec $BC = CB$ et les puissances de B et C étant simples à calculer. On peut alors appliquer la formule du binôme de Newton.

Trouver un polynôme P simple tel que $P(A) = 0$ et pour calculer A^k, on cherche le reste R dans la division de X^k par P. On a alors $A^k = R(A)$.

Ecrire $A = PA'P^{-1}$, avec A' plus simple que A. On a alors, pour tout entier naturel k : $A^k = PA'^kP^{-1}$.

❑ Une matrice $A \in \mathcal{M}_n(\mathbb{K})$ est inversible s'il existe $B \in \mathcal{M}_n(\mathbb{K})$ telle que $AB = I$ **ou** $BA = I$ (il n'est pas nécessaire de vérifier les deux relations).

Pour calculer A^{-1}, on peut utiliser la méthode du pivot de Gauss :

$$\begin{cases} A \to \cdots \to I \\ I \to \cdots \to A^{-1} \end{cases}.$$

On peut également résoudre le système $AX = Y$, d'inconnue la matrice colonne X, puisque si A est inversible $AX = Y \iff X = A^{-1}Y$.

❑ $\forall A, B \in \mathcal{M}_{n,p}(\mathbb{K}), \forall \alpha \in \mathbb{K}, {}^t(A+B) = {}^tA + {}^tB, {}^t({}^tA) = A, {}^t(\alpha A) = \alpha({}^tA)$

$\forall A \in \mathcal{M}_{n,p}(\mathbb{K}), \forall B \in \mathcal{M}_{p,m}(\mathbb{K}), {}^t(A \times B) = {}^tB \times {}^tA.$

---

2) Indications spécifiques à chaque exercice

5.02. Poser $B = \begin{pmatrix} a & b & c \\ x & y & z \end{pmatrix}$ et résoudre les deux systèmes déduits de l'égalité $BA = I_2$.

5.03. 1) Décomposer M en une somme de 3 matrices en regroupant a, b, c dans chaque matrice. **2)** Utiliser l'écriture de A et B à l'aide des matrices I, J, K.

5.04. Calculer les premières puissances, faire une conjecture, puis la démontrer le résultat par récurrence. Remarquer que ${}^tC = B$.

5.05. Calculer le produit $M(a)M(\frac{1}{a})$. On rappelle que ${}^t(UV) = {}^tV{}^tU$, pour toutes matrices telles que le produit UV ait un sens.

5.06. Si deux matrices U et V commutent, pour calculer $(U+V)^n$, on peut utiliser la fomule du binôme de Newton. Pour **3)** traduire matriciellement les relations de l'énoncé.

5.07. 2) Ecrire $P(A)$ sous la forme $\alpha_n I + \beta_n J + \gamma_n J^2$.

5.08. On doit obtenir $A^3 = A$, la valeur de A^n dépend donc de la parité de n.

5.09. Transformer A à l'aide d'opérations élémentaires sur ses lignes pour obtenir une matrice triangulaire.

5.10. Il existe $p \in \mathbb{N}^*$ tel que $A^p = 0$, calculer alors $(I_n + A + \cdots + A^{p-1})(I_n - A)$

5.11. Résoudre le système $AX = Y$, d'inconnue X, avec X et Y matrices colonnes.

5.15. Exprimer J^2 en fonction de J et ramener les calculs à des combinaisons de I et J. **3)** discuter selon que le terme constant du polynôme annulateur de M trouvé est nul ou non..

5.16. Il suffit de faire les calculs demandés. Attention, à la fin, il faut discuter selonla parité de n.

5.17. 2) Ecrire M' avec ses 9 coefficients et faire les calculs.

5.18. 5) Calculer le produit $(2^n(A-I)-A+2I)(2^{-n}(A-I)-A+2I)$.

III. CORRIGÉS DÉTAILLÉS DES EXERCICES

Corrigé 5.01

On calcule successivement les produits suivants :

$$\begin{pmatrix}-2 & 1\\ 1 & 0\\ 0 & 2\end{pmatrix}\begin{pmatrix}-1\\ 3\end{pmatrix}=\begin{pmatrix}5\\ -1\\ 6\end{pmatrix};\begin{pmatrix}1 & 0 & 1\\ -1 & 1 & -2\\ 0 & 2 & 1\end{pmatrix}\begin{pmatrix}5\\ -1\\ 6\end{pmatrix}=\begin{pmatrix}11\\ -18\\ 4\end{pmatrix}$$

$$\begin{pmatrix}0 & 2 & -1\\ -2 & -1 & 2\end{pmatrix}\begin{pmatrix}11\\ -18\\ 4\end{pmatrix}=\begin{pmatrix}-40\\ 4\end{pmatrix};\begin{pmatrix}1 & -1\end{pmatrix}\begin{pmatrix}-40\\ 4\end{pmatrix}=\begin{pmatrix}-44\end{pmatrix}$$

Ainsi le produit demandé est la matrice dont l'unique terme vaut -44. Il est alors d'usage de confondre une telle matrice carrée d'ordre 1 avec son unique terme.

Corrigé 5.02

Posons $B=\begin{pmatrix}a & b & c\\ x & y & z\end{pmatrix}$. On a :

$$BA=\begin{pmatrix}a & b & c\\ x & y & z\end{pmatrix}\begin{pmatrix}1 & 2\\ 3 & 4\\ -1 & 4\end{pmatrix}=\begin{pmatrix}a+3b-c & 2a+4b+4c\\ x+3y-z & 2x+4y+4z\end{pmatrix}$$

L'égalité matricielle $BA=I_2=\begin{pmatrix}1 & 0\\ 0 & 1\end{pmatrix}$ conduit à la résolution des deux systèmes :

$\star\begin{cases}a+3b-c=1\\ 2a+4b+4c=0\end{cases}$, soit $\begin{cases}a+3b=1+c\\ 2a+4b=-4c\end{cases}$ ou $\begin{cases}a=-8c-2\\ b=3c+1\end{cases}$

$\star\begin{cases}x+3y-z=0\\ 2x+4y+4z=1\end{cases}$, soit $\begin{cases}x+3y=z\\ 2x+4y=1-4z\end{cases}$ ou $\begin{cases}x=\dfrac{3}{2}-8z\\ y=3z-\dfrac{1}{2}\end{cases}$

Ainsi les solutions sont les matrices $B=\begin{pmatrix}-8c-2 & 3c+1\\ \frac{3}{2}-8z & 3z-\frac{1}{2}\end{pmatrix}$, avec $(c,z)\in\mathbb{R}^2$.

Corrigé 5.03

1°) Toute matrice M de E peut s'écrire sous la forme :

$$M=a\underbrace{\begin{pmatrix}1 & 0 & 0\\ 0 & 1 & 0\\ 0 & 0 & 1\end{pmatrix}}_{I}+b\underbrace{\begin{pmatrix}0 & 1 & 0\\ 1 & 0 & -1\\ 0 & -1 & 0\end{pmatrix}}_{J}+c\underbrace{\begin{pmatrix}1 & 0 & -1\\ 0 & 2 & 0\\ -1 & 0 & 1\end{pmatrix}}_{K}$$

En faisant $(a, b, c) = (1, 0, 0)$ ou $(0, 1, 0)$ ou $(0, 0, 1)$, on voit que I, J et K appartiennent à E.

Alors pour $A = aI + bJ + cK$ et $B = a'I + b'J + c'K$ dans E, et $\alpha \in \mathbb{R}$, on a :

$\rightarrow A + B = (a + a')I + (b + b')J + (c + c')K \in E$, et

$\rightarrow \alpha A = (\alpha a)I + (\alpha b)J + (\alpha c)K \in E$.

2°) Après calculs sans surprise, on a les égalités suivantes :

$$J^2 = K \; ; JK = KJ = 2\,J \; ; K^2 = 2\,K$$

Par conséquent pour $A = aI + bJ + cK$ et $B = a'I + b'J + c'K$ éléments de E, on a :

$AB = aa'I + (ab' + ba' + 2bc' + 2cb')J + (ac' + bb' + ca' + cc')K \in E.$

Cette écriture est inchangée en permutant les lettres primées et les lettres non primées, on obtient donc le même résultat en calculant BA, soit $BA = AB$.

Corrigé 5.04

a) $A^1 = \begin{pmatrix} a & b \\ 0 & a \end{pmatrix}$; $A^2 = \begin{pmatrix} a & b \\ 0 & a \end{pmatrix}\begin{pmatrix} a & b \\ 0 & a \end{pmatrix} = \begin{pmatrix} a^2 & 2ab \\ 0 & a^2 \end{pmatrix}$;

$$A^3 = \begin{pmatrix} a^2 & 2ab \\ 0 & a^2 \end{pmatrix}\begin{pmatrix} a & b \\ 0 & a \end{pmatrix} = \begin{pmatrix} a^3 & 3a^2b \\ 0 & a^3 \end{pmatrix}$$

Il semble donc que pour $n \in \mathbb{N}^*$, $A^n = \begin{pmatrix} a^n & na^{n-1}b \\ 0 & a^n \end{pmatrix}$.

Montrons ce résultat par récurrence :

$\rightarrow$ La propriété est vérifiée au rang $1, 2, 3$.

$\rightarrow$ Soit $n \in \mathbb{N}^*$, supposons que $A^n = \begin{pmatrix} a^n & na^{n-1}b \\ 0 & a^n \end{pmatrix}$, alors :

$$A^{n+1} = A^n A = \begin{pmatrix} a^n & na^{n-1}b \\ 0 & a^n \end{pmatrix}\begin{pmatrix} a & b \\ 0 & a \end{pmatrix} = \begin{pmatrix} a^n a & a^n b + na^{n-1}ba \\ 0 & a^n a \end{pmatrix}$$
$$= \begin{pmatrix} a^{n+1} & (n+1)a^n b \\ 0 & a^{n+1} \end{pmatrix}$$

Ainsi, par le principe par récurrence, on a : $\boxed{\forall n \in \mathbb{N}^*, A^n = \begin{pmatrix} a^n & na^{n-1}b \\ 0 & a^n \end{pmatrix}}$

b) $B = \begin{pmatrix} a & 0 \\ b & 0 \end{pmatrix}$; $B^2 = \begin{pmatrix} a & 0 \\ b & 0 \end{pmatrix}\begin{pmatrix} a & 0 \\ b & 0 \end{pmatrix} = \begin{pmatrix} a^2 & 0 \\ ab & 0 \end{pmatrix}$;

$$B^3 = B^2 B = \begin{pmatrix} a^2 & 0 \\ ab & 0 \end{pmatrix}\begin{pmatrix} a & 0 \\ b & 0 \end{pmatrix} = \begin{pmatrix} a^3 & 0 \\ a^2b & 0 \end{pmatrix}.$$

Montrons alors par récurrence que : $\forall n \in \mathbb{N}^*, B^n = \begin{pmatrix} a^n & 0 \\ a^{n-1}b & 0 \end{pmatrix}$.

$\rightarrow$ La propriété est vérifiée au rang $1, 2, 3$.

$\rightarrow$ Soit $n \in \mathbb{N}^*$, supposons que $B^n = \begin{pmatrix} a^n & 0 \\ a^{n-1}b & 0 \end{pmatrix}$ alors :

$$B^{n+1} = B^n B = \begin{pmatrix} a^n & 0 \\ a^{n-1}b & 0 \end{pmatrix}\begin{pmatrix} a & 0 \\ b & 0 \end{pmatrix} = \begin{pmatrix} aa^n & 0 \\ aa^{n-1}b & 0 \end{pmatrix} = \begin{pmatrix} a^{n+1} & 0 \\ a^n b & 0 \end{pmatrix}.$$

Ainsi, par le principe par récurrence, on a : $\boxed{\forall n \in \mathbb{N}^*, B^n = \begin{pmatrix} a^n & 0 \\ a^{n-1}b & 0 \end{pmatrix}}$

c) Pour ne pas refaire des calculs déjà effectués on peut remarquer que $C = {}^tB$. Comme ${}^t(UV) = {}^tV{}^tU$, une récurrence élémentaire montre que pour tout n de $\mathbb{N}^*$, on a : $C^n = ({}^tB)^n = {}^t(B^n)$, ainsi :

$$\boxed{\forall n \in \mathbb{N}^*, C^n = \begin{pmatrix} a^n & a^{n-1}b \\ 0 & 0 \end{pmatrix}}$$

d) Montrons par récurrence que : $\forall n \in \mathbb{N}, D^n = \begin{pmatrix} a^n & 0 \\ 0 & b^n \end{pmatrix}$.

$\rightarrow$ Comme $D^0 = I_2 = \begin{pmatrix} 1 & 0 \\ 0 & 1 \end{pmatrix}$, la propriété est vraie au rang 0.

$\rightarrow$ Soit $n \in \mathbb{N}$, supposons que $D^n = \begin{pmatrix} a^n & 0 \\ 0 & b^n \end{pmatrix}$ alors :

$$D^{n+1} = D^n D = \begin{pmatrix} a^n & 0 \\ 0 & b^n \end{pmatrix}\begin{pmatrix} a & 0 \\ 0 & b \end{pmatrix} = \begin{pmatrix} a^n a & 0 \\ 0 & b^n b \end{pmatrix} = \begin{pmatrix} a^{n+1} & 0 \\ 0 & b^{n+1} \end{pmatrix}.$$

Ainsi, par le principe par récurrence, on a : $\boxed{\forall n \in \mathbb{N}, D^n = \begin{pmatrix} a^n & 0 \\ 0 & b^n \end{pmatrix}}$

[Le résultat précédent se généralise à toute matrice diagonale, c'est-à-dire que pour $p \in \mathbb{N}^*$, $n \in \mathbb{N}$, si $D = \mathrm{diag}(\lambda_1, \ldots, \lambda_p)$ alors $D^n = \mathrm{diag}(\lambda_1^n, \ldots, \lambda_p^n)$.]

Corrigé 5.05

1°) a) Par linéarité de la transposition on a :

$${}^tM(a) = {}^t(aI + (1-a)H) = aI + (1-a){}^tH = aI + (1-a)H = M(a)$$

car H est une matrice symétrique. Donc :

$$\boxed{M(a) \text{ est une matrice symétrique}}$$

b) Comme $HI = IH$ et comme $H^2 = H$, on a :

$$\begin{aligned} M(a)M(b) &= (aI + (1-a)H)(bI + (1-b)H) \\ &= abI + a(1-b)H + b(1-a)H + (1-a)(1-b)H^2 \\ &= abI + [a(1-b) + b(1-a) + (1-a)(1-b)]H \\ &= abI + (1-ab)H = M(ab). \text{ Ainsi :} \end{aligned}$$

$$\boxed{\forall (a,b) \in \mathbb{R}^2, M(a)M(b) = M(ab)}$$

2°) a) On remarque que $M(1) = I + (1-1)H = I$.

On peut alors écrire pour $a > 0$: $M(a)M(\frac{1}{a}) = M(\frac{1}{a})M(a) = I$.

Donc, pour a non nul, $M(a)$ est inversible et :

$$\boxed{(M(a))^{-1} = M(\frac{1}{a})}$$

b) Comme pour tout réel a strictement positif, la matrice $M(a)$ est symétrique, on a aussi $M(\sqrt{a})$ qui est une matrice symétrique. Ainsi :
${}^tM(\sqrt{a})M(\sqrt{a}) = M(\sqrt{a})M(\sqrt{a}) = M(\sqrt{a}\times\sqrt{a}) = M(a)$. Donc :

$$\boxed{{}^tM(\sqrt{a})M(\sqrt{a}) = M(a)}$$

3°) a) On a $M(a)X = \lambda X$, donc :

$$\begin{aligned} {}^t(M(\sqrt{a})X)(M(\sqrt{a})X) &= [{}^tX{}^tM(\sqrt{a})][M(\sqrt{a})X] = {}^tX[{}^tM(\sqrt{a})M(\sqrt{a})]X \\ &= {}^tXM(a)X \end{aligned}$$

et comme $M(a)X = \lambda X$, il vient :

$$\boxed{{}^t(M(\sqrt{a})X)(M(\sqrt{a})X) = \lambda{}^tXX}$$

b) Notons $X = \begin{pmatrix} x_1 \\ x_2 \\ x_3 \end{pmatrix}$ et $Y = M(\sqrt{a})X = \begin{pmatrix} y_1 \\ y_2 \\ y_3 \end{pmatrix}$. Alors :

$\rightarrow {}^tXX = x_1^2 + x_2^2 + x_3^2 > 0$ (car X n'est pas la colonne nulle)

$\rightarrow {}^t(M(\sqrt{a})X)(M(\sqrt{a})X) = {}^tYY = y_1^2 + y_2^2 + y_3^2 \geqslant 0$.

Donc, par le résultat **a)** : $\lambda{}^tXX \geqslant 0$, et comme ${}^tXX > 0$:

$$\boxed{\lambda \geqslant 0}$$

Corrigé 5.06

1°) On écrit $A = \begin{pmatrix} a & b & b \\ 0 & a & b \\ 0 & 0 & a \end{pmatrix} = aI + b\underbrace{\begin{pmatrix} 0 & 1 & 1 \\ 0 & 0 & 1 \\ 0 & 0 & 0 \end{pmatrix}}_{J}$.

2°) On a : $J^2 = \begin{pmatrix} 0 & 1 & 1 \\ 0 & 0 & 1 \\ 0 & 0 & 0 \end{pmatrix}\begin{pmatrix} 0 & 1 & 1 \\ 0 & 0 & 1 \\ 0 & 0 & 0 \end{pmatrix} = \begin{pmatrix} 0 & 0 & 1 \\ 0 & 0 & 0 \\ 0 & 0 & 0 \end{pmatrix}$ et

$J^3 = J^2J = \begin{pmatrix} 0 & 0 & 1 \\ 0 & 0 & 0 \\ 0 & 0 & 0 \end{pmatrix}\begin{pmatrix} 0 & 1 & 1 \\ 0 & 0 & 1 \\ 0 & 0 & 0 \end{pmatrix} = \begin{pmatrix} 0 & 0 & 0 \\ 0 & 0 & 0 \\ 0 & 0 & 0 \end{pmatrix}$, donc :

$$\forall k \geqslant 3, J^k = J^3J^{k-3} = 0_{\mathcal{M}_3(\mathbb{R})}$$

Comme $(aI)(bJ) = abJ = baJ = (bJ)(aI)$, on peut utiliser la formule du binôme de Newton dans $\mathcal{M}_3(\mathbb{R})$:

$$\forall n \in \mathbb{N}, A^n = (aI + bJ)^n = \sum_{k=0}^{n} \binom{n}{k}(bJ)^k(aI)^{n-k} = \sum_{k=0}^{n} \binom{n}{k}b^ka^{n-k}J^k$$

Pour $n \geqslant 2$, il reste : $A^n = \sum\limits_{k=0}^{2} \binom{n}{k}b^ka^{n-k}J^k$, car pour $k \geqslant 3$, $J^k = 0_{\mathcal{M}_3(\mathbb{R})}$, donc :

$$A^n = a^n I + nba^{n-1}J + \frac{n(n-1)}{2}b^2a^{n-2}J^2$$
$$= \begin{pmatrix} a^n & 0 & 0 \\ 0 & a^n & 0 \\ 0 & 0 & a^n \end{pmatrix} + nba^{n-1}\begin{pmatrix} 0 & 1 & 1 \\ 0 & 0 & 1 \\ 0 & 0 & 0 \end{pmatrix} + \frac{n(n-1)}{2}b^2a^{n-2}\begin{pmatrix} 0 & 0 & 1 \\ 0 & 0 & 0 \\ 0 & 0 & 0 \end{pmatrix},$$

donc :

$$A^n = \begin{pmatrix} a^n & a^{n-1}bn & a^{n-1}bn + \frac{1}{2}a^{n-2}b^2n(n-1) \\ 0 & a^n & a^{n-1}bn \\ 0 & 0 & a^n \end{pmatrix}$$

On constate alors que cette égalité est valide pour $n = 0$ et $n = 1$.

3°) Posons $X_n = \begin{pmatrix} u_n \\ v_n \\ w_n \end{pmatrix}$, alors on peut écrire :

$$X_{n+1} = \begin{pmatrix} u_{n+1} \\ v_{n+1} \\ w_{n+1} \end{pmatrix} = \begin{pmatrix} 1/3 & 1 & 1 \\ 0 & 1/3 & 1 \\ 0 & 0 & 1/3 \end{pmatrix}\begin{pmatrix} u_n \\ v_n \\ w_n \end{pmatrix}.$$

On se trouve dans le cas particulier où $a = \frac{1}{3}$ et $b = 1$ donc $X_{n+1} = AX_n$.
Montrons par récurrence sur $n \in \mathbb{N}$, que $X_n = A^n X_0$.
→ On a $X_0 = A^0 X_0$, car $A^0 = I$, la propriété est vérifiée au rang 0.
→ Soit $n \in \mathbb{N}$, supposons que $X_n = A^n X_0$, alors

$$X_{n+1} = AX_n = A(A^n X_0) = A^{n+1}X_0$$

donc par le principe de récurrence, on a bien : $\forall n \in \mathbb{N}, X_n = A^n X_0$.

Ainsi en utilisant la question précédente, on a : $\forall n \in \mathbb{N}$:

$$X_n = \begin{pmatrix} (\frac{1}{3})^n & (\frac{1}{3})^{n-1}n & (\frac{1}{3})^{n-1}n + \frac{1}{2}(\frac{1}{3})^{n-2}n(n-1) \\ 0 & (\frac{1}{3})^n & (\frac{1}{3})^{n-1}n \\ 0 & 0 & (\frac{1}{3})^n \end{pmatrix}\begin{pmatrix} u_0 \\ v_0 \\ w_0 \end{pmatrix}, \text{ donc :}$$

$$\begin{cases} u_n = (\frac{1}{3})^n u_0 + (\frac{1}{3})^{n-1}nv_0 + ((\frac{1}{3})^{n-1}n + \frac{1}{2}(\frac{1}{3})^{n-2}n(n-1))w_0 \\ v_n = (\frac{1}{3})^n v_0 + (\frac{1}{3})^{n-1}nw_0 \\ w_n = (\frac{1}{3})^n w_0 \end{cases}$$

Corrigé 5.07

1°) Posons $I = \begin{pmatrix} 1 & 0 & 0 \\ 0 & 1 & 0 \\ 0 & 0 & 1 \end{pmatrix}$ et $J = \begin{pmatrix} 0 & 1 & 0 \\ 0 & 0 & 1 \\ 0 & 0 & 0 \end{pmatrix}$, on a $A = 2I + J$, et comme I et J commutent, on obtient par la formule du binôme de Newton :

$$A^k = \sum_{i=0}^{k} \binom{k}{i} J^i (2I)^{k-i}.$$

Comme $J^2 = \begin{pmatrix} 0 & 0 & 1 \\ 0 & 0 & 0 \\ 0 & 0 & 0 \end{pmatrix}$ et $J^3 = 0$, donc $J^i = 0$ pour $i \geqslant 3$, on obtient pour

$k \geqslant 2$:

$$\boxed{A^k = \sum_{i=0}^{2} \binom{k}{i} J^i (2I)^{k-i} = 2^k I + k2^{k-1} J + \frac{k(k-1)}{2} 2^{k-2} J^2}$$

On constate à nouveau que la formule reste valide pour $k = 1$ et même pour $k = 0$, et on peut expliciter la matrice A^k, coefficient par coefficient.

2°) Soit $P = \sum\limits_{k=0}^{n} a_k X^k$ $(n \geqslant 2)$, on a :

$$P' = \sum_{k=1}^{n} k a_k X^{k-1} \text{ et } P'' = \sum_{k=2}^{n} k(k-1) a_k X^{k-2}.$$

D'autre part :

$$P(A) = \sum_{k=0}^{n} a_k A^k = \sum_{k=0}^{n} a_k [2^k I + k2^{k-1} J + \frac{k(k-1)}{2} 2^{k-2} J^2]$$

Soit, en développant et en éliminant les quelques termes initiaux nuls :

$$P(A) = \Big(\sum_{k=0}^{n} a_k 2^k\Big) I + \Big(\sum_{k=1}^{n} k 2^{k-1} a_k\Big) J + \frac{1}{2}\Big(\sum_{k=2}^{n} k(k-1) 2^{k-2} a_k\Big) J^2$$

$$= P(2).I + P'(2).J + \frac{1}{2} P''(2) J^2 = \begin{pmatrix} P(2) & P'(2) & \frac{1}{2}P''(2) \\ 0 & P(2) & P'(2) \\ 0 & 0 & P(2) \end{pmatrix}$$

Corrigé 5.08

1°) On obtient après calculs :

$$A^2 = \begin{pmatrix} -5 & -6 & -6 \\ 9 & 10 & 9 \\ -4 & -4 & -3 \end{pmatrix} \text{ et } A^3 = \begin{pmatrix} 1 & -2 & -6 \\ -3 & 2 & 9 \\ 2 & 0 & -3 \end{pmatrix} = A.$$

Par conséquent, $A^4 = A^3 A = A^2$, $A^5 = A^4 A = A^3 = A$ et, par une récurrence élémentaire :

$$\text{pour } k \geqslant 1,\ A^{2k-1} = A \text{ et } A^{2k} = A^2$$

2°) De l'égalité $A^3 = A$ on déduit : $A(A^2 - I) = 0$. Par conséquent si A était inversible, en multipliant à gauche par l'inverse de A on obtiendrait $A^2 - I = 0$, ce qui n'est pas. Donc la matrice A n'est pas inversible.

Corrigé 5.09

1°) La forme même de A (position du paramètre) incite à mettre en place la méthode du pivot de Gauss. On va transformer A en une matrice triangulaire supérieure, à l'aide d'opérations élémentaires sur les lignes :

$$A \underset{\substack{L_2 \leftarrow L_2 - L_1 \\ L_3 \leftarrow L_3 - L_1 \\ L_4 \leftarrow L_4 - L_1}}{\sim} \begin{pmatrix} 1 & 3 & 3 & 2 \\ 0 & -2 & -4 & 3 \\ 0 & 0 & -4 & 2 \\ 0 & -2 & 0 & m-2 \end{pmatrix} \underset{L_4 \leftarrow L_4 - L_2}{\sim} \begin{pmatrix} 1 & 3 & 3 & 2 \\ 0 & -2 & -4 & 3 \\ 0 & 0 & -4 & 2 \\ 0 & 0 & 4 & m-5 \end{pmatrix}$$

$$A \underset{L_4 \leftarrow L_4 + L_3}{\sim} \begin{pmatrix} 1 & 3 & 3 & 2 \\ 0 & -2 & -4 & 3 \\ 0 & 0 & -4 & 2 \\ 0 & 0 & 0 & m-3 \end{pmatrix}$$

La matrice A est inversible si et seulement si la réduite trouvée l'est (les opérations élémentaires n'affectant pas le rang).

Cette matrice étant triangulaire, elle est inversible si et seulement si ses termes diagonaux sont tous non nuls, soit pour $m \neq 3$.

2°) Déjà, si $m = 0$, A est inversible ! Le calcul de A^{-1} s'effectue en résolvant le système $AX = Y$ où $X = \begin{pmatrix} a \\ b \\ c \\ d \end{pmatrix}$ et $Y = \begin{pmatrix} x \\ y \\ z \\ t \end{pmatrix}$: $AX = Y \iff A^{-1}Y = X$.

$$AX = Y \iff (S) \begin{cases} a + 3b + 3c + 2d = x \\ a + b - c + 5d = y \\ a + 3b - c + 4d = z \\ a + b + 3c = t \end{cases}$$

et on effectue les mêmes opérations élémentaires que précédemment :

$$(S) \iff \begin{cases} a + 3b + 3c + 2d = x \\ -2b - 4c + 3d = y - x \\ -4c + 2d = z - x \\ -2b - 2d = t - x \end{cases} \iff \begin{cases} a + 3b + 3c + 2d = x \\ -2b - 4c + 3d = y - x \\ -4c + 2d = z - x \\ 4c - 5d = t - y \end{cases}$$

$$\iff \begin{cases} a + 3b + 3c + 2d = x \\ -2b - 4c + 3d = y - x \\ -4c + 2d = z - x \\ -3d = z - y - x + t \end{cases}$$

Ce système se résout en cascade à partir de la fin et donne successivement :

$$d = \frac{1}{3}x + \frac{1}{3}y - \frac{1}{3}z - \frac{1}{3}t,\ c = \frac{5}{12}x + \frac{1}{6}y - \frac{5}{12}z - \frac{1}{6}t,$$
$$b = \frac{1}{6}x - \frac{1}{3}y + \frac{1}{3}z - \frac{1}{6}t,\ a = -\frac{17}{12}x - \frac{1}{6}y + \frac{11}{12}z + \frac{5}{3}t$$

D'où, en faisant attention à l'ordre :

$$\boxed{A^{-1} = \frac{1}{12}\begin{pmatrix} -17 & -2 & 11 & 20 \\ 2 & -4 & 4 & -2 \\ 5 & 2 & -5 & -2 \\ 4 & 4 & -4 & -4 \end{pmatrix}}$$

Corrigé 5.10

Par hypothèse la matrice A est nilpotente, il existe donc un entier naturel p non nul tel que $A^p = 0$ (et $A^{p-1} \neq 0$ si on choisit p minimal).

D'autre part, on a l'identité remarquable :

$$(I_n + A + A^2 + \cdots + A^{p-1})(I_n - A) = I_n - A^p$$

valide, car A et I commutent. Donc :

$$(I_n + A + A^2 + \cdots + A^{p-1})(I_n - A) = I_n$$

Ainsi la matrice $I_n - A$ est inversible, d'inverse $I_n + A + A^2 + \cdots + A^{p-1}$.

(le résultat est valable, même si on ne choisit pas p minimal, on ajoute alors simplement des termes nuls ! !)

Corrigé 5.11

Les vecteurs colonnes de la matrice A sont clairement indépendants (car échelonnés), le rang de cette matrice est n, donc cette matrice est inversible.

Soit $X = \begin{pmatrix} x_1 \\ x_2 \\ \vdots \\ x_n \end{pmatrix}, Y = \begin{pmatrix} y_1 \\ y_2 \\ \vdots \\ y_n \end{pmatrix}$, résolvons l'équation $AX = Y$ d'inconnue X.

$$AX = Y \iff \begin{cases} \alpha_n x_n = y_1 \\ \alpha_{n-1} x_{n-1} = y_2 \\ \vdots \\ \alpha_{n-i} x_{n-i} = y_i \\ \vdots \\ \alpha_1 x_1 = y_n \end{cases} \iff \begin{cases} x_n = \dfrac{1}{\alpha_n} y_1 \\ x_{n-1} = \dfrac{1}{\alpha_{n-1}} y_2 \\ \vdots \\ x_{n-i} = \dfrac{1}{\alpha_{n-i}} y_i \\ \vdots \\ x_1 = \dfrac{1}{\alpha_1} y_n \end{cases}$$

Donc : $\boxed{A^{-1} = \begin{pmatrix} & & & \alpha_1^{-1} \\ & & \cdots & \\ & \alpha_{n-1}^{-1} & & \\ \alpha_n^{-1} & & & \end{pmatrix}}$

Corrigé 5.12

Par définition $A = \begin{pmatrix} 1 & \cdots & \cdots & 1 \\ 0 & \ddots & & \vdots \\ \vdots & \ddots & \ddots & \vdots \\ 0 & \ldots & 0 & 1 \end{pmatrix}$. La matrice A est triangulaire supérieure et tous ses termes diagonaux ou au dessus de la diagonale valent 1. Aucun terme diagonal n'étant nul, A est inversible et son inverse est encore triangulaire supérieure.

Soit $X = \begin{pmatrix} x_1 \\ x_2 \\ \vdots \\ x_n \end{pmatrix}, Y = \begin{pmatrix} y_1 \\ y_2 \\ \vdots \\ y_n \end{pmatrix}$ et résolvons le système $AX = Y$ d'inconnue X.

$$AX = Y \iff \begin{cases} x_1 + x_2 + \cdots + x_n = y_1 \\ x_2 + \cdots + x_n = y_2 \\ \cdots \\ x_{n-1} + x_n = y_{n-1} \\ x_n = y_n \end{cases}.$$

La dernière équation donne $x_n = y_n$, puis $x_{n-1} = (x_{n-1} + x_n) - x_n = y_{n-1} - y_n$, et, plus généralement :

$$\forall k < n, x_k = (x_k + x_{k+1} + \cdots + x_n) - (x_{k+1} + \cdots + x_n) = y_k - y_{k+1}$$

On en déduit donc l'expression de A^{-1} :

$$A^{-1} = \begin{pmatrix} 1 & -1 & & \\ & 1 & \ddots & (0) \\ (0) & & \ddots & -1 \\ & & & 1 \end{pmatrix}$$

Remarque : Soit $N = (n_{i,j}) \in \mathcal{M}_n(\mathbb{R})$ définie par $n_{i,i+1} = 1$, pour tout i de $[\![1, n-1]\!]$, les autres coefficients étant nuls. Nous laissons au lecteur le soin de vérifier que N est nilpotente, avec $N^n = 0$ et que $A = I + N + N^2 + \cdots + N^{n-1}$. Ainsi, par l'identité géométrique :

$$A(I - N) = (I + N + N^2 + \cdots + N^{n-1})(I - N) = I - N^n = I$$

Ce qui redonne bien le même résultat.

Corrigé 5.13

A est une matrice triangulaire supérieure sans aucun zéro sur la diagonale principale, on en déduit qu'elle est inversible, son inverse étant aussi une matrice triangulaire supérieure.

Avec les notations habituelles, résolvons le système $AX = Y$, d'inconnue X.

$$AX = Y \iff \begin{cases} x_1 + 2x_2 + \cdots + nx_n = y_1 \\ x_2 + 2x_3 + \cdots + (n-1)x_n = y_2 \\ \qquad \cdots \\ x_{n-2} + 2x_{n-1} + 3x_n = y_{n-2} \\ x_{n-1} + 2x_n = y_{n-1} \\ x_n = y_n \end{cases}$$

On procède évidemment depuis la fin, et :

$$\begin{aligned} x_n &= y_n \,; \\ x_{n-1} &= y_{n-1} - 2x_n = y_{n-1} - 2y_n \,; \\ x_{n-2} &= y_{n-2} - 2x_{n-1} - 3x_n = y_{n-2} - 2(y_{n-1} - 2y_n) - 3y_n \\ &= y_{n-2} - 2y_{n-1} + y_n \,; \end{aligned}$$

On calcule de même x_{n-3} et on trouve $y_{n-3} - 2y_{n-2} + y_{n-1}$, on calcule x_{n-4}, ... et on se dit que l'on tient un résultat général !

Pour $k \in [\![1, n-2]\!]$, on calcule donc $\delta_k = y_k - 2y_{k+1} + y_{k+2}$:

$$\begin{aligned} \delta_k = (x_k &+ 2x_{k+1} + 3x_{k+2} + 4x_{k+3} + \cdots + (n-k+1)x_n) \\ &-2(x_{k+1} + 2x_{k+2} + 3x_{k+3} + \cdots + (n-k)x_n) \\ &\qquad + (x_{k+2} + 2x_{k+2} + \cdots + (n-k-1)x_n) \end{aligned}$$

Or, pour tout i, $(n - i + 1) - 2(n - i) + (n - i - 1) = 0$ et $2 - 2 = 0$. Ainsi $\delta_k = x_k$ et donc :

$$\begin{cases} \forall k \in [\![1, n-2]\!], x_k = y_k - 2y_{k+1} + y_{k+2} \\ x_{n-1} = y_{n-1} - 2y_n \\ x_n = y_n \end{cases}$$

On en déduit l'expression de A^{-1} : $\boxed{A^{-1} = \begin{pmatrix} 1 & -2 & 1 & 0 & 0 \\ 0 & 1 & -2 & \ddots & 0 \\ \vdots & \ddots & \ddots & \ddots & 1 \\ \vdots & & \ddots & 1 & -2 \\ 0 & \cdots & \cdots & 0 & 1 \end{pmatrix}}$

Corrigé 5.14

a) Soit $A = (a_{i,j}) = \text{diag}(1, 2, ..., n)$ et déterminons $B = (b_{i,j})$ telle que :

$$A \times B = B \times A.$$

$$AB = (c_{i,j}), \text{ avec } c_{i,j} = \sum_{k=1}^{n} a_{i,k} b_{k,j} = a_{i,i} b_{i,j} = i.b_{i,j}$$

$$BA = (d_{i,j}), \text{ avec } d_{i,j} = \sum_{k=1}^{n} b_{i,k} a_{k,j} = b_{i,j} a_{j,j} = b_{i,j}.j$$

Par conséquent : $AB = BA \iff \forall (i,j) \in [\![1;n]\!]^2, i.b_{i,j} = b_{i,j}.j.$

$$\iff (i \neq j \implies b_{i,j} = 0)$$

Les matrices qui commutent avec $\text{diag}(1, 2, \ldots, n)$ sont les matrices diagonales.

b) Soit $A = (a_{i,j}) = \text{diag}(a, a, b, b)$ avec $a \neq b$, en raisonnant de même :

$$AB = (c_{i,j}), \text{ avec } c_{i,j} = \sum_{k=1}^{4} a_{i,k} b_{k,j} = a_{i,i} b_{i,j}$$

$$BA = (d_{i,j}), \text{ avec } d_{i,j} = \sum_{k=1}^{4} b_{i,k} a_{k,j} = b_{i,j} a_{j,j}$$

Donc $AB = BA \iff \forall (i,j), (a_{i,i} - a_{j,j}) b_{i,j} = 0$

Cette condition n'apporte aucune contrainte pour $b_{i,j}$, si $i = j$ ou si $\{i, j\} = \{1, 2\}$ ou si $\{i, j\} = \{3, 4\}$. Dans tous les autres cas elle impose $b_{i,j} = 0$.

Par conséquent les matrices qui commutent avec $\text{diag}(a, a, b, b)$ sont du type :

$$\begin{pmatrix} b_{1,1} & b_{1,2} & 0 & 0 \\ b_{2,1} & b_{2,2} & 0 & 0 \\ 0 & 0 & b_{3,3} & b_{3,4} \\ 0 & 0 & b_{4,3} & b_{4,4} \end{pmatrix}$$

c) Soit $A = \text{diag}(a, b, a, b)$ avec $a \neq b$. En procédant exactement comme en b), on trouve les matrices de la forme :

$$\begin{pmatrix} b_{1,1} & 0 & b_{1,3} & 0 \\ 0 & b_{2,2} & 0 & b_{2,4} \\ b_{3,1} & 0 & b_{3,3} & 0 \\ 0 & b_{4,2} & 0 & b_{4,4} \end{pmatrix}$$

Corrigé 5.15

1°) On a $J^2 = nJ$ donc $J^2 - nJ = 0_{\mathcal{M}_n(\mathbb{R})}$ et si on pose $P = X^2 - nX$, on a : $P(J) = 0_{\mathcal{M}_n(\mathbb{R})}$.

$\boxed{\text{Le polynôme } P = X^2 - nX \text{ est un polynôme annulateur de } J}$

2°) On décompose la matrice M à l'aide des matrices J et I (matrice identité de $\mathcal{M}_n(\mathbb{R})$) en écrivant $a = (a-b)+b$. Donc $M = bJ+(a-b)I$, et comme $JI = IJ$, on a par la formule du binôme :
$M^2 = b^2J^2 + 2b(a-b)J + (a-b)^2I = b(nb+2(a-b))J + (a-b)^2I.$

Comme $bJ = M - (a-b)I$, il vient :

$$\begin{aligned} M^2 &= (nb+2(a-b))(M-(a-b)I) + (a-b)^2I \\ &= (nb+2(a-b))M + (a-b)(nb+a-b)I. \end{aligned}$$

Posons $Q = X^2 - (nb+2(a-b))X - (a-b)(nb+a-b)$, on a :

$$Q(M) = 0_{\mathcal{M}_n(\mathbb{R})}$$

Ainsi le polynôme $Q = X^2 - (nb+2(a-b))X - (a-b)(nb+a-b)$ est un polynôme annulateur de M.

3°) On est amené à considérer le terme constant de Q.

$\star$ Si $c = (a-b)(nb+a-b) \neq 0$, alors M est inversible car on peut écrire :
$M^2 - (nb+2(a-b))M = cI$, soit en divisant par c non nul :

$$M\left(\frac{1}{c}M - \frac{1}{c}(nb+2(a-b))I\right) = \left(\frac{1}{c}M - \frac{1}{c}(nb+2(a-b))I\right)M = I, \text{ et :}$$

$$\boxed{M^{-1} = \frac{1}{c}M - \frac{1}{c}(nb+2(a-b))I}$$

$\star$ Si $a = b$ alors l'égalité $Q(M) = 0$ devient : $M^2 = nbM$ et si M était inversible en multipliant les deux membres de cette égalité par l'inverse de M, on aurait $M = nbI$. Ce qui n'est pas le cas.

$\star$ Si $nb+a-b = 0$ alors $M^2 = (a-b)M$, et en raisonnant comme précédemment on voit que M n'est pas inversible.

Ainsi

$$\boxed{M \text{ est inversible si et seulement si } a-b \neq 0 \text{ et } nb+a-b \neq 0}$$

Corrigé 5.16

A 1°) $\forall n \in \mathbb{N}$, on a :

$$T_{n+1} = \begin{pmatrix} w_{n+2} \\ w_{n+1} \end{pmatrix} = \begin{pmatrix} -4w_{n+1} - 4w_n \\ w_{n+1} \end{pmatrix} = \begin{pmatrix} -4 & -4 \\ 1 & 0 \end{pmatrix} \begin{pmatrix} w_{n+1} \\ w_n \end{pmatrix}$$

donc on peut prendre $M = \begin{pmatrix} -4 & -4 \\ 1 & 0 \end{pmatrix}$.

Montrons par récurrence que : $\forall n \in \mathbb{N}, T_n = M^n\, T_0$.

$\rightarrow$ Comme $M^0 = I_2$, on a $M^0\, T_0 = I_2T_0 = T_0$ et la propriété est vraie au rang 0.

$\rightarrow$ Soit $n \in \mathbb{N}$, fixé, supposons que $T_n = M^nT_0$, alors

$$T_{n+1} = MT_n = M(M^n\, T_0) = M^{n+1}T_0$$

La propriété est donc vraie au rang $n+1$. On conclut, par le principe de récurrence :

$$\forall n \in \mathbb{N}, T_n = M^nT_0$$

2°) Montrons par récurrence sur $n \in \mathbb{N}^*$ que M^n est de la forme :

$$M^n = \begin{pmatrix} a_n & b_n \\ n(-2)^{n-1} & (-2)^{n-1}(2n-2) \end{pmatrix}$$

où les valeurs de a_n et b_n n'ont pas d'intérêt ici.

Notons : $\alpha_n = n(-2)^{n-1}$ et $\beta_n = (-2)^{n-1}(2n-2)$.

$\star$ On a $\alpha_1 = 1$ et $\beta_1 = 0$, et $M^1 = M = \begin{pmatrix} -4 & -4 \\ 1 & 0 \end{pmatrix}$ qui est bien de la forme souhaitée, avec $a_1 = b_1 = -4$.

$\star$ Soit $n \in \mathbb{N}^*$, supposons que $M^n = \begin{pmatrix} a_n & b_n \\ n(-2)^{n-1} & (-2)^{n-1}(2n-2) \end{pmatrix}$, alors :

$$M^{n+1} = M^n\, M = \begin{pmatrix} a_n & b_n \\ n(-2)^{n-1} & (-2)^{n-1}(2n-2) \end{pmatrix} \begin{pmatrix} -4 & -4 \\ 1 & 0 \end{pmatrix}$$
$$= \begin{pmatrix} b_n - 4a_n & -4a_n \\ -4(-2)^{n-1}n + (-2)^{n-1}(2n-2) & -4(-2)^{n-1}n \end{pmatrix} \text{ et :}$$

$$-4(-2)^{n-1}n + (-2)^{n-1}(2n-2) = (-2)^{n-1}(2n-2-4n) = (-2)^n(n+1)$$

Ainsi la deuxième ligne de M^{n+1} est $(\,(n+1)(-2)^n \quad (-2)^n(2n)\,)$, ce qui est le résultat voulu au rang $n+1$. On conclut par le principe de récurrence.

$$\boxed{\forall n \in \mathbb{N}^*, M^n \text{ est de la forme } M^n = \begin{pmatrix} a_n & b_n \\ n(-2)^{n-1} & (-2)^{n-1}(2n-2) \end{pmatrix}}$$

3°) Comme $T_n = M^n T_0$, il vient $\begin{pmatrix} w_{n+1} \\ w_n \end{pmatrix} = M^n \begin{pmatrix} w_1 \\ w_0 \end{pmatrix} = M^n \begin{pmatrix} 4 \\ 2 \end{pmatrix}$

et en regardant la deuxième ligne :

$\forall n \geqslant 1, w_n = 4n(-2)^{n-1} + 2(-2)^{n-1}(2n-2)$, soit encore :

$$\boxed{\forall n \in \mathbb{N}^*, w_n = (8n-4)(-2)^{n-1}}$$

B 1°) a) On a : $A \begin{pmatrix} 1 \\ 2 \\ 1 \end{pmatrix} = \begin{pmatrix} 1 \\ 2 \\ 1 \end{pmatrix}$ donc $\lambda_1 = 1$, et de la même façon :

$$A \begin{pmatrix} 1 \\ -1 \\ 0 \end{pmatrix} = 0, \text{ donc } \lambda_2 = 0 \text{ et enfin } A \begin{pmatrix} 1 \\ 1 \\ 1 \end{pmatrix} = \begin{pmatrix} 4 \\ 4 \\ 4 \end{pmatrix}, \text{ donc } \lambda_3 = -4.$$

b) On vérifie que $P \begin{pmatrix} 1 & 1 & -2 \\ 1 & 0 & -1 \\ -1 & -1 & 3 \end{pmatrix} = I_3$ donc $P^{-1} = \begin{pmatrix} 1 & 1 & -2 \\ 1 & 0 & -1 \\ -1 & -1 & 3 \end{pmatrix}$

c) $P^{-1}A = \begin{pmatrix} 1 & 1 & -2 \\ 1 & 0 & -1 \\ -1 & -1 & 3 \end{pmatrix} \begin{pmatrix} 5 & 5 & -14 \\ 6 & 6 & -16 \\ 5 & 5 & -14 \end{pmatrix} = \begin{pmatrix} 1 & 1 & -2 \\ 0 & 0 & 0 \\ 4 & 4 & -12 \end{pmatrix}$

et $P^{-1}AP = \begin{pmatrix} 1 & 1 & -2 \\ 0 & 0 & 0 \\ 4 & 4 & -12 \end{pmatrix} \begin{pmatrix} 1 & 1 & 1 \\ 2 & -1 & 1 \\ 1 & 0 & 1 \end{pmatrix} = \begin{pmatrix} 1 & 0 & 0 \\ 0 & 0 & 0 \\ 0 & 0 & -4 \end{pmatrix}$, donc :

$$\boxed{P^{-1}A\,P=\begin{pmatrix}1&0&0\\0&0&0\\0&0&-4\end{pmatrix}=D}$$

d) On trouve de même :

$$\boxed{P^{-1}B\,P=\begin{pmatrix}0&0&0\\0&4&0\\0&0&-4\end{pmatrix}=\Delta}$$

2°) a) $Y_0=P^{-1}X_0=\begin{pmatrix}1&1&-2\\1&0&-1\\-1&-1&3\end{pmatrix}\begin{pmatrix}1\\0\\1\end{pmatrix}=\begin{pmatrix}-1\\0\\2\end{pmatrix}$

$$Y_1=P^{-1}X_1=\begin{pmatrix}1&1&-2\\1&0&-1\\-1&-1&3\end{pmatrix}\begin{pmatrix}0\\-1\\1\end{pmatrix}=\begin{pmatrix}-3\\-1\\4\end{pmatrix}$$

b) $\forall\, n\in\mathbb{N}$, on écrit :

$$Y_{n+2}=P^{-1}X_{n+2}=P^{-1}(AX_{n+1}+BX_n)=P^{-1}AX_{n+1}+P^{-1}BX_n$$

Or : $P^{-1}AP=D\implies P^{-1}A=DP^{-1}$, $P^{-1}B\,P=\Delta\implies P^{-1}B=\Delta P^{-1}$.

Ainsi, $\forall\, n\in\mathbb{N}$, $Y_{n+2}=DP^{-1}X_{n+1}+\Delta P^{-1}X_n=DY_{n+1}+\Delta Y_n$.

c) En explicitant D et Δ dans l'égalité précédente, on a :

$$\forall\, n\in\mathbb{N},\ \begin{pmatrix}u_{n+2}\\v_{n+2}\\w_{n+2}\end{pmatrix}=\begin{pmatrix}1&0&0\\0&0&0\\0&0&-4\end{pmatrix}\begin{pmatrix}u_{n+1}\\v_{n+1}\\w_{n+1}\end{pmatrix}+\begin{pmatrix}0&0&0\\0&4&0\\0&0&-4\end{pmatrix}\begin{pmatrix}u_n\\v_n\\w_n\end{pmatrix}$$

c'est-à-dire : $\forall\, n\in\mathbb{N}, u_{n+2}=u_{n+1}; v_{n+2}=4v_n; w_{n+2}=-4w_{n+1}-4w_n$.

d) $\star$ La suite (u_n) est stationnaire donc $\forall\, n\in\mathbb{N}, u_n=u_1=-3$.

$\star$ Posons $v'_n=v_{2n}$ alors $v'_{n+1}=v_{2n+2}=4v_{2n}=4v'_n$, et la suite (v'_n) est la suite géométrique de raison 4 et de premier terme $v'_0=v_0=0$, donc $\forall\, n\in\mathbb{N}, v_{2n}=0$.

$\star$ Posons $v''_n=v_{2n+1}$, alors $v''_{n+1}=v_{2n+3}=4v_{2n+1}=4v''_n$, et (v''_n) est la suite géométrique de raison 4 et de premier terme $v''_0=v_1=-1$, donc $\forall\, n\in\mathbb{N}, v_{2n+1}=-4^n$.

$\star$ Les résultats de la partie **A** donnent directement : $\forall\, n\geqslant 1, w_n=(8n-4)(-2)^{n-1}$.

e) On a : $X_n=PY_n=\begin{pmatrix}1&1&1\\2&-1&1\\1&0&1\end{pmatrix}\begin{pmatrix}u_n\\v_n\\w_n\end{pmatrix}=\begin{pmatrix}u_n+v_n+w_n\\2u_n-v_n+w_n\\u_n+w_n\end{pmatrix}$

et en séparant le cas pair du cas impair, à cause de la suite (v_n) :

$$\forall\, n\in\mathbb{N}^*, X_{2n}=\begin{pmatrix}-3-(8n-2)4^n\\-6-(8n-2)4^n\\-3-(8n-2)4^n\end{pmatrix}$$

$$\forall n \in \mathbb{N}, X_{2n+1} = \begin{pmatrix} -3 + (16n+3)4^n \\ -6 + (16n+5)4^n \\ -3 + (16n+4)4^n \end{pmatrix}$$

Corrigé 5.17

1°) a) Soit $P = \begin{pmatrix} 1 & 2 & 1 \\ 1 & 1 & 1 \\ 0 & 0 & 1 \end{pmatrix}$, posons $X = \begin{pmatrix} x_1 \\ x_2 \\ x_3 \end{pmatrix}$ et $Y = \begin{pmatrix} y_1 \\ y_2 \\ y_3 \end{pmatrix}$, on a :

$$PX = Y \iff \begin{cases} x_1 + 2x_2 + x_3 = y_1 \\ x_1 + x_2 + x_3 = y_2 \\ x_3 = y_3 \end{cases} \underset{L_1 \leftarrow L_1 - L_2}{\iff} \begin{cases} x_2 = y_1 - y_2 \\ x_1 + x_2 + x_3 = y_2 \\ x_3 = y_3 \end{cases}$$

$$\underset{L_2 \leftarrow L_2 - L_1 - L_3}{\iff} \begin{cases} x_2 = y_1 - y_2 \\ x_1 = -y_1 + 2y_2 - y_3 \\ x_3 = y_3 \end{cases} \iff \begin{cases} x_1 = -y_1 + 2y_2 - y_3 \\ x_2 = y_1 - y_2 \\ x_3 = y_3 \end{cases}$$

Comme l'équation $PX = Y$, d'inconnue X possède une et une seule solution, la matrice P est inversible et $X = P^{-1}Y$, d'où :

$$P^{-1} = \begin{pmatrix} -1 & 2 & -1 \\ 1 & -1 & 0 \\ 0 & 0 & 1 \end{pmatrix}$$

b) $P^{-1}AP = \begin{pmatrix} -1 & 2 & -1 \\ 1 & -1 & 0 \\ 0 & 0 & 1 \end{pmatrix} \begin{pmatrix} 3 & -2 & 3 \\ 1 & 0 & 2 \\ 0 & 0 & 2 \end{pmatrix} \begin{pmatrix} 1 & 2 & 1 \\ 1 & 1 & 1 \\ 0 & 0 & 1 \end{pmatrix}$

D'où, comme attendu :

$$\boxed{P^{-1}AP = \begin{pmatrix} 1 & 0 & 0 \\ 0 & 2 & 1 \\ 0 & 0 & 2 \end{pmatrix} = T}$$

2°) a) Soit $M \in \mathcal{M}_3(\mathbb{R})$, on pose $M' = P^{-1}MP$ alors, on a :

$$\begin{aligned} TM' = M'T &\iff (P^{-1}AP)(P^{-1}MP) = (P^{-1}MP)(P^{-1}AP) \\ &\iff P^{-1}A(P\,P^{-1})MP = P^{-1}M(PP^{-1})AP \\ &\iff P^{-1}\,A\,M\,P = P^{-1}\,M\,A\,P, \end{aligned}$$

Soit en multipliant à gauche par P et à droite par P^{-1} :

$$\begin{aligned} TM' = M'T &\iff P(P^{-1}AMP)P^{-1} = P(P^{-1}MAP)P^{-1} \\ &\iff (PP^{-1})AM(PP^{-1}) = (PP^{-1})MA(PP^{-1}) \\ &\iff AM = MA \end{aligned}$$

Ainsi, on a montré :

$$TM' = M'T \iff AM = MA$$

b) Posons $M' = \begin{pmatrix} x & y & z \\ x' & y' & z' \\ x'' & y'' & z'' \end{pmatrix}$ alors :

$$M'T = \begin{pmatrix} x & y & z \\ x' & y' & z' \\ x'' & y'' & z'' \end{pmatrix} \begin{pmatrix} 1 & 0 & 0 \\ 0 & 2 & 1 \\ 0 & 0 & 2 \end{pmatrix} = \begin{pmatrix} x & 2y & y+2z \\ x' & 2y' & y'+2z' \\ x'' & 2y'' & y''+2z'' \end{pmatrix}$$

$$TM' = \begin{pmatrix} 1 & 0 & 0 \\ 0 & 2 & 1 \\ 0 & 0 & 2 \end{pmatrix} \begin{pmatrix} x & y & z \\ x' & y' & z' \\ x'' & y'' & z'' \end{pmatrix} = \begin{pmatrix} x & y & z \\ 2x'+x'' & 2y'+y'' & 2z'+z'' \\ 2x'' & 2y'' & 2z'' \end{pmatrix}$$

Donc, en comparant terme à terme :
$M'T = TM' \iff [y = z = x'' = y'' = x' = 0$ et $y' = z'']$, et :

$$M'T = TM' \iff M' = \begin{pmatrix} x & 0 & 0 \\ 0 & y' & z' \\ 0 & 0 & y' \end{pmatrix}, (x, y', z') \in \mathbb{R}^3$$

c) En utilisant les questions précédentes, il vient, avec $M' = P^{-1}MP$, donc avec $M = PM'P^{-1}$:

$M \in C(A) \iff TM' = M'T$

$$\iff \exists\,(x, y', z') \in \mathbb{R}^3 \text{ tel que } M' = \begin{pmatrix} x & 0 & 0 \\ 0 & y' & z' \\ 0 & 0 & y' \end{pmatrix}$$

$$\iff \exists\,(x, y', z') \in \mathbb{R}^3, M = \begin{pmatrix} 1 & 2 & 1 \\ 1 & 1 & 1 \\ 0 & 0 & 1 \end{pmatrix} \begin{pmatrix} x & 0 & 0 \\ 0 & y' & z' \\ 0 & 0 & y' \end{pmatrix} \begin{pmatrix} -1 & 2 & -1 \\ 1 & -1 & 0 \\ 0 & 0 & 1 \end{pmatrix}$$

Ce qui donne, tous calculs faits :
$M \in C(A) \iff \exists\,(x, y', z') \in \mathbb{R}^3$ tel que :

$$\boxed{M = \begin{pmatrix} -x+2y' & 2x-2y' & -x+y'+2z' \\ -x+y' & 2x-y' & -x+y'+z' \\ 0 & 0 & y' \end{pmatrix}}$$

Corrigé 5.18

1°) $A^2 = \begin{pmatrix} 0 & 1 & -1 \\ -3 & 4 & -3 \\ -1 & 1 & 0 \end{pmatrix} \begin{pmatrix} 0 & 1 & -1 \\ -3 & 4 & -3 \\ -1 & 1 & 0 \end{pmatrix} = \begin{pmatrix} -2 & 3 & -3 \\ -9 & 10 & -9 \\ -3 & 3 & -2 \end{pmatrix}$

et $A^2 - 3A + 2I_3 = \begin{pmatrix} -2 & 3 & -3 \\ -9 & 10 & -9 \\ -3 & 3 & -2 \end{pmatrix} - \begin{pmatrix} 0 & 3 & -3 \\ -9 & 12 & -9 \\ -3 & 3 & 0 \end{pmatrix} + \begin{pmatrix} 2 & 0 & 0 \\ 0 & 2 & 0 \\ 0 & 0 & 2 \end{pmatrix} = 0$,

donc on peut écrire :

$$I_3 = -\frac{1}{2}(A^2 - 3A) = A(-\frac{1}{2}A + \frac{3}{2}I) = (-\frac{1}{2}A + \frac{3}{2}I)A$$

et ainsi on en déduit que A est inversible et que :

$$\boxed{A^{-1} = -\frac{1}{2}A + \frac{3}{2}I}$$

2°) a) Comme $A^2 - 3A + 2I_3 = 0$, en multipliant les deux membres par A^n, il vient : $A^{n+2} - 3A^{n+1} + 2A^n = 0$. Soit :

$$A^{n+2} - 2\,A^{n+1} = A^{n+1} - 2A^n$$

b) De la question précédente, on déduit que la suite matricielle $(A^{n+1}-2A^n)_{n\in\mathbb{N}}$ est constante, donc $\forall\, n \in \mathbb{N}, A^{n+1} - 2A^n = A^1 - 2A^0 = A - 2I$ soit :

$$\boxed{A^{n+1} = 2A^n + A - 2I}$$

c) Pour tout $n \in \mathbb{N}$, on a donc :

$B_{n+1} = A^{n+1} + A - 2I = (2A^n + A - 2I) + A - 2I = 2(A^n + A - 2I)$

$$\boxed{\forall\, n \in \mathbb{N}, B_{n+1} = 2B_n}$$

3°) De la relation précédente, on déduit par une récurrence directe que :

$$\forall\, n \in \mathbb{N}, B_n = 2^n B_0 = 2^n(I + A - 2I) = 2^n(A - I)$$

Puis :

$\forall\, n \in \mathbb{N}, A^n = B_n - A + 2I = 2^n(A - I) - A + 2I = (2^n - 1)(A - I) + I$, c'est-à-dire :

$$\boxed{\forall\, n \in \mathbb{N}, A^n = \begin{pmatrix} 2-2^n & 2^n-1 & 1-2^n \\ 3(1-2^n) & 3.2^n-2 & 3(1-2^n) \\ 1-2^n & 2^n-1 & 2-2^n \end{pmatrix}}$$

4°) On peut écrire :

$$\begin{cases} u_{n+1} = v_n - w_n \\ v_{n+1} = -3u_n + 4v_n - 3w_n \\ w_{n+1} = -u_n + v_n \end{cases} \iff \begin{pmatrix} u_{n+1} \\ v_{n+1} \\ w_{n+1} \end{pmatrix} = \begin{pmatrix} 0 & 1 & -1 \\ -3 & 4 & -3 \\ -1 & 1 & 0 \end{pmatrix} \begin{pmatrix} u_n \\ v_n \\ w_n \end{pmatrix}$$

$$\iff X_{n+1} = AX_n$$

Donc par l'argument de récurrence habituel, on a : $\forall\, n \in \mathbb{N}, X_n = A^n X_0$, soit :

$$\begin{pmatrix} u_n \\ v_n \\ w_n \end{pmatrix} = A^n \begin{pmatrix} 1 \\ 1 \\ 1 \end{pmatrix} = \begin{pmatrix} 2-2^n & 2^n-1 & 1-2^n \\ 3(1-2^n) & 3.2^n-2 & 3(1-2^n) \\ 1-2^n & 2^n-1 & 2-2^n \end{pmatrix} \begin{pmatrix} 1 \\ 1 \\ 1 \end{pmatrix}, \text{ soit :}$$

$$\begin{cases} u_n = 2 - 2^n \\ v_n = 4 - 3\times 2^n \\ w_n = 2 - 2^n \end{cases}$$

5°) Soit $n \in \mathbb{N}^*$, on sait que $A^{-n} = (A^{-1})^n = (A^n)^{-1}$.

Pour montrer que $A^{-n} = 2^{-n}(A - I) - A + 2I$, on évalue donc le produit :

$$\begin{aligned} P = A^n(2^{-n}(A-I) - A + 2I) &= (2^n(A-I) - A + 2I)(2^{-n}(A-I) - A + 2I) \\ &= 2^n(A-I)2^{-n}(A-I) + (-A+2I)(-A+2I) + 2^n(A-I)(-A+2I) \\ &\qquad + (-A+2I)2^{-n}(A-I) \end{aligned}$$

Or on sait que $A^2 - 3A + 2I = (A - I)(A - 2I) = (A - 2I)(A - I) = 0$

Dans le produit définissant P, il reste donc :

$P = 2^n(A - I)2^{-n}(A - I) + (-A + 2I)(-A + 2I) = (A - I)^2 + (2I - A)^2$

et puisque A et I commutent :

$$P = A^2 - 2A + I + 4I - 4A + A^2 = 2A^2 - 6A + 4I + I = I$$

Ainsi $(2^{-n}(A - I) - A + 2I)$ est la matrice inverse de A^n, et :

$$\boxed{A^{-n} = 2^{-n}\,(A - I) - A + 2I}$$

Corrigé 5.19

1°) a) $A = \begin{pmatrix} -2 & 0 & -2 \\ 1 & 0 & 1 \\ 1 & 0 & 1 \end{pmatrix}$ et $A^2 = -A$.

b) $\to$ Comme $M^0 = I = I + 0{\times}A$, on a la propriété au rang 0, avec $u_0 = 0$.
$\to$ On a $M = I + 3A$, donc la propriété est vraie au rang 1, avec $u_1 = 3$.
$\to$ Soit $n \in \mathbb{N}$, supposons qu'il existe u_n tel que $M^n = I + u_nA$, alors :

$$M^{n+1} = M^n{\times}M = (I + u_nA)(I + 3A) = I + (3 + u_n)A + 3u_nA^2$$
$$= I + (3 + u_n)A - 3u_nA = I + (3 - 2u_n)A$$

Ce qui prouve que la propriété est vraie au rang $n + 1$, avec $u_{n+1} = 3 - 2u_n$.
On conclut par le principe de récurrence.

c) La suite u définie par les conditions précédentes est une suite arithmético-géométrique, la solution de l'équation $\ell = -2\ell + 3$ est $\ell = 1$ donc la suite v définie par $v_n = u_n - 1$ est une suite géométrique de raison -2 et de premier terme $v_0 = -1$.

D'où $\forall\, n \in \mathbb{N}, v_n = -1(-2)^n$, $u_n = 1 - (-2)^n$, puis :

$$\boxed{M^n = I + u_nA = \begin{pmatrix} -1 - (-2)^{n+1} & 0 & -2 - (-2)^{n+1} \\ 1 - (-2)^n & 1 & 1 - (-2)^n \\ 1 - (-2)^n & 0 & 2 - (-2)^n \end{pmatrix}}$$

2°) a) Sans problème : $J^2 = J$.

b) Comme $N \in E$, il existe deux réels a et b tels que $N = aI + bJ$ et puisque I et J commutent :

$$N^2 = a^2I + 2abJ + b^2J^2 = a^2I + (2ab + b^2)J$$

c) Soit X de la forme $X = aI + bJ$. Par les calculs précédents :

$\star$ $X^2 = I \iff a^2I + (b^2 + 2ab)J = I \iff (b^2 + 2ab)J = (1 - a^2)I$

Or la matrice J n'est pas proportionnelle à la matrice I, la relation précédente est donc possible si et seulement si $b^2 + 2ab = b(b + 2a) = 0$ et $1 - a^2 = 0$.
(si vous avez un doute revenez à l'égalité des matrices, coefficient par coefficient)
Ce qui donne $a^2 = 1$ et $[b = 0 \text{ ou } b = -2a]$.
Ainsi les solutions sont les matrices : $I, -I, I - 2J$ et $-I + 2J$.

$\star$ En raisonnant de même on a : $X^2 = X \iff a^2I + (b^2 + 2ab)J = aI + bJ$, ce qui donne $a^2 = a$ et $b(b + 2a) = b$, soit $[a = 0 \text{ ou } a = 1]$ et$[b = 0 \text{ ou } b = 1 - 2a]$, et donne les solutions $0, I, J, I - J$.

3°) a) On remarque que $M = -2I + 3J$.

b) Comme les matrices I et J commutent, on peut utiliser la formule du binôme de Newton :

$$M^n = (-2I + 3J)^n = \sum_{k=0}^{n} \binom{n}{k} (3J)^k(-2I)^{n-k}$$

$$\begin{aligned}
M^n &= (-2I)^n + \sum_{k=1}^{n} \binom{n}{k} (3J)^k (-2I)^{n-k} \\
&= (-2)^n I + \left[\sum_{k=1}^{n} \binom{n}{k} 3^k (-2)^{n-k} \right] J \\
&= (-2)^n I + \left[\sum_{k=0}^{n} \binom{n}{k} 3^k (-2)^{n-k} - \binom{n}{0} 3^0 (-2)^n \right] J \\
&= (-2)^n I + \left[(3-2)^n - (-2)^n \right] J
\end{aligned}$$

Ainsi on a :

$$\boxed{M^n = (-2)^n I + (1 - (-2)^n) J}$$

Introduction aux espaces et sous-espaces vectoriels

06

RÉPARTITION DES EXERCICES

I. ÉNONCÉS DES EXERCICES

6.01 On considère $H = \{(x, y, z, t) \in \mathbb{R}^4 / x - y + z = 0\}$.

1°) Montrer que H est un sous-espace vectoriel de $\mathbb{R}^4$.

2°) Trouver une base de H.

◇

6.02 On se place dans $\mathbb{R}^3$ et on considère les trois vecteurs : $v_1 = (-2, 3, 1)$, $v_2 = (2, -1, 2)$, $v_3 = (a, 5, 4)$.

Déterminer a pour que la famille (v_1, v_2, v_3) soit liée.

◇

6.03 Soit E un $\mathbb{K}$-espace vectoriel et $(a_1, \ldots, a_n)$ une famille libre de n vecteurs de E $(n \geqslant 2)$.

On définit alors les vecteurs $x_1, \ldots, x_n$ par : $\forall\, k \in [\![1, n]\!], x_k = \sum_{i=1}^{k} a_i$, et les vecteurs $y_1, \ldots, y_n$ par : $\forall\, k \in [\![1, n-1]\!], y_k = a_k - a_{k+1}$ et $y_n = a_n - a_1$.

1°) La famille $(x_1, \ldots, x_n)$ est-elle libre ?

2°) La famille $(y_1, \ldots, y_n)$ est-elle libre ?

◇

6.04 Soit E un $\mathbb{R}$-espace vectoriel, u, v, w trois vecteurs de E formant une famille libre. On pose $u' = u + v$, $v' = v + w$ et $w' = w + u$. Montrer que la famille (u', v', w') est libre.

◇

6.05 Montrer que $F = \{(x, y, z, t) \in \mathbb{R}^4, x + t = 0, y - z = 0, 3x + t = 0\}$ est un sous-espace vectoriel de $\mathbb{R}^4$. Déterminer une base de F.

◇

6.06 On se place dans $E = \mathbb{C}^3$ et on considère les parties suivantes de E :

$$F = \{(x, y, z) \in E, x + iy - z = 0\},$$
$$G = \{(a + ib, a - ib, a + b), (a, b) \in \mathbb{C}^2\}.$$

1°) Montrer que F et G sont deux sous-espaces vectoriels de E et donner une base de chacun de ces sous-espaces vectoriels.

2°) Définir $H = F \cap G$ et donner une base de H.

◇

6.07 **1°)** Soit $E = \mathbb{R}_3[X]$, on considère dans E les polynômes $P_1 = X^2(X-1)$, $P_2 = (X-2)^3$, $P_3 = X^3$ et $P_4 = X(X-3)^2$. La famille (P_1, P_2, P_3, P_4) est-elle libre ?

2°) Soit E l'ensemble des suites numériques réelles, on considère trois suites géométriques u, v et w de premier terme valant 1 de raisons respectivement -2, 3 et 5. La famille (u, v, w) est-elle libre ?

◇

6.08 On se place dans $\mathbb{R}^3$ et on considère les quatre vecteurs $v_1 = (1, 1, -1)$, $v_2 = (1, 2, 4)$, $v_3 = (3, -1, a)$, $v_4 = (2, 3, b)$. Déterminer a et b tels que $\text{Vect}\{v_1, v_2\} = \text{Vect}\{v_3, v_4\}$.

◇

6.09 Montrer que si (a, b, c) est une base de $\mathbb{R}^3$, alors $(a+b+c, a+b, 2a+b-c)$ est aussi une base de $\mathbb{R}^3$.

◇

6.10 On se place dans $\mathbb{R}^4$, soit $\beta = (e_1, e_2, e_3, e_4)$ sa base canonique, on considère les vecteurs : $u_1 = (1, 1, 1, 1)$, $u_2 = (1, -1, 1, -1)$, $u_3 = (1, 3, 1, 3)$, $u_4 = (1, 2, 0, 2)$, $u_5 = (1, 2, 1, 2)$ et $u_6 = (3, 1, 3, 1)$.

On note $E_1 = \text{Vect}(u_1, u_2, u_3)$ et $E_2 = \text{Vect}(u_4, u_5, u_6)$.

1°) a) Démontrer que la famille (u_1, u_2, u_3) est liée et déterminer une relation de dépendance entre u_1, u_2 et u_3.

b) En déduire une base de E_1.

2°) a) Déterminer une base de E_2.

b) Montrer que : $w = (x, y, z, t) \in E_2 \Longleftrightarrow y = t$.

3°) Déterminer une base de $E_1 \cap E_2$.

◇

6.11 Soit E l'espace vectoriel des fonctions réelles définies sur $\mathbb{R}$.

1°) On note F l'ensemble des fonctions polynomiales à coefficients réels et de degré inférieur ou égal à 2.
Démontrer que F est un sous-espace vectoriel de E. Donner une base de F.

2°) On note $A = \{f \in F \ / \ \exists\,(a, b) \in \mathbb{R}^2, \forall\, x \in \mathbb{R}, f(x) = ax^2 + bx\}$ et $B = \{f \in F \ / \ \exists\,(c, d) \in \mathbb{R}^2, \forall\, x \in \mathbb{R}, f(x) = cx^2 - 2dx + c\}$/

Montrer que A et B sont deux sous-espaces vectoriels de F. Donner une base de A et B.

4°) Déterminer $A \cap B$. Donner une base de $A \cap B$.

◇

6.12 On se place dans $E = \mathcal{M}_3(\mathbb{R})$ et on pose $A = \begin{pmatrix} 1 & 0 & 0 \\ 0 & 2 & 0 \\ 0 & 0 & 1 \end{pmatrix}$.

Soit $F = \{M \in \mathcal{M}_3(\mathbb{R}) \ / \ 2M - {}^tM = AM\}$.

1°) Montrer que F est un sous-espace vectoriel de E.

2°) Déterminer par leurs coefficients les matrices M de F. En déduire une famille génératrice de F. Cette famille est-elle libre ?

◇

6.13 On considère dans $\mathbb{R}^3$ les vecteurs $x = (1, 1, 0)$, $y = (0, 0, 1)$, $a = (1, 1, 1)$ et $b = (1, 1, -1)$.

Démontrer que $\text{Vect}\{x, y\} = \text{Vect}\{a, b\}$. à revoir /!\

◇

6.14 On considère dans $\mathbb{R}^3$ les vecteurs $x = (1, -2, -3)$, $y = (-1, -1, 3)$, $z = (-2, 0, 1)$ et $t = (1, 2, -1)$.

1°) La famille (x, y, z, t) est-elle libre ? Sinon déterminer une relation de dépendance entre les vecteurs x, y, z, et t.

2°) La famille (x, y, z) est-elle libre ? Est-elle génératrice de $\mathbb{R}^3$?

◇

6.15 On se place dans $\mathbb{R}^3$ et on considère les vecteurs :

$a = (4, -5, 3)$, $b = (2, 3, -2)$, $c = (4, -16, 10)$ et $d = (8, 1, -1)$.

On note $F = \text{Vect}(a, b, c, d)$.

1°) Déterminer des conditions nécesaires et suffisantes sur x, y, z pour que $(x, y, z) \in F$.

2°) Déterminer une base de F.

◇

6.16 Soit E l'ensemble des fonctions continues sur $\mathbb{R}$, on admet que E est un $\mathbb{R}$-espace vectoriel, et on pose $F = \left\{\varphi \in E, \displaystyle\int_0^1 \varphi(t)\, dt = 0\right\}$.

1°) Montrer que F est un sous-espace vectoriel de E.

2°) On considère les fonctions f_1, f_2 et f_3 définies par :

$\forall\, x \in \mathbb{R}, f_1(x) = (x-1)^2 - x^2, f_2(x) = \cos(\pi x), f_3(x) = \sin(2\pi x)$.

a) Justifier que $\forall\, i \in \{1, 2, 3\}$, $f_i \in F$.

b) Montrer que la famille (f_1, f_2, f_3) est libre.

◇

6.17 La famille
$(X^n, X^{n-1}(1+X), X^{n-2}(1+X)^2, \dots, X^{n-k}(1+X)^k, \dots, (1+X)^n)$
est-elle une famille libre de $\mathbb{R}[X]$?

◇

6.18 Soit E un $\mathbb{K}$-espace vectoriel, on considère $(x_1, \dots, x_p)$ une famille libre de E et $y \in E$.
Montrer que $(x_1, \dots, x_p, y)$ est liée $\iff y \in \mathrm{Vect}(x_1, \dots, x_p)$.

◇

6.19 Dans l'espace vectoriel des fonctions continues sur $\mathbb{R}$, montrer que les fonctions $x \mapsto \mathrm{e}^x, x \mapsto \mathrm{e}^{2x}, \dots, x \mapsto \mathrm{e}^{nx}$ avec $n \in \mathbb{N}^*$ forment une famille libre.

◇

6.20 Soit E l'espace vectoriel des fonctions polynomiales à coefficients réels. On considère pour $n \in \mathbb{N}$, $a_0, \dots, a_n$, des réels deux à deux distincts et on pose, pour tout $k \in \mathbb{N}$, tel que $0 \leqslant k \leqslant n$: $f_k : x \mapsto (x - a_k)^n$.

Montrer que $(f_0, f_1, \dots, f_n)$ est une famille libre de E.

◇

6.21 Soit E l'espace vectoriel des fonctions indéfiniment dérivables sur $\mathbb{R}$. Soit $\alpha \in \mathbb{R}^*$.
On note f_1, f_2, f_3, f_4 les fonctions définies par :
$\forall x \in \mathbb{R}$, $f_1(x) = \mathrm{e}^{\alpha x}$; $f_2(x) = x\mathrm{e}^{\alpha x}$; $f_3(x) = \mathrm{e}^{-\alpha x}$ et $f_4(x) = x\mathrm{e}^{-\alpha x}$.
et on pose :

$$F_\alpha = \{f \in E, \exists\,(a_1, a_2, a_3, a_4) \in \mathbb{R}^4, f = a_1 f_1 + a_2 f_2 + a_3 f_3 + a_4 f_4\}$$

On pose $\beta = (f_1, f_2, f_3\ f_4)$.

1°) Montrer que F_α est un sous-espace vectoriel de E.

2°) Soit $(a_1, a_2, a_3, a_4) \in \mathbb{R}^4$, et $f = \sum\limits_{i=1}^{4} a_i f_i$.
Calculer $f(0)$, $f'(0)$, $f''(0)$ et $f'''(0)$ en fonction de a_1, a_2, a_3, a_4 et α.

3°) A l'aide de ce qui précède montrer que β est une base de F_α.

◇

6.22 Soit λ un nombre réel, on se place dans $\mathbb{R}^3$ et on considère :

$$x = (2 - \lambda, -3, 2),\ y = (-4, 1 - \lambda, 6),\ z = (-2, -1, 6 - \lambda)$$

Déterminer en fonction de λ une base du sous-espace vectoriel engendré par $\{x, y, z\}$.

◇

6.23 Soit I un intervalle de $\mathbb{R}$, on considère l'espace vectoriel E_1 des fonctions réelles dérivables sur I.
Soit a une application continue sur I, à valeurs dans $\mathbb{R}$.
On considère l'ensemble $F = \{f \in E_1, \forall x \in I, f'(x) + a(x)f(x) = 0\}$.

1°) Montrer que F est un sous-espace vectoriel de E_1.

2°) Soit A une primitive de a sur I, on pose $g : I \to \mathbb{R}, x \mapsto \mathrm{e}^{A(x)} f(x)$, où $f \in E_1$.

a) Calculer $g'(x)$.

b) Montrer que $f \in F \iff \exists \lambda \in \mathbb{R}, g = \lambda$.

c) En déduire que $F = \{f : I \to \mathbb{R}, x \mapsto \lambda \mathrm{e}^{-A(x)}, \lambda \in \mathbb{R}\}$.

◇

6.24 Soit E_2 l'espace vectoriel des fonctions réelles deux fois dérivables sur un intervalle I.
On considère $G = \{f \in E_2, \forall\, x \in I, f''(x) + 2f'(x) + f(x) = 0\}$.

1°) Montrer que G est un sous-espace vectoriel de E_2.

2°) On pose $\forall\, x \in I, u(x) = \mathrm{e}^{\lambda x}$. Déterminer λ pour que $u \in G$.

3°) Soit $f \in G$, on pose $\forall\, x \in I, \varphi(x) = \mathrm{e}^{x} f(x)$. Calculer φ', φ'' et en déduire l'expression de $\varphi(x)$.

4°) Donner la forme générale des éléments de G. Déterminer alors une base de G.

◇

6.25 Soit $E = \mathbb{R}_2[X]$, on considère a_1, a_2 et a_3 trois réels deux-à-deux distincts et on définit les trois polynômes :

$$L_1 = \frac{(X-a_2)(X-a_3)}{(a_1-a_2)(a_1-a_3)} ;\ L_2 = \frac{(X-a_1)(X-a_3)}{(a_2-a_3)(a_2-a_1)}$$

$$L_3 = \frac{(X-a_1)(X-a_2)}{(a_3-a_1)(a_3-a_2)}.$$

1°) Calculer $L_1(a_1)$, $L_1(a_2)$ et $L_1(a_3)$ puis $L_i(a_j)$ pour $i, j \in \{1, 2, 3\}$.

2°) Montrer que (L_1, L_2, L_3) est une famille libre de E.

3°) Soit $P \in E$, montrer que $P \in \mathrm{Vect}(L_1, L_2, L_3)$.

4°) En déduire que (L_1, L_2, L_3) est une base de E.

5°) Soit P un polynôme de degré supérieur ou égal à 3, on considère a, b, c trois réels deux à deux distincts. Déterminer le reste de la division euclidienne de P par $(X - a_1)(X - a_2)(X - a_3)$.

◇

6.26 **1°)** Soit $(a, b) \in \mathbb{R}^2$ et

$$E = \{u = (u_n)_{n \in \mathbb{N}} \;/\; \forall\, n \in \mathbb{N}, u_{n+2} = a u_{n+1} + b u_n\}.$$

Montrer que E est un $\mathbb{R}$-espace vectoriel.

2°) **a)** Soit I un intervalle, montrer que $C(I, \mathbb{R})$ ensemble des applications continues de I dans $\mathbb{R}$ est un $\mathbb{R}$-espace vectoriel.

b) Montrer que $F = \{f \in C(I, \mathbb{R}) \;/\; \exists\, k \in \mathbb{R}, \forall\, x \in I, |f(x)| \leqslant k|x|\}$ est un $\mathbb{R}$-espace vectoriel.

3°) Soit G l'ensemble des applications $f : \mathbb{R} \to \mathbb{R}$ telles qu'il existe $g, h : \mathbb{R} \to \mathbb{R}$ croissantes vérifiant : $f = g - h$. Montrer que G est un $\mathbb{R}$-espace vectoriel.

◇

6.27 Soit $n \in \mathbb{N}, n \geqslant 2$, on note $\beta = (e_1, \dots, e_n)$ la base canonique de $E = \mathbb{R}^n$. Pour $j \in [\![1, n-1]\!]$, on pose $v_j = e_j + e_{j+1}$. On pose aussi $v_n = e_n + e_1$.

1°) Montrer que la famille $(v_1, \dots, v_{n-1})$ est libre.

2°) Que peut-on dire de la famille $(v_1, \dots, v_n)$?

◇

6.28 On se propose de déterminer explicitement le terme général de la suite (u_n) définie par $u_0 = 0$, $u_1 = 1$, $u_2 = 1$ et la relation, valable pour tout n de $\mathbb{N}$:

$$u_{n+3} = 4u_{n+2} - 5u_{n+1} + 2u_n$$

Pour ce faire, on pose, pour tout n de $\mathbb{N}$, $X_n = \begin{pmatrix} u_{n+2} \\ u_{n+1} \\ u_n \end{pmatrix}$.

1°) a) Écrire une matrice A de $\mathcal{M}_3(\mathbb{R})$, indépendante de n, telle que : $\forall n \in \mathbb{N}, X_{n+1} = AX_n$.

b) Vérifier que $(A - I_3)^2(A - 2I_3) = 0$.

2°) On considère le polynôme P de $\mathbb{R}[X]$ défini par $P = (X-1)^2(X-2)$.

a) Soit $n \in \mathbb{N}$, justifier l'existence et l'unicité d'un couple (Q_n, R_n) de $\mathbb{R}[X] \times \mathbb{R}_2[X]$, tel que : $X^n = PQ_n + R_n$.

b) Montrer que la famille $(1, X-1, (X-1)^2)$ est une base de $\mathbb{R}_2[X]$. En déduire que pour tout entier naturel n, il existe de manière unique des réels a_n, b_n et c_n tels que $R_n = a_n + b_n(X-1) + c_n(X-1)^2$.

c) Etablir que : $\forall n \in \mathbb{N}, a_n = 1,\ b_n = n$ et $c_n = 2^n - n - 1$.

Pour tout polynôme $P = \sum_{k=0}^{d} a_k X^k$, *on pose* $P(A) = \sum_{k=0}^{d} a_k A^k$ *et on admet que pour tous polynômes* P_1, P_2, *si on pose* $P = P_1 P_2$, *alors* $P(A) = P_1(A)P_2(A)$.

3°) a) Déduire des questions précédentes que :

$$\forall n \in \mathbb{N}, A^n = I_3 + n(A - I_3) + (2^n - n - 1)(A - I_3)^2.$$

b) Pour tout n de $\mathbb{N}$, donner la troisième ligne de la matrice A^n.

4°) a) Montrer que : $\forall n \in \mathbb{N}, X_n = A^n \begin{pmatrix} 1 \\ 1 \\ 0 \end{pmatrix}$.

b) En déduire, pour tout n de $\mathbb{N}$, u_n en fonction de n.

◇

6.29 On admet que l'ensemble E des fonctions numériques deux fois dérivables sur $\mathbb{R}$, muni des lois habituelles, possède une structure d'espace vectoriel sur $\mathbb{R}$. On note F l'ensemble des fonctions φ de E qui vérifient la relation suivante :

$$\forall x \in \mathbb{R}, \varphi''(x) = (1 + x^2)\varphi(x).$$

1°) Montrer que F est un espace vectoriel sur $\mathbb{R}$.

2°) Montrer que si u et v sont deux éléments de F, alors $u'v - v'u$ est une fonction constante.

3°) Soit f la fonction définie sur $\mathbb{R}$ par : $f(x) = \exp\left(\frac{x^2}{2}\right)$.

a) Vérifier que f est élément de F.

b) Soit g la fonction définie par : $\forall x \in \mathbb{R}, g(x) = f(x) \displaystyle\int_0^x \frac{1}{f(t)^2} dt$.

Montrer que g est élément de F.

4°) a) Soit $h \in E$. Montrer en utilisant le résultat de la deuxième question appliqué aux fonctions h et f, que h est combinaison linéaire de f et de g.

b) Montrer finalement que (f, g) est une base de F.

II. INDICATIONS

1) Rappels des principales méthodes d'étude

❑ $F \subset E$ est un sous-espace vectoriel d'un $\mathbb{K}$-espace vectoriel E si et seulement si F est non vide et tel que $\forall (x, y) \in F^2, \forall (\alpha, \beta) \in \mathbb{K}^2, \alpha x + \beta y \in F$.

❑ Pour démontrer l'égalité entre deux sous-espaces vectoriels F et G d'un $\mathbb{K}$-espace vectoriel E, on prouve successivement que $F \subset G$ et $G \subset F$.
Remarque : on verra en seconde période que si on trouve une base de F et une base de G ayant le même nombre de vecteurs alors une des deux inclusions sera suffisante.

❑ Soit $\mathcal{F} = (x_1, \ldots, x_n)$ une famille de vecteurs d'un $\mathbb{K}$-e.v. E.

$\mathcal{F}$ est **libre** si : $\forall(\lambda_1, \ldots, \lambda_n) \in \mathbb{K}^n, \sum\limits_{i=1}^{n} \lambda_i x_i = 0 \implies \forall i, \lambda_i = 0$. Sinon la famille est dite liée. Ainsi $\mathcal{F}$ est liée si et seulement si on peut trouver des scalaires $\lambda_1, \ldots, \lambda_n$ non tous nuls et tels que $\sum\limits_{i=1}^{n} \lambda_i x_i = 0$.

$\mathcal{F}$ est **génératrice** (de E) si : $\forall x \in E, \exists(\lambda_1, \ldots, \lambda_n) \in \mathbb{K}^n, x = \sum\limits_{i=1}^{n} \lambda_i x_i$.

Une famille à la fois libre et génératrice est une **base**, la famille de scalaires précédente est alors unique et les nombres λ_i sont les **coordonnées** du vecteur x dans cette base.

Remarque : une famille constituée d'un seul vecteur est libre si et seulement si ce vecteur est non nul et une famille constituée de deux vecteurs est libre si et seulement si ces deux vecteurs ne sont pas colinéaires, c'est-à-dire ne sont pas proportionnels.

---

2) Indications spécifiques à chaque exercice

6.02. On cherche a tel qu'il existe $(x, y, z) \neq (0, 0, 0)$ tel que $xv_1 + yv_2 + zv_3 = (0, 0, 0)$.

6.03. 2) Regarder $\sum_{i=1}^{n} y_i$.

6.05. On prouve que $F = Vect(u)$, où u est un vecteur non nul à déterminer.

6.07. 1) On utilise la définition et on substitue à X la valeur 0, on simplifie et on recommence ... **2)** On utilise la définition et on remarque que $\lim_{n\to\infty} (-2/5)^n = \lim_{n\to\infty} (3/5)^n = 0$.

6.08. En traduisant que $v_1 \in \text{Vect}(u_3, u_4)$ et $v_2 \in \text{Vect}(u_3, u_4)$, on trouve les valeurs possibles de a et b et on vérifie que ces valeurs conviennent.

6.09. On prouve que la famille est libre et pour montrer qu'elle est génératrice de $\mathbb{R}^3$, on peut montrer que a, b, c sont des combinaisons des vecteurs de cette famille.

6.10. 1) En résolvant $\alpha u_1 + \beta u_2 + \gamma u_3 = 0_{\mathbb{R}^4}$, on trouve par exemple α et β en fonction de γ. On utilise alors la relation de dépendance entre u_1, u_2 et u_3. **2)** On prouve que (u_4, u_5, u_6) est libre. **3)** On caractérise, en utilisant la question précédente, l'appartenance de (x, y, z, t) à $E_1 \cap E_2$ et on aboutit à $E_1 \cap E_2 = \text{Vect}(v, w)$.

6.12. On caractérise l'appartenance de M à F à l'aide de ses coefficients et on utilise $(E_{i,j})$ la base canonique de $\mathcal{M}_3(\mathbb{R})$.

6.14. En résolvant $\alpha x + \beta y + \gamma z + \theta t = (0, 0, 0)$, on exprime par exemple α, β, γ en fonction de θ.

6.17. On peut raisonner par l'absurde.

6.19. On raisonne par récurence et on procède par dérivation d'une relation de dépendance.

6.20. On raisonne comme pour l'exercice précédent en prenant garde aux notations.

6.25. 3) On raisonne d'abord par condition nécessaire et on vérifie que la décomposition trouvée convient. **5)** On utilise (L_1, L_2, L_3) base de E.

6.26. 3) Pour une fois on raisonne en deux temps en prouvant tout abord que si $(f_1, f_2) \in G$ alors $f_1 + f_2 \in G$ puis si $\alpha \in \mathbb{R}$ et $f \in G$ alors $\alpha f \in G$ en étudiant 2 cas : $\alpha \geqslant 0$, $\alpha < 0$.

6.27. 3) On sera amené à étudier deux cas selon la parité de n.

6.28. 2) Effectuer la division euclidienne de X^n par P. **3)** On évalue $P(A)$ avec $P = X^n$.

6.29. On remarquera que $x \mapsto \displaystyle\int_0^x \frac{1}{f(t)^2}\,dt$ est la primitive sur $\mathbb{R}$, nulle en 0, de la fonction $t \mapsto \dfrac{1}{f(t)^2}$.

III. CORRIGÉS DÉTAILLÉS DES EXERCICES

Corrigé 6.01

1°) On a :

$$H = \{(x, y, z, t) \in \mathbb{R}^4 \mid x = y - z\} = \{(y - z, y, z, t) \in \mathbb{R}^4 \mid (y, z, t) \in \mathbb{R}^3\}.$$
$$= \{y.(1, 1, 0, 0) + z.(-1, 0, 1, 0) + t.(0, 0, 0, 1) \in \mathbb{R}^4 \mid (y, z, t) \in \mathbb{R}^3\}$$

Donc $H = \text{Vect}(u_1, u_2, u_3)$, avec :

$$u_1 = (1, 1, 0, 0),\ u_2 = (-1, 0, 1, 0),\ \text{et } u_3 = (0, 0, 0, 1).$$

Par conséquent H est donc un sous-espace vectoriel de $\mathbb{R}^4$.

2°) D'après ce qui précède la famille (u_1, u_2, u_3) est une famille génératrice de H, on vérifie qu'elle est libre :

Soit $(\alpha_1, \alpha_2, \alpha_3) \in \mathbb{R}^3$ tel que $\sum_{i=1}^{3} \alpha_i . u_i = (0, 0, 0, 0)$. Ceci s'écrit, coordonnée par coordonnée : $\alpha_1 - \alpha_2 = 0$, $\alpha_1 = 0$, $\alpha_2 = 0$, $\alpha_3 = 0$

Donc $\alpha_1 = \alpha_2 = \alpha_3 = 0$ et la famille (u_1, u_2, u_3) est bien libre, donc est une base de H.

Corrigé 6.02

(v_1, v_2, v_3) est liée si et seulement si :

$$\exists\, (x, y, z) \neq (0, 0, 0) \text{ tel que } xv_1 + yv_2 + zv_3 = (0, 0, 0) \quad (1)$$

$$(1) \iff \begin{cases} -2x + 2y + az = 0 \\ 3x - y + 5z = 0 \\ x + 2y + 4z = 0 \end{cases} \underset{\substack{L_1 \leftarrow l_1 + 2L_3 \\ L_2 \leftarrow L_2 - 3L_3}}{\iff} \begin{cases} 6y + (a + 8)z = 0 \\ -7y - 7z = 0 \\ x + 2y + 4z = 0 \end{cases}$$

$$\iff \begin{cases} y = -z \\ (a + 2)z = 0 \\ x = -2z \end{cases}$$

Par conséquent ce système admet d'autres solutions que la solution nulle si et seulement si $a = -2$, donc la famille (v_1, v_2, v_3) est liée si et seulement si $a = -2$ et dans ce cas : $\forall\, z \in \mathbb{R}$, $-2zv_1 - zv_2 + zv_3 = 0_E$. D'où la relation de dépendance :

$$\boxed{2v_1 + v_2 - v_3 = 0_E}$$

Corrigé 6.03

1°) Soit $(\lambda_1, \lambda_2, \ldots, \lambda_n) \in \mathbb{K}^n$ tel que $\sum_{i=1}^{n} \lambda_i x_i = 0_E \quad (1)$.

$$(1) \iff \lambda_1 a_1 + \lambda_2(a_1 + a_2) + \lambda_3(a_1 + a_2 + a_3) + \cdots + \lambda_n(a_1 + \cdots + a_n) = 0_E$$

$$\iff \Big(\sum_{i=1}^{n} \lambda_i\Big)a_1 + \Big(\sum_{i=2}^{n} \lambda_i\Big)a_2 + \cdots \Big(\sum_{i=n-1}^{n} \lambda_i\Big)a_{n-1} + \lambda_n a_n = 0_E.$$

La famille des a_k étant libre, on en déduit :

$$(1) \iff \begin{cases} \lambda_1 + \lambda_2 + \cdots + \lambda_n = 0 \\ \lambda_2 + \lambda_3 + \cdots + \lambda_n = 0 \\ \ldots \\ \lambda_{n-1} + \lambda_n = 0 \\ \lambda_n = 0 \end{cases} \iff \forall\, i \in [\![1, n]\!], \lambda_i = 0$$

Ainsi la famille $(x_1, \cdots, x_n)$ est libre (on parle de famille échelonnée).

2°) On remarque que $\sum_{i=1}^{n} y_i = 0_E$, la famille des y_k est donc liée.

Corrigé 6.04

Soit $(\alpha, \beta, \gamma) \in \mathbb{R}^3$, supposons que $\alpha u' + \beta v' + \gamma w' = 0_E$, on a donc :
$\alpha(u + v) + \beta(v + w) + \gamma(w + u) = 0_E$, soit

$$(\alpha + \gamma)u + (\alpha + \beta)v + (\beta + \gamma)w = 0_E$$

Ainsi comme la famille (u, v, w) est libre, il vient : $\begin{cases} \alpha + \gamma = 0 \\ \alpha + \beta = 0 \\ \beta + \gamma = 0 \end{cases}$

En sommant on a aussi $\alpha+\beta+\gamma=0$ et donc $\alpha=\beta=\gamma=0$.
La famille (u',v',w') est donc libre.

Corrigé 6.05

$$\begin{cases} x+t=0 \\ y-z=0 \\ 3x+t=0 \end{cases} \iff \begin{cases} x=t=0 \\ z=y \end{cases}, \text{ donc :}$$

$$F=\{(0,y,y,0)\in\mathbb{R}^4, y\in\mathbb{R}\}=\text{Vect}((0,1,1,0))$$

Ainsi F est un sous-espace vectoriel de $\mathbb{R}^4$ et comme $(0,1,1,0)\neq 0_{\mathbb{R}^4}$, une base de F est définie par la donnée du vecteur $(0,1,1,0)$.

Corrigé 6.06

1°) $\star$ $F=\{(x,y,z)\in\mathbb{C}^3, z=x+iy\}=\{(x,y,x+iy)\in\mathbb{C}^3,(x,y)\in\mathbb{C}^2\}$
$=\{x.(1,0,1)+y.(0,1,i),(x,y)\in\mathbb{C}^2\}=\text{Vect}((1,0,1),(0,1,i))$.
Ainsi F est un sous-espace vectoriel de $\mathbb{C}^3$ et $((1,0,1),(0,1,i))$ en est une famille génératrice.

Comme $((1,0,1),(0,1,i))$ est une famille libre de vecteurs de $\mathbb{C}^3$ (en effet, ses deux vecteurs sont clairement non proportionnels) on en déduit que $((1,0,1),(0,1,i))$ est une base de F.

$\star$ $G=\{a.(1,1,1)+b.(i,-i,1),(a,b)\in\mathbb{C}^2\}=\text{Vect}((1,1,1),(i,-i,1))$.
Donc G est un sous-espace vectoriel de $\mathbb{C}^3$ et comme la famille $((1,1,1),(i,-i,1))$ est libre car formée de deux vecteurs non proportionnels, on en déduit que $((1,1,1),(i,-i,1))$ est une base de G.

2°) $v=(z_1,z_2,z_3)\in F\cap G \iff \begin{cases} z_1+iz_2-z_3=0 \\ \exists\,(\alpha,\beta)\in\mathbb{C}^2, v=\alpha(1,1,1)+\beta(i,-i,1) \end{cases}$

La deuxième relation s'écrit : $z_1=\alpha+i\beta$, $z_2=\alpha-i\beta$, $z_3=\alpha+\beta$ et en reportant dans la première, il vient : $\alpha+i\beta+i(\alpha-i\beta)-\alpha-\beta=0$, soit : $i\alpha+i\beta=0$ et $\beta=-\alpha$.

Donc $v\in F\cap G\iff \exists\,\alpha\in\mathbb{C}, v=\alpha((1,1,1)-(i,-i,1))=\alpha(1-i,1+i,0)$
Ainsi $H=F\cap G=\text{Vect}((1-i,1+i,0))$ et $((1-i,1+i,0))$ est une base de H.

Corrigé 6.07

1°) Soit $(\alpha_1,\alpha_2,\alpha_3,\alpha_4)\in\mathbb{R}^4$, tel que :

$$\sum_{i=1}^{4}\alpha_i P_i=\alpha_1X^2(X-1)+\alpha_2(X-2)^3+\alpha_3X^3+\alpha_4X(X-3)^2=0_E.$$

$\rightarrow$ En substituant à X la valeur 0, il vient $-8\alpha_2=0$, donc $\alpha_2=0$. Il reste :

$$\alpha_1X^2(X-1)+\alpha_3X^3+\alpha_4X(X-3)^2=0_E$$

$\rightarrow$ Ainsi : $X(\alpha_1X(X-1)+\alpha_3X^2+\alpha_4(X-3)^2)=0_E$ et comme X n'est pas le polynôme nul, il vient : $\alpha_1X(X-1)+\alpha_3X^2+\alpha_4(X-3)^2=0_E$.

En substituant **maintenant** à X la valeur 0, il vient $9\alpha_4=0$ et $\alpha_4=0$. Il reste $\alpha_1X(X-1)+\alpha_3X^2=0_E$.

$\rightarrow$ Ainsi $X(\alpha_1(X-1)+\alpha_3X)=0_E$ et $\alpha_1(X-1)+\alpha_3X=0_E$.

En substituant à X la valeur 0, il vient $-\alpha_1 = 0$ et $\alpha_1 = 0$. Il reste alors $\alpha_3 X = 0_E$ et $\alpha_3 = 0$.
On en déduit ainsi que la famille (P_1, P_2, P_3, P_4) est libre.

2°) Par définition de u, v, w, on a : $\forall n \in \mathbb{N}$, $u_n = (-2)^n$, $v_n = 3^n$ et $w_n = 5^n$.
Soit $(\alpha, \beta, \gamma) \in \mathbb{R}^3$ tel que $\alpha u + \beta v + \gamma w = 0_E$ alors :

$$\forall n \in \mathbb{N}, t_n = \alpha(-2)^n + \beta 3^n + \gamma 5^n = 0 \quad (*)$$

$\rightarrow$ Si on avait $\gamma \neq 0$, comme $\left|-\frac{2}{5}\right| < 1$ et $\left|\frac{3}{5}\right| < 1$, on aurait :

$$t_n = 5^n\left(\alpha\left(-\tfrac{2}{5}\right)^n + \beta\left(\tfrac{3}{5}\right)^n + \gamma\right), \text{donc } \gamma \neq 0 \implies \lim_{n\to\infty} t_n \neq 0$$

ce qui contredit le fait que t_n est toujours nul. Donc $\gamma = 0$.
$\rightarrow$ Il reste $\forall n \in \mathbb{N}$, $\alpha\,(-2)^n + \beta\,(3)^n = 0$, donc en divisant par 3^n, on a $\forall n \in \mathbb{N}$, $\alpha\left(-\frac{2}{3}\right)^n + \beta = 0$ et en faisant tendre n vers $+\infty$, il vient $\beta = 0$.
$\rightarrow$ Enfin, il reste $\forall n \in \mathbb{N}$, $\alpha(-2)^n = 0$, donc $\alpha = 0$.

En conclusion $\alpha = \beta = \gamma = 0$, et la famille (u, v, w) est libre.

[Il y a bien d'autres façons de montrer que la famiille (u, v, w) est libre, en particulier on aurait pu se contenter de donner trois valeurs à n dans la relation $(*)$ et de résoudre le système homogène associé.]

Corrigé 6.08

Notons $F = \text{Vect}(v_1, v_2)$ et $G = \text{Vect}(v_3, v_4)$. Comme F et G sont deux sous-espaces vectoriels de $\mathbb{R}^3$ on a :

$$F \subset G \iff v_1 \in G \text{ et } v_2 \in G, \text{puis } G \subset F \iff v_3 \in F \text{ et } v_4 \in F$$

et l'égalité a lieu si et seulement si on a les deux inclusions.

$$\star\ v_1 \in G \Leftrightarrow \exists\,(x,y) \in \mathbb{R}^2, v_1 = x\,v_3 + yv_4 \Leftrightarrow \exists\,(x,y) \in \mathbb{R}^2, \begin{cases} 3x + 2y = 1 \\ -x + 3y = 1 \\ ax + by = -1 \end{cases}$$

Les deux premières équations donnent $x = \frac{1}{11}$ et $y = \frac{4}{11}$ et donc

$$v_1 \in G \iff a + 4b = -11$$

$$\star\ v_2 \in G \Leftrightarrow \exists\,(z,t) \in \mathbb{R}^2, v_2 = zv_3 + tv_4 \Leftrightarrow \exists\,(z,t) \in \mathbb{R}^2, \begin{cases} 3z + 2t = 1 \\ -z + 3t = 2 \\ az + bt = 4 \end{cases}$$

Les deux premières équations donnent $z = -\frac{1}{11}$, $t = \frac{7}{11}$ et donc

$$v_2 \in G \iff -a + 7b = 44$$

Ainsi : $F \subset G \iff \begin{cases} a + 4b = -11 \\ -a + 7b = 44 \end{cases} \iff b = 3$ et $a = -23$.

Supposons alors $a = -23$ et $b = 3$, on a donc :

$$v_1 = (1,1,-1), v_2 = (1,2,4), v_3 = (3,-1,-23), v_4 = (2,3,3)$$

$$\star\ v_3 \in F \Leftrightarrow \exists\,(x,y) \in \mathbb{R}^2, v_3 = xv_1 + yv_2 \Leftrightarrow \exists\,(x,y) \in \mathbb{R}^2, \begin{cases} x + y = 3 \\ x + 2y = -1 \\ -x + 4y = -23 \end{cases}$$

Les deux premières relations donnent $x = 7$ et $y = -4$ et la troisième relation est alors vérifiée, ce qui prouve que le système est compatible, donc que v_3 est bien élément de F.

$$\star\ v_4 \in F \Leftrightarrow \exists\,(t,z) \in \mathbb{R}^2, v_4 = tv_1 + zv_2 \Leftrightarrow \exists\,(t,z) \in \mathbb{R}^2, \begin{cases} t+z=2 \\ t+2z=3 \\ -t+4z=3 \end{cases}$$

Les deux premières équations donnent $z = t = 1$ et la troisième équation est alors vérifiée, ce qui prouve que $v_4 \in F$.

Ainsi on a $G \subset F$ et finalement $F = G$. En conclusion :

$$\boxed{\mathrm{Vect}(v_1, v_2) = \mathrm{Vect}(v_3, v_4) \Longleftrightarrow a = -23 \text{ et } b = 3}$$

Corrigé 6.09

$\star$ Soit $(\alpha, \beta, \gamma) \in \mathbb{R}^3$ tel que $\alpha(a+b+c) + \beta(a+b) + \gamma(2a+b-c) = 0$.

Ceci s'écrit : $(\alpha+\beta+2\gamma)a + (\alpha+\beta+\gamma)b + (\alpha-\gamma)c = 0$.

Comme la famille (a, b, c) est libre, on en déduit :

$$\begin{cases} \alpha+\beta+2\gamma=0 \\ \alpha+\beta+\gamma=0 \\ \alpha-\gamma=0 \end{cases} \Longleftrightarrow \begin{cases} \alpha+\beta+2\gamma=0 \\ \gamma=0 \\ \alpha=\gamma \end{cases}, \text{ soit } \alpha=\beta=\gamma=0.$$

Donc $(a+b+c, a+b, 2a+b-c)$ est libre dans $\mathbb{R}^3$.

$\star$ Montrons que cette famille est une famille génératrice de $\mathbb{R}^3$.

On a :

$$F = \mathrm{Vect}\,\{\underbrace{a+b+c}_{u}, \underbrace{a+b}_{v}, \underbrace{2a+b-c}_{w}\} = \mathrm{Vect}\{v, u-v, w-v\}$$

$$= \mathrm{Vect}\{a+b, c, a-c\} = \mathrm{Vect}\{a+b, c, a\} = \mathrm{Vect}\{b, c, a\}$$

Comme (a, b, c) est une base de $\mathbb{R}^3$, c'est une famille génératrice de $\mathbb{R}^3$, donc $\mathrm{Vect}\{a, b, c\} = \mathbb{R}^3 = \mathrm{Vect}\{a+b+c, a+b, 2a+b-c\}$.

Ainsi étant une famille libre et génératrice, $(a+b+c, a+b, 2a+b-c)$ est une base de $\mathbb{R}^3$.

[On aurait pu se contenter de faire remarquer que tout famille libre de 3 vecteurs de $\mathbb{R}^3$ est automatiquement une base de $\mathbb{R}^3$, mais encore faut-il avoir déjà à sa disposition la notion de dimension...]

Corrigé 6.10

1°) a) Soit $(\alpha, \beta, \gamma) \in \mathbb{R}^3$, on a :

$\alpha u_1 + \beta u_2 + \gamma u_3 = 0_{\mathbb{R}^4}$

$$\Longleftrightarrow (\alpha+\beta+\gamma, \alpha-\beta+3\gamma, \alpha+\beta+\gamma, \alpha-\beta+3\gamma) = (0,0,0,0)$$

$$\Longleftrightarrow \begin{cases} \alpha+\beta+\gamma=0 \\ \alpha-\beta+3\gamma=0 \end{cases} \Longleftrightarrow \begin{cases} \alpha=-2\gamma \\ \beta=\gamma \end{cases}$$

La famille est donc liée et $\forall\,\gamma \in \mathbb{R}$, on a l'égalité : $-2\gamma u_1 + \gamma u_2 + \gamma u_3 = 0$, soit :

$$-2u_1 + u_2 + u_3 = 0_{\mathbb{R}^4}$$

b) En écrivant $u_3 = 2u_1 - u_2$, on en déduit que

$$E_1 = \mathrm{Vect}(u_1, u_2, 2u_1 - u_2) = \mathrm{Vect}(u_1, u_2)$$

Comme u_1 et u_2 ne sont pas colinéaires, (u_1, u_2) est une famille libre et génératrice de E_1, donc une base de E_1.

2°) a) Soit $(a, b, c) \in \mathbb{R}^3$, on a en procédant comme en **1°)** :

$$au_4 + bu_5 + cu_6 = 0_{\mathbb{R}^4} \iff \begin{cases} a + b + 3c = 0 \\ 2a + 2b + c = 0 \\ b + 3c = 0 \end{cases} \underset{L_2 \leftarrow L_2 - 2L_1}{\iff} \begin{cases} a + b + 3c = 0 \\ c = 0 \\ b + 3c = 0 \end{cases}$$
$$\iff a = b = c = 0.$$

La famille (u_4, u_5, u_6) qui est par construction génératrice de E_2 est libre, donc est une base de E_2.

b) $w = (x, y, z, t) \in E_2 \iff \exists\,(a, b, c) \in \mathbb{R}^3, w = au_4 + bu_5 + cu_6$

$$\iff \exists\,(a, b, c) \in \mathbb{R}^3, \begin{cases} a + b + 3c = x \\ 2a + 2b + c = y \\ b + 3c = z \\ 2a + 2b + c = t \end{cases}$$

$$\iff \exists\,(a, b, c) \in \mathbb{R}^3, \begin{cases} a + b + 3c = x \\ 2a + 2b + c = y \\ b + 3c = z \\ 0 = t - y \end{cases} \iff \exists\,(a, b, c) \in \mathbb{R}^3, \begin{cases} a + b + 3c = x \\ -5c = y - 2x \\ -a = z - x \\ 0 = t - y \end{cases}$$

$$\iff \exists\,(a, b, c) \in \mathbb{R}^3, \begin{cases} a = x - z \\ b = z - \frac{3}{5}(2x - y) \\ c = \frac{1}{5}(2x - y) \\ 0 = t - y \end{cases} \iff t = y$$

Par conséquent :

$$\boxed{w = (x, y, z, t) \in E_2 \iff y = t \quad (*)}$$

3°) Un vecteur v de E_1 est une combinaison linéaire de u_1 et u_2, donc est un vecteur de la forme :

$$v = \beta_1 u_1 + \beta_2 u_2 = (\beta_1 + \beta_2, \beta_1 - \beta_2, \beta_1 + \beta_2, \beta_1 - \beta_2)$$

et, par $(*)$, un tel vecteur est toujours dans E_2. Donc $E_1 \cap E_2 = E_1$ et on peut réutiliser la base choisie en **1°) b)**.

Corrigé 6.11

1°) $\star$ Pour démontrer que F est un sous-espace vectoriel de E, montrons que F est l'ensemble des combinaisons linéaires d'une famille de vecteurs de E :

Posons $f_0 : x \mapsto 1$; $f_1 : x \mapsto x$ et $f_2 : x \mapsto x^2$, alors :

$$F = \{af_2 + bf_1 + cf_0, (a, b, c) \in \mathbb{R}^3\} = \text{Vect}(f_0, f_1, f_2)$$

Ainsi F est un sous-espace vectoriel de E.

$\star$ La famille (f_0, f_1, f_2) est une famille génératrice de F, montrons qu'elle est libre : soit $(\alpha, \beta, \gamma) \in \mathbb{R}^3$ tel que $\alpha f_0 + \beta f_1 + \gamma f_2 = 0_E$. Alors :

$$\forall\, x \in \mathbb{R}, \alpha f_0(x) + \beta f_1(x) + \gamma f_2(x) = \alpha + \beta x + \gamma x^2 = 0$$

Ainsi :

$\rightarrow$ si $x = 0$, il vient : $\alpha = 0$.

$\rightarrow$ si $x = 1$, il vient alors $\beta + \gamma = 0$ et si $x = -1$, il vient $-\beta + \gamma = 0$ donc $\alpha = \beta = \gamma = 0$.

Ainsi (f_0, f_1, f_2) est une famille génératrice et libre de F, donc est une base de F.

2°) $\star$ Par définition $A \subset F$ et $B \subset F$ et :

$$A = \{af_2 + bf_1, (a,b) \in \mathbb{R}^2\} = \text{Vect}(f_1, f_2).$$
$$B = \{c(f_0 + f_2) - 2df_1, (c,d) \in \mathbb{R}^2\} = \text{Vect}(f_0 + f_2, f_1).$$

$\star$ La famille (f_1, f_2) est une famille libre comme sous-famille de la famille libre (f_0, f_1, f_2).

$\star$ Soit $(\alpha, \beta) \in \mathbb{R}^2$ tel que $\alpha(f_0 + f_2) + \beta f_1 = \alpha f_0 + \beta f_1 + \alpha f_2 = 0_E$.
Comme (f_0, f_1, f_2) est libre, on en déduit $\alpha = \beta = 0$ et $(f_0 + f_2, f_1)$ est une famille libre de vecteurs de B.

Ainsi :

$$\boxed{(f_1, f_2) \text{ est une base de } A \text{ et } (f_0 + f_2, f_1) \text{ est une base de } B.}$$

3°) A et B étant deux sous-espaces vectoriels de F, $A \cap B$ est aussi un sous-espace vectoriel de F.

$$f \in A \cap B \Longleftrightarrow \begin{cases} f \in A \\ f \in B \end{cases} \Longleftrightarrow \begin{cases} \exists\,(a,b) \in \mathbb{R}^2, f = af_2 + bf_1 \\ \exists\,(c,d) \in \mathbb{R}^2, f = c(f_0 + f_2) + df_1 \end{cases}$$

On a donc $af_2 + bf_1 = cf_0 + cf_2 + df_1$, soit $(a - c)f_2 + (b - d)f_1 - cf_0 = 0_E$.
Ainsi : $c = a, d = b, c = 0$ et $f \in A \cap B \Longleftrightarrow \exists\, b \in \mathbb{R}, f = bf_1$.

$$\boxed{A \cap B = \text{Vect}(f_1)}$$

Comme $f_1 \neq 0_E$, la famille (f_1) est libre, et étant génératrice de $A \cap B$, c'est une base de $A \cap B$.

Corrigé 6.12

1°) Par hypothèse $F \subset E$ et $F \neq \emptyset$ car la matrice nulle 0_E est clairement un élement de F (en effet $2.0_E - {}^t0_E = A.0_E = 0_E$).

Soit $(M, N) \in F^2$, $(\alpha, \beta) \in \mathbb{R}^2$, posons $P = \alpha M + \beta N$, alors :

$2P - {}^tP = 2(\alpha M + \beta N) - {}^t(\alpha M + \beta N) = 2\alpha M + 2\beta M - \alpha {}^tM - \beta {}^tN$, donc :

$$2P - {}^tP = \alpha\underbrace{(2M - {}^tM))}_{AM} + \beta\underbrace{(2N - {}^tN))}_{AN} = A(\alpha M + \beta N) = AP, \text{donc } P \in F.$$

Ainsi $F \subset E$ est non vide et stable par combinaison linéaire, donc est un sous-espace vectoriel de E.

2°) Posons $M = \begin{pmatrix} x & y & z \\ x' & y' & z' \\ x'' & y'' & z'' \end{pmatrix}$ alors :

$$2M - {}^tM = \begin{pmatrix} 2x & 2y & 2z \\ 2x' & 2y' & 2z' \\ 2x'' & 2y'' & 2z'' \end{pmatrix} - \begin{pmatrix} x & x' & x'' \\ y & y' & y'' \\ z & z' & z'' \end{pmatrix}$$
$$= \begin{pmatrix} x & 2y - x' & 2z - x'' \\ 2x' - y & y' & 2z' - y'' \\ 2x'' - z & 2y'' - z' & z'' \end{pmatrix} \text{ et :}$$

$$AM = \begin{pmatrix} 1 & 0 & 0 \\ 0 & 2 & 0 \\ 0 & 0 & 1 \end{pmatrix} \begin{pmatrix} x & y & z \\ x' & y' & z' \\ x'' & y'' & z'' \end{pmatrix} = \begin{pmatrix} x & y & z \\ 2x' & 2y' & 2z' \\ x'' & y'' & z'' \end{pmatrix}.$$

Ainsi :

$$2M - {}^tM = AM \iff \begin{pmatrix} x & 2y - x' & 2z - x'' \\ 2x' - y & y' & 2z' - y'' \\ 2x'' - z & 2y'' - z' & z'' \end{pmatrix} = \begin{pmatrix} x & y & z \\ 2x' & 2y' & 2z' \\ x'' & y'' & z'' \end{pmatrix}$$

$$\iff \begin{cases} 2y - x' = y, 2z - x'' = z \\ 2x' - y = 2x', y' = 2y', 2z' - y'' = 2z' \\ 2x'' - z = x'', 2y'' - z' = y'' \end{cases}$$

$$\iff \begin{cases} y = x', z = x'' \\ y = y' = y'' = 0 \\ z = x'', z' = y'' \end{cases}$$

$$\iff \begin{cases} y = y' = y'' = x' = z' = 0 \\ x'' = z \end{cases}$$

Par conséquent :

$$F = \left\{ \begin{pmatrix} x & 0 & z \\ 0 & 0 & 0 \\ z & 0 & z'' \end{pmatrix}, (x, z, z'') \in \mathbb{R}^3 \right\} = \text{Vect}(E_{1,1}, E_{3,3}, E_{1,3} + E_{3,1})$$

où $E_{i,j}$ désigne la matrice dont tous les éléments sont nuls, sauf celui situé en ligne i et colonne j, qui vaut 1. (La famille $(E_{i,j})_{(i,j)\in[\![1,3]\!]^2}$ est la base canonique de $E = \mathcal{M}_3(\mathbb{R})$).

La famille $(E_{1,1}, E_{3,3}, E_{1,3} + E_{3,1})$ est donc une famille génératrice de E.

On vérifie qu'elle est libre :

soit $(\alpha, \beta, \gamma) \in \mathbb{R}^3$, tel que $\alpha E_{1,1} + \beta E_{3,3} + \gamma(E_{1,3} + E_{3,1}) = 0_E$.

Alors $\alpha E_{1,1} + \beta E_{3,3} + \gamma E_{1,3} + \gamma E_{3,1} = 0_E$, donc $\alpha = \beta = \gamma = 0$ car la famille $(E_{1,1}, E_{3,3}, E_{1,3}, E_{3,1})$ est libre comme sous-famille de la base canonique de E.

Ainsi :

$$\boxed{(E_{1,1}, E_{3,3}, E_{1,3} + E_{3,1}) \text{ est une base de } F}$$

Corrigé 6.13

Procédons par double inclusion.

$\star$ $x = (1, 1, 0) = \frac{1}{2}[(1, 1, 1) + (1, 1, -1)] = \frac{1}{2}(a + b)$ donc $x \in \text{Vect}\{a, b\}$.

$y = (0, 0, 1) = \frac{1}{2}[(1, 1, 1) - (1, 1, -1)] = \frac{1}{2}(a - b)$ donc $y \in \text{Vect}\{a, b\}$.

Comme $\text{Vect}\{a, b\}$ est un $\mathbb{R}$-espace vectoriel, x et y étant deux vecteurs de $\text{Vect}\{a, b\}$, toute combinaison linéaire de x et y appartient à $\text{Vect}\{a, b\}$. Ainsi $\text{Vect}\{x, y\} \subset \text{Vect}\{a, b\}$.

$\star$ Les calculs précédents montrent que $a = x + y$ et $b = x - y$, donc a et b appartiennent à $\text{Vect}\{x, y\}$ et par le même raisonnement que précédemment $\text{Vect}\{a, b\} \subset \text{Vect}\{x, y\}$.

Finalement :

$$\boxed{\text{Vect}\{a, b\} = \text{Vect}\{x, y\}}$$

Corrigé 6.14

1°) Soit $(\alpha,\beta,\gamma,\theta)\in\mathbb{R}^4$, tel que $\alpha x+\beta y+\gamma z+\theta t=(0,0,0)$. Cela s'écrit :

$$(\alpha,-2\alpha,-3\alpha)+(-\beta,-\beta,3\beta)+(-2\gamma,0,\gamma)+(\theta,2\theta,-\theta)=(0,0,0)$$

et équivaut à : $(S):\begin{cases}\alpha-\beta-2\gamma+\theta=0\\ -2\alpha-\beta+2\theta=0\\ -3\alpha+3\beta+\gamma-\theta=0\end{cases}$.

$$(S)\underset{\substack{L_2\leftarrow L_2+2L_1\\ L_3\leftarrow L_3+3L_1}}{\Longleftrightarrow}\begin{cases}\alpha-\beta-2\gamma+\theta=0\\ -3\beta-4\gamma+4\theta=0\\ \qquad -5\gamma+2\theta=0\end{cases}\Longleftrightarrow\begin{cases}\gamma=\frac{2}{5}\theta\\ \beta=\frac{1}{3}(-4\gamma+4\theta)=\frac{4}{5}\theta\\ \alpha=\beta+2\gamma-\theta=\frac{3}{5}\theta\end{cases}$$

Ainsi le système (S) ne possède pas $(0,0,0)$ comme solution unique et la famille (x,y,z,t) est liée.

De plus les relations de dépendance entre les vecteurs de cette famille sont proportionnelles à la relation :

$$3x+4y+2z+5t=(0,0,0)$$

2°) $\star$ Soit $(\alpha,\beta,\gamma)\in\mathbb{R}^3$, tel que $\alpha x+\beta y+\gamma z=(0,0,0)$. En reprenant la résolution de (S) dans le cas particulier où $\theta=0$, on aboutit à $\alpha=\frac{3}{5}\theta=0$, $\beta=\frac{4}{5}\theta=0$ et $\gamma=\frac{2}{5}\theta=0$ donc :

la famille (x,y,z) est une famille libre de vecteurs de $\mathbb{R}^3$

$\star$ Soit $(a,b,c)\in\mathbb{R}^3$, on a :

$$\alpha x+\beta y+\gamma z=(a,b,c)\Longleftrightarrow\begin{cases}\alpha-\beta-2\gamma=a\\ -2\alpha-\beta=b\\ -3\alpha+3\beta+\gamma=c\end{cases}$$

$$\Longleftrightarrow\begin{cases}\alpha-\beta-2\gamma=a\\ -3\beta-4\gamma=b+2a\\ \qquad -5\gamma=c+3a\end{cases}$$

Ce système a donc toujours une solution (et une seule), ce qui prouve que tout vecteur de $\mathbb{R}^3$ est combinaison linéaire des vecteurs x,y,z et :

la famille (x,y,z) est aussi génératrice de $\mathbb{R}^3$ et donc est une base de $\mathbb{R}^3$

Corrigé 6.15

1°) $u=(x,y,z)\in F\Longleftrightarrow\exists\,(\alpha,\beta,\gamma,\theta)\in\mathbb{R}^4, u=\alpha a+\beta b+\gamma c+\theta d$

$$\Longleftrightarrow\exists\,(\alpha,\beta,\gamma,\theta)\in\mathbb{R}^4,\begin{cases}4\alpha+2\beta+4\gamma+8\theta=x\\ -5\alpha+3\beta-16\gamma+\theta=y\\ 3\alpha-2\beta+10\gamma-\theta=z\end{cases}$$

$$\underset{\substack{L_2\leftarrow 4L_2+5L_1\\ L_3\leftarrow 4L_3-3L_1}}{\Longleftrightarrow}\exists\,(\alpha,\beta,\gamma,\theta)\in\mathbb{R}^4,\begin{cases}4\alpha+2\beta+4\gamma+8\theta=x\\ 22\beta-44\gamma+44\theta=4y+5x\\ -14\beta+28\gamma-28\theta=4z-3x\end{cases}$$

$$\underset{L_3\leftarrow 22L_3+14L_2}{\Longleftrightarrow}\exists\,(\alpha,\beta,\gamma,\theta)\in\mathbb{R}^4,\begin{cases}4\alpha+2\beta+4\gamma+8\theta=x\\ 22\beta-44\gamma+44\theta=4y+5x\\ 0=4x+56y+88z\end{cases}$$

Si $4x + 56y + 88z \neq 0$, le système précédent est donc incompatible, tandis que si $4x + 56y + 88z = 0$ on peut choisir γ et θ arbitrairement et en remontant les équations on en déduit β puis α. Ainsi :

$$\boxed{(x, y, z) \in F \Longleftrightarrow x + 14y + 22z = 0}$$

2°) Par conséquent :

$$\begin{aligned} F &= \{(x, y, z) \in \mathbb{R}^3, x = -14y - 22z\} = \{(-14y - 22z, y, z), (y, z) \in \mathbb{R}^2\} \\ &= \{y(-14, 1, 0) + z(-22, 0, 1), (y, z) \in \mathbb{R}^2\}. \end{aligned}$$

Par conséquent la famille $((-14, 1, 0), (-22, 0, 1))$ est une famille génératrice de F, les deux vecteurs $(-14, 1, 0)$ et $(-22, 0, 1)$ n'étant pas colinéaires, la famille$((-14, 1, 0), (-22, 0, 1))$ est une famille libre et finalement :

$$\boxed{((-14, 1, 0), (-22, 0, 1)) \text{ est une base de } F}$$

Corrigé 6.16

1°) Par hypothèse $F \subset E$ et $F \neq \emptyset$ en effet la fonction nulle 0_E est élément de F car continue et d'intégrale sur $[0, 1]$ nulle.

Soit alors $(f, g) \in F^2$, $(\alpha, \beta) \in \mathbb{R}^2$, et posons $h = \alpha f + \beta g$, f et g étant continues sur $\mathbb{R}$, h est continue sur $\mathbb{R}$ donc intégrable sur $[0, 1]$ et

$$\int_0^1 h(t)dt = \int_0^1 (\alpha f + \beta g)(t)\, dt = \alpha \int_0^1 f(t)\, dt + \beta \int_0^1 g(t)\, dt = \alpha \times 0 + \beta \times 0 = 0$$

Donc $h = \alpha f + \beta g \in F$ et F est un sous-espace vectoriel de E.

2°) a) Les fonctions f_1, f_2 et f_3 sont continues sur $\mathbb{R}$ et :

$$\int_0^1 f_1(t)\, dt = \Big[\frac{(x-1)^3}{3} - \frac{x^3}{3}\Big]_0^1 = 0.$$

$$\int_0^1 f_2(t)\, dt = \int_0^1 \cos(\pi t)\, dt = \Big[\frac{1}{\pi}\sin(\pi t)\Big]_0^1 = \frac{1}{\pi}(\sin\pi - \sin 0) = 0.$$

$$\int_0^1 f_3(t)\, dt = \int_0^1 \sin(2\pi t)\, dt = \Big[-\frac{1}{2\pi}\cos(2\pi t)\Big]_0^1 = -\frac{1}{2\pi}(\cos 2\pi - \cos 0) = 0.$$

Ainsi, $\forall\, i \in \{1, 2, 3\}, f_i \in F$.

b) Soit $(\alpha, \beta, \gamma) \in \mathbb{R}^3$, tel que $\alpha f_1 + \beta f_2 + \gamma f_3 = 0_E$, alors :

$\forall\, x \in \mathbb{R}, \alpha((x-1)^2 - x^2) + \beta\cos(\pi x) + \gamma\sin(2\pi x) = 0$, d'où :

avec $x = 0 : \alpha + \beta = 0$, et avec $x = -\frac{1}{2} : 2\alpha = 0$ donc $\alpha = 0$ et $\beta = 0$. En donnant alors à x toute valeur telle que $\sin(2\pi x) \neq 0$, il vient également $\gamma = 0$. Soit : $\alpha = \beta = \gamma = 0 : (f_1, f_2, f_3)$ est une famille libre de vecteurs de F.

Corrigé 6.17

Soit $(\lambda_0, \lambda_1, \ldots, \lambda_n) \in \mathbb{R}^{n+1}$ tel que :

$\lambda_0 X^n + \lambda_1 X^{n-1}(1 + X) + \cdots + \lambda_{n-1} X(1 + X)^{n-1} + \lambda_n(1 + X)^n = 0_{\mathbb{R}[X]}$

Supposons que les λ_i ne sont pas tous nuls, soit alors m le plus grand des indices i tel que $\lambda_i \neq 0$, on a donc :

$$\lambda_0 X^n + \lambda_1 X^{n-1}(1 + X) + \cdots + \lambda_m X^{n-m}(1 + X)^m = 0_{\mathbb{R}[X]}$$

En simplifiant par le polynôme non nul X^{n-m} on obtient :

$$\lambda_0 X^m + \cdots + \lambda_{m-1} X(1+X)^{m-1} + \lambda_m (1+X)^m = 0_{\mathbb{R}[X]}$$

En évaluant, ce polynôme en 0, on obtient $\lambda_m = 0$: d'où une contradiction par définition du choix de m.

Ainsi, la famille

$$(X^n, X^{n-1}(1+X), X^{n-2}(1+X)^2, \ldots, X^{n-k}(1+X)^k, , \ldots, (1+X)^n)$$

est libre.

Corrigé 6.18

$\star$ Supposons que $(x_1, \ldots, x_p, y)$ soit liée, il existe alors $\lambda_1, \ldots, \lambda_p, \beta$, non tous nuls et tels que $\sum_{i=1}^{p} \lambda_i x_i + \beta y = 0$.

Si $\beta = 0$, l'égalité précédente devient $\sum_{i=1}^{p} \lambda_i x_i = 0$, et comme $(x_1, \ldots, x_p)$ est libre, on en déduit la nullité des λ_i, d'où une contradiction car les scalaires ne sont pas tous nuls. Donc $\beta \neq 0$ et $y = \sum_{i=1}^{p} -\frac{\lambda_i}{\beta} x_i$, d'où $y \in \mathrm{Vect}(x_1, \ldots, x_p)$.

$\star$ Réciproquement, supposons que $y \in \mathrm{Vect}(x_1, \ldots, x_p)$, il existe alors $\lambda_1, \ldots, \lambda_p$ tels que $y = \sum_{j=1}^{p} \lambda_j x_j$, donc $\sum_{j=1}^{p} \lambda_j x_j + (-1)y = 0$ et la famille $(x_1, \ldots, x_p, y)$ est liée.

Corrigé 6.19

Posons $f_k : x \mapsto \mathrm{e}^{kx}$, montrons par récurrence que la famille $(f_1, f_2, \ldots, f_n)$ est une famille libre.

$\star$ Pour $n = 1$, comme $f_1(x) = \mathrm{e}^x$, la fonction f_1 n'est pas la fonction nulle et la famille (f_1) est libre.

$\star$ Soit $p \in \mathbb{N}^*$, supposons la famille $(f_1, f_2, \ldots, f_p)$ libre et considérons alors $(\lambda_1, \lambda_2, \ldots, \lambda_{p+1}) \in \mathbb{R}^{p+1}$ tel que :

(1) $\sum_{k=1}^{p+1} \lambda_k f_k = 0$, où 0 désigne la fonction nulle.

Afin d'utiliser l'hypothèse de récurrence, à savoir : on ne peut avoir une combinaison linéaire nulle de $f_1, \ldots, f_p$ que si les scalaires sont tous nuls, déterminons par dérivation de (1) une autre relation faisant intervenir $f_1, \ldots, f_{p+1}$.

On a : $\forall k \in [\![1, p+1]\!], f_k' = k.f_k$, on obtient donc, en dérivant (1) :

(2) $\sum_{k=1}^{p+1} k\lambda_k f_k = 0.$

En retranchant à la relation (2), $p+1$ fois la relation (1), il vient :

(3) $\sum_{k=1}^{p} [k - (p+1)]\lambda_k f_k = 0.$

Ainsi, par hypothèse de récurrence : $\forall k \in [\![1, p]\!], [k - (p+1)]\lambda_k = 0$, donc $\lambda_0 = \cdots = \lambda_p = 0$.

La relation (1) devient alors $\lambda_{p+1} f_{p+1} = 0$, donc $\lambda_{p+1} = 0$, d'où la liberté de la famille $(f_1, \ldots, f_{p+1})$ et la propriété annoncée pour tout n de $\mathbb{N}^*$, par récurrence.

[Variante : supposons $(f_1, \ldots, f_p)$ libre, et soit $(\lambda_1, \ldots, \lambda_{p+1})$ tel que $\sum_{k=1}^{p+1} \lambda_k f_k = 0$. On a donc : $\forall x \in \mathbb{R}, \sum_{k=1}^{p+1} \lambda_k.\mathrm{e}^{kx} = 0$, soit : $\forall x \in \mathbb{R}, \mathrm{e}^{(p+1)x}\left(\lambda_{p+1} + \sum_{k=1}^{p} \lambda_k \mathrm{e}^{(k-p-1)x}\right) = 0$.

Par conséquent : $\forall x \in \mathbb{R}, \lambda_{p+1} + \sum_{k=1}^{p} \lambda_k \mathrm{e}^{(k-p-1)x} = 0$, et en passant à la limite lorsque x tend vers $+\infty$: $\lambda_{p+1} = 0$. L'hypothèse de récurrence donne alors la nullité des autres scalaires et le résultat au rang $p+1$. On conclut encore par le principe de récurrence.

Corrigé 6.20

On raisonne par récurrence sur $n \in \mathbb{N}$.

$\star$ $f_0 : x \mapsto (x - a_0)^0 = 1$, n'est pas la fonction nulle, donc (f_0) est libre. La propriété est donc vérifiée au rang 0.

$\star$ Soit $n \in \mathbb{N}$, supposons que la famille $(f_0, \ldots, f_n)$ soit libre. Considérons $a_0, \ldots, a_{n+1}$, $n+2$ réels deux-à-deux distincts et posons $g_k : x \mapsto (x - a_k)^{n+1}$. (il est nécessaire de changer de notation pour ne pas confondre les fonctions au rang n et au rang $n+1$!)

Soit $(\alpha_0, \ldots, \alpha_{n+1}) \in \mathbb{R}^{n+2}$, tel que $\alpha_0 g_0 + \cdots + \alpha_{n+1} g_{n+1} = 0_E \quad (*)$.

On a donc :

$$\forall x \in \mathbb{R}, \alpha_0 (x - a_0)^{n+1} + \cdots + \alpha_{n+1}(x - a_{n+1})^{n+1} = 0$$

On peut remarquer que, $g_k' = (n+1) f_k$, par conséquent en dérivant $(*)$, on obtient : $(n+1)(\alpha_0 f_0 + \cdots + \alpha_{n+1} f_{n+1}) = 0_E$, soit $\alpha_0 f_0 + \cdots + \alpha_{n+1} f_{n+1} = 0_E$ c'est-à-dire :

$$\forall x \in \mathbb{R}, \alpha_0 (x - a_0)^n + \cdots + \alpha_{n+1}(x - a_{n+1})^n = 0$$

Ainsi, pour tout $x \in \mathbb{R}$:

$$(\mathrm{S}) : \begin{cases} \alpha_0 (x - a_0)^{n+1} + \ldots + \alpha_n (x - a_n)^{n+1} + \alpha_{n+1}(x - a_{n+1})^{n+1} = 0 \\ \alpha_0 (x - a_0)^n + \cdots + \alpha_n (x - a_n)^n + \alpha_{n+1} (x - a_{n+1})^n = 0 \end{cases}$$

La manipulation $L_2 \leftarrow (x - a_{n+1}) L_2 - L_1$ donne alors, pour tout $x \in \mathbb{R}$:

$$\alpha_0((x - a_{n+1}) - (x - a_0))(x - a_0)^n + \alpha_1((x - a_{n+1}) - (x - a_1))(x - a_1)^n + \cdots + \alpha_n((x - a_{n+1}) - (x - a_n))(x - a_n)^n = 0$$

Donc :

$$\alpha_0(a_0 - a_{n+1})(x - a_0)^n + \alpha_1(a_1 - a_{n+1})(x - a_1)^n + \cdots + \alpha_n(a_n - a_{n+1})(x - a_n)^n = 0$$

soit :

$\alpha_0(a_0 - a_{n+1}) f_0 + \alpha_1(a_1 - a_{n+1}) f_1 + \cdots + \alpha_n(a_n - a_{n+1}) f_n = 0$, donc par indépendance des $f_k, 0 \leqslant k \leqslant n$, il vient :

$$\begin{cases} \alpha_0(a_0 - a_{n+1}) = 0 \\ \quad \vdots \\ \alpha_n(a_n - a_{n+1}) = 0 \end{cases}, \text{ donc } \alpha_0 = \cdots = \alpha_n = 0 \text{ car les } a_k \text{ sont distincts.}$$

En reprenant $(*)$, il reste $\alpha_{n+1} g_{n+1} = 0_E$, soit $\alpha_{n+1} = 0$ car $g_{n+1} \neq 0_E$.

Ainsi $\alpha_0 = \cdots = \alpha_n = \alpha_{n+1} = 0$, la famille $(g_0, \dots, g_{n+1})$ est donc libre, ce qui est le résultat attendu au rang $n+1$. On conclut par le principe de récurrence.
En conclusion :

$$\boxed{\forall n \in \mathbb{N}, (f_0, \dots, f_n) \text{ est libre.}}$$

Corrigé 6.21

1°) Par définition :

$$F_\alpha = \{f \in E, f = a_1 f_1 + a_2 f_2 + a_3 f_3 + a_4 f_4, (a_1, a_2, a_3, a_4) \in \mathbb{R}^4\}$$

donc $F_\alpha = \text{Vect}(f_1, f_2, f_3, f_4)$, et F_α est un sous-espace vectoriel de E.

2°) On a :

$f_1'(x) = \alpha e^{\alpha x}$, $f_1''(x) = \alpha^2 e^{\alpha x}$, $f_1'''(x) = \alpha^3 e^{\alpha x}$

$f_2'(x) = e^{\alpha x} + \alpha x e^{\alpha x}$, $f_2''(x) = 2\alpha e^{\alpha x} + \alpha^2 x e^{\alpha x}$, $f_2''(x) = 3\alpha^2 e^{\alpha x} + \alpha^3 x e^{\alpha x}$

$f_3'(x) = -\alpha e^{-\alpha x}$, $f_3''(x) = \alpha^2 e^{-\alpha x}$, $f_3'''(x) = -\alpha^3 e^{-\alpha x}$

$f_4'(x) = e^{-\alpha x} - \alpha x e^{-\alpha x}$, $f_4''(x) = -2\alpha e^{-\alpha x} + \alpha^2 x e^{-\alpha x}$, et enfin
$f_4'''(x) = 3\alpha^2 e^{-\alpha x} - \alpha^3 x e^{-\alpha x}$

Donc :

$f(0) = a_1 + a_3$; $f'(0) = \alpha a_1 + a_2 - \alpha a_3 + a_4$; $f''(0) = \alpha^2 a_1 + 2\alpha a_2 + \alpha^2 a_3 - 2\alpha a_4$ et enfin $f'''(0) = \alpha^3 a_1 + 3\alpha^2 a_2 - \alpha^3 a_3 + 3\alpha^2 a_4$.

3°) Montrons que la famille (f_1, f_2, f_3, f_4) qui est, par définition de F_α, une famille génératrice, est aussi une famille libre de F_α.

Soit $(a_1, a_2, a_3, a_4) \in \mathbb{R}^4$ tel que $a_1 f_1 + a_2 f_2 + a_3 f_3 + a_4 f_4 = 0_E$, où 0_E désigne la fonction nulle sur $\mathbb{R}$, donc $f = \sum\limits_{k=1}^{4} a_k f_k = \theta$ et $f' = f'' = f''' = \theta$.

En particulier f et ses dérivées sont nulles en 0, ce qui donne :

$$(S) : \begin{cases} f(0) = 0 \\ f'(0) = 0 \\ f''(0) = 0 \\ f'''(0) = 0 \end{cases} \iff \begin{cases} a_1 + a_3 = 0 \\ \alpha(a_1 - a_3) + a_2 + a_4 = 0 \\ \alpha^2(a_1 + a_3) + 2\alpha(a_2 - a_4) = 0 \\ \alpha^3(a_1 - a_3) + 3\alpha^2(a_2 + a_4) = 0 \end{cases}$$

$$(S) : \begin{cases} a_1 + a_3 = 0 \\ \alpha(a_1 - a_3) + a_2 + a_4 = 0 \\ a_2 - a_4 = 0 \\ \alpha(a_1 - a_3) + 3(a_2 + a_4) = 0 \end{cases} \underset{L_4 \leftarrow L_4 - L_2}{\iff} \begin{cases} a_1 + a_3 = 0 \\ \alpha(a_1 - a_3) + a_2 + a_4 = 0 \\ a_2 - a_4 = 0 \\ a_2 + a_4 = 0 \end{cases}$$

Les deux dernières équations donnent $a_2 = a_4 = 0$ et les deux premières donnent alors $a_1 + a_3 = a_1 - a_3 = 0$, donc $a_1 = a_3 = 0$.

En conclusion $a_1 = a_2 = a_3 = a_4 = 0$ et la famille donnée est libre :

$$\boxed{(f_1, f_2, f_3, f_4) \text{ est une base de } F_\alpha}$$

Corrigé 6.22

Soit $F = \text{Vect}\{x, y, z\}$ et commençons par regarder quand la famille (x, y, z) est libre. Soit $(\alpha, \beta, \gamma) \in \mathbb{R}^3$ tel que $(S) : \alpha x + \beta y + \gamma z = 0$.

$$(S) \iff \begin{cases} \alpha(2-\lambda) - 4\beta - 2\gamma = 0 \\ -3\alpha + (1-\lambda)\beta - \gamma = 0 \\ 2\alpha + 6\beta + (6-\lambda)\gamma = 0 \end{cases} \iff \begin{cases} -3\alpha + (1-\lambda)\beta - \gamma = 0 \\ 2\alpha + 6\beta + (6-\lambda)\gamma = 0 \\ \alpha(2-\lambda) - 4\beta - 2\gamma = 0 \end{cases}$$

$$(S) \underset{\substack{L_2 \leftarrow 3L_2+2L_1 \\ L_3 \leftarrow 3L_3+(2-\lambda)L_1}}{\Longleftrightarrow} \left\{ \begin{array}{l} \qquad -3\alpha + (1-\lambda)\beta - \gamma = 0 \\ (S') \left\{ \begin{array}{l} (20-2\lambda)\beta + (16-3\lambda)\gamma = 0 \\ (\lambda^2 - 3\lambda - 10)\beta + (\lambda - 8)\gamma = 0 \end{array} \right. \end{array} \right.$$

Déterminons en fonction de λ les solutions du système homogène (S') de 2 équations aux 2 inconnues β et γ. Le déterminant D de ce système vaut :

$$D = \begin{vmatrix} 20-2\lambda & 16-3\lambda \\ \lambda^2 - 3\lambda - 10 & -8+\lambda \end{vmatrix} = (20-2\lambda)(\lambda-8) - (\lambda^2 - 3\lambda - 10)(16-3\lambda)$$

$$= 3\lambda(\lambda^2 - 9\lambda + 18) = 3\lambda(\lambda-3)(\lambda-6)$$

$\star$ Si $\lambda \notin \{0, 3, 6\}$, alors $D \neq 0$, donc les deux équations de (S') ne sont pas proportionnelles et (S') n'admet que la solution triviale $\beta = \gamma = 0$. En reportant dans la première équation de (S) il vient $\alpha = 0$ et (x, y, z) est une famille libre, donc une base de F et $\dim F = 3$.

$\star$ Si $\lambda \in \{0, 3, 6\}$, alors $D = 0$ et (S') admet des solutions non triviales, donc (S) aussi et (x, y, z) est liée.

$\star\star$ Si $\lambda = 0$, alors $x = (2, -3, 2)$, $y = (-4, 1, 6)$, $z = (-2, -1, 6)$. La famille (x, y) étant libre, et (x, y, z) liée, $z \in \text{Vect}(x, y)$ et (x, y) est une base de F.

$\star\star$ Si $\lambda = 3$, alors $x = (-1, -3, 2)$, $y = (-4, -2, 6)$, $z = (-2, -1, 3)$. La famille (x, y) est encore libre et comme précédemment est une base de F.

$\star\star$ Si $\lambda = 6$, alors $x = (-4, -3, 2)$, $y = (-4, -5, 6)$, $z = (-2, -1, 0)$. La famille (x, y) est toujours libre et est une base de F.

Corrigé 6.23

1°) Par définition $F \subset E_1$ et comme la fonction nulle vérifie banalement la condition imposée, F est non vide.

Soit $(f, g) \in F^2$, $(\alpha, \beta) \in \mathbb{R}^2$, posons $h = \alpha f + \beta g$, la fonction h est dérivable sur I et

$$\forall x \in I, h'(x) + a(x)h(x) = (\alpha f'(x) + \beta g'(x)) + a(x)(\alpha f(x) + \beta g(x))$$
$$= \alpha(f'(x) + a(x)f(x)) + \beta(g'(x) + a(x)g(x)) = 0$$

d'où $h \in F$. Ainsi F est un sous-espace vectoriel de E_1.

2°) a) A est une primitive de a sur I donc : $\forall x \in I$, $A'(x) = a(x)$ et :

$$\forall x \in I, g'(x) = A'(x)\mathrm{e}^{A(x)} f(x) + \mathrm{e}^{A(x)} f'(x)$$

b) $f \in F \Longleftrightarrow \forall x \in I, f'(x) + a(x)f(x) = 0$

$$\Longleftrightarrow \forall x \in I, \mathrm{e}^{A(x)}(f'(x) + a(x)f(x)) = 0 \Longleftrightarrow g'(x) = 0.$$

Ainsi :

$$f \in F \Longleftrightarrow \exists \lambda \in \mathbb{R}, \forall x \in I, g(x) = \lambda \Longleftrightarrow \exists \lambda \in \mathbb{R}, g = \lambda$$

c) Par conséquent :

$$f \in F \Longleftrightarrow \exists \lambda \in \mathbb{R}, \forall x \in I, \mathrm{e}^{A(x)} f(x) = \lambda$$
$$\Longleftrightarrow \exists \lambda \in \mathbb{R}, \forall x \in I, f(x) = \lambda \mathrm{e}^{-A(x)}.$$

Ainsi :

$$\boxed{F = \{f : I \to \mathbb{R}, x \mapsto \lambda \mathrm{e}^{-A(x)}, \lambda \in \mathbb{R}\}}$$

Corrigé 6.24

1°) Par définition $G \subset E_2$ et comme la fonction nulle vérifie la condition imposée, G est non vide.

Soit $(f, g) \in G^2, (\alpha, \beta) \in \mathbb{R}^2$, posons $h = \alpha f + \beta g$, la fonction h est deux fois dérivable sur I et :

$$\begin{aligned} h'' + 2h' + h &= (\alpha f'' + \beta g'') + 2(\alpha f' + \beta g') + (\alpha f + \beta g) \\ &= \alpha(f'' + 2f' + f) + \beta(g'' + 2g' + g) = 0 \end{aligned}$$

d'où $h \in G$. Ainsi :

$$\boxed{G \text{ est un sous-espace vectoriel de } E_2}$$

2°) $u \in G \iff \forall x \in I, u''(x) + 2u'(x) + u(x) = 0$

$\iff \forall x \in I, \mathrm{e}^{\lambda x}(\lambda^2 + 2\lambda + 1) = 0 \iff (\lambda + 1)^2 = 0.$

Ainsi $u \in G \iff \lambda = -1$. Donc

$$u : x \mapsto \mathrm{e}^{-x} \text{ appartient à } G$$

3°) Soit $f \in G, \varphi(x) = \mathrm{e}^x f(x)$, d'où $\varphi'(x) = \mathrm{e}^x f'(x) + \mathrm{e}^x f(x)$ et :

$$\varphi''(x) = 2\mathrm{e}^x f'(x) + \mathrm{e}^x f''(x) + \mathrm{e}^x f(x) = \mathrm{e}^x(f''(x) + 2f'(x) + f(x))$$

Par conséquent comme $f \in G$, on a : $\forall x \in I, f''(x) + 2f'(x) + f(x) = 0$, donc $\varphi''(x) = 0$.

Donc $\exists\, \alpha \in \mathbb{R}, \forall x \in I, \varphi'(x) = \alpha$ et $\exists\, (\alpha, \beta) \in \mathbb{R}^2, \varphi(x) = \alpha x + \beta$.

Ainsi si $f \in G$, on a : $\varphi(x) = \mathrm{e}^x f(x) = \alpha x + \beta$, $(\alpha, \beta) \in \mathbb{R}^2$.

4°) Soit $f \in G$, d'après la question précédente, il existe $(\alpha, \beta) \in \mathbb{R}^2$ tel que $f(x) = \mathrm{e}^{-x}(\alpha x + \beta)$.

Ainsi, on en déduit l'inclusion $G \subset \{f : x \mapsto \mathrm{e}^{-x}(\alpha x + \beta), (\alpha, \beta) \in \mathbb{R}^2\}$.

Vérifions l'inclusion inverse :

Soit $u : x \mapsto \mathrm{e}^{-x}$, on a prouvé que $u \in G$.

Soit $v : x \mapsto x\mathrm{e}^{-x}$, on a $v'(x) = \mathrm{e}^{-x} - x\mathrm{e}^{-x}$, $v''(x) = -2\mathrm{e}^{-x} + x\mathrm{e}^{-x}$, d'où $v''(x) + 2v'(x) + v(x) = -2\mathrm{e}^{-x} + x\mathrm{e}^{-x} + 2\mathrm{e}^{-x} - 2x\mathrm{e}^{-x} + x\mathrm{e}^{-x} = 0$, et $v \in G$.

Par conséquent comme G est un espace vectoriel réel, toute combinaison linéaire réelle de u et v appartient à G. Ainsi $\mathrm{Vect}(u, v) \subset G$ et donc $G = \mathrm{Vect}(u, v)$.

La famille (u, v) est une famille génératrice et les fonctions u et v ne sont pas proportionnelles, donc (u, v) est libre. En conclusion :

$$\boxed{(u, v) \text{ est une base de } G.}$$

Corrigé 6.25

1°) On voit aisément que $L_i(a_j) = \begin{cases} 1 & \text{si } i = j \\ 0 & \text{si } i \neq j \end{cases}$

2°) Soit $(\alpha_1, \alpha_2, \alpha_3) \in \mathbb{R}^3$, tel que $\alpha_1 L_1 + \alpha_2 L_2 + \alpha_3 L_3 = 0_E$.

Alors pour tout j de $[\![1, 3]\!]$: $\alpha_1 L_1(a_j) + \alpha_2 L_2(a_j) + \alpha_3 L_3(a_j) = 0$

Ce qui se réduit à $\alpha_j L_j(a_j) = \alpha_j = 0$. Ainsi la famille (L_1, L_2, L_3) est libre et formée de polynômes de degré $\leqslant 2$, donc :

$$(L_1, L_2, L_3) \text{ est une famille libre d'éléments de } E.$$

3°) Soit $P \in E$.
Montrons qu'il existe $(\alpha_1, \alpha_2, \alpha_3) \in \mathbb{R}^3$, tel que $P = \alpha_1 L_1 + \alpha_2 L_2 + \alpha_3 L_3$.
Par condition nécessaire, si c'est le cas on a, pour $j \in [\![1, 3]\!]$:
$P(a_j) = \alpha_1 L_1(a_j) + \alpha_2 L_2(a_j) + \alpha_3 L_3(a_j)$, ce qui se réduit à :

$$\forall j \in [\![1, 3]\!], P(a_j) = \alpha_j$$

Considérons alors le polynôme $T = P - (P(a_1)L_1 + P(a_2)L_2 + P(a_3)L_3)$. Par construction T est élément de E et $T(a_1) = T(a_2) = T(a_3) = 0$, ainsi le polynôme T de degré au plus 2 possédant 3 racines distinctes est le polynôme nul.
Ainsi tout polynôme P de E s'écrit :

$$P = P(a_1)L_1 + P(a_2)L_2 + P(a_3)L_3,$$

donc :

$$P \in \text{Vect}(L_1, L_2, L_3)$$

4°) Les questions **2°)** et **3°)** montrent que (L_1, L_2, l_3) est une famille de vecteurs de E, libre et génératrice de E, par conséquent :

$$\boxed{(L_1, L_2, L_3) \text{ est une base de } E.}$$

5°) Soit $P \in \mathbb{R}[X]$ tel que $\deg P \geqslant 3$, posons $B = (X - a_1)(X - a_2)(X - a_3)$ et effectuons la division euclidienne de P par B :
$\exists!(Q, R) \in E^2$, $P = BQ + R$ avec $\deg R < 3$ donc $R \in \mathbb{R}_2[X]$ et comme B s'annule en a_1, a_2, a_3 :

$$R(a_1) = P(a_1),\ R(a_2) = P(a_2) \text{ et } R(a_3) = P(a_3)$$

Comme $R \in E$, le résultat de la question **3°)** donne alors :

$$\boxed{R = R(a_1)L_1 + R(a_2)L_2 + R(a_3)L_3 = P(a_1)L_1 + P(a_2)L_2 + P(a_3)L_3}$$

Corrigé 6.26

1°) L'ensemble $\mathbb{R}^{\mathbb{N}}$ des suites réelles étant un $\mathbb{R}$-espace vectoriel, montrons que E en est un sous-espace vectoriel.
Par définition $E \subset \mathbb{R}^{\mathbb{N}}$ et $E \neq \emptyset$, car la suite nulle appartient à E.
Soit $(u, v) \in E^2$, $(\alpha, \beta) \in \mathbb{R}^2$, posons $w = \alpha u + \beta v$. On a $\forall n \in \mathbb{N}$,
$w_{n+2} = \alpha u_{n+2} + \beta v_{n+2} = \alpha(au_{n+1} + bu_n) + \beta(av_{n+1} + bv_n)$, car $u \in E$ et $v \in E$, donc
$w_{n+2} = a(\alpha u_{n+1} + \beta v_{n+1}) + b(\alpha u_n + \beta v_n) = aw_{n+1} + bw_n$ donc $w \in E$.
Ainsi E est un sous-espace vectoriel de $\mathbb{R}^{\mathbb{N}}$ et donc est un $\mathbb{R}$-espace vectoriel.

2°) a) Soit $\mathbb{R}^I$ l'espace vectoriel des applications de I dans $\mathbb{R}$, montrons que $C(I, \mathbb{R})$ est un sous-espace vectoriel de $\mathbb{R}^I$.
On a $C(I, \mathbb{R}) \subset \mathbb{R}^I$ et $C(I, \mathbb{R}) \neq \emptyset$, car la fonction nulle sur I étant continue appartient à $C(I, \mathbb{R})$. Soit $(f, g) \in C(I, \mathbb{R})^2$ et $(\alpha, \beta) \in \mathbb{R}^2$, posons $h = \alpha f + \beta g$. Comme f et g sont continues sur I, il en est de même de αf, de βg puis de $\alpha f + \beta g$, donc $h \in C(I, \mathbb{R})$.
Ainsi $C(I, \mathbb{R})$ est un sous-espace vectoriel de $\mathbb{R}^I$ donc $C(I, \mathbb{R})$ est un $\mathbb{R}$-espace vectoriel.

b) $F \subset C(I, \mathbb{R})$ et la fonction nulle $0_{C(I,\mathbb{R})}$ appartient clairement à F.

Soit $(f, g) \in F^2$, $(\alpha, \beta) \in \mathbb{R}^2$, posons $h = f + \beta g$. Comme $f \in F$, $\exists k_1 \in \mathbb{R}^+$, $\forall x \in I$, $|f(x)| \leqslant k_1|x\||$, et comme $g \in F$, $\exists k_2 \in \mathbb{R}^+$, $\forall x \in I$, $|g(x)| \leqslant k_2|x|$, d'où : $\forall x \in I$,
$|h(x)| \leqslant |\alpha|.|f(x)| + |\beta|.|g(x)| \leqslant (|\alpha|k_1 + |\beta|k_2)|x|$
et il suffit de prendre $k_3 = |\alpha|k_1 + |\beta|k_2$, pour obtenir $|h(x)| \leqslant k_3|x|$ et $h \in F$.
Ainsi F est un sous-espace vectoriel de $C(I, \mathbb{R})$.

3°) Soit $\mathbb{R}^{\mathbb{R}}$ l'espace vectoriel des applications de $\mathbb{R}$ dans $\mathbb{R}$, montrons que G en est un sous-espace vectoriel.
La fonction nulle $\theta : \mathbb{R} \to \mathbb{R}$, $x \mapsto 0$ est élément de G car $\theta = \theta - \theta$ est bien différence de deux fonctions croissantes. Donc $G \neq \emptyset$.
• Soit $(f_1, f_2) \in G^2$, posons $h = f_1 + f_2$. Comme $f_1 \in G$, il existe g_1 et $h_1 : \mathbb{R} \to \mathbb{R}$, croissantes telles que : $f_1 = g_1 - h_1$. Comme $f_2 \in G$, il existe de même g_2 et $h_2 : \mathbb{R} \to \mathbb{R}$, croissantes telles que : $f_2 = g_2 - h_2$.
Alors
$h = f_1 + f_2 = (g_1 - h_1) + (g_2 - h_2) = (g_1 + g_2) - (h_1 + h_2)$.
Les applications g_1, g_2, h_1, h_2 étant croissantes sur $\mathbb{R}$, on en déduit la croissance de $g_1 + g_2$ et $h_1 + h_2$ et donc h est différence de deux fonctions croissantes : $h \in G$.
• Soit $\alpha \in \mathbb{R}$ et $f \in G$, il existe $g, h : \mathbb{R} \to \mathbb{R}$, croissantes telles que $f = g - h$.
$\to$ Si $\alpha \geqslant 0$ alors αg et αh sont croissantes sur $\mathbb{R}$ et $\alpha f = \alpha g - \alpha h$, donc $\alpha f \in G$.
$\to$ Si $\alpha < 0$ alors $-\alpha g$ et αh sont croissantes sur $\mathbb{R}$ et $\alpha f = (-\alpha h) - (-\alpha g)$, donc $\alpha f \in G$. Ainsi G est un sous-espace vectoriel de $\mathbb{R}^{\mathbb{R}}$ et est un $\mathbb{R}$-espace vectoriel.
[les fonctions qui sont la différence de deux fonctions croissantes sur un segment I sont les fonctions dites «à variatons bornées» et il existe des fonctions qui sont continues sur un segment et qui ne sont pas à variations bornées ...]

Corrigé 6.27

1°) Soit $(\lambda_1, \ldots, \lambda_{n-1}) \in \mathbb{R}^{n-1}$ tel que $\sum_{k=1}^{n-1} \lambda_k v_k = \sum_{k=1}^{n-1} \lambda_k(e_k + e_{k+1}) = 0$.
Cela s'écrit : $\sum_{k=1}^{n-1} \lambda_k e_k + \sum_{k=1}^{n-1} \lambda_k e_{k+1} = \sum_{k=1}^{n-1} \lambda_k e_k + \sum_{k=2}^{n} \lambda_{k-1} e_k = 0$
(on a effectué un décalage de l'indice dans la deuxième sommation)
ou encore : $\lambda_1 e_1 + \sum_{k=2}^{n-1} (\lambda_{k-1} + \lambda_k) e_k + \lambda_{n-1} e_n = 0$
et comme la famille $(e_1, \ldots, e_n)$ est libre car c'est une base, on a :

$$\begin{cases} \lambda_1 = 0 \\ \forall k \in [\![2, n-1]\!], \lambda_{k-1} + \lambda_k = 0 \\ \lambda_{n-1} = 0 \end{cases}$$

La première équation donne $\lambda_1 = 0$, les suivantes donnent de proche en proche $\lambda_2 = \cdots = \lambda_{n-1} = 0$ et la dernière confirme que l'on a bien $\lambda_{n-1} = 0$! En conclusion

$$\boxed{\text{la famille } (v_1, \ldots, v_{n-1}) \text{ est libre}}$$

2°) Soit maintenant $(\lambda_1, \ldots, \lambda_{n-1}, \lambda_n) \in \mathbb{R}^n$ tel que $\sum_{k=1}^{n} \lambda_k v_k = 0$.

Cela s'écrit : $\sum\limits_{k=1}^{n-1} \lambda_k(e_k + e_{k+1}) + \lambda_n(e_n + e_1) = 0$, c'est-à-dire :

$$(\lambda_1 + \lambda_n)e_1 + \sum_{k=2}^{n} (\lambda_{k-1} + \lambda_k)e_k = 0$$

et, par liberté de la famille $(e_1, \dots, e_n)$ cela donne :

$$\begin{cases} \lambda_1 + \lambda_n = 0 \\ \lambda_1 + \lambda_2 = 0 \\ \lambda_2 + \lambda_3 = 0 \\ \quad\vdots \\ \lambda_{n-1} + \lambda_n = 0 \end{cases}$$

Les $(n-1)$ dernières équations donnent :

$$\lambda_2 = -\lambda_1, \lambda_3 = -\lambda_2 = \lambda_1, \dots, \lambda_n = -\lambda_{n-1} = (-1)^{n-1}\lambda_1$$

c'est-à-dire : $\forall\, k \in [\![1, n]\!], \lambda_k = (-1)^{k-1}\lambda_1$

et la première équation devient : $\lambda_1 + (-1)^{n-1}\lambda_1 = 0$. D'où la discussion :

$\star$ Si n est impair alors $2\lambda_1 = 0$ et ainsi tous les coefficients λ_k sont nuls : la famille $(v_1, \dots, v_n)$ est libre.

$\star$ Si n est pair alors l'égalité $\lambda_1 = (-1)^n\lambda_1$ est toujours vérifiée et λ_1 est quelconque, les autres coefficients s'en déduisant. Ainsi la famille $(v_1, v_2, \dots, v_n)$ est liée par la relation de dépendance :

$$\boxed{v_1 - v_2 + v_3 - \ldots + v_{n-1} - v_n = 0}$$

Corrigé 6.28

1°) a) $\begin{pmatrix} u_{n+3} \\ u_{n+2} \\ u_{n+1} \end{pmatrix} = \begin{pmatrix} 4u_{n+2} - 5u_{n+1} + 2u_n \\ u_{n+2} \\ u_{n+1} \end{pmatrix} = \begin{pmatrix} 4 & -5 & 2 \\ 1 & 0 & 0 \\ 0 & 1 & 0 \end{pmatrix} \begin{pmatrix} u_{n+2} \\ u_{n+1} \\ u_n \end{pmatrix}$

donc :

$$A = \begin{pmatrix} 4 & -5 & 2 \\ 1 & 0 & 0 \\ 0 & 1 & 0 \end{pmatrix}$$

b) $(A - I_3)^2 = \begin{pmatrix} 4 & -8 & 4 \\ 2 & -4 & 2 \\ 1 & -2 & 1 \end{pmatrix}$; $A - 2I_3 = \begin{pmatrix} 2 & -5 & 2 \\ 1 & -2 & 0 \\ 0 & 1 & -2 \end{pmatrix}$ d'où :

$$(A - I_3)^2(A - 2I_3) = \begin{pmatrix} 4 & -8 & 4 \\ 2 & -4 & 2 \\ 1 & -2 & 1 \end{pmatrix} \begin{pmatrix} 2 & -5 & 2 \\ 1 & -2 & 0 \\ 0 & 1 & -2 \end{pmatrix} = \begin{pmatrix} 0 & 0 & 0 \\ 0 & 0 & 0 \\ 0 & 0 & 0 \end{pmatrix}$$

2°) a) L'existence et l'unicité d'un couple (Q_n, R_n) de polynômes de $\mathbb{R}[X]$ tel que $X^n = PQ_n + R_n$, avec $\deg R_n < \deg P$ est le principe de la division euclidienne de X^n par P.

b) $\star$ Soit $(\alpha, \beta, \gamma) \in \mathbb{R}^3$, supposons que $\alpha + \beta(X-1) + \gamma(X-1)^2 = 0_E$.
Ceci s'écrit : $\alpha - \beta + \gamma + (\beta - 2\gamma)X + \gamma X^2 = 0_E$
Comme $(1, X, X^2)$ est libre, il vient $\gamma = 0$, $\beta - 2\gamma = 0$ et $\alpha - \beta + \gamma = 0$, donc $\alpha = \beta = \gamma = 0$. Ainsi $(1, X-1, (X-1)^2)$ est une famille libre de E.

[On aurait pu se contenter de dire qu'il s'agit d'une famille échelonnée en degrés.]

⋆ On a : $1 = 1, X = (X-1)+1, X^2 = (X-1)^2 + 2(X-1) + 1$, donc la famille $(1, X-1, (X-1)^2)$ est génératrice de $\mathbb{R}_2[X]$

Ainsi :

$$\boxed{(1, X-1, (X-1)^2) \text{ est une base de } \mathbb{R}_2[X]}$$

[Quand on connaîtra la notion de dimension, on pourra accélérer le mouvement.]

Par conséquent tout polynôme de $\mathbb{R}_2[X]$ se décompose de manière unique comme une combinaison linéaire des polynômes $1, X-1, (X-1)^2$. En particulier :

$$\exists!(a_n, b_n, c_n) \in \mathbb{R}^3, R_n = a_n + b_n(X-1) + c_n(X-1)^2$$

c) On a donc $X^n = (X-1)^2(X-2)Q_n + a_n + b_n(X-1) + c_n(X-1)^2$.

Posons $S = (X-1)^2(X-2)Q_n$, donc $S(1) = S'(1) = S(2) = 0$. D'où :

→ $S(1) = 0 \implies 1^n = a_n$ donc $a_n = 1$.

→ $S(2) = 0 \implies 2^n = a_n + b_n + c_n$.

→ Comme $n\, X^{n-1} = S' + b_n + 2c_n(X-1)$, on a $S'(1) = 0 \implies b_n = n$ et ainsi $c_n = 2^n - 1 - n$.

$$R_n = 1 + n(X-1) + (2^n - 1 - n)(X-1)^2$$

3°) a) D'après la question précédente, on a :

$$X^n = (X-1)^2(X-2)\, Q_n + 1 + n(X-1) + (2^n-1-n)(X-1)^2$$

Donc en utilisant la définition de la matrice $P(A)$, et le résultat admis :

$A^n = (A-I_3)^2(A-2I_3)Q_n(A) + I_3 + n(A-I_3) + (2^n-1-n)(A-I_3)^2$

(ne pas oublier que par la définition donnée dans le texte :

si $P = a_0 + a_1X + \cdots$, alors $P(A) = a_0A^0 + a_1A + \cdots = a_0I_3 + a_1A + \cdots$)

donc comme $(A-I_3)^2(A-2I_3) = 0$:

$$\forall n \in \mathbb{N}, A^n = I_3 + n(A-I_3) + (2^n-1-n)(A-I_3)^2$$

b) $A^n = \begin{pmatrix} 1 & 0 & 0 \\ 0 & 1 & 0 \\ 0 & 0 & 1 \end{pmatrix} + n \begin{pmatrix} 4 & -5 & 2 \\ 1 & 0 & 0 \\ 0 & 1 & 0 \end{pmatrix} + (2^n-1-n) \begin{pmatrix} 4 & -8 & 4 \\ 2 & -4 & 2 \\ 1 & -2 & 1 \end{pmatrix}$

donc

$$A^n = \begin{pmatrix} * & * & * \\ * & * & * \\ 2^n-1-n & 3n+2-2^{n+1} & 2^n-2n \end{pmatrix}$$

4°) a) $\forall n \in \mathbb{N}, X_{n+1} = A\, X_n$ et $u_0 = 0$; $u_1 = 1$ et $u_2 = 1$, donc $X_0 = \begin{pmatrix} 1 \\ 1 \\ 0 \end{pmatrix}$

Par l'argument de récurrence élémentaire habituel, on prouve que :

$$\forall n \in \mathbb{N}, X_n = A^n X_0$$

b) Ainsi $\begin{pmatrix} u_{n+2} \\ u_{n+1} \\ u_n \end{pmatrix} = \begin{pmatrix} * & * & * \\ * & * & * \\ 2^n-1-n & 3n+2-2^{n+1} & 2^n-2n \end{pmatrix} \begin{pmatrix} 1 \\ 1 \\ 0 \end{pmatrix}$

donc :

$$\boxed{\forall n \in \mathbb{N}, u_n = (2^n-1-n) + (3n+2-2^{n+1}) = 1 + 2n - 2^n}$$

Corrigé 6.29

1°) Par définition $F \subset E$ et $F \neq \emptyset$, la fonction nulle étant élément de F.
Soit alors $(f, g) \in F^2$, $(\alpha, \beta) \in \mathbb{R}^2$, posons $h = \alpha f + \beta g$.
$\rightarrow$ La fonction h est deux fois dérivable sur $\mathbb{R}$ car f et g le sont.
$\rightarrow \forall x \in \mathbb{R}, h''(x) = \alpha f''(x) + \beta g''(x) = \alpha(1 + x^2)f(x) + \beta(1 + x^2)g(x)$, soit $h''(x) = (1 + x^2)(\alpha f + \beta g)(x) = (1 + x^2)h(x)$, donc $h \in F$.
Ainsi F est un sous-espace vectoriel de E, donc F est un $\mathbb{R}$-espace vectoriel.

2°) Soit $(u, v) \in F^2$, posons $\omega = u'v - uv'$, comme u et v sont deux fois dérivables sur $\mathbb{R}$, ω est dérivable sur $\mathbb{R}$ et : $\omega' = u''v + u'v' - v''u - v'u'$, d'où : $\omega'(x) = (1 + x^2)u(x) \times v(x) - (1 + x^2)v(x) \times u(x) = 0$.
La fonction ω ayant une dérivée nulle sur l'intervalle $\mathbb{R}$, on en déduit que ω est une fonction constante sur $\mathbb{R}$.

3°) a) La fonction $f : x \mapsto \exp\left(\frac{x^2}{2}\right)$ est dérivable sur $\mathbb{R}$ car $x \mapsto \frac{x^2}{2}$ est dérivable sur $\mathbb{R}$ comme fonction polynôme, à valeurs dans $\mathbb{R}^+$ et la fonction exp est dérivable sur $\mathbb{R}^+$ et :
$\forall x \in \mathbb{R}, f'(x) = x \exp\left(\frac{x^2}{2}\right) = xf(x)$, puis :

$$f''(x) = f(x) + xf'(x) = f(x) + x^2 f(x) = (1 + x^2)f(x)$$

Ainsi la fonction f est élément de F.

b) On a $[f(t)]^2 = (\mathrm{e}^{t^2/2})^2 = \mathrm{e}^{t^2}$. On peut donc écrire :

$$g(x) = f(x) \int_0^x \frac{1}{f(t)^2} dt = \mathrm{e}^{x^2/2} \int_0^x \mathrm{e}^{-t^2}\, dt$$

Ainsi la fonction g est deux fois dérivable sur $\mathbb{R}$ (et même de classe $\mathcal{C}^\infty$) et comme la dérivée de $x \mapsto \displaystyle\int_0^x \mathrm{e}^{-t^2} dt$ est $x \mapsto \mathrm{e}^{-x^2}$:

$$g'(x) = x\mathrm{e}^{x^2/2} \times \int_0^x \mathrm{e}^{-t^2}\, dt + \mathrm{e}^{x^2/2} \times \mathrm{e}^{-x^2} = xg(x) + \mathrm{e}^{-x^2/2}, \text{ puis}$$

$$g''(x) = g(x) + xg'(x) - x\mathrm{e}^{-x^2/2} = g(x) + x^2 g(x) + x\mathrm{e}^{-x^2/2} - x\mathrm{e}^{-x^2/2}.$$

On en déduit : $\forall x \in \mathbb{R}$, $g''(x) = (1 + x^2)g(x)$. Ainsi :

$$g \in F$$

4°) a) Soit h une fonction deux fois dérivable sur $\mathbb{R}$, vérifiant :

$$\forall x \in \mathbb{R}, h''(x) = (1 + x^2)h(x)$$

D'après le résultat de la question **2°)** la fonction $h'f - f'h$ est constante d'où :
$\exists \alpha \in \mathbb{R}, \forall t \in \mathbb{R}, h'(t)f(t) - f'(t)h(t) = \alpha$ donc comme : $\forall t \in \mathbb{R}, f(t) \neq 0$, on a :

$$\frac{h'(t)f(t) - f'(t)h(t)}{f^2(t)} = \frac{\alpha}{f^2(t)}, \text{ soit } \left(\frac{h}{f}\right)'(t) = \frac{\alpha}{f^2(t)}$$

Ainsi pour tout réel x, il vient : $\displaystyle\int_0^x \left(\frac{h}{f}\right)'(t)\, dt = \int_0^x \frac{\alpha}{f^2(t)}\, dt$,

soit : $\displaystyle\frac{h(x)}{f(x)} = \alpha \int_0^x \frac{1}{f^2(t)}\, dt + \frac{h(0)}{f(0)}$ donc $\displaystyle h(x) = \alpha f(x) \int_0^x \frac{1}{f^2(t)}\, dt + \frac{h(0)}{f(0)} f(x)$

soit :

$$h(x) = \alpha g(x) + \frac{h(0)}{f(0)} f(x) \text{ et } h \in \text{Vect}(f, g)$$

b) Comme f et g sont éléments de l'espace vectoriel F, toute combinaison linéaire réelle de f et g est élément de F donc $\text{Vect}(f, g) \subset F$ et ainsi $F = \text{Vect}(f, g)$.
La famille (f, g) est donc une famille génératrice de F.

Soit $(\alpha, \beta) \in \mathbb{R}^2$, tel que $\alpha f + \beta g = 0_E$ alors $\alpha f(0) + \beta g(0) = 0$ donc $\alpha f(0) = 0$ et comme $f(0) \neq 0$, il vient $\alpha = 0$, puis $\beta g = 0_E$ et $\beta = 0$ car $g \neq 0_E$.
Ainsi la famille (f, g) est une famille libre d'éléments de F et finalement :

$$\boxed{(f, g) \text{ est une base de } F}$$

Suites numériques

07

RÉPARTITION DES EXERCICES

I. ÉNONCÉS DES EXERCICES

7.01 **1°) a)** Soit a un réel strictement positif fixé, on définit la suite u par

$$\forall n \in \mathbb{N}, u_n = \frac{a^n}{n!}$$

et on pose $N = \lfloor a \rfloor + 1$, où $\lfloor x \rfloor$ désigne la partie entière du réel x.

Montrer que : $\forall n > N, 0 < u_n \leqslant \frac{a^N}{N!} \times \frac{a}{n}$.

b) En déduire que : $\lim\limits_{n \to \infty} u_n = 0$.

2°) On définit la suite v par : $\forall n \in \mathbb{N}, v_n = \frac{n^n}{n!}$.

a) Montrer que $\lim\limits_{n \to \infty} \frac{v_{n+1}}{v_n} = \mathrm{e}$.

b) En déduire l'existence d'un entier naturel n_0 tel que :
$n \geqslant n_0 \implies v_{n+1} \geqslant \frac{\mathrm{e}}{2} v_n$.

c) En déduire : $\lim\limits_{n \to \infty} v_n = +\infty$.

◇

7.02 Déterminer les limites des suites suivantes :

a) $u_n = \frac{10^n - 5}{10^n + 2}$ **b)** $u_n = \sqrt{5n+3} - \sqrt{5n+4}$

c) $u_n = \frac{5n^3 + n!}{2^n + n^2}$ **d)** $u_n = \frac{n^4 + \sin n}{3^n + \cos n}$.

e) $u_n = \left(2 + \frac{5}{4}\cos 2n\right)^{1/n}$ **f)** $u_n = \frac{\sin(\frac{2}{n})}{\sqrt{n} - \ln n}$

g) $u_n = \left(1 - \frac{5}{n}\right)^n$ **h)** $u_n = \frac{9^n + n^9}{9^n + n!}$.

◇

7.03 On considère les trois suites u, v et w définies par : $\forall n \in \mathbb{N}^*$,

$$u_n = \sum_{k=1}^{n} \frac{1}{\sqrt{n^2+5k}},\ v_n = \sum_{k=1}^{n^2} \frac{1}{\sqrt{n^2+5k}} \text{ et } w_n = \prod_{k=1}^{n} \left(1+\frac{k}{n}\right).$$

1°) Montrer que pour tout n, $\dfrac{n}{\sqrt{n^2+5n}} \leqslant u_n \leqslant \dfrac{n}{\sqrt{n^2+5}}$.

En déduire $\lim\limits_{n\to\infty} u_n$

2°) Montrer que, pour tout n, $v_n \geqslant \dfrac{n}{\sqrt{6}}$ et en déduire $\lim\limits_{n\to\infty} v_n$.

3°) a) De l'étude des variations de $f : x \mapsto \ln(1+x) - x + \dfrac{x^2}{2}$, déduire que : $\forall x \in \mathbb{R}^+, \ln(1+x) \geqslant x - \dfrac{x^2}{2}$.

b) Montrer que : $\forall n \in \mathbb{N}^*, \ln w_n \geqslant \dfrac{n+1}{2} \times \dfrac{4n-1}{6n}$.

c) En déduire $\lim\limits_{n\to\infty} w_n$.

◇

7.04 On considère la suite u définie par : $\forall n \in \mathbb{N}^*, u_n = \dfrac{1\times3\times5\times\cdots\times(2n-1)}{2\times4\times6\times\cdots\times(2n)}$.

1°) Exprimer u_n à l'aide de factorielles.

2°) Etudier la monotonie de la suite u et en déduire qu'elle converge.

3°) On définit la suite v par : $\forall n \in \mathbb{N}^*, v_n = (n+1)u_n^2$. Montrer que v converge. En déduire la limite de u.

◇

7.05 On considère les deux suites $(u_n)_{n\geq 0}$ et $(v_n)_{n\geq 0}$ définies par : $u_0 = 1$, $v_0 = 1$ et $\forall n \in \mathbb{N}^*, u_n = 3u_{n-1} + 2v_{n-1}$ et $v_n = u_{n-1} + 2v_{n-1}$. Déterminer les expressions de u_n et v_n en fonction de n.

◇

7.06 On considère la suite (u_n) définie par $u_0 = 6$ et $\forall n \in \mathbb{N}, u_{n+1} = \frac{1}{2}u_n + 5$. Pour tout $n \in \mathbb{N}$, calculer la somme $S_n = \sum\limits_{k=0}^{n} u_k$.

◇

7.07 On considère la suite de nombres réels définie par : $u_0 = \dfrac{2}{3}$ et

$$\forall n \in \mathbb{N}, u_{n+1} = \frac{u_n}{2} + \frac{n}{2\sqrt{2}} + \frac{1}{\sqrt{2}}.$$

1°) Calculer u_1 et u_2.

2°) Soit la suite $(v_n)_{n\in\mathbb{N}}$ définie par : $\forall n \in \mathbb{N}, v_n = u_n\sqrt{2} - n$. Montrer que (v_n) est une suite géométrique dont on précisera la raison et le premier terme.

3°) Calculer en fonction de n, v_n puis u_n. La suite (u_n) converge t-elle ?

4°) On considère la suite $(s_n)_{n\in\mathbb{N}}$ définie par $s_n = \sum\limits_{i=0}^{n} u_i$. Calculer s_n en fonction de n.

◇

7.08 On considère la suite u définie par $u_0 = -\frac{2}{3}$, $u_1 = \frac{1}{3}$ et

$$\forall n \in \mathbb{N}, u_{n+2} = -3u_{n+1} + 10u_n + 18n^2$$

1°) Déterminer $(a, b, c) \in \mathbb{R}^3$ pour que la suite $(v_n)_{n\in\mathbb{N}}$ définie par $\forall n \in \mathbb{N}, v_n = an^2 + bn + c$, vérifie la relation :

$$\forall n \in \mathbb{N}, v_{n+2} = -3v_{n+1} + 10v_n + 18n^2$$

2°) Soit $w_n = u_n - v_n$, trouver une relation entre w_n, w_{n+1} et w_{n+2}.

3°) En déduire l'expression de u_n en fonction de n.

◇

7.09 On considère la suite u définie par : $u_0 = 1$ et $\forall n \in \mathbb{N}, u_{n+1} = u_n + \frac{2}{u_n}$.

1°) Etudier la monotonie de la suite u et montrer que : $\lim_{n\to\infty} u_n = +\infty$.

2°) Pour tout entier naturel n on pose $v_n = \frac{u_n^2}{4}$.

a) Montrer que, pour tout entier naturel k, on a : $v_{k+1} - v_k \geqslant 1$, en déduire que : $\forall n \in \mathbb{N}^*, v_n \geqslant n$.

b) Montrer que : $\forall k \in \mathbb{N}^*, v_{k+1} - v_k \leqslant 1 + \frac{1}{k}$.

c) Prouver que : $\forall k \in \mathbb{N}^* \setminus \{1\}, \frac{1}{k} \leqslant \int_{k-1}^{k} \frac{dt}{t}$.

d) En déduire que : $\forall n \in \mathbb{N}^* \setminus \{1\}, v_n \leqslant (n-2) + v_2 + \ln(n-1)$.

3°) Déterminer $\lim_{n\to\infty} \frac{v_n}{n}$ et montrer que $\lim_{n\to\infty} \frac{u_n}{2\sqrt{n}} = 1$.

◇

7.10 On considère les deux suites (u_n) et (v_n) définies sur $\mathbb{N}$, par :
$\forall n \in \mathbb{N}, u_{n+1} = \frac{1}{2}(u_n + v_n)$, $v_{n+1} = \frac{1}{2}(u_{n+1} + v_n)$ et $u_0 = 3, v_0 = 4$.

1°) Calculer u_1, v_1, u_2 et v_2.

2°) Soit la suite (w_n) définie sur $\mathbb{N}^*$ par : $w_n = v_n - u_n$.

a) Montrer que la suite (w_n) est une suite géométrique dont on donnera la raison.

b) Exprimer w_n en fonction de n et préciser la limite de la suite (w_n).

3°) Montrer que les suites (u_n) et (v_n) sont adjacentes. Que peut-on en déduire ?

4°) On considère la suite (t_n) définie sur $\mathbb{N}$, par $t_n = \frac{1}{3}(u_n + 2v_n)$.

a) Démontrer que la suite (t_n) est constante.

b) En déduire la limite des suites (u_n) et (v_n).

◇

7.11 On considère la suite (u_n) définie par : $\forall n \in \mathbb{N}, u_{n+1} = \sqrt{u_n + 20}$ et $u_0 = 2$.

1°) Démontrer que : $\forall n \in \mathbb{N}, 5 - u_{n+1} = \frac{5 - u_n}{5 + \sqrt{u_n + 20}}$.

2°) En déduire que : $\forall n \in \mathbb{N}, |5 - u_{n+1}| \leqslant \frac{1}{5}|5 - u_n|$.

3°) Démontrer que : $\forall n \in \mathbb{N}, |u_n - 5| \leqslant 3 \times \left(\frac{1}{5}\right)^n$. Conclure.

4°) Déterminer un entier naturel n_0 à partir duquel on a : $|u_n - 5| < 10^{-3}$.
(On rappelle que $\ln 3 \simeq 1,098$, $\ln 10 \simeq 2,302$ et $\ln 5 \simeq 1,609$.)

◇

7.12 **1°)** Démontrer que : $\forall x \in]0,1[$, on a : $\ln(1+x) < x < -\ln(1-x)$.

2°) En déduire la limite de la suite u définie par : $\forall n \geqslant 1, u_n = \sum\limits_{k=n}^{2n} \frac{1}{k}$.

◇

7.13 On considère la suite $u = (u_n)_{n \in \mathbb{N}^*}$ définie par $u_n = \left(\int_0^1 \frac{t^n}{(1+t)^n} dt\right)^{1/n}$.

1°) Calculer u_1.

2°) Montrer que : $\forall\, n \geqslant 1$, on a : $0 \leqslant u_n \leqslant \frac{1}{2}$.

3°) Soit $a \in]0,1[$, montrer que $u_n \geqslant (1-a)^{\frac{1}{n}} \times \frac{a}{1+a}$.

4°) En posant pour $n \in \mathbb{N}^* \setminus \{1\}$, $a = 1 - \frac{1}{n}$, montrer que la suite u converge et déterminer sa limite.

◇

7.14 Soit $(u_n)_{n \in \mathbb{N}}$ une suite décroissante de nombres réels positifs qui tend vers zéro.
On considère la suite $(s_n)_{n \in \mathbb{N}}$ définie par : $\forall n \in \mathbb{N}, s_n = \sum\limits_{k=0}^{n} (-1)^k u_k$.

1°) Montrer que les suites (s_{2n}) et (s_{2n+1}) sont adjacentes.

2°) Que peut-on en déduire pour la suite (s_n) ?

◇

7.15 On considère les suites u et v définies par : $0 < u_0 < v_0$ et

$$\forall n \in \mathbb{N}, u_{n+1} = \sqrt{u_n v_n} \text{ et } v_{n+1} = \frac{u_n + v_n}{2}.$$

1°) Montrer que : $\forall n \in \mathbb{N}, 0 < u_n < v_n$.

2°) En déduire que u est strictement croissante et v strictement décroissante.

3°) Montrer que u et v convergent vers la même limite.
Cette limite ℓ ne peut être exprimée « simplement » en fonction de u_0 et v_0, elle est appelée moyenne arithmético-géométrique de u_0 et v_0.

4°) Montrer que : $\forall n \in \mathbb{N}, v_{n+1} - u_{n+1} = \frac{(v_n - u_n)^2}{2(\sqrt{v_n} + \sqrt{u_n})^2}$ et en déduire que : $0 < v_{n+1} - u_{n+1} < \frac{(v_n - u_n)^2}{8u_0}$

5°) Montrer qu'il existe $n_0 \in \mathbb{N}^*$ tel que $0 < \frac{v_{n_0} - u_{n_0}}{8u_0} < 1$.

6°) En déduire que :

$$\forall n \in \mathbb{N}, n \geqslant n_0 \Longrightarrow 0 < v_n - u_n \leqslant 8u_0\left(\frac{v_{n_0} - u_{n_0}}{8u_0}\right)^{2^{n-n_0}}.$$

◇

7.16 Soit u la suite vérifiant : $u_0 = \mathrm{e}$, $u_1 = \mathrm{e}^{-6}$ et la relation de récurrence :

$$\forall n \in \mathbb{N}^*, u_{n+1} = (u_n \times u_{n-1}^3)^{1/4}.$$

1°) Justifier que la suite u est bien définie et vérifie : $\forall n \in \mathbb{N}, u_n > 0$.

2°) On pose $v_n = \ln u_n$. Déterminer une relation entre v_{n+1}, v_n et v_{n-1}, valable pour $n \geqslant 1$.

3°) En déduire l'expression de u_n en fonction de n.

◇

7.17 Soit α, β deux nombres réels, on considère la suite u définie par $u_0 = \alpha$, $u_1 = \beta$ et $\forall n \in \mathbb{N}, u_{n+2} = \frac{2}{3}u_{n+1} + \frac{1}{3}\min(1, u_n)$.

1°) On suppose que $\beta \leqslant 1$.

a) Montrer que : $\forall n \in \mathbb{N}^*, u_n \leqslant 1$.

b) En déduire l'expression de u_n en fonction de n et déterminer $\lim\limits_{n \to \infty} u_n$.

2°) On suppose que $\beta > 1$ et $\alpha \geqslant 1$.

a) Comparer u_n et 1.

b) En déduire l'expression de u_n en fonction de n et déterminer $\lim\limits_{n \to \infty} u_n$.

3°) On suppose que $\beta > 1$ et $\alpha < 1$. En étudiant le signe de $2\beta + \alpha - 3$, déterminer l'expression de u_n en fonction de n et en déduire $\lim\limits_{n \to \infty} u_n$.

◇

7.18 On considère l'équation $x^n(1 - x)a = 0$, où $a \in \mathbb{R}_+^*$ et $n \in \mathbb{N}$.

1°) Montrer que cette équation admet une unique solution u_n appartenant à l'intervalle $]0, 1[$.

2°) Montrer que la suite $(u_n)_{n \geq 0}$ est croissante.

3°) Etudier la convergence de la suite $(u_n)_{n \geq 0}$.

◇

7.19 On considère la suite de nombres réels $(u_n)_{n \in \mathbb{N}}$ définie par : $u_0 = a$, $a > 0$ et $\forall n \in \mathbb{N}, u_{n+1} = u_n + u_n^2$.

A) Convergence de (u_n)

1°) Montrer que cette suite est strictement positive et strictement monotone.

2°) Montrer que cette suite diverge.

B) Comportement asymptotique de (u_n)

On définit la suite $(v_n)_{n \in \mathbb{N}}$ par : $\forall n \in \mathbb{N}, v_n = \dfrac{1}{2^n} \ln u_n$.

1°) a) Prouver que pour tout entier n de $\mathbb{N}$: $v_{n+1} - v_n = \dfrac{1}{2^{n+1}} \ln(1 + \dfrac{1}{u_n})$.

b) En déduire que :

$$\forall n, p \in \mathbb{N}, 0 < v_{n+p+1} - v_{n+p} \leqslant \frac{1}{2^{n+p+1}} \ln(1 + \frac{1}{u_n}).$$

2°) Montrer que : $\forall n, k \in \mathbb{N}, 0 < v_{n+k+1} - v_n \leqslant \frac{1}{2^n} \ln(1 + \frac{1}{u_n})$.

3°) Démontrer que la suite $(v_n)_{n\in\mathbb{N}}$ est majorée, puis qu'elle converge vers une limite notée α.

4°) Montrer que : $\forall n \in \mathbb{N}, u_n \leqslant \exp(\alpha 2^n) \leqslant u_n + 1$.
En déduire que : $\lim_{n\to\infty} \frac{u_n}{\exp(\alpha 2^n)} = 1$.

5°) On pose $\beta_n = \exp(\alpha 2^n) - u_n$. Montrer que la suite $(\beta_n)_{n\in\mathbb{N}}$ est bornée et qu'elle vérifie la relation : $2\beta_n - 1 = (\beta_{n+1} + \beta_n^2 - \beta_n)\exp(-\alpha 2^n)$.

6°) Prouver que $\lim_{n\to\infty} u_n + \frac{1}{2} - \exp(\alpha 2^n) = 0$.

◇

7.20 On considère une suite (u_n) vérifiant la propriété : $\forall n \in \mathbb{N}, u_n \leqslant u_{n+3}$.

1°) Montrer que si (u_n) converge alors (u_n) est majorée et
$\lim_{n\to\infty} (u_{n+2} - 2u_{n+1} + u_n) = 0$.

2°) *Etude de la réciproque*. On suppose que (u_n) est majorée et vérifie : $\lim_{n\to\infty} (u_{n+2} - 2u_{n+1} + u_n) = 0$.
On considère les suites a, b et c définies par :
$\forall n \in \mathbb{N}, a_n = u_{3n}, b_n = u_{3n+1}, c_n = u_{3n+2}$,.

a) Montrer que ces trois suites convergent.

b) Démontrer que $\lim_{n\to\infty} a_n = \lim_{n\to\infty} b_n = \lim_{n\to\infty} c_n$.

c) Que peut-on en conclure concernant la convergence de la suite u ?

◇

7.21 Soit $a \in \mathbb{R}_+^*$, on considère la suite u vérifiant $u_0 = a$ et
$\forall n \in \mathbb{N}, u_{n+1} = u_n + \frac{n}{u_n}$.

1°) a) Montrer que la suite (u_n) est bien définie et à termes strictement positifs.

b) Etudier la monotonie de la suite (u_n) et en raisonnant par l'absurde montrer que la suite (u_n) diverge.

2°) Montrer que : $\sum_{k=0}^{n} u_{k+1}^2 - \sum_{k=0}^{n} u_k^2 = \sum_{k=0}^{n} \frac{k^2}{(u_k)^2} + n(n+1)$.

3°) En déduire que : $\forall n \in \mathbb{N}, u_{n+1}^2 = a^2 + \sum_{k=1}^{n} \frac{k^2}{u_k^2} + n(n+1)$.

4°) a) Montrer que : $\forall k \in \mathbb{N}^*, u_k \geqslant \sqrt{k(k-1)}$.

b) Montrer en utilisant la question précédente que : $\forall k \geqslant 2, \frac{k^2}{(u_k)^2} \leqslant 2$.

5°) a) Montrer que pour tout n tel que $n \geqslant 2$:

$$n(n+1) \leqslant u_{n+1}^2 \leqslant a^2 + \frac{1}{a^2} + 2(n-1) + n(n+1).$$

b) Montrer que $\lim\limits_{n\to\infty} \frac{u_{n+1}^2}{n^2} = 1$. En déduire que $\lim\limits_{n\to\infty} \frac{u_n}{n} = 1$.

◇

7.22 Soient u, v, w les suites définies par : $u_0 = 0$, $v_0 = 1$, $w_0 = 2$ et $\forall\, n \in \mathbb{N}$:

$$\begin{cases} u_{n+1} = \dfrac{u_n + 2v_n + w_n}{4} \\ v_{n+1} = \dfrac{u_n + v_n + 2w_n}{4} \\ w_{n+1} = \dfrac{u_n + 2v_n + 3w_n}{6} \end{cases}.$$

1°) Comparer les trois suites u, v, w.

2°) Montrer que les deux suites u et w sont adjacentes. Que peut-on en déduire ?

3°) Trouver trois réels α, β, γ tels que la suite $\alpha u + \beta v + \gamma w$ soit constante.

4°) Montrer que la suite v converge et déterminer sa limite.

◇

7.23 On considère la suite $(S_n)_{n\geq 1}$ définie par $\forall\, n \in \mathbb{N}^*$, $S_n = \frac{1}{n}\sum\limits_{k=1}^{n} \frac{k}{\sqrt{k+n^2}}$, et on se propose d'étudier sa convergence.

1°) a) Vérifier que : $\forall\, n \in \mathbb{N}^*$, $\sum\limits_{k=1}^{n} \frac{k}{\sqrt{k+n^2}} \geqslant \frac{1}{n\sqrt{2}} \sum\limits_{k=1}^{n} k$.

b) En déduire $\lim\limits_{n\to\infty} \sum\limits_{k=1}^{n} \frac{k}{\sqrt{k+n^2}}$.

2°) Soit g la fonction définie sur $\mathbb{R}^+$ par $g(x) = \frac{x}{\sqrt{1+x}}$.

Montrer que $\forall\, x \in \mathbb{R}^+, x - \frac{x^2}{2} \leqslant g(x) \leqslant x$.

3°) a) Montrer que :

$$\alpha_n = \sum_{k=1}^{n} \frac{k^2}{n^4} = \frac{(n+1)(2n+1)}{6n^3} \text{ et } \beta_n = \sum_{k=1}^{n} \frac{k}{n^2} = \frac{n+1}{2n}.$$

b) En déduire la convergence de la suite (S_n) et déterminer $\lim\limits_{n\to\infty} S_n$.

◇

7.24 On considère les suites $(u_n)_{n\geq 1}$ et $(v_n)_{n\geq 1}$ définies par :

$$\forall\, n \in \mathbb{N}^*, u_n = \prod_{k=1}^{n} \left(\frac{2k-1}{2k}\right) \text{ et } v_n = \prod_{k=1}^{n} \left(\frac{2k}{2k+1}\right)$$

1°) a) Montrer que : $\forall\, n \in \mathbb{N}^*, u_{n+1} = \frac{2n+1}{2n+2}\, u_n$.

b) Exprimer v_{n+1} à l'aide de v_n et n, pour $n \in \mathbb{N}^*$.

c) En déduire le sens de variation des suites $(u_n)_{n\geq 1}$ et $(v_n)_{n\geq 1}$ et montrer que ces deux suites convergent.

2°) a) Montrer que :

$$\forall n \in \mathbb{N}^*, \frac{2n+1}{2n+2}\times\frac{1}{2\sqrt{n}} \geqslant \frac{1}{2\sqrt{n+1}} \text{ et } \frac{\sqrt{2n+1}}{2n+2} \leqslant \frac{1}{\sqrt{2n+3}}.$$

b) Montrer par récurrence que : $\forall n \in \mathbb{N}^*, \frac{1}{2\sqrt{n}} \leqslant u_n \leqslant \frac{1}{\sqrt{2n+1}}$.

c) Déterminer $\lim\limits_{n\to\infty} u_n$.

d) Vérifier que : $\forall n \in \mathbb{N}^*, u_n.v_n = \frac{1}{2n+1}$.

e) En déduire que $\frac{1}{\sqrt{2n+1}} \leqslant v_n \leqslant \frac{2\sqrt{n}}{2n+1}$ et calculer $\lim\limits_{n\to\infty} v_n$.

◇

7.25 Soit $n \in \mathbb{N}$, on définit la fonction g_n sur $[n, +\infty[$ par : $g_n(x) = \int_n^x e^{t^2} dt$.

1°) a) Montrer que g_n est dérivable sur $[n, +\infty[$ et donner son sens de variation.

b) Déterminer $\lim\limits_{x\to+\infty} g_n(x)$.

c) En déduire que pour chaque entier naturel n, il existe un unique réel, noté $x_n \in [n, +\infty[$ tel que $g_n(x_n) = 1$.

2°) a) Montrer que $\lim\limits_{n\to\infty} x_n = +\infty$.

b) Montrer que : $\forall n \in \mathbb{N}, e^{-x_n^2} \leqslant x_n - n \leqslant e^{-n^2}$.

3°) On pose $u_n = x_n - n$.

a) Montrer que $\lim\limits_{n\to\infty} u_n = 0$.

b) Calculer $\lim\limits_{n\to\infty} nu_n$.

c) Montrer que $\lim\limits_{n\to\infty} (x_n - n)e^{n^2} = 1$.

◇

7.26 Pour tout entier naturel n tel que $n \geqslant 3$, on considère la fonction f_n définie sur $\mathbb{R}_+^*$ par : $f_n(x) = x - n\ln(x)$.

1°) a) Etudier les variations de cette fonction et dresser son tableau de variations.

b) En déduire l'existence de deux réels u_n et v_n, tels que $u_n < v_n$, solutions de l'équation $f_n(x) = 0$. Vérifier que : $0 < u_n < n < v_n$.

2°) Dans cette question on se propose d'étudier la suite (u_n).

a) Montrer que $1 < u_n < e$.

b) Montrer que $f_n(u_{n+1}) = \ln(u_{n+1})$ et déduire de la question précédente que la suite (u_n) est décroissante.

c) Montrer que la suite (u_n) converge.
En remarquant que $\ln(u_n) = \frac{u_n}{n}$, montrer que $\lim\limits_{n\to\infty} \ln(u_n) = 0$. En déduire que $\lim\limits_{n\to\infty} u_n = 1$.

d) Montrer que : $\lim\limits_{n\to\infty} n(u_n - 1) = 1$.

3°) Dans cette question on se propose d'étudier la suite (v_n).

a) Calculer $\lim\limits_{n\to\infty} v_n$.

b) Calculer $f_n(n\ln(n))$ et déduire des variations de f_n que : $v_n > n\ln n$.

c) Soit g la fonction, définie par : $\forall\, x \in \mathbb{R}_+^*,\, g(x) = x - 2\ln(x)$. Etudier le signe de $g(x)$. En déduire que : $\forall\, n \in \mathbb{N}^*,\, n > 2\ln n$.

d) En déduire le signe de $f_n(2n\ln(n))$, puis établir que : $n\ln n < v_n < 2n\ln n$.

e) Montrer que : $n\ln v_n < n\ln 2 + n\ln n + n\ln(\ln n)$.

f) Montrer enfin que : $\lim\limits_{n\to\infty} \dfrac{v_n}{n\ln n} = 1$.

◇

7.27 **1°) a)** On considère la fonction $f : x \mapsto x - x^2$ et la suite (u_n) définie par : $u_0 \in\,]0,1[$ et $\forall\, n \in \mathbb{N},\, u_{n+1} = f(u_n)$.
Montrer que : $\forall\, n \in \mathbb{N}, 0 < u_n < \dfrac{1}{n+1}$. ⚠ à refaire

b) En déduire que la suite définie par $v_n = nu_n$ est croissante.

c) En déduire que (v_n) admet une limite finie notée λ et que $\lambda \in\,]0,1]$.

d) Montrer que la suite (w_n) définie par : $\forall\, n \in \mathbb{N},\, w_n = n(v_{n+1} - v_n)$ a une limite finie que l'on déterminera en fonction de λ.

2°) a) Soit (t_n) une suite croissante telle que :
$\exists\, n_0 \in \mathbb{N}, \exists\, a \in \mathbb{R}_+^*, \forall\, n > n_0, t_{n+1} - t_n \geqslant \frac{a}{n}$.
Montrer que : $\forall\, n > n_0, t_{2n} - t_n \geqslant \frac{a}{2}$.

b) En déduire que la suite (t_n) diverge vers $+\infty$.

c) En utilisant la question **1°) d)** et la définition de la convergence d'une suite, montrer que pour $\lambda \neq 1$ la suite (v_n) vérifie les mêmes conditions que la suite (t_n).

d) Trouver alors la valeur de λ.

II. INDICATIONS

1) Rappels des principales méthodes d'étude

❑ Etude de la convergence ou de la divergence : différentes méthodes.

1. On exprime en fonction de n, le terme général u_n de la suite et on se ramène alors à un calcul direct de limite.

2. On utilise la définition de la convergence d'une suite : $\forall \varepsilon > 0, \exists n_0 \in \mathbb{N} \ldots$ Cette méthode nécessite la connaissance de la « présumée » limite.

3. On montre que les suites extraites (u_{2n}) et (u_{2n+1}) convergent vers une même limite ℓ, dans ce cas la suite (u_n) converge vers ℓ.

4. On détermine deux suites (v_n) et (w_n) telles qu'à partir d'un certain rang on ait $v_n \leqslant u_n \leqslant w_n$, alors si (v_n) et (w_n) convergent vers la même limite ℓ, on a également $\lim_{n\to\infty} u_n = \ell$.

5. Dans le cas où la suite (u_n) est monotone, la suite (u_n) est convergente si et seulement si elle est bornée (si la suite est croissante, (resp. décroissante) elle est évidemment minorée (resp. majorée) et le problème est donc de savoir si elle est majorée (resp. minorée)).

6. Pour montrer qu'une suite n'a pas de limite, on peut construire deux suites extraites qui convergent vers des limites différentes ou construire une suite extraite qui n'a pas de limite.

7. Pour montrer qu'une suite (u_n) diverge vers $+\infty$, on peut déterminer une suite (v_n) divergeant vers $+\infty$ et telle qu'à partir d'un certain rang $u_n \geqslant v_n$.

❑ Convergence et suites adjacentes

On dit que deux suites $(u_n)_{n\in\mathbb{N}}$ et $(v_n)_{n\in\mathbb{N}}$ sont adjacentes si l'une est croissante, l'autre décroissante et si $\lim_{n\to\infty} (u_n - v_n) = 0$.

Deux suites adjacentes convergent et leurs limites sont égales.

❑ Suites usuelles

1. **Suites arithmétiques**

Une suite $(u_n)_{n\in\mathbb{N}}$ est arithmétique s'il existe un réel r, appelé raison de la suite, indépendant de n, tel que : $\forall n \in \mathbb{N}, u_{n+1} - u_n = r$.

Dans ce cas : $\forall n \in \mathbb{N}, u_n = u_0 + nr$ et plus généralement $u_n = u_p + (n-p)r$.

2. **Suites géométriques**

Une suite $(u_n)_{n\in\mathbb{N}}$ est géométrique s'il existe un réel q, appelé raison de la suite, indépendant de n, tel que : $\forall n \in \mathbb{N}, u_{n+1} = qu_n$.

Dans ce cas $\forall n \in \mathbb{N}, u_n = q^n u_0$ et plus généralement $u_n = q^{n-p}u_p$.

3. **Suites arithmético-géométriques**

Une suite $(u_n)_{n\in\mathbb{N}}$ est arithmético-géométrique s'il existe deux réels a et b, indépendants de n, tels que : $\forall n \in \mathbb{N}, u_{n+1} = au_n + b$.

Si $a \neq 1$, l'équation $x = ax + b$ possède une solution unique $\ell = \dfrac{b}{1-a}$, alors $(u_n - \ell)$ est géométrique de raison a et $u_n = a^n(u_0 - \ell) + \ell$.

4. **Suites récurrentes linéaires**

On dit que $(u_n)_{n\in\mathbb{N}}$ est une suite récurrente linéaire d'ordre 2, s'il existe deux réels a et b, indépendants de n, tels que : $\forall n \in \mathbb{N}, u_{n+2} = au_{n+1} + bu_n$.

L'équation (1) : $x^2 - ax - b = 0$ est appelée équation caractéristique de la suite u. Selon le signe du discriminant $\Delta = a^2 + 4b$, on exprime u_n en fonction de n de différentes façons.

→ Si $\Delta > 0$, r_1 et r_2 étant les racines de (1), il existe deux réels α et β tels que : $\forall n \in \mathbb{N}, u_n = \alpha.r_1^n + \beta.r_2^n$.

→ Si $\Delta = 0$, soit r_0 la racine (double) de (1), il existe deux réels α et β tels que : $\forall n \in \mathbb{N}, u_n = \alpha.r_0^n + \beta.nr_0^n$.

→ Si $\Delta < 0$, l'équation (1) admet deux racines complexes conjuguées $\rho e^{i\theta}$ et $\rho e^{-i\theta}$ et il existe deux réels α et β tels que : $\forall n \in \mathbb{N}, u_n = \rho^n(\alpha\cos(n\theta) + \beta\sin(n\theta))$.

La connaissance des deux premiers termes de la suite permet de déterminer α et β dans tous les cas.

---

2) Indications spécifiques à chaque exercice

7.01. Ecrire $\frac{a^n}{n!} = (\frac{a}{1}\times\cdots\times\frac{a}{N})\times(\frac{a}{N+1}\times\cdots\times\frac{a}{n})$, pour $n > N$. Pour **2) b)** Utiliser la définition de $\lim\limits_{n\to\infty}\frac{v_{n+1}}{v_n} = \mathrm{e}$. Pour **2) c)** montrer par récurrence que si $n \geqslant n_0$ alors $v_n \geqslant (\frac{\mathrm{e}}{2})^{n-n_0}v_{n_0}$.

7.02. Utiliser les croissances comparées, en particulier : $\lim\limits_{n\to\infty}\frac{n^\alpha}{n!} = 0$, $\lim\limits_{n\to\infty}\frac{a^n}{n!} = 0$.

7.03. **1)** Encadrer $\sqrt{n^2+5k}$. **2)** De même majorer $\sqrt{n^2+5k}$. **3) b)** Poser $x = \frac{k}{n}$ avec $1 \leqslant k \leqslant n$.

7.04. Multipier haut et bas par les nombres pairs absents au numérateur.

7.05. Etudier $u_n + v_n$ et $u_n - 2v_n$.

7.06. Revoir le cours sur les suites arithmético-géométriques.

7.08. (w_n) étant une suite récurrente linéaire d'ordre 2, on sait déterminer w_n en fonction de n.

7.09. **2)** Procéder par télescopage. **3)** Raisonner par encadrement pour déterminer $\lim\limits_{n\to\infty}\frac{v_n}{n}$.

7.11. **1)** Utiliser l'expression conjuguée. **3)** Raisonner par récurrence.

7.12. **1)** Pour $t \in [0,x] \subset]0,1[$, montrer que $\frac{1}{1+t} < 1 < \frac{1}{1-t}$ et intégrer.

7.13. **3)** Partager le segment d'intégration en introduisant la borne intermédiaire a.

7.14. Penser à utiliser la décroissance de la suite u.

7.15. **3)** Utiliser $u_0 \leqslant u_n < v_n \leqslant v_0$ et passer à la limite dans $u_{n+1} = \frac{1}{2}(u_n + v_n)$.
6) Raisonner par récurrence et utiliser **4)**.

7.16. **2)** Former l'équation caractéristique associée pour obtenir l'expression de v_n en fonction de n.

7.17. **1)** (u_n) est une suite linéaire récurrente d'ordre 2. **2)** Remarquer que (u_n) est une suite arithmético-géométrique.

7.18. **2)** Comparer $f_n(u_n)$ et $f_n(u_{n+1})$ et utiliser la stricte monotonie de f_n. **3)** Supposer que $\ell \in]0,1[$ et aboutir à une contradiction.

7.19. **A) 2)** Raisonner par l'absurde en supposant que (u_n) converge. **B) 1) b)** Remplacer n par $n+p$ dans **1) a)**. **2)** Sommer les inégalités précédentes, p variant de 0 à k. **4)** Faire tendre k vers l'infini dans **2)**. Enfin, pour **6)** en majorant $|\beta_{n+1} + \beta_n^2 - \beta_n|$, montrer que $\lim\limits_{n\to\infty}\beta_n = \frac{1}{2}$.

7.20. **2) a)** Montrer que les suites a, b, c sont monotones et bornées. **b)** Passer à la limite dans les expressions de $u_{3n+2} - 2u_{3n+1} + u_{3n}$ et dans $u_{3n+3} - 2u_{3n+2} + u_{3n+1}$.

7.21. **3)** Faire un télescopage. **4) b)** Utiliser la question précédente. **5) b)** Raisonner par encadrement.

7.22. **1)** Montrer par récurrence que $u_n < v_n < w_n$. **4)** Faire tendre n vers l'infini dans $\alpha u_n + \beta v_n + \gamma w_n$.

7.23. 1) Pour $1 \leqslant k \leqslant n$, majorer $\sqrt{k+n^2}$ et passer à la somme. **3)** Remarquer que $S_n = \sum_{k=1}^{n} g(k/n^2)$.

7.24. 2) a) Comparer les carrés. **e)** Encadrer $\dfrac{1}{(2n+1)u_n}$.

7.25. 2) Pour $t \in [n, x_n]$, encadrer e^{t^2} puis intégrer.

7.26. 2) Comparer $f_n(\mathrm{e})$, $f_n(u_n)$ et $f_n(1)$. Comparer $f_n(u_{n+1})$ et $f_n(u_n)$. **3) d)** Remarquer que $f_n(2n\ln n) > 0 \implies f_n(2n\ln n) > f_n(v_n)$.

7.27. 2) a) Procéder par télescopage. **b)** Raisonner par l'absurde.

III. CORRIGÉS DÉTAILLÉS DES EXERCICES

Corrigé 7.01

1°) a) Comme $N = \lfloor a \rfloor + 1$, par définition, on a : $a - 1 < \lfloor a \rfloor \leqslant a$, donc $a - 1 < N - 1$, soit $a < N$ et $\dfrac{a}{N+1} < 1$ et donc pour $n \geqslant N+1$:
$\forall\, k \in [\![N+1, n]\!]$, $\dfrac{a}{k} < 1$ et $\dfrac{a}{N+1} \times \cdots \times \dfrac{a}{n} \leqslant \dfrac{a}{n}$
d'où :
$$0 < u_n = \frac{a^n}{n!} = \Big(\frac{a}{1} \times \frac{a}{2} \times \cdots \times \frac{a}{N}\Big) \times \Big(\frac{a}{N+1} \times \cdots \times \frac{a}{n}\Big) \leqslant \Big(\frac{a^N}{N!}\Big) \times \frac{a}{n}$$

b) Comme $\lim\limits_{n\to\infty} \dfrac{a}{n} = 0$, on en déduit par encadrement que :
$$\boxed{\lim_{n\to\infty} u_n = \lim_{n\to\infty} \frac{a^n}{n!} = 0}$$

2°) a) Pour $n \geqslant 1$:
$$\frac{v_{n+1}}{v_n} = \frac{(n+1)^{n+1}}{(n+1)!} \times \frac{n!}{n^n} = \frac{(n+1)^{n+1}}{(n+1)} \times \frac{1}{n^n} = \frac{(n+1)^n}{n^n}$$
$$= \Big(1 + \frac{1}{n}\Big)^n = \exp\Big(n \ln(1 + \frac{1}{n})\Big).$$
Comme $\lim\limits_{n\to\infty} n\ln(1 + \dfrac{1}{n}) = \lim\limits_{n\to\infty} \dfrac{\ln(1+\frac{1}{n})}{\frac{1}{n}} = \lim\limits_{x\to 0} \dfrac{\ln(1+x)}{x} = 1$, par continuité de la fonction exponentielle en 1, on a :
$$\boxed{\lim_{n\to\infty} \frac{v_{n+1}}{v_n} = \mathrm{e}}$$

b) En utilisant la définition de la convergence d'une suite vers e, on a :
$$\forall\, \varepsilon > 0, \exists\, n_0(\varepsilon) \in \mathbb{N}, n \geqslant n_0(\varepsilon) \implies \mathrm{e} - \varepsilon \leqslant \frac{v_{n+1}}{v_n} \leqslant \mathrm{e} + \varepsilon$$
d'où en prenant $\varepsilon = \dfrac{\mathrm{e}}{2}$, et en notant $n_0 = n_0(\varepsilon)$: $n \geqslant n_0 \implies \dfrac{v_{n+1}}{v_n} \geqslant \dfrac{\mathrm{e}}{2}$, soit comme $v_n > 0$:
$$\exists\, n_0 \in \mathbb{N}, n \geqslant n_0 \implies v_{n+1} \geqslant \frac{\mathrm{e}}{2}\, v_n$$

c) Montrons par récurrence que : $n \geqslant n_0 \implies v_n \geqslant \big(\frac{\mathrm{e}}{2}\big)^{n-n_0} v_{n_0}$.

→ Comme $\big(\frac{\mathrm{e}}{2}\big)^0 = 1$, la propriété est banale pour $n = n_0$.

$\to$ Soit $n \geqslant n_0$, et supposons que $v_n \geqslant \left(\frac{e}{2}\right)^{n-n_0} v_{n_0}$, alors :

$$v_{n+1} \geqslant \frac{e}{2} v_n \geqslant \frac{e}{2}\left(\frac{e}{2}\right)^{n-n_0} v_{n_0} = \left(\frac{e}{2}\right)^{n+1-n_0} v_{n_0}$$

Donc la propriété est vraie au rang $n+1$ et on conclut par le principe de récurrence.

$$\forall n \geqslant n_0, v_n \geqslant \left(\frac{e}{2}\right)^{n-n_0} v_{n_0}$$

Comme $\frac{e}{2} > 1$, il vient $\lim\limits_{n\to\infty} \left(\frac{e}{2}\right)^{n-n_0} v_{n_0} = +\infty$, et par minoration :

$$\boxed{\lim_{n\to\infty} v_n = +\infty}$$

Corrigé 7.02

a) $u_n = \dfrac{10^n - 5}{10^n + 2} = \dfrac{1 - 5.10^{-n}}{1 + 2.10^{-n}}$. Comme $\lim\limits_{n\to\infty} 10^{-n} = 0$. On a $\lim\limits_{n\to\infty} u_n = 1$.

b) $u_n = \sqrt{5n+3} - \sqrt{5n+4} = \dfrac{(5n+3) - (5n+4)}{\sqrt{5n+3} + \sqrt{5n+4}} = \dfrac{-1}{\sqrt{5n+3} + \sqrt{5n+4}}$.

Comme $\lim\limits_{n\to\infty} \sqrt{5n+3} + \sqrt{5n+4} = +\infty$, il vient : $\lim\limits_{n\to\infty} u_n = 0$.

c) $u_n = \dfrac{5n^3 + n!}{2^n + n^2} = \dfrac{n!(5 + \frac{n^3}{n!})}{2^n(1 + \frac{n^2}{2^n})}$. Comme par croissances compareés :

$\lim\limits_{n\to\infty} \dfrac{n^2}{2^n} = \lim\limits_{n\to\infty} \dfrac{n^3}{n!} = 0$ et $\lim\limits_{n\to\infty} \dfrac{n!}{2^n} = +\infty$, on en déduit : $\lim\limits_{n\to\infty} u_n = +\infty$

d) $u_n = \dfrac{n^4 + \sin n}{3^n + \cos n} = \dfrac{n^4(1 + \frac{\sin n}{n^4})}{3^n(1 + \frac{\cos n}{3^n})}$. Comme $0 \leqslant \left|\dfrac{\sin n}{n^4}\right| \leqslant \dfrac{1}{n^4} \underset{n\to\infty}{\longrightarrow} 0$,

$0 \leqslant \left|\dfrac{\cos n}{3^n}\right| \leqslant \dfrac{1}{3^n} \underset{n\to\infty}{\longrightarrow} 0$ et $\lim\limits_{n\to\infty} \dfrac{n^4}{3^n} = 0$, il vient : $\lim\limits_{n\to\infty} u_n = 0$

e) $u_n = \left(2 + \frac{5}{4}\cos 2n\right)^{1/n}$.

On raisonne par encadrement : $2 - \dfrac{5}{4} \leqslant 2 + \dfrac{5}{4}\cos 2n \leqslant 2 + \dfrac{5}{4}$, soit :

$$0 < \frac{3}{4} \leqslant 2 + \frac{5}{4}\cos 2n \leqslant \frac{13}{4}$$

et par croissance sur $\mathbb{R}_+^*$ de $t \mapsto t^{1/n}$ on a :

$$\left(\frac{3}{4}\right)^{1/n} \leqslant u_n \leqslant \left(\frac{13}{4}\right)^{1/n}$$

De $\lim\limits_{n\to\infty} (\dfrac{3}{4})^{1/n} = \lim\limits_{n\to\infty} (\dfrac{13}{4})^{1/n} = 1$ pas de « forme indéterminée »), on déduit par encadrement $\lim\limits_{n\to\infty} u_n = 1$

f) $u_n = \dfrac{\sin(\frac{2}{n})}{\sqrt{n} - \ln n} = \dfrac{\sin(\frac{2}{n})}{\sqrt{n}(1 - \frac{\ln n}{\sqrt{n}})}$.

Comme $\lim\limits_{n\to\infty} \dfrac{\ln n}{\sqrt{n}} = 0$, on en déduit $\lim\limits_{n\to\infty} u_n = 0$.

g) $u_n = \left(1 - \dfrac{5}{n}\right)^n = \exp\left(n\ln(1 - \dfrac{5}{n})\right) = \exp\left(\dfrac{\ln\left(1 - \frac{5}{n}\right)}{\frac{-5}{n}} \times (-5)\right)$.

Comme $\lim\limits_{n\to\infty} \dfrac{\ln\left(1 - \frac{5}{n}\right)}{\frac{-5}{n}} = \lim\limits_{x\to 0} \dfrac{\ln(1+x)}{x} = 1$, par continuité de la fonction exponentielle en -5, on obtient : $\lim\limits_{n\to\infty} u_n = \mathrm{e}^{-5}$

h) $u_n = \dfrac{9^n + n^9}{9^n + n!} = \dfrac{9^n(1+\frac{n^9}{9^n})}{n!(1+\frac{9^n}{n!})}$. Comme, par croissances comparées, $\lim\limits_{n\to\infty} \dfrac{n^9}{9^n} = \lim\limits_{n\to\infty} \dfrac{9^n}{n!} = 0$, on obtient : $\lim\limits_{n\to\infty} u_n = 0$.

Corrigé 7.03

1°) Pour $k \in [\![1, n^2]\!]$, on a $n^2+5 \leqslant n^2+5k \leqslant n^2+5n$, d'où par croissance de la fonction racine carrée sur $\mathbb{R}^+$, $\sqrt{n^2+5} \leqslant \sqrt{n^2+5k} \leqslant \sqrt{n^2+5n}$ et par décroissance de la fonction inverse sur $\mathbb{R}_+^*$, on a :

$$\forall\, k \in [\![1, n]\!],\ \frac{1}{\sqrt{n^2+5n}} \leqslant \frac{1}{\sqrt{n^2+5k}} \leqslant \frac{1}{\sqrt{n^2+5}}$$

Par sommation, pour k variant de 1 à n, on a alors :

$$\sum_{k=1}^{n} \frac{1}{\sqrt{n^2+5n}} \leqslant \sum_{k=1}^{n} \frac{1}{\sqrt{n^2+5k}} \leqslant \sum_{k=1}^{n} \frac{1}{\sqrt{n^2+5}}$$

Soit :

$$\frac{n}{\sqrt{n^2+5n}} \leqslant u_n \leqslant \frac{n}{\sqrt{n^2+5}}$$

Comme :

$$\lim_{n\to\infty} \frac{n}{\sqrt{n^2+5n}} = \lim_{n\to\infty} \frac{1}{\sqrt{1+\frac{5}{n}}} = \lim_{n\to\infty} \frac{n}{\sqrt{n^2+5}} = \lim_{n\to\infty} \frac{1}{\sqrt{1+\frac{5}{n^2}}} = 1,$$

on en déduit par encadrement :

$$\boxed{\lim_{n\to\infty} u_n = 1}$$

2°) Pour $k \in [\![1, n]\!], 0 < n^2+5k \leqslant n^2+5n^2$ donc $0 < \sqrt{n^2+5k} \leqslant \sqrt{6n^2}$ et $\dfrac{1}{n\sqrt{6}} = \dfrac{1}{\sqrt{6n^2}} \leqslant \dfrac{1}{\sqrt{n^2+5k}}$

Par sommation, il vient : $v_n = \displaystyle\sum_{k=1}^{n^2} \frac{1}{\sqrt{n^2+5k}} \geqslant \sum_{k=1}^{n^2} \frac{1}{n\sqrt{6}} = \frac{n}{\sqrt{6}}$, et comme $\lim\limits_{n\to\infty} \dfrac{n}{\sqrt{6}} = +\infty$, on en déduit :

$$\boxed{\lim_{n\to\infty} v_n = +\infty}$$

3°) a) Pour $x \in \mathbb{R}^+, f(x) = \ln(1+x) - x + \dfrac{x^2}{2}$, donc :

$$f'(x) = \frac{1}{1+x} - 1 + x = \frac{x^2}{1+x} \geqslant 0$$

La fonction f est croissante sur $\mathbb{R}^+$ et comme $f(0) = 0$, on a :

$$x \geqslant 0 \implies f(x) \geqslant 0$$

Ainsi : $\forall\, x \in \mathbb{R}^+, \ln(1+x) \geqslant x - \dfrac{x^2}{2}$.

b) Posons $x = \dfrac{k}{n}$, avec $k \in [\![1, n]\!]$, on a bien $x \geqslant 0$, d'où par le résultat précédent : $\ln\left(1+\dfrac{k}{n}\right) \geqslant \dfrac{k}{n} - \dfrac{k^2}{2n^2}$ et par sommation :

$\sum_{k=1}^{n} \ln\left(1+\frac{k}{n}\right) \geqslant \sum_{k=1}^{n} \frac{k}{n} - \frac{1}{2}\sum_{k=1}^{n} \frac{k^2}{n^2}$, soit :

$$\ln w_n = \sum_{k=1}^{n} \ln\left(1+\frac{k}{n}\right) \geqslant \frac{1}{n} \times \frac{n(n+1)}{2} - \frac{1}{2n^2} \times \frac{n(n+1)(2n+1)}{6}$$

ou encore :

$$\ln w_n \geqslant \frac{(n+1)}{2}\left(1 - \frac{2n+1}{6n}\right) = \frac{(n+1)(4n-1)}{12n}$$

c) Comme $\lim\limits_{n\to\infty} \frac{n+1}{12n} = \frac{1}{12}$, il vient $\lim\limits_{n\to\infty} \frac{(n+1)(4n-1)}{12n} = +\infty$, et donc :

$$\lim_{n\to\infty} \ln w_n = +\infty$$

Ainsi, comme $\lim\limits_{x\to+\infty} \mathrm{e}^x = +\infty$, on en déduit :

$$\boxed{\lim_{n\to\infty} w_n = \lim_{n\to\infty} \exp(\ln w_n) = \lim_{n\to\infty} w_n = +\infty}$$

Corrigé 7.04

1°) En multipliant numérateur et dénominateur par le produit $2\times4\times6\times\cdots\times(2n)$, on a :

$$u_n = \frac{1\times2\times3\times\cdots\times(2n)}{[2\times4\times6\times\cdots\times(2n)]^2} = \frac{(2n)!}{[2^n\times1\times2\times3\times\cdots\times(n)]^2} = \frac{(2n)!}{(2^n n!)^2}$$

2°) Comme $u_n > 0$, comparons 1 et $\frac{u_{n+1}}{u_n}$:

$$\frac{u_{n+1}}{u_n} = \frac{(2n+2)!}{2^{2n+2}(n+1)!^2} \times \frac{2^{2n} n!^2}{(2n)!} = \frac{(2n+1)\,(2n+2)}{4(n+1)^2} = \frac{2n+1}{2n+2} < 1$$

Ainsi la suite u est décroissante.

Comme u est minorée par 0, étant décroissante, elle converge.

3°) Etudions la monotonie de la suite strictement positive v. On a :

$$\frac{v_{n+1}}{v_n} = \frac{n+2}{n+1}\left(\frac{u_{n+1}}{u_n}\right)^2 = \left(\frac{n+2}{n+1}\right)\left(\frac{2n+1}{2n+2}\right)^2$$
$$= \frac{4n^3+12n^2+9n+2}{4n^3+12n^2+12n+4} < 1.$$

On en déduit la décroissance de v. Etant minorée par 0, elle converge.
Si la suite u convergeait vers une limite non nulle, comme $\lim\limits_{n\to\infty}(n+1)^2 = +\infty$, la suite v serait divergente, ce qui est absurde. Ainsi :

$$\boxed{\lim_{n\to\infty} u_n = 0}$$

Corrigé 7.05

Devant ce genre d'exercice, on peut avoir (au moins) deux idées :
→ Essayer de désenchevêtrer les relations de récurrence : la deuxième relation donne u_{n-1} en fonction de v_n et v_{n-1}, on en déduit aussi u_n en fonction de v_{n+1} et v_n et on remplace dans la première relation …
→ Si on a déjà fait un peu de calcul matriciel, on voit que cela revient à faire le calcul de $\begin{pmatrix} 3 & 2 \\ 1 & 2 \end{pmatrix}^n$ …

Choisissons alors une troisième méthode (!) qui demande de « voir » les relations de récurrence : $\begin{cases} v_n = 3u_{n-1} + 2v_{n-1} \\ v_n = v_{n-1} + 2v_{n-1} \end{cases}$

On remarque que : $\forall\, n \in \mathbb{N}^*, \begin{cases} u_n + v_n = 4(u_{n-1} + v_{n-1}) \\ u_n - 2v_n = u_{n-1} - 2v_{n-1} \end{cases}.$

Posons alors $w_n = u_n + v_n$ et $t_n = u_n - 2v_n$, d'après ce qui précède, la suite (w_n) est géométrique de raison 4, la suite (t_n) est constante.

Donc $\forall\, n \in \mathbb{N}, w_n = 4^n w_0 = 2{\times}4^n$ et $t_n = t_0 = -1$.

Ainsi $\forall\, n \in \mathbb{N}, u_n + v_n = 2{\times}4^n$ et $u_n - 2v_n = -1$ et en résolvant ce système :

$$\boxed{\forall\, n \in \mathbb{N}, u_n = \frac{4^{n+1} - 1}{3} \text{ et } v_n = \frac{2{\times}4^n + 1}{3}}$$

Corrigé 7.06

• La suite proposée est arithmético-géométrique. On cherche donc le point fixe de cette récurrence, c'est-à-dire que l'on résout l'équation $\ell = \frac{1}{2}\ell + 5$. D'où $\ell = 10$.

• On a alors :

$\forall\, n \in \mathbb{N}, u_{n+1} = \frac{1}{2}u_n + 5$ et aussi $10 = \frac{1}{2}10 + 5$, donc

$$\forall\, n \in \mathbb{N}, u_{n+1} - 10 = \tfrac{1}{2}(u_n - 10)$$

Ainsi la suite $(u_n - 10)$ est une suite géométrique de raison $\frac{1}{2}$ et :

$$\forall\, n \in \mathbb{N}, u_n - 10 = \left(\tfrac{1}{2}\right)^n (u_0 - 10), \textit{ i.e.} : u_n = -4\left(\tfrac{1}{2}\right)^n + 10$$

• On a alors :

$S_n = \sum_{k=0}^{n} u_k = \sum_{k=0}^{n} \left[-4(\tfrac{1}{2})^k + 10 \right] = -4 \sum_{k=0}^{n} (\tfrac{1}{2})^k + \sum_{k=0}^{n} 10$

et l'identité géométrique donne alors :

$S_n = -4 \dfrac{1 - (\frac{1}{2})^{n+1}}{1 - \frac{1}{2}} + 10(n+1) = 8\left(\tfrac{1}{2}\right)^{n+1} + 10n + 2$, soit :

$$\boxed{S_n = \left(\tfrac{1}{2}\right)^{n-2} + 10n + 2}$$

Corrigé 7.07

1°) $u_1 = \frac{u_0}{2} + \frac{1}{2} = \frac{1}{3} + \frac{1}{2} = \frac{5}{6}$ et

$$u_2 = \frac{u_1}{2} + \frac{1}{2\sqrt{2}} + \frac{1}{2} = \frac{5}{12} + \frac{1}{2\sqrt{2}} + \frac{1}{2} = \frac{11}{12} + \frac{1}{2\sqrt{2}}.$$

2°) Soit v la suite définie par : $\forall\, n \in \mathbb{N}, v_n = \sqrt{2}.u_n - n$.

Pour tout $n \in \mathbb{N}$, on a :

$$\begin{aligned} v_{n+1} &= \sqrt{2}.u_{n+1} - (n+1) = \frac{\sqrt{2}.u_n}{2} + \frac{n}{2} - (n+1) + 1 = \frac{\sqrt{2}.u_n}{2} - \frac{n}{2} \\ &= \frac{1}{2}(\sqrt{2}.u_n - n) = \frac{1}{2}v_n \end{aligned}$$

Par conséquent (v_n) est la suite géométrique de raison $\frac{1}{2}$ et de premier terme $v_0 = \sqrt{2}.u_0 = \dfrac{2\sqrt{2}}{3}$.

3°) Ainsi : $\forall n \in \mathbb{N}, v_n = \left(\frac{1}{2}\right)^n . \frac{2\sqrt{2}}{3}$, et donc : $\boxed{u_n = \left(\frac{1}{2}\right)^n . \frac{2}{3} + \frac{n}{\sqrt{2}}}$

4°) Pour $n \in \mathbb{N}$: $s_n = \sum_{i=0}^{n} u_i = \frac{2}{3} \sum_{i=0}^{n} \left(\frac{1}{2}\right)^i + \frac{\sqrt{2}}{2} \sum_{i=0}^{n} i.$

Les formules standard donnent alors :

$$\boxed{s_n = \frac{2}{3} . \frac{1 - (\frac{1}{2})^{n+1}}{1 - \frac{1}{2}} + \frac{\sqrt{2}}{2} . \frac{n(n+1)}{2} = \frac{4}{3}\left(1 - \frac{1}{2^{n+1}}\right) + \frac{\sqrt{2}}{4} n(n+1)}$$

Corrigé 7.08

1°) Avec $v_n = an^2 + bn + c$, on a :

$v_{n+1} = a(n+1)^2 + b(n+1) + c = an^2 + (2a+b)n + a + b + c$

$v_{n+2} = a(n+2)^2 + b(n+2) + c = an^2 + (4a+b)n + 4a + 2b + c$

et la relation : $\forall n \in \mathbb{N}, v_{n+2} = -3v_{n+1} + 10v_n + 18n^2$ s'écrit :

$$\forall n \in \mathbb{N}, an^2 + (4a+b)n + 4a + 2b + c = -3(an^2 + (2a+b)n + a + +b + c) + 10(an^2 + bn + c) + 18n^2$$

$\Longleftrightarrow \forall n \in \mathbb{N}, P(n) = -(6a+18)n^2 + (10a - 6b)n + (7a + 5b - 6c) = 0.$

Donc le polynôme P possède une infinité de racines, il est donc nul et :

$\begin{cases} 6a + 18 = 0 \\ 10a - 6b = 0 \\ 7a + 5b - 6c = 0 \end{cases}$ ce qui donne $a = -3, b = -5, c = -\frac{23}{3}$. Ainsi :

$$\boxed{v_n = -3n^2 - 5n - \frac{23}{3}}$$

2°) Les suites u et v vérifient la relation de récurrence de l'énoncé, donc par différence la suite $w = u - v$ vérifie : $\forall n \in \mathbb{N}$:

$$\begin{aligned} w_{n+2} = u_{n+2} - v_{n+2} &= (-3u_{n+1} + 10u_n + 18n^2) - (-3v_{n+1} + 10v_n + 18n^2) \\ &= -3(u_{n+1} - v_{n+1}) + 10(u_n - v_n) = -3w_{n+1} + 10w_n. \end{aligned}$$

$$\boxed{\forall n \in \mathbb{N}, w_{n+2} = -3w_{n+1} + 10w_n}$$

3°) Ainsi la suite (w_n) est une suite récurrente linéaire d'ordre 2, d'équation caractéristique associée : $r^2 + 3r - 10 = 0$ de racines 2 et -5, donc :

$$\exists (\alpha, \beta) \in \mathbb{R}^2, \forall n \in \mathbb{N}, w_n = \alpha \times 2^n + \beta(-5)^n$$

Ainsi : $\forall n \in \mathbb{N}, u_n = \alpha 2^n + \beta(-5)^n - 3n^2 - 5n - \frac{23}{3}$.

On détermine α et β à l'aide de u_0 et v_0 :

$$u_0 = \alpha + \beta - \frac{23}{3} = -\frac{2}{3} \text{ et } u_1 = 2\alpha - 5\beta - \frac{47}{3} = \frac{1}{3}. \text{ Donc}$$

$\begin{cases} \alpha + \beta = 7 \\ 2\alpha - 5\beta = 16 \end{cases}$ et $\alpha = \frac{51}{7}; \beta = -\frac{2}{7}$.

Par conséquent :

$$\boxed{\forall n \in \mathbb{N}, u_n = \frac{51}{7}(2)^n - \frac{2}{7}(-5)^n - 3n^2 - 5n - \frac{23}{3}}$$

Corrigé 7.09

1°) On a $u_0 = 1 > 0$ et ayant : $\forall\, n \geqslant 0, u_{n+1} = u_n + \dfrac{2}{u_n}$ on en déduit par une récurrence immédiate que pour tout $n \in \mathbb{N}$, u_n est bien défini et tel que $u_n > 0$.
De plus : $\forall\, n \geqslant 0, u_{n+1} - u_n = \dfrac{2}{u_n} > 0$ et la suite u est donc croissante. Si u était convergente de limite notée ℓ, u étant croissante et minorée par 1 on aurait $\ell > 0$, et $\lim\limits_{n\to\infty} \dfrac{2}{u_n} = \dfrac{2}{\ell}$, donc $\lim\limits_{n\to\infty} u_{n+1} = \lim\limits_{n\to\infty} u_n + \dfrac{2}{u_n} = \ell = \ell + \frac{1}{\ell}$ et $\frac{1}{\ell} = 0$, ce qui est impossible.
La suite u ne converge pas, et étant croissante on a :

$$\boxed{\lim_{n\to\infty} u_n = +\infty}$$

2°) Soit n un entier naturel, on pose $v_n = \dfrac{u_n^2}{4}$.

a) $\forall\, k \in \mathbb{N}, v_{k+1} - v_k = \dfrac{(u_{k+1})^2 - (u_k)^2}{4} = \dfrac{(u_k + \frac{2}{u_k})^2 - (u_k)^2}{4} = 1 + \dfrac{1}{u_k^2}$

Donc : $\forall\, k \in \mathbb{N}, v_{k+1} - v_k > 1$, ainsi $\sum\limits_{k=0}^{n-1} (v_{k+1} - v_k) > \sum\limits_{k=0}^{n-1} 1$
et par télescopage :
$v_n - v_0 > n$, c'est-à-dire : $v_n > n + v_0$ et comme $v_0 \geqslant 0$, il vient :

$$v_n \geqslant n$$

b) On veut montrer que $\forall\, k \geqslant 1$ on a : $v_{k+1} - v_k \leqslant 1 + \frac{1}{k}$, c'est-à-dire que $1 + \dfrac{1}{u_k^2} \leqslant 1 + \frac{1}{k}$.

Or on sait que $v_k \geqslant k$, donc que $\dfrac{u_k^2}{4} \geqslant k$ et $u_k^2 \geqslant 4k \geqslant k$, soit $\dfrac{1}{u_k^2} \leqslant \frac{1}{k}$, ce qu'il fallait. On a donc bien :

$$\forall\, k \geqslant 1, v_{k+1} - v_k \leqslant 1 + \frac{1}{k}$$

c) Soit $k \geqslant 2$. Pour $k - 1 \leqslant t \leqslant k$, on a $\frac{1}{k} \leqslant \frac{1}{t}$ et par conservation des inégalités par intégration (les bornes sont dans l'ordre croissant) : $\displaystyle\int_{k-1}^{k} \frac{dt}{k} \leqslant \int_{k-1}^{k} \frac{dt}{t}$, soit

$$\frac{1}{k} \leqslant \int_{k-1}^{k} \frac{dt}{t}$$

d) $\forall\, k \geqslant 2$, $v_{k+1} - v_k \leqslant 1 + \dfrac{1}{k} \leqslant 1 + \displaystyle\int_{k-1}^{k} \frac{dt}{t} = 1 + \ln k - \ln(k-1)$

Soit par sommation et télescopage :
$v_n - v_2 = \sum\limits_{k=2}^{n-1} (v_{k+1} - v_k) \leqslant \Big(\sum\limits_{k=2}^{n-1} 1 + \ln k - \ln(k-1) \Big) = n - 2 + \ln(n-1)$.
Soit $v_n \leqslant (n-2) + v_2 + \ln(n-1)$, et comme on sait que $v_n \geqslant n$:

$$n \leqslant v_n \leqslant (n-2) + v_2 + \ln(n-1)$$

3°) Pour $n \geqslant 1$, on a donc : $1 \leqslant \dfrac{v_n}{n} \leqslant \dfrac{n-2}{n} + \dfrac{v_2}{n} + \dfrac{\ln(n-1)}{n}$. Comme

$\lim\limits_{n\to\infty} \dfrac{\ln(n-1)}{n} = 0$ et $\lim\limits_{n\to\infty} \dfrac{n-2}{n} = 1$, il vient par le théorème d'encadrement :

$$\lim_{n\to\infty} \frac{v_n}{n} = 1$$

Comme $\frac{v_n}{n} = \left(\frac{u_n}{2\sqrt{n}}\right)^2$ et $u_n > 0$, on en déduit :

$$\boxed{\lim_{n\to\infty} \frac{u_n}{2\sqrt{n}} = 1}$$

Corrigé 7.10

1°) $u_1 = \frac{1}{2}(u_0 + v_0) = \frac{7}{2}$; $v_1 = \frac{1}{2}(u_1 + v_0) = \frac{1}{2}(\frac{7}{2} + 4) = \frac{15}{4}$;
$u_2 = \dfrac{1}{2}(u_1 + v_1) = \dfrac{1}{2}(\frac{7}{2} + \frac{15}{4}) = \dfrac{29}{8}$ et $v_2 = \dfrac{1}{2}(u_2 + v_1) = \dfrac{1}{2}(\frac{29}{8} + \frac{15}{4}) = \dfrac{59}{16}$
Ainsi :

$$u_1 = \frac{7}{2} \,;\, v_1 = \frac{15}{4} \,;\, u_2 = \frac{29}{8} \,;\, v_2 = \frac{59}{16}$$

2°) a) $\forall n \in \mathbb{N}, w_{n+1} = v_{n+1} - u_{n+1} = \dfrac{1}{2}\big((u_{n+1} + v_n) - (u_n + v_n)\big)$, soit :
$w_{n+1} = \frac{1}{2}(u_{n+1} - u_n) = \frac{1}{2}\big(\frac{1}{2}(u_n + v_n) - u_n\big) = \frac{1}{2}\left[\frac{1}{2}(v_n - u_n)\right] = \frac{1}{4}w_n$.

La suite w est la suite géométrique de raison $\dfrac{1}{4}$ et de premier terme $w_0 = 1$.

b) On a donc : $\forall n \in \mathbb{N}, w_n = \left(\frac{1}{4}\right)^n$ et comme $0 < \dfrac{1}{4} < 1$,

$$\lim_{n\to\infty} \left(\tfrac{1}{4}\right)^n = 0 \text{ et } \lim_{n\to\infty} w_n = 0$$

3°) $\star$ On a $\forall n \in \mathbb{N}, u_{n+1} - u_n = 2w_{n+1} = \dfrac{1}{2}w_n > 0$, donc la suite u est croissante.
$\star$ De même :
$\forall n \in \mathbb{N}, v_{n+1} - v_n = \frac{1}{2}(u_{n+1} + v_n) - v_n = \frac{1}{2}(u_{n+1} - v_n)$
$= \frac{1}{2}\big(\frac{1}{2}(u_n + v_n) - v_n\big) = -\frac{1}{4}w_n < 0$

La suite v est donc décroissante.
$\star$ Comme $\lim\limits_{n\to\infty} (v_n - u_n) = \lim\limits_{n\to\infty} w_n = 0$, on en déduit que les suites u et v sont adjacentes, elles convergent donc vers la même limite notée ℓ.

4°) a) $\forall n \in \mathbb{N}$:
$t_{n+1} = \frac{1}{3}(u_{n+1} + 2v_{n+1}) = \frac{1}{3}(\frac{1}{2}u_n + \frac{1}{2}v_n + u_{n+1} + v_n) = \frac{1}{3}(u_n + 2v_n) = t_n$.

Par conséquent la suite (t_n) est constante et $\forall n \in \mathbb{N}, t_n = t_0 = \dfrac{11}{3}$.

b) Comme $\lim\limits_{n\to\infty} u_n = \lim\limits_{n\to\infty} v_n = \ell$, il vient $\lim\limits_{n\to\infty} t_n = \dfrac{1}{3}(\ell + 2\ell) = \ell = \dfrac{11}{3}$

$$\boxed{\text{Les suites } u \text{ et } v \text{ convergent vers } \frac{11}{3}}$$

Corrigé 7.11

1°) $\forall n \in \mathbb{N}, 5 - u_{n+1} = 5 - \sqrt{u_n + 20} = \dfrac{25 - (u_n + 20)}{5 + \sqrt{u_n + 20}} = \dfrac{5 - u_n}{5 + \sqrt{u_n + 20}}$

D'autre part comme $5+\sqrt{u_n+20}\geqslant 5$, on a $\dfrac{1}{5+\sqrt{u_n+20}}\leqslant \frac{1}{5}$ donc :
$\dfrac{|5-u_n|}{5+\sqrt{u_n+20}}\leqslant \frac{1}{5}|5-u_n|$,
ainsi :

$$\forall n\in\mathbb{N}, |5-u_{n+1}|\leqslant \frac{1}{5}|5-u_n|$$

2°) Par récurrence sur $n\in\mathbb{N}$, montrons que : $|u_n-5|\leqslant 3\times\left(\frac{1}{5}\right)^n$.

$\rightarrow u_0-5=2-5=-3$, donc $|u_0-5|\leqslant 3\times\left(\frac{1}{5}\right)^0$ et la propriétét est vraie au rang 0.

$\rightarrow$ Soit n un entier naturel tel que $|u_n-5|\leqslant 3\times\left(\frac{1}{5}\right)^n$. D'après la question précédente $|5-u_{n+1}|\leqslant \frac{1}{5}|5-u_n|\leqslant \frac{1}{5}\times 3\times\left(\frac{1}{5}\right)^n=3\times\left(\frac{1}{5}\right)^{n+1}$, d'où le résultat au rang $n+1$.
Ainsi, on a prouvé par récurrence que :

$$\forall n\in\mathbb{N}, |u_n-5|\leqslant 3\times\left(\frac{1}{5}\right)^n$$

Comme $\lim\limits_{n\to\infty}\left(\frac{1}{5}\right)^n=0$ on a $\lim\limits_{n\to\infty}|u_n-5|=0$, donc :

$$\lim_{n\to\infty}u_n=5$$

3°) Pour réaliser l'inégalité demandée il suffit d'avoir n vérifiant $3\times\left(\frac{1}{5}\right)^n<10^{-3}$, soit $5^n>3\times 10^3$ ou encore $n\ln 5>\ln(3\times 10^3)$,
i.e. $n>\dfrac{\ln(3\times 10^3)}{\ln 5}$, ce qui donne :

$$n\geqslant 5 \text{ et } n_0=5$$

Corrigé 7.12

1°) Soit $x\in]0,1[$. Pour tout $t\in[0,x]$, on a : $\dfrac{1}{1+t}\leqslant 1\leqslant \dfrac{1}{1-t}$. En intégrant sur $[0,x]$ (les bornes sont dans le sens croissant), on a donc :

$$\int_0^x\frac{dt}{1+t}\leqslant\int_0^x dt\leqslant\int_0^x\frac{dt}{1-t}, \textit{ i.e. } \ln(1+x)\leqslant x\leqslant -\ln(1-x).$$

2°) Procédons par encadrement pour déterminer l'existence et la valeur de la limite de la suite $n\mapsto u_n=\sum\limits_{k=n}^{2n}\frac{1}{k}$.

Pour $k\geqslant n\geqslant 2$, on a $\frac{1}{k}\in]0,1[$. En utilisant la double inégalité précédente on obtient donc : $\ln\left(1+\frac{1}{k}\right)\leqslant\frac{1}{k}\leqslant -\ln\left(1-\frac{1}{k}\right)$, ce qui s'écrit :

$$\ln(k+1)-\ln k\leqslant\frac{1}{k}\leqslant \ln k-\ln(k-1)$$

D'où, par sommation :

$$\sum_{k=n}^{2n}\left(\ln(k+1)-\ln k\right)\leqslant\sum_{k=n}^{2n}\frac{1}{k}\leqslant\sum_{k=n}^{2n}\left(\ln k-\ln(k-1)\right)$$

et, par télescopage (*i.e.* simplifications en cascade) :

$$\ln(2n+1)-\ln n\leqslant u_n\leqslant \ln(2n)-\ln(n-1)$$

Ou encore :

$$\boxed{\ln\big(\frac{2n+1}{n}\big) \leqslant u_n \leqslant \ln\big(\frac{2n}{n-1}\big)}$$

Comme $\lim\limits_{n\to\infty} \ln\big(\frac{2n+1}{n}\big) = \lim\limits_{n\to\infty} \ln\big(\frac{2n}{n-1}\big) = \ln 2$, on conclut par le théorème d'encadrement :

$$\boxed{\lim_{n\to\infty} u_n = \ln 2}$$

Corrigé 7.13

1°) $u_1 = \displaystyle\int_0^1 \frac{t}{1+t}dt = \int_0^1 (1 - \frac{1}{1+t})\,dt = 1 - \big[\ln(1+t)\big]_0^1 = 1 - \ln 2.$

2°) La fonction $\varphi : t \mapsto \dfrac{t}{1+t}$ est croissante sur $[0,1]$ (car $\varphi'(t) = \dfrac{1}{(1+t)^2} > 0$) donc $\forall\, t \in [0,1], \varphi(0) \leqslant \varphi(t) \leqslant \varphi(1)$, soit : $0 \leqslant \dfrac{t}{1+t} \leqslant \dfrac{1}{2}$.

Par conséquent $0 \leqslant \big(\frac{t}{1+t}\big)^n \leqslant \big(\frac{1}{2}\big)^n$ et en intégrant sur $[0,1]$ (donc avec des bornes dans l'ordre croissant), on a :

$$0 \leqslant \int_0^1 \big(\frac{t}{1+t}\big)^n dt \leqslant \int_0^1 \big(\frac{1}{2}\big)^n dt, \text{ soit } 0 \leqslant u_n^n \leqslant \big(\frac{1}{2}\big)^n :$$

$$\forall\, n \in \mathbb{N}^*, 0 \leqslant u_n \leqslant \frac{1}{2}$$

3°) Soit $t \in [a,1]$, par croissance de φ, $0 < \varphi(a) \leqslant \varphi(t) \leqslant \varphi(1)$ et par croissance sur $\mathbb{R}^+$ de $t \mapsto t^n$, il vient : $\big(\frac{t}{1+t}\big)^n \geqslant \big(\frac{a}{1+a}\big)^n$.

En intégrant sur $[a,1]$, on a alors :

$$\int_0^1 \frac{t^n}{(1+t)^n}dt \geqslant \int_a^1 \frac{t^n}{(1+t)^n}dt \geqslant \int_a^1 \big(\frac{a}{1+a}\big)^n dt = (1-a)\big(\frac{a}{1+a}\big)^n$$

Ainsi par croissance de la fonction racine $n^{\text{ème}}$ sur $\mathbb{R}^+$, $u_n \geqslant \dfrac{a}{1+a}(1-a)^{1/n}$.

4°) Pour $a \in]0,1[$, on a donc : $\dfrac{a}{1+a}(1-a)^{1/n} \leqslant u_n \leqslant \dfrac{1}{2}$

Prenons alors $a = 1 - \dfrac{1}{n}$, avec $n \geqslant 2$: $\dfrac{1-\frac{1}{n}}{2-\frac{1}{n}}(1-(1-\frac{1}{n}))^{1/n} \leqslant u_n \leqslant \dfrac{1}{2}$, soit :

$$\frac{n-1}{2n-1}\big(\frac{1}{n}\big)^{1/n} \leqslant u_n \leqslant \frac{1}{2}$$

On a $\big(\frac{1}{n}\big)^{1/n} = \exp(\frac{1}{n}\ln(\frac{1}{n})) = \exp(-\frac{\ln n}{n}) \underset{n\to\infty}{\longrightarrow} \exp(0) = 1$, donc :

$\lim\limits_{n\to\infty} \dfrac{n-1}{2n-1}\big(\frac{1}{n}\big)^{1/n} = \dfrac{1}{2}$ et, par encadrement :

$$\boxed{\text{la suite } (u_n) \text{ converge sa limite étant } \frac{1}{2}}$$

Corrigé 7.14

1°) $\star\ \forall\, n \in \mathbb{N}, s_{2n+2} - s_{2n} = \sum\limits_{k=0}^{2n+2}(-1)^k u_k - \sum\limits_{k=0}^{2n}(-1)^k u_k$

$$= (-1)^{2n+2}u_{2n+2} + (-1)^{2n+1}u_{2n+1} = u_{2n+2} - u_{2n+1}$$

donc $s_{2n+2} - s_{2n} \leqslant 0$, car la suite u est décroissante. Ainsi :

$$\text{la suite } (s_{2n}) \text{ est décroissante}$$

$$\star \, \forall n \in \mathbb{N}, s_{2n+3} - s_{2n+1} = \sum_{k=0}^{2n+3} (-1)^k u_k - \sum_{k=0}^{2n+1} (-1)^k u_k$$
$$= (-1)^{2n+3} u_{2n+3} + (-1)^{2n+2} u_{2n+2} = u_{2n+2} - u_{2n+3}$$

donc $s_{2n+3} - s_{2n+1} \geqslant 0$, car la suite u est décroissante. Ainsi :

$$\text{la suite } (s_{2n+1}) \text{ est croissante}$$

$$\star \, \forall n \in \mathbb{N}, s_{2n+1} - s_{2n} = \sum_{k=0}^{2n+1} (-1)^k u_k - \sum_{k=0}^{2n} (-1)^k u_k = -u_{2n+1}.$$

Par hypothèse $\lim\limits_{n\to\infty} u_n = 0$, toute suite extraite de la suite (u_n) ayant la même limite, on en déduit : $\lim\limits_{n\to\infty} u_{2n+1} = 0$, soit $\lim\limits_{n\to\infty} (s_{2n+1} - s_{2n}) = 0$.

$$\text{Les deux suites extraites } (s_{2n}) \text{ et } (s_{2n+1}) \text{ sont adjacentes}$$

2°) Les deux suites (s_{2n}) et (s_{2n+1}) étant adjacentes, elles convergent vers la même limite, donc la suite (s_n) converge.

Corrigé 7.15

1°) $\star$ Par une récurrence immédiate on montre que les suites u et v sont bien définies, telles que : $\forall n \in \mathbb{N}, u_n > 0$ et $v_n > 0$.

Montrons maintenant par récurrence que : $\forall n \in \mathbb{N}, u_n < v_n$.

→ Par hypothèse la propriété est vraie au rang 0.

→ Soit n un entier naturel et supposons que $u_n < v_n$, alors :

$$v_{n+1} - u_{n+1} = \frac{1}{2}(u_n + v_n - 2\sqrt{u_n v_n}) = \frac{1}{2}(\sqrt{v_n} - \sqrt{u_n})^2 > 0$$

Par conséquent $u_{n+1} < v_{n+1}$ et par le principe de récurrence, on a :

$$\forall n \in \mathbb{N}, 0 < u_n < v_n$$

2°) On a donc :

$\star \, \forall n \in \mathbb{N}, v_{n+1} - v_n = \dfrac{1}{2}(u_n + v_n) - v_n = \dfrac{1}{2}(u_n - v_n) < 0,$

$\star \, \forall n \in \mathbb{N}, \dfrac{u_{n+1}}{u_n} = \dfrac{\sqrt{u_n \times v_n}}{u_n} = \sqrt{\dfrac{v_n}{u_n}}$, or on a : $\forall n \in \mathbb{N}, 0 < u_n < v_n$ donc $\dfrac{v_n}{u_n} > 1$ et $\dfrac{u_{n+1}}{u_n} > 1$, d'où $u_{n+1} > u_n$.

La suite u est strictement croissante et la suite v strictement décroissante.

3°) On en déduit alors : $\forall n \in \mathbb{N}, u_0 \leqslant u_n < v_n \leqslant v_0$.

Ainsi la suite u est croissante et majorée par v_0 : elle converge, et la suite v est décroissante et minorée par u_0 : elle converge.

Notons $\ell = \lim\limits_{n\to\infty} u_n$ et $\ell' = \lim\limits_{n\to\infty} v_n$.

Comme $\forall n \in \mathbb{N}, u_{n+1} = \dfrac{1}{2}(u_n + v_n)$, en passant à la limite il vient : $\ell = \dfrac{1}{2}(\ell + \ell')$, donc $\ell = \ell'$.

$$\boxed{\text{Les deux suites } u \text{ et } v \text{ convergent vers la même limite } \ell}$$

4°) On a vu que $\forall n \in \mathbb{N}, v_{n+1} - u_{n+1} = \dfrac{(\sqrt{u_n} - \sqrt{v_n})^2}{2}$, soit en utilisant l'expression conjuguée :

$$v_{n+1} - u_{n+1} = \frac{(\sqrt{u_n} - \sqrt{v_n})^2(\sqrt{u_n} + \sqrt{v_n})^2}{2(\sqrt{u_n} + \sqrt{v_n})^2} = \frac{(v_n - u_n)^2}{2(\sqrt{u_n} + \sqrt{v_n})^2}$$

or $\forall n \in \mathbb{N}, u_0 < u_n < v_n < v_0$, donc $2(\sqrt{u_n} + \sqrt{v_n})^2 > 2(2\sqrt{u_0})^2 = 8u_0 > 0$.
Ainsi :

$$\forall n \in \mathbb{N}, 0 < v_{n+1} - u_{n+1} < \frac{(v_n - u_n)^2}{8u_0}$$

5°) Comme $\lim\limits_{n\to\infty} \frac{v_n - u_n}{8u_0} = 0$, par définition :

$$\forall \varepsilon > 0, \exists n_0 \in \mathbb{N}, n \geqslant n_0 \implies 0 \leqslant \frac{v_n - u_n}{8u_0} \leqslant \varepsilon$$

En prenant $\varepsilon < 1$, on a donc : $\exists n_0 \in \mathbb{N}, n \geqslant n_0 \implies 0 \leqslant \frac{v_n - u_n}{8u_0} \leqslant 1$.

6°) On raisonne par récurrence :

→ Comme $v_{n_0} - u_{n_0} = 8u_0\left(\frac{v_{n_0} - u_{n_0}}{8u_0}\right)^{2^{n_0 - n_0}}$, la propriété est vraie au rang n_0.

→ Soit $n \geqslant n_0$, supposons que $0 < v_n - u_n \leqslant 8u_0\left(\frac{v_{n_0} - u_{n_0}}{8u_0}\right)^{2^{n-n_0}}$, alors :

$0 < v_{n+1} - u_{n+1} < \frac{(v_n - u_n)^2}{8u_0} \leqslant \frac{1}{8u_0}\left[8u_0\left(\frac{v_{n_0} - u_{n_0}}{8u_0}\right)^{2^{n-n_0}}\right]^2$, soit :

$0 \leqslant v_{n+1} - u_{n+1} \leqslant 8u_0\left(\frac{v_{n_0} - u_{n_0}}{8u_0}\right)^{2\times 2^{n-n_0}}$ et donc :

$$0 \leqslant v_{n+1} - u_{n+1} \leqslant 8u_0\left(\frac{v_{n_0} - u_{n_0}}{8u_0}\right)^{2^{n+1-n_0}}$$

Ce qui est le résultat attendu au rang $n+1$. On conclut par le principe de récurrence :

$$\forall n \geqslant n_0, 0 < v_n - u_n \leqslant 8u_0\left(\frac{v_{n_0} - u_{n_0}}{8u_0}\right)^{2^{n-n_0}}$$

Corrigé 7.16

1°) Comme $u_0 = \mathrm{e}$ et $u_1 = \mathrm{e}^{-6}$, les deux premiers termes de la suite u sont définis et sont strictement positifs.
Soit $n \in \mathbb{N}^*$, supposons que u_n et u_{n-1} sont définis avec $u_{n-1} > 0$ et $u_n > 0$, alors comme $u_n \times u_{n-1}^3 > 0$, on peut définir la racine quatrième de ce produit, donc u_{n+1} est défini et $u_{n+1} > 0$. Ainsi, par le principe de récurrence, la suite u est définie et $\forall n \in \mathbb{N}$, $u_n > 0$.

2°) On peut donc poser $v_n = \ln u_n$, et :

$$\forall n \in \mathbb{N}^*, v_{n+1} = \ln u_{n+1} = \frac{1}{4}(\ln u_n + 3\ln u_{n-1}) = \frac{1}{4}v_n + \frac{3}{4}v_{n-1}$$

3°) L'équation caractéristique de cette récurrence linéaire d'ordre 2, est :

$$r^2 - \frac{1}{4}r - \frac{3}{4} = 0 \text{ de racines } r_1 = 1 \text{ et } r_2 = -\frac{3}{4}.$$

On en déduit : $\exists (\alpha, \beta) \in \mathbb{R}^2, \forall n \in \mathbb{N}, v_n = \alpha + \beta\left(-\frac{3}{4}\right)^n$.

On détermine α et β à l'aide de v_0 et v_1 : $\begin{cases} v_0 = \alpha + \beta = 1 \\ v_1 = \alpha + \beta(-\frac{3}{4}) = -6 \end{cases}$, ce qui donne :
$\alpha = -3$ et $\beta = 4$.

Donc $\forall n \in \mathbb{N}, v_n = -3 + 4\left(-\frac{3}{4}\right)^n$ et :

$$\boxed{u_n = \mathrm{e}^{v_n} = \mathrm{e}^{-3} \times \mathrm{e}^{4(-\frac{3}{4})^n}}$$

Corrigé 7.17

Le problème est évidemment de placer u_n par rapport à 1, au moins pour n assez grand . . .

1°) *On suppose* $\beta \leqslant 1$

a) Montrons par récurrence que : $n \geqslant 1 \implies u_n \leqslant 1$.

→ Comme $u_1 = \beta \leqslant 1$, la propriété est vérifiée au rang 1.

→ Soit $n \in \mathbb{N}^*$, supposons que $u_n \leqslant 1$, alors $\frac{2}{3}u_n \leqslant \frac{2}{3}$ et $\frac{1}{3}\min(1, u_{n-1}) \leqslant \frac{1}{3}$, donc par somme $\frac{2}{3}u_n + \frac{1}{3}\min(1, u_{n-1}) \leqslant \frac{2}{3} + \frac{1}{3}$, soit $u_{n+1} \leqslant 1$. La propriété est donc encore vraie au rang $n+1$ et par le principe de récurrence :

$$\forall n \in \mathbb{N}^*, u_n \leqslant 1$$

b) Ainsi : $\forall n \in \mathbb{N}^*, u_{n+2} = \frac{2}{3}u_{n+1} + \frac{1}{3}\min(1, u_n) = \frac{2}{3}u_{n+1} + \frac{1}{3}u_n$.

La suite $(u_n)_{n\in\mathbb{N}^*}$ est une suite récurrente linéaire d'ordre 2, d'équation caractéristique : $r^2 - \frac{2}{3}r - \frac{1}{3} = 0$, de racines 1 et $-\frac{1}{3}$. Par conséquent :

$$\exists (a, b) \in \mathbb{R}^2, \forall n \in \mathbb{N}^*, u_n = a + b\big(-\tfrac{1}{3}\big)^n$$

On détermine a et b à l'aide de u_1 et u_2 (et pas de u_0 et u_1).

On a $a + (-\frac{1}{3})b = u_1$ et $a + \frac{1}{9}b = u_2$, d'où :

• Si $\alpha < 1$, alors $u_2 = \frac{2}{3}\beta + \frac{1}{3}\alpha$ donc $\begin{cases} a + (-\frac{1}{3})b = \beta \\ a + \frac{1}{9}b = \frac{2}{3}\beta + \frac{1}{3}\alpha \end{cases}$ soit

$a = \dfrac{\alpha + 3\beta}{4}$ et $b = \dfrac{3(\alpha - \beta)}{4}$. Ainsi :

$$\forall n \in \mathbb{N}^*, u_n = \tfrac{1}{4}(\alpha + 3\beta) + \tfrac{3}{4}(\alpha - \beta)\big(-\tfrac{1}{3}\big)^n \text{ et } \lim_{n\to\infty} u_n = \tfrac{1}{4}(\alpha + 3\beta)$$

• Si $\alpha \geqslant 1$, alors $u_2 = \frac{2}{3}u_1 + \frac{1}{3}\min(1, \alpha) = \frac{2}{3}\beta + \frac{1}{3}$ donc $\begin{cases} a + (-\frac{1}{3})b = \beta \\ a + \frac{1}{9}b = \frac{2}{3}\beta + \frac{1}{3} \end{cases}$

soit : $a = \dfrac{1 + 3\beta}{4}$ et $b = \dfrac{3(1 - \beta)}{4}$. Ainsi :

$$\forall n \in \mathbb{N}, u_n = \tfrac{1}{4}(1 + 3\beta) + \tfrac{3}{4}(1 - \beta)(-\tfrac{1}{3})^n \text{ et } \lim_{n\to\infty} u_n = \tfrac{1}{4}(1 + 3\beta)$$

2°) *On suppose* $\beta > 1$ *et* $\alpha \geqslant 1$

a) On montre par récurrence sur deux rangs que $\forall n \in \mathbb{N}, u_n \geqslant 1$.

→ Comme $u_0 = \alpha \geqslant 1$ et $u_1 = \beta > 1$, la propriété est vraie aux deux premiers rangs.

→ Soit $n \geqslant 0$, supposons que $u_n \geqslant 1$ et $u_{n+1} \geqslant 1$, alors $\frac{1}{3}\min(1, u_n) = \frac{1}{3}$ et donc $\frac{2}{3}u_{n+1} + \frac{1}{3}\min(1, u_n) = \frac{2}{3}u_{n+1} + \frac{1}{3} \geqslant 1$. Donc la propriété est vraie jusqu'au rang $n+1$ et par récurrence :

$$\forall n \in \mathbb{N}, u_n \geqslant 1$$

b) On en déduit : $\forall n \in \mathbb{N}$, $u_{n+2} = \frac{2}{3}u_{n+1} + \frac{1}{3}$.

Par décalage, la suite $(u_n)_{n\in\mathbb{N}^*}$ est une suite arithmético-géométrique.

Soit ℓ vérifiant $\ell = \frac{2}{3}\ell + \frac{1}{3}$, on obtient $\ell = 1$. Ainsi $u_{n+1} - \ell = \frac{2}{3}(u_n - \ell)$ et la suite $(u_n - 1)_{n\in\mathbb{N}^*}$ est une suite géométrique de raison 1, on a donc :

$$\forall n \in \mathbb{N}^*, u_n = \left(\tfrac{2}{3}\right)^{n-1}(\beta - 1) + 1$$

Comme $0 < \frac{2}{3} < 1$, on a $\lim\limits_{n\to\infty} u_n = 1$.

3°) On suppose $\beta > 1$ et $\alpha < 1$, alors $u_2 = \frac{2}{3}\beta + \frac{1}{3}\alpha$.
Posons $v_n = u_{n+1}$, on se ramène aux cas précédents car $v_0 = u_1 = \beta > 1$ et la suite $(v_n)_{n\in\mathbb{N}}$ vérifie la même relation de récurrence :

$$\forall n \in \mathbb{N}, v_{n+2} = \frac{2}{3}v_{n+1} + \frac{1}{3}\min(1, v_n)$$

• Si $v_1 = u_2 \leqslant 1$, soit $2\beta + \alpha - 3 \leqslant 0$, on se ramène à la question **1°)** en remplaçant β par $\frac{2}{3}\beta + \frac{1}{3}\alpha$ et α par β, donc :
$\forall n \geqslant 2, u_n = v_{n-1} = \frac{1}{4}(1 + 3(\frac{2}{3}\beta + \frac{1}{3}\alpha)) + \frac{3}{4}(1 - (\frac{2}{3}\beta + \frac{1}{3}\alpha))(-\frac{1}{3})^{n-1}$, soit :

$$\forall n \geqslant 2, u_n = \frac{2\beta + \alpha + 1}{4} + (-\tfrac{1}{3})^{n-1} \times \tfrac{3}{4}(1 - \tfrac{2}{3}\beta - \tfrac{1}{3}\alpha)$$

et $\lim\limits_{n\to\infty} u_n = \dfrac{2\beta + \alpha + 1}{4}$.

• Si $v_1 = u_2 > 1$, soit $2\beta + \alpha - 3 > 0$, on se ramène à la question **2°)** en remplaçant β par $\frac{2}{3}\beta + \frac{1}{3}\alpha$ et α par β, donc :

$$\forall n \geqslant 2, u_n = 1 + \left(\tfrac{2}{3}\right)^{n-2}(\tfrac{2}{3}\beta + \tfrac{1}{3}\alpha - 1) \text{ et } \lim_{n\to\infty} u_n = 1$$

Corrigé 7.18

1°) Soit $f_n : [0, 1] \to \mathbb{R}, x \mapsto x^n - (1 - x)\,a$.
Cette fonction polynôme est dérivable sur $[0, 1]$ et comme $a > 0$:

$$\forall x \in [0, 1], f'(x) = nx^{n-1} + a > 0$$

Donc f_n est strictement croissante et continue sur $[0, 1]$, elle définit une bijection de $[0, 1]$ sur $[f_n(0), f_n(1)] = [-a, 1]$. Par conséquent, ayant $0 \in [-a, 1]$, il possède par f_n un antécédent unique dans $]0, 1[$, noté u_n :
L'équation $x^n - (1 - x)\,a = 0$, possède une unique solution $u_n \in]0, 1[$.

2°) La fonction f_n étant strictement croissante, on a l'équivalence :

$$\forall n \in \mathbb{N}, u_{n+1} > u_n \iff f_n(u_{n+1}) > f_n(u_n) = 0$$

Calculons donc $f_n(u_{n+1})$:

$$f_n(u_{n+1}) = (u_{n+1})^n - (1 - u_{n+1})a$$

mais $f_{n+1}(u_{n+1}) = 0$, donc :

$$(u_{n+1})^{n+1} - (1 - u_{n+1})a = 0 \text{ et } (1 - u_{n+1})a = (u_{n+1})^{n+1}$$

En remplaçant : $f_n(u_{n+1}) = (u_{n+1})^n - (u_{n+1})^{n+1} = (u_{n+1})^n(1 - u_{n+1}) > 0$ et donc $\forall n \in \mathbb{N}, u_{n+1} > u_n$.

La suite u est donc (strictement) croissante

3°) La suite u étant croissante et majorée par 1 est convergente, sa limite ℓ appartenant à $]0, 1]$.

Si on avait $\ell \in]0, 1[$, alors la suite u étant croissante, on aurait $\forall n \in \mathbb{N}, u_n \leqslant l < 1$, d'où $0 \leqslant (u_n)^n \leqslant \ell^n$.

Comme $\lim\limits_{n\to\infty} \ell^n = 0$, par encadrement on en déduirait $\lim\limits_{n\to\infty} (u_n)^n = 0$.

De plus ayant $\forall\, n \in \mathbb{N}$, $(u_n)^n = (1-u_n)\, a$. Par passage à la limite on en déduirait : $\lim\limits_{n\to\infty} (1-u_n)a = 0$ donc $u_n = \ell = 1$. Ce qui est contraire à l'hypothèse $\ell \in]0,1[$.
Donc $\ell = 1$ (!)

La suite u converge donc vers 1

Corrigé 7.19

A 1°) $\forall\, n \in \mathbb{N}, u_{n+1} - u_n = u_n^2 \geqslant 0$, la suite u est donc croissante, minorée par son premier terme qui est, par hypothèse, strictement positif, on a donc : $\forall\, n \in \mathbb{N}$, $u_n > 0$.

Ainsi, $\forall\, n \in \mathbb{N}$, $u_{n+1} - u_n = u_n^2 > 0$, la suite (u_n) est strictement croissante.

la suite (u_n) est strictement positive et strictement croissante

2°) Supposons que (u_n) soit majorée, étant croissante, elle converge vers un réel ℓ tel que $\ell \geqslant u_0 > 0$ donc $\ell > 0$.
Comme, $\forall\, n \in \mathbb{N}, u_{n+1} = u_n + u_n^2$, par passage à la limite, on a l'égalité : $\ell = \ell + \ell^2$ donc $\ell = 0$, ce qui est absurde.

Ainsi la suite (u_n) n'est pas majorée, étant croissante, elle diverge vers $+\infty$.
En conclusion :

$$\text{la suite } (u_n) \text{ diverge et } \lim_{n\to\infty} u_n = +\infty$$

B 1°) a) Pour tout n de $\mathbb{N}$:

$$v_{n+1} - v_n = \frac{1}{2^{n+1}} \ln u_{n+1} - \frac{1}{2^n} \ln u_n = \frac{1}{2^{n+1}} \big(\ln(u_n + u_n^2) - 2\ln u_n\big)$$

$$= \frac{1}{2^{n+1}} \ln\Big(\frac{u_n^2 + u_n}{u_n^2}\Big)$$

donc :

$$\forall\, n \in \mathbb{N}, v_{n+1} - v_n = \frac{1}{2^{n+1}} \ln\Big(1 + \frac{1}{u_n}\Big)$$

b) Soient n et p deux entiers naturels, en remplaçant n par $n+p$ dans l'égalité précédente, on obtient :

$$v_{n+p+1} - v_{n+p} = \frac{1}{2^{n+p+1}} \ln\Big(1 + \frac{1}{u_{n+p}}\Big)$$

Comme la suite (u_n) est croissante, on a : $0 < u_n \leqslant u_{n+p}$, donc $0 < \dfrac{1}{u_{n+p}} \leqslant \dfrac{1}{u_n}$ et ainsi $\ln\Big(1 + \dfrac{1}{u_{n+p}}\Big) \leqslant \ln\Big(1 + \dfrac{1}{u_n}\Big)$, d'où :

$$\forall\, n \in \mathbb{N}, \forall\, p \in \mathbb{N}, 0 < v_{n+p+1} - v_{n+p} \leqslant \frac{1}{2^{n+p+1}} \ln\Big(1 + \frac{1}{u_n}\Big)$$

2°) Pour $k \in \mathbb{N}$, $n \in \mathbb{N}$, en sommant les inégalités précédentes pour p variant de 0 à k, il vient :

$$0 < \sum_{p=0}^{k} (v_{n+p+1} - v_{n+p}) \leqslant \sum_{p=0}^{k} \frac{1}{2^{n+p+1}} \ln\Big(1 + \frac{1}{u_n}\Big) = \frac{1}{2^{n+1}} \ln\Big(1 + \frac{1}{u_n}\Big) \sum_{p=0}^{k} \frac{1}{2^p}$$

Comme $\displaystyle\sum_{p=0}^{k} \frac{1}{2^p} = \frac{1 - \left(\frac{1}{2}\right)^{k+1}}{1 - \frac{1}{2}}$, on en déduit :

$$\sum_{p=0}^{k} \frac{1}{2^{n+p+1}} \ln\left(1+\frac{1}{u_n}\right) = \frac{1}{2^n} \ln\left(1+\frac{1}{u_n}\right)\left(1-\frac{1}{2^{k+1}}\right) \leqslant \frac{1}{2^n} \ln\left(1+\frac{1}{u_n}\right)$$

Comme par télescopage, $\sum_{p=0}^{k} (v_{n+p+1} - v_{n+p}) = v_{n+k+1} - v_n$, on a bien :

$$\forall k \in \mathbb{N}, \forall n \in \mathbb{N}, 0 < v_{n+k+1} - v_n \leqslant \frac{1}{2^n} \ln\left(1+\frac{1}{u_n}\right)$$

3°) Soit $k \in \mathbb{N}$, en donnant à n la valeur 0 dans la relation précédente, on a : $0 < v_{k+1} - v_0 \leqslant \ln\left(1+\frac{1}{u_0}\right)$, donc

$$v_{k+1} \leqslant v_0 + \ln\left(1+\frac{1}{u_0}\right) = \ln u_0 + \ln\left(1+\frac{1}{u_0}\right) = \ln(1+u_0)$$

Comme $v_0 = \ln u_0 \leqslant \ln(1+u_0)$, on en conclut que la suite (v_n) est majorée, avec en prime :

$$\forall k \in \mathbb{N}, v_k \leqslant \ln(1+u_0)$$

De plus en donnant à k la valeur 0 dans la relation obtenue à la question **2°)**, il vient : $\forall n \in \mathbb{N}, 0 < v_{n+1} - v_n$. La suite $(v_n)_{n\geq 0}$ est donc croissante, et étant majorée :

la suite $(v_n)_{n\geq 0}$ converge

On note $\alpha = \lim_{n\to\infty} v_n$.

4°) Comme la suite (v_n) est croissante et converge vers α, on a : $\forall n \in \mathbb{N}, v_n \leqslant \alpha$, c'est-à-dire $\frac{1}{2^n} \ln u_n \leqslant \alpha$, soit $\ln u_n \leqslant \alpha \times 2^n$ donc :

$$\forall n \in \mathbb{N}, u_n \leqslant \exp(\alpha.2^n)$$

Revenons maintenant sur l'inégalité obtenue à la question **2°)** et faisons tendre k vers $+\infty$, il vient par prolongement des inégalités :

$$0 \leqslant \alpha - v_n \leqslant \frac{1}{2^n} \ln\left(1+\frac{1}{u_n}\right)$$

soit : $\alpha 2^n \leqslant 2^n\, v_n + \ln\left(1+\frac{1}{u_n}\right) = \ln(u_n) + \ln\left(1+\frac{1}{u_n}\right) = \ln(1+u_n)$

ou encore, par croissance de la fonction exponentielle :

$$\forall n \in \mathbb{N}, \exp(\alpha.2^n) \leqslant 1 + u_n$$

On en déduit donc à l'aide des deux inégalités précédentes :

$$\forall n \in \mathbb{N}, \exp(\alpha.2^n) - 1 \leqslant u_n \leqslant \exp(\alpha.2^n)$$

et en divisant chaque terme par $\exp(\alpha.2^n) > 0$, on a :

$$1 - \frac{1}{\exp(\alpha.2^n)} \leqslant \frac{u_n}{\exp(\alpha.2^n)} \leqslant 1$$

Comme $\lim_{n\to\infty} \frac{1}{\exp(\alpha.2^n)} = 0$, à l'aide du théorème d'encadrement, on en déduit :

$$\lim_{n\to\infty} \frac{u_n}{\exp(\alpha.2^n)} = 1$$

5°) ⋆ Soit $\beta_n = \exp(\alpha.2^n) - u_n$, les inégalités de la question précédente donnent immédiatement :

$$\forall n \in \mathbb{N}, 0 \leqslant \beta_n \leqslant 1$$

⋆ Soit $n \in \mathbb{N}$, on a :

$$\begin{aligned}\beta_{n+1}+\beta_n^2-\beta_n &= [\mathrm{e}^{\alpha 2^{n+1}}-u_n-u_n^2]+(\mathrm{e}^{\alpha 2^n}-u_n)^2-(\mathrm{e}^{\alpha 2^n}-u_n)\\ &= \mathrm{e}^{\alpha 2^{n+1}}-u_n-u_n^2+\mathrm{e}^{2\times\alpha 2^n}+u_n^2-2u_n\mathrm{e}^{\alpha 2^n}-\mathrm{e}^{\alpha 2^n}+u_n\\ &= 2\mathrm{e}^{\alpha 2^{n+1}}-2u_n\mathrm{e}^{\alpha 2^n}-e^{\alpha 2^n},\end{aligned}$$

donc : $(\beta_{n+1}+\beta_n^2-\beta_n)\mathrm{e}^{-\alpha 2^n}=2\mathrm{e}^{\alpha 2^n}-2u_n-1=2\beta_n-1$.

Ainsi :

$$\forall n\in\mathbb{N}, 2\beta_n-1=(\beta_{n+1}+\beta_n^2-\beta_n)\mathrm{e}^{-\alpha 2^n}$$

6°) Comme $0\leqslant\beta_n\leqslant 1$, on a : $\forall n\in\mathbb{N}, 0\leqslant|\beta_{n+1}+\beta_n^2-\beta_n|\mathrm{e}^{-\alpha 2^n}\leqslant 3\mathrm{e}^{-\alpha 2^n}$.
Or $\lim\limits_{n\to\infty} 3\mathrm{e}^{-\alpha 2^n}=0$, d'où $\lim\limits_{n\to\infty}(\beta_{n+1}+\beta_n^2-\beta_n)\mathrm{e}^{-\alpha 2^n}=0$, d'où :
$\lim\limits_{n\to\infty} 2\beta_n-1=0$, c'est-à-dire : $\lim\limits_{n\to\infty}\beta_n=\frac{1}{2}$.
Ainsi :

$$\boxed{\lim_{n\to\infty}[\exp(\alpha.2^n)-u_n]=\frac{1}{2}}$$

Corrigé 7.20

1°) Supposons que (u_n) converge et notons ℓ sa limite, alors
$\lim\limits_{n\to\infty}u_n=\lim\limits_{n\to\infty}u_{n+1}=\lim\limits_{n\to\infty}u_{n+2}=\ell$, donc :

$$\lim_{n\to\infty}(u_{n+2}-2u_{n+1}+u_n)=0$$

D'autre part on sait que toute suite convergente est bornée.

2°) a) $\star$ Comme $\forall n\in\mathbb{N}, u_n\leqslant u_{n+3}$, on en déduit que $\forall n\in\mathbb{N}, u_{3n}\leqslant u_{3n+3}$, c'est-à-dire que la suite $(a_n)=(u_{3n})$ vérifie $\forall n\in\mathbb{N}, a_n\leqslant a_{n+1}$.
La suite (a_n) est donc croissante, la suite (u_n) étant majorée, toute suite extraite est majorée donc (a_n) étant croissante et majorée converge.
Nosons $\ell_1=\lim\limits_{n\to\infty}a_n$.

$\star$ En raisonnant de même on a : $\forall n\in\mathbb{N}, u_{3n+1}\leqslant u_{3n+1+3}$ et donc $b_n\leqslant b_{n+1}$.
La suite (b_n) est croissante et majorée, elle converge.
Notons $\ell_2=\lim\limits_{n\to\infty}b_n$.

$\star$ De même $\forall n\in\mathbb{N}, u_{3n+2}\leqslant u_{3n+2+3}$ donc $c_n\leqslant c_{n+1}$.
La suite (c_n) est croissante et majorée, elle converge.
Notons $\ell_3=\lim\limits_{n\to\infty}c_n$.

b) Notons $w_n=u_{n+2}-2u_{n+1}+u_n$. Par hypothèse la suite (w_n) converge vers 0, donc toute suite extraite converge aussi vers 0. Ainsi :
$\lim\limits_{n\to\infty}w_{3n}=0$, soit : $\lim\limits_{n\to\infty}(u_{3n+2}-2u_{3n+1}+u_{3n})=\ell_3-2\ell_2+\ell_1=0$,
$\lim\limits_{n\to\infty}w_{3n+1}=0$, soit $\lim\limits_{n\to\infty}(u_{3n+3}-2u_{3n+2}+u_{3n+1})=\ell_1-2\ell_3+\ell_2=0$.

Ainsi on a le système : $\begin{cases}\ell_3-2\ell_2+\ell_1=0\\ \ell_1-2\ell_3+\ell_2=0\end{cases}$

Par différence : $0=(\ell_3-2\ell_2+\ell_1)-(\ell_1-2\ell_3+\ell_2)=3\ell_3-3\ell_2$ et $\ell_3=\ell_2$, puis en reportant dans l'une des deux : $\ell_1=\ell_2=\ell_3$.
Notons $\ell=\ell_3=\ell_2=\ell_1$.

c) Montrons pour conclure, et en détaillant, que la suite u converge vers ℓ.

Soit n un entier naturel, en effectuant la division de n par 3, $\exists\,(q,r)\in\mathbb{N}^2, n=3q+r$ avec $r\in\{0,1,2\}$.
Soit alors $\varepsilon>0$:

$$\lim_{n\to\infty} u_{3n}=\ell \implies [\exists\, n_1\in\mathbb{N}, q\geqslant n_1 \implies |u_{3q}-\ell|\leqslant\varepsilon]$$
$$\lim_{n\to\infty} u_{3n+1}=\ell \implies [\exists\, n_2\in\mathbb{N}, q\geqslant n_2 \implies |u_{3q+1}-\ell|\leqslant\varepsilon]$$
$$\lim_{n\to\infty} u_{3n+2}=\ell \implies [\exists n_3\in\mathbb{N}, q\geqslant n_2 \implies |u_{3q+2}-\ell|\leqslant\varepsilon]$$

Soit $n_4=\max(n_1,n_2,n_3)$ alors si $q\geqslant n_4$ on a $|u_{3q+r}-\ell|\leqslant\varepsilon$ pour $r=0, r=1$ et $r=2$. Donc $n\geqslant 3n_4 \implies |u_n-\ell|\leqslant\varepsilon$, ce qui signifie que :

$$\boxed{\lim_{n\to\infty} u_n=\ell}$$

Corrigé 7.21

1°) a) Comme par hypothèse $a>0$, on a $u_0>0$.
Soit $n\in\mathbb{N}$, supposons que u_n existe et que $u_n>0$, alors on peut définir $\dfrac{n}{u_n}>0$, donc u_{n+1} existe et $u_{n+1}>0$.
Donc par le principe de récurrence, $\forall\, n\in\mathbb{N}$, u_n existe et $u_n>0$.

b) Comme $\forall\, n\in\mathbb{N}$, $u_{n+1}-u_n=\dfrac{n}{u_n}>0$, la suite u est strictement croissante, si elle converge vers ℓ, nécessairement $\ell>0$ et $\lim\limits_{n\to\infty} u_{n+1}-u_n=\ell-\ell=0$, donc $\lim\limits_{n\to\infty}\dfrac{n}{u_n}=0$, ce qui est absurde car $\lim\limits_{n\to\infty}\dfrac{n}{u_n}=+\infty$.
Ainsi la suite u ne converge pas et étant croissante, $\lim\limits_{n\to\infty} u_n=+\infty$.

2°) Soit $n\in\mathbb{N}$: $\sum\limits_{k=0}^{n} u_{k+1}^2=\sum\limits_{k=0}^{n}\left(u_k+\dfrac{k}{u_k}\right)^2=\sum\limits_{k=0}^{n} u_k^2+\sum\limits_{k=0}^{n}\dfrac{k^2}{u_k^2}+2\sum\limits_{k=0}^{n} k$, donc :

$$\sum_{k=0}^{n} u_{k+1}^2-\sum_{k=0}^{n} u_k^2=\sum_{k=0}^{n}\frac{k^2}{u_k^2}+n(n+1)$$

3°) Ainsi après télescopage : $u_{n+1}^2-u_0^2=\sum\limits_{k=0}^{n}\dfrac{k^2}{u_k^2}+n(n+1)$ donc :

$$u_{n+1}^2=a^2+\sum_{k=0}^{n}\frac{k^2}{u_k^2}+n(n+1)\geqslant n(n+1)$$

4°) a) Comme $\forall\, n\in\mathbb{N}$, $u_{n+1}^2\geqslant n(n+1)$ et $u_{n+1}>0$, on a $u_{n+1}\geqslant\sqrt{n(n+1)}$, donc :

$$\forall\, k\in\mathbb{N}^*, u_k\geqslant\sqrt{(k-1)k}$$

b) Ainsi, $\forall\, k\geqslant 2$, $u_k^2\geqslant k(k-1)>0$ donc :

$$\frac{k^2}{u_k^2}\leqslant\frac{k^2}{(k-1)k}=\frac{k}{k-1}=1+\frac{1}{k-1}\leqslant 2$$

5°) a) Ainsi, pour $n\geqslant 2$:

$$u_{n+1}^2=a^2+\sum_{k=0}^{n}\frac{k^2}{u_k^2}+n(n+1)\leqslant a^2+\frac{1}{a^2}+\sum_{k=2}^{n}\frac{k^2}{u_k^2}+n(n+1)$$
$$\leqslant a^2+\frac{1}{a^2}+\sum_{k=2}^{n}2+n(n+1)a^2+\frac{1}{a^2}+2(n-1)+n(n+1).$$ Finalement :

$$n(n+1) \leqslant u_{n+1}^2 \leqslant a^2 + \frac{1}{a^2} + n^2 + 3n - 2$$

b) Pour $n \geqslant 2$, on a donc :

$$1 + \frac{1}{n} \leqslant \frac{u_{n+1}^2}{n^2} \leqslant \frac{a^2}{n^2} + \frac{1}{a^2 n^2} + 1 + \frac{3}{n} - \frac{2}{n^2}$$

et par encadrement on a : $\lim\limits_{n\to\infty} \dfrac{u_{n+1}^2}{n^2} = 1$.

A fortiori : $\dfrac{u_{n+1}^2}{(n+1)^2} = \dfrac{u_{n+1}^2}{n^2} \times \left(\dfrac{n}{n+1}\right)^2 \underset{n\to\infty}{\longrightarrow} 1$.

La fonction $x \mapsto \sqrt{x}$ étant croissante sur $\mathbb{R}^+$, et comme la suite u est positive, il vient $\lim\limits_{n\to\infty} \dfrac{u_{n+1}}{n+1} = 1$, donc :

$$\boxed{\lim_{n\to\infty} \frac{u_n}{n} = 1}$$

Corrigé 7.22

1°) Montrons par récurrence que : $\forall n \in \mathbb{N}, u_n < v_n < w_n$.

⋆ Par hypothèse $u_0 = 0$, $v_0 = 1$ et $w_0 = 2$, donc la propriété est vraie au rang 0.

⋆ Soit $p \in \mathbb{N}$, supposons que l'on ait : $u_p < v_p < w_p$, alors :

$$u_{p+1} - v_{p+1} = \frac{u_p + 2v_p + w_p}{4} - \frac{u_p + v_p + 2w_p}{4} = \frac{v_p - w_p}{4} < 0$$

$$w_{p+1} - v_{p+1} = \frac{u_p + 2v_p + 3w_p}{6} - \frac{u_p + v_p + 2w_p}{4} = \frac{v_p - u_p}{12} > 0$$

Donc $u_{p+1} < v_{p+1} < w_{p+1}$ et la propriété est encore vraie au rang $p+1$. On conclut par le principe de récurrence.

2°) ⋆ Pour $n \in \mathbb{N}^*$, on a :

$$u_{n+1} - u_n = \frac{u_n + 2v_n + w_n}{4} - u_n = \frac{-3u_n + 2v_n + w_n}{4} > \frac{-3u_n + 2u_n + u_n}{4},$$

donc $u_{n+1} - u_n > 0$ et la suite u est croissante

$$w_{n+1} - w_n = \frac{u_n + 2v_n + 3w_n}{6} - w_n = \frac{u_n + 2v_n - 3w_n}{6} < \frac{w_n + 2w_n - 3w_n}{6},$$

donc $w_{n+1} - w_n < 0$ et la suite w est décroissante.

Ainsi : $\forall n \in \mathbb{N}^*, u_1 \leqslant u_n < v_n < w_n \leqslant w_1$. La suite u est croissante et majorée par w_1 donc converge. De même la suite w est décroissante et minorée par u_1 donc converge. Posons $\ell_1 = \lim\limits_{n\to\infty} u_n$ et $\ell_2 = \lim\limits_{n\to\infty} w_n$.

⋆ Les deux relations de récurrence extrêmes donnent : $4u_{n+1} - 6w_{n+1} = -2w_n$, et en passant à la limite, on en déduit ; $4\ell_1 - 6\ell_2 = -2\ell_2$, *i.e.* $\ell_1 = \ell_2$.

Ainsi les suites u et w sont donc adjacentes. De plus, par encadrement, la suite v est aussi convergente de même limite.

3°) Posons $t_n = \alpha.u_n + \beta.v_n + \gamma.w_n$. La suite (t_n) est constante si et seulement si : $\forall n \in \mathbb{N}, \alpha u_{n+1} + \beta v_{n+1} + \gamma w_{n+1} = \alpha u_n + \beta v_n + \gamma w_n$, ce qui s'écrit :

$$\alpha \frac{u_n + 2v_n + w_n}{4} + \beta \frac{u_n + v_n + 2w_n}{4} + \gamma \frac{u_n + 2v_n + 3w_n}{6} = \alpha u_n + \beta v_n + \gamma w_n$$

ou encore :

$$\forall n \in \mathbb{N}, (-9\alpha + 3\beta + 2\gamma)u_n + (6\alpha - 9\beta + 4\gamma)v_n + (3\alpha + 6\beta - 6\gamma)w_n = 0$$

Il **suffit** donc de trouver α, β, γ tels que $(S) : \begin{cases} -9\alpha + 3\beta + 2\gamma = 0 \\ 6\alpha - 9\beta + 4\gamma = 0 \\ 3\alpha + 6\beta - 6\gamma = 0 \end{cases}$.

La solution banale $(0, 0, 0)$ est sans intérêt ! Mais :

$$(S) \iff \begin{cases} -9\alpha + 3\beta + 2\gamma = 0 \\ -21\beta + 16\gamma = 0 \\ 21\beta - 16\gamma = 0 \end{cases} \iff \beta = \frac{16}{21}\gamma, \alpha = \frac{10}{21}\gamma$$

Ce système admet donc aussi pour solution : $\alpha = 10$, $\beta = 16$ et $\gamma = 21$.
Par conséquent la suite $(10u_n + 16v_n + 21w_n)_{n\geq 0}$ est constante de valeur $10u_0 + 16v_0 + 21w_0 = 58$.

4°) Les trois suites u, v, w sont convergentes de même limite que nous noterons ℓ. En utilisant le résultat de la question précédente, et en passant à la limite, on a donc : $10\ell + 16\ell + 21\ell = 58$, soit $\ell = \dfrac{58}{47}$.

Corrigé 7.23

1°) a) Pour tout k de $[\![1, n]\!]$, on a : $k + n^2 \leqslant n + n^2 \leqslant 2n^2$, donc :

$$0 < \sqrt{k + n^2} \leqslant n\sqrt{2} \text{ et } \frac{k}{\sqrt{k + n^2}} \geqslant \frac{k}{n\sqrt{2}}.$$

En sommant pour k variant entre 1 et n, on obtient :

$$\sum_{k=1}^{n} \frac{k}{\sqrt{k + n^2}} \geqslant \sum_{k=1}^{n} \frac{k}{n\sqrt{2}} = \frac{1}{n\sqrt{2}} \sum_{k=1}^{n} k$$

b) Comme $\sum\limits_{k=1}^{n} k = \dfrac{n(n+1)}{2}$, l'inégalité précédente devient

$$\sum_{k=1}^{n} \frac{k}{\sqrt{k + n^2}} \geqslant \frac{n+1}{2\sqrt{2}}$$

Comme $\lim\limits_{n\to\infty} \dfrac{n+1}{2\sqrt{2}} = +\infty$, on en déduit :

$$\lim_{n\to\infty} \sum_{k=1}^{n} \frac{k}{\sqrt{k + n^2}} = +\infty$$

2°) $\star$ On a : $x \geqslant 0 \implies \sqrt{1+x} \geqslant 1$ d'où : $\dfrac{1}{\sqrt{1+x}} \leqslant 1$ et $g(x) = \dfrac{x}{\sqrt{1+x}} \leqslant x$.

$\star$ Soit f définie sur $\mathbb{R}^+$ par $f(x) = \dfrac{1}{\sqrt{1+x}} - 1 + \dfrac{x}{2}$.

La fonction f est dérivable sur $\mathbb{R}^+$, avec $f'(x) = -\frac{1}{2}(1+x)^{-3/2} + \frac{1}{2}$.

Or $x \geqslant 0 \implies \dfrac{1}{(1+x)^{3/2}} \leqslant 1 \implies 1 - (1+x)^{-3/2} \geqslant 0 \implies f'(x) \geqslant 0$.

La fonction f est croissante sur $\mathbb{R}^+$ telle que $f(0) = 0$.
Donc $x \geqslant 0 \implies f(x) \geqslant 0$ et aussi $xf(x) \geqslant 0$, ce qui s'écrit $g(x) - x(1 + \frac{x}{2}) \geqslant 0$, et donc

$$x \geqslant 0 \implies x - \frac{x^2}{2} \leqslant g(x) \leqslant x$$

3°) a) On utilise alors les formules sommatoires classiques :

$$\star\, \alpha_n = \sum_{k=1}^{n} \frac{k^2}{n^4} = \frac{1}{n^4} \sum_{k=1}^{n} k^2 = \frac{1}{n^4} \times \frac{n(n+1)(2n+1)}{6} = \frac{(n+1)(2n+1)}{6n^3}.$$

$$\star\ \beta_n = \sum_{k=1}^{n} \frac{k}{n^2} = \frac{1}{n^2} \sum_{k=1}^{n} k = \frac{1}{n^2} \times \frac{n(n+1)}{2} = \frac{n+1}{2n}.$$

b) On a :

$$S_n = \frac{1}{n} \sum_{k=1}^{n} \frac{k}{\sqrt{k+n^2}} = \frac{1}{n^2} \sum_{k=1}^{n} \frac{k}{\sqrt{\frac{k}{n^2}+1}} = \sum_{k=1}^{n} \frac{\frac{k}{n^2}}{\sqrt{\frac{k}{n^2}+1}} = \sum_{k=1}^{n} g\left(\frac{k}{n^2}\right)$$

Or par le résultat de la question **2°)** : $\frac{k}{n^2} - \frac{k^2}{2n^4} \leqslant g\left(\frac{k}{n^2}\right) \leqslant \frac{k}{n^2}$.
Donc en sommant ces inégalités depuis $k = 1$ jusqu'à $k = n$:

$$\sum_{k=1}^{n} \frac{k}{n^2} - \sum_{k=1}^{n} \frac{k^2}{2n^4} \leqslant \sum_{k=1}^{n} g\left(\frac{k}{n^2}\right) \leqslant \sum_{k=1}^{n} \frac{k}{n^2}$$

C'est-à-dire :

$$\beta_n - \frac{1}{2}\alpha_n \leqslant S_n \leqslant \beta_n$$

Mais $\alpha_n = \frac{(n+1)(2n+1)}{6n^3} \underset{n\to\infty}{\longrightarrow} 0$ et $\beta_n = \frac{n+1}{2n} \underset{n\to\infty}{\longrightarrow} \frac{1}{2}$
Donc $\lim_{n\to\infty} \left(\beta_n - \frac{1}{2}\alpha_n\right) = \lim_{n\to\infty} \beta_n = \frac{1}{2}$, et par le théorème d'encadrement :

$$\boxed{\lim_{n\to\infty} S_n = \frac{1}{2}}$$

Corrigé 7.24

1°) a) $\forall\, n \in \mathbb{N}^*$:
$u_{n+1} = \prod_{k=1}^{n+1} \left(\frac{2k-1}{2k}\right) = \left[\prod_{k=1}^{n} \left(\frac{2k-1}{2k}\right)\right] \times \frac{2n+1}{2n+2} = \frac{2n+1}{2n+2} \times u_n$. Ainsi :

$$\forall\, n \in \mathbb{N},\ u_{n+1} = \frac{2n+1}{2n+2} \times u_n$$

b) $\forall\, n \in \mathbb{N}^*,\ v_{n+1} = \prod_{k=1}^{n+1} \left(\frac{2k}{2k+1}\right) = \left[\prod_{k=1}^{n} \left(\frac{2k}{2k+1}\right)\right] \times \frac{2n+2}{2n+3} = \frac{2n+2}{2n+3} \times v_n$.
Ainsi :

$$\forall\, n \in \mathbb{N},\ v_{n+1} = \frac{2n+2}{2n+3} \times v_n$$

c) $\forall\, n \in \mathbb{N}^*,\ \frac{u_{n+1}}{u_n} = \frac{2n+1}{2n+2} < 1$. Comme $u_n > 0,\ \forall\, n,\ u_{n+1} < u_n$,

la suite u décroît strictement

De même, $\forall\, n \in \mathbb{N}^*,\ \frac{v_{n+1}}{v_n} = \frac{2n+2}{2n+3} < 1$. Comme $v_n > 0,\ \forall\, n,\ v_{n+1} < v_n$,

la suite v décroît strictement

Les suites u et v sont décroissantes et minorées (par 0) donc convergent.

2°) a) On doit montrer que : $\forall\, n \in \mathbb{N}^*,\ \frac{2n+1}{2n+2} \times \frac{1}{2\sqrt{n}} \geqslant \frac{1}{2\sqrt{n+1}}$
ce qui équivaut à :$(2n+1)\sqrt{n+1} \geqslant (2n+2)\sqrt{n}$ (1)
On a :
(1) $\iff (4n^2+4n+1)(n+1) \geqslant (4n^2+8n+4)n \iff n+1 \geqslant 0$, ce qui est vérifié. On a donc :

$$\forall\, n \in \mathbb{N}^*,\ \frac{2n+1}{2n+2} \times \frac{1}{2\sqrt{n}} \geqslant \frac{1}{2\sqrt{n+1}}$$

De même :

$$\forall n \in \mathbb{N}^*, \frac{\sqrt{2n+1}}{2n+2} \leqslant \frac{1}{\sqrt{2n+3}} \iff \sqrt{2n+1}\sqrt{2n+3} \leqslant 2n+2$$

$$\iff (2n+1)(2n+3) \leqslant 4n^2+8n+4$$

$$\iff 3 \leqslant 4$$

Ce qui est toujours vérifié ! On a donc bien :

$$\forall n \in \mathbb{N}^*, \frac{\sqrt{2n+1}}{2n+2} \leqslant \frac{1}{\sqrt{2n+3}}$$

b) Montrons par récurrence sur $n \in \mathbb{N}^*$ que $\frac{1}{2\sqrt{n}} \leqslant u_n \leqslant \frac{1}{\sqrt{2n+1}}$.

→ Comme $u_1 = \frac{1}{2}$, on a bien : $\frac{1}{2} \leqslant u_1 \leqslant \frac{1}{\sqrt{3}}$, la propriété est vérifiée au rang 1.

→ Soit $n \in \mathbb{N}^*$, supposons que $\frac{1}{2\sqrt{n}} \leqslant u_n \leqslant \frac{1}{\sqrt{2n+1}}$.

Comme $u_{n+1} = \frac{2n+1}{2n+2} \times u_n$, il vient :

$$\frac{1}{2\sqrt{n}} \times \frac{2n+1}{2n+2} \leqslant \frac{2n+1}{2n+2} \times u_n \leqslant \frac{2n+1}{2n+2} \times \frac{1}{\sqrt{2n+1}}.$$

Donc $\frac{1}{2\sqrt{n}} \times \frac{2n+1}{2n+2} \leqslant u_{n+1} \leqslant \frac{\sqrt{2n+1}}{2n+2}$ et en utilisant la question précédente, on en déduit :

$$\frac{1}{2\sqrt{n+1}} \leqslant u_{n+1} \leqslant \frac{1}{\sqrt{2n+3}}$$

D'où le résultat au rang $n+1$. On conclut par le principe de récurrence :

$$\forall n \in \mathbb{N}^*, \frac{1}{2\sqrt{n}} \leqslant u_n \leqslant \frac{1}{\sqrt{2n+1}}$$

c) $\lim\limits_{n \to \infty} \frac{1}{2\sqrt{n}} = \lim\limits_{n \to \infty} \frac{1}{\sqrt{2n+1}} = 0$, donc par encadrement :

$$\lim_{n \to \infty} u_n = 0$$

d) $\forall n \in \mathbb{N}^*$:

$$u_n v_n = \prod_{k=1}^{n} \left(\frac{2k-1}{2k}\right) \times \prod_{k=1}^{n} \left(\frac{2k}{2k+1}\right) = \prod_{k=1}^{n} \left[\left(\frac{2k-1}{2k}\right) \times \left(\frac{2k}{2k+1}\right)\right]$$

$$= \prod_{k=1}^{n} \frac{2k-1}{2k+1} = \frac{\prod\limits_{k=1}^{n}(2k-1)}{\prod\limits_{k=1}^{n}(2k+1)}$$

Et en posant $j = k-1$, au numérateur, il vient :

$$u_n v_n = \frac{\prod\limits_{j=0}^{n-1}(2j+1)}{\prod\limits_{k=1}^{n}(2k+1)} = \frac{\prod\limits_{j=0}^{n-1}(2j+1)}{\prod\limits_{k=1}^{n-1}(2k+1)} \times \frac{1}{2n+1} = \frac{1}{2n+1}, \text{ donc :}$$

$$\boxed{\forall n \in \mathbb{N}^*, u_n v_n = \frac{1}{2n+1}}$$

e) $\frac{1}{2\sqrt{n}} \leqslant u_n \leqslant \frac{1}{\sqrt{2n+1}} \iff \sqrt{2n+1} \leqslant \frac{1}{u_n} \leqslant 2\sqrt{n}$, donc :

$$\frac{\sqrt{2n+1}}{(2n+1)} \leqslant \frac{1}{(2n+1)u_n} \leqslant \frac{2\sqrt{n}}{(2n+1)}$$

Soit : $\forall\, n \in \mathbb{N}^*, \dfrac{1}{\sqrt{2n+1}} \leqslant v_n \leqslant \dfrac{2\sqrt{n}}{(2n+1)}$.

Comme $\dfrac{2\sqrt{n}}{2n+1} = \dfrac{2\sqrt{n}}{n(2+\frac{1}{n})} = \dfrac{2}{\sqrt{n}(2+\frac{1}{n})} \underset{n\to\infty}{\longrightarrow} 0$, il vient par encadrement :

$$\boxed{\lim_{n\to\infty} v_n = 0}$$

Corrigé 7.25

1°) a) La fonction $f : t \mapsto \mathrm{e}^{t^2}$ est continue sur $\mathbb{R}$, elle possède donc des primitives sur $\mathbb{R}$. Soit F l'une d'elles.

On a : $g_n(x) = F(x) - F(n)$. La dérivabilité de F, entraîne celle de g_n et :

$$\forall\, x \in [n, +\infty[, g_n'(x) = F'(x) = f(x) = \mathrm{e}^{x^2} > 0$$

La fonction g_n est donc strictement croissante sur $[n, +\infty[$.

b) Soit $x \geqslant n$, comme f est croissante sur $\mathbb{R}$, pour $t \in [n, x]$, on a : $f(t) \geqslant \mathrm{e}^{n^2}$, d'où en intégrant sur $[n, x]$: $\displaystyle\int_n^x f(t)dt \geqslant \int_n^x \mathrm{e}^{n^2}dt$, soit :

$$x \geqslant n \implies g_n(x) \geqslant (x-n)\mathrm{e}^{n^2}$$

Ayant $\displaystyle\lim_{x\to+\infty} (x-n)\mathrm{e}^{n^2} = +\infty$, on en déduit par minoration que :

$$\lim_{x\to+\infty} g_n(x) = +\infty$$

c) La fonction g_n étant continue strictement croissante sur $[n, +\infty[$, elle établit une bijection de $[n, +\infty[$ sur $g_n([n, +\infty[) = [g_n(n), \displaystyle\lim_{x\to+\infty} g_n(x)[= [0, +\infty[$.

Comme $1 \in [0, +\infty[$, il posséde par g_n un antécédent et un seul dans $[n, +\infty[$, noté x_n.

2°) a) Comme $x_n \geqslant n$ et $\displaystyle\lim_{n\to\infty} n = +\infty$, par minoration, on en déduit que $\displaystyle\lim_{n\to\infty} x_n = +\infty$.

b) Soit $t \in [n, x_n]$, par croissance de la fonction « carré » sur $\mathbb{R}^+$, on a : $n^2 \leqslant t^2 \leqslant x_n^2$ et par croissance de la fonction exponentielle : $\mathrm{e}^{n^2} \leqslant \mathrm{e}^{t^2} \leqslant \mathrm{e}^{x_n^2}$.

Les bornes d'intégration étant dans le sens croissant, on en déduit :

$\displaystyle\int_n^{x_n} \mathrm{e}^{n^2}dt \leqslant \int_n^{x_n} \mathrm{e}^{t^2}dt \leqslant \int_n^{x_n} \mathrm{e}^{x_n^2}dt$, soit :

$$(x_n - n)\mathrm{e}^{n^2} \leqslant g_n(x_n) \leqslant (x_n - n)\mathrm{e}^{x_n^2}$$

En multipliant l'inégalité de gauche par e^{-n^2}, on a : $x_n - n \leqslant \mathrm{e}^{-n^2}$ (car $g_n(x_n) = 1$) et en multipliant l'inégalité de droite par $\mathrm{e}^{-x_n^2}$, on a : $\mathrm{e}^{-x_n^2} \leqslant x_n - n$. Ainsi :

$$\mathrm{e}^{-x_n^2} \leqslant x_n - n \leqslant \mathrm{e}^{-n^2}$$

3°) a) Comme $\displaystyle\lim_{n\to\infty} x_n = +\infty$, $\displaystyle\lim_{n\to\infty} \mathrm{e}^{-x_n^2} = 0$ et comme $\displaystyle\lim_{n\to\infty} \mathrm{e}^{-n^2} = 0$, par encadrement : $\displaystyle\lim_{n\to\infty} x_n - n = 0$. Ainsi :

$$\lim_{n\to\infty} u_n = 0$$

b) De l'encadrement $0 < \mathrm{e}^{-x_n^2} \leqslant x_n - n \leqslant \mathrm{e}^{-n^2}$, on déduit :

$$0 \leqslant n(x_n - n) \leqslant n.\mathrm{e}^{-n^2}$$

Comme $\lim\limits_{n\to\infty} n.\mathrm{e}^{-n^2} = 0$ (croissances compareés), par encadrement, il vient :

$$\lim_{n\to\infty} n(x_n - n) = 0$$

[A fortiori on a donc $\lim\limits_{n\to\infty} (x_n - n) = 0$*.]*

c) En reprenant l'encadrement obtenu en **2°) b)** et en divisant par $\mathrm{e}^{-n^2} > 0$, on a :

$$\mathrm{e}^{-x_n^2+n^2} \leqslant \frac{x_n - n}{\mathrm{e}^{-n^2}} \leqslant 1$$

Comme $0 \leqslant x_n - n \leqslant \mathrm{e}^{-n^2}$, on a $0 \leqslant x_n + n \leqslant 2n + \mathrm{e}^{-n^2}$ et :

$$0 \leqslant x_n^2 - n^2 \leqslant \mathrm{e}^{-n^2}(2n + \mathrm{e}^{-n^2}) = 2n\mathrm{e}^{-n^2} + \mathrm{e}^{-2n^2}$$

Comme $\lim\limits_{n\to\infty} n\mathrm{e}^{-n^2} = 0$ (limite classique), on en déduit $\lim\limits_{n\to\infty} (n^2 - x_n^2) = 0$, donc $\lim\limits_{n\to\infty} \mathrm{e}^{-x_n^2+n^2} = 1$ et, par le théorème d'encadrement :

$$\boxed{\lim_{n\to\infty} \frac{x_n - n}{\mathrm{e}^{-n^2}} = 1}$$

Corrigé 7.26

1°) a) f_n est définie et dérivable sur $\mathbb{R}_+^*$ et $f_n'(x) = \dfrac{x-n}{x}$.

De plus $\lim\limits_{x\to+\infty} f_n(x) = \lim\limits_{x\to+\infty} x\left(1 - n\dfrac{\ln x}{x}\right) = +\infty$, car $\lim\limits_{x\to+\infty} \dfrac{\ln x}{x} = 0$.

On en déduit le tableau des variations de f_n :

x	0		n		$+\infty$
$f'(x)$		$-$	0	$+$	
f	$+\infty$	$\searrow$	$n(1-\ln n)$	$\nearrow$	$+\infty$

b) $\star$ La fonction f_n est continue et strictement décroissante sur $]0, n]$ et $f_n(]0, n]) = [n(1 - \ln n), +\infty[$, donc f_n définit une bijection de $]0, n]$ sur $[n(1 - \ln n), +\infty[$.

Comme $0 \in [n(1 - \ln n), +\infty[$, il possède par f_n un antécédent unique u_n dans $]0, n[$.

$\star$ Le même raisonnement montre que 0 admet un antécédent unique v_n dans $]n, +\infty[$.

2°) *Etude de la suite* (u_n) *pour* $n \geqslant 3$.

a) On a $f_n(\mathrm{e}) = \mathrm{e} - n < 0$ et $f_n(1) = 1 > 0$, donc $f_n(1) > f_n(u_n) > f_n(\mathrm{e})$, et par stricte décroissance de f_n sur le domaine considéré :

$$1 < u_n < \mathrm{e}$$

b) Supposons donc $n \geqslant 3$.

Par définition $f_{n+1}(u_{n+1}) = 0$, soit $u_{n+1} = (n+1)\ln(u_{n+1})$. Donc :

$f_n(u_{n+1}) = u_{n+1} - n\ln(u_{n+1}) = (n+1)\ln(u_{n+1}) - n\ln(u_{n+1}) = \ln(u_{n+1})$.
Comme on a montré en **2°) a)** que la suite (u_n) est minorée par 1, il vient : $f_n(u_{n+1}) > 0$.
Ayant $1 < u_{n+1} < \mathrm{e}$, la relation $f_n(u_{n+1}) > f_n(u_n)$ donne $u_{n+1} < u_n$

La suite $(u_n)_{n\geq 3}$ est donc (strictement) décroissante.

c) La suite $(u_n)_{n\geq 3}$ est décroissante et minorée donc converge.
De plus $f_n(u_n) = 0 \implies u_n = n\ln(u_n) \implies \ln(u_n) = \frac{u_n}{n}$.

Comme $0 < \frac{u_n}{n} < \frac{\mathrm{e}}{n} \implies \lim\limits_{n\to\infty} \frac{\mathrm{e}}{n} = 0$, il vient $\lim\limits_{n\to\infty} \frac{u_n}{n} = \lim\limits_{n\to\infty} \ln(u_n) = 0$.
Par continuité de la fonction exp en 0, on a donc :

$$\lim_{n\to\infty} u_n = 1$$

d) Comme $\lim\limits_{x\to 1} \frac{\ln x}{x-1} = 1$, il vient $\lim\limits_{n\to\infty} \frac{u_n - 1}{\ln(u_n)} = 1$, soit $\lim\limits_{n\to\infty} \frac{n(u_n-1)}{u_n} = 1$, car $\ln(u_n) = \frac{u_n}{n}$.
La suite u étant convergente de limite 1, on en déduit :

$$\boxed{\lim_{n\to\infty} n(u_n - 1) = 1}$$

3°) *Etude de la suite* $(v_n)_{n\geq 3}$.

a) On a vu que $n < v_n$, comme $\lim\limits_{n\to\infty} n = +\infty$, on a $\lim\limits_{n\to\infty} v_n = +\infty$.

b) $f_n(n\ln n) = n\ln n - n(\ln(n\ln n)) = n(\ln n - \ln(n\ln n))$
Soit : $f_n(n\ln n) = n\ln n - n\ln n - n\ln(\ln n) = -n\ln(\ln n) < 0$.
Ainsi $f_n(n\ln n) < f_n(v_n)$, or comme $n\ln n > n \geqslant 3$, car $\ln n > 1$ et par la stricte croissance de f_n sur $[1, +\infty[$, il vient :

$$\forall n \geqslant 3, n\ln n < v_n$$

c) Soit $g(x) = x - 2\ln x$, donc $g'(x) = \frac{x-2}{x} > 0$, et :

x	0		2		$+\infty$
$g'(x)$	‖	$-$	0	$+$	
g	‖ $+\infty$	$\searrow$	$2(1-\ln 2)$	$\nearrow$	$+\infty$

Comme $\ln 2 < 1$, on a $\forall x > 0, g(x) > 0$ et en particulier $g(n) > 0$, soit :

$$n > 2\ln n$$

d) $f_n(2n\ln n) = 2n\ln n - n\ln(2n\ln n) = n(\ln(n^2) - \ln(2n\ln n))$.
Or $n > 2\ln n$, donc $n^2 > 2n\ln n$ et $\ln(n^2) > \ln(2n\ln n)$.
D'où $n(\ln(n^2) - \ln(2n\ln n)) > 0$, et $f_n(2n\ln n) > 0$
Ainsi $f_n(2n\ln n) > f_n(v_n)$ et par stricte croissance de f_n sur le domaine utile : $v_n < 2n\ln n$, soit :

$$n\ln n < v_n < 2n\ln n$$

e) On a : $v_n < 2n\ln n$, donc $\ln(v_n) < \ln(2n\ln n)$, et $n\ln(v_n) < n\ln(2n\ln n)$, c'est-à-dire : $v_n = n\ln v_n < n\ln(2n\ln n)$. Ainsi :

$$n \ln n < v_n < n \ln(2n \ln n) = n \ln 2 + n \ln n + n \ln(\ln n)$$

f) Ainsi, comme $n \ln n > 0$: $1 < \dfrac{v_n}{n \ln n} < 1 + \dfrac{\ln 2}{\ln n} + \dfrac{\ln(\ln n)}{\ln n}$.

Or : $\lim\limits_{n \to \infty} \dfrac{\ln 2}{\ln n} = 0$ et $\lim\limits_{n \to \infty} \dfrac{\ln(\ln n)}{\ln n} = \lim\limits_{t \to +\infty} \dfrac{\ln t}{t} = 0$, par encadrement :

$$\boxed{\lim_{n \to \infty} \frac{v_n}{n \ln n} = 1}$$

Corrigé 7.27

1°) a) La fonction $f : x \mapsto x - x^2$ est dérivable sur $\mathbb{R}$ et $\forall\, x \in \mathbb{R}, f'(x) = 1 - 2x$. Donc f est croissante sur $]-\infty, \frac{1}{2}]$ et décroissante sur $[\frac{1}{2}, +\infty[$, avec $f(\frac{1}{2}) = \frac{1}{4}$. Par conséquent $\forall\, x \in \mathbb{R}, f(x) \leqslant \frac{1}{4}$.

Montrons maintenant par récurrence sur n que : $\forall\, n \in \mathbb{N}, u_n \in]0, \dfrac{1}{n+1}[$.

⋆ Comme $u_0 \in]0, 1[$, la propriété est vérifiée au rang 0.

⋆ D'après ce qui précède, $0 < f(u_0) \leqslant \frac{1}{4}$ donc $0 < u_1 < \frac{1}{2}$ et la propriété est aussi vraie au rang 1.

⋆ Soit $p \in \mathbb{N}^*$ et supposons que $0 < u_p < \dfrac{1}{p+1}$, alors comme la fonction f est croissante sur $]0, \frac{1}{2}[$ et $]0, \dfrac{1}{p+1}[\subset]0, \frac{1}{2}[$, il vient :

$$u_{p+1} = f(u_p) \in f(]0, \frac{1}{p+1}[) =]f(0), f(\frac{1}{p+1})[=]0, \frac{p}{(p+1)^2}[$$

Or $\dfrac{p}{(p+1)^2} - \dfrac{1}{p+2} = \dfrac{p(p+2) - (p+1)^2}{(p+1)^2(p+2)} = \dfrac{-1}{(p+1)^2(p+2)} < 0$, donc : $u_{p+1} \in]0, \dfrac{p}{(p+1)^2}[\subset]0, \dfrac{1}{p+2}[$. On conclut alors par le principe de récurrence.

b) $\forall\, n \in \mathbb{N}, v_{n+1} - v_n = (n+1)u_{n+1} - nu_n = (n+1)(u_n - u_n^2) - nu_n$
$= u_n - (n+1)u_n^2 = u_n[1 - (n+1)u_n]$

D'après la question précédente $0 < u_n < \dfrac{1}{n+1}$, donc $v_{n+1} - v_n > 0$ et la suite v est (strictement) croissante.

c) Comme $\forall\, n \in \mathbb{N}, u_n < \dfrac{1}{n+1}$, on a $v_n = n.u_n < 1$ et la suite v est majorée. Etant positive, strictement croissante et majorée par 1, elle est convergente et sa limite λ vérifie $0 < \lambda \leqslant 1$.

d) Pour tout $n \in \mathbb{N}$:
$w_n = n(v_{n+1} - v_n) = n.u_n[1-(n+1)u_n] = v_n[1 - n.u_n - u_n] = v_n[1 - v_n - u_n]$.
Comme : $\forall\, n \in \mathbb{N}, 0 < u_n < \dfrac{1}{n+1}$, on a, par encadrement, $\lim\limits_{n \to \infty} u_n = 0$ et la suite v convergeant vers λ, on en conclut que la suite w converge vers $\lambda(1 - \lambda)$.

2°) a) Par hypothèse : $\exists\, n_0 \in \mathbb{N}, \exists\, a \in \mathbb{R}_+^*, \forall\, n \geqslant n_0, t_{n+1} - t_n \geqslant \dfrac{a}{n} > 0$.

Pour $n \geqslant n_0$, écrivons alors $t_{2n} - t_n = \sum\limits_{k=n}^{2n-1} (t_{k+1} - t_k)$.

Comme $k \geqslant n \implies k \geqslant n_0$, on a donc : $\forall\, n \geqslant n_0, t_{2n} - t_n \geqslant a \sum\limits_{k=n}^{2n-1} \dfrac{1}{k}$

La somme comporte n termes et le plus petit d'entre-eux est $\frac{1}{2n-1}$, donc :

$$\forall n \geqslant n_0, t_{2n} - t_n \geqslant a\frac{n}{2n-1} > \frac{a}{2}$$

b) Raisonnons par l'absurde : si la suite (t_n) converge, alors toute suite extraite converge vers la même limite et $\lim\limits_{n\to\infty}(t_{2n} - t_n) = \lim\limits_{n\to\infty} t_{2n} - \lim\limits_{n\to\infty} t_n = 0$. Ce qui est une contradiction avec l'inégalité : $\forall n \geqslant n_0, t_{2n} - t_n \geqslant \frac{a}{2} > 0$. Par conséquent la suite (t_n) diverge, et étant croissante, on en déduit $\lim\limits_{n\to\infty} t_n = +\infty$.

c) Supposons que $\lambda \neq 1$ donc que $\lambda \in]0,1[$. Alors $\mu = \lambda(1-\lambda) > 0$ et :

$$\lim_{n\to\infty} w_n = \mu \implies \exists n_0, \forall n \geqslant n_0, w_n > \frac{1}{2}\mu.$$

Ainsi, $\forall n \geqslant n_0, v_{n+1} - v_n > \frac{\mu}{2n}$.
La suite (v_n) étant croissante, elle vérifie bien les mêmes hypothèses que la suite (t_n) de la question précédente, avec $a = \frac{1}{2}\lambda(1-\lambda) > 0$.

d) On peut donc en déduire que la suite v diverge vers $+\infty$, ce qui est une contradiction avec sa convergence établie à la question 1) c).
En conclusion l'hypothèse faite à la question précédente est absurde et $\lambda = 1$, c'est-à-dire :

$$\boxed{\lim_{n\to\infty} v_n = 1}$$

Limites et continuité | *08*

RÉPARTITION DES EXERCICES

Exercices de niveau 1	**8.01** → **8.09**
Exercices de niveau 2	**8.10** → **8.14**
Pour aller plus loin	**8.15** → **8.17**

I. ÉNONCÉS DES EXERCICES

8.01 Déterminer la limite éventuelle de f en $+\infty$ et en $-\infty$, avec :

$$f(x) = x - \ln(x + \sqrt{x^2+1}).$$

◇

8.02 Déterminer la limite éventuelle de f en $+\infty$, quand :

$$f(x) = \mathrm{e}^x\big(1 - \exp\big(\frac{1}{\ln x}\big) - \frac{1}{(\ln x)^x}\big)$$

◇

8.03 Déterminer les limites éventuelles des fonctions suivantes en x_0 :

1) $f(x) = x \ln\big|\frac{1+x}{x}\big|$ $\quad x_0 = +\infty$

2) $f(x) = (1+x)^{\frac{1}{x}}$ $\quad x_0 = 0$

3) $f(x) = (x+2)\mathrm{e}^{\frac{1}{x}} - x$ $\quad x_0 = +\infty$

4) $f(x) = \dfrac{\cos 3x - \cos x}{x^2}$ $\quad x_0 = 0$

5) $f(x) = (1-x^2)\tan\frac{\pi x}{2}$ $\quad x_0 = 1$

6) $f(x) = x\tan x - \dfrac{\pi}{2\cos x}$ $\quad x_0 = \pi/2$

◇

8.04 Etudier la limite éventuelle en $+\infty$ de la fonction f définie par :

$$f(x) = x\sqrt{x}\big(\exp\big(\frac{1}{\sqrt{x+1}}\big) - \exp\big(\frac{1}{\sqrt{x+2}}\big)\big)$$

◇

8.05 On considère la fonction f définie par : $f(x) = \big(\lfloor x\rfloor + \lfloor -x\rfloor\big)\sin(kx)$, où k est un réel et la fonction $x \mapsto \lfloor x\rfloor$ la fonction partie entière.

Déterminer les valeurs de k pour lesquelles la fonction f est continue sur $\mathbb{R}$.

◇

8.06 Etudier les limites éventuelles en 0 des fonctions suivantes :

1) $f(x) = \frac{x}{a}\lfloor\frac{b}{x}\rfloor$ avec $a > 0$ et $b > 0$

2) $f(x) = \frac{b}{x}\lfloor\frac{x}{a}\rfloor$ avec $a > 0$ et $b > 0$

◇

8.07 Etudier la limite éventuelle en x_0 des fonctions suivantes définies par :

1) $f(x) = \sqrt{x}\lfloor 1/x\rfloor$ $x_0 = 0$

2) $f(x) = \dfrac{\lfloor 1/x\rfloor - x}{\lfloor 1/x\rfloor + x}$ $x_0 = 0$

3) $f(x) = \mathrm{e}^x\lfloor 1/x\rfloor$ $x_0 = +\infty$

4) $f(x) = \dfrac{\lfloor x\rfloor}{x}$ $x_0 = +\infty$

◇

8.08 Etudier la continuité de la fonction $f : [0,1] \to \mathbb{R}, x \mapsto \lfloor 2x\rfloor - x$.

◇

8.09 Soit $f : [0,1] \to [0,1]$, continue sur $[0,1]$. Montrer qu'il existe $c \in [0,1]$ tel que $f(c) = c$.

◇

8.10 Soit $f : [a,b] \to \mathbb{R}$, continue sur $[a,b]$.
Pour $n \in \mathbb{N}^*$, on considère $x_1, x_2, \ldots, x_n$ des éléments de $[a,b]$ et on pose $A = \frac{1}{n}\sum\limits_{k=1}^{n} f(x_k)$.

1°) Montrer qu'il existe $x_0 \in [a,b]$ tel que $A = f(x_0)$.

2°) En déduire qu'il existe $x_0 \in [0,n]$ tel que :

$$\frac{n+1}{2} + \frac{1}{n}\Big(\sum_{k=1}^{n} \mathrm{e}^k\Big) = x_0 + \mathrm{e}^{x_0}.$$

◇

8.11 Déterminer toutes les fonctions $f : \mathbb{R} \to \mathbb{R}$, continues sur $\mathbb{R}$ et telles que :

$$\forall\, x \in \mathbb{R}, f(x) = f(x^2).$$

◇

8.12 Soit E l'ensemble des fonctions $f : \mathbb{R} \to \mathbb{R}$, continues sur $\mathbb{R}$ et telles que $\forall\,(x,y) \in \mathbb{R}^2, f(x+y) = f(x) + f(y)$.

1°) Montrer que si $f \in E$ alors $\forall\, m \in \mathbb{Z}, \forall\, x \in \mathbb{R}, f(mx) = mf(x)$.

2°) En déduire que si $f \in E$ alors $\forall\, x \in \mathbb{Q}, f(x) = xf(1)$.

3°) a) Soit $x \in \mathbb{R}$ et $\alpha_n = 10^{-n}\lfloor 10^n x\rfloor$. Montrer que $(\alpha_n)_n$ est une suite de nombres rationnels qui converge vers x.

b) En déduire que si $f \in E$ alors il existe $k \in \mathbb{R}$, tel que $f(x) = kx$.

c) Conclure en déterminant l'ensemble E.

$\diamond$

8.13 Soit (u_n) une suite définie par : $\forall\, n \in \mathbb{N}, u_{n+1} = 1 - \cos(u_n)$, $u_0 \in \mathbb{R}$.

1°) Etudier les variations de la fonction $g : x \mapsto x - 1 + \cos x$.

2°) Etudier la monotonie de la suite $(u_n)_n$ et en déduire qu'elle converge.

3°) Déterminer $\lim\limits_{n\to\infty} u_n$.

$\diamond$

8.14 Soit $f : \mathbb{R} \to \mathbb{R}, x \mapsto \dfrac{x+1}{\sqrt{x^2+1}} - 1$, on considère la suite u définie par : $u_0 \in \mathbb{R}$ et $\forall\, n \in \mathbb{N}, u_{n+1} = f(u_n)$.

1°) Que dire de $(u_n)_{n\in\mathbb{N}}$ si $u_0 = -1$ ou $u_0 = 0$?

2°) On suppose dans cette question que $u_0 < -1$.

a) Montrer que $\forall\, n \in \mathbb{N}, u_n < -1$.

b) En déduire que $(u_n)_{n\in\mathbb{N}}$ est croissante.

c) Montrer que $(u_n)_{n\in\mathbb{N}}$ converge vers un réel que l'on déterminera.

3°) On suppose dans cette question que : $-1 < u_0 < 0$.
Montrer que $(u_n)_{n\in\mathbb{N}}$ converge et déterminer sa limite.

4°) On suppose que $u_0 > 0$.

a) Montrer que $\forall\, n \geqslant 1, u_n \in]0, 1[$.

b) En déduire que $(u_n)_{n\in\mathbb{N}}$ est monotone et convergente. Déterminer $\lim\limits_{n\to\infty} u_n$.

$\diamond$

8.15 **1°)** On considère les fonctions notées ch et sh définies sur $\mathbb{R}$ par :

$$\mathrm{ch}(x) = \frac{\mathrm{e}^x + \mathrm{e}^{-x}}{2} \ ; \ \mathrm{sh}\, x = \frac{\mathrm{e}^x - \mathrm{e}^{-x}}{2}.$$

a) Démontrer que la fonction ch est continue sur $\mathbb{R}$.

b) Montrer que : $\lim\limits_{x\to 0} \dfrac{\mathrm{sh}(x)}{x} = 1$.

c) Montrer que : $\forall\, x \in \mathbb{R}, \mathrm{sh}(2x) = 2\,\mathrm{sh}(x)\,\mathrm{ch}(x)$.

2°) Déterminer l'ensemble des fonctions $f : \mathbb{R} \to \mathbb{R}$, continues sur $\mathbb{R}$ et vérifiant : $\forall\, x \in \mathbb{R}, f(x) = \mathrm{ch}(\frac{x}{2}) \times f(\frac{x}{2})$.

$\diamond$

8.16 On considère les fonctions f et g définies par : $\forall\, x \in \mathbb{R}^+, f(x) = \sqrt{1+x}$ et $\forall\, x \in \mathbb{R}^+ \setminus \{1\}, g(x) = \dfrac{1}{x-1}$.
L'objet de cet exercice est l'étude de la suite $(u_n)_{n\geq 0}$ de nombres réels déterminée par $u_0 = 1$ et par les relations de récurrence : $\forall n \in \mathbb{N}$, $u_{2n+1} = f(u_{2n})$ et $u_{2n+2} = g(u_{2n+1})$.

1°) Justifier : u_{2n} et u_{2n+1} existent et $\forall\, n \in \mathbb{N}, u_{2n} > 0$ et $u_{2n+1} > 1$.

2°) Montrer que les équations $f(x) = x$ et $g(x) = x$, ont une solution commune et une seule, que l'on calculera. On note α cette solution.

3°) Montrer que la fonction $\varphi = f \circ g$ est définie et décroissante sur $]1, +\infty[$ et montrer que la fonction $\psi = \varphi \circ \varphi$ est définie et croissante sur $]1, +\infty[$. Calculer $\psi(\alpha)$.

4°) Montrer que : $\forall\, x \in\,]1, \alpha[,\ \psi(x) > x$.

5°) Pour tout entier naturel n, on pose $v_n = u_{4n+1}$.

a) Montrer que $v_0 < \alpha$.

b) Montrer que, pour tout entier naturel n, $v_{n+1} = \psi(v_n)$.

c) A l'aide du résultat de la question **4°)**, montrer que la suite $(v_n)_{n\geq 0}$ est croissante et que : $\forall\, n \in \mathbb{N},\ 1 < v_n \leqslant \alpha$.

d) En déduire que la suite $(v_n)_{n\geq 0}$ est convergente et trouver sa limite.

6°) On considère les trois suites $(u_{4n+2})_{n\geq 0}$, $(u_{4n+3})_{n\geq 0}$ et $(u_{4n+4})_{n\geq 0}$. Montrer que ces suites sont convergentes et trouver leurs limites.

7°) Montrer que la suite $(u_n)_{n\geq 0}$ est convergente et trouver sa limite.

◇

8.17 Soit f une fonction continue en 0, telle que la fonction φ définie pour $x \neq 0$ par $\varphi(x) = \dfrac{f(3x) - f(x)}{x}$ vérifie $\lim\limits_{x\to 0} \varphi(x) = \ell \in \mathbb{R}$.
Pour $k \in \mathbb{N}^*$, on pose $x_k = \dfrac{x}{3^k}$.

1°) Pour $n \in \mathbb{N}^*$ quelconque, exprimer le quotient $\dfrac{f(x) - f(0)}{x}$ à l'aide des nombres $\varphi(x_k)$, $k \in [\![1, n]\!]$.

2°) Montrer que f est dérivable en 0 et calculer $f'(0)$.

II. INDICATIONS

1) Rappels des principales méthodes d'étude

❑ Soient f une fonction définie sur un intervalle I, x_0 un élément de I ou une extrémité de I. Pour démontrer que f a une limite finie ℓ en x_0, on peut choisir, entre autres, l'une des méthodes suivantes :

1. Utiliser la définition : $\forall\, \varepsilon > 0, \exists\, \alpha > 0$ tel que :
$$\forall\, x \in I, |x - x_0| \leqslant \alpha \implies |f(x) - \ell| \leqslant \varepsilon$$
(dans le cas où $x_0 \in I$, on a nécessairement $\ell = f(x_0)$, on dit dans ce cas que f est continue en x_0).

2. Calculer cette limite à l'aide des limites des fonctions usuelles.

3. Séparer le problème en deux, en calculant la limite à gauche et la limite à droite au point x_0.

4. Utiliser le théorème d'encadrement :

si $g(x) \leqslant f(x) \leqslant h(x)$ et $\lim\limits_{x \to x_0} g(x) = \lim\limits_{x \to x_0} h(x) = \ell$, alors $\lim\limits_{x \to x_0} f(x) = \ell$.

5. Si f est croissante sur un intervalle $[a, b[$, alors f a une limite à gauche en b si et seulement si f est majorée sur $[a, b[$. dans le cas contraire, on a $\lim\limits_{x \to b^-} f = +\infty$. On adaptera au cas d'une fonction décroissante ou d'un problème à la borne inférieure.

6. Soit f définie sur I, x_0 étant un élément de I, ou une borne de I, et $\ell \in \mathbb{R}$. Alors $\lim\limits_{x \to x_0} f = \ell$ si, et seulement si, pour toute suite (x_n) d'éléments de I qui converge vers x_0, la suite $\big(f(x_n)\big)$ converge vers ℓ. Ce théorème peut être utilisé pour démontrer que f n'a pas de limite en x_0. En effet il suffit alors de trouver une suite (u_n) de points de I, qui converge vers x_0 et telle que la suite $\big(f(u_n)\big)$ ne converge pas, ou de trouver deux suites (u_n) et (v_n) de points de I qui convergent vers x_0 et telles que $\big(f(u_n)\big)$ et $\big(f(v_n)\big)$ aient des limites différentes.

❑ Si f est une fonction continue sur un segment $[a, b]$, alors $f([a, b])$ est également un segment, ce qui signifie que f est bornée, atteint ses bornes et atteint également toute valeur intermédiaire. Attention si f est continue et si I est un intervalle, alors $f(I)$ est un intervalle, mais on ne connaît pas *a priori* sa nature.

---

2) Indications spécifiques à chaque exercice

8.01. Si $x < 0$, utiliser l'expression conjuguée.

8.02. Poser $u = \dfrac{1}{\ln x}$ et utiliser $\lim\limits_{u \to 0} \dfrac{e^u - 1}{u} = 1$.

8.03. Pour le moment on sait aussi que : $\lim\limits_{x \to 0} \dfrac{\sin x}{x} = \lim\limits_{x \to 0} \dfrac{\ln(1+x)}{x} = 1$.

8.04. Afin d'utiliser $\lim\limits_{u \to 0} \dfrac{e^u - 1}{u} = 1$, factoriser par $\exp(\dfrac{1}{\sqrt{x+2}})$.

8.05. Etudier séparément $\lim\limits_{x \to n^+} f(x)$ et $\lim\limits_{x \to n^-} f(x)$, pour $n \in \mathbb{Z}$.

8.06. 1) Utiliser l'encadrement $x - 1 < \lfloor x \rfloor \leqslant x$.

8.07. 1) On minore $f(x)$. **2)** On détermine la limite de $x\lfloor \frac{1}{x} \rfloor$, quand x tend vers 0 par valeurs supérieures puis inférieures.

8.10. La clé est bien entendu dans les propriétés d'une fonction continue sur un segment : l'image d'un segment est un segment ...

8.11. Comparer $f(x), f(\sqrt{x}), f(x^{\frac{1}{4}}), \dots$

8.12. 1) Pour $m \in \mathbb{N}$, raisonner par récurence, pour $m \in \mathbb{Z}^-$, poser $n = -m$. **2)** Poser $x = p/q$,p et q entiers et évaluer $f(qx)$. **3)** Encadrer $\lfloor 10^n x \rfloor$.

8.13. Montrer que $n \geqslant 1 \implies 0 \leqslant u_n \leqslant 2$.

8.14. Commencer par construire le tableau des variations de la fonction f, cela permet de visualiser les comportements ...

8.15. 2) Raisonner tout d'abord par condition nécessaire et montrer que
$f(x) = (\prod\limits_{k=1}^{n} \text{ch}\, \frac{x}{2^k}) f(\frac{x}{2^k}) = \frac{1}{2^n}(\frac{\text{sh}\, x}{\text{sh}(x/2^n)}) f(\frac{x}{2^n})$ et faire tendre n vers l'infini.

8.16. 1) Raisonner par récurrence. **4)** Expliciter $\psi(x)$, $x > 1$ et simplifier. **5)** Raisonner par récurrence pour démontrer que $1 \leqslant v_n \leqslant \alpha$. **6)** Montrer que les suites (u_{4n+2}), (u_{4n+3}) et (u_{4n+4}) convergent vers la même limite.

8.17. 1°) Evaluer la somme $\sum_{k=1}^{n} \frac{1}{3^k}\,\varphi(\frac{x}{3^k})$.

2°) Utiliser la définition de $\lim_{x\to 0}\varphi(x) = 0$ et procéder par encadrement.

III. CORRIGÉS DÉTAILLÉS DES EXERCICES

Corrigé 8.01

$\star$ La fonction f définie par $f(x) = x - \ln(x + \sqrt{x^2+1})$ est définie sur $\mathbb{R}$, car $\sqrt{x^2+1} > \sqrt{x^2} = |x|$, donc $x + \sqrt{x^2+1} > x + |x|$ et $x + \sqrt{x^2+1} > 0$.

$\star$ Soit $x > 0$. On peut écrire : $x + \sqrt{x^2+1} = x\big(1 + \sqrt{1 + \frac{1}{x^2}}\,\big)$, donc :

$$f(x) = x - \ln x - \ln\big(1 + \sqrt{1+\frac{1}{x^2}}\,\big) = x\big[1 - \frac{\ln x}{x} - \frac{1}{x}\ln\big(1 + \sqrt{1+\frac{1}{x^2}}\,\big)\big]$$

Comme $\lim_{x\to+\infty} \frac{\ln x}{x} = 0$, le crochet a pour limite 1 lorsque x tend vers $+\infty$, soit :

$$\boxed{\lim_{+\infty} f = +\infty}$$

$\star$ Soit $x < 0$. Il est alors préférable de considérer l'expression conjuguée et :

$$f(x) = x - \ln\Big[\frac{(x+\sqrt{x^2+1})(\sqrt{x^2+1}-x)}{\sqrt{x^2+1}-x}\Big] = x - \ln\Big[\frac{1}{\sqrt{x^2+1}-x}\Big]$$
$$= x + \ln(\sqrt{x^2+1} - x)$$

Pour la clarté, posons alors $x = -y$, il vient, puisque $y > 0$:

$$f(x) = -y + \ln(y + \sqrt{y^2+1}) = -f(y) = -f(-x)$$

Ainsi, f est en fait une fonction impaire et donc $\boxed{\lim_{-\infty} f = -\lim_{+\infty} f = -\infty}$

Corrigé 8.02

Comme on est en présence d'une « forme indéterminée », on transforme l'écriture de $f(x)$ afin d'utiliser la limite connue : $\lim_{x\to+\infty} \frac{e^u - 1}{u} = 1$, avec $u = \frac{1}{\ln x} \underset{x\to+\infty}{\longrightarrow} 0$.

Pour $x > 1$, on écrit :

$$f(x) = \frac{1}{\ln x}\times e^x\Big(\frac{1 - \exp\big(\frac{1}{\ln x}\big)}{\frac{1}{\ln x}} - \frac{1}{(\ln x)^{x-1}}\Big)$$

$\rightarrow \lim_{x\to+\infty} \frac{1}{(\ln x)^{x-1}} = 0$ (pas de problème d'indétermination !)

$\rightarrow \lim_{x\to+\infty} \frac{1 - \exp\big(\frac{1}{\ln x}\big)}{\frac{1}{\ln x}} = \lim_{u\to 0} \frac{1 - e^u}{u} = -1$ (limite classique)

$\rightarrow \lim_{x\to+\infty} \frac{e^x}{\ln x} = \lim_{x\to+\infty} \frac{e^x}{x}\times\frac{x}{\ln x} = +\infty$ (limites classiques)

Ainsi :

$$\boxed{\lim_{x\to+\infty} f(x) = -\infty}$$

Corrigé 8.03

1°) Puisque l'étude est au voisinage de $+\infty$, on peut supposer $x > 0$ et écrire alors :
$f(x) = x \ln\left(\frac{1+x}{x}\right) = x \ln\left(1 + \frac{1}{x}\right) = \frac{\ln(1+\frac{1}{x})}{\frac{1}{x}}$.

Comme $\lim\limits_{u \to 0} \frac{\ln(1+u)}{u} = 1$, il vient, en posant $u = \frac{1}{x}$: $\boxed{\lim\limits_{x \to +\infty} f(x) = 1}$

2°) f est définie sur $]-1, +\infty[$, et on a : $f(x) = \exp\left(\frac{1}{x}\ln(1+x)\right)$. On vient de revoir que $\lim\limits_{x \to 0} \frac{\ln(1+x)}{x} = 1$, et par continuité de la fonction exponentielle :

$$\boxed{\lim_{x \to 0} f(x) = \mathrm{e}}$$

3°) On a : $f(x) = x\left(\mathrm{e}^{1/x} - 1\right) + 2\mathrm{e}^{1/x} = \frac{\mathrm{e}^{1/x} - 1}{1/x} + 2\mathrm{e}^{1/x}$.

Or $\lim\limits_{u \to 0} \frac{\mathrm{e}^u - 1}{u} = 1$, donc $\lim\limits_{x \to +\infty} \frac{\mathrm{e}^{1/x} - 1}{1/x} = 1$ et comme $\lim\limits_{x \to +\infty} \mathrm{e}^{1/x} = \mathrm{e}^0 = 1$, on obtient :

$$\boxed{\lim_{x \to +\infty} f(x) = 3}$$

4°) On utilise la relation $\cos p - \cos q = -2 \sin \frac{p+q}{2} \sin \frac{p-q}{2}$. D'où :

$$f(x) = \frac{\cos 3x - \cos x}{x^2} = \frac{-2 \sin 2x \sin x}{x^2},$$

Comme $\lim\limits_{x \to 0} \frac{\sin x}{x} = 1$ et $\lim\limits_{x \to 0} \frac{\sin 2x}{2x} = 1$, il vient :

$$\boxed{f(x) = -4 \times \frac{\sin 2x}{2x} \times \frac{\sin x}{x} \underset{x \to 0}{\longrightarrow} -4}$$

5°) On se ramène au voisinage de 0, en posant $u = 1 - x$, *i.e.* $x = 1 - u$:

$$f(x) = f(1-u) = u(2-u) \tan \frac{\pi(1-u)}{2} = u(2-u) \tan\left(\frac{\pi}{2} - \frac{\pi u}{2}\right)$$
$$= \frac{u(2-u)}{\tan \frac{\pi u}{2}} = \frac{\frac{\pi u}{2}}{\tan \frac{\pi u}{2}} \times \frac{2}{\pi}(2-u)$$

comme $\lim\limits_{h \to 0} \frac{\tan h}{h} = \lim\limits_{h \to 0} \frac{1}{\cos h} \times \frac{\sin h}{h} = 1$, on obtient $\lim\limits_{u \to 0} \frac{\frac{\pi u}{2}}{\tan \frac{\pi u}{2}} = 1$ et :

$$\boxed{\lim_{x \to 1} f(x) = \lim_{u \to 0} f(1-u) = \frac{4}{\pi}}$$

6°) Comme dans la question précédente, on se ramène au voisinage de 0, et on pose ici $u = \frac{\pi}{2} - x$, soit $x = \frac{\pi}{2} - u$:

$$f\left(\frac{\pi}{2} - u\right) = \left(\frac{\pi}{2} - u\right) \tan\left(\frac{\pi}{2} - u\right) - \frac{\frac{\pi}{2}}{\cos(\frac{\pi}{2} - u)}$$
$$= \frac{\pi}{2}\left(\frac{1}{\tan u} - \frac{1}{\sin u}\right) - \frac{u}{\tan u} = \frac{\pi}{2} \times \frac{\cos u - 1}{u} \times \frac{u}{\sin u} - \frac{u}{\sin u} \times \cos u$$

$\rightarrow \lim\limits_{u \to 0} \frac{\sin u}{u} = 1$; $\lim\limits_{u \to 0} \cos u = 1$, puis :

$\rightarrow \frac{1 - \cos u}{u} = \frac{2 \sin^2(u/2)}{u} = \left(\frac{\sin(u/2)}{u/2}\right)^2 \times \frac{u}{2} \underset{u \to 0}{\longrightarrow} 1^2 \times 0 = 0$

Ainsi :

$$\boxed{\lim_{x\to\pi/2} f(x) = -1}$$

Corrigé 8.04

Afin d'utiliser le résultat : $\lim\limits_{h\to 0} \dfrac{\mathrm{e}^h - 1}{h} = 1$, on écrit $\mathrm{e}^a - \mathrm{e}^b = \mathrm{e}^b(\mathrm{e}^{a-b} - 1)$, soit ici :

$$f(x) = (x\sqrt{x}) \exp\Big(\frac{1}{\sqrt{x+2}}\Big)\Big(\exp\Big(\frac{1}{\sqrt{x+1}} - \frac{1}{\sqrt{x+2}}\Big) - 1\Big)$$

Notons $h = \dfrac{1}{\sqrt{x+1}} - \dfrac{1}{\sqrt{x+2}}$, alors :

$$f(x) = (x\sqrt{x}) \exp\Big(\frac{1}{\sqrt{x+2}}\Big) \times h \times \frac{\exp(h) - 1}{h}$$

Or : $h = \dfrac{1}{\sqrt{x+1}} - \dfrac{1}{\sqrt{x+2}} = \dfrac{\sqrt{x+2} - \sqrt{x+1}}{\sqrt{x+1}\times\sqrt{x+2}}$

$= \dfrac{1}{(\sqrt{x+1}\sqrt{x+2})(\sqrt{x+2} + \sqrt{x+1})} \underset{x\to+\infty}{\longrightarrow} 0$, donc

Donc $\lim\limits_{x\to+\infty} \dfrac{\mathrm{e}^h - 1}{h} = 1$, puis $\lim\limits_{x\to+\infty} \exp\Big(\dfrac{1}{\sqrt{x+2}}\Big) = 1$;

Enfin :

$$(x\sqrt{x})h = \frac{x\sqrt{x}}{(\sqrt{x+1}\sqrt{x+2})(\sqrt{x+2} + \sqrt{x+1})}$$

$$= \frac{1}{\sqrt{1+\frac{1}{x}}\sqrt{1+\frac{2}{x}}(\sqrt{1+\frac{2}{x}} + \sqrt{1+\frac{1}{x}})} \underset{x\to+\infty}{\longrightarrow} \frac{1}{1+1} = \frac{1}{2}$$

Ainsi :

$$\boxed{\lim_{x\to+\infty} f(x) = \frac{1}{2}}$$

Corrigé 8.05

$\star$ Comme la fonction partie entière est continue sur l'ensemble des nombres réels privé des entiers, la fonction f est continue en tout point réel non entier.

$\star$ Si x n'est pas un nombre entier, il existe $n \in \mathbb{Z}$ tel que $n < x < n+1$. Alors $-n-1 < -x < -n$, donc $\lfloor x \rfloor = n$ et $\lfloor -x \rfloor = -n-1$, d'où $f(x) = -\sin(kx)$.

Ainsi, en tout point n entier, on a : $\lim\limits_{x\to n^+} f(x) = \lim\limits_{x\to n^-} f(x) = -\sin(kn)$.

Or $f(n) = \big(\lfloor n \rfloor + \lfloor -n \rfloor\big)\sin(kn) = \big(n + (-n)\big)\sin(kn) = 0$.

Par conséquent, f est continue au point n de $\mathbb{Z}$ si et seulement si $-\sin(kn) = 0$.

Donc f est toujours continue en 0, et f est continue en 1 si et seulement si k est de la forme $h\pi$, pour un certain h de $\mathbb{Z}$. Dans ce cas $\sin(kn)$ est nul pour tout n de $\mathbb{Z}$.

En conclusion f est continue sur $\mathbb{R}$ si, et seulement si, il existe $h \in \mathbb{Z}$ tel que :

$$\boxed{k = h\pi}$$

Corrigé 8.06

1°) Par définition de la partie entière, on a l'encadrement : $\dfrac{b}{x} - 1 < \Big\lfloor \dfrac{b}{x} \Big\rfloor \leqslant \dfrac{b}{x}$.

Donc :

$\star$ Si $x > 0$, on a : $\frac{b}{a} - \frac{x}{a} < f(x) \leqslant \frac{b}{a}$, donc $\lim_{x \to 0^+} f(x) = \frac{b}{a}$

$\star$ Si $x < 0$, on a : $\frac{b}{a} - \frac{x}{a} > f(x) \geqslant \frac{b}{a}$ et $\lim_{x \to 0^-} f(x) = \frac{b}{a}$

En conclusion $\lim_{x \to 0^+} f(x) = \lim_{x \to 0^-} f(x) = \frac{b}{a}$ donc $\boxed{\lim_{x \to 0} f(x) = \frac{b}{a}}$

2°) $\star$ Soit $x \in]0, a[$, alors $\frac{x}{a} \in]0, 1[$, d'où $\lfloor \frac{x}{a} \rfloor = 0$ et $f(x) = 0$.
Donc $\lim_{x \to 0^+} f(x) = 0$.

$\star$ Soit $x \in]-a, 0[$, alors $\frac{x}{a} \in]-1, 0[$, donc $\lfloor \frac{x}{a} \rfloor = -1$ et $f(x) = -\frac{b}{x}$.
Donc $\lim_{x \to 0^-} f(x) = +\infty$.

En conclusion $\boxed{f \text{ n'a pas de limite en } 0}$

Corrigé 8.07

1°) f est définie sur $\mathbb{R}_+^*$ et par définition de la partie entière : $\frac{1}{x} - 1 < \lfloor \frac{1}{x} \rfloor \leqslant \frac{1}{x}$, donc pour tout $x > 0$, on a : $\frac{1 - x}{\sqrt{x}} \leqslant f(x)$.

Comme $\lim_{x \to 0^+} \frac{1 - x}{\sqrt{x}} = +\infty$, on en déduit $\boxed{\lim_{x \to 0^+} f(x) = +\infty}$

2°) On a, pour $x \neq 0$, $f(x) = \dfrac{\lfloor \frac{1}{x} \rfloor - x}{\lfloor \frac{1}{x} \rfloor + x} = \dfrac{x\lfloor \frac{1}{x} \rfloor - x^2}{x\lfloor \frac{1}{x} \rfloor + x^2}$.

Or : $\frac{1}{x} - 1 < \lfloor \frac{1}{x} \rfloor \leqslant \frac{1}{x}$, donc

$\star$ Si $x > 0, 1 - x < x\lfloor \frac{1}{x} \rfloor \leqslant 1$, d'où $\lim_{x \to 0^+} x\lfloor \frac{1}{x} \rfloor = 1$

$\star$ Si $x < 0, 1 - x > x\lfloor \frac{1}{x} \rfloor \geqslant 1$, d'où $\lim_{x \to 0^-} x\lfloor \frac{1}{x} \rfloor = 1$

Ainsi $\lim_{x \to 0} x\lfloor \frac{1}{x} \rfloor = 1$ et $\boxed{\lim_{x \to 0} f(x) = \lim_{x \to 0} \dfrac{x\lfloor \frac{1}{x} \rfloor - x^2}{x\lfloor \frac{1}{x} \rfloor + x^2} = 1}$

3°) Soit $x > 1$, alors $\frac{1}{x} \in]0, 1[$ et $\lfloor \frac{1}{x} \rfloor = 0$. Donc $\forall x \in]1, +\infty[, f(x) = 0$ et $\boxed{\lim_{x \to +\infty} f(x) = 0}$

4°) On a : $x - 1 < \lfloor x \rfloor \leqslant x$, donc pour $x > 0$, on a : $1 - \frac{1}{x} < \frac{\lfloor x \rfloor}{x} \leqslant 1$. Par conséquent : $\boxed{\lim_{x \to +\infty} f(x) = 1}$

Corrigé 8.08

$\star$ Pour $0 \leqslant x < \frac{1}{2}$, on a $0 \leqslant 2x < 1$, $\lfloor 2x \rfloor = 0$ et $f(x) = -x$.
$\star$ Pour $\frac{1}{2} \leqslant x < 1$, on a $1 \leqslant 2x < 2$, $\lfloor 2x \rfloor = 1$ et $f(x) = 1 - x$.
$\star$ $f(1) = \lfloor 2 \rfloor - 1 = 1$.

Ainsi f est une fonction affine sur $[0, 1/2[$ et sur $[1/2, 1[$ donc sa restriction à ces intervalles est continue sur ces intervalles.

Il reste alors à étudier la continuité de f en $1/2$ et en 1 à gauche.

$\star$ $\lim\limits_{x \to \frac{1}{2}^-} f(x) = \lim\limits_{x \to \frac{1}{2}^-} (-x) = -\frac{1}{2} \neq f(\frac{1}{2})$ car$f(\frac{1}{2}) = \frac{1}{2}$ donc f n'est pas continue en $\frac{1}{2}$ à gauche (mais elle est continue à droite en $\frac{1}{2}$).

$\star$ $\lim\limits_{x \to 1^-} f(x) = \lim\limits_{x \to 1^-} (1-x) = 0 \neq f(1)$, car $f(1) = 1$ donc f n'est pas continue en 1 à gauche.

Corrigé 8.09

Comme f est continue sur $[0,1]$, il en est de même de $g : x \mapsto f(x) - x$.
Par hypothèse, $f([0,1]) \subset [0,1]$, d'où $g(0) = f(0) \geqslant 0$ et $g(1) = f(1) - 1 \leqslant 0$.
Ainsi $0 \in [g(1), g(0)]$, donc par le théorème des valeurs intermédiaires appliqué à g sur $[0,1]$, on en déduit l'existence de $c \in [0,1]$ tel que $g(c) = 0$, c'est-à-dire tel que :

$$\boxed{f(c) = c}$$

Corrigé 8.10

1°) f est continue sur $[a,b]$, donc est bornée sur ce segment. Notons

$$m = \min_{x \in [a,b]} f(x) \text{ et } M = \max_{x \in [a,b]} f(x).$$

$\forall x \in [a,b], m \leqslant f(x) \leqslant M$, donc $\forall k \in [\![1,n]\!], m \leqslant f(x_k) \leqslant M$ et, par sommations des inégalités :

$m = \frac{1}{n} \sum\limits_{k=1}^{n} m \leqslant \frac{1}{n} \sum\limits_{k=1}^{n} f(x_k) \leqslant \frac{1}{n} \sum\limits_{k=1}^{n} M = M$

Ainsi A est une valeur comprise entre m et M et, par le théorème des valeurs intermédiaires :

$$\boxed{\exists\, x_0 \in [a,b] \text{ tel que } f(x_0) = A}$$

2°) Soit $n \in \mathbb{N}^*$, on considère la fonction f définie sur $[0,n]$ par $f(x) = x + \mathrm{e}^x$ et on pose $x_k = k$, pour $1 \leqslant k \leqslant n$.
La fonction f est continue sur $[0,n]$ comme somme de 2 fonctions continues sur $[0,n]$. Alors en utilisant la question précédente, on en déduit l'existence de $x_0 \in [0,n]$ tel que :

$f(x_0) = \frac{1}{n} \sum\limits_{k=1}^{n} f(k)$, c'est-à-dire tel que :

$$x_0 + \mathrm{e}^{x_0} = \frac{1}{n} \sum_{k=1}^{n} \mathrm{e}^k + \frac{1}{n} \times \frac{n(n+1)}{2} = \frac{1}{n} \sum_{k=1}^{n} \mathrm{e}^k + \frac{n+1}{2}$$

Corrigé 8.11

$\star$ Si f vérifie la condition de l'énoncé, alors pour tout x réel :

$$f(-x) = f\big((-x)^2\big) = f(x^2) = f(x)$$

Ainsi f est paire et dans un premier temps, on peut étudier f sur $\mathbb{R}_+^*$.

$\star$ Soit $x > 0$, on peut écrire $x = (\sqrt{x})^2$ et donc :

$$\forall x > 0, f(x) = f\big((\sqrt{x})^2\big) = f(\sqrt{x}) = f\big(x^{\frac{1}{2}}\big)$$

Puis, de même $f\big(x^{\frac12}\big)=f\big((x^{\frac12})^{\frac12}\big)=f\big(x^{\frac14}\big)$, $f\big(x^{\frac14}\big)=f\big((x^{\frac14})^{\frac12}\big)=f\big(x^{\frac18}\big)$, et par récurrence :

$$\forall\, x>0, \forall\, n\in\mathbb{N}^*, f(x)=f\big(x^{\frac{1}{2^n}}\big)$$

Or $\lim\limits_{n\to\infty}\dfrac{1}{2^n}=0$ et donc $\lim\limits_{n\to\infty}x^{\frac{1}{2^n}}=\lim\limits_{n\to\infty}\exp\big(\frac{1}{2^n}\ln x\big)=\exp(0)=1.$

Par continuité de f au point 1, on en déduit donc :

$$\forall\, x>0, f(x)=\lim_{n\to\infty}f\big(x^{\frac{1}{2^n}}\big)=f(1)$$

Par parité de f, on a donc aussi : $\forall\, x<0, f(x)=f(1)$ et enfin, par continuité de f en 0, on a également $f(0)=f(1)$. Donc f est constante.

⋆ Réciproquement les fonctions constantes sont clairement solutions du problème posé.

L'ensemble des solutions est donc exactement l'ensemble des fonctions constantes.

Corrigé 8.12

1°) L'ensemble E est non vide car l'application nulle vérifie la relation :

$$\forall\,(x,y)\in\mathbb{R}^2, f(x+y)=f(x)+f(y)\quad(*)$$

⋆ Soit $f\in E$, montrons par récurrence que $\forall\, n\in\mathbb{N}, \forall\, x\in\mathbb{R},\ f(nx)=nf(x)$.

→ On a $f(0)=f(0)+f(0)$, donc $f(0)=0$, et $f(0.x)=f(0)=0=0.x$: la propriété est vérifiée au rang 0.

→ Soit $n\in\mathbb{N}$, supposons que $\forall\, x\in\mathbb{R}, f(nx)=nf(x)$. Alors pour tout x : $f((n+1)x)=f(nx+x)=f(nx)+f(x)=nf(x)+f(x)=(n+1)f(x)$, d'où la propriété au rang $n+1$ et donc le résultat souhaité par le principe de récurrence.

⋆ Soit m un entier négatif, posons $n=-m\in\mathbb{N}$, on a : $f(mx)=f(-nx)$.
Or pour tout y : $0=f(0)=f(y+(-y))=f(y)+f(-y)$ donc $f(-y)=-f(y)$, ainsi $f(mx)=-f(nx)=-nf(x)=mf(x)$.
Par conséquent :

$$\forall\, m\in\mathbb{Z}, \forall\, x\in\mathbb{R}, f(mx)=mf(x)$$

2°) Soit $f\in E$, pour $x\in\mathbb{Q}$, on peut écrire $x=\dfrac{p}{q}$, p et q étant deux entiers et on peut supposer $q>0$.

On a alors : $f(p)=f(q\times\frac{p}{q})=qf(\frac{p}{q})$ donc $f(x)=f(\frac{p}{q})=\frac{1}{q}f(p)$

De plus l'égalité : pour $m\in\mathbb{Z}$ et $x\in\mathbb{R}$, $f(mx)=mf(x)$, donne pour $x=1$: $f(m)=mf(1)$.

Ainsi $f(x)=f(\frac{p}{q})=\frac{1}{q}f(p)=\frac{p}{q}f(1)$, soit

$$\forall\, x\in\mathbb{Q}, f(x)=xf(1)$$

3°) a) Par définition de la partie entière, $10^n x-1<\lfloor 10^n x\rfloor\leqslant 10^n x$, donc : $x-10^{-n}\leqslant 10^{-n}\lfloor 10^n x\rfloor\leqslant x$, soit $x-10^{-n}\leqslant\alpha_n\leqslant x$.

Comme $\lim\limits_{n\to\infty}10^{-n}=0$, il vient : $\lim\limits_{n\to\infty}\alpha_n=x$.

De plus comme $\lfloor 10^n x\rfloor\in\mathbb{Z}$, $\alpha_n=\dfrac{\lfloor 10^n x\rfloor}{10^n}$ est un nombre rationnel.

b) De la question 2, on déduit $f(\alpha_n) = \alpha_n f(1)$ et en faisant tendre n vers $+\infty$, par continuité de f sur $\mathbb{R}$, il vient : $\lim\limits_{n\to\infty} f(\alpha_n) = f(1) \lim\limits_{n\to\infty} \alpha_n$, soit $f(x) = xf(1)$. Il existe donc un réel k tel que $\forall\, x \in \mathbb{R},\, f(x) = kx$.

c) Les fonctions linéaires $f : x \mapsto kx$, sont continues et vérifient banalement la relation $(*)$. Ainsi

$$\boxed{\text{l'ensemble } E \text{ est exactement l'ensemble des fonctions linéaires de } \mathbb{R} \text{ dans } \mathbb{R}}$$

*[**Variante** : soit f une fonction solution et F une primitive de f, on a alors :*

$$\forall\,(x,y) \in \mathbb{R}^2,\ \int_0^1 f(x+y)\,dy = \int_0^1 f(x)\,dy + \int_0^1 f(y)\,dy$$

Soit, en intégrant : $\big[F(x+y)\big]_{y=0}^{y=1} = f(x) + F(1) - F(0)$ *ou encore :*

$$\forall\, x \in \mathbb{R},\, f(x) = F(x+1) - F(x) - F(1) + F(0)$$

La fonction (de x) située à droite est de classe $\mathcal{C}^1$ (F est une primitive sur $\mathbb{R}$ d'une fonction continue), donc f est de classe $\mathcal{C}^1$ sur $\mathbb{R}$.
En revenant à la relation initiale et en dérivant par rapport à y, on a alors :
$\forall\,(x,y) \in \mathbb{R}^2, f'(x+y)\times 1 = f'(y)$, *donc* $f'(x) = f'(0)$ *et* f' *est constante, donc* f *est affine. On achève alors comme plus haut.]*

Corrigé 8.13

1°) Soit $g : x \mapsto x - 1 + \cos x$, la fonction g est dérivable sur $\mathbb{R}$, comme somme de fonctions dérivables et $g'(x) = 1 - \sin x$, donc $\forall\, x \in \mathbb{R},\, g'(x) \geqslant 0$ et $g'(x) = 0$ n'a lieu qu'aux points de la forme $\frac{\pi}{2} + 2k\pi, k \in \mathbb{Z}$.
La fonction g est donc **strictement** croissante sur $\mathbb{R}$ et comme $g(0) = 0$, $x \geqslant 0 \iff g(x) \geqslant 0$.

2°) $\star$ Commençons par circonscrire le problème.
Soit $n \in \mathbb{N}$, on a $\cos u_n \in [-1, 1]$, donc $u_{n+1} = 1 - \cos u_n \in [0, 2]$.
Ainsi : $n \geqslant 1 \implies u_n \in [0, 2]$.
• Soit alors $n \in \mathbb{N}^*$, comme $u_n \geqslant 0$, on a :

$$u_{n+1} - u_n = 1 - \cos(u_n) - u_n = -g(u_n) \leqslant 0.$$

La suite $(u_n)_{n \geq 1}$ est décroissante, minorée par 0, elle converge donc vers un réel ℓ tel que $0 \leqslant \ell \leqslant 2$.

3°) La fonction $f : x \mapsto 1 - \cos x$ étant continue sur $[0, 2]$, on a $\lim\limits_{n\to\infty} f(u_n) = f(\ell)$ et $\lim\limits_{n\to\infty} u_{n+1} = \ell$. Ainsi $\ell \in [0, 2]$ est tel que $\ell = f(\ell)$, soit $g(\ell) = 0$. Or on a vu que g est strictement croissante telle que $g(0) = 0$, donc 0 est la seule solution de l'équation $g(\ell) = 0$ et :

$$\boxed{\lim_{n\to\infty} u_n = 0}$$

Corrigé 8.14

Notons que f est définie sur $\mathbb{R}$, dérivable, et $f(x) = (x+1)(x^2+1)^{-1/2} - 1$, donne :

$$f'(x) = (x^2+1)^{-1/2} + (x+1)\times(-1/2)2x(x^2+1)^{-3/2} = \frac{1-x}{(x^2+1)^{3/2}}$$

d'où le tableau des variations :

x	$-\infty$		-1		0		1		$+\infty$
$f'(x)$		$+$		$+$		$+$	0	$-$	
f	-2	$\nearrow$	-1	$\nearrow$	0	$\nearrow$	$\sqrt{2}-1$	$\searrow$	0

Explication : pour $x \neq 0$, on écrit $f(x) = \dfrac{x+1}{|x|\sqrt{1+\frac{1}{x^2}}} - 1$, soit :

$$x > 0 \implies f(x) = \frac{1+\frac{1}{x}}{\sqrt{1+\frac{1}{x^2}}} - 1 \text{ et } x < 0 \implies f(x) = -\frac{1+\frac{1}{x}}{\sqrt{1+\frac{1}{x^2}}} - 1$$

Ce qui donne les limites de f en $-\infty$ et en $+\infty$.
On a : $f(x) - x = \dfrac{x+1}{\sqrt{x^2+1}} - 1 - x = (x+1)\left(\dfrac{1}{\sqrt{x^2+1}} - 1\right)$ et comme $\dfrac{1}{\sqrt{x^2+1}} - 1 \leqslant 0$, on a :

$$x \leqslant -1 \implies f(x) - x \geqslant 0 \text{ et } x \geqslant -1 \implies f(x) - x \leqslant 0.$$

Enfin :

$$f(x) = x \iff (x+1)\left(\frac{1}{\sqrt{x^2+1}} - 1\right) \iff x = -1 \text{ ou } \sqrt{x^2+1} = 1$$

$f(x) = x \iff x \in \{-1, 0\}$, ce qui explique pourquoi on a mis ces valeurs dans le tableau précédent.

Le matériel est en place et on peut commencer la discussion ...

1°) $\star$ Si $u_0 = -1$, comme $f(-1) = -1$, on a : $u_1 = f(-1) = -1$ et par récurrence, on en déduit que $\forall\, n \in \mathbb{N}$, $u_n = -1$, la suite est constante de valeur -1.
$\star$ Si $u_0 = 0$, on a $u_1 = f(0) = 0$ et, dans ce cas, la suite est constante de valeur 0.

2°) On suppose que $u_0 < -1$.

a) Supposons que pour un certain n, on ait $u_n < -1$, l'étude faite en introduction montre que $u_{n+1} = f(u_n) \leqslant -1$ et comme $u_0 < -1$, on conclut par le principe de récurrence :

$$\boxed{u_0 < -1 \implies \forall n \in \mathbb{N}, u_n \leqslant -1}$$

b) Mais on a vu aussi que dans ce cas $u_{n+1} - u_n = f(u_n) - u_n \geqslant 0$, donc la suite (u_n) est croissante.

c) La suite u est croissante et majorée par -1, elle converge donc et sa limite ℓ est inférieure ou égale à -1. La fonction f est continue sur $\mathbb{R}$ et donc en ℓ, par conséquent et par passage à la limite de l'égalité $u_{n+1} = f(u_n)$ on déduit $\ell = f(\ell)$ et $\ell \in \{-1, 0\}$. La valeur 0 est ici à rejeter, donc :

$$\boxed{u_0 < -1 \implies \lim_{n\to\infty} u_n = -1}$$

3°) On suppose que $u_0 \in]-1, 0[= I$.
$\star$ Le tableau précédent montre que $f(I) = I$ et comme $u_0 \in I$, l'argument de récurrence habituel montre que $\forall\, n \in \mathbb{N}, u_n \in I$. De plus f est croissante sur I, donc la suite (u_n) est monotone.
Enfin, sur I on a $f(x) - x \leqslant 0$, donc $u_{n+1} = f(u_n) \leqslant u_n$.

La suite u est décroissante (donc à valeurs strictement négatives) et minorée par -1 donc convergente. Sa limite est dans l'intervalle $[-1,0[$ et est solution de l'équation $f(x)=x$, donc :

$$\boxed{-1 < u_0 < 0 \implies \lim_{n\to\infty} u_n = 0}$$

4°) On suppose que $u_0 > 0$.

a) On regarde encore une fois le tableau des variations de f. On a :

$$f(]0,+\infty[) =]0, \sqrt{2}-1] \subset]0,1[\![.$$

On en déduit alors par récurrence sur n que : $\forall\, n \in \mathbb{N}^*, u_n \in]0,1[$.

b) Comme $x \geqslant 0 \implies f(x) - x < x$, on a alors $\forall\, n \in \mathbb{N}, u_{n+1} - u_n \leqslant 0$.
La suite (u_n) est décroissante, à valeurs positives, donc convergente de limite positive ou nulle ce qui élimine la valeur -1 :

$$\boxed{u_0 > 0 \implies \lim_{n\to\infty} u_n = 0}$$

Corrigé 8.15

1°) a) Les fonctions $x \mapsto \mathrm{e}^x$ et $x \mapsto \mathrm{e}^{-x}$ étant continues sur $\mathbb{R}$, la fonction ch est continue sur $\mathbb{R}$, comme somme de deux fonctions continues.

b) Soit $x \in \mathbb{R}^*$, $\dfrac{\operatorname{sh} x}{x} = \dfrac{\mathrm{e}^x - \mathrm{e}^{-x}}{2x} = \mathrm{e}^{-x} \times \dfrac{\mathrm{e}^{2x}-1}{2x}$.
On a $\displaystyle\lim_{x\to 0} \frac{\mathrm{e}^{2x}-1}{2x} = \lim_{t\to 0}\frac{\mathrm{e}^t - 1}{t} = 1$ donc

$$\boxed{\lim_{x\to 0}\frac{\operatorname{sh} x}{x} = 1}$$

c) Soit $x \in \mathbb{R}$, $2\operatorname{sh} x \operatorname{ch} x = 2\times \dfrac{\mathrm{e}^x - \mathrm{e}^{-x}}{2} \times \dfrac{\mathrm{e}^x + \mathrm{e}^{-x}}{2} = \dfrac{(\mathrm{e}^x - \mathrm{e}^{-x})(\mathrm{e}^x + \mathrm{e}^{-x})}{2}$
Soit :

$$\boxed{2\operatorname{sh} x \operatorname{ch} x = \frac{\mathrm{e}^{2x} - \mathrm{e}^{-2x}}{2} = \operatorname{sh} 2x}$$

2°) Soit E l'ensemble des fonctions continues sur $\mathbb{R}$ et vérifiant

$$\forall\, x \in \mathbb{R}, f(x) = \operatorname{ch} \tfrac{x}{2} \times f(\tfrac{x}{2})$$

Notons que E contient la fonction nulle, donc est non vide.

$\star$ **Analyse :**
Soit $f \in E$, alors $\forall\, x \in \mathbb{R}$, $f(x) = \operatorname{ch}\left(\frac{x}{2}\right) \times f\left(\frac{x}{2}\right)$
et donc aussi $f\left(\frac{x}{2}\right) = \operatorname{ch}\left(\frac{x}{4}\right)\times f\left(\frac{x}{4}\right)$, donc $f(x) = \operatorname{ch}\left(\frac{x}{2}\right)\times \operatorname{ch}\left(\frac{x}{4}\right)\times f\left(\frac{x}{4}\right)$
puis $f\left(\frac{x}{4}\right) = \operatorname{ch}\left(\frac{x}{8}\right) f\left(\frac{x}{8}\right)$ donc $f(x) = \operatorname{ch}\left(\frac{x}{2}\right)\times \operatorname{ch}\left(\frac{x}{4}\right)\times \operatorname{ch}\left(\frac{x}{8}\right)\times f\left(\frac{x}{8}\right)$
et ainsi de suite par itérations il vient, pour $x \in \mathbb{R}$ et $n \in \mathbb{N}^*$:

$$f(x) = \Big(\prod_{k=1}^{n} \operatorname{ch}\big(\tfrac{x}{2^k}\big)\Big) \times f\big(\tfrac{x}{2^n}\big)$$

De plus comme $\forall\, x \in \mathbb{R}^*, \operatorname{ch}(x) = \dfrac{\operatorname{sh}(2x)}{2\operatorname{sh}(x)}$, on a par télescopage :

$$f(x) = f\left(\frac{x}{2^n}\right)\left(\prod_{k=1}^{n} \frac{\mathrm{sh}(\frac{x}{2^{k-1}})}{2\,\mathrm{sh}(\frac{x}{2^k})}\right) = f\left(\frac{x}{2^n}\right)\times\frac{1}{2^n}\times\frac{\mathrm{sh}(x)}{\mathrm{sh}(\frac{x}{2^n})}$$
$$= \frac{\mathrm{sh}\,x}{x}\times f\left(\frac{x}{2^n}\right)\times\frac{\frac{x}{2^n}}{\mathrm{sh}(\frac{x}{2^n})}$$

→ Comme f est continue en 0, $\lim\limits_{n\to\infty} f\left(\frac{x}{2^n}\right) = \lim\limits_{t\to 0} f(t) = f(0)$;

→ Comme $\lim\limits_{t\to 0} \frac{\mathrm{sh}\,t}{t} = 1$, on a $\lim\limits_{n\to\infty} \frac{\mathrm{sh}(\frac{x}{2^n})}{\frac{x}{2^n}} = 1$

Donc en faisant tendre n vers l'infini, dans l'expression de $f(x)$ obtenue précédemment, il vient :

$$\boxed{\forall x \in \mathbb{R}^*, f(x) = f(0)\frac{\mathrm{sh}\,x}{x}}$$

Ainsi :

$$E \subset F = \left\{f_\lambda : \mathbb{R} \to \mathbb{R}, x \neq 0 \mapsto \lambda\frac{\mathrm{sh}\,x}{x}, 0 \mapsto \lambda, \lambda \in \mathbb{R}\right\}$$

• Réciproquement on vérifie que toute fonction f_λ de l'ensemble F appartient à E.

⋆ Comme $\lim\limits_{x\to 0} \frac{\mathrm{sh}\,x}{x} = 1$, on a $\lim\limits_{x\to 0} \lambda\,\frac{\mathrm{sh}\,x}{x} = \lambda = f_\lambda(0)$, ainsi f_λ est continue en 0 et clairement continue sur $\mathbb{R}^*$, donc sur $\mathbb{R}$.

⋆ Comme $\mathrm{sh}(x) = 2\,\mathrm{sh}\left(\frac{x}{2}\right)\mathrm{ch}\left(\frac{x}{2}\right)$, on a pour $x \neq 0$:

$$f_\lambda(x) = \lambda\frac{\mathrm{sh}\,x}{x} = \frac{2\lambda}{x}\,\mathrm{sh}\left(\frac{x}{2}\right)\mathrm{ch}\left(\frac{x}{2}\right) = \lambda\frac{\mathrm{sh}(\frac{x}{2})}{\frac{x}{2}}\,\mathrm{ch}\left(\frac{x}{2}\right) = f_\lambda\left(\frac{x}{2}\right)\mathrm{ch}\left(\frac{x}{2}\right)$$

et banalement : $f_\lambda(0) = f_\lambda\left(\frac{0}{2}\right)\mathrm{ch}\left(\frac{0}{2}\right)$

Donc toute fonction de F appartient à E et ainsi $E = F$.

Corrigé 8.16

1°) On raisonne par récurrence.

→ On a $u_0 = 1$ par hypothèse, donc $u_0 > 0$ et $1 + u_0 > 0$ donc u_1 existe et $u_1 = f(u_0) = \sqrt{1+1} > 1$.

→ Soit $n \in \mathbb{N}$, supposons que u_{2n} et u_{2n+1} existent et que $u_{2n} > 0$ et $u_{2n+1} > 1$, alors comme g est définie sur $]1, +\infty[$, on peut définir l'image de u_{2n+1} par g, d'où l'existence de u_{2n+2} et $u_{2n+2} = g(u_{2n+1}) = \frac{1}{u_{2n+1} - 1} > 0$.

Comme la fonction f est définie sur $\mathbb{R}^+$, on peut définir l'image de u_{2n+2} par f, d'où l'existence de u_{2n+3} et $u_{2n+3} = f(u_{2n+2}) = \sqrt{1 + u_{2n+2}} > 1$.

Ainsi, on a bien le résultat voulu au rang suivant et on conclut par le principe de récurrence : la suite est bien définie et pour tout n, $u_{2n} > 0, u_{2n+1} > 1$.

2°) $f(x) = x \iff \sqrt{1+x} = x \iff [1 + x = x^2 \text{ et } x \geqslant 0]$

$$g(x) = x \iff \frac{1}{x-1} = x \iff 1 = x^2 - x \text{ et } x \neq 1$$

$x^2 = x + 1 \iff x \in \{\frac{1-\sqrt{5}}{2}, \frac{1+\sqrt{5}}{2}\}$ et seule la solution positive est point fixe, à la fois de f et g :

$$\alpha = \frac{1+\sqrt{5}}{2}$$

3°) $\star$ Soit $\varphi = f \circ g$, la fonction g est décroissante sur $]1, +\infty[$ et $g(]1, +\infty[) = \mathbb{R}_+^*$. Comme f est strictement croissante sur $\mathbb{R}_+^*$, par composition la fonction φ est dé croissante sur $]1, +\infty[$.

$\star$ La fonction φ est décroissante sur $]1, +\infty[$ et

$$\varphi(]1, +\infty[) = f(g(]1, +\infty[)) = f(\mathbb{R}_+^*) =]1, +\infty[$$

donc $\varphi \circ \varphi$ est définie sur $]1, +\infty[$ et composée de deux fonctions décroissantes, la fonction ψ est croissante sur $]1, +\infty[$.

Par définition α vérifie $f(\alpha) = \alpha$ et $g(\alpha) = \alpha$ donc $\varphi(\alpha) = f(g(\alpha)) = f(\alpha) = \alpha$, et $\psi(\alpha) = \varphi(\varphi(\alpha)) = \varphi(\alpha) = \alpha$.

4°) On a : $\forall\, x > 1$, $\psi(x) = \varphi(\varphi(x))$ et

$$\varphi(x) = f(g(x)) = f\left(\frac{1}{x-1}\right) = \sqrt{\frac{1}{x-1} + 1} = \sqrt{\frac{x}{x-1}}$$

donc $\psi(x) = \varphi\left(\sqrt{\frac{x}{x-1}}\right) = \sqrt{\dfrac{\sqrt{\frac{x}{x-1}}}{\sqrt{\frac{x}{x-1}} - 1}} = \sqrt{\dfrac{\sqrt{x}}{\sqrt{x} - \sqrt{x-1}}}$.

Comme $x > 1$, on a :

$$\psi(x) > x \iff \frac{\sqrt{x}}{\sqrt{x} - \sqrt{x-1}} > x^2 \iff \frac{\sqrt{x}(\sqrt{x} + \sqrt{x-1})}{x - (x-1)} > x^2$$

$$\iff \sqrt{x} + \sqrt{x-1} > x\sqrt{x} \iff \sqrt{x-1} > \sqrt{x}(x-1)$$

$$\iff 1 > \sqrt{x}\sqrt{x-1} \iff 1 > x(x-1) \iff x^2 - x - 1 < 0,$$

Or $x^2 - x - 1 < 0 \iff x \in \left]\frac{1-\sqrt{5}}{2}, \frac{1+\sqrt{5}}{2}\right[$ et comme $x > 1$:

$$\psi(x) > x \iff x \in]1, \alpha[$$

5°) a) $v_0 = u_1 = \sqrt{2}$, or $\alpha = \dfrac{1+\sqrt{5}}{2}$, donc comme $2\sqrt{2} < 3 < 1 + \sqrt{5}$, on a :

$$v_0 < \alpha$$

b) Soit $n \in \mathbb{N}$, on a :

$$g(u_{4n+1}) = u_{4n+2},\ f(u_{4n+2}) = u_{4n+3}, \text{ donc } \varphi(u_{4n+1}) = u_{4n+3}$$

En recommençant : $\varphi(u_{4n+3}) = u_{4n+5}$ et donc :

$$\forall\, n \in \mathbb{N}, v_{n+1} = u_{4n+5} = \varphi \circ \varphi(v_n) = \psi(v_n)$$

c) $\star$ La fonction ψ est croissante sur $]1, +\infty[$ telle que $\psi(]1, +\infty[) \subset]1, +\infty[$, car on a montré que $\varphi(]1, +\infty[) \subset]1, +\infty[$. La suite (v_n) est donc monotone.

Comparons alors les deux premiers termes de cette suite.

On a montré à la question **4°)** que $\forall\, x \in]1, \alpha[, \psi(x) > x$, donc comme $v_0 = u_1 = \sqrt{2} \in]1, \alpha[$, il vient $v_1 > v_0$, ce qui prouve donc que :

la suite (v_n) est croissante et donc $\forall\, n, v_n \geqslant \sqrt{2} > 1$.

$\star$ Montrons par récurrence que : $\forall\, n \in \mathbb{N}$, $v_n \leqslant \alpha$.

$\rightarrow$ On a vu que $v_0 = u_1 < \alpha$.

$\rightarrow$ Soit $n \in \mathbb{N}$, supposons que $1 < v_n \leqslant \alpha$, alors comme ψ est croissante sur $]1, +\infty[$ donc sur $]1, \alpha[$, on a : $v_{n+1} = \psi(v_n) \leqslant \psi(\alpha) = \alpha$, ce qui donne le résultat au rang $n + 1$

Ainsi par le principe de récurrence on a : $\forall n \in \mathbb{N}, v_n \in]1, \alpha]$.

d) La suite v est croissante et majorée (par α), elle converge donc de limite notée ℓ avec $1 < \ell \leqslant \alpha$.
Comme ψ est continue sur $]1, +\infty[$, ℓ vérifie l'égalité : $\psi(\ell) = \ell$ et comme $x \in]1, \alpha[\implies \psi(x) > x$, donc $\psi(x) \neq x$, on ne peut avoir $\ell \in]1, \alpha[$.
Pat conséquent $\ell = \alpha$:

$$\lim_{n\to\infty} v_n = \alpha$$

6°) $\star$ On a, pour tout n, $u_{4n+2} = g(u_{4n+1}) = g(v_n)$, comme g est continue sur $]1, +\infty[$, g est continue en α, donc la suite (u_{4n+2}) converge et :

$$\lim_{n\to\infty} u_{4n+2} = g(\lim_{n\to\infty} u_{4n+1}) = g(\alpha) = \alpha$$

$\star$ On a, pour tout n, $u_{4n+3} = f(u_{4n+2})$, comme f est continue sur $]1, +\infty[$, f est continue en α, donc la suite (u_{4n+3}) converge et :

$$\lim_{n\to\infty} u_{4n+3} = f(\lim_{n\to\infty} u_{4n+2}) = f(\alpha) = \alpha$$

$\star$ Enfin, pour tout n, $u_{4n+4} = g(u_{4n+3})$, comme g est continue en α, la suite (u_{4n+4}) converge et :

$$\lim_{n\to\infty} u_{4n+4} = g(\lim_{n\to\infty} u_{4n+3}) = g(\alpha) = \alpha$$

7°) On a montré que les 4 suites extraites (u_{4n}), (u_{4n+1}), (u_{4n+2}) et (u_{4n+3}) étaient convergentes vers la même limite. Comme tout entier naturel m est de l'une des formes précédentes, on en déduit la convergence de la suite u (par le principe dit « d'exhaustion ») et :

$$\boxed{\lim_{n\to\infty} u_n = \alpha}$$

Corrigé 8.17

1°) Pour $x \neq 0$ et $k \in \mathbb{N}^*$, on a

$\varphi(x_k) = \varphi\left(\frac{x}{3^k}\right) = \dfrac{f\left(\frac{x}{3^{k-1}}\right) - f\left(\frac{x}{3^k}\right)}{\frac{x}{3^k}}$, donc :

$$\frac{1}{3^k}\varphi\left(\frac{x}{3^k}\right) = \frac{f\left(\frac{x}{3^{k-1}}\right) - f\left(\frac{x}{3^k}\right)}{x}.$$

Donc, par télescopage, pour tout n de $\mathbb{N}^*$: $\sum\limits_{k=1}^{n} \dfrac{1}{3^k}\varphi\left(\dfrac{x}{3^k}\right) = \dfrac{f(x) - f\left(\frac{x}{3^n}\right)}{x}$ et

$$\boxed{\frac{f(x) - f(0)}{x} = \sum_{k=1}^{n} \frac{1}{3^k}\varphi\left(\frac{x}{3^k}\right) + \frac{f\left(\frac{x}{3^n}\right) - f(0)}{x}}$$

2°) Soit $\varepsilon > 0$. Comme $\lim\limits_{x\to 0} \varphi(x) = \ell$, il existe $\alpha > 0$ tel que :

$$|x| \leqslant \alpha \implies \ell - \varepsilon \leqslant \varphi(x) \leqslant \ell + \varepsilon$$

Soit $x \in]-\alpha, \alpha[\setminus \{0\}$ quelconque, mais **fixé**, alors $\forall k \in \mathbb{N}^*$, on a *a fortiori* $\dfrac{x}{3^k} \in]-\alpha, \alpha[$, donc $\ell - \varepsilon \leqslant \varphi\left(\dfrac{x}{3^k}\right) \leqslant \ell + \varepsilon$.
Ainsi :

$$\sum_{k=1}^{n} \frac{1}{3^k}(\ell-\varepsilon) + \frac{f\left(\frac{x}{3^n}\right) - f(0)}{x} \leqslant \frac{f(x) - f(0)}{x} \leqslant \sum_{k=1}^{n} \frac{1}{3^k}(\ell+\varepsilon) + \frac{f\left(\frac{x}{3^n}\right) - f(0)}{x}$$

x étant toujours fixé, faisons tendre n vers l'infini.

$\lim\limits_{n\to\infty}\sum\limits_{k=1}^{n}\dfrac{1}{3^k}=\lim\limits_{n\to\infty}\dfrac{\frac{1}{3}-\frac{1}{3^{n+1}}}{1-\frac{1}{3}}=\dfrac{1}{2}$ et f étant continue $\lim\limits_{n\to\infty}\dfrac{f(\frac{x}{3^n})-f(0)}{x}=0.$

Le minorant trouvé a donc pour limite $\dfrac{1}{2}(\ell-\varepsilon)$ et le majorant a pour limite $\dfrac{1}{2}(\ell+\varepsilon)$.

Par prolongement des inégalités à la limite, on a donc :

$$\frac{1}{2}(\ell-\varepsilon)\leqslant\frac{f(x)-f(0)}{x}\leqslant\frac{1}{2}(\ell+\varepsilon)$$

Ainsi $\forall\,\varepsilon>0,\exists\,\alpha>0,x\in\,]-\alpha,\alpha[\,\setminus\{0\}\implies\left|\dfrac{f(x)-f(0)}{x}-\dfrac{\ell}{2}\right|\leqslant\dfrac{\varepsilon}{2}$

Ce qui signifie que : $\boxed{\lim\limits_{x\to0}\dfrac{f(x)-f(0)}{x}=\dfrac{\ell}{2}}$ et montre que f est dérivable en 0,

avec $\boxed{f'(0)=\dfrac{\ell}{2}}$

Dérivation 09

RÉPARTITION DES EXERCICES

I. ÉNONCÉS DES EXERCICES

9.01 Etudier la dérivabilité de la fonction f définie sur $\mathbb{R}$ par : $f(x) = \dfrac{x^2 + |x|}{x^2 + 1}$.

◇

9.02 Etudier la dérivabilité de $f : x \mapsto \cos(x^2 + \sqrt{x})$.

◇

9.03 Soit f la fonction définie sur $[0, 1[$ par $f(x) = \sqrt{\dfrac{x^3}{1-x}}$.

1°) La fonction f est-elle dérivable en 0 ?

2°) Calculer $f'(x)$ pour $x \in]0, 1[$.

◇

9.04 Sur quelles parties de $\mathbb{R}$, les fonctions suivantes sont-elles continues, dérivables ? Calculer alors leur fonction dérivée.

1°) $f : x \mapsto \sqrt{x^2 - x^3}$; **2°)** $g : x \mapsto x \sin \dfrac{1}{x}$ si $x \neq 0$ et $g(0) = 0$.

3°) $h : x \mapsto x|x|$.

◇

9.05 On considère la fonction définie sur $\mathbb{R}$ par :

$$f(x) = x^2 \sin\left(\frac{1}{x}\right) \text{ si } x \neq 0 \text{ et } f(0) = 0$$

1°) Montrer que f est dérivable en 0.

2°) Montrer que f est dérivable sur $\mathbb{R}^*$ et calculer $f'(x)$ pour $x \in \mathbb{R}^*$.

3°) Montrer que f' n'a pas de limite en 0.

◇

9.06 Soit $f : \mathbb{R} \to \mathbb{R}$, une fonction dérivable en $a \in \mathbb{R}$.

Etudier $\lim\limits_{x \to a} \dfrac{xf(a) - af(x)}{x - a}$.

◇

9.07 Etudier la dérivabilité en $\frac{\pi}{4}$ de la fonction $f : x \mapsto \sqrt{\cos 2x}$.

◇

9.08 Soit f la fonction définie sur $\mathbb{R}$ par : $f(x) = \begin{cases} 2 + x & \text{si } x \geqslant 0 \\ e^x + 1 & \text{si } x < 0 \end{cases}$.

Montrer que f est de classe $\mathcal{C}^1$ sur $\mathbb{R}$.

◇

9.09 **Inégalité de Huygens**. Montrer que : $\forall\, x \in [0, \pi/2[, 2\sin x + \tan x \geqslant 3x$.

◇

9.10 Soit f la fonction définie sur $\mathbb{R}$ par : $f(x) = \dfrac{1}{\sqrt{1 + x^2}}$.

1°) Montrer que la fonction f est paire.

2°) Déterminer les variations de f.

3°) Montrer que f réalise une bijection de l'intervalle $[0, +\infty[$ sur un intervalle J à préciser.

4°) Montrer que f^{-1} est dérivable sur $]0, 1[$, avec :

$$\forall\, t \in]0, 1[, (f^{-1})'(t) = -\frac{1}{t^2\sqrt{1 - t^2}}$$

◇

9.11 On considère la fonction f définie sur $\mathbb{R}$ par $f(x) = \dfrac{e^x - e^{-x}}{e^x + e^{-x}}$.

1°) Démontrer que f admet une fonction réciproque g définie sur $I =]-1, 1[$.

2°) Démontrer que f est dérivable sur $\mathbb{R}$, avec : $\forall\, x \in \mathbb{R}, f'(x) = 1 - [f(x)]^2$.

3°) Démontrer que g est dérivable sur I et calculer $g'(y)$, pour $y \in I$.

a) En utilisant le théorème sur la dérivée d'une fonction réciproque.

b) En explicitant $g(y)$.

◇

9.12 Soit $f : [0, \pi/2] \to \mathbb{R}$ définie par $f(x) = \sqrt{\sin x} + x$.

1°) Montrer que f réalise une bijection de $[0, \pi/2]$ sur J un intervalle à préciser.

2°) Etudier la dérivabilité de f^{-1} sur J.

◇

9.13 Soit f la fonction définie par : $\forall\, x \in \mathbb{R}^*, f(x) = \dfrac{x^2 e^{-x}}{1 - e^{-2x}}$ et $f(0) = 0$.

Montrer que f est une fonction de classe $\mathcal{C}^1$ sur $\mathbb{R}$.

◇

9.14 On considère les fonctions f et g définies sur $\mathbb{R}^+$, par :

$f(x) = \arctan(1+x) - \arctan x$ et $g(x) = \arctan\left(\dfrac{1}{x^2+x+1}\right)$

1°) Montrer que les fonctions f et g sont dérivables sur $\mathbb{R}^+$ et calculer pour $x \in \mathbb{R}^+$, $f'(x)$ et $g'(x)$.

2°) a) En déduire qu'il existe une constante réelle k telle que :
$\forall\, x \in \mathbb{R}^+, f(x) = g(x) + k.$

b) Montrer que : $\forall\, x \in \mathbb{R}^+$,
$\arctan(1+x) - \arctan x = \arctan\left(\dfrac{1}{x^2+x+1}\right).$

3°) On pose pour $n \in \mathbb{N}^*$, $S_n = \sum\limits_{k=1}^{n} \arctan\left(\dfrac{1}{k^2+k+1}\right)$

a) Montrer que : $\forall\, n \in \mathbb{N}^*, S_n = \arctan(n+1) - \frac{\pi}{4}.$

b) En déduire $\lim\limits_{n\to+\infty} S_n.$

◇

9.15 **1°)** Soit $t \in \left]-\pi/2, \pi/2\right[\setminus \{-\pi/4, \pi/4\}$. Exprimer $\tan 2t$ en fonction de $\tan t$.

2°) Soit f la fonction définie sur $\mathbb{R} \setminus \{-1, 1\}$ par $f(x) = \arctan \dfrac{2x}{1-x^2}.$

a) Montrer que : $\forall\, x \in \left]-1, 1\right[, f(x) = 2\arctan x.$

b) Exprimer $f(x)$ en fonction de $\arctan x$ si $x \in \left]-\infty, -1\right[\cup \left]1, +\infty\right[.$

◇

9.16 On considère la suite u définie par : $u_0 = 1$ et $\forall\, n \in \mathbb{N}, u_{n+1} = \cos u_n.$

1°) Montrer que : $\forall\, n \in \mathbb{N}, u_n \in [0, 1].$

2°) Montrer que l'équation $\cos x = x$ possède sur $[0, 1]$ une unique solution notée x_0.

3°) Montrer que : $\forall\, (x, y) \in [0, 1]^2, |\cos x - \cos y| \leqslant (\sin 1)|x - y|.$

4°) En déduire que la suite u converge vers x_0.

◇

9.17 En utilisant le théorème des accroissements finis, montrer la convergence de la suite u définie par : $\forall\, n \geqslant 2, u_n = n(\ln n)^2[\sin(\frac{1}{\ln n}) - \sin(\frac{1}{\ln(n+1)})].$

◇

9.18 En utilisant le théorème des accroissements finis, étudier la convergence de la suite $(S_n)_{n\geq 2}$ définie par : $S_n = \sum\limits_{k=2}^{n} \dfrac{1}{k \ln k}.$

◇

9.19 Calculer $\lim\limits_{x\to+\infty} (x+1)\exp\left(\dfrac{1}{x+1}\right) - x\exp\left(\dfrac{1}{x}\right).$

◇

9.20 On considère la suite (u_n) définie par : $\forall\, n \in \mathbb{N}, u_{n+1} = \sqrt{u_n + 20}$ et $u_0 = 2.$

1°) Démontrer que : $\forall n \in \mathbb{N}, 0 \leqslant u_n \leqslant 5$.

2°) a) Démontrer que la suite u est croissante.

b) Démontrer que la suite u converge et déterminer sa limite.

On se propose dans la question suivante d'étudier la convergence de u par une autre méthode.

3°) a) Soit $f : [0,5] \to \mathbb{R}, x \mapsto \sqrt{x+20}$, montrer que f est dérivable et que $0 \leqslant f'(x) \leqslant \dfrac{1}{4\sqrt{5}}$.

En déduire que : $\forall n \in \mathbb{N}, 0 \leqslant |u_{n+1} - 5| \leqslant \dfrac{1}{4\sqrt{5}}|u_n - 5|$.

b) Démontrer que : $\forall n \in \mathbb{N}, |\, u_n - 5| \leqslant \dfrac{3}{(4\sqrt{5})^n}$ et conclure.

◇

9.21 **1°)** Calculer la fonction dérivée de la fonction :

$$f : x \mapsto \mathrm{e}^{-x}\left[1 + \frac{x}{1!} + \frac{x^2}{2!} + \cdots + \frac{x^n}{n!}\right].$$

2°) Pour $n \in \mathbb{N}^*$, on pose $u_n = 1 + \dfrac{1}{1!} + \cdots + \dfrac{1}{n!}$, montrer que l'on a : $u_n - \mathrm{e} \in \left]-\dfrac{1}{n!}, 0\right[$.

3°) En déduire que la suite u converge et déterminer sa limite.

◇

9.22 **1°)** Résoudre l'équation : $x = \dfrac{1}{2+x}$.

2°) On considère la suite $(u_n)_{n\in\mathbb{N}}$ définie par : $\forall n \in \mathbb{N}, u_{n+1} = f(u_n)$, avec $f(x) = \dfrac{1}{2+x}$ et $u_0 = 0$.

a) Montrer que pour tout $n \in \mathbb{N}, u_n \in [0,1]$ et que :

$$\forall n \in \mathbb{N}, |u_{n+1} - (\sqrt{2}-1)| = \frac{1}{(1+\sqrt{2})\times(u_n+2)} \times |u_n - (\sqrt{2}-1)|.$$

b) En déduire $\lim\limits_{n\to+\infty} u_n$.

3°) a) Montrer par récurrence que $(u_{2n})_{n\in\mathbb{N}}$ est une suite croissante et que $(u_{2n+1})_{n\in\mathbb{N}}$ est une suite décroissante.

b) Montrer que : $\forall (a,b) \in ([0,1])^2, |f(b) - f(a)| \leqslant \frac{1}{4}|b-a|$.

c) Montrer que pour tout $n \in \mathbb{N}$ on a : $0 \leqslant u_{2n+1} - u_{2n} \leqslant \frac{1}{2} \times \frac{1}{4^{2n}}$.

d) En déduire un encadrement de $\sqrt{2}-1$ et une valeur approchée de $\sqrt{2}$ à 10^{-3} près.

◇

9.23 Soit f une fonction de classe $\mathcal{C}^2$ sur I, un intervalle fermé et a, b, c trois réels de I tels que $a < c < b$.

1°) a) Soit g définie sur $I = [a,b]$, par :

$$g(x) = f(x) - f(a) - \frac{x-a}{b-a}[f(b) - f(a)] - \frac{A}{2}(x-a)(x-b),$$
où A est réel. Montrer que l'on peut choisir A pour que $g(c) = 0$.

b) En déduire l'existence d'au moins un point d de I tel que :
$$f(c) = f(a) + \frac{c-a}{b-a}[f(b) - f(a)] + \frac{1}{2}(c-a)(c-b)f''(d).$$

2°) Montrer que : $\exists\, M \in \mathbb{R}^+, \forall\, x \in I, |f''(x)| \leqslant M$.

3°) Soient $A(a, f(a)), B(b, f(b))$, on note y_c l'ordonnée du point de la corde $[AB]$ d'abscisse c. Déterminer une majoration de $|f(c) - y_c|$ ne dépendant que de M, a et b.

◇

9.24 Soit f une fonction deux fois dérivable sur $[a, b]$ à dérivée seconde continue et possédant une dérivée troisième sur $]a, b[$.
En considérant la fonction φ définie sur $[a, b]$ par :
$$\varphi(t) = f(a) - f(t) + \frac{t-a}{2}[f'(a) + f'(t)] - \frac{(t-a)^3}{12}A,$$
A étant un réel bien choisi, montrer qu'il existe $c \in]a, b[$, tel que :
$$f(b) - f(a) = \frac{b-a}{2}[f'(a) + f'(b)] - \frac{(b-a)^3}{12} f^{(3)}(c),$$
où $f^{(3)}$ désigne la dérivée troisième de f.

◇

9.25 On considère la fonction $f : x \mapsto x\sqrt{\frac{1}{x} - \lfloor \frac{1}{x} \rfloor}$, où $\lfloor . \rfloor$ désigne la fonction « partie entière ».

1°) a) Montrer que f est définie sur $\mathbb{R}^*$.

b) Montrer que f est prolongeable par continuité en 0, soit g ce prolongement.

c) En considérant les suites $(x_n)_{n \geq 0}$ et $(y_n)_{n \geq 0}$ définies par $x_n = \dfrac{2}{2n+1}$ et $y_n = \dfrac{1}{n+1}$, étudier la dérivabilité de g en 0.

2°) a) Etudier la dérivabilité de f sur $]-\infty, -1[$ et sur $]1, +\infty[$.

b) Pour $k \in \mathbb{Z}^*$, expliciter $f(x)$, pour $x \in \left]\frac{1}{k+1}, \frac{1}{k}\right]$, et en déduire l'étude de la dérivabilité de f sur $]0, 1]$ et sur $[-1, 0[$.

II. INDICATIONS

1) Rappels des principales méthodes d'étude

❑ $f : I \to \mathbb{R}$ est dérivable en un point a de l'intervalle I, si la fonction définie sur $I \setminus \{a\}$ par $x \mapsto \dfrac{f(x) - f(a)}{x - a}$ a une limite lorsque x tend vers a. Cette limite se note alors $f'(a)$ (nombre dérivé de f en a).
Si f est dérivable en tout point de I, on définit la fonction $f' : I \to \mathbb{R}, x \mapsto f'(x)$.
Si f' est dérivable en a, $(f')'(a)$ se note $f''(a)$ ou $f^{(2)}(a) \ldots$

Rappelons également que, par convention, $f^{(0)}$ désigne la fonction f et que f' se note aussi $f^{(1)}$.

❑ Si f et g sont dérivables en a, alors $f+\lambda g$, fg sont dérivables en a et :

$$(f+\lambda g)'(a) = f'(a)+\lambda g'(a), (fg)'(a) = f'(a)g(a)+f(a)g'(a)$$

Si $g(a) \neq 0$, $\frac{1}{g}$ et $\frac{f}{g}$ sont dérivables en a et :

$$\left(\frac{1}{g}\right)'(a) = -\frac{g'(a)}{[g(a)]^2}, \left(\frac{f}{g}\right)'(a) = \frac{f'(a)g(a)-f(a)g'(a)}{[g(a)]^2}$$

❑ Si f est dérivable en a et si g est dérivable en $f(a)$, alors $g \circ f$ est dérivable au point a et : $(g \circ f)'(a) = g'\big(f(a)\big)f'(a)$.

❑ Si f est une bijection de I sur J, si f est dérivable au point $a \in I$, avec $f'(a) \neq 0$, alors f^{-1} est dérivable au point $b = f(a) \in J$ et $(f^{-1})'(b) = \dfrac{1}{f'(a)} = \dfrac{1}{f'(f^{-1}(b))}$

❑ **Théorème de Rolle** : si $f : [a,b] \to \mathbb{R}$ est continue sur $[a,b]$, dérivable sur $]a,b[$ et telle que $f(a) = f(b)$, alors : $\exists\, c \in]a,b[, f'(c) = 0$.

❑ **Théorème des accroissements finis** : si $f : [a,b] \to \mathbb{R}$ est continue sur $[a,b]$, dérivable sur $]a,b[$, alors : $\exists\, c \in]a,b[, f'(c) = \dfrac{f(b)-f(a)}{b-a}$.

❑ **Inégalités des accroissements finis** : si $f : [a,b] \to \mathbb{R}$ est continue sur $[a,b]$, avec $a < b$, dérivable sur $]a,b[$ et si $\forall\, x \in]a,b[, m \leqslant f'(x) \leqslant M$, alors :

$$m(b-a) \leqslant f(b)-f(a) \leqslant M(b-a)$$

❑ **Inégalité des accroissements finis** : si $f : [a,b] \to \mathbb{R}$ est continue sur $[a,b]$, dérivable sur $]a,b[$ et si $\forall\, x \in]a,b[, |f'(x)| \leqslant k$, alors :

$$|f(b)-f(a)| \leqslant k|b-a|$$

---

2) Indications spécifiques à chaque exercice

9.01. Discuter selon le signe de x.

9.02. En 0 on étudie la limite du taux d'accroissement.

9.05. 3) On prouve que $x \mapsto \cos(\frac{1}{x})$ n'a pas de limite en 0 en considérant par exemple les deux suites u et v définies par $u_n = \dfrac{1}{2n\pi}$ et $v_n = \dfrac{1}{2n\pi+\pi/2}$.

9.06. Transformer $\dfrac{xf(a)-af(x)}{x-a}$ en utilisant le taux d'accroissement de f en a.

9.07. Pour étudier la limite du taux d'accroissement de f en $\frac{\pi}{4}$, revenir à l'origine en posant $t = \frac{\pi}{4} - x$ et utiliser $\lim\limits_{u\to 0} \dfrac{\sin u}{u}$.

9.08. Utiliser le théorème dit des fonctions de classe $\mathcal{C}^1$.

9.09. Etudier les variations de $f : x \mapsto 2\sin x + \tan x - 3x$.

9.10. 4) Utiliser le théorème sur la dérivabilité de f^{-1} et exprimer x en fonction de $y = \dfrac{1}{\sqrt{1+x^2}}$.

9.11. 1) Montrer que f est strictement croissante sur $\mathbb{R}$ et déterminer $f(\mathbb{R})$. **3) b)** Résoudre l'équation $y = f(x)$, d'inconnue x.

9.12. En 0, revenir à la définition du nombre dérivé en un point.

9.13. Remarquer que $\lim\limits_{x\to 0} \dfrac{2x}{1-\mathrm{e}^{-2x}} = \lim\limits_{t\to 0} \dfrac{t}{\mathrm{e}^t - 1} = 1$.

9.14. On montrera que $f' = g'$.

9.15. Pour tout réel $x \in \,]-1,1[$, il existe un unique $t \in \,]-\pi/4, \pi/4[$ tel que $x = \tan t$, développer ensuite le calcul.

9.16. **1)** Raisonner par récurrence. **2)** Montrer que $x \mapsto \cos x - x$ est une bijection de $[0,1]$ sur..... **3)** Utiliser l'inégalité des accroissements finis. **4)** Montrer par récurence sur n que : $|u_n - x_0| \leqslant (\sin 1)^n |u_0 - x_0|$.

9.18. Considérer la fonction $f : x \mapsto \ln(\ln x)$, et se contenter de minorer S_n en minorant chaque terme.

9.19. Utiliser $f : t \mapsto t\exp(\frac{1}{t})$, $t \in [x, x+1]$.

9.20. Un peu de tout : récurrence, expression conjuguée, inégalité des accroissements finis ...

9.21. Exprimer u_n et e à l'aide de f et utiliser les inégalités des accroissements finis.

9.22. **2) b)** Montrer par récurrence que $|u_n - (\sqrt{2}-1)| \leqslant \left(\frac{1}{4}\right)^n(\sqrt{2}-1)$. **3)** Comme f est décroissante, $f \circ f$ est croissante ... raisonner alors par récurrence pour les monotonies. L'inégalité des accroissements finis conduit au résultat final.

9.23. **1) b)** Appliquer le théorème de Rolle à g sur $[a,c]$ et $[c,b]$ puis conclure en l'appliquant à g'. **3)** Déterminer une équation de la corde (AB) et utiliser ce qui précède.

9.24. Raisonner comme dans l'exercice précédent.

9.25. Ne pas oublier que l'on sait calculer une partie entière !

III. CORRIGÉS DÉTAILLÉS DES EXERCICES

Corrigé 9.01

La fonction f est dérivable sur $\mathbb{R}_+^*$ et sur $\mathbb{R}_-^*$ comme quotient de 2 fonctions polynômes sur ces intervalles, à dénominateur non nul et :

• $\forall x < 0, f(x) = \dfrac{x^2 - x}{x^2+1}$, donc

$$f'(x) = \frac{(2x-1)(x^2+1) - (x^2-x)(2x)}{(x^2+1)^2} = \frac{x^2+2x-1}{(x^2+1)^2}$$

• $\forall x > 0, f(x) = \dfrac{x^2 + x}{x^2+1}$ donc

$$f'(x) = \frac{(2x+1)(x^2+1) - (x^2+x)(2x)}{(x^2+1)^2} = \frac{-x^2+2x+1}{(x^2+1)^2}$$

• Etude en 0.

$$\lim_{x\to 0^+} \frac{f(x)-f(0)}{x} = \lim_{x\to 0^+} \frac{x^2+|x|}{x(x^2+1)} = \lim_{x\to 0^+} \frac{x+1}{x^2+1} = 1 \text{ et}$$

$$\lim_{x\to 0^-} \frac{f(x)-f(0)}{x} = \lim_{x\to 0^-} \frac{x-1}{x^2+1} = -1.$$

Ces limites étant différentes, f n'est pas dérivable en 0, mais l'est à droite et à gauche.

Corrigé 9.02

$\star$ La fonction $f_1 : x \mapsto x^2 + \sqrt{x}$ est dérivable sur $\mathbb{R}_+^*$ et $f_2 : x \mapsto \cos x$ est dérivable sur $\mathbb{R}$.
Donc par composition, la fonction $f = f_2 \circ f_1$ est dérivable sur $\mathbb{R}_+^*$ et :

$$\forall x \in \mathbb{R}_+^*, f'(x) = -\big(2x + \frac{1}{2\sqrt{x}}\big) \sin(x^2 + \sqrt{x})$$

$\star$ On a $f(0) = 1$ et pour tout réel θ, $\cos\theta - 1 = -2\sin^2\frac{\theta}{2}$ donc pour $x \neq 0$,

$$\delta(x) = \frac{f(x) - f(0)}{x} = \frac{\cos\left(x^2 + \sqrt{x}\right) - 1}{x} = -\frac{2}{x}\sin^2\frac{x^2 + \sqrt{x}}{2}$$

On sait que $\lim\limits_{u \to 0} \frac{\sin u}{u} = 1$, on écrit donc pour $x > 0$:

$$\begin{aligned}\delta(x) &= -\frac{2}{x}\Big(\frac{2}{x^2 + \sqrt{x}} \sin\frac{x^2 + \sqrt{x}}{2}\Big)^2 \frac{(x^2 + \sqrt{x})^2}{4}\\ &= -2\Big(\frac{2}{x^2 + \sqrt{x}} \sin\frac{x^2 + \sqrt{x}}{2}\Big)^2 \frac{(x\sqrt{x} + 1)^2}{4}\end{aligned}$$

En posant $u = x^2 + \sqrt{x}$, on a $\lim\limits_{x \to 0} u = 0$, donc $\lim\limits_{x \to 0} \frac{2}{x^2 + \sqrt{x}} \sin\frac{x^2 + \sqrt{x}}{2} = 1$,

et : $\lim\limits_{x \to 0} \frac{f(x) - f(0)}{x} = -\frac{1}{2}$. Ainsi f est dérivable en 0 et

$$\boxed{f'(0) = -\frac{1}{2}}$$

Corrigé 9.03

1°) Comme $\sqrt{x^2} = |x|$: $\lim\limits_{x \to 0} \frac{f(x) - f(0)}{x} = \lim\limits_{x \to 0} \frac{|x|}{x}\sqrt{\frac{x}{1 - x}} = 0$,

car $\frac{|x|}{x}$ vaut 1 ou -1 selon le signe du réel x. La fonction f est dérivable en 0 et

$$f'(0) = 0$$

2°) La fonction $f_1 : x \mapsto \frac{x^3}{1 - x}$ est dérivable sur $]0, 1[$, comme quotient de 2 fonctions polynômes à dénominateur non nul et est à valeurs dans $\mathbb{R}_+^*$, la fonction $f_2 : x \mapsto \sqrt{x}$ est dérivable sur $\mathbb{R}_+^*$, donc par composée la fonction $f = f_2 \circ f_1$ est dérivable sur $]0, 1[$ et :

$$\forall x \in]0, 1[, f'(x) = f_2'(f_1(x)) \times f_1'(x) = \frac{1}{2\sqrt{\frac{x^3}{1-x}}} \times \frac{3x^2(1 - x) + x^3}{(1 - x)^2}$$

donc :

$$\boxed{f'(x) = \frac{1}{2\sqrt{\frac{x^3}{1-x}}} \times \frac{x^2(3 - 2x)}{(1 - x)^2}}$$

Corrigé 9.04

1°) $\star$ Comme $x^2 - x^3 \geqslant 0 \iff 1 - x \geqslant 0 \iff x \leqslant 1$, la fonction f est définie et continue sur $]-\infty, 1]$.

$\star$ La fonction $f_1 : x \mapsto x^2 - x^3$ est dérivable sur $]-\infty, 0[\cup]0, 1[$ et ses valeurs sont strictement positives, comme la fonction $f_2 : x \mapsto \sqrt{x}$ est dérivable sur $\mathbb{R}_+^*$, par composition, $f = f_2 \circ f_1$ est dérivable sur $]-\infty, 0[\cup]0, 1[$ et : $\forall x \in]-\infty, 0[\cup]0, 1[$:

$$f'(x) = f_2'(f_1(x)) \times f_1'(x) = \frac{1}{2\sqrt{x^2 - x^3}}(2x - 3x^2)$$

$\star$ Etude en 0 :

$$\lim_{x \to 0^+} \frac{f(x) - f(0)}{x} = \lim_{x \to 0^+} \frac{|x|\sqrt{1-x}}{x} = \lim_{x \to 0^+} \sqrt{1-x} = 1 \text{ et}$$

$$\lim_{x \to 0^-} \frac{f(x) - f(0)}{x} = \lim_{x \to 0^-} -\sqrt{1-x} = -1.$$

Donc f n'est pas dérivable en 0, mais admet en ce point un nombre dérivé à droite et un nombre dérivé à gauche.

$\star$ Etude en 1 :

$$\lim_{x \to 1^-} \frac{f(x) - f(1)}{x - 1} = \lim_{x \to 1^-} \frac{x\sqrt{1-x}}{x-1} = \lim_{x \to 1^-} \frac{-x}{\sqrt{1-x}} = -\infty.$$

Donc f n'est pas dérivable en 1.

2°) $\star$ Comme, pour $x \neq 0$, $|x \sin \frac{1}{x}| \leqslant |x| \underset{x \to 0}{\longrightarrow} 0$, il vient : $\lim\limits_{x \to 0} x \sin \frac{1}{x} = 0 = g(0)$. La fonction g est définie et continue sur $\mathbb{R}$.

$\star$ La fonction $x \mapsto \frac{1}{x}$ est dérivable sur $\mathbb{R}_-^*$ et $\mathbb{R}_+^*$, la fonction sinus est dérivable sur $\mathbb{R}$, donc par composition la fonction $x \mapsto \sin \frac{1}{x}$ est dérivable sur $\mathbb{R}_-^*$ et $\mathbb{R}_+^*$, donc la fonction g est dérivable sur $\mathbb{R}_-^*$ et $\mathbb{R}_+^*$ par produit et :

$$\forall x \neq 0, g'(x) = \sin \frac{1}{x} - \frac{1}{x} \cos \frac{1}{x}$$

$\star$ Etude en 0 :

Pour $x \neq 0$, posons $t(x) = \dfrac{g(x) - g(0)}{x} = \sin \dfrac{1}{x}$.

Les deux suites u et v définies par $u_n = \dfrac{1}{n\pi}$ et $v_n = \dfrac{1}{2n\pi + \pi/2}$ convergent toutes les deux vers 0. Si la fonction t possédait une limite en 0, par composition, les deux suites $(t(u_n))$ et $(t(v_n))$ auraient cette même limite, ce qui n'est pas le cas car $\sin \dfrac{1}{u_n} = \sin n\pi = 0$ alors que $\sin \dfrac{1}{v_n} = \sin(\frac{\pi}{2} + 2n\pi) = 1$.

La fonction g n'est pas dérivable en 0

3°) La fonction h est définie et continue sur $\mathbb{R}$, comme produit de $x \mapsto x$ et $x \mapsto |x|$, continues sur $\mathbb{R}$.

La fonction $x \mapsto |x|$ est dérivable sur $\mathbb{R}_-^*$ et sur $\mathbb{R}_+^*$ donc, par produit, h est dérivable sur $\mathbb{R}_-^*$ et sur $\mathbb{R}_+^*$.

Si $x > 0$, $h(x) = x^2$ donc $h'(x) = 2x$, si $x < 0$, $h(x) = -x^2$ donc $h'(x) = -2x$.

Comme $\lim\limits_{x \to 0} \dfrac{h(x) - h(0)}{x} = \lim\limits_{x \to 0} |x| = 0$.

La fonction h est dérivable en 0 et $h'(0) = 0$.

Corrigé 9.05

1°) Comme pour $x \neq 0$, $|x \sin\left(\frac{1}{x}\right)| \leqslant |x| \underset{x \to 0}{\longrightarrow} 0$, il vient :

$$\lim_{x\to 0}\frac{f(x)-f(0)}{x}=\lim_{x\to 0}x\sin\left(\frac{1}{x}\right)=0$$

donc f est dérivable en 0 et $f'(0)=0$.

2°) La fonction f est dérivable en toute valeur non nulle comme produit et composée de fonctions dérivables et pour $x\neq 0$, $f'(x)=2x\sin\left(\frac{1}{x}\right)+x^2\left(-\frac{1}{x^2}\right)\cos\left(\frac{1}{x}\right)$, soit :

$$\forall\, x\neq 0, f'(x)=2x\sin\left(\frac{1}{x}\right)-\cos\left(\frac{1}{x}\right)$$

3°) On raisonne comme dans l'exercice précédent en posant $u_n=\dfrac{1}{2n\pi}$ et $v_n=\dfrac{1}{2n\pi+\pi/2}$.

Ces deux suites convergent vers 0 et comme $\cos\dfrac{1}{u_n}=1$, $\cos\dfrac{1}{v_n}=0$, la fonction $x\mapsto\cos\left(\frac{1}{x}\right)$ n'a pas de limite en 0.

De plus $\lim\limits_{x\to 0}2x\sin\left(\frac{1}{x}\right)=0$, car $\left|2x\sin\left(\frac{1}{x}\right)\right|\leqslant 2|x|\underset{x\to 0}{\longrightarrow}0$. On est donc en présence de la somme de 2 fonctions, l'une possédant une limite finie en 0 et l'autre ne possédant pas de limite.

Par conséquent f' ne possède pas de limite en 0.

[Ceci est l'exemple le plus connu de fonction dérivable sur un intervalle et qui n'est pas de classe $\mathcal{C}^1$ sur cet intervalle.]

Corrigé 9.06

La fonction f est dérivable en a donc $\lim\limits_{x\to a}\dfrac{f(x)-f(a)}{x-a}=f'(a)$ et on a pour $x\neq a$:

$$\frac{xf(a)-af(x)}{x-a}=\frac{(x-a)f(a)-a(f(x)-f(a))}{x-a}=f(a)-a\frac{f(x)-f(a)}{x-a}$$

donc :

$$\boxed{\lim_{x\to a}\frac{xf(a)-af(x)}{x-a}=f(a)-af'(a)}$$

Corrigé 9.07

Pour définir $f(x)$, il faut que $\cos(2x)\geqslant 0$, donc que x appartienne à un intervalle de la forme $[-\frac{\pi}{4}+k\pi,\frac{\pi}{4}+k\pi]$, avec $k\in\mathbb{Z}$.

Ainsi le problème de la dérivabilité en $\frac{\pi}{4}$ est un problème de dérivabilité à gauche.

La fonction racine carrée n'étant pas dérivable en 0, les théorèmes généraux ne s'appliquent pas et on doit revenir à la définition en étudiant la limite à gauche éventuelle en $\frac{\pi}{4}$ de : $T(x)=\dfrac{f(x)-f(\frac{\pi}{4})}{x-\frac{\pi}{4}}=\dfrac{\sqrt{\cos 2x}}{x-\frac{\pi}{4}}$.

Afin de se ramener à l'origine, posons $t=\frac{\pi}{4}-x$, *i.e.* $x=\frac{\pi}{4}-t$:

$$T\left(\frac{\pi}{4}-t\right)=\frac{\sqrt{\cos(\frac{\pi}{2}-2t)}}{-t}=-\frac{\sqrt{\sin 2t}}{t}=-\sqrt{\frac{\sin(2t)}{2t}}\times\sqrt{\frac{2}{t}}$$

Comme $\lim\limits_{t\to 0^+}\dfrac{\sin(2t)}{2t}=1$ et $\lim\limits_{t\to 0^+}\dfrac{2}{t}=+\infty$, il vient $\lim\limits_{x\to\frac{\pi}{4}^-}T(x)=-\infty$.

Ainsi f n'est pas dérivable à gauche en $\frac{\pi}{4}$, la représentation graphique de f admettant au point $\left(\frac{\pi}{4}, 0\right)$ une demi-tangente verticale.

Corrigé 9.08

$\star$ La fonction f est de classe $\mathcal{C}^1$ sur $\mathbb{R}_-^*$ et sur $\mathbb{R}_+^*$ comme somme de deux fonctions de classe $\mathcal{C}^1$ sur ces deux intervalles ouverts.

$\star$ $\lim\limits_{x \to 0^+} f(x) = \lim\limits_{x \to 0}(2 + x) = 2 = \lim\limits_{x \to 0}(\mathrm{e}^x + 1) = \lim\limits_{x \to 0^-} f(x) = f(0)$. Donc f est continue en 0.

$\star$ $\forall\, x > 0, f'(x) = 1$ et $\forall\, x < 0, f'(x) = \mathrm{e}^x$, par conséquent
$$\lim_{x \to 0^+} f'(x) = \lim_{x \to 0^-} f'(x) = 1.$$
La fonction f est continue sur $\mathbb{R}$, dérivable sur $\mathbb{R}_-^*$ et $\mathbb{R}_+^*$, à fonction dérivée continue et f' a une limite en 0. Par théorème (conséquence du théorème des accroissements finis), on sait alors que f est de classe $\mathcal{C}^1$ sur $\mathbb{R}$, avec $f'(0) = \lim\limits_{x \to 0} f'(x) = 1$.

Corrigé 9.09

La fonction $f : x \mapsto 2\sin x + \tan x - 3x$ est dérivable sur $[0, \pi/2[$, comme somme de fonctions dérivables sur cet intervalle et :
$$\forall\, x \in [0, \pi/2[,\ f'(x) = 2\cos x + \frac{1}{\cos^2 x} - 3 = \frac{2\cos^3 x - 3\cos^2 x + 1}{\cos^2 x}.$$
Le signe de $f'(x)$ est donc celui de $g(x) = 2\cos^3 x - 3\cos^2 x + 1$.
Posons $h(t) = 2t^3 - 3t^2 + 1$, on a : $g(x) = h(\cos x)$. Comme $\cos x \in \,]0, 1]$, on étudie h sur ce même intervalle.
Pour $t \in \,]0, 1]$, $h'(t) = 6t^2 - 6t = 6t(t - 1) \leqslant 0$.
La fonction h est décroissante sur $]0, 1]$ et $h(1) = 0$, donc : $\forall\, t \in \,]0, 1], h(t) \geqslant 0$.

Ainsi : $\forall\, x \in [0, \pi/2[, h(\cos x) \geqslant 0$, soit $2\sin x + \tan x - 3x \geqslant 0$.
On a prouvé l'inégalité de Huygens :
$$\boxed{\forall\, x \in [0, \pi/2[, 2\sin x + \tan x \geqslant 3x}$$

Corrigé 9.10

1°) $\forall\, x \in \mathbb{R},\ x^2 + 1 > 0$, donc la fonction f est bien définie sur $\mathbb{R}$ et comme :
$$\forall\, x \in \mathbb{R}, f(-x) = \frac{1}{\sqrt{(-x)^2 + 1}} = \frac{1}{\sqrt{x^2 + 1}} = f(x),\ f \text{ est paire sur } \mathbb{R}.$$
Il suffit donc de l'étudier sur $\mathbb{R}^+$.

2°) La fonction $f_1 : x \mapsto x^2 + 1$ est dérivable sur $\mathbb{R}^+$ et strictement positive, la fonction $f_2 : x \mapsto \dfrac{1}{\sqrt{x}}$ est dérivable sur $\mathbb{R}_+^*$ donc par composition la fonction $f = f_2 \circ f_1$ est dérivable sur $\mathbb{R}^+$, et $\forall\, x \in \mathbb{R}^+$:
$$f'(x) = f_2'(f_1(x))f_1'(x) = \frac{-2x}{2(x^2 + 1)\sqrt{x^2 + 1}} = \frac{-x}{(1 + x^2)^{3/2}}$$
Ainsi $x > 0 \implies f'(x) < 0$ et $f'(0) = 0$, donc la fonction f continue sur $\mathbb{R}^+$ est strictement décroissante sur $\mathbb{R}^+$.
Etant paire, elle est strictement croissante sur $\mathbb{R}^-$

3°) f est continue, strictement décroissante sur l'intervalle $I = [0, +\infty[$, d'image $J = f([0, +\infty[) =]0, 1]$, donc f réalise une bijection de I sur J.

On note f^{-1} la bijection réciproque de f restreinte à $[0, +\infty[$.

4°) Pour étudier la dérivabilité de f^{-1}, on étudie la nullité éventuelle de $f'(x)$.
$f'(x) = 0 \Longleftrightarrow x = 0$, donc f^{-1} n'est pas dérivable en $f(0) = 1$.
En revanche, $\forall\, x \in \mathbb{R}_+^*$, $f'(x) \neq 0$, donc f^{-1} est dérivable sur $f(\mathbb{R}_+^*) =]0, 1[$. On sait alors que : $\forall\, y \in]0, 1[, (f^{-1})'(y) = \dfrac{1}{f'(f^{-1}(y))}$.

Pour $x > 0$, on a :

$$y = \frac{1}{\sqrt{1+x^2}} \Longleftrightarrow \sqrt{1+x^2} = \frac{1}{y} \Longleftrightarrow 1 + x^2 = \frac{1}{y^2}$$

$$\Longleftrightarrow x = \sqrt{\frac{1}{y^2} - 1} = \frac{\sqrt{1-y^2}}{y}$$

donc $(f^{-1})'(y) = -\dfrac{(1+x^2)^{3/2}}{x} = -\dfrac{(\sqrt{1+x^2})^3}{x} = -\dfrac{\frac{1}{y^3}}{\frac{\sqrt{1-y^2}}{y}} = -\dfrac{1}{y^2\sqrt{1-y^2}}$.

$$\boxed{\forall\, y \in]0, 1[, (f^{-1})'(y) = -\frac{1}{y^2\sqrt{1-y^2}}}$$

Corrigé 9.11

1°) La fonction f est continue et dérivable sur $\mathbb{R}$ comme quotient de deux fonctions continues et dérivables sur $\mathbb{R}$, le dénominateur n'étant jamais nul.

On a : $\forall\, x \in \mathbb{R}, f'(x) = \dfrac{(\mathrm{e}^x + \mathrm{e}^{-x})^2 - (\mathrm{e}^x - \mathrm{e}^{-x})^2}{(\mathrm{e}^x + \mathrm{e}^{-x})^2} = \dfrac{4}{(\mathrm{e}^x + \mathrm{e}^{-x})^2} > 0$

La fonction f est donc strictement croissante sur $\mathbb{R}$. De plus :

$$\lim_{x \to -\infty} \frac{\mathrm{e}^x - \mathrm{e}^{-x}}{\mathrm{e}^x + \mathrm{e}^{-x}} = \lim_{x \to -\infty} \frac{\mathrm{e}^{2x} - 1}{\mathrm{e}^{2x} + 1} = -1 \text{ ; de même } \lim_{x \to +\infty} \frac{\mathrm{e}^x - \mathrm{e}^{-x}}{\mathrm{e}^x + \mathrm{e}^{-x}} = 1$$

donc $\lim\limits_{x \to -\infty} f(x) = -1$ et $\lim\limits_{x \to +\infty} f(x) = 1$

Ainsi f réalise une bijection de $\mathbb{R}$ sur $]-1, 1[$, d'où l'existence de la bijection réciproque $g = f^{-1}$, définie sur $]-1, 1[$, à valeurs dans $\mathbb{R}$.

2°) Pour tout x réel :

$$1 - [f(x)]^2 = 1 - \left(\frac{\mathrm{e}^x - \mathrm{e}^{-x}}{\mathrm{e}^x + \mathrm{e}^{-x}}\right)^2 = \frac{(\mathrm{e}^x + \mathrm{e}^{-x})^2 - (\mathrm{e}^x - \mathrm{e}^{-x})^2}{(\mathrm{e}^x + \mathrm{e}^{-x})^2} = f'(x)$$

3°) a) Comme la fonction f' n'est jamais nulle sur $\mathbb{R}$, on en déduit la dérivabilité de g sur $]-1, +1[$, avec $\forall\, y \in]-1, +1[$,

$$g'(y) = \frac{1}{f'\big(g(y)\big)} = \frac{1}{1 - [f(g(y))]^2} = \frac{1}{1 - y^2}$$

b) Pour $y \in]-1, 1[$, explicitons $g(y)$:

$$x = g(y) \Longleftrightarrow y = f(x) \Longleftrightarrow y = \frac{\mathrm{e}^x - \mathrm{e}^{-x}}{\mathrm{e}^x + \mathrm{e}^{-x}} \Longleftrightarrow y = \frac{\mathrm{e}^{2x} - 1}{\mathrm{e}^{2x} + 1}$$

$$\Longleftrightarrow \mathrm{e}^{2x}(y - 1) = -1 - y \Longleftrightarrow \mathrm{e}^{2x} = \frac{1+y}{1-y} \Longleftrightarrow x = \tfrac{1}{2} \ln\left(\frac{1+y}{1-y}\right).$$

Ainsi $\forall\, y \in]-1,+1[, g(y) = \frac{1}{2}\ln\left(\frac{1+y}{1-y}\right)$, la fonction g est donc dérivable sur $]-1,1[$ et $g'(y) = \frac{1}{2}\left(\frac{1}{1+y} + \frac{1}{1-y}\right) = \frac{1}{1-y^2}$

On retrouve bien le même résultat.

Corrigé 9.12

1°) La fonction sinus est strictement croissante et continue sur $[0,\pi/2]$ et est à valeurs dans $[0,1]$, la fonction racine carrée est continue et strictement croissante sur $[0,1]$, donc par composition la fonction $x \mapsto \sqrt{\sin x}$ est continue et strictement croissante sur $[0,\pi/2]$.
Ainsi f est continue et strictement croissante sur $[0,\pi/2]$ comme somme de 2 fonctions continues et strictement croissantes sur cet intervalle. Comme $f(0) = 0$ et $f\left(\frac{\pi}{2}\right) = 1+\frac{\pi}{2}$, la fonction f réalise une bijection de $[0,\pi/2]$ sur $\left[0, 1+\frac{\pi}{2}\right] = J$.

2°) $\star$ La fonction $f_1 : x \mapsto \sin x$ est dérivable sur $]0,\pi/2]$ et à valeurs dans $]0,1]$, la fonction $f_2 : x \mapsto \sqrt{x}$ est dérivable sur $]0,1]$ donc par composition la fonction $f_2 \circ f_1$ est dérivable sur $]0,\pi/2]$ et :

$$\forall\, x \in]0,\pi/2], f'(x) = \frac{\cos x}{2\sqrt{\sin x}} + 1 > 0$$

donc f^{-1} est dérivable sur $f(]0,\pi/2]) =]0, 1+\frac{\pi}{2}]$.

$\star$ Etude en 0 : soit $h > 0$ et $x = f^{-1}(h)$, on a $\lim\limits_{h\to 0} x = 0$, puis :

$$T(h) = \frac{f^{-1}(h) - f^{-1}(0)}{h} = \frac{x}{f(x)} = \frac{x}{\sqrt{\sin x} + x} = \frac{\sqrt{x}}{\sqrt{\frac{\sin x}{x}} + \sqrt{x}}$$

Comme $\lim\limits_{x\to 0^+} \frac{\sin x}{x} = 1$, il vient $\lim\limits_{h\to 0^+} T(h) = \lim\limits_{x\to 0^+} \frac{x}{f(x)} = 0$. Ainsi :

$$\boxed{f^{-1} \text{ est dérivable en 0 et } (f^{-1})'(0) = 0}$$

Corrigé 9.13

$\rightarrow$ On sait que $\lim\limits_{t\to 0} \frac{e^t - 1}{t} = 1$, en posant $t = -2x$, on a : $\lim\limits_{x\to 0} \frac{2x}{1 - e^{-2x}} = \frac{1}{1} = 1$, donc $\lim\limits_{x\to 0} f(x) = \lim\limits_{x\to 0} \frac{2x}{1-e^{-2x}} \times \frac{x}{2} e^{-x} = 1\times 0 = 0 = f(0)$.
Ainsi f est continue en 0.

$\rightarrow$ f est dérivable sur $\mathbb{R}^*$, comme quotient de deux fonctions dérivables sur $\mathbb{R}^*$, le dénominateur ne s'annulant pas. En utilisant la formule usuelle, on a :

Pour $x \neq 0$, $f'(x) = \frac{(2x - x^2)e^{-x}}{1 - e^{-2x}} + x^2 e^{-x} \frac{-2e^{-2x}}{(1 - e^{-2x})^2}$.

Or : $\lim\limits_{x\to 0} \frac{(2x - x^2)e^{-x}}{1 - e^{-2x}} = \lim\limits_{x\to 0} \frac{2x}{1 - e^{-2x}} \times (1 - \frac{x}{2})e^{-x} = 1\times 1 = 1$ et

$\lim\limits_{x\to 0} x^2 e^{-x} \times \frac{-2e^{-2x}}{(1 - e^{-2x})^2} = \lim\limits_{x\to 0} \left(\frac{2x}{1 - e^{-2x}}\right)^2 \times (-\frac{1}{2})e^{-3x} = 1^2 \times (-\frac{1}{2}) = -\frac{1}{2}$

Ainsi : $\lim\limits_{x\to 0} f'(x) = 1 - \frac{1}{2} = \frac{1}{2}$.

Donc, par le théorème des fonctions de classe $\mathcal{C}^1$, f est dérivable en 0, avec $f'(0) = \frac{1}{2}$ et f' est continue en 0.
Comme sur $\mathbb{R}^*$, f' est continue comme somme de deux fonctions continues :

$$\boxed{f \text{ est une fonction de classe } C^1 \text{ sur } \mathbb{R}}$$

Corrigé 9.14

1°) Les fonctions $x \mapsto 1+x$, $x \mapsto \dfrac{1}{x^2+x+1}$ sont dérivables sur $\mathbb{R}^+$, la fonction arctan est dérivable sur $\mathbb{R}$ donc par composée les fonctions f et g sont dérivables sur $\mathbb{R}^+$. Pour $x \in \mathbb{R}^+$:

$$\begin{aligned} f'(x) &= \frac{1}{1+(1+x)^2} - \frac{1}{1+x^2} = \frac{1+x^2-2-2x-x^2}{(1+(1+x)^2)(1+x^2)} \\ &= \frac{-1-2x}{(x^2+2x+2)(1+x^2)} \end{aligned}$$

$$g'(x) = \frac{\frac{-2x-1}{(x^2+x+1)^2}}{1+(\frac{1}{x^2+x+1})^2} = \frac{-1-2x}{(x^2+x+1)^2+1} = \frac{-1-2x}{x^4+2x^3+3x^2+2x+2}$$

Or $\forall\, x \in \mathbb{R}$, $(x^2+2x+2)(1+x^2) = x^4+2x^3+3x^2+2x+2$, on en déduit :

$$\forall\, x \in \mathbb{R}^+, f'(x) = g'(x)$$

2°) a) La fonction $h = f - g$ a pour dérivée $h' = f' - g' = 0$, donc la fonction h est constante et :

$$\exists\, k \in \mathbb{R}, \forall\, x \in \mathbb{R}^+, f(x) - g(x) = k$$

b) On a en particulier pour $x = 0$, $f(0) = g(0) + k$.
Or $f(0) = \arctan 1 - \arctan 0 = \frac{\pi}{4}$ et $g(0) = \arctan 1 = \frac{\pi}{4}$ donc $k = \frac{\pi}{4} - \frac{\pi}{4} = 0$.
Ainsi :

$$\boxed{\forall\, x \in \mathbb{R}^+, \arctan(1+x) - \arctan x = \arctan \frac{1}{x^2+x+1}}$$

3°) a) On a donc, pour tout $n \in \mathbb{N}^*$ et par télescopage :

$$\begin{aligned} S_n &= \sum_{k=1}^{n} \arctan\left(\frac{1}{k^2+k+1}\right) = \sum_{k=1}^{n} \left(\arctan(k+1) - \arctan(k)\right) \\ &= \sum_{k=1}^{n} \arctan(k+1) - \sum_{k=1}^{n} \arctan(k) = \sum_{h=2}^{n+1} \arctan(h) - \sum_{k=1}^{n} \arctan(k) \\ &= \arctan(n+1) - \arctan(1) \end{aligned}$$

$$\boxed{\forall\, n \in \mathbb{N}^*, S_n = \arctan(n+1) - \frac{\pi}{4}}$$

b) Comme $\lim\limits_{x\to+\infty} \arctan x = \frac{\pi}{2}$, il vient : $\lim\limits_{n\to\infty} S_n = \frac{\pi}{2} - \frac{\pi}{4}$ donc :

$$\boxed{\lim_{n\to\infty} S_n = \frac{\pi}{4}}$$

Corrigé 9.15

1°) On utilise la relation $\tan(a+b) = \dfrac{\tan a + \tan b}{1 - \tan a . \tan b}$ valable sous réserve d'existence de ses termes, ainsi pour $t \in\,]-\pi/2, \pi/2[\, \setminus \{-\pi/4, \pi/4\}$:

$$\tan 2t = \frac{2\tan t}{1-(\tan t)^2}$$

2°) a) La fonction tangente est une bijection de $]-\pi/4, \pi/4[$ sur $]-1, 1[$ donc pour tout reél $x \in]-1, 1[$, il existe un unique $t \in]-\pi/4, \pi/4[$ tel que $x = \tan t$. Par conséquent :

$$f(x) = \arctan \frac{2\tan t}{1-(\tan t)^2} = \arctan(\tan 2t),$$

Comme $2t \in]-\pi/2, \pi/2[$, la fonction arctangente étant la bijection réciproque de la restriction de la fonction tangente à $]-\pi/2, \pi/2[$, il vient :

$$\arctan(\tan 2t) = 2t = 2\arctan x$$

Ainsi :

$$\forall\, x \in]-1, 1[, f(x) = 2\arctan x$$

b) On raisonne avec la même technique :

⋆ Si $x \in]-\infty, -1[$, il existe un unique $t \in]-\pi/2, -\pi/4[$ tel que $x = \tan t$, donc $f(x) = \arctan(\tan 2t)$ et $2t \in]-\pi, -\pi/2[$, on revient alors dans l'intervalle $]-\pi/2, \pi/2[$, avec $2t + \pi \in]0, \pi/2[$, ainsi $f(x) = \arctan(\tan(2t+\pi)) = 2t + \pi$, donc :

$$x < -1 \implies f(x) = 2\arctan x + \pi$$

⋆ Si $x \in]1, +\infty[$, il existe un unique $t \in]\pi/4, \pi/2[$ tel que $x = \tan t$, donc $f(x) = \arctan(\tan 2t)$ et $2t \in]\pi/2, \pi[$.
On a alors : $\pi - 2t \in]0, \pi/2[$, et on écrit :
$f(x) = -\arctan(\tan(\pi - 2t)) = -(\pi - 2t) = 2t - \pi = 2\arctan x - \pi$. Donc :

$$x > 1 \implies f(x) = 2\arctan x - \pi$$

Corrigé 9.16

1°) Montrons par récurrence que, pour $n \in \mathbb{N}$: $u_n \in [0, 1]$.

→ Comme $u_0 = 1$, la propriété est vérifiée au rang 0.

→ Soit $n \in \mathbb{N}$, supposons que $u_n \in [0, 1]$, la fonction cosinus étant décroissante sur $[0, 1] \subset [0, \pi/2]$, on a : $\cos u_n \in [\cos 1, \cos 0] \subset [0, 1]$, d'où la propriété au rang $n + 1$ et par le principe de récurence :

$$\forall\, n \in \mathbb{N}, u_n \in [0, 1]$$

2°) La fonction $g : x \mapsto \cos x - x$ est dérivable sur $[0, 1]$ et $g'(x) = -\sin x - 1$, donc $\forall\, x \in [0, 1], g'(x) < 0$.
Ainsi g continue et strictement décroissante sur $[0, 1]$ réalise une bijection de $[0, 1]$ sur $[g(1), g(0)] = [\cos 1 - 1, 1]$. Comme $\cos 1 - 1 < 0$, $0 \in [g(1), g(0)]$, et :

0 possède par g un antécédent unique $x_0 \in [0, 1]$.

3°) La fonction $f : x \mapsto \cos x$ est continue et dérivable sur $[0, 1]$, $\forall\, x \in [0, 1]$, $f'(x) = -\sin x$, la fonction sinus étant croissante sur $[0, 1]$, il vient :

$$x \in [0, 1] \implies |f'(x)| \leqslant \sin 1$$

Ainsi en utilisant l'inégalité des acroisssements finis appliquée à f sur $[0, 1]$, on a :

$$\forall\, (x, y) \in [0, 1]^2, |\cos x - \cos y| \leqslant (\sin 1)|x - y|$$

4°) Comme tous les termes de la suite u sont dans $[0,1]$, en posant $x = u_n$ et $y = x_0$, on déduit de la question précédente :

$\forall n \geqslant 1, |f(u_{n-1}) - f(x_0)| \leqslant (\sin 1)|u_{n-1} - x_0|$, c'est-à-dire :

$$\forall n \geqslant 1, |u_n - x_0| \leqslant (\sin 1)\,|u_{n-1} - x_0|$$

Montrons alors par récurrence sur $n \in \mathbb{N}$, que : $|u_n - x_0| \leqslant (\sin 1)^n |u_0 - x_0|$.

→ Comme $|u_0 - x_0| \leqslant (\sin 1)^0 |u_0 - x_0|$, la propriété est vérifiée au rang 0.

→ Soit $n \in \mathbb{N}$, supposons que l'on ait $|u_n - x_0| \leqslant (\sin 1)^n |u_0 - x_0|$, alors :

$$|u_{n+1} - x_0| \leqslant (\sin 1)|u_n - x_0| \leqslant (\sin 1)^{n+1}|u_0 - x_0|$$

d'où le résultat par le principe de récurrence.

$0 < \sin 1 < 1 \implies \lim\limits_{n\to\infty} (\sin 1)^n = 0$ et par encadrement $\lim\limits_{n\to\infty} |u_n - x_0| = 0$.

Ainsi

$$\boxed{\text{la suite } u \text{ converge vers } x_0}$$

Corrigé 9.17

La fonction $f : x \mapsto \sin x$ est continue et dérivable sur $\left[\dfrac{1}{\ln(n+1)}, \dfrac{1}{\ln n}\right]$, donc en appliquant le théorème des acrroissements finis : $\exists\, c_n \in \left]\dfrac{1}{\ln(n+1)}, \dfrac{1}{\ln n}\right[$, tel que :

$$f\left(\frac{1}{\ln n}\right) - f\left(\frac{1}{\ln n+1}\right) = \left(\frac{1}{\ln n} - \frac{1}{\ln n+1}\right) f'(c_n) = \left(\frac{1}{\ln n} - \frac{1}{\ln n+1}\right)\cos(c_n).$$

Ainsi $u_n = n(\ln n)^2 \times \dfrac{\ln(n+1) - \ln n}{\ln n \ln(n+1)} \times \cos c_n = n \ln n \times \dfrac{\ln(1+\frac{1}{n})}{\ln(n+1)} \times \cos c_n$.

→ Comme $\dfrac{1}{\ln(n+1)} < c_n < \dfrac{1}{\ln n}$, on a $\lim\limits_{n\to\infty} c_n = 0$ donc $\lim\limits_{n\to\infty} \cos c_n = 1$;

→ $\lim\limits_{n\to\infty} n \ln(1+\frac{1}{n}) = \lim\limits_{n\to\infty} \dfrac{\ln(1+\frac{1}{n})}{\frac{1}{n}} = \lim\limits_{x\to 0} \dfrac{\ln(1+x)}{x} = 1$

→ $\ln(n+1) = \ln n + \ln\left(1 + \dfrac{1}{n}\right)$, donne :

$$\lim_{n\to\infty} \frac{\ln(n+1)}{\ln n} = \lim_{n\to\infty} 1 + \frac{\ln(1+\frac{1}{n})}{\ln n} = 1 \text{ donc } \lim_{n\to\infty} \frac{\ln n}{\ln(n+1)} = 1.$$

Ainsi $\lim\limits_{n\to\infty} n \ln n \times \dfrac{\ln(1+\frac{1}{n})}{\ln(n+1)} = 1$. Soit finalement :

$$\boxed{\lim_{n\to\infty} u_n = 1}$$

Corrigé 9.18

Comme $x > 1 \implies \ln x > 0$, pour $k \geqslant 2$, la fonction $f : x \mapsto \ln(\ln x)$ est définie sur $[k, k+1]$, dérivable de dérivée $f' : x \mapsto \dfrac{1}{x \ln x}$

On peut donc appliquer le théorème des accroissements finis et :

$\exists\, c_k \in]k, k+1[$, tel que : $\ln(\ln(k+1)) - \ln(\ln k) = (k+1-k)f'(c_k) = \dfrac{1}{c_k \ln c_k}$.

La fonction $x \mapsto x \ln x$ est croissante sur $[k, k+1]$, on a donc : $c_k \ln c_k \geqslant k \ln k > 0$, ainsi :

$$\ln(\ln(k+1)) - \ln(\ln k) \leqslant \frac{1}{k \ln k}$$

[On aurait pu dire : $x \in [k, k+1] \implies \frac{1}{x \ln x} \leqslant \frac{1}{k \ln k}$ *et en intégrant cette inégalité sur le segment* $[k, k+1]$ *:* $\ln(\ln(k+1)) - \ln(\ln k) = \int_k^{k+1} \frac{dx}{x \ln x} \leqslant \frac{1}{k \ln k}$ *]*

D'où en sommant, k variant de 2 à n, il vient :

$$\sum_{k=2}^{n} \ln(\ln(k+1)) - \ln(\ln k) \leqslant \sum_{k=2}^{n} \frac{1}{k \ln k},$$

soit après télescopage dans le membre de gauche :

$$\ln(\ln(n+1)) - \ln(\ln 2) \leqslant \sum_{k=2}^{n} \frac{1}{k \ln k}$$

Comme $\lim_{n \to \infty} \ln(\ln(n+1)) = +\infty$, on a : $\lim_{n \to \infty} \sum_{k=2}^{n} \frac{1}{k \ln k} = +\infty$. Ainsi :

$$\boxed{\text{la suite } (S_n)_{n \geq 2} \text{ diverge vers } +\infty}$$

Corrigé 9.19

On considère la fonction $f : [x, x+1] \to \mathbb{R}, t \mapsto t \exp\left(\frac{1}{t}\right)$, avec $x > 0$.

Comme $t \mapsto \frac{1}{t}$ est continue et dérivable sur $[x, x+1] \subset \mathbb{R}_+^*$, la fonction exponentielle étant continue et dérivable sur $\mathbb{R}$.

Par composée, la fonction $t \mapsto \exp\left(\frac{1}{t}\right)$ est continue et dérivable sur $[x, x+1]$ et il en est donc de même de f.

Ainsi par application du théorème des accroissements finis, il existe $c_x \in \,]x, x+1[$ tel que $f(x+1) - f(x) = (x+1-x)f'(c_x)$.

Comme $f'(t) = \exp\left(\frac{1}{t}\right) + t \times \left(-\frac{1}{t^2}\right) \exp\left(\frac{1}{t}\right) = \frac{t-1}{t} \exp\left(\frac{1}{t}\right)$, il vient :

$$f(x+1) - f(x) = \frac{c_x - 1}{c_x} \exp\left(\frac{1}{c_x}\right)$$

Comme $c_x > x$, on a $\lim_{x \to +\infty} c_x = +\infty$, d'où : $\lim_{x \to +\infty} \frac{c_x - 1}{c_x} = 1$ et :

$$\boxed{\lim_{x \to +\infty} (x+1) \exp\left(\frac{1}{x+1}\right) - x \exp\left(\frac{1}{x}\right) = 1}$$

Corrigé 9.20

1°) Montrons par récurrence sur $n \in \mathbb{N}$, que : $u_n \in [0, 5]$.

→ Comme $u_0 = 2$, c'est vérifié au rang 0.

→ Soit $n \in \mathbb{N}$, supposons que $0 \leqslant u_n \leqslant 5$, alors $20 \leqslant u_n + 20 \leqslant 25$ et par croissance de la fonction racine carrée sur $\mathbb{R}^+$, $\sqrt{20} \leqslant \sqrt{u_n + 20} \leqslant 5$, donc $u_{n+1} \in [0, 5]$ et par le principe de récurrence,

$$\forall n \in \mathbb{N}, u_n \in [0, 5]$$

2°) a) $\forall n \in \mathbb{N}, u_{n+1} - u_n = \sqrt{20 + u_n} - u_n = \frac{u_n + 20 - u_n^2}{\sqrt{u_n + 20} + u_n}$, soit :

$$u_{n+1} - u_n = \frac{(u_n + 4)(5 - u_n)}{\sqrt{u_n + 20} + u_n}$$

Comme $u_n \in [0, 5]$, il vient $u_{n+1} - u_n \geqslant 0$.

La suite u est donc croissante

b) Etant croissante et majorée par 5, la suite u converge vers un réel $\ell \in [2, 5]$ (car $u_0 = 2$ et u croissante). De plus la fonction $f : x \mapsto \sqrt{x + 20}$ étant continue sur $[2, 5]$ l'est en ℓ donc $\lim\limits_{n \to \infty} \sqrt{u_n + 20} = \sqrt{\ell + 20}$.

Ainsi $\ell \in [2, 5]$ et $\sqrt{\ell + 20} = \ell$, soit $\ell \in [2, 5]$ et $\ell + 20 = \ell^2$, c'est-à-dire $\ell = 5$.

3°) a) La fonction $x \mapsto x + 20$ est dérivable sur $[0, 5]$ et est strictement positive, la fonction racine carrée étant dérivable sur $\mathbb{R}_+^*$, f est dérivable sur $[0, 5]$ et $f'(x) = \dfrac{1}{2\sqrt{x + 20}}$. Comme $x \geqslant 0$, il vient : $0 \leqslant f'(x) \leqslant \dfrac{1}{2\sqrt{20}}$, soit

$$0 \leqslant f'(x) \leqslant \frac{1}{4\sqrt{5}}$$

• La fonction f est continue et dérivable sur $[0, 5]$ et $|f'(x)| \leqslant \dfrac{1}{4\sqrt{5}}$, si $x \in [0, 5]$. Donc en utilisant l'inégalité des accroissements finis, on a : $\forall\, (x, y) \in [0, 5]^2$, $|f(x) - f(y)| \leqslant \dfrac{1}{4\sqrt{5}}|x - y|$.

En prenant $x = u_n$ et $y = \ell = 5$, élements de $[0, 5]$, on a :

$$|u_{n+1} - 5| = |f(u_n) - f(5)| \leqslant \frac{1}{4\sqrt{5}}|u_n - 5|$$

b) Par récurrence sur $n \in \mathbb{N}$, montrons que : $|u_n - 5| \leqslant \dfrac{3}{(4\sqrt{5})^n}$.

→ Comme$|u_0 - 5| = |2 - 5| = 3$, l'inégalité est bien vérifiée au rang $n = 0$.

→ Soit n un entier naturel, supposons que $|u_n - 5| \leqslant \dfrac{3}{(4\sqrt{5})^n}$. En utilisant la question précédente, on a :

$$|u_{n+1} - 5| \leqslant \frac{1}{4\sqrt{5}}|u_n - 5| \leqslant \frac{1}{4\sqrt{5}} \times \frac{3}{(4\sqrt{5})^n} = \frac{3}{(4\sqrt{5})^{n+1}},$$

Par le principe de récurrence, on en déduit :

$$\forall\, n \in \mathbb{N}, |u_n - 5| \leqslant \frac{3}{(4\sqrt{5})^n}$$

Comme $0 < \dfrac{3}{4\sqrt{5}} < 1$, on a $\lim\limits_{n \to \infty} \dfrac{3}{(4\sqrt{5})^n} = 0$ et donc $\lim\limits_{n \to \infty} |u_n - 5| = 0$, soit :

$$\boxed{\lim_{n \to \infty} u_n = 5}$$

Corrigé 9.21

1°) f est dérivable sur $\mathbb{R}$ comme produit de deux fonctions dérivables, et

$$\forall\, x \in \mathbb{R}, f'(x) = -\mathrm{e}^{-x} \sum_{k=0}^{n} \frac{x^k}{k!} + \mathrm{e}^{-x} \sum_{k=1}^{n} \frac{kx^{k-1}}{k!} = -\frac{\mathrm{e}^{-x} \times x^n}{n!}$$

2°) Considérons la suite u définie par : $\forall\, n \in \mathbb{N}^*, u_n = \sum\limits_{k=0}^{n} \dfrac{1}{k!}$.

Comme $f(1) = \mathrm{e}^{-1} u_n$ et $f(0) = 1$, on a : $u_n - \mathrm{e} = \mathrm{e}\big(f(1) - f(0)\big)$.

Evaluons maintenant la différence $f(1) - f(0)$, à l'aide des inégalités des accroissements finis. La fonction f étant de classe $\mathcal{C}^1$ sur $[0, 1]$, on a :

$$(1-0) \min_{x\in[0,1]} f'(x) \leqslant f(1) - f(0) \leqslant (1-0) \max_{x\in[0,1]} f'(x)$$

Or $f''(x) = \mathrm{e}^{-x}\dfrac{x^{n-1}}{n!}(x-n)$, donc $\forall x \in]0,1[$, $f''(x) < 0$, la fonction f' est strictement décroissante sur $[0, 1]$, avec $f'(0) = 0$ et $f'(1) = -\dfrac{\mathrm{e}^{-1}}{n!}$.

Ainsi $-\dfrac{\mathrm{e}^{-1}}{n!} \leqslant f(1) - f(0) \leqslant 0$ et $-\dfrac{1}{n!} \leqslant u_n - \mathrm{e} \leqslant 0$.

3°) Comme $\lim\limits_{n\to\infty} \dfrac{1}{n!} = 0$, on en déduit par encadrement $\lim\limits_{n\to\infty}(u_n - \mathrm{e}) = 0$, *i.e.* $\lim\limits_{n\to\infty} u_n = \mathrm{e}$, ce que l'on écrira plus tard sous la forme :

$$\boxed{\sum_{k=0}^{\infty} \frac{1}{k!} = \mathrm{e}}$$

Corrigé 9.22

1°) $x = \dfrac{1}{x+2} \iff x^2 + 2x - 1 = 0$ et $x \neq -2 \iff (x+1)^2 = 2$, les deux solutions sont $x_1 = -1 + \sqrt{2}$ et $x_2 = -1 - \sqrt{2}$.

2°) $\star$ La fonction $f : x \mapsto \dfrac{1}{x+2}$ est strictement décroissante sur $[0, 1]$.

Montrons, par récurrence sur $n \in \mathbb{N}$, que : $u_n \in [0, 1]$.

$\rightarrow$ Comme $u_0 = 1$ la propriété est vrai au rang 0.

$\rightarrow$ Soit $n \in \mathbb{N}$ et supposons que $u_n \in [0, 1]$ alors :

$$u_{n+1} = f(u_n) \in [f(1), f(0)] = [1/3, 1/2] \subset [0, 1],$$

ainsi par le principe de récurrence, $\forall n \in \mathbb{N}, u_n \in [0, 1]$.

$\star$ Comme $\sqrt{2} - 1$ est solution de l'équation $x = \dfrac{1}{x+2}$, on peut écrire :

$$u_{n+1} - (\sqrt{2}-1) = f(u_n) - f(\sqrt{2}-1) = \frac{1}{2+u_n} - \frac{1}{\sqrt{2}-1+2}$$

$$= \frac{\sqrt{2}-1-u_n}{(2+u_n)(1+\sqrt{2})}, \text{ donc :}$$

$$\forall n \in \mathbb{N}, |u_{n+1} - (\sqrt{2}-1)| = \frac{|u_n - (\sqrt{2}-1)|}{(2+u_n)(1+\sqrt{2})}$$

b) Comme la suite u est positive :

$$\forall n \in \mathbb{N}, \frac{|u_n - (\sqrt{2}-1)|}{(2+u_n)(1+\sqrt{2})} \leqslant \frac{|u_n - (\sqrt{2}-1)|}{2(1+\sqrt{2})} \leqslant \frac{|u_n - (\sqrt{2}-1)|}{4}$$

Montrons alors par récurrence, que pour $n \in \mathbb{N}$: $|u_n - (\sqrt{2}-1)| \leqslant \left(\frac{1}{4}\right)^n(\sqrt{2}-1)$.

$\rightarrow$ Comme $u_0 = 0$, on peut écrire $|u_0 - (\sqrt{2}-1)| \leqslant \left(\frac{1}{4}\right)^0(\sqrt{2}-1)$, d'où la propriété au rang 0.

$\rightarrow$ Soit $n \in \mathbb{N}$, supposons que $|u_n - (\sqrt{2}-1)| \leqslant \left(\frac{1}{4}\right)^n(\sqrt{2}-1)$, alors

$$|u_{n+1} - (\sqrt{2}-1)| \leqslant \frac{|u_n - (\sqrt{2}-1)|}{4} \leqslant \left(\tfrac{1}{4}\right)^{n+1}(\sqrt{2}-1)$$

Ainsi par le principe de récurrence,

$$\forall n \in \mathbb{N}, |u_n - (\sqrt{2}-1)| \leqslant \left(\tfrac{1}{4}\right)^n (\sqrt{2}-1)$$

Ayant $\lim\limits_{n\to\infty} \left(\frac{1}{4}\right)^n = 0$, par encadrement, il vient $\lim\limits_{n\to\infty} |u_n - (\sqrt{2}-1)| = 0$, soit

$$\boxed{\lim_{n\to\infty} u_n = \sqrt{2}-1}$$

3°) a) La fonction f est décroissante sur $[0,1]$, à valeurs dans $[0,1]$, donc $f \circ f$ est bien définie et croissante sur $[0,1]$.

Considérons alors les deux suites extraites (u_{2n}) et (u_{2n+1}).

$\star$ Posons $v_n = u_{2n}$

$$\forall n \in \mathbb{N}, v_{n+1} = u_{2n+2} = f(u_{2n+1}) = f \circ f\ (u_{2n}) = f \circ f(v_n)$$

La fonction $f \circ f$ est croissante sur $[0,1]$ à valeurs dans $[0,1]$, donc (v_n) est monotone. Comme $v_0 = 0$, $u_1 = \dfrac{1}{2}$ et $v_1 = u_2 = \dfrac{2}{5} > v_0$. La suite (v_n) est donc croissante. Ainsi

$$(u_{2n}) \text{ est croissante}$$

Et comme f décroît sur $[0,1]$, on a pour tout $n \in \mathbb{N}$ $f(u_{2n}) \geqslant f(u_{2n+2})$, soit $u_{2n+1} \geqslant u_{2n+3}$. Ainsi

$$(u_{2n+1}) \text{ est décroissante}$$

b) La fonction f est continue et dérivable sur $[0,1]$, avec $f'(x) = \dfrac{-1}{(x+2)^2}$, donc $|f'(x)| = \dfrac{1}{(x+2)^2} \leqslant \dfrac{1}{4}$. Ainsi, d'après l'inégalité des accroissements finis, on a :

$$|f(b) - f(a)| \leqslant \frac{1}{4}|a-b|$$

c) Comme la suite u converge vers $\sqrt{2}-1$, il en est de même des deux suites extraites (u_{2n}) et (u_{2n+1}).

La suite (u_{2n}) est croissante, la suite (u_{2n+1}) est décroissante donc :

$$\forall n \in \mathbb{N}, 0 \leqslant u_{2n} \leqslant \sqrt{2}-1 \leqslant u_{2n+1} \leqslant 1,$$

L'inégalité vue en **b)** donne :

$$\forall p \in \mathbb{N}^*, |u_{p+1} - u_p| = |f(u_p) - f(u_{p-1})| \leqslant \frac{1}{4}|u_p - u_{p-1}|$$

et par l'argument de récurrence habituel :

$$\forall p \in \mathbb{N}, |u_{p+1} - u_p| = |f(u_p) - f(u_{p-1})| \leqslant \left(\tfrac{1}{4}\right)^p |u_1 - u_0| = \frac{1}{2}\left(\tfrac{1}{4}\right)^p$$

Ainsi :

$$\forall n \in \mathbb{N}, |u_{2n+1} - u_{2n}| \leqslant \frac{1}{2}\left(\tfrac{1}{4}\right)^{2n}$$

d) Comme $u_{2n} \leqslant \sqrt{2}-1 \leqslant u_{2n+1}$ et $u_{2n+1} - u_{2n} \leqslant \frac{1}{2^{4n+1}}$, il vient :

$$u_{2n} \leqslant \sqrt{2}-1 \leqslant u_{2n} + \frac{1}{2^{4n+1}}$$

Pour que u_{2n} soit une valeur approchée de $\sqrt{2}-1$ à moins de 10^{-3} près, il suffit donc de réaliser $2^{4n+1} > 1000$.

Sachant que $2^{10} = 1024$ et $2^9 = 512$, on prend donc $4n+1 > 9$ et

$$n = 3 \text{ convient.}$$

Corrigé 9.23

1°) a) Comme $c \neq a$ et $c \neq b$, $\frac{1}{2}(c-a)(c-b) \neq 0$, ainsi
$g(c) = 0 \iff f(c) - f(a) - \frac{c-a}{b-a}(f(b) - f(a)) = \frac{1}{2}(c-a)(c-b)A$.
Soit :

$$A = \frac{2}{(c-a)(c-b)}\left[f(c) - f(a) - \frac{c-a}{b-a}(f(b) - f(a))\right]$$

b) $\star$ La fonction g est deux fois dérivable sur I donc sur $[a, b]$.

$\star$ On a $g(a) = g(b) = 0$ et on sait par le choix de A que $g(c) = 0$.

$\rightarrow$ En appliquant le théorème de Rolle sur le segment $[a, c]$, on déduit l'existence d'au moins un point $d_1 \in]a, c[$ tel que $g'(d_1) = 0$.
$\rightarrow$ En appliquant le théorème de Rolle sur le segment $[c, b]$, on déduit l'existence d'au moins un point $d_2 \in]c, b[$ tel que $g'(d_2) = 0$.

Comme $d_1 < c < d_2$, on a $d_1 < d_2$ et en appliquant le théorème de Rolle à g' sur le segment $[d_1, d_2]$, on déduit l'existence d'au moins un point $d \in]d_1, d_2[\subset]a, b[$ tel que $g''(d) = 0$.

Comme $g''(x) = f''(x) - A$, il vient $A = f''(d)$, soit

$$\frac{2}{(c-a)(c-b)}\left[f(c) - f(a) - \frac{c-a}{b-a}(f(b) - f(a))\right] = f''(d)$$

c'est-à-dire :

$$\boxed{f(c) = f(a) + \frac{c-a}{b-a}(f(b) - f(a)) + \frac{1}{2}(c-a)(c-b)f''(d)}$$

2°) Comme par hypothèse f est de classe $\mathcal{C}^2$ sur le segment I, $|f''|$ est continue sur I, donc $|f''|$ est bornée et atteint sa borne supérieure, d'où l'existence de $M = \max_{x \in I} |f''(x)|$. Ainsi :

$$\forall x \in I, |f''(x)| \leqslant M$$

3°) Une équation de la corde (AB) est $y = \dfrac{f(b) - f(a)}{b-a}(x-a) + f(a)$.

Donc : $|f(c) - y_c| = |f(c) - \dfrac{f(b) - f(a)}{b-a}(c-a) - f(a)| = \frac{1}{2}|(c-a)(c-b)f''(d)|$.

D'où : $|f(c) - y_c| \leqslant \frac{M}{2}|(c-a)(c-b)|$.

Une étude rapide de la fonction $c \mapsto (c-a)(c-b)$ sur le segment $[a, b]$, montre que cette fonction est positive et qu'elle est maximale pour $c = \dfrac{a+b}{2}$, le maximum valant $\frac{1}{4}(b-a)^2$. Ainsi :

$$\boxed{|f(c) - y_c| \leqslant \frac{M}{8}(b-a)^2}$$

Corrigé 9.24

L'idée de la démonstration est la même que celle de l'exercice précédent, à savoir faire le bon choix pour A afin d'appliquer le théorème de Rolle.

Comme $a \neq b$, il existe une seule valeur de A pour laquelle $\varphi(b) = 0$, en effet :

$\varphi(b) = 0 \Longleftrightarrow f(b) - f(a) - \frac{b-a}{2}(f'(a) + f'(b)) = \frac{(b-a)^3}{12} A$ et ainsi :

$$A = \frac{12}{(b-a)^3}\left(f(b) - f(a) - \frac{b-a}{2}(f'(a) + f'(b))\right)$$

La fonction f étant deux fois dérivable, φ est dérivable sur $[a, b]$, on a $\varphi(a) = 0$ et par choix de A, $\varphi(b) = 0$, donc par le théorème de Rolle, il existe $d \in]a, b[$ tel que $\varphi'(d) = 0$.

Or, $\forall t \in [a, b], \varphi'(t) = \frac{f'(a) - f'(t)}{2} + \frac{t-a}{2} f''(t) - \frac{(t-a)^2}{4} A.$

On remarque alors que $\varphi'(a) = 0$. Comme φ' est continue sur $[a, d]$ et dérivable sur $]a, d[$, en appliquant une nouvelle fois le théorème de Rolle à φ' sur $[a, d]$, on en déduit l'existence de $c \in]a, d[\subset]a, b[$ tel que $\varphi''(c) = 0$.

Mais, $\forall t \in]a, b[, \varphi''(t) = \frac{t-a}{2} f^{(3)}(t) - \frac{t-a}{2} A.$

Ainsi, puisque $c \neq a$, $\varphi''(c) = 0 \Longleftrightarrow A = f^{(3)}(c)$ soit :

$$\frac{12}{(b-a)^3}\left(f(b) - f(a) - \frac{b-a}{2}(f'(a) + f'(b))\right) = f^{(3)}(c)$$

c'est-à-dire :

$$\boxed{f(b) - f(a) = \frac{b-a}{2}(f'(a) + f'(b)) - \frac{(b-a)^3}{12} f^{(3)}(c)}$$

Corrigé 9.25

1°) a) Par définition de la partie entière, pour x non nul, $\lfloor \frac{1}{x} \rfloor \leqslant \frac{1}{x}$, donc $\frac{1}{x} - \lfloor \frac{1}{x} \rfloor \geqslant 0$, et ainsi $\sqrt{\frac{1}{x} - \lfloor \frac{1}{x} \rfloor}$ existe pour $x \neq 0$,

la fonction f est bien définie sur $\mathbb{R}^*$

b) Comme $\frac{1}{x} - 1 < \lfloor \frac{1}{x} \rfloor \leqslant \frac{1}{x}$, on a : $0 \leqslant \frac{1}{x} - \lfloor \frac{1}{x} \rfloor < 1$, d'où $|f(x)| \leqslant |x|$, et par encadrement :

$$\lim_{x \to 0} f(x) = 0$$

La fonction f est ainsi prolongeable par continuité en 0, soit g son prolongement, on a : $g(x) = f(x)$ si $x \neq 0$, et $g(0) = 0$.

c) Pour $x \neq 0$, on pose $T(x) = \frac{g(x) - g(0)}{x} = \sqrt{\frac{1}{x} - \lfloor \frac{1}{x} \rfloor}$.

On peut remarquer que, avec $x_n = \frac{2}{2n+1}$:

$T(x_n) = \sqrt{\frac{2n+1}{2} - \lfloor \frac{2n+1}{2} \rfloor} = \sqrt{n + \frac{1}{2} - n} = \sqrt{\frac{1}{2}}$

et avec $y_n = \frac{1}{n+1}$: $T(y_n) = \sqrt{n + 1 - \lfloor n+1 \rfloor} = 0$.

Ainsi on a mis en évidence deux suites (x_n) et (y_n) qui convergent vers 0 et telles que $\lim_{n \to \infty} T(x_n) \neq \lim_{n \to \infty} T(y_n)$, la fonction T ne possède donc pas de limite en 0 et la fonction g n'est pas dérivable en 0.

2°) a) $\star$ si $x < -1$, alors $\frac{1}{x} \in [-1, 0[$, donc $\lfloor \frac{1}{x} \rfloor = -1$ et

$$f(x) = x\sqrt{\frac{1}{x} + 1} = x\sqrt{\frac{1+x}{x}} = \sqrt{x(x+1)}$$

La fonction $x \mapsto x(x+1)$ est dérivable sur $]-\infty, -1[$ et est à valeurs strictement positives, la fonction racine carrée étant dérivable sur $\mathbb{R}_+^*$, par composition, la fonction f est donc dérivable sur $]-\infty, -1[$ et

$$f'(x) = \frac{2x+1}{2\sqrt{x(x+1)}}$$

$\star$ si $x > 1$, comme $\frac{1}{x} \in]0,1[$, $\lfloor \frac{1}{x} \rfloor = 0$ et donc $f(x) = x\sqrt{\frac{1}{x}} = \sqrt{x}$, f est donc dérivable sur $]1, +\infty[$ et $f'(x) = \dfrac{1}{2\sqrt{x}}$.

b) $\star$ Si $x \in \left]\frac{1}{k+1}, \frac{1}{k}\right]$, $k \in \mathbb{N}^*$, alors $\frac{1}{x} \in [k, k+1[$ donc $\lfloor \frac{1}{x} \rfloor = k$ et $f(x) = x\sqrt{\frac{1}{x} - k} = \sqrt{x(1-kx)}$, par composition f est dérivable sur $\left]\frac{1}{k+1}, \frac{1}{k}\right[$ et $f'(x) = \dfrac{1-2kx}{2\sqrt{x(1-kx)}}$.

De plus $\lim\limits_{x \to (\frac{1}{k})^-} f(x) = 0$, $\lim\limits_{x \to (\frac{1}{k+1})^+} f(x) = \sqrt{\frac{1}{k+1}(1 - \frac{k}{k+1})} = \frac{1}{k+1}$

donc par décalage $\lim\limits_{x \to (\frac{1}{k})^+} f(x) = \dfrac{1}{k}$

Si $x \in \left[\frac{1}{k}, \frac{1}{k+1}\right[$, $k \in \mathbb{Z}, k < -1$, alors $\frac{1}{x} \in [k, k+1[$ et les mêmes calculs conduisent aux mêmes conclusions.

f n'est donc pas continue aux points de la forme $\frac{1}{k}$, $k \in \mathbb{Z}^*$, puisque la limite à droite est différente de la limite à gauche. Le problème de la dérivabilité en ces points ne se pose donc même pas.

Intégration sur un segment

10

RÉPARTITION DES EXERCICES

I. ÉNONCÉS DES EXERCICES

10.01 Déterminer les primitives sur l'intervalle I des fonctions f_i définies par :

- $f_1(x) = \dfrac{1-2x}{(2x^2-2x+1)^3}$, $I = \mathbb{R}$.
- $f_2(x) = \dfrac{1}{(x+1)^2}\exp\left(\dfrac{2x+1}{x+1}\right)$, $I =]-1, +\infty[$.
- $f_3(x) = \dfrac{\ln x}{x}$, $I =]0, +\infty[$.
- $f_4(x) = \dfrac{1}{x\ln x}$, $I =]1, +\infty[$.
- $f_5(x) = \tan x + \tan^3 x$, $I =]-\pi/2, \pi/2[$.

◇

10.02 A l'aide d'une ou plusieurs intégrations par parties, calculer les intégrales suivantes :

$$I_1 = \int_1^{e} x\ln x\,dx\ ;\ I_2 = \int_1^{e^2} \ln x\,dx\ ;\ I_3 = \int_0^{\pi} (x-1)\cos x\,dx\ ;$$

$$I_4 = \int_1^{2} (t-2)e^{2t}\,dt\ ;\ I_5 = \int_1^{e} (\ln t)^2\,dt.$$

◇

10.03 On considère les deux intégrales

$$I = \int_0^x e^t\cos(2t)\,dt \text{ et } J = \int_0^x e^t\sin(2t)\,dt$$

A l'aide d'intégrations par parties, établir des relations entre I et J et en déduire les valeurs de I et J.

◇

10.04 Calculer $I = \displaystyle\int_0^{\pi/2} \mathrm{e}^{-3x} \cos(2x)\, dx$.

◇

10.05 Calculer les intégrales : $I_1 = \displaystyle\int_1^2 \sin(\ln t)\, dt$ et $I_2 = \displaystyle\int_0^{\frac{\pi}{4}} \tan^3 t\, dt$.

◇

10.06 Etudier la convergence de la suite (u_n) dans les cas suivants :

a) $u_n = \dfrac{1}{n^2} \sum\limits_{k=1}^{n} \dfrac{k}{\sqrt[n]{\mathrm{e}^k}}$ **b)** $u_n = \dfrac{1}{n} \sum\limits_{k=1}^{n} \dfrac{1}{(n+k)^2}$

c) $u_n = \dfrac{\pi}{2n} \sum\limits_{k=1}^{n} \cos(\frac{k\pi}{2n})$ **d)** $u_n = \dfrac{1}{n} \sqrt[n]{(n+1)(n+2)\dots(2n)}$.

◇

10.07 **1°)** A l'aide du changement de variable $u = \tan \frac{x}{2}$, calculer

$$I_1 = \int_{\pi/3}^{2\pi/3} \frac{dx}{\sin x}$$

(on pourra utiliser la formule : $\sin x = \dfrac{2u}{1+u^2}$)

2°) A l'aide d'un changement de variable affine, calculer

$$\int_0^{\pi/2} \frac{\sin x - \cos x}{\sqrt{\sin^4 x + \cos^4 x}}\, dx$$

◇

10.08 Pour $n \in \mathbb{N}^*$, on pose $I_n = \dfrac{1}{2^{n+1} n!} \displaystyle\int_0^1 (1-t)^n \mathrm{e}^{t/2}\, dt$ et $u_n = \sum\limits_{k=0}^{n} \dfrac{1}{2^k k!}$.

1°) Calculer I_1.

2°) Montrer que : $\forall\, n \in \mathbb{N}^*, I_{n+1} = I_n - \dfrac{1}{2^{n+1}(n+1)!}$.

3°) Montrer que : $\forall\, n \in \mathbb{N}^*, \sqrt{\mathrm{e}} = u_n + I_n$.

4°) Montrer que la suite $(u_n)_n$ converge et déterminer sa limite.

◇

10.09 On définit la suite $(u_n)_{n\geq 0}$ par : $\forall\, n \in \mathbb{N}, u_n = \displaystyle\int_0^{\pi/4} \tan^{2n+2}(t)\, dt$.

1°) a) Rappeler la valeur de la dérivée de la fonction tangente sur $]-\pi/2, \pi/2[$ et montrer que :

$$\forall\, m \in \mathbb{N}, \int_0^{\pi/4} (1+\tan^2 x) \tan^m x\, dx = \frac{1}{m+1}$$

b) Calculer alors u_0.

2°) Montrer que la suite $(u_n)_{n\in\mathbb{N}}$ est décroissante.

3°) Montrer que pour tout $n \in \mathbb{N}$: $u_{n+1} + u_n = \dfrac{1}{2n+3}$ et en déduire que $\dfrac{1}{2(2n+3)} \leqslant u_n$.

4°) a) Calculer pour $n \in \mathbb{N}^*$, $u_{n-1}+u_n$, en déduire que : $u_n \leqslant \dfrac{1}{2(2n+1)}$.

b) Déterminer alors $\lim\limits_{n\to\infty} u_n$ et montrer que $\lim\limits_{n\to\infty} nu_n = \dfrac{1}{4}$.

5°) On pose $S_n = \sum\limits_{k=0}^{n} \dfrac{(-1)^k}{2k+1}$.

a) Montrer que :

$$\forall t \in [0, \pi/4], (1+\tan^2 t) \sum_{k=0}^{n} (-\tan^2 t)^k = 1 + (-1)^n \tan^{2n+2} t.$$

b) En déduire que : $\forall n \in \mathbb{N}, S_n = \frac{\pi}{4} + (-1)^n u_n$.

c) En déduire la limite de $(S_n)_{n\in\mathbb{N}}$ lorsque n tend vers $+\infty$.

◇

10.10 On pose pour $n \in \mathbb{N}$, $K_n = \displaystyle\int_0^1 x^n \sqrt{1-x}\, dx$.

1°) Calculer K_0.

2°) Montrer que $\forall n \in \mathbb{N}, K_{n+1} = \dfrac{2n+2}{2n+5} K_n$.

3°) Montrer par récurrence que : $\forall n \in \mathbb{N}, K_n = \dfrac{2^{2n+2} \times (n!) \times (n+1)!}{(2n+3)!}$.

◇

10.11 Les deux questions sont indépendantes.

1°) a) Déterminer 3 reéls a, b, c tels que :

$$\forall u \in [0, 1/2], \frac{u^2}{1-u^4} = \frac{a}{1-u} + \frac{b}{1+u} + \frac{c}{1+u^2}.$$

b) Calculer à l'aide du changement de variable $t = u^2$, dont on justifiera la validité, l'intégrale $I = \displaystyle\int_0^{1/2} \frac{\sqrt{t}}{1-t^2}\, dt$.

2°) a) A l'aide du changement de variable $t = \tan x$, dont on justifiera la validité, montrer que $\displaystyle\int_0^{\pi/4} \frac{1}{5+2\cos^2 x} dx = \int_0^1 \frac{1}{7+5t^2}\, dt$.

b) En déduire la valeur de $\displaystyle\int_0^{\pi/4} \frac{1}{5+2\cos^2 x}\, dx$.

◇

10.12 Soit f définie par : $\forall x \in \mathbb{R}_+^*, f(x) = \displaystyle\int_x^{2x} \frac{dt}{\ln(1+t^2)}$.

1°) Justifier l'existence de f.

2°) Montrer que f est dérivable sur $\mathbb{R}_+^*$ et calculer $f'(x)$, pour $x > 0$. En déduire les variations de la fonction f.

3°) Montrer que : $\forall u > -1, \ln(1+u) \leqslant u$. En déduire la limite de $f(x)$ quand x tend vers 0 par valeurs positives.

4°) Montrer que : $\lim_{x\to+\infty} f(x) = +\infty$ et que $\lim_{x\to+\infty} \frac{f(x)}{x} = 0$.

5°) Former le tableau des variations de f.

◇

10.13 Calculer $I = \int_0^1 \frac{1}{e^x + 1} dx$.

[Pour cela on fera le changement de variable $u = e^x$ *et on déterminera deux réels a et b tels que :* $\frac{1}{u(1+u)} = \frac{a}{u} + \frac{b}{u+1}$.*]*

◇

10.14 **1°) a)** Montrer que : $\forall\, n \in \mathbb{N}, 0 \leqslant \int_0^1 \frac{t^n}{1+t^2}\, dt \leqslant \frac{1}{n+1}$.

b) En déduire $\lim_{n\to\infty} \int_0^1 \frac{t^n}{1+t^2}\, dt$.

2°) Déterminer $\lim_{n\to\infty} \int_0^{\pi/2} (\sin t) e^{-nt}\, dt$.

◇

10.15 **1°)** On considère la suite u définie par : $\forall\, n \in \mathbb{N}, n \geqslant 2$,

$$u_n = \int_0^1 \sqrt[n]{\sin x}\, dx.$$

Etudier la monotonie de u et en déduire qu'elle converge.

2°) Démontrer que : $\forall\, x \in [0, \pi/2], \frac{2}{\pi} x \leqslant \sin x \leqslant x$.

3°) En déduire $\lim_{n\to\infty} u_n$.

◇

10.16 On considère la suite u définie par : $\forall\, n \in \mathbb{N}^*, u_n = \sum_{k=2}^{n} \frac{1}{k \ln k} - \ln(\ln n)$.

1°) Démontrer que $\forall\, p \in \mathbb{N}, p \geqslant 2$,

$$\frac{1}{(p+1)\ln(p+1)} \leqslant \int_p^{p+1} \frac{1}{t \ln t}\, dt \leqslant \frac{1}{p \ln p}.$$

2°) En déduire que la suite u converge.

◇

10.17 Soit f une fonction continue sur $\mathbb{R}$. On définit la fonction F sur $\mathbb{R}^*$ par :

$$\forall\, x \in \mathbb{R}^*, F(x) = \frac{1}{2x} \int_{-x}^{x} f(t)\, dt$$

1°) Déterminer la limite de F en zéro. Soit G son prolongement par continuité.

2°) Etudier la dérivabilité de F sur $\mathbb{R}^*$.

3°) On suppose de plus que la fonction f est dérivable en 0 telle que : $f(0) = f'(0) = 0$. Etudier la dérivabilité de G en 0.

◇

10.18 On définit la suite $(f_n)_{n\in\mathbb{N}}$ de fonctions par :

$$f_n : \mathbb{R} \to \mathbb{R}, x \mapsto \int_0^1 (1-t^2)^n \cos(tx)\, dt$$

1°) Montrer que $\forall\, x \in \mathbb{R}, |f_n(x)| \leqslant 1$.

2°) a) Montrer que : $\forall\,(a,b) \in \mathbb{R}^2, |\cos b - \cos a| \leqslant |b-a|$.

b) Montrer que : $\forall\, x_0 \in \mathbb{R}, \forall\, x \in \mathbb{R}, |f_n(x) - f_n(x_0)| \leqslant |x - x_0|$.

c) En déduire que f_n est continue sur $\mathbb{R}$.

3°) *Etude de la dérivabilité de la fonction* f_n.

a) Soit f une fonction deux fois dérivable sur un intervalle I contenant a et b, on suppose de plus f'' bornée sur I
Soit g définie sur I par : $g(x) = f(x) - f(a) - (x-a)f'(a) - A(x-a)^2$.
Montrer que l'on peut choisir A de telle sorte que $g(b) = 0$, en déduire qu'il existe $d \in I$ tel que $A = \frac{1}{2}f''(d)$.
En déduire que $|f(b) - f(a) - (b-a)f'(a)| \leqslant \dfrac{(b-a)^2}{2} \sup\limits_I |f''|$.

b) Montrer que : $\forall\,(x,t,h) \in \mathbb{R}^3$:

$$|\cos(t(x+h)) - \cos(tx) + th\sin(tx)| \leqslant \frac{1}{2}t^2h^2$$

c) Montrer que f_n est dérivable en tout point $x_0 \in \mathbb{R}$ et que

$$f_n'(x_0) = -\int_0^1 t(1-t^2)^n \sin(tx_0)\, dt.$$

◇

10.19 **Lemme de Riemann-Lebesgue**
Soit f une fonction de classe $\mathcal{C}^1$ sur $[a,b]$, à valeurs réelles ou complexes.
A l'aide d'une intégration par parties, montrer que :

$$\lim_{n\to+\infty} \int_a^b f(t)\sin(nt)\, dt = \lim_{n\to+\infty} \int_a^b f(t)\cos(nt)\, dt = 0.$$

◇

10.20 Soit f une fonction continue sur $[a,b]$ vérifiant :
$\forall\, t \in [a,b], f(a+b-t) = f(t)$.

1°) Montrer que : $\displaystyle\int_a^b t\, f(t)\, dt = \frac{a+b}{2}\int_a^b f(t)\, dt$.

2°) En déduire la valeur de : $\displaystyle\int_0^\pi \frac{x\,\sin x}{1+cos^2 x}\, dx$.

◇

10.21 **1°)** Soit f une fonction continue sur $[a,b]$ telle que $f(a) = 0$.
Montrer que $\displaystyle\int_a^b f^2(t)\, dt \leqslant \frac{(b-a)^2}{2}\int_a^b (f'(t))^2\, dt$.

2°) Soit f une fonction continue sur $[a,b]$ et strictement positive.

Montrer que : $\left(\int_a^b f(t)\,dt\right)\times\left(\int_a^b \frac{1}{f(t)}\,dt\right) \geqslant (b-a)^2$.

◇

10.22 Pour $n \in \mathbb{N}^*$, on pose $I_n = \int_0^n \mathrm{e}^{-x} x^n\,dx$.

1°) Calculer I_1 et I_2.

2°) Montrer que : $\forall\, n \in \mathbb{N}^*, I_n = \mathrm{e}^{-n} n^n \int_0^n \mathrm{e}^t (1-\frac{t}{n})^n\,dt$.

3°) a) Montrer que $\forall\, x \in [0,1[, \ln(1-x) \leqslant -x - \frac{x^2}{2}$.

b) En déduire que pour tout élément $t \in [0,n], \mathrm{e}^t(1-\frac{t}{n})^n \leqslant \exp(-\frac{t^2}{2n})$.

4°) a) Prouver que $\forall\, n \in \mathbb{N}^*, \frac{\mathrm{e}^n}{n^n} I_n \leqslant \sqrt{2n}\int_0^{\sqrt{\frac{n}{2}}} \mathrm{e}^{-u^2}\,du$.

b) Montrer que $\forall\, u \in [1,+\infty[, \mathrm{e}^{-u^2} \leqslant \mathrm{e}^{-u}$.
En déduire que $\lim\limits_{n\to\infty} \frac{\mathrm{e}^n}{n^{n+1}} I_n = 0$.

◇

10.23 **Intégrale de Wallis.** On pose pour n entier naturel, $I_n = \int_0^{\frac{\pi}{2}} \cos^n t\,dt$.

1°) Etablir que : $I_n = \int_0^{\frac{\pi}{2}} \sin^n t\,dt$ et $I_n > 0$.

2°) Démontrer que : $\forall\, n \geqslant 2, I_n = \frac{n-1}{n} I_{n-2}$.

3°) En déduire que : $I_{2p+1} = \frac{2^{2p}\times(p!)^2}{(2p+1)!}$ et $I_{2p} = \frac{(2p)!}{2^{2p}\times(p!)^2}\times\frac{\pi}{2}$.

4°) Démontrer que la suite (I_n) est décroissante et convergente.

5°) Démontrer que le produit nI_nI_{n-1} est constant et égal à $\frac{\pi}{2}$.

6°) Démontrer que $\frac{I_{n+1}}{I_n}$ tend vers 1 et en déduire que $\lim\limits_{n\to\infty} \sqrt{\frac{2n}{\pi}} I_n = 1$.

◇

10.24 Soit f une fonction continue sur $[0,1]$ à valeurs réelles.

1°) Calculer $(n+1)\int_0^1 t^n f(1)\,dt$.

2°) Montrer que : $\lim\limits_{n\to\infty} (n+1)\int_0^1 t^n f(t)\,dt = f(1)$.

◇

10.25 On considère la fonction f définie sur l'intervalle $I = [0,\pi/4]$ par $f(x) = \frac{1}{\cos x}$, ainsi que la suite réelle $(I_n)_{n\geq 0}$ définie par :

$$I_0 = \frac{\pi}{4} \text{ et } \forall n \in \mathbb{N}^*, I_n = \int_0^{\pi/4} [f(x)]^n \, dx.$$

1°) Justifier l'existence de I_n et calculer I_2.

2°) Déterminer deux réels a et b tels que :

$$\forall t \in \mathbb{R} \setminus \{-1, 1\}, \frac{1}{1-t^2} = \frac{a}{1-t} + \frac{b}{1+t}$$

3°) A l'aide du changement de variable $t = \sin x$, calculer

$$I_1 = \int_0^{\pi/4} \frac{1}{\cos x} \, dx.$$

4°) Etudier la monotonie de la suite $(I_n)_{n \geq 0}$.

5°) **a)** Soit $n \in \mathbb{N}$, montrer que $I_n \geqslant \displaystyle\int_{\pi/8}^{\pi/4} \frac{1}{\cos^n x} \, dx.$

b) **i)** Etudier les variations de $x \mapsto \dfrac{1}{\cos^n x}$ sur $[0, \pi/4]$.

ii) En déduire que $\lim\limits_{n \to \infty} I_n = +\infty$.

6°) Montrer que : $\forall n \in \mathbb{N}^*, I_{n+2} = \dfrac{(\sqrt{2})^n}{n+1} + \dfrac{n}{n+1} I_n.$

◇

10.26 Dans cet exercice, on se propose d'étudier la suite (w_n) définie par

$$\forall n \in \mathbb{N}^*, w_n = \sum_{p=1}^{n} u_p, \text{ où } u_p = \int_0^{\pi/2} x \sin(px) \cos^p(x) dx.$$

A cet effet, on pose : $\forall n \in \mathbb{N}^*, S_n = \displaystyle\sum_{k=1}^{n} \frac{1}{k}.$

A. *Calcul de u_n en fonction de S_n.*

On définit la fonction f_n par :

$$\forall t \in]0, 1], f_n(t) = \frac{1 - (1-t)^n}{t} \text{ et } f_n(0) = n.$$

1°) **a)** Montrer que $\forall t \in]0, 1], f_n(t) = \displaystyle\sum_{k=1}^{n} \binom{n}{k} (-1)^{k+1} t^{k-1}$ et en déduire que f_n est continue en 0 à droite puis sur $[0, 1]$

On pose : $I_n = \displaystyle\int_0^1 f_n(t) dt.$

b) Prouver que : $I_n = \displaystyle\sum_{k=1}^{n} \binom{n}{k} (-1)^{k+1} \times \frac{1}{k}.$

c) Calculer $\displaystyle\int_0^1 (1-t)^{k-1} dt.$

d) Montrer que : $\forall t \in [0, 1], \displaystyle\sum_{k=1}^{n} (1-t)^{k-1} = f_n(t)$ et en déduire que $I_n = S_n$.

2°) **a)** Montrer à l'aide d'une intégration par parties que, pour tout entier naturel p non nul : $\displaystyle\int_0^{\pi/2} x \sin(2px) dx = \frac{\pi(-1)^{p+1}}{4p}.$

b) On admet que :

$$\forall x \in \mathbb{R}, \forall n \in \mathbb{N}^*, \sum_{k=1}^{n} \binom{n}{k} \sin(2kx) = 2^n \sin(nx) \cos^n x.$$

Montrer que : $u_n = \dfrac{\pi}{2^{n+2}} \times S_n$.

B. *Convergence et somme de la suite* (w_n).

1°) Soit $x \in [0,1[$, étudier les variations de la fonction φ définie par : $\forall t \in [0,x], \varphi(t) = \dfrac{x-t}{1-t}$ et montrer que : $\forall t \in [0,x], 0 \leqslant \varphi(t) \leqslant x$.

2°) a) Vérifier que : $\forall t \in [0,x], \dfrac{\varphi(t)}{1-t} = \varphi'(t) + \dfrac{1}{1-t}$.

b) On pose $\forall n \in \mathbb{N}^*, \forall x \in [0,1], R_n(x) = \displaystyle\int_0^x \frac{[\varphi(t)]^n}{1-t}\, dt$.

Montrer que : $R_{n+1}(x) = \dfrac{-x^{n+1}}{n+1} + R_n(x)$.

3°) Montrer que : $\forall n \in \mathbb{N}^*, \forall x \in [0,1[, -\ln(1-x) = \displaystyle\sum_{k=1}^{n} \frac{x^k}{k} + R_n(x)$.

4°) Déduire de **B 1°)** que : $\forall x \in [0,1[, 0 \leqslant R_n(x) \leqslant -x^n \ln(1-x)$.

5°) a) Montrer que $\forall x \in [0,1[, \displaystyle\sum_{k=1}^{n} \sum_{p=1}^{k} \frac{x^k}{p} = \sum_{p=1}^{n} \frac{x^p}{p} \Big(\sum_{i=0}^{n-p} x^i \Big)$.

b) En déduire que :

$$\forall x \in [0,1[, (1-x) \sum_{k=1}^{n} S_k x^k = -\ln(1-x) - R_n(x) - x^{n+1} S_n.$$

6°) a) Déterminer la valeur de $\displaystyle\lim_{n\to\infty} x^{n+1} S_n$.

b) Prouver que la suite $(\alpha_n(x))_{n\geq 1}$ définie par $\alpha_n(x) = \displaystyle\sum_{k=1}^{n} S_k\, x^k$ converge et que $\displaystyle\lim_{n\to\infty} \alpha_n(x) = \frac{-\ln(1-x)}{1-x}$.

7°) Montrer que la suite (w_n) définie par $w_n = \displaystyle\sum_{p=1}^{n} u_p$ converge et déterminer sa limite.

II. INDICATIONS

1) Rappels des principales méthodes d'étude

❑ Soit f une fonction définie sur un intervalle I, la fonction F est une primitive de f sur I si la fonction F est dérivable sur I et si $\forall x \in I, F'(x) = f(x)$. On admet que toute fonction continue sur I y admet des primitives. Si F est l'une d'elles, toute autre primitive est de la forme $F + k$, où k est une constante quelconque.

❑ **Primitives usuelles** (à une constante additive près et sur un intervalle de continuité de f)

⋆ Si $f(t) = t^\alpha$ avec $\alpha \neq -1$, alors $F(t) = \dfrac{t^{\alpha+1}}{\alpha+1}$

- ⋆ Si $f(t) = \frac{1}{t}$, alors $F(t) = \ln|t|$
- ⋆ Si $f(t) = \ln t$, alors $F(t) = t\ln t - t$
- ⋆ Si $f(t) = \dfrac{1}{\sqrt{t^2+a}}$, alors $F(t) = \ln|t + \sqrt{t^2+a}|$ (à savoir retrouver)
- ⋆ Si $f(t) = \cos(at+b)$, avec $a \neq 0$, alors $F(t) = \dfrac{1}{a}\sin(at+b)$
- ⋆ Si $f(t) = \sin(at+b)$, avec $a \neq 0$, alors $F(t) = -\dfrac{1}{a}\cos(at+b)$
- ⋆ Si $f(t) = 1 + \tan^2 t = \dfrac{1}{\cos^2 t}$, alors $F(t) = \tan t$
- ⋆ Si $f(t) = \tan t$, alors $F(t) = -\ln|\cos t|$

❑ Changement de variable

Soit f une application continue sur un intervalle I et $(a, b) \in I^2$, soit φ une fonction de classe $\mathcal{C}^1$ sur un segment$[\alpha, \beta]$, tel que $\varphi([\alpha, \beta]) \subset I$ et $\varphi(\alpha) = a$, $\varphi(\beta) = b$. Alors :

$$\int_a^b f(x)\,dx = \int_\alpha^\beta f[\varphi(t)]\varphi'(t)\,dt$$

[*Quand on effectue un changement de variable il faut vérifier que $\varphi([\alpha, \beta])$ est contenu dans le domaine de définition de f, en revanche, il n'est pas nécessaire que φ soit une application bijective de $[\alpha, \beta]$ sur $\varphi([\alpha, \beta])$.*]

❑ Intégration par parties

Soit f et g deux fonctions de classe $\mathcal{C}^1$ sur un intervalle I, $(a, b) \in I^2$, alors :

$$\int_a^b f'(t)g(t)\,dt = f(b)g(b) - f(a)g(a) - \int_a^b f(t)g'(t)\,dt$$

L'expression $f(b)g(b) - f(a)g(a)$ se note souvent $\big[f(t)g(t)\big]_a^b$ et est appelée « le crochet » de l'intégration par parties.

[*Cette méthode étant souvent utilisée pour intégrer des produits de fonctions polynômes et d'exponentielles, de fonctions polynômes et de fonctions sinus ou cosinus, afin d'abaisser le degré du polynôme (que l'on dérive). On l'utilise aussi souvent en présence d'un facteur logarithmique (que l'on dérive).*

Lorsque la fonction à intégrer f_n dépend de n, on obtient souvent une relation de récurrence sur les termes de la suite $n \mapsto \int_a^b f_n(t)\,dt$, en effectuant une intégration par parties judicieuse.]

❑ Intégration et inégalités

Intégration et ordre :

Soit f une fonction continue sur un intervalle I, $(a, b) \in I^2$.

Si $a \leqslant b$ et si f est positive ou nulle sur $[a, b]$, alors $\displaystyle\int_a^b f(t)\,dt \geqslant 0$.

Soient f et g deux fonctions continues sur un intervalle I, $(a, b) \in I^2$.

Si $a \leqslant b$ et $\forall\, t \in [a, b]$, $f(t) \leqslant g(t)$, alors $\displaystyle\int_a^b f(t)\,dt \leqslant \int_a^b g(t)\,dt$.

Soit f une fonction continue sur un intervalle I, $(a, b) \in I^2$.

Si $a \leqslant b$, alors $\displaystyle\left|\int_a^b f(t)\,dt\right| \leqslant \int_a^b |f(t)|\,dt$.

Inégalité de Cauchy-Schwarz :

Soient f et g deux fonctions continues sur un intervalle I, $(a,b) \in I^2$, alors :

$$\Big(\int_a^b f(t)g(t)\,dt\Big)^2 \leqslant \Big(\int_a^b f^2(t)\,dt\Big)\times\Big(\int_a^b g^2(t)\,dt\Big)$$

Théorème « de nullité » :

Soit f une fonction continue sur un intervalle I, $(a,b) \in I^2$.

Si $a \neq b$, si f est positive ou nulle sur $[a,b]$ et si $\displaystyle\int_a^b f(t)dt = 0$, alors $\forall\, t \in [a,b], f(t) = 0$.

❑ **Sommes de Riemann** :

Soit f une fonction continue sur $[a,b]$. Pour tout $n \in \mathbb{N}^*$, posons :

$$S_n = \frac{b-a}{n}\sum_{k=0}^{n-1} f\big(a + k\frac{b-a}{n}\big) \text{ et } T_n = \frac{b-a}{n}\sum_{k=1}^{n} f\big(a + k\frac{b-a}{n}\big)$$

Les deux suites (S_n) et (T_n) sont appelées **sommes de Riemann** attachées à f sur $[a,b]$. Ces deux suites convergent et :

$$\lim_{n\to\infty} S_n = \lim_{n\to\infty} T_n = \int_a^b f(t)\,dt$$

---

2) Indications spécifiques à chaque exercice

10.01. Ecrire $f_3(x) = \frac{1}{x}\times \ln x$, $f_4(x) = \dfrac{1/x}{\ln x}$ et $f_5(x) = \tan x(1+\tan^2 x)$.

10.02. On procède à des intégrations par parties en dérivant la fonction ln pour I_1, I_2 et I_5 et la fonction polynôme pour I_3 et I_4.

10.03. et **10.04.** Intégrer par parties deux fois pour retrouver la même ligne trigonométrique.

10.05. $\tan^3 t = \tan t(1+\tan^2 t) - \tan t$.

10.06. On est en présence de sommes de Riemann ...

10.07. Pour I_2 poser $u = \frac{\pi}{2} - x$.

10.08. **2)** Raisonner en effectuant une intégration par parties.

10.09. On a : $\tan^2 x = (1+\tan^2 x) - 1$.

10.10. Raisonner à l'aide d'une intégration par parties, en remarquant ensuite que $(1-x)^{3/2} = (1-x)(1-x)^{1/2}$.

10.11. Transformer $\dfrac{1}{7+5t^2}$ afin d'obtenir une expression du type $\dfrac{w'}{1+w^2}$.

10.15. **2)** On peut étudier les variations des fonctions associées, ou, si on connaît déjà, utiliser les propriétes des fonctions convexes ou concaves.

10.16. **1)** Etudier les variations de $f : t \mapsto \dfrac{1}{t\ln t}$ sur $[2,+\infty[$ et intégrer. **2)** Montrer que u et décroissante et minorée.

10.17. **1)** Soit φ une primitive de f sur $\mathbb{R}$, exprimer F à l'aide de φ et utiliser le théorème des accroissements finis. **2)** On utilise l'écriture de F à l'aide de φ et on dérive.

10.18. Tout ceci résulte des théorèmes de Rolle et des accroissements finis. On applique alors à la fonction cos.

10.20. Effectuer le changement de variable $u = a + b - t$.

10.21. Utiliser l'inégalité de Cauchy-Schwarz : si f et g sont continues sur $[a, b]$, on a :

$$\left(\int_a^b f(t)g(t)dt\right)^2 \leqslant \int_a^b f(t)^2dt \times \int_a^b g(t)^2dt.$$

10.22. 3) Etudier les variations de $\varphi : x \mapsto \ln(1-x) + x + \frac{x^2}{2}$, puis faire $x = \frac{t}{n}$.

4) Le changement de variable $u = \frac{t}{\sqrt{2n}}$ amène au résultat.

10.23. 2) On effectue une intégration par parties en dérivant $t \mapsto \cos^{n-1} t$. **3)** Une ou deux récurrences s'imposent. **6)** On raisonne par encadrement en utilisant la décroissance de la suite (I_n).

10.24. Revenir à la définition de la continuité de f en 1 à gauche.

10.26. A. 2) b) On utilise l'indication donnée pour écrire u_n sous forme d'une somme (si vous voulez démontrer le résultat admis, partez de $\sum \binom{n}{k} \mathrm{e}^{2ikx}$ et pensez à Newton).

B. 5) a) On permute les deux sommes. **7)** On exprime u_n en fonction de $\alpha_n(1/2)$.

III. CORRIGÉS DÉTAILLÉS DES EXERCICES

Corrigé 10.01

• On a : $\forall\, x \in \mathbb{R}, 2x^2 - 2x + 1 = 2(x - \frac{1}{2})^2 + \frac{1}{2} \neq 0$, f_1 est donc continue comme quotient de 2 fonctions continues à dénominateur non nul. Ainsi f_1 possède des primitives sur $\mathbb{R}$.

On peut écrire : $\forall\, x \in \mathbb{R}$,

$f_1(x) = -\frac{1}{2} \times \frac{4x-2}{(2x^2-2x+1)^2}$, de la forme $-\frac{1}{2} \times \frac{u'}{u}$

donc $f_1 = -\frac{1}{2} \times \frac{u'}{u}$, et les primitives de f_1 sur $\mathbb{R}$ sont les fonctions :

$$\boxed{F_1 : x \mapsto -\frac{1}{2} \ln|2x^2 - 2x + 1| + k = -\frac{1}{2} \ln(2x^2 - 2x + 1) + k,\ k \in \mathbb{R}}$$

• Sur $]-1, +\infty[$, $x \mapsto \frac{1}{(x+1)^2}$ et $x \mapsto \frac{2x+1}{x+1}$ sont continues comme quotients de fonctions continues à dénominateur non nul, et la fonction exponentielle est continue sur $\mathbb{R}$. Donc f_2 est continue sur $]-1, +\infty[$ et possède donc des primitives sur cet intervalle.

On remarque que : $u(x) = \frac{2x+1}{x+1} \implies u'(x) = \frac{1}{(x+1)^2}$, ainsi f_2 est de la forme $u'e^u$ et les primitives de f_2 sur $]-1, +\infty[$ sont :

$$\boxed{F_2 : x \mapsto \exp\left(\frac{2x+1}{x+1}\right) + k,\ k \in \mathbb{R}}$$

• f_3 est continue sur $\mathbb{R}_+^*$ et $f_3 = u'u$ avec $u(x) = \ln x$, donc les primitives de f_3 sur $\mathbb{R}_+^*$ sont définies par :

$$\boxed{F_3 : x \mapsto \frac{1}{2}(\ln x)^2 + k,\ k \in \mathbb{R}}$$

• f_4 est continue sur $]\!]1,+\infty[$ et $f_4 = \dfrac{u'}{u}$ avec $u(x) = \ln x$. De plus $u > 0$ sur $]1,+\infty[$, donc les primitives de f_4 sur $]1,+\infty[$ sont définies par :

$$\boxed{F_4 : x \mapsto \ln(\ln x) + k,\, k \in \mathbb{R}}$$

• f_5 est continue sur $I =]-\pi/2, \pi/2[$, comme somme de 2 fonctions continues sur cet I et $\forall\, x \in I, f_5(x) = (1+\tan^2 x)\tan x$.
Si on pose $u(x) = \tan x$, $u'(x) = 1+\tan^2 x$, d'où $f_5 = u'u$ et ainsi les primitives de f_5 sur I, sont définies par :

$$\boxed{F_5 : x \mapsto \frac{1}{2}(\tan x)^2 + k,\, k \in \mathbb{R}}$$

Corrigé 10.02

1°) $u(x) = \ln x \implies u'(x) = \dfrac{1}{x}$ et $v'(x) = x \Longleftarrow v(x) = \dfrac{x^2}{2}$
Les fonctions u et v sont de classe $\mathcal{C}^1$ sur $[1, \mathrm{e}]$, donc l'intégration par parties ainsi préparée est légitime et donne :

$$I_1 = \int_1^{\mathrm{e}} x \ln x \, dx = \left[\frac{x^2}{2} \ln x\right]_1^{\mathrm{e}} - \int_1^{\mathrm{e}} \frac{x^2}{2} \times \frac{1}{x} \, dx = \left[\frac{x^2}{2} \ln x - \frac{x^2}{4}\right]_1^{\mathrm{e}}$$

$$\boxed{I_1 = \frac{\mathrm{e}^2}{4} + \frac{1}{4}}$$

2°) $u(x) = \ln x \implies u'(x) = \dfrac{1}{x}$ et $v'(x) = 1 \Longleftarrow v(x) = x$.
Les fonctions u et v sont de classe $\mathcal{C}^1$ sur $[1, \mathrm{e}^2]$ et :

$$I_2 = \int_1^{\mathrm{e}^2} 1 \times \ln x \, dx = \big[x \ln x\big]_1^{\mathrm{e}^2} - \int_1^{\mathrm{e}^2} x \times \frac{1}{x} \, dx = \mathrm{e}^2 \ln(\mathrm{e}^2) - (\mathrm{e}^2 - 1). \text{ Soit :}$$

$$\boxed{I_2 = 2\mathrm{e}^2 - (\mathrm{e}^2 - 1) = \mathrm{e}^2 + 1}$$

3°) $u(x) = x - 1 \implies u'(x) = 1$ et $v'(x) = \cos x \Longleftarrow v(x) = \sin x$.
L'intégration par parties ainsi préparée est légitime, et :

$$I_3 = \int_0^{\pi} (x-1) \cos x \, dx = \big[(x-1)\sin x\big]_0^{\pi} - \int_0^{\pi} \sin x \, dx = 0 + \big[\cos x\big]_0^{\pi}.$$

$$\boxed{I_3 = -2}$$

4°) $u(t) = t - 2 \implies u'(t) = 1$ et $v'(t) = \mathrm{e}^{2t} \Longleftarrow v(t) = \dfrac{1}{2}\mathrm{e}^{2t}$.
Comme u et v sont de classe $\mathcal{C}^1$ sur $[1, 2]$, on peut effectuer l'intégration par parties mise en place, et :

$$I_4 = \int_1^2 (t-2)\mathrm{e}^{2t} \, dt = \left[\frac{1}{2}(t-2)\mathrm{e}^{2t}\right]_1^2 - \frac{1}{2}\int_1^2 \mathrm{e}^{2t} dt = \left[\frac{1}{2}(t-2)\mathrm{e}^{2t} - \frac{1}{4}\mathrm{e}^{2t}\right]_1^2,$$

donc :

$$\boxed{I_4 = -\frac{1}{4}\mathrm{e}^4 + \frac{3}{4}\mathrm{e}^2}$$

5°) $I_5 = \displaystyle\int_1^{\mathrm{e}} 1 \times (\ln t)^2 dt$. On intègre alors $t \mapsto 1$ en $t \mapsto t$ et on dérive $t \mapsto (\ln t)^2$ en $t \mapsto 2(\ln t)\dfrac{1}{t}$. L'intégration par parties ainsi préparée est légitime et donne :

$$I_5 = \left[t(\ln t)^2\right]_1^{\mathrm{e}} - 2\int_1^{\mathrm{e}} \ln t\,dt = \mathrm{e} - 2\int_1^{\mathrm{e}} \ln t\,dt$$

L'intégrale résiduelle ressemble fort à I_2 (avec d'autres bornes), on peut donc refaire une intégration par parties comme pour I_2. Nous vous conseillons plutôt de savoir une fois pour toutes que $t \mapsto t\ln t - t$ est une primitive de $t \mapsto \ln t$, et donc :

$$\boxed{I_5 = \mathrm{e} - 2\left[t\ln t - t\right]_1^{\mathrm{e}} = \mathrm{e} - 2}$$

Corrigé 10.03

• Soit $I = \displaystyle\int_0^x \mathrm{e}^t \cos 2t\ dt.$

Pour $t \in \mathbb{R}$, posons $u(t) = \cos(2t)$ donc $u'(t) = -2\sin(2t)$, $v'(t) = \mathrm{e}^t$ et prenons $v(t) = \mathrm{e}^t$. Comme u et v sont de classe $\mathcal{C}^1$ sur $\mathbb{R}$, on peut effectuer l'intégration par parties mise en place et on obtient :

$$I = \left[\mathrm{e}^t \cos(2t)\right]_0^x + 2\int_0^x \mathrm{e}^t \sin(2t)\,dt = \mathrm{e}^x\cos(2x) - 1 + 2J$$

• On raisonne de même, à partir de J, en posant : $u(t) = \sin(2t)$ donc $u'(t) = 2\cos(2t)$ et $v'(t) = \mathrm{e}^t$ en prenant $v(t) = \mathrm{e}^t$. Comme u et v sont de classe $\mathcal{C}^1$ sur $\mathbb{R}$, on peut effectuer l'intégration par parties correspondante, et :

$$J = \left[\mathrm{e}^t \sin(2t)\right]_0^x - 2\int_0^x \mathrm{e}^t \cos(2t)\,dt = \mathrm{e}^x\sin(2x) - 2I$$

Ainsi $J = \mathrm{e}^x\sin(2x) - 2(\mathrm{e}^x\cos(2x) - 1 + 2J) = \mathrm{e}^x\sin(2x) - 2\mathrm{e}^x\cos(2x) + 2 - 4J$, soit en résolvant :

$$J = \frac{1}{5}(\mathrm{e}^x\sin(2x) - 2\mathrm{e}^x\cos(2x) + 2)$$

et donc :

$$\boxed{I = \mathrm{e}^x\cos(2x) - 1 + 2J = \frac{1}{5}(\mathrm{e}^x\cos(2x) + 2\mathrm{e}^x\sin(2x) - 1)}$$

Corrigé 10.04

Calcul de $I = \displaystyle\int_0^{\pi/2} \mathrm{e}^{-3x}\cos(2x)\,dx.$

Le salut vient sûrement d'intégrations par parties :

$u(x) = \cos(2x) \Longrightarrow u'(x) = -2\sin(2x), v'(x) = \mathrm{e}^{-3x} \Longleftarrow v(x) = -\frac{1}{3}\mathrm{e}^{-3x}.$

Les fonctions u et v étant de classe $\mathcal{C}^1$ sur $[0, \pi/2]$, il vient :

$$\begin{aligned} I &= \left[-\frac{1}{3}\mathrm{e}^{-3x}\cos(2x)\right]_0^{\pi/2} - \frac{2}{3}\int_0^{\pi/2} \mathrm{e}^{-3x}\sin(2x)dx \\ &= \frac{1}{3}\mathrm{e}^{-3\pi/2} + \frac{1}{3} - \frac{2}{3}\int_0^{\pi/2} \mathrm{e}^{-3x}\sin(2x)\,dx. \end{aligned}$$

On recommence (dans le même sens ! sinon on se retrouve au point de départ !)

$u(x) = \sin(2x) \Longrightarrow u'(x) = 2\cos(2x), v'(x) = \mathrm{e}^{-3x} \Longleftarrow v(x) = -\frac{1}{3}\mathrm{e}^{-3x}.$

L'intégration par parties est légitime et :

$$J = \int_0^{\pi/2} \mathrm{e}^{-3x} \sin(2x)\,dx = \Big[-\tfrac{1}{3}\mathrm{e}^{-3x}\sin(2x)\Big]_0^{\pi/2} + \frac{2}{3}\int_0^{\pi/2} \mathrm{e}^{-3x}\cos(2x)\,dx,$$

et comme ici le crochet est nul, il reste : $J = \frac{2}{3}I$.

Par conséquent : $I = \frac{1}{3}\mathrm{e}^{-3\pi/2} + \frac{1}{3} - \frac{4}{9}I$, d'où :

$$\boxed{I = \frac{3}{13}(\mathrm{e}^{-3\pi/2} + 1)}$$

Corrigé 10.05

• Calcul de : $I_1 = \displaystyle\int_1^2 \sin(\ln t)\,dt$.

Effectuons une intégration par parties en posant $u(t) = \sin(\ln t)$ et $v'(t) = 1$, on a alors $u'(t) = \cos(\ln t)\times\frac{1}{t}$ et on choisit $v(t) = t$. Les fonctions u et v étant de classe $\mathcal{C}^1$ sur $[1,2]$, il vient :

$$I_1 = \big[t\times\sin(\ln t)\big]_1^2 - \int_1^2 t\times\frac{1}{t}\cos(\ln t)\,dt = 2\sin(\ln 2) - \int_1^2 \cos(\ln t)\,dt$$

On est un peu déçu du résultat ! On recommence donc ! !

Soit $I_1' = \displaystyle\int_1^2 \cos(\ln t)\,dt$ et faisons la même manipulation en intégrant toujours $v'(t) = 1$ en $v(t) = t$ et en dérivant $t \mapsto \cos(\ln t)$ en $t \mapsto -\frac{1}{t}\sin(\ln t)$. La classe est encore là et on obtient :

$$I_1' = \big[t\times\cos(\ln t)\big]_1^2 - \int_1^2 t\times\frac{1}{t}(-\sin(\ln t))\,dt = 2\cos(\ln 2) - 1 + I_1$$

L'horizon s'éclaircit, car en remplaçant I_1' par sa valeur, il vient :

$$I_1 = 2\sin(\ln 2) - 2\cos(\ln 2) + 1 - I_1$$

Soit :

$$\boxed{I_1 = \sin(\ln 2) - \cos(\ln 2) + \frac{1}{2}}$$

• Calcul de $I_2 = \displaystyle\int_0^{\pi/4} \tan^3 t\,dt$

On écrit :

$$I_2 = \int_0^{\pi/4}\big[\tan t(1+\tan^2 t) - \tan t\big]\,dt = \int_0^{\pi/4}\Big[\tan t(1+\tan^2 t) + \frac{-\sin t}{\cos t}\Big]dt$$

On reconnaît alors les formes $u'u$ et $\dfrac{u'}{u}$, donc l'intégration s'achève « à vue » :

$$\boxed{I_2 = \Big[\tfrac{1}{2}(\tan t)^2 + \ln|\cos t|\Big]_0^{\pi/4} = \frac{1}{2} + \ln\Big(\frac{1}{\sqrt{2}}\Big) = \frac{1}{2}(1-\ln 2)}$$

Corrigé 10.06

a) On écrit : $u_n = \dfrac{1}{n^2}\displaystyle\sum_{k=1}^{n}\frac{k}{\sqrt[n]{\mathrm{e}^k}} = \frac{1}{n}\sum_{k=1}^{n}\frac{k}{n}\mathrm{e}^{-\frac{k}{n}}$

Considérons la fonction $f : x \mapsto x\mathrm{e}^{-x}$, elle est continue sur $[0,1]$ et si on pose $x_k = \frac{k}{n}$, on peut remarquer que $u_n = \frac{1-0}{n}\sum\limits_{k=1}^{n} f(x_k)$.

On est donc en présence d'une somme de Riemann attachée à fonction f sur $[0,1]$, d'où la convergence de la suite u vers $\displaystyle\int_0^1 f(x)\,dx$, que l'on calcule à l'aide d'une intégration par parties :

posons $u(x) = x$ et $v'(x) = \mathrm{e}^{-x}$ alors $u'(x) = 1$ et on choisit $v(x) = -\mathrm{e}^{-x}$, les fonctions u et v étant de classe $\mathcal{C}^1$ sur $[0,1]$ on en déduit :

$$\int_0^1 f(x)\,dx = \int_0^1 x\mathrm{e}^{x}\,dx = \left[-x\mathrm{e}^{-x}\right]_0^1 + \int_0^1 \mathrm{e}^{-x}\,dx = \left[-x\,\mathrm{e}^{-x} - \mathrm{e}^{-x}\right]_0^1 = 1 - \frac{2}{\mathrm{e}}$$

et donc :

$$\boxed{\lim_{n\to\infty} u_n = 1 - 2\mathrm{e}^{-1}}$$

b) On écrit : $u_n = \frac{1}{n}\sum\limits_{k=1}^{n}\frac{1}{(n+k)^2} = \frac{1}{n^2}\times\frac{1}{n}\sum\limits_{k=1}^{n}\frac{1}{(1+\frac{k}{n})^2}$

la fonction $f : x \mapsto \frac{1}{1+x^2}$ est continue sur $[0,1]$ et $v_n = n^2\times u_n$ est une somme de Riemann attachée à f sur $[0,1]$, on en déduit la convergence de la suite (v_n), de plus comme $\lim\limits_{n\to\infty}\frac{1}{n^2} = 0$, on peut conclure à la convergence de la suite u et

$$\boxed{\lim_{n\to\infty} u_n = 0}$$

c) On a : $u_n = \frac{\pi/2 - 0}{n}\sum\limits_{k=1}^{n}\cos\frac{k\pi}{2n}$. Considérons alors $f : x \mapsto \cos x$, cette fonction est continue sur $[0,\pi/2]$, et u_n est une somme de Riemann attachée à f sur ce segment, d'où la convergence de cette suite et :

$$\lim_{n\to\infty} u_n = \int_0^{\pi/2} f(x)\,dx = \int_0^{\pi/2}\cos x\,dx = \left[\sin x\right]_0^{\pi/2} = 1.$$

Ainsi

$$\boxed{\lim_{n\to\infty} u_n = 1}$$

d) On a : $u_n = \frac{1}{n}\sqrt[n]{(n+1)(n+2)\dots(2n)} = \sqrt[n]{(\frac{n+1}{n})(\frac{n+2}{n})\cdots(\frac{2n}{n})} > 0.$

afin de se ramener à une somme de Riemann étudions la suite v définie par $v_n = \ln u_n$, on a alors :

$$v_n = \ln\left[\left(\frac{n+1}{n}\times\frac{n+2}{n}\times\cdots\times\frac{2n}{n}\right)^{\frac{1}{n}}\right] = \frac{1}{n}\sum_{k=1}^{n}\ln\left(1+\frac{k}{n}\right)$$

La fonction $f : x \mapsto \ln(1+x)$ étant continue sur $[0,1]$, v_n est une somme de Riemann attachée à f sur $[0,1]$, d'où la convergence de la suite (v_n) et :

$$\lim_{n\to\infty} v_n = \int_0^1 f(x)dx = \int_0^1 \ln(1+x)\,dx = \int_1^2 \ln u\,du.$$

Soit : $\lim\limits_{n\to\infty} v_n = \left[u\ln u - u\right]_1^2 = 2\ln 2 - 2 - (-1) = 2\ln 2 - 1 = \ln\left(\frac{4}{\mathrm{e}}\right)$

et en revenant à la suite u :

$$\boxed{\lim_{n\to\infty} u_n = \frac{4}{e}}$$

Corrigé 10.07

1°) La fonction $\varphi : x \mapsto \tan\frac{x}{2}$ est de classe $\mathcal{C}^1$ sur $[\pi/3, 2\pi/3]$ telle que $\varphi(\frac{\pi}{3}) = \tan(\frac{\pi}{6}) = \frac{\sqrt{3}}{3}$, $\varphi(\frac{2\pi}{3}) = \tan(\frac{\pi}{3}) = \sqrt{3}$.

De plus $u = \tan(\frac{x}{2})$ donne, sur le domaine considéré, $x = 2\arctan u$, donc $dx = \dfrac{2}{1+u^2}\,du$ et comme on nous dit que $\sin x = \dfrac{2u}{1+u^2}$, il vient :

$$I_1 = \int_{1/\sqrt{3}}^{\sqrt{3}} \frac{1}{\frac{2u}{1+u^2}} \times \frac{2\,du}{1+u^2} = \int_{1/\sqrt{3}}^{\sqrt{3}} \frac{du}{u} = \big[\ln u\big]_{1/\sqrt{3}}^{\sqrt{3}} = \ln(\sqrt{3}) - \ln(1/\sqrt{3})$$

$$\boxed{I_1 = \ln 3}$$

[Démontrons la formule admise :

$$\frac{2u}{1+u^2} = \frac{2\frac{\sin(x/2)}{\cos(x/2)}}{1+\frac{\sin^2(x/2)}{\cos^2(x/2)}} = \frac{2\sin(x/2)\cos(x/2)}{\cos^2(x/2)+\sin^2(x/2)} = 2\sin(\tfrac{x}{2})\cos(\tfrac{x}{2}) = \sin x$$

Ce qui donne l'idée de s'en passer, en écrivant :

$$\frac{1}{\sin x} = \frac{1}{2\sin(x/2)\cos(x/2)} = \frac{1}{\tan(x/2)} \times \frac{1}{2\cos^2(x/2)} = \frac{u'(x)}{u(x)},\ \textit{avec } u(x) = \tan(x/2)$$

et on intègre alors « à vue », ce qui donne bien sûr le même résultat.]

2°) $I_2 = \displaystyle\int_0^{\pi/2} \frac{\sin x - \cos x}{\sqrt{\sin^4 x + \cos^4 x}}\,dx.$

Le changement de variable $t = \frac{\pi}{2} - x$ donne :

$$I_2 = \int_{\pi/2}^{0} \frac{\sin(\pi/2-t) - \cos(\pi/2-t)}{\sqrt{\sin^4(\pi/2-t) + \cos^4(\pi/2-t)}}\,(-dt) = \int_0^{\pi/2} \frac{\cos t - \sin t}{\sqrt{\cos^4 t + \sin^4 t}}\,dt$$

$$= -\int_0^{\pi/2} \frac{\sin t - \cos t}{\sqrt{\cos^4 t + \sin^4 t}}\,dt = -I_2$$

Donc :

$$\boxed{I_2 = 0}$$

Corrigé 10.08

1°) On a : $I_1 = \dfrac{1}{2^2}\displaystyle\int_0^1 (1-t)\mathrm{e}^{t/2}\,dt$. On effectue une intégration par parties :

$$u(t) = 1-t \implies u'(t) = -1,\ v'(t) = \mathrm{e}^{t/2} \impliedby v(t) = 2\mathrm{e}^{t/2}$$

Comme u et v sont de classe $\mathcal{C}^1$ sur $[0,1]$, on peut effectruer cette intégration par parties, et :

$$4I_1 = \big[(1-t)\times 2\mathrm{e}^{t/2}\big]_0^1 + 2\int_0^1 \mathrm{e}^{t/2}\,dt = -2 + 4\big[\mathrm{e}^{t/2}\big]_0^1 = -2 + 4(\mathrm{e}^{1/2} - 1) \text{ donc}$$

$$I_1 = \mathrm{e}^{1/2} - \frac{3}{2}$$

2°) Pour $n \in \mathbb{N}^*$: $I_{n+1} = \dfrac{1}{2^{n+2}(n+1)!}\displaystyle\int_0^1 (1-t)^{n+1}\mathrm{e}^{t/2}\,dt.$

On effectue bien sûr la même manoeuvre :

$u(t) = (1-t)^{n+1} \implies u'(t) = -(n+1)(1-t)^n$, $v'(t) = \mathrm{e}^{t/2} \impliedby v(t) = 2\mathrm{e}^{t/2}$

Ce qui donne :

$$\begin{aligned} I_{n+1} &= \frac{1}{2^{n+1}(n+1)!}\left[(1-t)^{n+1}\mathrm{e}^{t/2}\right]_0^1 + \frac{n+1}{2^{n+1}(n+1)!}\int_0^1 (1-t)^{n+1}\mathrm{e}^{t/2}\,dt \\ &= -\frac{1}{2^{n+1}(n+1)!} + \frac{1}{2^{n+1}n!}\int_0^1 (1-t)^{n+1}\mathrm{e}^{t/2}\,dt \end{aligned}$$

Soit :

$$\boxed{\forall n \in \mathbb{N}^*, I_{n+1} = I_n - \frac{1}{2^{n+1}(n+1)!}}$$

3°) On raisonne par récurrence sur $n \in \mathbb{N}^*$.

$\star$ Comme $u_1 + I_1 = \sum\limits_{k=0}^{1} \frac{1}{2^k k!} + I_1 = 1 + \frac{1}{2} + \mathrm{e}^{1/2} - \frac{3}{2} = \sqrt{\mathrm{e}}$, la propriété est vraie au rang $n = 1$.

$\star$ Soit $n \in \mathbb{N}^*$ supposons que $\sqrt{\mathrm{e}} = u_n + I_n$, alors :

$u_{n+1} + I_{n+1} = \sum\limits_{k=0}^{n+1} \frac{1}{2^k k!} + I_{n+1} = u_n + \frac{1}{2^{n+1}(n+1)!} + I_n - \frac{1}{2^{n+1}(n+1)!})$

donc $u_{n+1} + I_{n+1} = u_n + I_n = \sqrt{\mathrm{e}}$

Ainsi par le principe de récurrence, on a :

$$\forall n \in \mathbb{N}^*, \sqrt{\mathrm{e}} = u_n + I_n$$

4°) Pour $t \in [0,1]$, on a $0 \leqslant (1-t)^n \mathrm{e}^{t/2} \leqslant \mathrm{e}^{1/2} \leqslant 2$, donc

$$0 \leqslant I_n \leqslant \frac{\mathrm{e}^{1/2}}{2^{n+1}n!} \leqslant \frac{1}{2^n n!}$$

et par encadrement :

$$\boxed{\lim_{n\to\infty} I_n = 0 \text{ et } \lim_{n\to\infty} u_n = \lim_{n\to\infty} (\sqrt{\mathrm{e}} - I_n) = \sqrt{\mathrm{e}}}$$

Corrigé 10.09

1°) a) La dérivée de la fonction tangente sur $]-\pi/2, \pi/2[$ étant $x \mapsto 1 + \tan^2 x$, la fonction $x \mapsto (1 + \tan^2 x)(\tan^m x)$ a pour primitive la fonction $x \mapsto \dfrac{\tan^{m+1} x}{m+1}$, et donc :

$\displaystyle\int_0^{\pi/4} (1 + \tan^2 x)(\tan^m x)dx = \frac{1}{m+1}\left[\tan^{m+1} x\right]_0^{\pi/4} = \frac{1}{m+1}$. Ainsi :

$$\int_0^{\pi/4} (1 + \tan^2 x)(\tan^m x)dx = \frac{1}{m+1}$$

b) $u_0 = \displaystyle\int_0^{\pi/4} \tan^2 x\ dx = \int_0^{\pi/4} [(1 + \tan^2 x) - 1]\,dx = \left[\tan x - x\right]_0^{\pi/4}$,

donc :

$$\boxed{u_0 = 1 - \frac{\pi}{4}}$$

2°) Pour tout n de $\mathbb{N}$:

$$u_{n+1} - u_n = \int_0^{\pi/4} \tan^{2n+4} x\,dx - \int_0^{\pi/4} \tan^{2n+2} x\,dx$$

$u_{n+1} - u_n = \int_0^{\pi/4} \tan^{2n+2} x(\tan^2 x - 1)\, dx$

donc comme $\forall x \in [0, \pi/4]$, $\tan x \in [0,1]$, on a : $\tan^2 x - 1 \leqslant 0$ donc $0 \leqslant x \leqslant \pi/4 \implies \tan^{2n+2} x(\tan^2 x - 1) \leqslant 0$, et par conservation des inégalités par intégration (les bornes sont dans l'ordre croissant)

$$u_{n+1} - u_n = \int_0^{\pi/4} \tan^{2n+2} x(\tan^2 x - 1)\, dx \leqslant 0$$

$$\boxed{\text{la suite } (u_n) \text{ est donc décroissante}}$$

3°) $\forall n \in \mathbb{N}$:

$$\begin{aligned} u_{n+1} + u_n &= \int_0^{\pi/4} \tan^{2n+4} x\, dx + \int_0^{\pi/4} \tan^{2n+2} x\, dx \\ &= \int_0^{\pi/4} \tan^{2n+2} x(\tan^2 x + 1)\, dx = \left[\frac{\tan^{2n+3} x}{2n+3}\right]_0^{\pi/4} \end{aligned}$$

(car on a reconnu la forme $u^{n+2}u'$)

$$\boxed{u_{n+1} + u_n = \frac{1}{2n+3}}$$

Ainsi comme la suite (u_n) est décroissante, $\forall n \in \mathbb{N}$, $u_{n+1} + u_n \leqslant 2u_n$ et donc : $\frac{1}{2n+3} \leqslant 2u_n$:

$$\boxed{\forall n \in \mathbb{N}, \frac{1}{2(2n+3)} \leqslant u_n}$$

4°) a) D'après la question **3°)** , $\forall n \in \mathbb{N}^*, u_{n-1} + u_n = \frac{1}{2(n-1)+3} = \frac{1}{2n+1}$, la suite (u_n) étant décroissante, $u_n \leqslant u_{n-1}$ donc $2u_n \leqslant u_{n-1} + u_n$ et

$$\boxed{\forall n \in \mathbb{N}^*, u_n \leqslant \frac{1}{2(2n+1)}}$$

b) On déduit des questions précédentes :

$$\forall n \in \mathbb{N}^*, \frac{1}{2(2n+3)} \leqslant u_n \leqslant \frac{1}{2(2n+1)}$$

donc :

$$\forall n \in \mathbb{N}^*, \frac{2n}{2n+3} \leqslant 4nu_n \leqslant \frac{2n}{2n+1}$$

par encadrement :

$$\boxed{\lim_{n\to\infty} 4nu_n = 1 \text{ et donc } \lim_{n\to\infty} u_n = 0}$$

5°) a) Pour tout n de $\mathbb{N}$ et tout u réel : $(1-u)(1+u+u^2+u^n) = 1 - u^{n+1}$
Il n'y a plus qu'à remplacer u par $-\tan^2 t$

$$(1+\tan^2 t) \sum_{k=0}^{n} (-\tan^2 t)^k = 1 - (-\tan^2 t)^{n+1} = 1 + (-1)^n \tan^{2n+2} t$$

b) En intégrant les deux membres de l'égalité précédente entre 0 et $\frac{\pi}{4}$, il vient :

$$\int_0^{\pi/4} (1+\tan^2 t)\left(\sum_{k=0}^{n} (-\tan t)^{2k}\right) dt = \int_0^{\pi/4} [1 + (-1)^n \tan^{2n+2} t]\, dt$$

c'est à dire :

$$\sum_{k=0}^{n}(-1)^k\int_0^{\pi/4}(1+\tan^2 t)(\tan^2 t)^k\,dt=\int_0^{\pi/4}dt+(-1)^n\int_0^{\pi/4}(\tan^{2n+2}t)\,dt$$

soit : $\sum_{k=0}^{n}(-1)^k\Big[\dfrac{\tan^{2k+1}x}{2k+1}\Big]_0^{\pi/4}=\dfrac{\pi}{4}+(-1)^n u_n$ et donc :

$$S_n=\sum_{k=0}^{n}(-1)^k\frac{1}{2k+1}=\frac{\pi}{4}+(-1)^n u_n$$

c) Comme $\lim\limits_{n\to\infty} u_n=0$, la quantité $(-1)^n$ étant bornée, $\lim\limits_{n\to\infty}(-1)^n u_n=0$ donc :

$$\boxed{\lim_{n\to\infty} S_n=\frac{\pi}{4}}$$

Corrigé 10.10

1°) On a : $K_0=\displaystyle\int_0^1(1-x)^{1/2}dx=\Big[-\frac{2}{3}(1-x)^{3/2}\Big]_0^1=\frac{2}{3}$

2°) Ecrivons :

$u(x)=x^{n+1}\Rightarrow u'(x)=(n+1)x^n$, $v'(x)=(1-x)^{1/2}\Leftarrow v(x)=-\dfrac{2}{3}(1-x)^{3/2}$

Les fonctions u et v sont de classe $\mathcal{C}^1$ sur $[0,1]$, donc on peut procéder à l'intégration par parties ainsi mise en place :

$$\begin{aligned}K_{n+1}&=\Big[-x^{n+1}\times\frac{2}{3}(1-x)^{3/2}\Big]_0^1+\frac{2(n+1)}{3}\int_0^1 x^n(1-x)^{3/2}\,dx\\&=\frac{2(n+1)}{3}\int_0^1(1-x)x^n(1-x)^{1/2}\,dx\\&=\frac{2(n+1)}{3}\int_0^1 x^n(1-x)^{1/2}\,dx-\frac{2(n+1)}{3}\int_0^1 x^{n+1}(1-x)^{1/2}\,dx\\&=\frac{2(n+1)}{3}(K_n-K_{n+1})\end{aligned}$$

Soit finalement :

$$\boxed{K_{n+1}=\frac{2(n+1)}{2n+5}K_n}$$

3°) On raisonne bien entendu par récurrence :

$\star$ Pour $n=0$, on a $\dfrac{2^{2n+2}\times(n!)\times(n+1)!}{(2n+3)!}=\dfrac{4}{3!}=\dfrac{2}{3}=K_0$: la relation est donc vérifiée au rang 0.

$\star$ Soit $n\in\mathbb{N}$, supposons que $K_n=\dfrac{2^{2n+2}\times(n!)\times(n+1)!}{(2n+3)!}$, alors

$$\begin{aligned}K_{n+1}&=\frac{2n+2}{2n+5}K_n=\frac{2n+2}{2n+5}\times\frac{2^{2n+2}\times(n!)\times(n+1)!}{(2n+3)!}\\&=\frac{2(n+1)2^{2n+2}\times(n!)\times(n+1)!}{(2n+5)(2n+3)!}\end{aligned}$$

et en multipliant numérateur et dénominateur par $(2n+4)=2(n+2)$, on a :

$$K_{n+1}=\frac{2(n+1)2^{2n+2}\times(n!)\times(n+1)!}{(2n+5)\,(2n+3)!}\times\frac{2(n+2)}{(2n+4)}=\frac{2^{2n+4}\times(n+1)!\times(n+2)!}{(2n+5)!}$$

d'où le résultat au rang $n+1$.

Ainsi par le principe de récurrence, on en déduit que :

$$\boxed{\forall n \in \mathbb{N}, K_n = \frac{2^{2n+2}\times(n!)\times(n+1)!}{(2n+3)!}}$$

Corrigé 10.11

1°) a) En réduisant au même dénominateur et en identifiant, on trouve :

$$\forall t \in [0, \pi/2], \frac{u^2}{1-u^4} = \frac{1/4}{1-u} + \frac{1/4}{1+u} + \frac{-1/2}{1+u^2}$$

b) La fonction $\varphi : [0, 1/\sqrt{2}] \rightarrow [0, 1/2], u \mapsto u^2$, est de classe $\mathcal{C}^1$, on a $dt = 2u\,du$, ainsi :

$$I = \int_0^{1/2} \frac{\sqrt{t}}{1-t^2}\,dt = \int_0^{1/\sqrt{2}} \frac{u}{1-u^4} 2u\,du = 2\int_0^{1/\sqrt{2}} \frac{u^2}{1-u^4}\,du$$

Soit en utilisant le résultat de la question précédente :

$$\begin{aligned} I &= \int_0^{1/\sqrt{2}} \Big(\frac{1/2}{1-u} + \frac{1/2}{1+u} - \frac{1}{1+u^2}\Big)du \\ &= \Big[-\frac{1}{2}\ln(|1-u|) + \frac{1}{2}\ln(|1+u|) - \arctan u\Big]_0^{1/\sqrt{2}}, \end{aligned}$$

donc :

$$I = \frac{1}{2}\ln\frac{\sqrt{2}+1}{\sqrt{2}-1} - \arctan\frac{1}{\sqrt{2}},$$

soit encore :

$$\boxed{I = \ln(1+\sqrt{2}) - \arctan\frac{\sqrt{2}}{2}}$$

2°) a) La fonction $\varphi : x \mapsto t = \tan x$ est de classe $\mathcal{C}^1$ sur $[0, \pi/4]$, d'image $[0, 1]$.
De plus on a alors $x = \arctan t$, donc $dx = \dfrac{1}{1+t^2}\,dt$,
et comme $\cos^2 x = \dfrac{1}{1+\tan^2 x} = \dfrac{1}{1+t^2}$, on a :

$$\int_0^{\pi/4} \frac{1}{5+2\cos^2 x}dx = \int_0^1 \frac{\frac{1}{1+t^2}}{5+2\frac{1}{1+t^2}}\,dt = \int_0^1 \frac{1}{7+5t^2}\,dt$$

b) Afin de retrouver une forme connue,on transforme le dénominateur :

$$\int_0^1 \frac{1}{7+5t^2}dt = \frac{1}{7}\int_0^1 \frac{1}{1+\frac{5}{7}t^2}dt = \frac{1}{7}\int_0^1 \frac{1}{1+(t\sqrt{\frac{5}{7}})^2}\,dt$$

Le changement de variable $y = t\sqrt{\frac{5}{7}}$ donne alors :

$$I = \frac{1}{7}\int_0^{\sqrt{\frac{5}{7}}} \frac{1}{1+y^2}\sqrt{\frac{7}{5}}\,dy = \frac{1}{\sqrt{35}}\big[\arctan y\big]_0^{\sqrt{\frac{5}{7}}}$$

Soit finalement :

$$\boxed{\int_0^{\pi/4} \frac{1}{5+2\cos^2 x}dx = \frac{1}{\sqrt{35}}\arctan\sqrt{\frac{5}{7}}}$$

Corrigé 10.12

1°) Soit g la fonction définie par $g(t) = \dfrac{1}{\ln(1+t^2)}$, la fonction g est continue sur $\mathbb{R}_+^*$ donc pour tout réel $x > 0$, g est continue sur $[x, 2x]$, ainsi f est bien définie sur $\mathbb{R}_+^*$.

2°) Soit G une primitive de g sur $\mathbb{R}_+^*$, alors $f(x) = G(2x) - G(x)$ et ainsi f est dérivable sur $\mathbb{R}_+^*$, comme différence de 2 fonctions dérivables sur $\mathbb{R}_+^*$ et :
$\forall\, x > 0, f'(x) = 2{\times}G'(2x) - G'(x) = 2g(2x) - g(x)$, soit :

$$f'(x) = \frac{2}{\ln(1+4x^2)} - \frac{1}{\ln(1+x^2)}$$

ou encore :

$$f'(x) = \frac{2\ln(1+x^2) - \ln(1+4x^2)}{\ln(1+4x^2)\ln(1+x^2)}$$

Ainsi :

$$f'(x) \geqslant 0 \iff 2\ln(1+x^2) \geqslant \ln(1+4x^2) \iff (1+x^2)^2 \geqslant 1+4x^2$$
$$\iff x^4 - 2x^2 \geqslant 0 \iff x^2(x^2-2) \geqslant 0 \text{ donc sur } \mathbb{R}_+^*, \text{ on a :}$$
$$f'(x) \geqslant 0 \iff x \geqslant \sqrt{2}$$

La fonction f est décroissante sur $]0, \sqrt{2}]$ et est croissante sur $[\sqrt{2}, +\infty[$.

3°) $\star$ Pour $u > -1$, posons $\varphi(u) = \ln(1+u) - u$, on a $\varphi'(u) = \dfrac{1}{1+u} - 1 = \dfrac{-u}{1+u}$, d'où : φ croit sur $]-1, 0[$ et décroit sur $[0, +\infty[$, comme $\varphi(0) = 0$, on en déduit que $\forall\, u > -1$, $\varphi(u) \leqslant 0$, soit :

$$\ln(1+u) \leqslant u$$

(on va finir par la connaître cette inégalité !)

$\star$ Soit $x > 0$, pour $t \in [x, 2x]$, $\ln(1+t^2) \leqslant t^2$, donc $\dfrac{1}{\ln(1+t^2)} \geqslant \dfrac{1}{t^2}$ et en intégrant sur $[x, 2x]$ (les bornes sont dans l'ordre croissant) il vient :

$$f(x) = \int_x^{2x} \frac{dt}{\ln(1+t^2)} \geqslant \int_x^{2x} \frac{dt}{t^2} = \left[-\frac{1}{t}\right]_x^{2x} = -\frac{1}{2x} + \frac{1}{x} = \frac{1}{2x}$$

Comme $\displaystyle\lim_{x\to 0^+} \frac{1}{2x} = +\infty$, par comparaison :

$$\lim_{x\to 0^+} f(x) = +\infty$$

4°) Toujours pour $x > 0$, on a :

$$x \leqslant t \leqslant 2x \implies 0 < \ln(1+x^2) \leqslant \ln(1+t^2) \leqslant \ln(1+4x^2)$$

donc :

$$\frac{1}{\ln(1+4x^2)} \leqslant \frac{1}{\ln(1+t^2)} \leqslant \frac{1}{\ln(1+x^2)}$$

et par conservation des inégalités en intégrant sur $[x, 2x]$ (toujours parce que les bornes sont dans l'ordre croissant), on a :

$$\int_x^{2x} \frac{1}{\ln(1+4x^2)}dt \leqslant \int_x^{2x} \frac{dt}{\ln(1+t^2)} \leqslant \int_x^{2x} \frac{1}{\ln(1+x^2)}dt, \text{ c'est-à-dire :}$$

$$\frac{1}{\ln(1+4x^2)}\int_x^{2x} dt \leqslant \int_x^{2x} \frac{dt}{\ln(1+t^2)} \leqslant \frac{1}{\ln(1+x^2)}\int_x^{2x} dt$$

Soit :

$$\frac{x}{\ln(1+4x^2)} \leqslant f(x) \leqslant \frac{x}{\ln(1+x^2)}$$

Or pour $x > 0$: $\ln(1+4x^2) = \ln x^2 + \ln(4 + \frac{1}{x^2}) = 2\ln x + \ln(4+\frac{1}{x^2})$, donc :

$\frac{\ln(1+4x^2)}{x} = 2\frac{\ln x}{x} + \frac{1}{x}\ln(4+\frac{1}{x^2}) \underset{x\to+\infty}{\longrightarrow} 0$ (et est positif).

Ainsi $\lim\limits_{x\to+\infty} \frac{x}{\ln(1+4x^2)} = +\infty$ et, par minoration :

$$\lim_{x\to+\infty} f(x) = +\infty$$

De plus on a :

$$\frac{1}{\ln(1+4x^2)} \leqslant \frac{f(x)}{x} \leqslant \frac{1}{\ln(1+x^2)}$$

Par encadrement, on en déduit $\lim\limits_{x\to+\infty} \frac{f(x)}{x} = 0$. Le graphe de f possède donc en $+\infty$, une branche parabolique de direction asymptotique (Ox).

5°) En résumé :

x	0		$\sqrt{2}$		$+\infty$
$f'(x)$		$-$	0	$+$	
f	$+\infty$	$\searrow$	$f(\sqrt{2})$	$\nearrow$	$+\infty$

Corrigé 10.13

Le changement de variable de classe $\mathcal{C}^1$: $u = \mathrm{e}^x$, c'est-à-dire $x = \ln u$ donne $dx = \frac{1}{u}\,du$ et : $I = \int_{\mathrm{e}^0}^{\mathrm{e}^1} \frac{1}{u+1} \times \frac{du}{u}$.

On « voit » alors que $\frac{1}{u(u+1)} = \frac{1}{u} - \frac{1}{u+1}$

(et si on voit pas on écrit $\frac{1}{u(u+1)} = \frac{a}{u} + \frac{b}{u+1}$, on réduit au même dénominateur et on identifie).

Ainsi : $I = \int_1^{\mathrm{e}} (\frac{1}{u} - \frac{1}{u+1})du = \left[\ln u - \ln(u+1)\right]_1^{\mathrm{e}} = 1 - \ln\frac{1+\mathrm{e}}{2}$.

$$\boxed{I = 1 + \ln\frac{2}{1+\mathrm{e}} = \ln\frac{2\mathrm{e}}{1+\mathrm{e}}}$$

Corrigé 10.14

1°) a) Soit $f : t \mapsto \frac{t^n}{1+t^2}$. On a : $\forall t \in [0,1], 0 \leqslant \frac{1}{1+t^2} \leqslant 1$, d'où : $\forall t \in [0,1], 0 \leqslant f(t) \leqslant t^n$.

En intégrant sur $[0, 1]$ (les bornes sont dans le sens croissant), on obtient :

$$0 \leqslant \int_0^1 f(t)\,dt \leqslant \int_0^1 t^n\,dt, \textit{ i.e. } 0 \leqslant \int_0^1 f(t)\,dt \leqslant \frac{1}{n+1}$$

b) Comme $\lim\limits_{n\to\infty} \frac{1}{n+1} = 0$, d'après le théorème d'encadrement on en déduit :

$$\boxed{\lim_{n\to\infty}\int_0^1 \frac{t^n}{1+t^2}\,dt = 0}$$

2°) Procédons de même par encadrement : $\forall t \in [0, \frac{\pi}{2}], 0 \leqslant \sin t \leqslant 1$, donc

$$0 \leqslant \int_0^{\frac{\pi}{2}} (\sin t)\,\mathrm{e}^{-nt}\,dt \leqslant \int_0^{\frac{\pi}{2}} \mathrm{e}^{-nt}\,dt$$

Donc, pour $n \geqslant 1$, on a : $0 \leqslant \displaystyle\int_0^{\frac{\pi}{2}} (\sin t)\,\mathrm{e}^{-nt}\,dt \leqslant \left[-\frac{\mathrm{e}^{-nt}}{n}\right]_0^{\frac{\pi}{2}} = \frac{1-\mathrm{e}^{-n\frac{\pi}{2}}}{n} \leqslant \frac{1}{n}$

Comme $\displaystyle\lim_{n\to\infty}\frac{1}{n} = 0$, par encadrement on en déduit :

$$\boxed{\lim_{n\to\infty}\int_0^{\frac{\pi}{2}} (\sin t)\,\mathrm{e}^{-nt}\,dt = 0}$$

Corrigé 10.15

1°) $\star$ $\forall n \geqslant 2, u_{n+1} - u_n = \displaystyle\int_0^1 (\sin x)^{\frac{1}{n+1}}\,dx - \int_0^1 (\sin x)^{\frac{1}{n}}\,dx$

Pour $x \in]0,1]$, on a $\sin x \in]0,1]$, donc : $\ln(\sin x) < 0$ puis, $\dfrac{1}{n+1} \leqslant \dfrac{1}{n}$ donne $\dfrac{1}{n+1}\ln\sin x \geqslant \dfrac{1}{n}\ln\sin x$, soit $\ln((\sin x)^{1/n}) \leqslant \ln((\sin x)^{1/(n+1)})$ et par croissance de la fonction exponentielle :

$$0 < x \leqslant 1 \implies (\sin x)^{1/n} \leqslant (\sin x)^{1/(n+1)}$$

L'égalité restant banalement vraie pour $x = 0$.

Par conservation des inégalités par intégration (les bornes sont dans l'ordre croissant), il vient :

$$\forall n \in \mathbb{N}^*, u_n \leqslant u_{n+1} \text{ : la suite } u \text{ est croissante}$$

$\star$ On a : $\forall n \geqslant 1$, $\forall x \in]0,1], \dfrac{1}{n}\ln(\sin x) = \ln((\sin x)^{1/n}) < 0$, d'où $(\sin x)^{1/n} < 1$, le résultat étant vrai pour $x = 0$.

Ainsi : $\forall n \geqslant 1, u_n \leqslant \displaystyle\int_0^1 dt = 1$. La suite (u_n) est majorée, étant croissante :

$$\text{la suite } u \text{ converge}$$

2°) $\star$ L'inégalité $x \geqslant 0 \implies \sin x \leqslant x$ fait partie du patrimoine (si vous avez encore un doute étudiez la fonction $x \mapsto x - \sin x$.

$\star$ Posons $f(x) = \dfrac{2}{\pi}x - \sin x$, $f'(x) = \dfrac{2}{\pi} - \cos x$ et $f''(x) = \sin x$. Comme : $\forall x \in]0, \pi/2], f''(x) > 0$, la fonction f' est strictement croissante sur $[0, \pi/2]$. De plus $f'(0) = \dfrac{2}{\pi} - 1 < 0$ et $f'(\frac{\pi}{2}) = \dfrac{2}{\pi} > 0$. Ainsi f' est une bijection de $[0, \pi/2]$ sur $[\pi/2 - 1, \pi/2]$, intervalle qui contient 0, il existe donc un unique $\alpha \in [0, \pi/2]$ tel que $f'(\alpha) = 0$.

Ainsi f' est négative sur $[0, \alpha]$ et positive sur $[\alpha, \pi/2]$. La fonction f est donc décroissante sur $[0, \alpha]$ et croissante sur $[\alpha, \pi/2]$.

Ayant $f(0) = f(\frac{\pi}{2}) = 0$, on en déduit que : $\forall x \in [0, \pi/2], f(x) \leqslant 0$. Ainsi :

$$\boxed{\forall\, x \in [0, \pi/2],\ \frac{2}{\pi}\, x \leqslant \sin x \leqslant x}$$

[On aurait pu se contenter de dire que la fonction sin *est concave sur* $[0, \pi/2]$, *donc la courbe représentative de cette fonction est située au-dessus de sa corde passant par les points* $(0, 0)$ *et* $(\pi/2, 1)$, *ce qui donne exactement la partie gauche de l'encadrement demandé.]*

3°) $\forall\, x \in [0, \pi/2],\ \frac{2}{\pi}\, x \leqslant \sin x \leqslant x$ donc :

$$\left(\frac{2}{\pi}\right)^{1/n} x^{1/n} \leqslant (\sin x)^{1/n} \leqslant x^{1/n}$$

Donc en intégrant sur $[0, 1]$:

$$\left(\frac{2}{\pi}\right)^{1/n} \int_0^1 x^{1/n}\, dx \leqslant \int_0^1 (\sin x)^{1/n}\, dx \leqslant \int_0^1 x^{1/n}\, dx$$

Or $\displaystyle\int_0^1 x^{1/n}\, dx = \left[\frac{1}{\frac{1}{n}+1} x^{\frac{1}{n}+1}\right]_0^1 = \frac{n}{n+1} \underset{n\to\infty}{\longrightarrow} 1$ et $\displaystyle\lim_{n\to\infty} \left(\frac{2}{\pi}\right)^{1/n} = \left(\frac{2}{\pi}\right)^0 = 1.$

Les deux termes extrêmes de l'encadrement précédent ont donc la même limite, et par le théorème d'encadrement :

$$\boxed{\lim_{n\to\infty} \int_0^1 (\sin x)^{1/n}\, dx = 1}$$

Corrigé 10.16

1°) Soit f la fonction définie par : $\forall\, t \geqslant 2,\ f(t) = \dfrac{1}{t \ln t}$.

La fonction f est continue sur $[2, +\infty[$ et clairement positive et décroissante sur cet intervalle (car $\frac{1}{f} : t \mapsto t \ln t$ est strictement positive et croissante).

En particulier, pour $p \in \mathbb{N}$ tel que $p \geqslant 2$, f est décroissante sur $[p, p+1]$, d'où :

$$\forall\, t \in [p, p+1],\ f(p+1) \leqslant f(t) \leqslant f(p)$$

et, en intégrant sur le segment $[p, p+1]$ (les bornes sont dans le sens croissant) :

$$f(p+1) = \int_p^{p+1} f(p+1)\, dt \leqslant \int_p^{p+1} f(t)\, dt \leqslant \int_p^{p+1} f(p)\, dt = f(p)$$

C'est-à-dire :

$$\boxed{\frac{1}{(p+1)\ln(p+1)} \leqslant \int_p^{p+1} f(t)\, dt \leqslant \frac{1}{p \ln p}}$$

2°) $\star$ Etudions la monotonie de la suite u.

$$\begin{aligned}\forall\, n \geqslant 2,\ u_{n+1} - u_n &= \sum_{k=2}^{n+1} \frac{1}{k \ln k} - \ln\big(\ln(n+1)\big) - \sum_{k=2}^{n} \frac{1}{k \ln k} + \ln(\ln n)\\ &= \frac{1}{(n+1)\ln(n+1)} - \ln\big(\ln(n+1)\big) + \ln(\ln n)\end{aligned}$$

Or $t \mapsto \ln(\ln t)$ est une primitive sur $[2, +\infty[$ de $t \mapsto \dfrac{1}{t \ln t}$. On a donc :

$$u_{n+1} - u_n = \frac{1}{(n+1)\ln(n+1)} - \int_n^{n+1} f(t)\, dt$$

D'après l'inégalité de gauche de la question précédente, on a donc $\boxed{u_{n+1} - u_n \leqslant 0}$ et la suite u est décroissante.

⋆ Montrons que cette suite est minorée.
Pour cela, utilisons l'inégalité de droite de la question précédente :

$$\forall\, p \geqslant 2, \int_p^{p+1} f(t)\,dt \leqslant \frac{1}{p\ln p}, \text{ donc } \sum_{p=2}^{n} \int_p^{p+1} f(t)\,dt \leqslant \sum_{p=2}^{n} \frac{1}{p\ln p}$$

Soit : $\ln\big(\ln(n+1)\big) - \ln(\ln 2) = \displaystyle\int_2^{n+1} f(t)\,dt \leqslant \sum_{p=2}^{n} \frac{1}{p\ln p}$
Et donc, par croissance de la fonction logarithme :

$$\boxed{u_n \geqslant \ln\big(\ln(n+1)\big) - \ln(\ln 2) - \ln(\ln n) \geqslant -\ln(\ln 2)}$$

En conclusion, la suite u étant décroissante et minorée est convergente.

Corrigé 10.17

1°) La fonction f étant continue sur $\mathbb{R}$ possède des primitives sur $\mathbb{R}$, si φ est l'une d'elles, on peut alors écrire : $\forall\, x \in \mathbb{R}^*, F(x) = \dfrac{1}{2x}[\varphi(x) - \varphi(-x)]$.
La fonction φ est dérivable sur $\mathbb{R}$ et $\forall\, x \in \mathbb{R}, \varphi'(x) = f(x)$ donc d'après le théorème des accroissements finis sur $[\min(x,-x), \max(x,-x)]$, on a :
$\exists\, c_x \in\,]\min(x,-x), \max(x,-x)[, \varphi(x) - \varphi(-x) = 2x\,\varphi'(c_x)$ donc :

$$\forall\, x \in \mathbb{R}^*, F(x) = f(c_x)$$

Quand x tend vers 0, c_x tend vers 0, donc par continuité de f en 0, on en déduit : $\lim\limits_{x\to 0} F(x) = f(0)$.
La fonction F est prolongeable par continuité en 0, soit G ce prolongement, il est défini par :

$$\text{si } x \neq 0, G(x) = F(x) = \frac{1}{2x}\int_{-x}^{x} f(t)\,dt \text{ et } G(0) = f(0)$$

2°) $\forall\, x \in \mathbb{R}^*, F(x) = \dfrac{1}{2x}[\varphi(x) - \varphi(-x)]$, la fonction φ étant dérivable sur $\mathbb{R}$, la fonction F est dérivable sur $\mathbb{R}^*$ et $\forall\, x \in \mathbb{R}^*$:

$$F'(x) = \frac{1}{2x}[\varphi'(x) - (-\varphi'(-x)] - \frac{1}{2x^2}[\varphi(x) - \varphi(-x)]$$

Donc :

$$F'(x) = \frac{1}{2x}[f(x) + f(-x)] - \frac{1}{x}F(x)$$

3°) Supposons de plus f dérivable en 0 et $f(0) = f'(0) = 0$. On peut écrire :

$$\forall\, x \in \mathbb{R}^*, F'(x) = G'(x) = \frac{1}{2}\times\Big(\frac{f(x)}{x} - \frac{f(-x)}{-x}\Big) - \frac{1}{x}\times f(c_x)$$

→ Par les hypothèses faites sur f : $\lim\limits_{x\to 0} \dfrac{f(x)}{x} = \lim\limits_{x\to 0} \dfrac{f(x) - f(0)}{x} = f'(0) = 0$,
et par voie de conséquence $\lim\limits_{x\to 0} \dfrac{f(-x)}{-x} = 0$.
→ $\Big|\dfrac{f(c_x)}{x}\Big| = \Big|\dfrac{f(c_x)}{c_x}\Big|\times\Big|\dfrac{c_x}{x}\Big| \leqslant \Big|\dfrac{f(c_x)}{c_x}\Big|$ (car $|c_x| \leqslant |x|$) et comme $\lim\limits_{x\to 0} \dfrac{f(c_x)}{c_x} = 0$,
on a, par majoration $\lim\limits_{x\to 0} \Big|\dfrac{f(c_x)}{x}\Big| = 0$, donc $\lim\limits_{x\to 0} \dfrac{f(c_x)}{x} = 0$.
Bref, $\lim\limits_{x\to 0} G'(x) = 0$. La fonction G est continue sur $\mathbb{R}$, de classe $\mathcal{C}^1$ sur $\mathbb{R}^*$ et G' a une limite en 0 : on sait alors que G est dérivable en 0, avec $G'(0) = \lim\limits_{x\to 0} G'(x) = 0$.

Corrigé 10.18

1°) $\forall x \in \mathbb{R}, f_n(x) = \displaystyle\int_0^1 (1-t^2)^n \cos(tx)\, dt$ donc :

$$|f_n(x)| \leqslant \int_0^1 (1-t^2)^n |\cos(tx)|\, dt \leqslant \int_0^1 1^n \times 1\, dt$$

$$\forall x \in \mathbb{R}, |f(x)| \leqslant 1$$

2°) a) La fonction $\theta : t \mapsto \cos t$ est dérivable sur $\mathbb{R}$, $\theta'(t) = -\sin t$ et $|\theta'(t)| \leqslant 1$, d'où en utilisant l'inégalité des accroissements finis :

$\forall (a,b) \in \mathbb{R}^2, |\theta(b) - \theta(a)| \leqslant |b-a|$, soit :

$$\forall (a,b) \in \mathbb{R}^2, |\cos b - \cos a| \leqslant |b-a|$$

b) $f_n(x) - f_n(x_0) = \displaystyle\int_0^1 (1-t^2)^n [\cos(tx) - \cos(tx_0)] dt$, donc (encore une fois parce que les bornes sont dans l'ordre croissant) :

$$|f_n(x) - f_n(x_0)| \leqslant \int_0^1 (1-t^2)^n |\cos(tx) - \cos(tx_0)| dt \leqslant \int_0^1 1 \times |tx - tx_0| dt$$

$$\leqslant |x - x_0| \int_0^1 t dt = \frac{1}{2}|x - x_0|$$

On a donc bien, *a fortiori* :

$$|f_n(x) - f_n(x_0)| \leqslant |x - x_0|$$

c) Comme on a $\lim\limits_{x \to x_0} |x - x_0| = 0$, par encadrement, il vient :

$$\lim_{x \to x_0} (f_n(x) - f_n(x_0)) = 0, \text{ soit } \lim_{x \to x_0} f_n(x) = f_n(x_0)$$

ce qui prouve la continuité de f_n en tout point $x_0 \in \mathbb{R}$.

La fonction f_n est continue sur $\mathbb{R}$

3°) a) Si $b = a$ la question est banale. Nous supposerons donc $b \neq a$.

$\star$ On a $g(b) = 0 \iff f(b) - f(a) - (b-a)f'(a) - A(b-a)^2 = 0$ et comme $(b-a)^2 \neq 0$, on en déduit $A = \dfrac{1}{(b-a)^2}\big[f(b) - f(a) - (b-a)f'(a)\big]$.

$\star$ La fonction g est continue et dérivable sur I car f est continue et dérivable sur I, de plus comme $g(a) = g(b)$, on peut appliquer le théorème de Rolle, il existe donc $c \in I$ tel que $g'(c) = 0$.

Or, $\forall x \in I, g'(x) = f'(x) - f'(a) - 2A(x-a)$, donc $g'(a) = 0$.

Ainsi comme g' est continue et dérivable sur I, car f est deux fois dérivable sur I, et $g'(c) = g'(a) = 0$, en appliquant le théorème de Rolle à g', on en déduit l'existence de $d \in I$ tel que $g''(d) = 0$.

Or $g''(x) = f''(x) - 2A$, et donc $A = \frac{1}{2}f''(d)$.

$\star$ On a donc : $f(b) - f(a) - (b-a)f'(a) - \frac{1}{2}f''(d)(b-a)^2 = 0$

Soit :

$$|f(b) - f(a) - (b-a)f'(a)| = \frac{(b-a)^2}{2}|f''(d)| \leqslant \frac{(b-a)^2}{2} \sup_I |f''|$$

b) Considérons la fonction $f : x \mapsto \cos x$.

Cette fonction est deux fois dérivable sur $I = \mathbb{R}$ et :

$$\forall x \in \mathbb{R}, f'(x) = -\sin x, |f''(x)| = |-\cos x| \leqslant 1.$$

On peut donc appliquer le résultat de la question **a)** aux points $a = tx$ et $b = tx + th$:

$$|\cos(tx+th) - \cos(tx) + th\sin(tx)| \leqslant \frac{(th)^2}{2}$$

c) Considérons le taux d'accroissement de f_n en $x_0 \in \mathbb{R}$:

$$T(h) = \frac{f_n(x_0+h) - f_n(x_0)}{h}, h \neq 0$$

Soit : $T(h) = \displaystyle\int_0^1 (1-t^2)^n \frac{\cos(tx_0+th) - \cos(tx_0)}{h}\, dt$

et on écrit, afin d'utiliser la question précédente et pour introduire le résultat souhaité par l'énoncé :

$$T(h) + \int_0^1 (1-t^2)^n t\sin(tx_0)\, dt$$

$$= \int_0^1 (1-t^2)^n \Big[\frac{\cos(tx_0+th) - \cos(tx_0) + th\sin(tx_0)}{h}\Big] dt$$

D'où :

$$\Big|T(h) + \int_0^1 (1-t^2)^n t\sin(tx_0)\, dt\Big| \leqslant \int_0^1 (1-t^2)^n \Big|\frac{t^2h^2}{2h}\Big|\, dt \leqslant \int_0^1 \frac{|h|}{2} t^2\, dt, \text{ donc :}$$

$$\Big|T(h) + \int_0^1 (1-t^2)^n t\sin(tx_0)\, dt\Big| \leqslant \frac{|h|}{6}$$

Ainsi $\displaystyle\lim_{h\to 0} \Big[T(h) + \int_0^1 (1-t^2)^n t\sin(tx_0)\, dt\Big] = 0$, soit

$$\lim_{h\to 0} T(h) = -\int_0^1 (1-t^2)^n t\sin(tx_0) dt$$

Ce qui prouve que la fonction f_n est dérivable en tout point x_0 de $\mathbb{R}$, et en oubliant l'indice 0 :

$$\boxed{\forall x \in \mathbb{R}, f_n'(x) = -\int_0^1 (1-t^2)^n t\sin(tx)\, dt}$$

Corrigé 10.19

La fonction f est de classe $\mathcal{C}^1$ sur $[a,b]$, profitons de l'aubaine pour effectuer une intégration par parties :

$u(t) = f(t) \implies u'(t) = f'(t)$ (si, si), $v'(t) = \sin nt \Longleftarrow v(t) = -\dfrac{1}{n}\cos nt$,

les fonctions u et v étant de classe $\mathcal{C}^1$ sur $[a,b]$ on en déduit :

$$\int_a^b f(t)\sin nt\, dt = \Big[-\frac{f(t)}{n}\cos nt\Big]_a^b + \frac{1}{n}\int_a^b f'(t)\cos nt\, dt, \text{ soit :}$$

$$\int_a^b f(t)\sin nt\, dt = \frac{1}{n}(f(a)\cos na - f(b)\cos nb) + \frac{1}{n}\int_a^b f'(t)\cos nt\, dt$$

Or :

$$\frac{1}{n}\Big|\int_a^b f'(t)\cos nt\, dt\Big| \leqslant \frac{1}{n}\int_a^b |f'(t)\cos nt|\, dt \leqslant \frac{1}{n}\int_a^b |f'(t)|\, dt \underset{n\to\infty}{\longrightarrow} 0.$$

$\frac{1}{n}|f(a)\cos na - f(b)\cos nb| \leqslant \frac{1}{n}(|f(a)| + |f(b)|) \underset{n\to\infty}{\longrightarrow} 0.$
Ainsi :

$$\boxed{\lim_{n\to\infty} \int_a^b f(t)\, \sin nt\, dt = 0}$$

Par un raisonnement identique, on a : $\lim_{n\to\infty} \int_a^b f(t) \cos nt\, dt = 0.$

Corrigé 10.20

1°) Effectuons le changement de variable affine $u = a + b - t$, comme $du = -dt$, on a donc
$\int_a^b t\, f(t)\, dt = \int_b^a (a+b-u) f(a+b-u)(-du) = \int_b^a (-a-b+u) f(u)\, du$

donc en remettant dans l'ordre : $\int_a^b t\, f(t)\, dt = (a+b)\int_a^b f(u)\, du - \int_a^b u f(u)\, du$
ainsi :

$$\int_a^b t f(t)\, dt = \frac{a+b}{2}\int_a^b f(u)\, du$$

2°) Soit $I = \int_0^\pi \frac{x\sin x}{1+\cos^2 x}\, dx$. Posons $f(x) = \frac{\sin x}{1+\cos^2 x}$, cette fonction est continue sur $[0,\pi]$ et $f(\pi - x) = \frac{\sin(\pi - x)}{1+\cos^2(\pi - x)} = f(x)$, donc d'après la question précédente :
$I = \frac{\pi}{2}\int_0^\pi \frac{\sin x}{1+\cos^2 x}\, dx = -\frac{\pi}{2}\int_0^\pi \frac{-\sin x}{1+\cos^2 x}\, dx = -\frac{\pi}{2}\big[\arctan(\cos x)\big]_0^\pi$

$$\boxed{I = -\frac{\pi}{2}(\arctan(-1) - \arctan(1)) = -\frac{\pi}{2}(-\frac{\pi}{4} - \frac{\pi}{4}) = \frac{\pi^2}{4}}$$

Corrigé 10.21

1°) Rappelons l'inégalité de Cauchy-Schwarz :
Si f et g sont deux fonctions continues sur le segment $[a,b]$, on a :

$$\Big(\int_a^b f(t)g(t)\, dt\Big)^2 \leqslant \Big(\int_a^b [f(t)]^2\, dt\Big)\Big(\int_a^b [g(t)]^2\, dt\Big)$$

Ecrivons ici : $f(t) = f(t) - f(a) = \int_a^t f'(x)\, dx = \int_a^t 1.f'(x)\, dx,$

donc : $f^2(t) = \Big(\int_a^t f'(x)\, dx\Big)^2 \leqslant \Big(\int_a^t 1^2\, dx\Big)\Big(\int_a^t [f'(x)]^2 dx\Big)$
Ainsi : $f^2(t) \leqslant (t-a)\int_a^t [f'(x)]^2 dx \leqslant (t-a)\int_a^b [f'(x)]^2 dx = (t-a)K.$
Donc en intégrant sur $[a,b]$, on obtient :

$$\int_a^b f^2(t)\, dt \leqslant K\int_a^b (t-a)\, dt = K\frac{(b-a)^2}{2}$$

C'est-à-dire :

$$\boxed{\int_a^b f^2(t)\,dt \leqslant \frac{(b-a)^2}{2}\int_a^b [f'(x)]^2 dx}$$

2°) Appliquons l'inégalité de Cauchy-Schwarz aux fonctions $\sqrt{f}$ et $\dfrac{1}{\sqrt{f}}$ (la fonction f est strictement positive). On a alors :

$$\Big(\int_a^b [\sqrt{f(t)}\,]^2 dt\Big)\Big(\int_a^b [\frac{1}{\sqrt{f(t)}}]^2 dt\Big) \geqslant \Big(\int_a^b dt\Big)^2$$

C'est-à-dire : $\boxed{(b-a)^2 \leqslant \Big(\int_a^b f(t)\,dt\Big)\Big(\int_a^b \frac{1}{f(t)}\,dt\Big)}$

Corrigé 10.22

1°) Des intégrations par parties (en dérivant la partie polynomiale) viennent facilement à bout des problèmes :

$\star\ I_1 = \displaystyle\int_0^1 \mathrm{e}^{-x}\,x\,dx = \big[-x\,\mathrm{e}^{-x}\big]_0^1 + \int_0^1 \mathrm{e}^{-x}\,dx = \big[-x\,\mathrm{e}^{-x} - \mathrm{e}^{-x}\big]_0^1$, donc :

$$\boxed{I_1 = 1 - 2\,\mathrm{e}^{-1}}$$

$\star\ I_2 = \displaystyle\int_0^2 \mathrm{e}^{-x}\,x^2\,dx = \big[-x^2\,\mathrm{e}^{-x}\big]_0^2 + 2\int_0^2 x\,\mathrm{e}^{-x}\,dx$

$= \big[-x^2\,\mathrm{e}^{-x} - 2x\,\mathrm{e}^{-x} - 2\,\mathrm{e}^{-x}\big]_0^2 = -4\,\mathrm{e}^{-2} - 4\mathrm{e}^{-2} - 2\mathrm{e}^{-2} + 2$, donc

$$\boxed{I_2 = -10\mathrm{e}^{-2} + 2}$$

2°) Soit $n \in \mathbb{N}^*$, posons $u = n - t$, $du = -dt$,

$\displaystyle\int_0^n \mathrm{e}^t\big(1 - \frac{t}{n}\big)^n\,dt = \int_n^0 \mathrm{e}^{n-\,u}\big(\frac{u}{n}\big)u^n\,du = \frac{\mathrm{e}^n}{n^n}\,I_n$, donc :

$$\boxed{I_n = n^n\mathrm{e}^{-n}\int_0^n \mathrm{e}^t\big(1 - \frac{t}{n}\big)^n\,dt}$$

3°) a) Soit φ la fonction définie par $\varphi(x) = \ln(1-x) + x + \dfrac{x^2}{2}$, alors φ est dérivable sur $[0,1[$ et $\varphi'(x) = \dfrac{-1}{1-x} + 1 + x = \dfrac{-x^2}{1-x} \leqslant 0$, donc φ est décroissante sur $[0,1[$ et comme $\varphi(0) = 0$ on en déduit : $\forall\,x \in [0,1[, \varphi(x) \leqslant 0$, c'est-à-dire :

$$\forall\,x \in [0,1[, \ln(1-x) \leqslant -x - \frac{x^2}{2}$$

b) Soit $t \in [0,n[$, comme $\dfrac{t}{n} \in [0,1[$, d'après la question précédente

$\ln(1 - \frac{t}{n}) \leqslant -\frac{t}{n} - \frac{t^2}{2n^2}$, donc $t + n\ln(1 - \frac{t}{n}) \leqslant -\frac{t^2}{2n}$,

et, par croissance de la fonction exponentielle :

$$\exp(t + n\ln(1 - \frac{t}{n})) = e^t(1 - \frac{t}{n})^n \leqslant \mathrm{e}^{-\frac{t^2}{2n}}$$

Si $t = n$, l'inégalité est banalement vérifiée.

4°) a) En utilisant les questions **2°)** et **3°) b)** on a :

$$\frac{e^n}{n^n} I_n = \int_0^n e^t(1-\tfrac{t}{n})^n \, dt \leqslant \int_0^n e^{-t^2/2n} \, dt$$

Effectuons alors le changement de variable affine $u = \dfrac{t}{\sqrt{2n}}$. On a $du = \dfrac{1}{\sqrt{2n}} \, dt$,

donc $\displaystyle\int_0^n e^{-t^2/2n} \, dt = \int_0^{\sqrt{\frac{n}{2}}} e^{-u^2} \sqrt{2n} \, du$, et par conséquent :

$$\boxed{\frac{e^n}{n^n} I_n \leqslant \sqrt{2n} \int_0^{\sqrt{\frac{n}{2}}} e^{-u^2} \, du}$$

b) Soit $u \in [1, +\infty[$, on a alors $u \leqslant u^2$ donc $-u \geqslant -u^2$ et $e^{-u} \geqslant e^{-u^2}$, d'où pour $n \geqslant 3$ en intégrant sur $[1, \sqrt{n/2}]$ (les bornes sont bien dans l'ordre croissant)

on a : $\displaystyle\int_1^{\sqrt{\frac{n}{2}}} e^{-u^2} du \leqslant \int_1^{\sqrt{\frac{n}{2}}} e^{-u} du$

ainsi : $\displaystyle\frac{e^n}{n^n} I_n \leqslant \sqrt{2n} \int_0^{\sqrt{n/2}} e^{-u^2} \, du \leqslant \sqrt{2n}\Big[\int_0^1 e^{-u^2} \, du + \int_1^{\sqrt{\frac{n}{2}}} e^{-u} du\Big]$.

Comme $\displaystyle\int_1^{\sqrt{n/2}} e^{-u} \, du = \big[-e^{-u}\big]_1^{\sqrt{n/2}} = e^{-1} - e^{-\sqrt{n/2}}$, il vient :

$$0 \leqslant \frac{e^n}{n^{n+1}} I_n \leqslant \frac{\sqrt{2n}}{n}\Big(e^{-1} - e^{-\sqrt{n/2}} + \int_0^1 e^{-u^2} \, du\Big).$$

Comme $\displaystyle\lim_{n\to\infty} \frac{\sqrt{2n}}{n} = \lim_{n\to\infty} \frac{\sqrt{2}}{\sqrt{n}} = 0$, on conclut par encadrement que :

$$\boxed{\lim_{n\to\infty} \frac{e^n}{n^{n+1}} I_n = 0}$$

Corrigé 10.23

1°) ⋆ Effectuons le changement de variable affine $u = \frac{\pi}{2} - t$, qui donne $du = -dt$, donc :

$$I_n = \int_{\frac{\pi}{2}}^0 \cos^n(\tfrac{\pi}{2} - u)(-du) = \int_0^{\frac{\pi}{2}} \cos^n(\tfrac{\pi}{2} - u) \, du = \int_0^{\frac{\pi}{2}} \sin^n u \, du$$

⋆ La fonction $t \mapsto \cos^n t$ est continue et positive sur $[0, \pi/2]$, non identiquement nulle, donc d'après la propriété de positivité on en déduit :

$$I_n > 0$$

2°) Pour $n \geqslant 2$, intégrons par parties en posant $u(t) = \cos^{n-1} t$ et $v'(t) = \cos t$ alors on a $u'(t) = (n-1)\cos^{n-2} t \times (-\sin t)$ et on choisit $v(t) = \sin t$. Les fonctions u et v étant de classe $\mathcal{C}^1$ sur $[0, \pi/2]$, on en déduit :

$$I_n = \big[\sin t \times \cos^{n-1} t\big]_0^{\pi/2} + (n-1)\int_0^{\pi/2} \cos^{n-2} t \times (\sin^2 t) \, dt$$

soit : $\displaystyle I_n = (n-1)\int_0^{\pi/2} \cos^{n-2} t(1 - \cos^2 t) \, dt$

$$I_n = (n-1)\Big[\int_0^{\pi/2} \cos^{n-2} t \, dt - \int_0^{\pi/2} \cos^n t \, dt\Big]$$

On obtient ainsi la relation de récurrence :

$$\boxed{n \geqslant 2 \implies I_n = \frac{n-1}{n}\, I_{n-2}}$$

3°) a) Montrons par récurrence que : $I_{2p} = \dfrac{(2p)!}{(p!)^2 \times 2^{2p}} \times \dfrac{\pi}{2}$

$\rightarrow I_0 = \displaystyle\int_0^{\pi/2} \cos^0 t\, dt = \int_0^{\pi/2} 1\, dt = \frac{\pi}{2} = \frac{0!}{0!^2 \times 2^0} \times \frac{\pi}{2}$, la propriété à démontrer est donc vraie au rang 0.

$\rightarrow$ Soit $p \in \mathbb{N}$, supposons que $I_{2p} = \dfrac{(2p)!}{(p!)^2 \times 2^{2p}} \times \dfrac{\pi}{2}$.

Comme $I_n = \dfrac{n-1}{n}\, I_{n-2}$, en posant $n = 2p+2$ on a :

$$I_{2p+2} = \frac{2p+1}{2p+2}\, I_{2p} = \frac{2p+1}{2p+2} \times \frac{(2p)!}{(p!)^2 \times 2^{2p}} \times \frac{\pi}{2}$$

$$= \frac{2p+2}{2(p+1))} \times \frac{2p+1}{2p+2} \times \frac{(2p)!}{(p!)^2 \times 2^{2p}} \times \frac{\pi}{2} = \frac{(2p+2)!}{[(p+1)!]^2 \times 2^{2p+2}} \times \frac{\pi}{2}$$

d'où le résultat au rang $p+1$. Ainsi par le principe de récurrence :

$$\boxed{\forall\, p \in \mathbb{N}, I_{2p} = \frac{(2p)!}{(p!)^2 \times 2^{2p}} \times \frac{\pi}{2}}$$

b) On a $I_1 = \displaystyle\int_0^{\pi/2} \cos t\, dt = \big[\sin x\big]_0^{\pi/2} = 1 = \frac{(0!)^2 2^0}{1!}$, donc la formule annoncée est valable au rang 0. En raisonnant par récurrence, on démontre alors comme dans le cas pair que :

$$\boxed{\forall\, p \in \mathbb{N}, I_{2p+1} = \frac{(p!)^2 \times 2^{2p}}{(2p+1)!}}$$

[On peut aussi procéder différemment : on démontre le résultat dans un des deux cas : pair ou impair puis on utilise le résultat de la question 5) qui permet de passer d'un cas à l'autre.]

4°) $\forall\, n \geqslant 0, I_{n+1} - I_n = \displaystyle\int_0^{\pi/2} (\cos^{n+1} t - \cos^n t)\, dt = \int_0^{\pi/2} \cos^n t(\cos t - 1)\, dt.$

Comme $\forall\, t \in [0, \pi/2], \cos^n t(\cos t - 1) \leqslant 0$, les bornes étant dans l'ordre croissant, on en déduit $\displaystyle\int_0^{\pi/2} \cos^n t(\cos t - 1)\, dt \leqslant 0$, donc $\forall\, n \geqslant 0, I_{n+1} - I_n \leqslant 0$:

la suite (I_n) décroissante et minorée par 0, converge.

5°) Pour $n \geqslant 2$, on a $I_n = \dfrac{n-1}{n}\, I_{n-2}$, ce que l'on peut écrire :

$$n \geqslant 2 \implies nI_nI_{n-1} = (n-1)I_{n-1}I_{n-2}$$

Ainsi la suite $(nI_nI_{n-1})_{n \geq 1}$ est constante et égale à $1.I_1I_0 = \frac{\pi}{2}$. Donc :

$$\forall\, n \geqslant 1, nI_nI_{n-1} = \frac{\pi}{2}$$

6°) La suite (I_n) est décroîssante, donc pour $n \in \mathbb{N}$, $I_{n+2} \leqslant I_{n+1} \leqslant I_n$ et en divisant par $I_n > 0$, il vient :

$$\frac{n+1}{n+2} = \frac{I_{n+2}}{I_n} \leqslant \frac{I_{n+1}}{I_n} \leqslant 1$$

et par encadrement, on obtient :

$$\lim_{n\to\infty} \frac{I_{n+1}}{I_n} = 1$$

Ainsi : $\lim\limits_{n\to\infty} n(I_n)^2 = \lim\limits_{n\to\infty} (nI_nI_{n-1})\times\frac{I_n}{I_{n-1}} = \frac{\pi}{2}\times 1$ donc $\lim\limits_{n\to\infty} \frac{2n}{\pi} I_n^2 = 1$, soit comme $I_n > 0$:

$$\boxed{\lim_{n\to\infty} \sqrt{\frac{2n}{\pi}} I_n = 1}$$

Corrigé 10.24

1°) Comme $\displaystyle\int_0^1 t^n\,dt = \Big[\frac{t^{n+1}}{n+1}\Big]_0^1 = \frac{1}{n+1}$ on a $f(1) = (n+1)\displaystyle\int_0^1 t^n f(1)\,dt$.

2°) Par hypothèse la fonction f est continue sur $[0,1]$, donc en particulier en 1 (à gauche) et par définition :

Soit $\varepsilon > 0$ quelconque

$$\exists\,\alpha > 0, \forall\, t \in [1-\alpha, 1] \subset [0,1], |f(t) - f(1)| \leqslant \frac{\varepsilon}{2}$$

Ainsi en écrivant :

$$u_n = (n+1)\int_0^{1-\alpha} t^n[f(t) - f(1)]\,dt + (n+1)\int_{1-\alpha}^1 t^n[f(t) - f(1)]\,dt$$

on a : $|u_n| \leqslant (n+1)\displaystyle\int_0^{1-\alpha} t^n|f(t) - f(1)|\,dt + \frac{\varepsilon}{2}(n+1)\int_{1-\alpha}^1 t^n\,dt.$

Or $\displaystyle\int_{1-\alpha}^1 t^n\,dt = \Big[\frac{t^{n+1}}{n+1}\Big]_{1-\alpha}^1 = \frac{1}{n+1} - \frac{(1-\alpha)^{n+1}}{n+1} \leqslant \frac{1}{n+1}$, ainsi :

$$|u_n| \leqslant (n+1)\int_0^{1-\alpha} t^n|f(t) - f(1)|\,dt + \frac{\varepsilon}{2}$$

La fonction f étant continue sur $[0,1]$ elle est bornée sur ce segment, et si on pose $M = \sup\limits_{t\in[0,1]} |f(t)|$, on a $|f(t) - f(1)| \leqslant |f(t)| + |f(1)| \leqslant 2M$, donc :

$\displaystyle\int_0^{1-\alpha} t^n|f(t) - f(1)|\,dt \leqslant 2M\int_0^{1-\alpha} t^n\,dt$, soit :

$$\int_0^{1-\alpha} t^n|f(t) - f(1)|\,dt \leqslant \frac{2M}{n+1}(1-\alpha)^{n+1}$$

et ainsi : $|u_n| \leqslant 2M(1-\alpha)^{n+1} + \frac{\varepsilon}{2}$. Or $\lim\limits_{n\to\infty} \big(2M(1-\alpha)^{n+1} + \frac{\varepsilon}{2}\big) = \frac{\varepsilon}{2}$, donc :

$$\exists\, n_0 \in \mathbb{N}, \forall\, n \geqslant n_0, 2M(1-\alpha)^{n+1} + \frac{\varepsilon}{2} \leqslant \varepsilon$$

En conclusion et par majoration :

$\forall\,\varepsilon > 0, \exists n_0 \in \mathbb{N}, \forall\, n \geqslant n_0, |u_n| \leqslant \varepsilon$, c'est-à-dire $\lim\limits_{n\to\infty} u_n = 0$:

$$\boxed{\lim_{n\to\infty} (n+1)\int_0^1 t^n f(t)\,dt = f(1)}$$

Corrigé 10.25

1°) La fonction $x \mapsto \dfrac{1}{\cos^n x}$ est continue sur $[0, \pi/4]$, donc intégrable sur ce segment et I_n est bien défini.

On a $I_2 = \displaystyle\int_0^{\pi/4} \frac{1}{\cos^2 x} dx = \big[\tan x\big]_0^{\pi/4} = \tan(\frac{\pi}{4})$ donc $I_2 = 1$.

2°) Soit $t \in \mathbb{R} \setminus \{-1, 1\}$, on a $\dfrac{a}{1-t} + \dfrac{b}{1+t} = \dfrac{(a-b)t + (a+b)}{1-t^2}$
donc il suffit de trouver a et b tels que : $a - b = 0$ et $a + b = 1$: la solution est évidente : $a = b = \dfrac{1}{2}$ et donc :

$$\forall t \in \mathbb{R} \setminus \{-1, 1\}, \frac{1}{1-t^2} = \frac{1/2}{1-t} + \frac{1/2}{1+t}$$

3°) Soit $x \mapsto t = \sin x$, cette fonction est de classe $\mathcal{C}^1$ sur $[0, \frac{\pi}{4}]$ et $dt = \cos x \, dx$, ce qui permet d'écrire :

$$I_1 = \int_0^{\pi/4} \frac{1}{\cos^2 x} \times \cos x \, dx = \int_0^{\pi/4} \frac{1}{1 - \sin^2 x} \times \cos x \, dx = \int_0^{\sqrt{2}/2} \frac{1}{1-t^2} \, dt$$

Donc :

$$I_1 = \frac{1}{2}\Big(\int_0^{\sqrt{2}/2} \frac{1}{1-t} \, dt + \int_0^{\sqrt{2}/2} \frac{1}{1+t} \, dt\Big) = \frac{1}{2}\big[-\ln(1-t) + \ln(1+t)\big]_0^{\sqrt{2}/2}$$

$$I_1 = \frac{1}{2}\Big[\ln(\frac{1+t}{1-t})\Big]_0^{\sqrt{2}/2} = \frac{1}{2}\ln\Big(\frac{1+\frac{\sqrt{2}}{2}}{1-\frac{\sqrt{2}}{2}}\Big) = \frac{1}{2}\ln\big(\frac{2+\sqrt{2}}{2-\sqrt{2}}\big) = \frac{1}{2}\ln\big(\frac{\sqrt{2}+1}{\sqrt{2}-1}\big)$$

$$I_1 = \frac{1}{2}\ln\big(\frac{(\sqrt{2}+1)(\sqrt{2}+1)}{(\sqrt{2}-1)(\sqrt{2}+1)}\big) = \frac{1}{2}\ln\big(\frac{(\sqrt{2}+1)^2}{1}\big)$$

Ainsi

$$\boxed{I_1 = \ln(\sqrt{2}+1)}$$

4°) Soit $n \in \mathbb{N}$,

$$I_{n+1} - I_n = \int_0^{\pi/4} \frac{1}{\cos^{n+1} x} \, dx - \int_0^{\pi/4} \frac{1}{\cos^n x} dx = \int_0^{\pi/4} \frac{1}{\cos^n x}\big(\frac{1}{\cos x} - 1\big) dx$$

Comme, $\forall x \in [0, \pi/4]$, $\dfrac{1}{\cos^n x}\big(\dfrac{1}{\cos x} - 1\big) \geqslant 0$, les bornes étant dans l'ordre croissant, on a : $\displaystyle\int_0^{\pi/4} \frac{1}{\cos^n x}\big(\frac{1 - \cos x}{\cos x}\big) dx \geqslant 0$, donc :

$$\forall n \in \mathbb{N}, I_{n+1} - I_n \geqslant 0 : \text{la suite } (I_n)_{n \geq 0} \text{ est croissante}$$

5°) a) On a : $I_n = \displaystyle\int_0^{\pi/4} \frac{1}{\cos^n x} \, dx = \int_0^{\pi/8} \frac{1}{\cos^n x} \, dx + \int_{\pi/8}^{\pi/4} \frac{1}{\cos^n x} \, dx$
et comme la fonction à intégrer est positive sur les domaines considérés et les bornes dans l'ordre croissant :

$$I_n \geqslant \int_{\pi/8}^{\pi/4} \frac{1}{\cos^n x} \, dx$$

b) i) Soit $\theta(x) = \cos^{-n} x$ alors

$$\theta'(x) = (-n)\cos^{-n-1} x \times (-\sin x) = n \sin x \cos^{-n-1} x \geqslant 0$$

La fonction $x \mapsto \dfrac{1}{\cos^n x}$ est donc croissante sur $[0, \frac{\pi}{4}]$

.

ii) Par conséquent, $\forall x \in [\pi/8, \pi/4] \subset [0, \pi/4]$, $\dfrac{1}{\cos^n x} \geqslant \dfrac{1}{\cos^n(\pi/8)}$, et donc :

$$I_n \geqslant \int_{\pi/8}^{\pi/4} \frac{1}{\cos^n x}\,dx \geqslant \int_{\pi/8}^{\pi/4} \frac{1}{\cos^n(\pi/8)}\,dx = \frac{\pi}{8}\times\Big(\frac{1}{\cos(\pi/8)}\Big)^n$$

Comme $\dfrac{1}{\cos(\pi/8)} > 1$, on a : $\lim\limits_{n\to\infty}\Big(\dfrac{1}{\cos(\pi/8)}\Big)^n = +\infty$ et ainsi, par minoration :

$$\boxed{\lim_{n\to\infty} I_n = +\infty}$$

6°) L'idée est bien entendu de procéder à une intégration par parties, mais encore faut-il faire le bon partage :

On écrit : $I_{n+2} = \displaystyle\int_0^{\pi/4} \frac{1}{\cos^n x}\times\frac{1}{\cos^2 x}\,dx.$

On effectue l'intégration par parties ainsi préparée en posant :

$$\begin{cases} u(x) = \cos^{-n} x \Longrightarrow u'(x) = n\cos^{-n-1} x \sin x \\ v'(x) = \dfrac{1}{\cos^2 x} \Longleftarrow v(x) = \tan x \end{cases}.$$

Les fonctions u et v sont de classe $\mathcal{C}^1$ sur $[0, \pi/4]$, donc cette intégration par parties est légitime et donne :

$$\begin{aligned} I_{n+2} &= \big[\tan x\times\cos^{-n} x\big]_0^{\pi/4} - n\int_0^{\pi/4} \tan x\times\frac{\sin x}{\cos^{n+1} x}\,dx \\ &= \Big(\frac{\sqrt{2}}{2}\Big)^{-n} - n\int_0^{\pi/4} \frac{\sin^2 x}{\cos^{n+2} x}\,dx = \Big(\frac{\sqrt{2}}{2}\Big)^{-n} - n\int_0^{\pi/4} \frac{1-\cos^2 x}{\cos^{n+2} x}\,dx \\ &= (\sqrt{2})^n - n\Big[\int_0^{\pi/4} \frac{1}{\cos^{n+2} x}dx - \int_0^{\pi/4} \frac{1}{\cos^n x}dx\Big] \\ &= (\sqrt{2})^n - n(I_{n+2} - I_n), \end{aligned}$$

ainsi, en regroupant :

$$\boxed{I_{n+2} = \frac{(\sqrt{2})^n}{n+1} + \frac{n}{n+1} I_n}$$

Corrigé 10.26

A. 1°) a) $\forall t \in]0,1],\ f_n(t) = \frac{1}{t}[1-(1-t)^n] = \frac{1}{t}\big[1 - \sum\limits_{k=0}^{n} \binom{n}{k}(-t)^k\big]$

soit $f_n(t) = \sum\limits_{k=1}^{n} \binom{n}{k}(-1)^{k+1}t^{k-1} = n + \sum\limits_{k=2}^{n} \binom{n}{k}(-1)^{k+1}t^{k-1} \underset{t\to 0}{\longrightarrow} n = f_n(0).$

La fonction f_n est donc continue en 0 à droite, comme il s'agit en fait d'une fonction polynôme sur $]0, 1]$, elle y est continue et f_n est continue sur $[0, 1]$. Ainsi f_n est intégrable sur $[0, 1]$.

b) $I_n = \displaystyle\int_0^1 \big[\sum_{k=1}^{n} \binom{n}{k}(-1)^{k+1}t^{k-1}\big]dt = \sum_{k=1}^{n} \binom{n}{k}(-1)^{k+1}\int_0^1 t^{k-1}dt$:

$$\boxed{I_n = \sum_{k=1}^{n} \binom{n}{k}\frac{(-1)^{k+1}}{k}}$$

c) $\displaystyle\int_0^1 (1-t)^{k-1}dt = \Big[-\frac{(1-t)^k}{k}\Big]_0^1 = \frac{1}{k}.$

d) On est amené à distinguer 2 cas selon que la raison de la suite vaut 1 ou non.

⋆ Si $t \in]0,1]$ alors $1-t \neq 1$, donc : $\displaystyle\sum_{k=1}^{n}(1-t)^{k-1} = \sum_{j=0}^{n-1}(1-t)^j = \frac{1-(1-t)^n}{1-(1-t)}$

$$f_n(t) = \frac{1-(1-t)^n}{t}$$

⋆ $\displaystyle\sum_{k=1}^{n}(1-0)^{k-1} = \sum_{k=1}^{n} 1 = n = f_n(0).$

Ainsi :

$$\forall t \in [0,1], \sum_{k=1}^{n}(1-t)^{k-1} = f_n(t)$$

Par conséquent en utilisant ce qui précède, on a :

$\displaystyle S_n = \sum_{k=1}^{n}\frac{1}{k} = \sum_{k=1}^{n}\int_0^1 (1-t)^{k-1}dt = \int_0^1 \Big(\sum_{k=1}^{n}(1-t)^{k-1}\Big)dt = \int_0^1 f_n(t)dt,$

donc :

$$\boxed{S_n = I_n}$$

2°) a) $u(x) = x \implies u'(x) = 1$ et $v'(x) = \sin(2px) \Longleftarrow v(x) = \dfrac{-\cos(2px)}{2p}$, les fonctions u et v sont de classe $\mathcal{C}^1$ sur $[0,\pi]$ donc l'intégration par parties ainsi préparée est légitime, et :

$$\int_0^{\pi/2} x\sin(2px)\,dx = \Big[\frac{-x\cos(2px)}{2p}\Big]_0^{\pi/2} + \frac{1}{2p}\int_0^{\pi/2}\cos(2px)dx$$

$$= \frac{-\pi\cos(p\pi)}{4p} + \frac{1}{2p}\Big[\frac{\sin(2px)}{2p}\Big]_0^{\pi/2} = -\frac{\pi}{4p}(-1)^p$$

(car $\cos(p\pi) = (-1)^p$)

$$\boxed{\int_0^{\pi/2} x\sin(2px)\,dx = \frac{\pi(-1)^{p+1}}{4p}}$$

b) Par le résultat admis :

$$u_n = \int_0^{\pi/2} x\sin(nx)\cos^n x\,dx = \int_0^{\pi/2} x\times\frac{1}{2^n}\sum_{k=1}^{n}\binom{n}{k}\sin(2kx)\,dx$$

$$u_n = \frac{1}{2^n}\sum_{k=1}^{n}\binom{n}{k}\int_0^{\pi/2} x\sin(2kx)\,dx = \frac{1}{2^n}\sum_{k=1}^{n}\binom{n}{k}\frac{\pi(-1)^{k+1}}{4k}$$

$= \dfrac{\pi}{2^{n+2}}\displaystyle\sum_{k=1}^{n}\binom{n}{k}\frac{(-1)^{k+1}}{k} = \frac{\pi}{2^{n+2}}I_n$, par conséquent :

$$\boxed{u_n = \frac{\pi}{2^{n+2}}S_n}$$

B. 1°) $\forall t \in [0,x] \subset [0,1[, \varphi'(t) = \dfrac{-(1-t)+(x-t)}{(1-t)^2} = \dfrac{x-1}{(1-t)^2} < 0$, φ est donc décroissante et comme $\varphi(x) = 0$ et $\varphi(0) = x$, il vient :

$$\forall t \in [0,x], 0 \leqslant \varphi(t) \leqslant x$$

2°) a) $\forall t \in [0,x], \varphi'(t)+\frac{1}{1-t} = \frac{x-1}{(1-t)^2}+\frac{1}{1-t} = \frac{x-1+1-t}{(1-t)^2} = \frac{x-t}{(1-t)^2}$, donc :

$$\varphi'(t) + \frac{1}{1-t} = \frac{\varphi(t)}{(1-t)}$$

b) $R_{n+1}(x) = \int_0^x \frac{[\varphi(t)]^{n+1}}{(1-t)}\,dt = \int_0^x \frac{\varphi(t)}{(1-t)}\times[\varphi(t)]^n\,dt$, donc :

$$R_{n+1}(x) = \int_0^x (\varphi'(t) + \frac{1}{1-t})[\varphi(t)]^n\,dt = \int_0^x \varphi'(t)[\varphi(t)]^n dt + \int_0^x \frac{[\varphi(t)]^n}{1-t}dt$$

$$= \Big[\frac{\big(\varphi(t)\big)^{n+1}}{n+1}\Big]_0^x + R_n(x), \text{ soit puisque } \varphi(x) = 0 \text{ et } \varphi(0) = x :$$

$$R_{n+1}(x) = \frac{(\varphi(x))^{n+1} - (\varphi(0))^{n+1}}{n+1} + R_n(x) = -\frac{x^{n+1}}{n+1} + R_n(x)$$

3°) Montrons par récurrence sur $n \in \mathbb{N}^*$ que :

$$\forall x \in [0,1[, -\ln(1-x) = \sum_{k=1}^{n} \frac{x^k}{k} + R_n(x)$$

→ Pour $n = 1$: $-\ln(1-x) = \int_0^x 1\times\frac{1}{1-t}\,dt$

$$u(t) = \frac{1}{1-t} \implies u'(t) = \frac{1}{(1-t)^2}, v'(t) = 1 \Longleftarrow v(t) = t - x$$

(le choix fait pour v vient de la forme attendue !)

L'intégration par parties ainsi préparée est légitime et :

$$-\ln(1-x) = \big[\frac{t-x}{1-t}\big]_0^x - \int_0^x \frac{t-x}{(1-t)^2}\,dt = x + \int_0^x \frac{x-t}{(1-t)^2}\,dt$$

$$= x + \int_0^x \frac{\varphi(t)}{1-t}\,dt = x + R_1(x)$$

ce qui montre que la formule annoncée est vraie au rang 1.

→ Soit $n \in \mathbb{N}^*$, supposons que $-\ln(1-x) = \sum_{k=1}^{n} \frac{x^k}{k} + R_n(x)$, alors comme $R_n(x) = R_{n+1}(x) + \frac{x^{n+1}}{n+1}$, il vient immédiatement :

$$-\ln(1-x) = \sum_{k=1}^{n} \frac{x^k}{k} + \frac{x^{n+1}}{n+1} + R_{n+1}(x) = \sum_{k=1}^{n+1} \frac{x^k}{k} + R_{n+1}(x)$$

Ainsi, par le principe de récurrence :

$$\boxed{\forall n \in \mathbb{N}^*, \forall x \in [0,1[, -\ln(1-x) = \sum_{k=1}^{n} \frac{x^k}{k} + R_n(x)}$$

4°) Pour $t \in [0,x], 0 \leqslant \varphi(t) \leqslant x$, donc pour tout entier naturel n :

$$0 \leqslant (\varphi(t))^n \leqslant x^n \text{ et } 0 \leqslant \frac{(\varphi(t))^n}{1-t} \leqslant \frac{x^n}{1-t}$$

et en intégrant sur $[0,x]$, il vient : $0 \leqslant \int_0^x \frac{\varphi(t)^n}{1-t}dt \leqslant \int_0^x \frac{x^n}{1-t}dt$, soit :

$0 \leqslant R_n(x) \leqslant x^n\big[-\ln(1-t)\big]_0^x$, c'est-à-dire :

$$\boxed{0 \leqslant R_n(x) \leqslant -x^n \ln(1-x)}$$

5°) a) Soit $x \in [0,1[$

$$\sum_{k=1}^{n}\sum_{p=1}^{k}\frac{x^k}{p} = \sum_{1\leq p\leq k\leq n}\frac{x^k}{p} = \sum_{p=1}^{n}\sum_{k=p}^{n}\frac{x^k}{p} = \sum_{p=1}^{n}(\sum_{i=0}^{n-p}\frac{x^{i+p}}{p})$$

(en posant $k = p + i$)

$$\sum_{k=1}^{n}\sum_{p=1}^{k}\frac{x^k}{p} = \sum_{p=1}^{n}\frac{x^p}{p}(\sum_{i=0}^{n-p}x^i)$$

b) En utilisant la question précédente, on a $\forall\, x \in [0,1[$:

$$(1-x)\sum_{k=1}^{n}S_k x^k = (1-x)\sum_{k=1}^{n}(\sum_{p=1}^{k}\frac{x^k}{p}) = (1-x)\sum_{p=1}^{n}\frac{x^p}{p}(\sum_{i=0}^{n-p}x^i)$$

$$= (1-x)\sum_{p=1}^{n}\frac{x^p}{p}(\frac{1-x^{n-p+1}}{1-x}) = \sum_{p=1}^{n}\frac{x^p}{p} - \sum_{p=1}^{n}\frac{x^{n+1}}{p}$$

et en utilisant le résultat de la question **3°)** :

$$(1-x)\sum_{k=1}^{n}S_k x^k = -\ln(1-x) - R_n(x) - x^{n+1}\sum_{p=1}^{n}\frac{1}{p}$$

ainsi :

$$\boxed{(1-x)\sum_{k=1}^{n}S_k x^k = -\ln(1-x) - R_n(x) - x^{n+1}S_n}$$

6°) a) En majorant grossièrement : $0 \leqslant S_n \leqslant \sum_{p=1}^{n} 1 = n$ et donc :

$0 \leqslant x^{n+1}S_n \leqslant nx^{n+1} \underset{n\to\infty}{\longrightarrow} 0$ (car $0 \leqslant x < 1$). Ainsi, par encadrement :

$$\lim_{n\to\infty} x^{n+1}S_n = 0$$

b) On a : $(1-x)\alpha_n(x) = -\ln(1-x) - R_n(x) - x^{n+1}S_n$ et le résultat de la question **4°)** montre que $\lim_{n\to\infty} R_n(x) = 0$. Comme on a aussi $\lim_{n\to\infty} x^{n+1}S_n = 0$, on a $\lim_{n\to\infty}(1-x)\alpha_n = -\ln(1-x)$ et : :

$$\boxed{\lim_{n\to\infty}\alpha_n(x) = \frac{-\ln(1-x)}{1-x}}$$

7°) Comme $u_n = \frac{\pi}{2^{n+2}}S_n = \frac{\pi}{4}S_n\left(\frac{1}{2}\right)^n$, il vient :

$$w_n = \sum_{p=1}^{n}u_p = \sum_{p=1}^{n}\frac{\pi}{4}S_p\left(\frac{1}{2}\right)^p = \frac{\pi}{4}\alpha_n\left(\frac{1}{2}\right)$$

Comme de plus $\lim_{n\to\infty}\alpha_n\left(\frac{1}{2}\right) = \dfrac{-\ln(1-\frac{1}{2})}{1-\frac{1}{2}} = 2\ln 2$, on en déduit la convergence de la suite w et :

$$\boxed{\lim_{n\to\infty} w_n = \frac{\pi}{4}2\ln 2 = \frac{\pi}{2}\ln 2}$$

Dénombrements 11

RÉPARTITION DES EXERCICES

Exercices de niveau 1	**11.01 → 11.07**
Exercices de niveau 2	**11.08 → 11.19**
Pour aller plus loin	**11.20 → 11.22**

I. ÉNONCÉS DES EXERCICES

11.01 Un jeu comporte 32 cartes dont 8 par couleur. Une main est constituée de 8 cartes non ordonnées.

1°) Quel est le nombre de mains possibles ?

2°) Combien de mains contiennent un as au moins ?

3°) Combien contiennent au moins un coeur ou une dame ?

4°) Combien ne contiennent que des cartes de deux couleurs au plus ?

◇

11.02 Dix livres deux à deux distincts sont placés côte à côte sur une étagère. Quel est le nombre de dispositions qui placent côte à côte 3 livres fixés de cette collection ?

◇

11.03 Une urne contient 5 boules blanches et 8 boules noires indiscernables. On tire successivement 6 boules de l'urne en remettant chaque fois la boule tirée.

1°) Quel est le nombre de résultats possibles ?

2°) Combien de ces résultats amènent :

a) 5 boules noires et 1 boule blanche dans cet ordre ?

b) 1 boule noire au plus ?

c) 3 boules blanches et 3 boules noires ?

d) 1 boule blanche au moins ?

3°) Reprendre les questions précédentes dans le cas où toutes les boules sont discernables (par exemple numérotées).

◇

11.04 Déterminer le nombre de numéros de téléphones à 10 chiffres tels que :

1°) Le numéro est formé de deux chiffres 1, deux chiffres 3, six chiffres 7.

2°) Le numéro est formé avec deux chiffres distincts et deux seulement.

3°) Le numéro comporte trois chiffres 1 et trois seulement.

◇

11.05 Une urne contient 6 boules blanches numérotées de 1 à 6, et 5 boules noires numérotées de 1 à 5. On tire successivement 4 boules sans remise. Combien de résultats amènent 3 boules blanches et une boule noire ?

◇

11.06 On dispose 4 pions numérotés de 1 à 4 sur 3 cases numérotées de 1 à 3 (une case pouvant contenir plusieurs pions).

De combien de façons peut on opérer :

i) De sorte qu'une case au moins soit vide ?

ii) De sorte qu'aucune case ne soit vide ?

◇

11.07 Soit E un ensemble fini de cardinal $n \geqslant 2$, et a et b deux éléments distincts de E. Soit p un entier tel que $2 \leqslant p \leqslant n-2$. En classant d'une certaine manière certaines parties de E, démontrer que :

$$\binom{n}{p} = \binom{n-2}{p} + 2\binom{n-2}{p-1} + \binom{n-2}{p-2}$$

◇

11.08 **Relation de Vandermonde**

Soient n, n_1, n_2 trois entiers naturels non nuls.

1°) Montrer que : $\sum_{k=0}^{n} \binom{n_1}{k}\binom{n_2}{n-k} = \binom{n_1+n_2}{n}$ $(n \leqslant n_1 + n_2)$.

2°) En déduire la valeur de $\sum_{k=0}^{n} \binom{n}{k}^2$.

◇

11.09 Exprimer en fonction de n entier naturel non nul, les sommes suivantes :

$$S_1 = \sum_{k=1}^{n} k\binom{n}{k} \; ; \; S_2 = \sum_{k=1}^{n} (-1)^{k+1} k\binom{n}{k} \; ;$$

$$S_3 = \sum_{k=1}^{n} \frac{1}{k+1}\binom{n}{k} \; ; \; S_4 = \sum_{k=0}^{n} \frac{1}{(k+1)(k+2)}\binom{n}{k}.$$

◇

11.10 Soit i un entier naturel non nul, calculer :

$$\sum_{k=0}^{n} k(k+1)(k+2)\cdots(k+i-1)$$

◇

11.11 **1°)** Calculer $\sum_{i=0, i \text{ pair}}^{n} \binom{n}{i}$ **2°)** Calculer $\sum_{i=0}^{n} i^2\binom{n}{i}$.

◇

11.12 Soient m et n deux entiers naturels tels que $m \geqslant n > 0$. Montrer que :

$$\sum_{k=n}^{m} \binom{k}{n} = \binom{m+1}{n+1}.$$

◇

11.13 Soit n un entier naturel non nul, calculer la somme : $S = \sum_{k=0}^{\lfloor n/3 \rfloor} \binom{n}{3k}$.

◇

11.14 Neuf touristes embarquent dans trois bateaux différents. Chaque bateau peut recevoir de 0 à 9 passagers.

1°) Déterminer le nombre total de situations possibles.

2°) Déterminer le nombre total de situations pour lesquelles 3 personnes embarquent sur chaque bateau.

3°) Déterminer le nombre total de situations pour lesquelles aucun bateau n'est vide.

4°) Déterminer le nombre total de situations pour lesquelles dans chaque bateau il y a au moins 2 personnes et au plus 4 personnes.

◇

11.15 Soit E l'ensemble des mots de longueur 9 dont les 9 lettres sont prises dans l'ensemble des 26 lettres de l'alphabet (une même lettre de l'alphabet pouvant être répétée plusieurs fois).

1°) Déterminer le cardinal de E.

2°) Déterminer le nombre de mots de E contenant exactement 4 fois la lettre a.

3°) Déterminer le nombre de mots de E pour lesquels 2 lettres distinctes se répètent chacune 4 fois exactement.

4°) Déterminer le nombre de mots de E pour lesquels 2 lettres distinctes se répètent chacune au moins 4 fois.

5°) Combien de mots de $2n$ lettres peut-on former avec n lettres a et n lettres b ($n \geqslant 2$).
Parmi ces mots, combien sont tels que la lettre a apparaît pour la deuxième fois à la $k^{\text{ème}}$ place ? ($2 \leqslant k \leqslant n$).

◇

11.16 Une urne contient 9 boules numérotées par les entiers de 1 à 9. On extrait successivement avec remise 8 fois une boule de cette urne formant donc un nombre de 8 chiffres (écrits de gauche à droite dans leur ordre d'apparition).

1°) Déterminer le nombre de situations différentes possibles.

2°) Déterminer le nombre de situations où les chiffres sont deux à deux distincts.

3°) Déterminer le nombre de situations où deux chiffres obtenus sont égaux, les autres étant distincts deux-à-deux et distincts des précédents.

4°) Déterminer le nombre de situations où deux des chiffres obtenus sont égaux, trois autres égaux, mais distincts des précédents, les autres étant deux-à-deux distincts et différents des cinq précités.

5°) Déterminer le nombre de situations où l'on obtient deux fois deux fois le même chiffre (mais ces deux chiffres étant différents !), les autres étant deux-à-deux distincts et différents des quatre précités.

◇

11.17 Montrer que dans un ensemble non vide il y a autant de parties de cardinal pair que de parties de cardinal impair.

◇

11.18 Soit n un entier naturel, $n \geqslant 2$. Calculer :

$$S = \sum_{p=0}^{n} p^2 \binom{2n}{2p}.$$

◇

11.19 Soient n un entier strictement positif et $E = [\![1, n]\!]$.

1°) Trouver le nombre de couples $(x, y) \in E^2$ tels que $x > y$.

2°) Trouver le nombre de couples $(x, y) \in E^2$ tels que $x \geqslant y$.

3°) Trouver le nombre de triplets $(x, y, z) \in E^3$ tels que $x < y < z$.

◇

11.20 Combien y-a-t'il d'applications surjectives d'un ensemble E à n éléments ($n \in \mathbb{N}^*$) dans un ensemble F à 3 éléments ?

◇

11.21 Soit n, p et q des entiers naturels. Soit A l'ensemble des mots de $(p+q+1)$ lettres composés à l'aide des lettres E, C.

1°) Déterminer card A.

2°) Soit A' l'ensemble des éléments de A contenant au moins $p+1$ fois la lettre E. Etant donné un entier $k \in [\![1, q+1]\!]$, on note A'_k l'ensemble des éléments de A' dont le $(p+1)^{\text{ième}}$ « E » se trouve en $(p+k)^{\text{ième}}$ position.

a) Déterminer card A'_k.

b) En déduire card A' sous forme d'une somme.

3°) On note A'' l'ensemble des éléments de A contenant au moins $q+1$ fois la lettre « C ». Déterminer card A''.

4°) En déduire la relation :

$$\sum_{k=0}^{q} \binom{p+k}{p} 2^{q-k} + \sum_{k=0}^{p} \binom{q+k}{q} 2^{p-k} = 2^{p+q+1}.$$

puis l'égalité : $\displaystyle\sum_{k=p}^{2p} \binom{k}{p} 2^{2p-k} = 2^{2p}$.

◇

11.22 On considère deux ensembles finis A et B de cardinaux respectifs n et p, où n et p sont des entiers naturels non nuls. On note S_n^p le nombre de surjections de A vers B et on se propose de déterminer ce nombre.

1°) Calculer S_n^1, S_n^2, S_n^n et S_n^p lorsque $p > n$.

2°) On fixe un élément a de A et un élément b de B.

a) Déterminer en fonction de S_{n-1}^{p-1}le nombre de surjections de A vers B pour lesquelles b admet a pour unique antécédent.

b) Déterminer en fonction de S_{n-1}^p le nombre de surjections de A vers B pour lesquelles b possède au moins deux antécédents, dont a.

c) En déduire la relation : $S_n^p = p(S_{n-1}^p + S_{n-1}^{p-1})$, en précisant pour quels entiers n et p elle est valable.

3°) On se propose de démontrer l'égalité :

$$S_n^p = \sum_{i=0}^{p} (-1)^i \binom{p}{p-i} \times (p-i)^n$$

a) Vérifier que cette égalité est vraie pour $n = 1$ en distinguant les deux cas : $p = 1$ et $p > 1$.

b) Soit $n \geqslant 2$, vérifier l'égalité pour $p = 1$.

c) Soit $n \geqslant 2$, on suppose que pour un certain $p \geqslant 1$, on a :

$$S_n^p = \sum_{i=0}^{p-1} (-1)^i \binom{p}{p-i} \times (p-i)^n$$

i) Montrer l'égalité : $p(\binom{p}{p-i} - \binom{p-1}{p-i}) = (p-i)\binom{p}{p-i}$, pour $p \geqslant i+1$ et $i \geqslant 1$.

ii) Montrer que : $S_{n+1}^p = \sum_{i=0}^{p-1} (-1)^i \binom{p}{p-i} (p-i)^{n+1}$.

d) Conclure.

II. INDICATIONS

1) Rappels des principales méthodes d'étude

❏ Pour déterminer le cardinal d'un ensemble on peut utiliser principalement trois méthodes :

⋆ Dénombrer l'ensemble par un calcul direct (force brute).

⋆ Effectuer une partition de l'ensemble en sous-ensembles dont on sait déterminer le cardinal (diviser pour régner).

⋆ Mettre en évidence une bijection entre l'ensemble dont on cherche le cardinal et un ensemble dont on connait le cardinal (changement de point de vue).

❏ Ne jamais oublier les deux questions fondamentales dans tout problème de dénombrement : a-t-on compté toutes les solutions ? Chaque solution est-elle comptée une seule fois ?

❏ Pour dénombrer le nombre de façons de procéder à une action, on peut aussi se poser les questions suivantes :

1) La notion d'ordre intervient-elle ?

2) La notion de répétition possible intervient-elle ?

Si le couple de réponses est (oui,oui), alors il faut penser aux listes, c'est-à-dire en fait à un nombre d'applications d'un ensemble dans un autre.

Si le couple de réponses est (oui,non), alors il faut penser aux arrangements.

Si le couple de réponses est (non,non), alors il faut penser aux combinaisons.

Si le couple de réponses est (non,oui), alors l'énoncé doit donner des indications complémentaires . . .

❑ Le nombre de p-listes d'un ensemble à n éléments est le nombre d'applications d'un ensemble à p éléments, dans un ensemble à n éléments et vaut n^p.

❑ Le nombre de p-listes sans répétition d'un ensemble à n éléments (on dit aussi p-arrangements d'un ensemble à n éléments et on suppose $p \leqslant n$) est le nombre d'injections d'un ensemble à p éléments, dans un ensemble à n éléments. Il vaut :

$$n(n-1)(n-2)\cdots(n-p+1) = \frac{n!}{(n-p)!}$$

❑ Le nombre de parties à p éléments d'un ensemble à n éléments est aussi le nombre d'applications strictement croissantes d'un ensemble à p éléments dans un ensemble à n éléments et vaut :

$$\binom{n}{p} = \begin{cases} \dfrac{n(n-1)\cdots(n-p+1)}{p!} & \text{si } p \leqslant n \\ 0 & \text{sinon} \end{cases}$$

❑ Si A et B sont deux ensembles finis, alors :

$$\operatorname{card}(A \times B) = \operatorname{card} A . \operatorname{card} B$$
$$\operatorname{card}(A \cup B) = \operatorname{card} A + \operatorname{card} C - \operatorname{card}(A \cap B)$$

❑ Formules ou sommes à connaître :

$\forall a, b \in \mathbb{R}, \forall n \in \mathbb{N}, (a+b)^n = \sum\limits_{k=0}^{n} \binom{n}{k} a^k b^{n-k}$ (formule du binôme de Newton)

$\forall (k,n) \in (\mathbb{N}^*)^2, \binom{n}{k} = \binom{n-1}{k} + \binom{n-1}{k-1}$, (formule de Pascal)

$\forall (k,n) \in (\mathbb{N}^*)^2, k\binom{n}{k} = n\binom{n-1}{k-1}$ (malheureusement sans nom)

$$1 + 2 + \cdots + n = \frac{n(n+1)}{2} \ ; \ 1^2 + 2^2 + \cdots + n^2 = \frac{n(n+1)(2n+1)}{6}$$

$$1^3 + 2^3 + \cdots + n^3 = \frac{n^2(n+1)^2}{4} = (1 + 2 + \cdots + n)^2$$

---

2) Indications spécifiques à chaque exercice

11.01. **3)** Raisonner avec le complémentaire. **4)** On étudiera les cas d'une couleur puis de 2 couleurs exactement.

11.02. On range d'abord les 3 livres fixés côte-à-côte, puis les 7 autres livres.

11.03. Quand les boules sont indiscernables seule la couleur intervient.

11.05. Penser aux différentes places de la boule noire.

11.06. Compter d'abord toutes les dispositions pour lesquelles la case C_1 au moins est vide.

11.07. Classer les parties de E : celles contenant a et b, celles contenant a mais pas b,...

11.08. Compter de deux façons le nombre de parties de cardinal n, d'un ensemble de cardinal $n_1 + n_2$ qui est la réunion disjointe de deux ensembles de cardinaux respectifs n_1 et n_2.

11.09. Modifier l'écriture du terme général de chaque somme, par exemple en revenant aux factorielles, puis penser à la formule du binome de Newton pour conclure.

11.10. Ecrire $k(k+1)\dots(k+i-1)$ à l'aide d'un coefficient binomial, puis utiliser la formule de Pascal pour faire apparaître une somme télescopique.

11.11. 1) On pourra développer $f(x) = (1+x)^n$ par la formule du binôme, puis calculer $f(1)$ et $f(-1)$. Pour **2)** Ecrire $i^2 = i(i-1) + i$.

11.12. Voir **11.10.**

11.13. Développer $A_n(z) = (1+z)^n$ par la formule du binôme et considérer $A_n(1)$, $A_n(j)$ et $A_n(j^2)$.

11.14. 2) Commencer par choisir les 3 personnes qui embarquent sur le premier bateau, puis 3 autres (sur les 6 restantes) pour embarquer sur le deuxième .... **3)** Raisonner à partir du complémentaire. **4)** Deux cas se présentent : dans chaque bateau il y a 3 personnes ou il y a 4 personnes qui se trouvent sur un même bateau.

11.15. 2) On commence par choisir les emplacements de la lettre a. **3)** On choisit les deux lettres puis on les place l'une après l'autre. **4)** Deux situations possibles : chacune des deux lettres se répète 4 fois ou l'une se répète 4 fois et l'autre 5 fois.

11.16. 3) Placer tout d'abord les deux chiffres identiques. **4)** On raisonne comme précédemment avec les 2 chiffres identiques puis les 3. **5)** Il faut raisonner ici autrement sous peine de compter deux fois certaines situations.

11.17. $(1+1)^n = ?$ et $(1-1)^n = ?$

11.18. Ecrire $p^2 = p(p-1) + p$. Développer $f(x) = (1+x)^{2n} + (1-x)^{2n}$ et calculer $f'(1)$ et $f''(1)$.

11.19. Se donner des entiers deux-à-deux différents et rangés dans l'ordre croissant revient à se donner la partie formée par ces entiers (il n'y a alors qu'une seule façon de les ranger dans cet ordre !).

11.20. Déterminer une partition de l'ensemble des applications de E vers F, en les classant selon le cardinal de leur image.

11.21. Si on sait où se trouve le $(p+1)^{\text{ème}}$ E, on sait combien il y en a avant !

11.22. 2) a) Choisir b et considérer la restriction de f à $A \setminus \{a\}$. **b)** Raisonner comme précédemment mais attention ici b possède en dehors de a d'autres antécédents ... **c)** Etudier deux cas selon que $f(a)$ possède a comme seul antécédent ou qu'il en possède un autre. **3) c) ii)** Utiliser la question **2) c)**.

III. CORRIGÉS DÉTAILLÉS DES EXERCICES

Corrigé 11.01

1°) Une main étant une partie (il n'y a pas d'ordre) de 8 cartes parmi 32, le nombre de mains possibles est $\boxed{\binom{32}{8} = 10\,518\,300}$

2°) Le nombre de mains sans as est le nombre de mains composées de 8 cartes prises parmi les 28 qui ne sont pas des as. Il y a $\binom{28}{8}$ mains de ce type, donc le nombre de mains contenant au moins un as est $\boxed{\binom{32}{8} - \binom{28}{8} = 7\,410\,195}$

3°) Soit E_1 l'ensemble des mains contenant au moins un coeur ou une dame et E l'ensemble de toutes les mains. $E \setminus E_1$ est l'ensemble des mains ne contenant ni coeur, ni dame. Il y a 21 cartes de ce type, donc $\text{card}(E \setminus E_1) = \binom{21}{8}$ et :

$$\boxed{\text{card}\, E_1 = \binom{32}{8} - \binom{21}{8} = 10\,314\,810}$$

4°) Contenir 2 couleurs au plus signifie que les mains qui conviennent contiennent exactement 1 couleur ou exactement 2 couleurs, cas qui s'excluent mutuellement.

⋆ Il y a 4 choix possibles pour la couleur donc le nombre de mains contenant exactement une couleur est 4 (il y a 8 cartes dans une couleur il faut donc les prendre toutes !).

⋆ On choisit 2 couleurs parmi les quatre, notons-les A et B, ce qui peut se faire de $\binom{4}{2}$ façons. On a ainsi selectionné 16 cartes et il faut en choisir 8 parmi celles-ci, sans prendre les 8 cartes A ni les 8 cartes B, ce qui peut donc se faire de $\binom{16}{8} - 2$ façons. Cette procédure est la même quelles que soient les 2 couleurs choisies.

Le nombre de mains contenant des cartes de 2 couleurs exactement est donc :

$$\binom{4}{2}\left(\binom{16}{8} - 2\right)$$

En conclusion, le nombre de mains contenant des cartes de 2 couleurs au plus est :

$$\boxed{4 + \binom{4}{2}\left(\binom{16}{8} - 2\right) = 77\,212}$$

Corrigé 11.02

Considérons 3 livres fixés A, B, C. Il y a 3! façons différentes de les ranger côte-à-côte (on peut les permuter entre-eux). Quel que soit l'ordre adopté pour ces trois livres, si on numérote les 10 places de cette étagère, de la gauche vers la droite, celui des 3 livres A, B ou C qui se trouve le plus à gauche a 8 places possibles, les places des deux autres étant alors parfaitement déterminées.
Il y a donc $8 \times 3!$ dispositions pour ces 3 livres.

Quelle que soit la façon de placer ces trois livres, il reste à placer les 7 autres livres sur l'étagère aux 7 places libres, ce qui peut donc se faire de 7! façons.

Au total le nombre de dispositions possibles est donc : $\boxed{8 \times 3! \times 7! = 241\,920}$

Corrigé 11.03

1°) Les boules étant indiscernables, un tirage est une 6-liste à partir de l'ensemble $\{n, b\}$, on a donc 2^6 possibilités (on compte les mots de 6 lettres, chaque lettre étant un n ou un b).

2°) a) Les boules étant indiscernables, un seul tirage amène 5 boules noires et une boule blanche dans cet ordre.

b) Les tirages amenant une boule noire au plus sont ceux qui n'amènent que des boules blanches (un seul tirage possible), et ceux qui amènent une seule boule noire (6 tirages possibles selon le rang d'apparition de la boule noire).
Donc au total il y a 7 tirages amenant au plus une boule noire.

c) Il y a 6 rangs de tirages. Pour compter le nombre de façons d'obtenir trois boules blanches (donc trois noires), il suffit de compter le nombre de façons de placer les trois rangs d'apparition d'une boule blanche. Il y a $\binom{6}{3}$ choix possibles et donc $\binom{6}{3} = 20$ tirages adéquats.

d) Il n'y a qu'un tirage n'amenant que des boules noires, donc le nombre de tirages amenant au moins une boule blanche est égal à $2^6 - 1 = 63$.

3°) On suppose maintenant que toutes les boules sont discernables.

Un tirage est une 6-liste d'un ensemble ayant 13 éléments (les 5 boules blanches et les 8 boules noires). Il y a donc $13^6 = 4\,826\,809$ résultats possibles.

a) Les tirages étant faits avec remise, il y a 8 choix pour chaque obtention d'une boule noire et 5 choix pour l'obtention de la boule blanche, donc le nombre de tirages amenant 5 noires puis 1 boule blanche est $8^5 \times 5 = 163\,840$.

b) Le nombre de tirages amenant une boule noire exactement est : $6 \times 8 \times 5^5$. En effet il y a 6 places possibles pour la boule noire et, pour une place fixée, il a 8 choix pour cette boule, enfin il reste alors 5 boules blanches à placer aux 5 places restantes, soit 5^5 façons de faire.
Le nombre de tirages n'amenant que des boules blanches est 5^6 (à chaque fois il y a 5 boules blanches disponibles !).
Au total le nombre de tirages amenant 1 boule noire au plus est

$$6 \times 8 \times 5^5 + 5^6 = 165\,625$$

c) Il y a $\binom{6}{3}$ places possibles pour les 3 boules blanches, à chaque fois 5^3 façons de choisir les boules blanches occupant ces places, puis à chaque fois 8^3 façons de compléter avec des boules noires. Donc au total il y a $\binom{6}{3} \times 5^3 \times 8^3 = 1\,280\,000$ tirages amenant 3 boules blanches et 3 boules noires.

d) Le nombre de tirages n'amenant aucune boule blanche est 8^6, donc le nombre de tirages amenant au moins une boule blanche est $13^6 - 8^6 = 4\,564\,665$.

Corrigé 11.04

1°) Il y a $\binom{10}{2}$ façons de choisir les places des deux chiffres 1 dans le numéro, à chaque fois $\binom{8}{2}$ façons de choisir alors les places des deux chifres 3, les places des six chiffres 7 étant maintenant parfaitement déterminées. Le nombre de numéros cherchés est donc :

$$\boxed{\binom{10}{2} \times \binom{8}{2} = 1260}$$

2°) On choisit les deux chiffres de $\binom{10}{2}$ façons. Ceci fait, il reste alors à compter tous les nombres possibles écrits avec ces deux chiffres, soit toutes les 10-listes obtenues avec 2 chiffres en excluant les 2 listes composées du le même chiffre.

On a donc : $\boxed{\binom{10}{2}(2^{10}-2) = 45\,990}$ numéros de ce type.

3°) Il y a $\binom{10}{3}$ choix pour les places du chiffre 1, il reste ensuite à compléter à chaque fois en mettant l'un quelconque des 9 chiffres restants aux 7 places libres. Soit un total de $\binom{10}{3}\times 9^7$, *i.e.* $\boxed{573\,956\,280}$ numéros de ce type.

Corrigé 11.05

Avec des notations évidentes, les résultats convenables sont de quatre types :

$$NBBB, BNBB, BBNB, BBBN$$

Il y a 5 façons de choisir la boule noire, 6 façons de choisir la première boule blanche obtenue, 5 façons de choisir alors la deuxième (les tirages sont sans remise !) et alors 4 façons de choisir la troisième.
Ainsi les quatre types de solutions sont tous de cardinal $5\times 6\times 5\times 4 = 600$.

Par conséquent il y a en tout $\boxed{4\times 600 = 2400}$ tirages convenables.

Corrigé 11.06

Notons C_i les cases, $1 \leqslant i \leqslant 3$ et P_j les pions, $1 \leqslant j \leqslant 4$.

i) Notons A_i l'ensemble des dispositions qui laissent la case C_i vide (une autre case pouvant aussi être vide pour une telle disposition).

On cherche à calculer ici $\operatorname{card}(A_1 \cup A_2 \cup A_3)$ et pour cela utilisons la formule du crible (ici simplement deux fois la formule du cardinal d'une réunion) :

$$\operatorname{card}(A_1 \cup A_2 \cup A_3) = \sum_{i=1}^{3} \operatorname{card} A_i - \sum_{1\leq i<j\leq 3} \operatorname{card}(A_i \cap A_j) + \operatorname{card}(A_1 \cap A_2 \cap A_3)$$

Les cases jouant des rôles symétriques, il est clair que $\operatorname{card} A_i$ ne dépend pas de i et que $\operatorname{card}(A_i \cap A_j)$ ne dépend pas des indices distincts i et j.

Comme il existe $\binom{3}{2} = 3$ couples (i, j) tels que $1 \leqslant i < j \leqslant 3$, il vient :

$$\operatorname{card}(A_1 \cup A_2 \cup A_3) = 3 \operatorname{card} A_1 - 3 \operatorname{card}(A_1 \cap A_2) + \operatorname{card}(A_1 \cap A_2 \cap A_3).$$

$\star$ Si la case C_1 est vide, il faut «appliquer» l'ensemble des 4 pions vers l'ensemble $\{C_2, C_3\}$. Ainsi $\operatorname{card} A_1 = 2^4 = 16$.

$\star$ Si les cases C_1 et C_2 sont vides, tous les pions sont sur la case C_3. Donc $\operatorname{card}(A_1 \cap A_2) = 1$.

$\star$ Les cases C_1, C_2 et C_3 ne pouvant être vides toutes les trois, on a donc : $\operatorname{card}(A_1 \cap A_2 \cap A_3) = 0$.

Ainsi : $\boxed{\operatorname{card}(A_1 \cup A_2 \cup A_3) = (3\times 16) - (3\times 1) = 45}$

ii) Il existe $3^4 = 81$ façons de placer les pions dans les cases, dont 45 pour lesquelles au moins une case est vide. Il y a donc $\boxed{36}$ dispositions possibles sans case vide.

Corrigé 11.07

Déterminons une partition de $\mathcal{P}_p(E)$ (ensemble des parties de cardinal p de E) :

a) Les parties de E à p éléments ne contenant ni a, ni b sont les parties à p éléments de $E \setminus \{a, b\}$, donc sont au nombre de $\binom{n-2}{p}$.

b) Les parties de E à p éléments contenant a et b, sont obtenues en prenant la réunion de $\{a, b\}$ et d'une partie à $p-2$ éléments de $E \setminus \{a, b\}$, donc sont au nombre de $\binom{n-2}{p-2}$.

c) Les parties de E à p éléments contenant a et ne contenant pas b, sont obtenues en prenant la réunion de $\{a\}$ et d'une partie à $p-1$ éléments de $E \setminus \{a, b\}$, donc sont au nombre de $\binom{n-2}{p-1}$.

d) De même les parties de E à p éléments contenant b et ne contenant pas a sont au nombre de $\binom{n-2}{p-1}$.

Il semble que nous n'ayons oublié aucune partie de cardinal p de E et que chaque partie ne soit comptée qu'une fois. Comme $\operatorname{card} \mathcal{P}_p(E) = \binom{n}{p}$, il vient :

$$\boxed{\binom{n}{p} = \binom{n-2}{p} + 2\binom{n-2}{p-1} + \binom{n-2}{p-2}}$$

(formule que l'on peut obtenir aussi en appliquant deux fois la formule de Pascal)

Corrigé 11.08

1°) $\star$ Soit E de cardinal $n_1 + n_2$, réunon disjointe de E_1 de cardinal n_1 et de E_2 de cardinal n_2. L'ensemble $\mathcal{P}_n(E)$ des parties de cardinal p de E possède $\binom{n_1+n_2}{n}$ éléments.

$\star$ Soit k un entier naturel compris entre 0 et n. L'ensemble $\mathcal{P}_{n,k}(E)$ des parties de cardinal p de E, dont k éléments appartiennent à E_1 possède $\binom{n_1}{k}\binom{n_2}{n-k}$ éléments. En effet une telle partie est obtenue en choisissant une partie quelconque, de cardinal k, de E_1, puis, quelle que soit la première partie obtenue, en choisissant une partie à $n-k$ éléments dans E_2 et en effectuant alors la réunion de ces deux parties. (Notons que la convention $\binom{n}{p} = 0$ si $p < 0$ ou $p > n$ permet de ne pas se préoccuper des valeurs pour lesquelles $\mathcal{P}_{n,k}(E)$ est non vide.)

$\star$ Comme $\mathcal{P}_n(E)$ est la réunion disjointe des ensembles $\mathcal{P}_{n,k}(E)$, $0 \leqslant k \leqslant n$, la formule de Vandermonde s'en déduit :

$$\boxed{\sum_{k=0}^{n} \binom{n_1}{k}\binom{n_2}{n-k} = \binom{n_1+n_2}{n}}$$

2°) Dans le cas particulier où $n_1 = n_2 = n$, la relation précédente devient, grâce aux propriétés des coefficients binomiaux :

$$\boxed{\sum_{k=0}^{n} \binom{n}{k}^2 = \sum_{k=0}^{n} \binom{n}{k}\binom{n}{n-k} = \binom{2n}{n}}$$

Corrigé 11.09

⋆ Pour $k \geqslant 1$, on a :

$$k\binom{n}{k} = k\times\frac{n!}{(k!)(n-k)!} = \frac{n!}{(k-1)!(n-k)!} = \frac{n(n-1)!}{(k-1)!(n-k)!} = n\binom{n-1}{k-1}$$

Donc :

$$S_1 = \sum_{k=1}^{n} k\binom{n}{k} = n\sum_{k=1}^{n}\binom{n-1}{k-1} = n\sum_{i=0}^{n-1}\binom{n-1}{i} = n.2^{n-1}$$

⋆ Avec la même formule :

$$S_2 = \sum_{k=1}^{n}(-1)^{k+1}k\binom{n}{k} = n\sum_{k=1}^{n}(-1)^{k+1}\binom{n-1}{k-1} = n\sum_{i=0}^{n-1}(-1)^{i}\binom{n-1}{i}$$
$$= n(1-1)^{n-1}$$

Si $n > 1$, on a donc $S_2 = 0$, et un calcul direct montre que si $n = 1$, alors $S_2 = 1$ (on peut aussi dire que $0^0 = 1$ et la formule trouvée est donc valable pour $n = 1$)

⋆ Toujours la même formule donne : $(k+1)\binom{n+1}{k+1} = (n+1)\binom{n}{k}$, donc :

$$S_3 = \sum_{k=1}^{n}\frac{1}{k+1}\binom{n}{k} = \frac{1}{n+1}\sum_{k=1}^{n}\binom{n+1}{k+1} = \frac{1}{n+1}\sum_{i=2}^{n+1}\binom{n+1}{i}$$
$$= \frac{1}{n+1}[(1+1)^{n+1} - 1 - (n+1)]$$

$$\boxed{S_3 = \frac{1}{n+1}(2^{n+1} - n - 2)}$$

⋆ En appliquant deux fois la même formule il vient :

$$(k+1)(k+2)\binom{n+2}{k+2} = (n+1)(n+2)\binom{n}{k}$$

et donc :

$$S_4 = \sum_{k=0}^{n}\frac{1}{(k+1)(k+2)}\binom{n}{k} = \frac{1}{(n+1)(n+2)}\sum_{k=0}^{n}\binom{n+2}{k+2}$$
$$= \frac{1}{(n+1)(n+2)}\sum_{i=2}^{n+2}\binom{n+2}{i}$$
$$= \frac{1}{(n+1)(n+2)}\left(\sum_{i=0}^{n+2}\binom{n+2}{i} - \binom{n+2}{0} - \binom{n+2}{1}\right)$$

$$\boxed{S_4 = \frac{1}{(n+1)(n+2)}(2^{n+2} - n - 3)}$$

Corrigé 11.10

Notons S_n la somme en question. On a :

$$k(k+1)(k+2)\cdots(k+i-1) = i!\binom{k+i-1}{i}$$

donc : $S_n = i!\sum_{k=0}^{n}\binom{k+i-1}{i}$.

Pour évaluer S_n, utilisons la relation de Pascal : $\binom{n}{p} = \binom{n-1}{p} + \binom{n-1}{p-1}$, valable *a priori* pour $p \leqslant n-1$, mais valable en fait pour tout couple d'entiers (p, n), grâce aux conventions de nullité pour les coefficients binomiaux.

On a donc : $\binom{k+i-1}{i} = \binom{k+i}{i+1} - \binom{k+i-1}{i+1}$, et :

$$S_n = i! \sum_{k=0}^{n} \left[\binom{k+i}{i+1} - \binom{k+i-1}{i+1}\right]$$

On est en présence d'une somme télescopique et :

$$\boxed{S_n = i!\left[\binom{n+i}{i+1} - \binom{i-1}{i+1}\right] = i!\binom{n+i}{i+1}}$$

Corrigé 11.11

1°) Soit $S_n = \sum_{i \text{ pair}} \binom{n}{i}$. Afin d'évaluer cette somme considérons la fonction f définie sur $\mathbb{R}$ par $f(x) = (1+x)^n$. On a : $f(x) = \sum_{k=0}^{n} \binom{n}{k} x^k$. D'où :

$$f(1) = 2^n = \sum_{k=0}^{n} \binom{n}{k} \text{ et } f(-1) = (1-1)^n = \sum_{k=0}^{n} (-1)^k \binom{n}{k}$$

En calculant $f(1) + f(-1)$, les termes d'indices pair se doublent et les termes d'indices impairs se détruisent. Soit :

$$2.S_n = f(1) + f(-1) = 2^n + (1-1)^n$$

Par conséquent : $\boxed{\forall n \geqslant 1, S_n = 2^{n-1} \text{ et } S_0 = 1}$

2°) Posons $T_n = \sum_{i=0}^{n} i^2 \binom{n}{i}$. On peut écrire :

$$T_n = \sum_{i=1}^{n} [i(i-1) + i]\binom{n}{i} = \sum_{i=2}^{n} i(i-1)\binom{n}{i} + \sum_{i=1}^{n} i\binom{n}{i}$$

En utilisant encore les relations :

$$\forall i \geqslant 1, i\binom{n}{i} = n\binom{n-1}{i-1} \text{ et } \forall i \geqslant 2, i(i-1)\binom{n}{i} = n(n-1)\binom{n-2}{i-2}$$

il vient, pour $n \geqslant 2$:

$$T_n = n(n-1)\sum_{i=2}^{n} \binom{n-2}{i-2} + n\sum_{i=1}^{n} \binom{n-1}{i-1}$$

$$= n(n-1)\sum_{j=0}^{n-2} \binom{n-2}{j} + n\sum_{j=0}^{n-1} \binom{n-1}{j}$$

$$\boxed{T_n = n(n-1)2^{n-2} + n2^{n-1}}$$

Un calcul direct donne $T_1 = 1$ et $T_0 = 0$ et la formule générale obtenue est encore valable dans ces deux cas particuliers.

Corrigé 11.12

Nous avons déjà rencontré ce problème en **11.10**. Le salut vient de la formule de Pascal. Avec les conventions de nullité, on a :

$$\forall (k,n) \in \mathbb{N}^2, \binom{k}{n} = \binom{k+1}{n+1} - \binom{k}{n+1}$$

donc : $S_n = \sum_{k=n}^{m} \binom{k}{n} = \sum_{k=n}^{m} \left(\binom{k+1}{n+1} - \binom{k}{n+1}\right) = \binom{m+1}{n+1} - \binom{n}{n+1}$,

$$\boxed{S_n = \binom{m+1}{n+1}}$$

Corrigé 11.13

Pour tout $z \in \mathbb{C}$, on a : $f(z) = (z+1)^n = \sum\limits_{k=0}^{n} \binom{n}{k} z^k$.

Afin de ne faire la somme que des termes en $\binom{n}{3k}$, comme $1 + j + j^2 = 0$ et $j^3 = 1$ ($j = e^{i\frac{2\pi}{3}}$), donnons à z successivement les valeurs 1, j et j^2 (il s'agit des racines cubiques de l'unité) :

$$\begin{cases} f(1) = (1+1)^n = 1 + \binom{n}{1} + \binom{n}{2} + \binom{n}{3} + \binom{n}{4} + \cdots + \binom{n}{n} \\ f(j) = (1+j)^n = 1 + \binom{n}{1} j + \binom{n}{2} j^2 + \binom{n}{3} + \binom{n}{4} j + \cdots + \binom{n}{n} j^n \\ f(j^2) = (1+j^2)^n = 1 + \binom{n}{1} j^2 + \binom{n}{2} j + \binom{n}{3} + \binom{n}{4} j^2 + \cdots + \binom{n}{n} j^{2n} \end{cases}$$

(car $j^3 = 1 \implies j^4 = j; j^5 = j^2; j^6 = 1, \ldots$)

Ainsi en faisant la somme de ces trois égalités on obtient :

$$2^n + (1+j)^n + (1+j^2)^n = 3 \sum_{k=0}^{\lfloor n/3 \rfloor} \binom{n}{3k}.$$

Comme $j^2 = \overline{j}$, les deux nombres complexes $(1+j)^n$ et $(1+j^2)^n$ sont conjugués et on a : $(1+j)^n + (1+j^2)^n = 2.\text{Ré}\big[(1+j)^n\big]$.

Or : $(1+j)^n = (-j^2)^n = (-1)^n \mathrm{e}^{-i\frac{2n\pi}{3}}$ donc $\text{Ré}\big[(1+j)^n\big] = (-1)^n \cos \frac{2n\pi}{3}$.

et finalement :

$$\boxed{\sum_{k=0}^{\lfloor n/3 \rfloor} \binom{n}{3k} = \frac{1}{3}\left(2^n + 2(-1)^n \cos \frac{2n\pi}{3}\right)}$$

Corrigé 11.14

1°) Une situation est une application de l'ensemble des passagers vers l'ensemble des bateaux, il y a donc 3^9 possibilités.

2°) On choisit les trois personnes qui vont sur le premier bateau de $\binom{9}{3}$ façons, puis les trois qui vont sur le deuxième de $\binom{6}{3}$ façons, les autres allant donc sur le troisième. Il y a ainsi :

$$\binom{9}{3} \times \binom{6}{3} \text{ possibilités.}$$

3°) On dénombre les situations où au moins un bateau est vide :

→ Deux bateaux sont vides : tous les passagers montent donc sur le même bateau, il y a 3 choix possibles du bateau.

→ Un seul bateau est vide : il y a trois choix possibles de ce bateau, ensuite il y a 2^9 possibilités d'embarquement des 9 personnes vers les deux autres bateaux desquelles il faut exclure les 2 situations où tout le monde embarque sur le même bateau.

Ainsi le nombre de situations recherchées est : $3^9 - (3 + 3(2^9 - 2))$.

4°) Deux cas sont possibles :
$\rightarrow$ il y a trois personnes par bateau : on a vu qu'il y a $\binom{9}{3}\times\binom{6}{3}$ situations de ce type.
$\rightarrow$ 4 personnes embarquent sur un bateau : on le choisit de 3 façons et on choisit ses passagers de $\binom{9}{4}$ façons. Il reste 5 passagers à placer, deux allant sur l'un des deux autres bateaux, ce qui fait $\binom{5}{2}\times 2$ façons de procéder et les autres vont nécessairement sur le dernier bateau.
Ainsi il y a $\binom{9}{3}\times\binom{6}{3} + 3\times\binom{9}{4}\times\binom{5}{2}\times 2$ possibilités.

Corrigé 11.15

1°) E est l'ensemble des 9 listes possibles à partir d'un ensemble à 26 éléments donc $\operatorname{card} E = 26^9$.
2°) La lettre a figure exactement 4 fois, il y a $\binom{9}{4}$ façons de la placer, il reste alors à remplir 5 cases avec d'autres lettres, ce qui peut se faire de 25^5 façons. Il y a donc : $\binom{9}{4}\times 25^5$ mots adéquats.
3°) Il y a $\binom{26}{2}$ façons de choisir 2 lettres distinctes, notées l_1 et l_2, il y a alors $\binom{9}{4}$ façons de positionner la lettre l_1 dans le mot, puis $\binom{5}{4}$ façons de positionner la lettre l_2, enfin il reste une lettre à choisir parmi les 24 restantes et une seule façon de la placer.
Ainsi il y a : $\binom{26}{2}\times\binom{9}{4}\times\binom{5}{4}\times 24$ mots qui conviennent.
4°) Il y a deux possibilités :
$\rightarrow$ les deux lettres se répètent chacune exactement 4 fois. Ce cas vient d'être traité.
$\rightarrow$ L'une est répétée 4 fois et et la seconde 5 fois. Il y a 26 façons de choisir la lettre qui se répètera 4 fois et $\binom{9}{4}$ façons de positionner cette lettre, ensuite il y a 25 façons de choisir la lettre se répétant 5 fois et elle prendra les 5 places restantes, soit donc pour cette dernière situation $26\times\binom{9}{5}\times 25$ mots possibles.
Au total le nombre de mots est : $\binom{26}{2}\times\binom{9}{4}\times\binom{5}{4}\times 24 + 26\times\binom{9}{5}\times 25$.
5°) Il y a $\binom{2n}{n}$ choix pour placer les n exemplaires de la lettre a et le mot est alors bien déterminé, il y a donc $\binom{2n}{n}$ mots convenant.

b) Les lettres a occupent :
$\rightarrow$ la $k^{\text{ème}}$ place : une façon de faire ;
$\rightarrow$ une place entre le rang 1 et le rang $k-1$: $k-1$ façons de faire ;
$\rightarrow$ $n-2$ places entre le rang $k+1$ et le rang $2n$, donc $\binom{2n-k}{n-2}$ façons de faire.
Le mot est alors parfaitement déterminé et il y a donc $(k-1)\binom{2n-k}{n-2}$ mots qui conviennent.

Corrigé 11.16

1°) Une possibilité est une liste de longueur 8 formée d'éléments d'un ensemble de cardinal 9. Il y a donc 9^8 possibilités.

2°) Il y a 9 façons de choisir le premier chiffre, à chaque fois il y a alors 8 façons de choisir le deuxième, ... et enfin, à chaque fois, 2 façons de choisir le huitième. Il y a donc $9!$ possibilités.

3°) On choisit le chiffre répété de 9 façons, puis il y a $\binom{8}{2}$ façons de placer ce doublon, il reste alors à choisir et à placer 6 chiffres distincts deux à deux parmi les 8 restants, ce qui se fait de $8.7.6.5.4.3 = \frac{8!}{2!}$ façons.

Il y a donc en tout : $9\times\binom{8}{2}\times\frac{8!}{2!}$ possibilités.

4°) On raisonne comme précédemment : pour le chiffre répété 2 fois, il y a $9\times\binom{8}{2}$ façons de le choisir et de les placer, puis pour le chiffre répété 3 fois, il y a alors à chaque fois $8\times\binom{6}{3}$ façons de le choisir et de les placer. Enfin il reste à choisir et à placer 3 chiffres deux à deux distincts parmi les 7 chiffres restants, soit $7.6.5 = \frac{7!}{4!}$ façons de conclure. Il y a donc $9\times\binom{8}{2}\times 8\times\binom{6}{3}\times\frac{7!}{4!}$ possibilités.

5°) On commence par choisir les deux chiffres qui vont être répétés chacun deux fois, il y a $\binom{9}{2}$ choix possibles, on choisit ensuite les 4 places occupées par ces 4 chiffres, il y a $\binom{8}{4}$ choix, enfin on place au sein de ces 4 places le plus petit de ces 2 chiffres qui est répété 2 fois, il y a $\binom{4}{2}$ possibilités.

Il reste à choisir et à placer 4 chiffres deux-à-deux distincts parmi 7 chiffres restants, soit $7.6.5.4 = \frac{7!}{3!}$ façons de faire.

Il y a donc $\binom{9}{2}\times\binom{8}{4}\times\binom{4}{2}\times\frac{7!}{3!}$ possibilités.

Corrigé 11.17

Soit E un ensemble ayant n éléments, $n \neq 0$. Comme le nombre de parties à k éléments de E est $\binom{n}{k}$, on en déduit que :

- ⋆ Le nombre de parties de cardinal pair est :
$$S_1 = \binom{n}{0} + \binom{n}{2} + \binom{n}{4} + \cdots + \binom{n}{2.\lfloor n/2\rfloor} = \sum_{0\leq 2k\leq n}\binom{n}{2k}$$
- ⋆ Le nombre de parties de cardinal impair est :
$$S_2 = \binom{n}{1} + \binom{n}{3} + \cdots + \binom{n}{2.\lfloor (n-1)/2\rfloor + 1} = \sum_{0\leq 2k+1\leq n}\binom{n}{2k+1}$$

D'autre part, comme $n > 0$:
$$0 = (1-1)^n = \sum_{k=0}^{n}(-1)^k\binom{n}{k} = \sum_{0\leq 2k\leq n}\binom{n}{2k} - \sum_{0\leq 2k+1\leq n}\binom{n}{2k+1} = S_1 - S_2$$

On a donc bien $S_1 = S_2$ et comme $S_1 + S_2 = (1+1)^n = 2^n$, chacun de ces nombres vaut 2^{n-1}.

Corrigé 11.18

$\star$ Afin d'éliminer les termes impairs, utilisons l'indication donnée :

$$f(x) = (1+x)^{2n} + (1-x)^{2n} = \sum_{k=0}^{2n} \binom{2n}{k} x^k + \sum_{k=0}^{2n} \binom{2n}{k} (-1)^k x^k$$
$$= 2\sum_{p=0}^{n} \binom{2n}{2p} x^{2p}$$

D'où : $f'(x) = 2\sum_{p=1}^{n} 2p\binom{2n}{2p} x^{2p-1}$ et $f''(x) = 2\sum_{p=1}^{n} 2p(2p-1)\binom{2n}{2p} x^{2p-2}$

(Attention, le terme correspondant à $p = 0$ disparaît dans le calcul de $f'(x)$, mais le terme correspondant à $p = 1$ est un terme en x^2 qui ne disparaît pas dans $f''(x)$)

Or : $f'(x) = 2n(1+x)^{2n-1} - 2n(1-x)^{2n-1}$

$f''(x) = 2n(2n-1)(1+x)^{2n-2} + 2n(2n-1)(1-x)^{2n-2}$

D'où : $f'(1) = 2n.2^{2n-1}$ et $f''(1) = 2n(2n-1)2^{2n-2}$ (même pour $n = 2$).

En résumé, on a donc :

$$\begin{cases} 2n.2^{2n-1} = f'(1) = 2\sum_{p=1}^{n} 2p\binom{2n}{2p} \\ 2n(2n-1)2^{2n-2} = f''(1) = 2\sum_{p=1}^{n} 2p(2p-1)\binom{2n}{2p} \end{cases}$$

$\star$ Le matériel est maintenant en place pour calculer S :

$$S = \frac{1}{4}\sum_{p=1}^{n} 4p^2\binom{2n}{2p} = \frac{1}{4}\sum_{p=0}^{n} 2p(2p-1)\binom{2n}{2p} + \frac{1}{4}\sum_{p=0}^{n} 2p\binom{2n}{2p}$$
$$= \frac{1}{4}n(2n-1)2^{2n-2} + \frac{1}{4}n.2^{2n-1}$$

Soit, après regroupements :

$$\boxed{S = n(2n+1)2^{2n-4}}$$

Corrigé 11.19

1°) On peut convenir d'énoncer toute partie à deux éléments de E en donnant d'abord le plus grand de ses deux termes, puis le plus petit.

Il y a donc autant de couples (x, y) tels que $x > y$, que de parties à deux éléments de E, c'est-à-dire $\binom{n}{2} = \dfrac{n(n-1)}{2}$ couples.

2°) $\{(x,y) \in E^2, x \geqslant y\} = \{(x,y) \in E^2, x > y\} \cup \{(x,x), x \in E\}$. Ainsi aux couples précédents, il suffit d'ajouter les n couples (x, x).

Il y a donc $\binom{n}{2} + n = \dfrac{n(n+1)}{2}$ couples convenables.

3°) De même on peut convenir d'énoncer une partie à trois éléments dans l'ordre décroissant de ses termes. Il y a donc $\binom{n}{3}$ triplets convenables.

Corrigé 11.20

Notons $A(E, F)$ l'ensemble des applications de E vers F et $S(E, F)$ l'ensemble de ces applications qui sont surjectives. On peut déterminer une partition de $A(E, F)$, en considérant les applications pour lesquelles :

→ Le cardinal de l'image $f(E)$ vaut 1 : il a 3 choix possibles pour cette image, donc 3 applications de ce type.
→ Le cardinal de l'image $f(E)$ vaut 2 : il y a 3 façons de choisir cette image (on choisit l'élément qui n'est pas atteint), et à chaque fois il y a $2^n - 2$ applications convenables (toutes les applications de cardinal n vers un ensemble de cardinal 2, sauf les deux applications constantes). Il y a donc $3(2^n - 2)$ applications de ce type.
→ Les autres, qui forment donc $S(E, F)$.
Comme $\operatorname{card} A(E, F) = 3^n$, il vient par différence :

$$\boxed{\operatorname{card} S(E, F) = 3^n - [3 + 3(2^n - 2)] = 3^n - 3.2^n + 3}$$

Corrigé 11.21

Soit A l'ensemble des mots de $p + q + 1$ lettres composés avec les lettres A, C.
1°) Un mot de A est une $(p + q + 1)$ liste d'éléments de $\{E, C\}$, donc :

$$\boxed{\operatorname{card} A = 2^{p+q+1}}$$

2°) a) Pour un mot de A'_k, le $(p + 1)^{\text{ième}}$ E se trouve en $(p + k)^{\text{ième}}$ position, il y a donc : p lettres E parmi les $(p + k - 1)$ premières lettres (et donc $(k - 1)$ lettres C qui prennent nécessairement les places vacantes) et de la place $(p + k + 1)$ jusqu'à la place $p + q + 1$, il y a des lettres E ou C placées arbitrairement.
Il y a donc $\binom{p+k-1}{p}.2^{q-k+1}$ possibilités pour construire le mot. Bref :

$$\boxed{\operatorname{card} A'_k = \binom{p+k-1}{p} 2^{q-k+1}}$$

b) L'ensemble des A'_k, $k \in [\![1, q + 1]\!]$ constitue une partition de A', donc $A' = \bigcup_{k=1}^{q+1} A'_k$ et :

$$\boxed{\operatorname{card} A' = \sum_{k=1}^{q+1} \operatorname{card} A'_k = \sum_{k=1}^{q+1} \binom{p+k-1}{p} 2^{q-k+1}}$$

3°) Soit A'' l'ensemble des éléments de A contenant au moins $q + 1$ fois la lettre C. En raisonnant comme précédemment, notons A''_k l'ensemble des mots de A'' dont le $(q + 1)^{\text{ième}}$ C se trouve en $(q + k)^{\text{ième}}$ position, avec $k \in [\![1, p + 1]\!]$. Alors :

$$\boxed{\operatorname{card} A'' = \sum_{k=1}^{p+1} \operatorname{card} A''_k = \sum_{k=1}^{p+1} \binom{q+k-1}{q} 2^{p-k+1}}$$

4°) Un mot de A comporte $p + q + 1$ lettres. Il n'est pas dans A' si et seulement si il contient strictement moins de $p + 1$ lettres E, donc si et seulement si il contient au moins $q + 1$ lettres E. Donc :
$A = A' \cup A''$ et $A' \cap A'' = \emptyset$. Ainsi $\operatorname{card} A = \operatorname{card} A' + \operatorname{card} A''$. Soit :

$$2^{p+q+1} = \sum_{k=1}^{q+1} \binom{p+k-1}{p} 2^{q-k+1} + \sum_{k=1}^{p+1} \binom{q+k-1}{q} 2^{p-k+1}.$$

D'où en posant $i = k - 1$:

$$\boxed{2^{p+q+1} = \sum_{i=0}^{q} \binom{p+i}{p} 2^{q-i} + \sum_{i=0}^{p} \binom{q+i}{q} 2^{p-i}}$$

Dans le cas particulier où $p = q$, il vient :

$$2^{2p+1} = 2\sum_{i=0}^{p}\binom{p+i}{p}2^{p-i},\ i.e.\ 2^{2p} = \sum_{i=0}^{p}\binom{p+i}{p}2^{p-i} = \sum_{k=p}^{2p}\binom{k}{p}2^{2p-k}$$

Corrigé 11.22

1°) $\star$ $S_n^1 = 1$, car il n'y a qu'une application d'un ensemble à n éléments dans un ensemble à 1 élément et elle est surjective.

$\star$ $S_n^2 = 2^n - 2$, en effet toute application convient sauf si tous les éléments de A ont la même image, il y a donc deux situations à écarter.

$\star$ $S_n^n = n!$, car une application entre ensembles de même cardinal est surjective si et seulement si elle est bijective.

$\star$ $S_n^p = 0$ si $p > n$, car on ne peut définir de surjection dans ce cas.

2°) a) Une application f de E vers F est une surjection telle que a soit le seul antécédent de b, si et seulement si la restriction f' de f à $E \setminus \{a\}$ est une surjection de $E \setminus \{a\}$ sur $F \setminus \{b\}$ (et on prolonge alors f' à E en donnant b pour image à a). Le nombre de ces surjections est donc S_{n-1}^{p-1}.

b) Une application f de E vers F est une surjection telle que b possède au moins deux antécédents dont a, si et seulement si la restriction f' de f à $E \setminus \{a\}$ est une surjection de $E \setminus \{a\}$ sur F (et on prolonge alors f' à E en donnant b pour image à a ce qui donne donc un nouvel antécédent à b). Le nombre de ces surjections est donc S_{n-1}^p.

c) Faisons le point : on se donne une fois pour toutes un élément a de E. Les surjections f de E vers F sont de deux types :
$\rightarrow$ Celles pour lesquelles $f(a)$ admet a pour seul antécédent. Comme on peut choisir $b = f(a)$ de p façons, elles sont au nombre de $p \times S_{n-1}^{p-1}$.
$\rightarrow$ Celles pour lesquelles $f(a)$ n'admet pas a pour seul antécédent (il admet toujours a pour antécédent !). Comme on peut encore choisir $b = f(a)$ de p façons, elles sont au nombre de $p \times S_{n-1}^p$.
Les deux cas s'excluant mutuellement, on conclut :

$$S_n^p = p.S_{n-1}^{p-1} + p.S_{n-1}^p$$

Cette relation suppose évidemment $n \geqslant 1, p \geqslant 1$ et $p \leqslant n-1$.

3°) a) Supposons donc $n = 1$.
$\rightarrow$ On a $S_1^1 = 1$ et $\sum_{i=0}^{1-1}(-1)^i\binom{1}{1-i}(1-i)^1 = (-1)^0\binom{1}{1}1^1 = 1$: la formule annoncée est vraie au rang 1.

$\rightarrow$ Pour $p > 1$, on a $S_1^p = 0$ et $\sum_{i=0}^{p-1}(-1)^i\binom{p}{p-i}(p-i)^1 = \sum_{k=1}^{p}(-1)^{p-k}\binom{p}{k}k$, en posant $k = p - i$.

Comme pour $k \geqslant 1$, $k\binom{p}{k} = p\binom{p-1}{k-1}$, cette somme a pour valeur :

$$\sum_{k=1}^{p}(-1)^{p-k}\binom{p}{k}k=\sum_{k=1}^{p}(-1)^{p-k}p\binom{p-1}{k-1}=p\sum_{k=1}^{p}(-1)^{p-k}\binom{p-1}{k-1}$$

$$\sum_{k=1}^{p}(-1)^{p-k}\binom{p}{k}k=p\sum_{j=0}^{p-1}(-1)^{p-1-j}\binom{p-1}{j}=p(1-1)^{p-1}=0 \text{ (car } p>1).$$

La formule annoncée est donc également vraie et finalement est vraie pour tout $p \geqslant 1$.

b) Soit $n \geqslant 2$ et $p = 1$:

$S_n^1 = 1$ et $\sum_{i=0}^{1-1}(-1)^i\binom{1}{1-i}(1-i)^n = 1$, d'où l'égalité demandée.

c) i) Pour $p \geqslant i+1$ et $i \geqslant 1$:

$$p\binom{p-1}{p-i}=p\times\frac{(p-1)!}{(p-i)!(i-1)!}=\frac{p!}{(p-i)!(i-1)!}=i\times\frac{p!}{(p-i)!i!}=i\binom{p}{i}$$

Soit : $p\binom{p-1}{p-i}=i\binom{p}{p-i}$ et

$$p(\binom{p}{p-i}-\binom{p-1}{p-i})=(p-i)\binom{p}{p-i}$$

ii) Compte tenu de l'hypothèse faite, on peut écrire :

$$\begin{aligned}
S_{n+1}^p &= p(S_n^p+S_n^{p-1})\\
&=\sum_{i=0}^{p-1}(-1)^i p\binom{p}{p-i}(p-i)^n+\sum_{i=0}^{p-1}(-1)^i p\binom{p-1}{p-i-1}(p-1-i)^n\\
&=\sum_{i=0}^{p-1}(-1)^i p\binom{p}{p-i}(p-i)^n+\sum_{j=1}^{p}(-1)^{j-1} p\binom{p-1}{p-j}(p-j)^n\\
&=p^{n+1}+\sum_{j=1}^{p-1}(-1)^j(\binom{p}{p-j}-\binom{p-1}{p-j}))(p-j)^n+0\\
&=p^{n+1}+\sum_{j=1}^{p-1}(-1)^j(p-j)\binom{p}{p-j}(p-j)^n\\
&=p^{n+1}+\sum_{j=1}^{p-1}(-1)^j\binom{p}{p-j}(p-j)^{n+1}=\sum_{j=0}^{p-1}(-1)^j\binom{p}{p-j}(p-j)^{n+1}.
\end{aligned}$$

Ce qui est le résultat voulu.

d) Ainsi par le principe de récurrence, on a montré que :

$$\boxed{S_n^p=\sum_{j=0}^{p-1}(-1)^j\binom{p}{p-j}(p-j)^n, \text{ pour } p\geqslant 1 \text{ et } n\geqslant 1}$$

Probabilités
sur un univers fini

12

RÉPARTITION DES EXERCICES

I. ÉNONCÉS DES EXERCICES

12.01 Une urne contient n_1 boules blanches et n_2 boules noires. On tire une boule de cette urne. Si elle est blanche on la remet dans l'urne. Si elle est noire, on la remplace par a boules blanches prises dans une réserve auxiliaire, $a \in \mathbb{N}$. On tire alors une deuxième boule de l'urne.

Quelle est la probabilité que la deuxième boule tirée soit blanche ?

◇

12.02 Une urne contient 10 boules blanches, 6 boules rouges, 4 boules noires.

a) On tire successivement 3 boules avec remise.

i) Calculer la probabilité que le tirage soit tricolore.

ii) Quelle est la probabilité que le tirage soit bicolore ?

iii) Quelle est la probabilité que le tirage soit unicolore ?

b) Traiter les questions précédentes avec un tirage simultané de 3 boules.

◇

12.03 On dispose de trois pièces, la première fait pile avec la probabilité $0{,}1$, la seconde avec la probabilité $0{,}4$, la troisième avec la probabilité $0{,}6$. On choisit au hasard l'une des pièces et on la lance 3 fois.
Déterminer la probabilité qu'on ait lancé la première pièce sachant qu'on a obtenu 2 fois pile et une fois face.

◇

12.04 Une urne contient n boules blanches et n boules noires. On effectue des tirages successifs d'une boule.

1°) On suppose que les tirages sont avec remise.

a) Déterminer la probabilité que la $k^{\text{ème}}$ boule tirée soit blanche sachant que les $(k-1)$ premières boules obtenues sont blanches.

b) Quelle est la probabilité que les k premières boules tirées soient blanches ?

2°) Mêmes questions dans le cas où les tirages se font sans remise.

◇

12.05 N personnes numérotées $1, 2, \ldots, N$ se transmettent dans cet ordre une information. Chaque personne tranforme l'information reçue en son contraire avec la probabilité $p \in]0, 1[$ et la transmet fidèlement avec la probabilité $1 - p$. Quelle est la probabilité que l'information parvienne non déformée à la $N^{\text{ème}}$ personne ?

◇

12.06 On considère les familles de n enfants $(n \geqslant 2)$ et on s'intéresse aux différentes répartitions des sexes : M et F.
On note M_i l'événement « le $i^{\text{ème}}$ enfant est du sexe masculin » et on suppose que, pour tout i, $P(M_i) = 0{,}5$, les événements $M_1, \ldots, M_n$ étant mutuellement indépendants. On considère les événements :
A : la famille a des enfants des deux sexes, B : la famille a au plus une fille.

a) Etudier l'indépendance de ces deux événements dans les cas particuliers $n = 2$ et $n = 3$.

b) Faire l'étude dans le cas général.

◇

12.07 Soit n un entier naturel non nul, on considère deux personnes qui lancent une pièce équilibrée n fois chacun. Quelle est la probabilité qu'ils obtiennent le même nombre de faces ?

◇

12.08 Sur un stock de 100 dés il y en a 25 qui sont pipés. La probabilité d'obtenir 6 avec un dé pipé est $\frac{1}{2}$.
1°) On choisit un dé et on le lance. Quelle est la probabilité d'avoir lancé un dé pipé sachant que l'on a obtenu 6 ?
2°) On le relance et l'on obtient à nouveau 6, quelle est la probabilité que le dé soit pipé ?

◇

12.09 Une grande école, qui recrute sur concours à l'entrée en première année, recrute également par admission parallèle en $2^{\text{ème}}$ année, une licence étant nécessaire.
Cette année là, parmi les élèves de $2^{\text{ème}}$ année :
⋆ 11% avaient une licence de mathématiques.
⋆ 14% avaient une licence de sciences économiques.
⋆ 8% avaient une licence de droit ou autre.

⋆ 8% avaient à la fois une licence de mathématiques et de sciences économiques.
⋆ 3% avaient une licence de sciences économiques et de droit.
⋆ 2% avaient une licence de mathématiques et de droit.
Enfin, aucun n'avait plus de deux licences et aucun des étudiants issu du recrutement sur concours en première année n'avait de licence.
Quelle est la probabilité qu'un élève de seconde année soit entré par voie parallèle ?

◇

12.10 On considère deux urnes A et B contenant des boules noires et des boules blanches. L'urne A contient des boules blanches en proportion a, $(0 < a < 1)$ et l'urne B contient des boules blanches en proportion b, $(0 < b < 1)$.
On effectue N tirages successifs, avec remise de la boule dans l'urne d'où elle provient, et ceci de la façon suivante :

⋆ Pour le premier tirage, on choisit l'une des deux urnes au hasard
Si la boule obtenue est blanche, on tire la boule suivante dans la même urne, si elle est noire, on tire la boule suivante dans l'autre urne.
⋆ On continue suivant la même règle jusqu'au $N^{\text{ème}}$ tirage.

Soit n un entier naturel vérifiant $1 \leqslant n \leqslant N$, on note alors :
$p_n = P(BL_n)$ la probabilité d'obtenir une boule blanche au $n^{\text{ème}}$ tirage :
$q_n = P(A_n)$ la probabilité que le $n^{\text{ème}}$ tirage soit effectué dans l'urne A.

1°) Calculer p_1 et q_2 puis p_2.

2°) Déterminer une relation liant q_n et q_{n-1} pour $2 \leqslant n \leqslant N$.

3°) En déduire l'expression de q_n en fonction de a, b, n.

4°) En déduire l'expression de p_n en fonction de a, b, n.

◇

12.11 On dispose de 3 pièces équilibrées, une pièce ayant ses deux côtés blancs, les deux autres ayant une face blanche et une face noire. On prend une pièce au hasard et on effectue des lancers indépendants de cette pièce.

1°) Quelle est la probabilité d'obtenir « blanc » au premier lancer ?

2°) Quelle est la probabilité d'obtenir « blanc » aux n premiers lancers ?

3°) Sachant que l'on a obtenu n fois de suite « blanc », quelle est la probabilité que l'on ait pris la pièce unicolore ?

◇

12.12 On dispose de deux dés A et B. Le dé A possède quatre faces rouges et deux faces blanches. Le dé B a deux faces rouges et quatre faces blanches.
On lance une pièce de monnaie équilibrée.
Si on obtient « pile » on décide de jouer uniquement avec le dé A. Si on obtient « face » on décide de jouer uniquement avec le dé B.

1°) Calculer la probabilité d'obtenir rouge à un lancer quelconque d'un dé.

2°) Calculer la probabilité d'obtenir rouge au troisième lancer, sachant que l'on a déjà obtenu cette couleur aux deux premiers lancers.

3°) Déterminer la probabilité p_n d'avoir utilisé le dé A, sachant que l'on a obtenu rouge aux n premiers lancers ($n \geqslant 1$).

◇

12.13 Sur un marché il y a trois fournisseurs A, B, C. L'évolution du marché se fait de la façon suivante :

Si une personne se fournit en A pour un achat, pour l'achat suivant elle choisit indifféremment A, B ou C,

Si une personne se fournit en B pour un achat, pour l'achat suivant elle reste fidèle à B.

Si une personne se fournit en C pour un achat, pour l'achat suivant elle choisit C avec la probabilité $\frac{1}{3}$, elle choisit A avec la probabilité $\frac{1}{12}$, elle choisit B avec la probabilité $\frac{7}{12}$.

Au départ la personne choisit au hasard l'un des 3 fournisseurs. Soient p_n, q_n, r_n les probabilités pour que, au $n^{\text{ème}}$ achat, la personne se fournisse respectivement chez le fournisseur A, B ou C.

Calculer p_n, q_n, r_n pour $n \geqslant 1$ et déterminer la limite de ces suites.

◇

12.14 Soit N et n deux entiers naturels non nuls. On considère $(N + 1)$ urnes numérotées de 0 à N ; l'urne k contenant k boules rouges et $(N - k)$ boules blanches. On choisit au hasard une urne et on y effectue des tirages successifs d'une boule avec remise.

Quelle est la probabilité de tirer une boule rouge au $(n+1)^{\text{ème}}$ tirage sachant que lors des n premiers tirages on a obtenu une boule rouge à chaque fois ?

Déterminer la limite de cette probabilité quand n tend vers $+\infty$ (N étant fixé), quand N tend vers $+\infty$ (n étant fixé).

(*le calcul de cette dernière limite nécessite la connaissance du cours sur les sommes de Riemann*).

◇

12.15 On considère trois urnes : L'urne U_1 contient 4 boules noires et 5 boules rouges, l'urne U_2 contient 2 boules noires et 5 boules rouges, et enfin l'urne U_3 contient 3 boules noires et 4 boules rouges.

On tire une boule de U_1 et une boule de U_2, on les met dans U_3 puis on tire une boule de U_3.

On constate que cette boule est noire, calculer la probabilité que la boule tirée dans U_1 ait été rouge.

◇

12.16 On lance n fois un dé non pipé et on considère l'événement A_n : « à l'issue du $n^{\text{ème}}$ lancer la somme des numéros amenés est paire ». Déterminer la probabilité de A_n.

◇

12.17 On dispose de deux pièces d'apparence identique, la pièce A amenant pile avec la probabilité α et la pièce B amenant pile avec la probabilité β.
Au premier lancer du jeu on choisit une pièce au hasard, et pour les lancers suivants on adopte la stratégie suivante :

$\star$ Si on obtient pile à un lancer quelconque, on garde la pièce pour le lancer suivant.

$\star$ Si on obtient face à un lancer quelconque, on change de pièce pour le lancer suivant.

On suppose $\alpha \neq \beta$. Calculer la probabilité d'obtenir pile au $k^{\text{ème}}$ lancer.

◇

12.18 Un joueur dispose de deux dés à six faces, le premier est équilibré, le second est tel que la probabilité d'apparition d'un numéro est proportionnelle à ce dernier. Il dispose enfin d'une pièce sur laquelle pile a deux fois plus de chances de sortir que face.
Il lance la pièce. Si elle amène pile, il joue la première fois avec le dé numéro 1 (sinon, il joue avec le dé numéro 2) et il doit changer de dé si, à l'issue d'un lancer, le résultat est inférieur strictement à 5.
Quelle est la probabilité qu'au cours des n premiers lancers il joue une seule fois avec le dé numéro 1 ?

◇

12.19 Une roue de loterie se compose de 12 secteurs identiques, numérotés de 1 à 12. Une personne fait tourner la roue devant un repère fixe. On suppose que chaque secteur a la même probabilité de s'arrêter devant ce repère.

A chaque partie un joueur choisit un ou plusieurs numéros parmi les 12, il est gagnant si l'un des numéros choisis apparaît à l'arrêt de la roue.
Un joueur effectue une succession de parties en adoptant la stratégie suivante :
$\rightarrow$ Il mise sur un numéro à la première partie ;
$\rightarrow$ s'il perd à la $n^{\text{ème}}$ partie, $n \geqslant 1$, il mise sur deux numéros à la partie suivante et s'il gagne à la $n^{\text{ème}}$ partie, il mise sur trois numéros à la partie suivante.

1°) On note p_n la probabilité de l'événement A_n : « le joueur gagne la $n^{\text{ème}}$ partie ».

a) Pour $n \in \mathbb{N}^*$, calculer $P_{A_n}(A_{n+1})$ et $P_{\overline{A_n}}(A_{n+1})$, en déduire que :

$$\forall n \in \mathbb{N}^*, p_{n+1} = \frac{1}{12}\, p_n + \frac{1}{6}.$$

b) En déduire l'expression de p_n en fonction de n et déterminer $\lim\limits_{n \to +\infty} p_n$.

2°) Dans cette question $n \geqslant 2$ est fixé et pour $k \in [\![1, n]\!]$, on note B_k l'événement : « le joueur gagne une seule fois au cours des n premières parties et ce gain a lieu à la $k^{\text{ème}}$ partie ».

a) Exprimer B_n à l'aide des événements A_k et à l'aide de la formule des probabilités composées calculer $P(B_n)$.

b) Calculer $P(B_1)$.

c) Soit $k \in [\![1, n-1]\!]$, calculer $P(B_k)$.

d) Soit C_n l'événement : « le joueur gagne une seule fois au cours des n premières parties ». Exprimer l'événement C_n à l'aide des événements B_k et en déduire la probabilité q_n pour que le joueur gagne une seule fois au cours des n premières parties.

◇

12.20 Un joueur dispose de deux dés ayant chacun six faces, le premier noté A est équilibré, le second noté B est tel que la probabilité d'apparition d'un numéro est proportionnelle à ce dernier, c'est-à-dire qu'il existe $\lambda \in \mathbb{R}$ tel que pour tout $k \in [\![1, 6]\!]$, $P(\{k\}) = \lambda k$.

1°) a) Montrer que $\lambda = \dfrac{1}{21}$.

b) Le joueur lance le dé B, déterminer la probabilité des événements : I « obtenir un chiffre impair » et P « obtenir un chiffre pair ».

2°) Dans cette question le joueur dispose d'une pièce qui amène pile avec la probabilité $\frac{2}{3}$ et face avec la probabilité $\frac{1}{3}$.

Soit n un entier naturel, $n \geqslant 4$, le joueur lance en premier la pièce, si elle amène pile il lancera n fois de suite le dé A, sinon il lancera n fois de suite le dé B.

a) Quelle est la probabilité de l'événement : « obtenir le chiffre 1, uniquement aux trois premiers lancers » ?

b) Quelle est la probabilité de l'événement : « obtenir au cours des n lancers, trois fois seulement le chiffre 1 » ?

c) Soit k un entier fixé tel que $2k \leqslant n$.

i) On considère l'événement E : « les $(2k)$ premiers lancers amènent alternativement les chiffres 1 et 6 dans cet ordre » (le premier lancer amène le chiffre 1, le deuxième le chiffre 6, le troisième le chiffre 1 et ainsi de suite). Calculer $P(E)$.

ii) On sait que l'événement E est réalisé, quelle est la probabilité que le lancer de la pièce ait donné pile ?

3°) Dans cette question le joueur lance le dé B et on s'intéresse à l'apparition, pour la première fois de la séquence (I, P) (on obtient pour cette séquence à un lancer un chiffre impair et au lancer suivant un chiffre pair). On notera : I_k : « le chiffre obtenu au $k^{\text{ème}}$ lancer est impair » et P_k « le chiffre obtenu au $k^{\text{ème}}$ lancer est pair ».

On considère l'événement E_k : « Lors de l'apparition pour la première fois de la séquence (I, P) le chiffre pair est obtenu au lancer numéro k ».

a) Déterminer $P(E_2)$, $P(E_3)$ et $P(E_4)$.

b) Soit $n \in \mathbb{N}$, $n \geqslant 2$, exprimer l'événement E_n à l'aide d'événements du type P_i et I_j et montrer que : $\forall\, n \geqslant 2$, $P(E_n) = \sum\limits_{k=0}^{n-2} \left(\frac{4}{7}\right)^{k+1} \left(\frac{3}{7}\right)^{n-1-k}$.

c) En déduire que : $\forall\, n \geqslant 2, P(E_n) = 4\left(\frac{3}{7}\right)^n \left(\left(\frac{4}{3}\right)^{n-1} - 1\right)$.

II. INDICATIONS

1) Rappels des principales méthodes d'étude

❑ Cas de l'équiprobabilité : si $(\Omega, \mathcal{P}(\Omega), P)$ est un espace probabilisé fini, on dit que l'on est dans le cas de l'équiprobabilité si $P(\omega)$ ne dépend pas de $\omega \in \Omega$. On a alors : $\forall\, A \in \mathcal{P}(\Omega), P(A) = \dfrac{\operatorname{card} A}{\operatorname{card} \Omega}$.

❑ Si $(A_1, A_2, \ldots, A_n)$ sont des événements deux à deux incompatibles, d'un même espace probabilisé, alors :

$$P\left(\bigcup_{i=1}^{n} A_i\right) = \sum_{i=1}^{n} P(A_i)$$

❑ Dans le cas général, on a :

$$P(A \cup B) = P(A) + P(B) - P(A \cap B)$$

$$P(A \cup B \cup C) = P(A) + P(B) + P(C) - P(A \cap B) - P(A \cap C) - P(B \cap C) + P(A \cap B \cap C)$$

et, plus généralement, on dispose de la formule du crible de Poincaré :

$$P\left(\bigcup_{i=1}^{n} A_i\right) = \sum_{i=1}^{n} P(A_i) - \sum_{i_1 < i_2} P(A_{i_1} \cap A_{i_2}) + \sum_{i_1 < i_2 < i_3} P(A_{i_1} \cap A_{i_2} \cap A_{i_3}) - \cdots + (-1)^{k+1} \sum_{i_1 < \cdots < i_k} P(A_{i_1} \cap \ldots \cap A_{i_k}) + (-1)^n P(A_1 \cap \ldots \cap A_n)$$

❑ Probabilité conditionnelle. Si A et B sont deux événements d'un même espace probabilisé, avec $P(B) \neq 0$, la probabilité conditionnelle de A sachant que B est réalisé est : $P_B(A) = \dfrac{P(A \cap B)}{P(B)}$. On a donc $P(A \cap B) = P(B).P_B(A)$.

❑ Deux événements A et B d'un même espace probabilisé sont indépendants si

$$P(A \cap B) = P(A).P(B).$$

Des événements $A_1, \ldots, A_n$ sont *mutuellement indépendants* si, quels que soient $i_1, \ldots, i_k$ deux à deux distincts dans $[\![1, n]\!]$,

$$P(A_{i_1} \cap A_{i_2} \cap \ldots \cap A_{i_k}) = P(A_{i_1})P(A_{i_2}).\ldots.P(A_{i_k})$$

Attention, cette notion est plus restrictive que celle d'événements deux-à-deux indépendants.

❑ Soit $(\Omega, \mathcal{P}(\Omega), P)$ un espace probabilisé, on dit que les événements $(B_i)_{i \in I}$, forment un système complet si :

$$(1)\ \forall\, i \neq j, B_i \cap B_j = \emptyset\,; \quad (2) \bigcup_{i \in I} B_i = \Omega$$

❑ **Formule des probabilités totales**

Si $(B_1, \ldots, B_n)$ est un système complet, d'un espace probabilisé $(\Omega, \mathcal{P}(\Omega), P)$, alors : $\forall\, A \in \mathcal{P}(\Omega), P(A) = \sum_{i=1}^{n} P(A \cap B_i)$

Si les B_i sont tous de probabilité non nulle, on peut aussi écrire :

$$P(A) = \sum_{i=1}^{n} P(B_i) P_{B_i}(A).$$

Il s'agit sûrement de la formule la plus importante du cours ! Pensez-y souvent . . .

❑ **Formule des probabilités totales**

⋆ Si $P(A) \neq 0$, alors $P(A \cap B) = P(A)P_A(B)$.

⋆ Plus généralement si $P(A_1 \cap A_2 \cap \ldots \cap A_n) \neq 0$:

$$P(\bigcap_{i=1}^{n} A_i) = P(A_1)P_{A_1}(A_2)P_{A_1 \cap A_2}(A_3) \ldots P_{A_1 \cap \ldots \cap A_{n-1}}(A_n)$$

❑ **Formule de Bayes : théorème de probabilités des causes**

Soit A un événement de probabilité non nulle et $(B_i)_{i \in I}$ un système complet sans événement de probabilité nulle. Alors :

$$P(B_i/A) = \frac{P(B_i \cap A)}{P(A)} = \frac{P(B_i)P_{B_i}(A)}{\sum_{j \in I} P(B_j)P_{B_j}(A)}$$

---

2) Indications spécifiques à chaque exercice

12.01. Utiliser le système complet $\{B_1, \overline{B_1}\}$, où $B_1 =$ « la première boule tirée est blanche ».

12.02. **a)** On fait des tirages successifs ave remise, on dénombre donc des p-listes avec répétitions. **b)** On fait des tirages simultanés donc en fait on tire une poignée de boules. Dans les deux cas on fait l'hypothèse d'équiprobabilité.

12.03. Utiliser la formule de Bayes à l'aide du système complet défini par le choix de la pièce lancée.

12.04. Lorsque les tirages se font sans remise, n'ayant pas indépendance, utiliser la formule des probabilités composées.

12.05. Utiliser la formule des probabilités totales : ce que recoit le $(k+1)^{\text{ème}}$ est fonction de ce que reçoit celui d'avant. Mettre alors en place une récurrence.

12.06. Revenir à la définition de l'indépendance de 2 événements, dans le cas général on pourra faire intervenir la suite $n \mapsto 2^n - 2n - 1$.

12.07. Traduire l'événement « ils obtiennent le même nombre de faces » à l'aide des événements « le joueur A obtient p faces et le joueur B aussi ».

12.08. Utiliser la formule de Bayes avec le système complet $\{R\,\bar{R}\}$, en posant $R =$: « jouer avec un dé pipé ».

12.09. On a une formule pour calculer la probabilité d'une réunion.

12.10. 2) Utiliser la formule des probabilités totales à l'aide du système complet $\{A_{n-1}, \overline{A_{n-1}}\}$, en posant $A_{n-1} =$ « le $(n-1)^{\text{ème}}$ tirage est effectué dans l'urne A ».

12.11. Utiliser le système complet $\{T, \overline{T}\}$ en posant $T =$ « la pièce a ses deux côtés blancs ».

12.12. On raisonne avec le système complet $\{P, F\}$.

12.13. Utiliser la formule des probabilités totales avec le système complet $\{A_n, B_n, C_n\}$, en posant $A_n =$ « au $n^{\text{ème}}$ achat la personne se fournit en A »,. . .

12.14. Utiliser la formule des probabilités totales avec le système complet $\{U_k, 0 \leqslant k \leqslant N\}$, où $U_k =$ « le tirage se fait dans l'urne k ».

12.15. Noter $N_i =$ « la boule tirée dans l'urne i est noire ». On cherche donc $P_{N_3}(\overline{N_1})$.

12.16. Faire intervenir l'événement $I_k =$ « le chiffre amené au lancer k est impair ».

12.17. En notant $R_k =$ « on obtient pile au $k^{\text{ème}}$ lancer » et $A_k =$ « le lancer k s'effectue avec la pièce A », raisonner à l'aide de la formule des probabilités totales avec le système complet $\{A_{k-1}, B_{k-1}\}$.

12.18. Noter $C_i =$ « le joueur joue avec le dé équilibré, pour la seule fois au lancer i ». Il faut évaluer $P(C_1 \cup C_2 \cup \ldots \cup C_n)$, pour calculer $P(C_i)$ on sera amené à étudier les cas $(i = 1)$, $(i = n)$ et $i \in [\![2, n-1]\!]$.

12.19. Pour le calcul de $P(B_n)$ utiliser la formule des probabilités composées. Pour exprimer C_n il faut envisager les différents numéros possibles de la partie gagnante.

12.20. **1)** Remarquer que $\sum_{k=1}^{6} P(\{k\}) = 1$. **2)** Utiliser le système complet : on joue avec le dé A ou avec le dé B.

III. CORRIGÉS DÉTAILLÉS DES EXERCICES

Corrigé 12.01

On considère l'événement B_i : « la $i^{\text{ème}}$ boule tirée est blanche ».
Pour déterminer la probabilité de l'événement B_2, il est nécessaire de connaître la couleur de la première boule tirée, d'où l'utilisation de la formule des probabilités totales, le système complet en évidence étant $\{B_1, \overline{B_1}\}$.

$$P(B_2) = P_{B_1}(B_2)P(B_1) + P_{\overline{B}_1}(B_2)P(\overline{B_1})$$

$\star$ Si le premier tirage amène une boule blanche, le contenu de l'urne n'est pas modifié avant le second tirage, donc : $P_{B_1}(B_2) = P(B_1) = \dfrac{n_1}{n_1 + n_2}$.

$\star$ Si le premier tirage amène une boule noire, avant le second tirage, l'urne contient $n_1 + a$ boules blanches et $n_2 - 1$ boules noires donc
$P_{\overline{B}_1}(B_2) = \dfrac{n_1 + a}{n_1 + n_2 + a - 1}$. Ainsi, en remplaçant :

$$\boxed{P(B_2) = \Big(\frac{n_1}{n_1 + n_2}\Big)^2 + \frac{n_1 + a}{n_1 + n_2 + a - 1} \times \frac{n_2}{n_1 + n_2}}$$

Corrigé 12.02

a) On tire successivement 3 boules avec remise, nous sommes donc dans le cas de l'équiprobabilité et Ω est l'ensemble des triplets de trois boules, avec répétition possible, ces boules étant prises dans un ensemble en comportant 20, donc $\operatorname{card}\Omega = 20^3 = 8000$.

i) Considérons l'événement A : « le tirage est tricolore », il est donc constitué d'une boule blanche, d'une boule rouge et d'une boule noire et non nécessairement dans cet ordre, donc : $\operatorname{card} A = 10 \times 6 \times 4 \times 3!$ (en effet il y a 3! façons de répartir les trois couleurs).

Donc : $\boxed{P(A) = \dfrac{\operatorname{card} A}{\operatorname{card}\Omega} = \dfrac{10.6.4.3!}{20^3} = \dfrac{9}{50} = 0,18}$

ii) Considérons l'événement B : « le tirage est bicolore ». Il est donc constitué des couleurs suivantes :
B_1 : (blanc et rouge) ou B_2 : (blanc et noir) ou B_3 : (noir et rouge) et pour deux couleurs déterminées il faut aussi discerner selon la couleur qui est doublée, ainsi que le rang d'apparition de la couleur à exemplaire unique (ce rang pouvant se choisr de $\dbinom{3}{1} = 3$ façons). Donc :

$\star$ Card $B_1 = 3.10^2.6 + 3.10.6^2 = 1800 + 1080 = 2880.$
$\star$ Card $B_2 = 3.10^2.4 + 3.10.4^2 = 1200 + 480 = 1680.$
$\star$ Card $B_3 = 3.6^2.4 + 3.6.4^2 = 432 + 288 = 720.$

D'où : $\boxed{P(B) = \dfrac{\text{Card}\, B_1 + \text{Card}\, B_2 + \text{Card}\, B_3}{\text{Card}\, \Omega} = \dfrac{5280}{8000} = \dfrac{33}{50} = 0,66}$

iii) Considérons l'événement C : « Le tirage est unicolore ». En envisageant toutes les possibilités pour un tirage nous obtenons évidemment trois possibilités qui s'excluent mutuellement : tricolore, bicolore ou unicolore. Donc : $\Omega = A \cup B \cup C$, ces événements étant incompatibles deux à deux. Donc :

$$\boxed{P(C) = 1 - P(A) - P(B) = 1 - 0{,}18 - 0{,}66 = 0{,}16}$$

b) Envisageons maintenant le cas où le tirage est un tirage simultané de trois boules. Donc Ω est l'ensemble des parties à trois éléments pris dans un ensemble en comportant 20, et Card $\Omega = \binom{20}{3} = 1140$.

i) Card $A = \binom{10}{1}\binom{6}{1}\binom{4}{1} = 240$ (le tirage étant simultané il n'y a pas d'ordre dans l'apparition des couleurs). Donc :

$$\boxed{P(A) = \frac{\text{Card}\, A}{\text{Card}\, \Omega} = \frac{240}{1140} = \frac{4}{19} \simeq 0{,}21}$$

ii) Card $B = \underbrace{(\binom{10}{2}\binom{6}{1} + \binom{10}{1}\binom{6}{2})}_{\text{card}\, B_1} + \underbrace{(\binom{10}{2}\binom{4}{1} + \binom{10}{1}\binom{4}{2})}_{\text{card}\, B_2} + \underbrace{(\binom{6}{2}\binom{4}{1} + \binom{6}{1}\binom{4}{2})}_{\text{card}\, B_3}$

Donc :

$$P(B) = \frac{\text{Card}\, B}{\text{Card}\, \Omega} = \frac{(270 + 150) + (180 + 60) + (60 + 36)}{1140} = \frac{756}{1140} = \frac{63}{95}$$

$$\boxed{P(B) \simeq 0{,}663}$$

iii) Les événements A, B, C constituent un système complet, on a donc : $1 = P(A) + P(B) + P(C)$, et :

$$\boxed{P(C) = 1 - P(A) - P(B) = 1 - \frac{240}{1140} - \frac{756}{1140} = \frac{144}{1140} = \frac{12}{95} \simeq 0{,}126}$$

Corrigé 12.03

Considérons les événements : B : « on a obtenu 2 fois pile et une fois face » ; A_i : « on a lancé la $i^{\text{ème}}$ pièce ». On cherche $P_B(A_1)$.

$\{A_1, A_2, A_3\}$ est un système complet et ayant à déterminer une probabilité du type $P_{\text{conséquence}}(\text{cause})$, on utilise la formule de Bayes :

$$P_B(A_1) = \frac{P(B \cap A_1)}{P(B)} = \frac{P_{A_1}(B)P(A_1)}{\sum_{i=1}^{3} P_{A_i}(B)P(A_i)}.$$

⋆ On choisit au hasard l'une des pièces donc $\forall\, i \in [\![1, 3]\!], P(A_i) = \frac{1}{3}$.

⋆ Soit p_i la probabilité de faire pile avec la pièce i, on a alors :

$$P_{A_i}(B) = 3.p_i^2(1 - p_i),$$

(en effet, avec des notations évidentes, $B = (F_1P_2P_3) \cup (P_1F_2P_3) \cup (P_1P_2F_3)$, cette réunion étant disjointe et, sachant que la pièce choisie est la $i^{\text{ème}}$, chacun de ces événements a pour probabilité $p_i^2(1 - p_i)$).

Donc : $P_B(A_1) = \dfrac{p_1^2(1 - p_1)}{p_1^2(1 - p_1) + p_2^2(1 - p_2) + p_3^2(1 - p_3)}$, ce qui donne, tous calculs faits :

$$\boxed{P_B(A_1) \simeq 0{,}036}$$

Corrigé 12.04

Considérons l'événement B_k : « la $k^{\text{ème}}$ boule tirée est blanche ».

1°) Les tirages ayant lieu avec remise, les résultats des différents tirages sont indépendants et en notant $I_k = \bigcap\limits_{i=1}^{k-1} B_i$:

a) $P_{I_k}(B_k) = P(B_k) = \dfrac{n}{2n} = \dfrac{1}{2}$.

b) $P(\bigcap\limits_{i=1}^{k} B_i) = P(I_{k+1}) = \prod\limits_{i=1}^{k} P(B_i) = \left(\frac{1}{2}\right)^k$.

2°) Maintenant les tirages sont sans remise, il n'y a donc plus indépendance des différents événements B_i.

a) Si l'événement $B_1 \cap B_2 \cap \cdots \cap B_{k-1}$ est réalisé, au moment du $k^{\text{ème}}$ tirage il reste dans l'urne $[n - (k - 1)]$ boules blanches et n boules noires donc :

$$P_{I_k}(B_k) = \frac{n - k + 1}{2n - k + 1}$$

b) Utilisons la formule des probabilités composées :

$$P(I_{k+1}) = P(\bigcap_{i=1}^{k} B_i) = P(B_1).P_{B_1}(B_2).P_{B_1 \cap B_2}(B_3).\ldots.P_{I_k}(B_k).$$

Soit : $P(\bigcap\limits_{i=1}^{k} B_i) = \dfrac{n}{2n} \times \dfrac{n-1}{2n-1} \times \cdots \times \dfrac{n-k+1}{2n-k+1} = \dfrac{n!(2n-k)!}{(n-k)!(2n)!}$.

Corrigé 12.05

Pour $k \in [\![1, N]\!]$, considérons l'événement A_k : « la $k^{\text{ème}}$ personne reçoit l'information non déformée » et si $k < N$, regardons ce qui se passe pour la transmission du message de la $k^{\text{ème}}$ personne à la personne suivante.

Pour cela utilisons la formule des probabilités totales, le système complet utile étant clairement $\{A_k, \overline{A_k}\}$.

$$P(A_{k+1}) = P_{A_k}(A_{k+1})P(A_k) + P_{\overline{A_k}}(A_{k+1})P(\overline{A_k})$$

⋆ Si A_k est réalisé, A_{k+1} est réalisé lorsque la $k^{\text{ème}}$ personne transmet fidèlement ce qu'elle a entendu, donc $P_{A_k}(A_{k+1}) = 1 - p$.

⋆ Si $\overline{A_k}$ est réalisé, A_{k+1} est réalisé lorsque la $k^{\text{ème}}$ personne transmet le contraire de ce qu'elle a entendu, donc $P_{\overline{A_k}}(A_{k+1}) = p$.

Ainsi en posant $p_k = P(A_k)$, on a $P(\overline{A_k}) = 1 - p_k$ et la relation s'écrit :

$$p_{k+1} = (1-p)p_k + p(1-p_k) = (1-2p)p_k + p$$

On est donc en présence d'une suite arithmético-géométrique. Un calcul simple montre que le point fixe de cette relation est $\frac{1}{2}$ et la relation s'écrit :

$$p_{k+1} - \frac{1}{2} = (1-2p)(p_k - \frac{1}{2})$$

Donc $\forall\, k \in [\![1, N]\!], p_k - \frac{1}{2} = (1-2p)^{k-1}(p_1 - \frac{1}{2}) = \frac{1}{2}(1-2p)^{k-1}$, (par hypothèse la première personne reçoit l'information non déformée donc $p_1 = 1$).

En particulier : $\boxed{p_N = \frac{1}{2}(1-2p)^{N-1} + \frac{1}{2}}$

[On a $p \in]0,1[$ donc $1-2p \in]-1,1[$ et $\lim\limits_{N\to\infty} p_N = \frac{1}{2}$, ce résultat est indépendant de p et donc si on trouve «assez loin dans cette chaîne de personnes», on a quasiment une chance sur deux de recevoir l'information exacte. Que penser d'une rumeur ?]

Corrigé 12.06

1°) Si $n = 2$, il y a alors $2^2 = 4$ répartitions possibles toutes équiprobables : $\{M_1F_2, M_1M_2, F_1M_2, F_1F_2\}$ (avec des notations évidentes).
On a : $A = \{M_1F_2, F_1M_2\}$, $B = \{M_1M_2, M_1F_2, F_1M_2\}$ et $A \cap B = A$
Donc $P(A) = P(A\cap B) = \frac{2}{4} = \frac{1}{2}$, $P(B) = \frac{3}{4}$. Ainsi $P(A\cap B) \neq P(A)P(B)$ et les deux événements ne sont pas indépendants.

2°) Si $n = 3$, il y a $2^3 = 8$ répartitions possibles équiprobables. Dans ce cas :
$\overline{A} = \{M_1M_2M_3, F_1F_2F_3\}$, $B = \{M_1M_2M_3, F_1M_2M_3, M_1F_2M_3, M_1M_2F_3\}$ et $A\cap B = \{F_1M_2M_3, M_1F_2M_3, M_1M_2F_3\}$.
Donc $P(A) = \frac{6}{8} = \frac{3}{4}$, $P(B) = \frac{4}{8} = \frac{1}{2}$ et $P(A\cap B) = \frac{3}{8}$.
On constate que, dans ce cas, $P(A\cap B) = P(A)P(B)$ et les deux événements A et B sont indépendants.

3°) • Soit $n \geqslant 2$. L'univers Ω_n des familles possibles est de cardinal 2^n et on est dans l'hypothèse d'équiprobabilité.

$\star$ $A = \Omega_n \setminus \{M_1M_2\dots M_n, F_1F_2\dots F_n\}$, donc $P(A) = \dfrac{2^n-2}{2^n}$.

$\star$ $B = \{M_1M_2\dots M_n, F_1M_2\dots M_n, M_1F_2M_3\dots M_n, \dots, M_1\dots M_{n-1}F_n\}$, (s'il y a exactement une fille, il faut la situer dans la succession des naissances) donc $P(B) = \dfrac{n+1}{2^n}$.

$\star$ $A\cap B$ est formée des familles ayant exactement une fille, donc $P(A\cap B) = \dfrac{n}{2^n}$.

Par conséquent A et B sont indépendants si et seulement si :

$$\frac{n}{2^n} = \frac{2^n-2}{2^n} \times \frac{n+1}{2^n}$$

soit, après simplifications : A et B sont indépendants $\Longleftrightarrow 2^n - 2n - 2 = 0$.

• Posons $u_n = 2^n - 2n - 2$. Pour $n \geqslant 2$, on a $u_{n+1} - u_n = 2^n - 2 > 0$. La suite $(u_n)_{n\geq 2}$ est donc strictement croissante et comme $u_3 = 0$ (c'est le résultat de la question 2) : $u_n = 0 \Longleftrightarrow n = 3$.

En conclusion :

$$\boxed{\text{les événements } A \text{ et } B \text{ sont indépendants si et seulement si } n = 3}$$

Corrigé 12.07

Si A et B sont les deux personnes qui participent à ce jeu, on note $A_p =$ « le joueur A obtient p faces » et $B_p =$ « le joueur B obtient p faces » et $E =$ « les deux joueurs obtiennent le même nombre de faces à l'issue des n lancers ». Alors :

$$E = \bigcup_{p=0}^{n} (A_p \cap B_p)$$

Comme, pour $i \neq j$, les événements A_i et A_j sont incompatibles, il en est de même de $A_i \cap B_i$ et $A_j \cap B_j$ et il vient :

$$P(E) = \sum_{p=0}^{n} P(A_p \cap B_p) = \sum_{p=0}^{n} P(A_p)P(B_p), \text{ par indépendance de } A_p \text{ et } B_p.$$

Comme il y a $\binom{n}{p}$ choix des p lancers qui amènent face, on a :

$$P(A_p) = P(B_p) = \binom{n}{p}\left(\frac{1}{2}\right)^p\left(1 - \frac{1}{2}\right)^{n-p} = \frac{1}{2^n}\binom{n}{p}$$

Ainsi $P(E) = \sum\limits_{p=0}^{n} \frac{1}{2^n}\binom{n}{p} \times \frac{1}{2^n}\binom{n}{p} = \frac{1}{2^{2n}} \sum\limits_{p=0}^{n} \binom{n}{p}^2$

En allant rechercher le résultat de l'exercice **11.08**, il vient finalement :

$$\boxed{P(E) = \frac{1}{2^{2n}}\binom{2n}{n}}$$

Corrigé 12.08

1°) Notons S_k : « obtenir un 6 au $k^{\text{ème}}$ lancer » et R : « jouer avec un dé pipé ».

On cherche la probabilité de jouer avec un dé pipé sachant que l'on a obtenu un 6 au premier lancer. Ceci est donc du ressort de la formule de Bayes, le système complet adapté étant $\{R, \overline{R}\}$.

$$P_{S_1}(R) = \frac{P_R(S_1)P(R)}{P_R(S_1)P(R) + P_{\overline{R}}(S_1)P(\overline{R})}$$

Or $P(R) = \frac{1}{4}$, $P(\overline{R}) = \frac{3}{4}$, $P_R(S_1) = \frac{1}{2}$ et $P_{\overline{R}}(S_1) = \frac{1}{6}$, ce qui donne tous calculs effectués :

$$\boxed{P_{S_1}(R) = \frac{1}{2}}$$

2°) On cherche donc la probabilité que le dé soit pipé, sachant que l'on a obtenu deux fois de suite le 6. En procédant de même, on obtient :

$$P_{S_1 \cap S_2}(R) = \frac{P_R(S_1 \cap S_2)P(R)}{P_R(S_1 \cap S_2)P(R) + P_{\overline{R}}(S_1 \cap S_2,)P(\overline{R})}$$

Une fois que l'on sait avec quel type de dé on joue, les résultats des différents lancers sont indépendants, donc $P_R(S_1 \cap S_2) = P_R(S_1) \times P_R(S_2) = \frac{1}{2} \times \frac{1}{2}$ et $P_{\overline{R}}(S_1 \cap S_2) = \frac{1}{6} \times \frac{1}{6}$, tandis que l'on a toujours $P(R) = \frac{1}{4}$, $P(\overline{R}) = \frac{3}{4}$. On trouve alors :

$$\boxed{P_{S_1 \cap S_2}(R) = \frac{3}{4}}$$

[Une remarque à méditer : plaçons-nous à l'issue du premier lancer. On vient d'obtenir un 6, donc la probabilité d'avoir entre les mains un dé pipé vaut **maintenant** $1/2$*, c'est donc la probabilité* a priori *que le dé soit pipé juste avant le deuxième lancer. On peut alors écrire :*

$$P_{S_2}(R) = \frac{P_R(S_2)P(R)}{P_R(S_2)P(R) + P_{\overline{R}}(S_2)P(\overline{R})}$$

et ici $P(R) = \frac{1}{2}$, $P(\overline{R}) = \frac{1}{2}$, $P_R(S_2) = \frac{1}{2}$ *et* $P_{\overline{R}}(S_2) = \frac{1}{6}$*, ce qui donne :*

$$P_{S_2}(R) = \frac{\frac{1}{2}\times\frac{1}{2}}{\frac{1}{2}\times\frac{1}{2} + \frac{1}{6}\times\frac{1}{2}} = \frac{1/4}{4/12} = \frac{3}{4}$$

On retrouve heureusenent le même résultat !]

Corrigé 12.09

Notons : $M =$ « avoir une licence de Mathématiques », $S =$ « avoir une licence de Sciences Economiques » et $D =$ « avoir une licence de Droit ou autre ».

Un élève de deuxième année, entré par voie parallèle possède au moins une licence. On est donc amené à déterminer la probabilité de l'événement : $M \cup S \cup D$.

D'après la formule de Poincaré, on a :

$$P(M \cup S \cup D) = P(M) + P(S) + P(D) - P(M \cap S) - P(M \cap D) - P(D \cap S) + P(M \cap D \cap S)$$

Par hypothèse : $P(M) = 0.11$; $P(S) = 0.14$; $P(D) = 0.08$; $P(M \cap S) = 0.08$; $P(S \cap D) = 0.03$; $P(M \cap D) = 0.02$ et $P(M \cap D \cap S) = 0$.

Donc après calculs : $P(M \cup S \cup D) = 0,2$

20% des élèves de seconde année sont entrés par une voie parallèle.

Corrigé 12.10

1°) • $\{A_1, \overline{A_1}\}$ constitue un système complet, donc en appliquant la formule des probabilités totales on a :

$$p_1 = P(BL_1) = P_{A_1}(BL_1)P(A_1) + P_{\overline{A}_1}(BL_1)P(\overline{A}_1)$$

Or $P(A_1) = P(\overline{A_1}) = \frac{1}{2}$ (car la première fois on choisit l'urne au hasard) et $P_{A_1}(BL_1) = a$, $P_{\overline{A}_1}(BL_1) = b$. Ainsi :

$$\boxed{p_1 = P(BL_1) = \frac{a+b}{2}}$$

• En utilisant le même système complet :

$$q_2 = P(A_2) = P_{A_1}(A_2)P(A_1) + P_{\overline{A}_1}(A_2)P(\overline{A}_1)$$

⋆ Si le premier tirage a été effectué dans l'urne A, le second le sera dans la même urne si le premier tirage a amené une boule blanche, donc $P_{A_1}(A_2) = a$.

⋆ Si le premier tirage a été effectué dans l'urne B, le second le sera dans l'urne A si ce premier tirage a amené une boule noire, donc $P_{\overline{A}_1}(A_2) = 1 - b$. Ainsi :

$$q_2 = P(A_2) = \frac{a+1-b}{2}$$

• Déterminons maintenant la probabilité d'obtenir une boule blanche au second tirage. Pour cela, il faut savoir dans quelle urne a lieu ce tirage, ce qui nous conduit à considérer le système complet $\{A_2, \overline{A_2}\}$.

$$p_2 = P(BL_2) = P_{A_2}(BL_2)P(A_2) + P_{\overline{A_2}}(BL_2)P(\overline{A_2})$$

Or $P_{A_2}(BL_2) = a$ et $P_{\overline{A_2}}(BL_2) = b$ (les tirages ont lieu avec remise) et $P(A_2) = q_2$, $P(\overline{A_2}) = 1 - q_2$. Ce qui donne, tous calculs faits :

$$\boxed{p_2 = P(BL_2) = \frac{a^2 + b^2 + a + b - 2ab}{2}}$$

2°) Soit $n \geqslant 2$. Pour déterminer la probabilité d'avoir effectué le $n^{\text{ème}}$tirage dans l'urne A, il est nécessaire de savoir ce qui s'est passé au tirage précédent. Nous utiliserons donc le système complet $\{A_{n-1}, \overline{A_{n-1}}\}$:

$$\forall n \geqslant 2, q_n = P(A_n) = P_{A_{n-1}}(A_n)P(A_{n-1}) + P_{\overline{A_{n-1}}}(A_n)P(\overline{A_{n-1}})$$

⋆ Si A_{n-1} est réalisé, on réalise l'événement A_n si on ne change pas d'urne entre le $(n-1)^{\text{ème}}$ et le $n^{\text{ème}}$ tirage, donc si l'on obtient une boule blanche au $(n-1)^{\text{ème}}$ tirage (qui a lieu dans l'urne A). Par conséquent $P_{A_{n-1}}(A_n) = a$.

⋆ Si $\overline{A_{n-1}}$ est réalisé, on réalise l'événement A_n si on change d'urne entre le $(n-1)^{\text{ème}}$ et le $n^{\text{ème}}$ tirage, donc si l'on obtient une boule noire au $(n-1)^{\text{ème}}$ tirage (qui a lieu dans l'urne B). Par conséquent $P_{\overline{A_{n-1}}}(A_n) = 1 - b$.

Comme $P(A_{n-1}) = q_{n-1}$, on a $P(\overline{A_{n-1}}) = 1 - q_{n-1}$ et la formule devient :

$$\boxed{\forall n \geqslant 2, q_n = a.q_{n-1} + (1-b).(1-q_{n-1}) = (a+b-1)q_{n-1} + 1 - b}$$

3°) On est en présence d'une suite arithmético-géométrique :

• L'équation aux points fixes de cette récurrence est $x = (a+b-1)x + 1 - b$, qui admet une solution et une seule : $x = \dfrac{1-b}{2-a-b}$ (en effet $a + b \in]0, 2[$, il n'y a donc pas d'angoisse au dénominateur !).

• Par différence, on a : $\forall n \geqslant 2, q_n - x = (a+b-1)(q_{n-1} - x)$, et donc :

$$\forall n \geqslant 1, q_n - x = (a+b-1)^{n-1}(q_1 - x) = (a+b-1)^{n-1}(\frac{1}{2} - x)$$

C'est-à-dire : $\boxed{\forall n \geqslant 1, q_n = \dfrac{1-b}{2-a-b} + \dfrac{b-a}{2(2-a-b)}(a+b-1)^{n-1}}$

(si $a = b$, alors q_n ne dépend pas de n, ce qui était évident *a priori*).

4°) En revenant au système complet $\{A_n, \overline{A_n}\}$, on peut maintenant écrire :

$$\forall n > 1, p_n = P(BL_n) = P_{A_n}(BL_n)P(A_n) + P_{\overline{A}_n}(BL_n)P(\overline{A}_n)$$

Soit : $\forall n \geqslant 1, p_n = aq_n + b(1-q_n) = (a-b)q_n + b$, c'est-à-dire :

$$\boxed{p_n = P(BL_n) = \frac{a+b-2ab}{2-a-b} - \frac{(a-b)^2}{2(2-a-b)}(a+b-1)^{n-1}}$$

Corrigé 12.11

Notons T l'événement « la pièce choisie a deux côtés blancs », $\{T, \overline{T}\}$ est évidemment le système complet adéquat.

1°) Notons B_1 l'événement « au 1er tirage, on obtient une face blanche ». On a :

$$P(B_1) = P_T(B_1)P(T) + P_{\overline{T}}(B_1)P(\overline{T}).$$

Or $P(T) = \frac{1}{3}$, $P(\overline{T}) = \frac{2}{3}$, $P_T(B_1) = 1$, $P_{\overline{T}}(B_1) = \frac{1}{2}$, d'où :

$$\boxed{p_1 = P(B_1) = \frac{2}{3}}$$

2°) De même notons B_n l'événement « les n premiers lancers amènent tous une face blanche ». On a : $P(B_n) = P_T(B_n)P(T) + P_{\overline{T}}(B_n)P(\overline{T})$

Or $P_T(B_n) = 1$ et $P_{\overline{T}}(B_n) = \left(\frac{1}{2}\right)^n$ (car une fois que l'on sait qu'on lance une pièce bicolore, il y a une chance sur deux d'obtenir une face blanche à chaque lancer, les résultats étant sans influence les uns sur les autres). Donc :

$$p_n = P(B_n) = \frac{1}{3}\left(1 + \frac{1}{2^{n-1}}\right).$$

3°) On cherche $P_{B_n}(T)$, il suffit donc de « retourner » le conditionnement :

$$\boxed{p_n = P_{B_n}(T) = \frac{P_T(B_n)P(T)}{P(B_n)} = \frac{1}{3P(B_n)} = \frac{1}{1 + \frac{1}{2^{n-1}}}}$$

On peut remarquer que $\lim_{n \to \infty} p_n = 1$, ce qui n'est guère étonnant.

Corrigé 12.12

Notons A (resp. B) : « on joue avec le dé A » (resp. B) et R_i : « on obtient rouge au $i^{\text{ème}}$ lancer ».

1°) D'après la formule des probabilités totales avec le système complet $\{A, B\}$, on a : $P(R_i) = P_A(R_i)P(A) + P_B(R_i)P(B)$

Or on a : $P(A) = P(B) = \frac{1}{2}$ (car la pièce lancée au départ est équilibrée) et $P_A(R_i) = \frac{4}{6}$, $P_B(R_i) = \frac{2}{6}$, d'où :

$$\boxed{P(R_i) = \frac{1}{2}\left(\frac{4}{6} + \frac{2}{6}\right) = \frac{1}{2}}$$

2°) On a $P_{R_1 \cap R_2}(R_3) = \dfrac{P(R_1 \cap R_2 \cap R_3)}{P(R_1 \cap R_2)}$.

Le bon système complet étant toujours $\{A, B\}$, on peut écrire dans le cas général :

$$P(R_1 \cap \ldots \cap R_n) = P_A(R_1 \cap \ldots \cap R_n)P(A) + P_B(R_1 \cap \ldots \cap R_n)P(B)$$

Une fois le dé choisi, les résultats des différents lancers sont sans influence les uns sur les autres et :

$$P(R_1 \cap \ldots \cap R_n) = \left(\frac{4}{6}\right)^n \frac{1}{2} + \left(\frac{2}{6}\right)^n \frac{1}{2}$$

En particulier : $P(R_1 \cap R_2) = \dfrac{5}{18}$ et $P(R_1 \cap R_2 \cap R_3) = \dfrac{1}{6}$

Soit : $$\boxed{P_{R_1 \cap R_2}(R_3) = \frac{3}{5}}$$

3°) Par retournement du conditionnement :

$$p_n = P_{R_1 \cap \ldots R_n}(A) = \frac{P_A(R_1 \cap \ldots R_n)P(A)}{P(R_1 \cap \ldots R_n)} = \frac{\left(\frac{4}{6}\right)^n \times \frac{1}{2}}{\left(\frac{4}{6}\right)^n \times \frac{1}{2} + \left(\frac{2}{6}\right)^n \times \frac{1}{2}}$$

C'est-à-dire : $\boxed{p_n = \dfrac{2^n}{2^n + 1}}$

Corrigé 12.13

• Notons : A_n (resp. B_n, C_n) l'événement : « au $n^{\text{ème}}$ achat la personne se fournit en A » (resp. en B, C). Comme $\{A_n, B_n, C_n\}$ constitue un système complet, d'après la formule des probabilités totales, on a :
$P(A_{n+1}) = P_{A_n}(A_{n+1})P(A_n) + P_{B_n}(A_{n+1})P(B_n) + P_{C_n}(A_{n+1})P(C_n)$
et comme les probabilités de transition sont données par l'énoncé, on obtient :

$$\forall n \in \mathbb{N}^*, p_{n+1} = \frac{1}{3}p_n + 0.q_n + \frac{1}{12}r_n \quad (1)$$

On a de même :
$P(B_{n+1}) = P_{A_n}(B_{n+1})P(A_n) + P_{B_n}(B_{n+1})P(B_n) + P_{C_n}(B_{n+1})P(C_n)$
$P(C_{n+1}) = P_{A_n}(C_{n+1})P(A_n) + P_{B_n}(C_{n+1})P(B_n) + P_{C_n}(C_{n+1})P(C_n)$
Ce qui donne les relations :

$$\forall n \in \mathbb{N}^*, q_{n+1} = \frac{1}{3}p_n + 1.q_n + \frac{7}{12}r_n \quad (2)$$
$$\forall n \in \mathbb{N}^*, r_{n+1} = \frac{1}{3}p_n + 0.q_n + \frac{1}{3}r_n \quad (3)$$

On peut remarquer que $\forall n \geqslant 1, p_{n+1} + q_{n+1} + r_{n+1} = p_n + q_n + r_n$ et donc, par récurrence : $\forall n \geqslant 1, p_n + q_n + r_n = 1$, ce qui était évident puisque $\{A_n, B_n, C_n\}$ est un système complet. Il reste donc à résoudre le système :

$$\begin{cases} p_{n+1} = \frac{1}{3}p_n + 0.q_n + \frac{1}{12}r_n \\ q_{n+1} = \frac{1}{3}p_n + 1.q_n + \frac{7}{12}r_n \\ r_{n+1} = \frac{1}{3}p_n + 0.q_n + \frac{1}{3}r_n \end{cases}$$

D'après (1), $\forall n \geqslant 1, \frac{1}{3}p_n = p_{n+1} - \frac{1}{12}r_n$, et en reportant dans (3) :

$$\forall n \geqslant 1, p_{n+1} = r_{n+1} - \frac{1}{4}r_n$$

On a donc également : $\forall n \geqslant 2, p_n = r_n - \frac{1}{4}r_{n-1}$ et en remplaçant ces deux expressions dans (1), il vient :

$$\forall n \geqslant 2, r_{n+1} - \frac{2}{3}r_n + \frac{1}{12}r_{n-1} = 0$$

La suite $(r_n)_{n\geq 1}$ vérifie donc une relation de récurrence linéaire à deux termes, d'équation caractéristique $x^2 - \frac{2}{3}x + \frac{1}{12} = 0$, dont les racines sont $\frac{1}{2}$ et $\frac{1}{6}$ et de premiers termes $r_1 = \frac{1}{3}, r_2 = \frac{1}{3}p_1 + \frac{1}{3}r_1 = \frac{2}{9}$.
On sait alors qu'il existe $\lambda, \mu \in \mathbb{R}$, tels que $\forall n \geqslant 1, r_n = \lambda\left(\frac{1}{2}\right)^n + \mu\left(\frac{1}{6}\right)^n$ et les valeurs de λ et μ sont parfaitement déterminées par r_1 et r_2.
Tous calculs faits, on obtient :

$$\boxed{\forall n \geqslant 1, r_n = \left(\frac{1}{2}\right)^n - \left(\frac{1}{6}\right)^n}$$

L'équation (3) donne alors : $\boxed{\forall n \geqslant 1, p_n = 3r_{n+1} - r_n = \frac{1}{2}\left(\frac{1}{2}\right)^n + \frac{1}{2}\left(\frac{1}{6}\right)^n}$
et enfin :

$$\boxed{\forall n > 1, q_n = 1 - p_n - r_n = 1 - \frac{3}{2}\left(\frac{1}{2}\right)^n + \frac{1}{2}\left(\frac{1}{6}\right)^n}$$

• Comme $\lim\limits_{n\to\infty}\left(\frac{1}{2}\right)^n = \lim\limits_{n\to\infty}\left(\frac{1}{6}\right)^n = 0$, on obtient finalement :

$$\boxed{\lim_{n\to\infty} p_n = \lim_{n\to\infty} r_n = 0 \text{ et } \lim_{n\to\infty} q_n = 1}$$

Corrigé 12.14

• Notons R_i : « obtenir une boule rouge au $i^{\text{ème}}$ tirage » et U_k : « les tirages se font dans l'urne k ». Comme le système $\{U_0, \ldots, U_N\}$ constitue un système complet d'événements, d'après la formule des probabilités totales on a :

$$P(R_1 \cap \ldots \cap R_n) = \sum_{k=0}^{N} P_{U_k}(R_1 \cap \ldots \cap R_n) P(U_k)$$

Or $P_{U_k}(R_1 \cap \ldots \cap R_n) = \left(\frac{k}{N}\right)^n$ (l'urne k contient k boules rouges parmi N boules et les tirages ont lieu avec remise) et $P(U_k) = \dfrac{1}{N+1}$ (on choisit l'urne au hasard). Donc : $\forall n \in \mathbb{N}^*, P(R_1 \cap \ldots \cap R_n) = \dfrac{1}{N+1} \sum\limits_{k=0}^{N} \left(\frac{k}{N}\right)^n$

Or : $P_{R_1\cap\ldots\cap R_n}(R_{n+1}) = \dfrac{P(R_1 \cap \ldots \cap R_n \cap R_{n+1})}{P(R_1 \cap \ldots \cap R_n)}$, d'où, en notant α_n cette probabilité :

$$\alpha_n = \frac{\frac{1}{N+1} \sum\limits_{k=0}^{N} \left(\frac{k}{N}\right)^{n+1}}{\frac{1}{N+1} \sum\limits_{k=0}^{N} \left(\frac{k}{N}\right)^{n}} = \frac{1}{N} \times \frac{\sum\limits_{k=0}^{N} k^{n+1}}{\sum\limits_{k=0}^{N} k^{n}}$$

• On dispose de formules permettant de calculer α_n pour les petites valeurs de n, mais on peut également chercher $\lim\limits_{n\to\infty} \alpha_n$, l'entier N étant fixé.

En effet on peut écrire : $\alpha_n = \dfrac{1 + \sum\limits_{k=0}^{N-1} \left(\frac{k}{N}\right)^{n+1}}{1 + \sum\limits_{k=0}^{N-1} \left(\frac{k}{N}\right)^{n}}$ et pour N fixé et $k \in [\![0, N-1]\!]$,

on a : $\lim\limits_{n\to\infty} \left(\frac{k}{N}\right)^n = \lim\limits_{n\to\infty} \left(\frac{k}{N}\right)^{n+1} = 0$. Ainsi $\lim\limits_{n\to\infty} \alpha_n = 1$.

• Fixons maintenant n et faisons tendre N vers l'infini.

En posant $f(x) = x^n$, on peut écrire $\dfrac{1}{N} \sum\limits_{k=1}^{N} \left(\frac{k}{N}\right)^n = \dfrac{1}{N} \sum\limits_{k=1}^{N} f\left(\frac{k}{N}\right)$.

La fonction f étant continue sur $[0, 1]$, on reconnaît une somme de Riemann associée à f sur le segment $[0, 1]$, partagé en N parties égales et :

$$\lim_{N\to\infty} \frac{1}{N} \sum_{k=1}^{N} \left(\frac{k}{N}\right)^n = \int_0^1 x^n dx = \frac{1}{n+1}$$

De la même façon $\lim\limits_{N\to\infty} \dfrac{1}{N} \sum\limits_{k=1}^{N} \left(\frac{k}{N}\right)^{n+1} = \dfrac{1}{n+2}$ et donc :

$$\boxed{\alpha_n = \frac{\frac{1}{N} \sum\limits_{k=0}^{N} \left(\frac{k}{N}\right)^{n+1}}{\frac{1}{N} \sum\limits_{k=0}^{N} \left(\frac{k}{N}\right)^{n}} \xrightarrow[N\to\infty]{} \frac{n+1}{n+2}}$$

Corrigé 12.15

On considère les événements N_i : « la boule tirée dans l'urne i est noire », il s'agit de calculer la probabilité : $P_{N_3}(\overline{N_1}) = \dfrac{P(\overline{N_1} \cap N_3)}{P(N_3)}$.

Ce qui se passe dans la deuxième urne n'est pas sans rapport avec le problème et on considère donc le système complet $\{N_2, \overline{N_2}\}$. On a :

$$P(\overline{N_1} \cap N_3) = P(\overline{N_1} \cap N_3 \cap N_2) + P(\overline{N_1} \cap N_3 \cap \overline{N_2}).$$

Il existe un sens à l'histoire : la manipulation effectuée dans la troisième urne dépend de ce qui s'est passé dans les deux premières, on n'a donc pas le choix du conditionnement :

$$P(\overline{N_1} \cap N_3) = P_{\overline{N_1} \cap N_2}(N_3)P(\overline{N_1} \cap N_2) + P_{\overline{N_1} \cap \overline{N_2}}(N_3)P(\overline{N_1} \cap \overline{N_2}).$$

• ⋆ Si on tire une boule rouge de U_1 et une boule noire de U_2, l'urne U_3 contient, juste avant d'y plonger la main, 5 boules rouges et 4 boules noires, donc :

$$P_{\overline{N_1} \cap N_2}(N_3) = \frac{4}{9}.$$

⋆ Si on tire une boule rouge de U_1 et une boule rouge de U_2, l'urne U_3 contient, avant le tirage la concernant, 3 boules noires et 6 boules rouges, donc :

$$P_{\overline{N_1} \cap \overline{N_2}}(N_3) = \frac{3}{9}.$$

⋆ De plus, par indépendance des deux premiers tirages :

$$P(\overline{N_1} \cap N_2) = P(\overline{N_1})P(N_2) = \frac{5}{9} \times \frac{2}{7} = \frac{10}{63}, \text{ et}$$

$$P(\overline{N_1} \cap \overline{N_2}) = P(\overline{N_1})P(\overline{N_2}) = \frac{5}{9} \times \frac{5}{7} = \frac{25}{63}.$$

Ainsi : $P(\overline{N_1} \cap N_3) = \frac{4}{9} \times \frac{10}{63} + \frac{3}{9} \times \frac{25}{63} = \frac{115}{567}$

• De la même façon :

$$\begin{aligned} P(N_1 \cap N_3) &= P(N_1 \cap N_2 \cap N_3) + P(N_1 \cap \overline{N_2} \cap N_3) \\ &= P_{N_1 \cap N_2}(N_3)P(N_1 \cap N_2) + P_{N_1 \cap \overline{N_2}}(N_3)P(N_1 \cap \overline{N_2}). \end{aligned}$$

On a : $P_{N_1 \cap N_2}(N_3) = \frac{5}{9}$ (car on a ajouté deux boules noires au contenu initial de U_3), $P_{N_1 \cap \overline{N_2}}(N_3) = \frac{4}{9}$, $P(N_1 \cap N_2) = \frac{4}{9} \times \frac{2}{7}$ et $P(N_1 \cap \overline{N_2}) = \frac{4}{9} \times \frac{5}{7}$

On en déduit : $P(N_1 \cap N_3) = \frac{120}{567}$ et donc :

$$P(N_3) = P(N_1 \cap N_3) + P(\overline{N_1} \cap N_3) = \frac{235}{567}$$

• On peut conclure : $\boxed{P_{N_3}(\overline{N_1}) = \frac{115}{235} = \frac{23}{47}}$

Corrigé 12.16

• Si $n = 1$ on s'intéresse au résultat du premier lancer donc $P(A_1) = \frac{3}{6} = \frac{1}{2}$.

• Soit $n \geqslant 2$.

On applique la formule des probabilités totales, le système complet $\{A_{n-1}, \overline{A}_{n-1}\}$ paraissant convenable.

Comme ces événements sont de probabilité non nulle :

$$P(A_n) = P_{A_{n-1}}(A_n)P(A_{n-1}) + P_{\overline{A}_{n-1}}(A_n)P(\overline{A}_{n-1})$$

$\rightarrow$ Si A_{n-1} est réalisé, réaliser A_n c'est obtenir un résultat pair au $n^{\text{ème}}$ tirage, donc $P_{A_{n-1}}(A_n) = \frac{1}{2}$;

$\rightarrow$ Si $\overline{A}_{n-1}$ est réalisé, réaliser A_n c'est obtenir un résultat impair au $n^{\text{ème}}$ tirage, donc $P_{\overline{A}_{n-1}}(A_n) = \frac{1}{2}$.

Ainsi :

$\forall n \geqslant 2, P(A_n) = \frac{1}{2}P(A_{n-1}) + \frac{1}{2}P(\overline{A}_{n-1}) = \frac{1}{2}P(A_{n-1}) + \frac{1}{2}(1 - P(A_{n-1}))$

Il reste : $P(A_n) = \frac{1}{2}$ et donc : $\boxed{\forall n \geqslant 1, P(A_n) = \frac{1}{2}}$

Corrigé 12.17

Considérons les événements R_k : « on obtient pile au $k^{\text{ème}}$ lancer » et A_k : « le $k^{\text{ème}}$ lancer est effectué avec la pièce A ».

• Evaluons la probabilité de l'événement R_k à l'aide de la formule des probabilités totales, le système complet adéquat étant $\{A_k, \overline{A_k}\}$ (pour savoir ce que l'on obtient on a besoin de savoir quelle pièce on lance !) :

$$P(R_k) = P_{A_k}(R_k)P(A_k) + P_{\overline{A}_k}(R_k)P(\overline{A}_k)$$

Par hypothèse la pièce A amène pile avec la probabilité α, donc $P_{A_k}(R_k) = \alpha$, la pièce B amène pile avec la probabilité β, donc $P_{\overline{A}_k}(R_k) = \beta$, et :

$$P(R_k) = \alpha P(A_k) + \beta\big(1 - p(A_k)\big) = (\alpha - \beta)P(A_k) + \beta$$

• Il reste à calculer $P(A_k)$ et pour cela on met en place une relation de récurrence, le système complet adéquat étant ici $\{A_{k-1}, \overline{A}_{k-1}\}$.

$$P(A_k) = P_{A_{k-1}}(A_k)P(A_{k-1}) + P_{\overline{A}_{k-1}}(A_k)P(\overline{A}_{k-1})$$

⋆ Par hypothèse si on fait pile à un lancer, on garde la pièce pour le lancer suivant donc $P_{A_{k-1}}(A_k)$ est la probabilité de faire pile avec la pièce A au lancer $(k-1)$ et $P_{A_{k-1}}(A_k) = \alpha$.

⋆ Si on fait face on change de pièce au lancer suivant donc $P_{\overline{A}_{k-1}}(A_k)$ est la probabilité de faire face avec la pièce B au lancer $(k-1)$ et $P_{\overline{A}_{k-1}}(A_k) = 1 - \beta$.

Ainsi :

$$\begin{aligned}\forall k \geqslant 2, P(A_k) &= \alpha.P(A_{k-1}) + (1-\beta)\big(1 - P(A_{k-1})\big)\\ &= (\alpha + \beta - 1)P(A_{k-1}) + (1-\beta)\end{aligned}$$

Pour tout $k \in \mathbb{N}^*$, posons alors $u_k = P(A_k)$, la suite u est une suite arithmético-géométrique définie par :

$$\forall k \geqslant 2, u_k = (\alpha + \beta - 1)u_{k-1} + (1-\beta); u_1 = P(A_1) = \frac{1}{2}.$$

Soit ℓ le point fixe de cette récurrence, il vérifie $\ell = (\alpha + \beta - 1)\ell + (1-\beta)$, d'où $\ell = \dfrac{1-\beta}{2-\alpha-\beta}$ (comme $\alpha \neq \beta$ et $\alpha, \beta \in [0,1]$, on a $\alpha + \beta \neq 2$).

La suite $(u_k - \ell)$ est une suite géométrique de raison $(\alpha + \beta - 1)$, on obtient donc : $\forall k \geqslant 1, u_k - \ell = (\alpha + \beta - 1)^{k-1}(u_1 - \ell)$, c'est-à-dire :

$$\forall k \geqslant 1, P(A_k) = (\alpha + \beta - 1)^{k-1}\big(\tfrac{1}{2} - \ell\big) + \ell$$

• On en déduit enfin l'expression de $P(R_k)$:

$$\boxed{\forall\, k \geqslant 1, P(R_k) = (\alpha - \beta)(\alpha + \beta - 1)^{k-1}\big(\tfrac{1}{2} - \ell\big) + \ell(\alpha - \beta) + \beta}$$

[Comme $\alpha + \beta \in]0, 2[$ (car $\alpha \neq \beta$), on a $\alpha + \beta - 1 \in]-1, 1[$ et donc

$$\lim_{k\to\infty} P(R_k) = \ell(\alpha - \beta) + \beta = \frac{\alpha + \beta - 2\alpha\beta}{2 - \alpha - \beta}$$

On a de plus : $\dfrac{\alpha + \beta - 2\alpha\beta}{2 - \alpha - \beta} - \dfrac{\alpha + \beta}{2} = \dfrac{(\alpha - \beta)^2}{2(2 - \alpha - \beta)} > 0$. Or $\dfrac{\alpha + \beta}{2}$ est la probabilité d'obtenir pile à un lancer quelconque, si on choisit à chaque fois la pièce au hasard. La stratégie adoptée dans cet exercice permet donc, à long terme, d'obtenir un peu plus souvent pile ... Normal, non ?]

Corrigé 12.18

• Commençons par analyser les hypothèses :

→ Si on note F l'événement « obtenir face en lançant la pièce », on a :

$$P(F) + P(\overline{F}) = 1 \text{ et } P(\overline{F}) = 2.P(F), \text{ donc } P(F) = \frac{1}{3}.$$

→ Pour le dé non équilibré, on a avec des notations évidentes :

$$\exists\, \alpha \in \mathbb{R}_+, \forall\, k \in [\![1, 6]\!], P(k) = \alpha k.$$

Comme $\sum\limits_{k=1}^{6} P(k) = 1$, on en déduit que $\sum\limits_{k=1}^{6} \alpha k = 1$, *i.e.* $\alpha = \dfrac{1}{21}$ et donc :

$$\forall\, k \in [\![1, 6]\!], P(k) = \frac{k}{21}.$$

• Considérons les événements C : « Le joueur joue une seule fois au cours des n lancers avec le dé équilibré » et C_i : « Le joueur joue avec le dé équilibré, pour la seule fois, au lancer numéro i ».

On a : $C = C_1 \cup C_2 \cup \ldots \cup C_n$ et cette réunion est disjointe. Donc :

$$P(C) = \sum_{i=1}^{n} P(C_i).$$

Pour calculer les probabilités $P(C_i)$, on est amené à distinguer plusieurs cas.

⋆ Considérons l'événement C_1 : le joueur utilise le dé non truqué au premier lancer et au premier lancer seulement.

Nécessairement, en lançant la pièce il obtient pile. Jouant alors avec le dé normal au premier lancer, il fait donc $1, 2, 3$ ou 4 (pour changer de dé) et ensuite au cours des $(n - 2)$ lancers suivants, afin de continuer à jouer avec le dé truqué, il fait, avec ce dé truqué, 5 ou 6. Le résultat du $n^{\text{ème}}$ lancer étant sans importance. Donc :

$$P(C_1) = \frac{2}{3} \times \frac{4}{6} \times \Big(\frac{11}{21}\Big)^{n-2}$$

⋆ Considérons l'événement C_n : le joueur utilise le dé non truqué au $n^{\text{ème}}$ lancer et au $n^{\text{ème}}$ lancer seulement.

Nécessairement, en lançant la pièce il obtient face. Puis au cours des $(n - 2)$ premiers lancers il amène 5 ou 6 avec le dé truqué (qu'il conserve donc), puis au $(n-1)^{\text{ème}}$ lancer, il amène $1, 2, 3$ ou 4 avec toujours le dé truqué et le dernier lancer se fait donc avec le dé normal, le résultat de ce dernier lancer étant indifférent. Donc :

$$P(C_n) = \frac{1}{3} \times \Big(\frac{11}{21}\Big)^{n-2} \times \frac{10}{21}$$

$\star$ Si $i \in [\![2, n-1]\!]$, l'événement C_i est réalisé lorsque le joueur utilise le dé non truqué au lancer numéro i et au lancer numéro i seulement. Comme $i \geqslant 2$, il n'a utilisé avant que le dé truqué. Pour cela il doit tout d'abord obtenir face en lançant la pièce, puis les $(i-2)$ premiers lancers (du dé truqué) doivent amener 5 ou 6, au lancer $(i-1)$ (qui est fait encore avec le dé truqué), il doit obtenir $1, 2, 3$ ou 4 et ainsi changer de dé, le $i^{\text{ème}}$ lancer (qui est fait avec le dé normal) doit amener $1, 2, 3$ ou 4 et on rechange de dé, puis pour garder le dé truqué jusqu'au $n^{\text{ème}}$ lancer, on doit faire 5 ou 6 du lancer numéro $(i+1)$ au lancer numéro $(n-1)$, le résultat du $n^{\text{ème}}$ lancer n'intervenant pas. Ouf :

$$P(C_i) = \frac{1}{3}\times\left(\frac{11}{21}\right)^{i-2}\times\frac{10}{21}\times\frac{4}{6}\times\left(\frac{11}{21}\right)^{n-1-i} = \frac{20}{189}\times\left(\frac{11}{21}\right)^{n-3}$$

Comme $P(C) = P(C_1) + \sum\limits_{i=2}^{n-1} P(C_i) + P(C_n)$, on conclut :

$$P(C) = \left(\frac{2}{3}\right)^2\left(\frac{11}{21}\right)^{n-2} + \sum_{i=2}^{n-1} \frac{20}{189}\left(\frac{11}{21}\right)^{n-3} + \frac{10}{63}\left(\frac{11}{21}\right)^{n-2}$$

$$\boxed{P(C) = \frac{38}{63}\times\left(\frac{11}{21}\right)^{n-2} + (n-2)\times\frac{20}{189}\times\left(\frac{11}{21}\right)^{n-3}}$$

Corrigé 12.19

1°) a) Si le joueur gagne la $n^{\text{ème}}$ partie, il mise alors sur trois secteurs et il gagne la partie suivante avec la probabilité $\frac{3}{12}$. S'il perd la $n^{\text{ème}}$ partie il mise sur deux secteurs et il gagne la partie suivante avec la probabilité $\frac{2}{12}$, cela s'écrit :

$$P_{A_n}(A_{n+1}) = \frac{1}{4} \text{ et } P_{\overline{A_n}}(A_{n+1}) = \frac{1}{6}.$$

D'après la formule des probabilités totales il vient, pour tout $n \in \mathbb{N}^*$:

$P(A_{n+1}) = P(A_n)P_{A_n}(A_{n+1}) + P(\overline{A_n})P_{\overline{A_n}}(A_{n+1}) = p_n\times\frac{1}{4} + (1-p_n)\times\frac{1}{6}$

soit :

$$\forall n \in \mathbb{N}^*, p_{n+1} = \frac{1}{12}p_n + \frac{1}{6}$$

b) Comme le joueur mise sur un seul secteur à la première partie, on a : $p_1 = \frac{1}{12}$. Le point fixe de la suite arithmético-géométrique (p_n) est le réel ℓ vérifiant : $\ell = \frac{1}{12}\ell + \frac{1}{6}$, ce qui donne $\ell = \frac{2}{11}$, donc par différence :

$$\forall n \in \mathbb{N}^*, p_{n+1} - \ell = \frac{1}{12}(p_n - \ell)$$

ainsi la suite $(p_n - \ell)$ est géométrique et on en déduit :

$$\forall n \in \mathbb{N}^*, p_n = \left(\frac{1}{12}\right)^{n-1}(p_1 - \ell) + \ell = \left(\frac{1}{12}\right)^{n-1}\left(\frac{1}{12} - \frac{2}{11}\right) + \frac{2}{11}$$

soit : $\forall n \in \mathbb{N}^*, p_n = -\frac{13}{132}\left(\frac{1}{12}\right)^{n-1} + \frac{2}{11}$ et $\lim\limits_{n\to\infty} p_n = \frac{2}{11}$.

2°) a) Pour $n \geqslant 2$, réaliser l'événement B_n c'est perdre toutes les parties de la première à la $(n-1)^{\text{ème}}$, et gagner la $n^{\text{ème}}$, donc : $B_n = \overline{A_1} \cap \ldots \cap \overline{A_{n-1}} \cap A_n$. Ainsi d'après la formule des probabilités composées, il vient :

$P(B_n) = P(\overline{A_1})P_{\overline{A_1}}(A_2)P_{\overline{A_1}\cap\overline{A_2}}(\overline{A_3})\ldots P_{\overline{A_1}\cap\ldots\cap\overline{A_{n-2}}}(\overline{A_{n-1}})P_{\overline{A_1}\cap\ldots\cap\overline{A_{n-1}}}(A_n)$

Or les probabilités conditionnelles à calculer ne dépendent que du dernier terme du conditionnement et donc :

$$P(B_n) = \frac{11}{12}\times\frac{10}{12}\times\cdots\times\frac{10}{12}\times\frac{2}{12} = \frac{11}{12}\times\left(\frac{5}{6}\right)^{n-2}\times\frac{1}{6}$$

$$P(B_n) = \frac{11}{72}\left(\frac{5}{6}\right)^{n-2}$$

b) L'événement B_1 signifie que le seul gain a lieu à la première partie et : $B_1 = A_1 \cap \overline{A_2} \cap \ldots \cap \overline{A_{n-1}} \cap \overline{A_n}$ donc :

$$P(B_1) = P(A_1)P_{A_1}(\overline{A_2})\ldots P_{A_1\cap\overline{A_2}\cap\ldots\cap\overline{A_{n-1}}}(\overline{A_n})$$

et pour la même raison que précédemment :

$$P(B_1) = \frac{1}{12}\times\frac{3}{4}\times\left(\frac{5}{6}\right)^{n-2} = \frac{1}{16}\left(\frac{5}{6}\right)^{n-2}$$

c) Soit $k \in [\![2, n-1]\!]$ (ce qui suppose implicitement $n \geqslant 3$), on écrit de même :

$$P(B_k) = P(\overline{A_1} \cap \overline{A_2} \cap \ldots \cap \overline{A_{k-1}} \cap A_k \cap \overline{A_{k+1}} \cap \ldots \cap \overline{A_{n-1}} \cap \overline{A_n})$$

et en appliquant à nouveau la formule des probabilités composées, en faisant attention à la première partie et à la première partie qui suit la partie gagnée, on obtient :

$$P(B_k) = \frac{11}{12}\times\left(\frac{5}{6}\right)^{k-2}\times\frac{1}{6}\times\frac{3}{4}\times\left(\frac{5}{6}\right)^{n-1-k} = \frac{11}{96}\left(\frac{5}{6}\right)^{n-3}$$

d) Clairement $C_n = B_1 \cup B_2 \cup \ldots \cup B_n$ et cette réunion étant formée d'événements deux-à-deux disjoints :

$$q_n = P(C_n) = \sum_{k=1}^{n} P(B_k) = P(B_1) + \sum_{k=2}^{n-1} P(B_k) + P(B_n)$$

$$= \frac{1}{16}\left(\frac{5}{6}\right)^{n-2} + \frac{11}{72}\left(\frac{5}{6}\right)^{n-2} + \sum_{k=2}^{n-1}\frac{11}{96}\left(\frac{5}{6}\right)^{n-3}$$

$$= \left(\frac{5}{6}\right)^{n-2}\left(\frac{1}{16} + \frac{11}{72}\right) + (n-2)\frac{11}{96}\left(\frac{5}{6}\right)^{n-3}.$$

Ainsi :

$$\boxed{q_n = \frac{31}{144}\left(\frac{5}{6}\right)^{n-2} + (n-2)\frac{11}{96}\left(\frac{5}{6}\right)^{n-3}}$$

Corrigé 12.20

1°) a) Comme $\sum_{k=1}^{6} P(\{k\}) = 1$, on a $\lambda\left(\sum_{k=1}^{6} k\right) = 1$ et $\lambda = \frac{1}{21}$ donc :

$\forall k \in [\![1, 6]\!], P(\{k\}) = \frac{k}{21}$.

b) On a $I = \{1\} \cup \{3\} \cup \{5\}$, donc par incompatibilité de ces événements, il vient :

$$P(I) = P(\{1\}) + P(\{3\}) + P(\{5\}) = \frac{9}{27} = \frac{3}{7} \text{ et } P(\overline{I}) = 1 - P(I) = \frac{4}{7}.$$

2°) a) Soit C l'événement : « on obtient le chiffre 1, uniquement aux trois premiers lancers », notons $A =$ « on joue avec le dé A » et $B =$ « on joue avec le dé B ».
En utilisant le système complet $\{A, B\}$, d'après la formule des probabilités totales on a :

$$P(C) = P(A)P_A(C) + P(B)P_B(C) = \frac{2}{3}\times\left(\frac{1}{6}\right)^3\left(\frac{5}{6}\right)^{n-3} + \frac{1}{3}\times\left(\frac{1}{21}\right)^3\left(\frac{20}{21}\right)^{n-3}$$

Soit :

$$P(C) = \frac{1}{3}\left(\frac{2\times 5^{n-3}}{6^n} + \frac{20^{n-3}}{21^n}\right)$$

b) Soit $D =$ « on obtient au cours des n lancers 3 fois seulement le chiffre 1 ». Alors en raisonnant sur les $\binom{n}{3}$ différentes places possibles des résultats amenant « 1 » au cours des n lancers, on a :

$$P(D) = \binom{n}{3}P(C) = \frac{n(n-1)(n-2)}{18}\left(\frac{2\times 5^{n-3}}{6^n} + \frac{20^{n-3}}{21^n}\right)$$

c) i) Soit E l'événement « les $2k$ premiers lancers amènent alternativement les chiffres 1 et 6 dans cet ordre ». D'après la formule des probabilités totales et l'indépendance des résultats des différents lancers avec un dé donné, on a :

$$P(E) = P(A)P_A(E) + P(B)P_B(E) = \frac{2}{3}\left(\frac{1}{6}\right)^k\left(\frac{1}{6}\right)^k + \frac{1}{3}\left(\frac{1}{21}\right)^k\left(\frac{6}{21}\right)^k$$

ii) On a : $P_E(A) = \dfrac{P(A)P_A(E)}{P(E)} = \dfrac{2}{6^{2k}}\left(\dfrac{2}{6^{2k}} + \dfrac{6^k}{21^{2k}}\right)^{-1}$.

3°) a) On a : $E_2 = I_1 \cap P_2$, donc par indépendance :

$$P(E_2) = \frac{3}{7}\times\frac{4}{7} = \frac{12}{49}$$

puis : $E_3 = (P_1 \cap I_2 \cap P_3) \cup (I_1 \cap I_2 \cap P_3) = I_2 \cap P_3$, donc par incompatibilité, puis par indépendance, on a :

$$P(E_3) = \frac{3}{7}\times\frac{4}{7} = \frac{12}{49} = P(E_2)$$

De même :

$E_4 = (I_1 \cap I_2 \cap I_3 \cap P_4) \cup (P_1 \cap I_2 \cap I_3 \cap P_4) \cup (P_1 \cap P_2 \cap I_3 \cap P_4)$, donc :

$$P(E_4) = \left(\frac{3}{7}\right)^3\times\frac{4}{7} + \left(\frac{3}{7}\right)^2\times\left(\frac{4}{7}\right)^2 + \frac{3}{7}\times\left(\frac{4}{7}\right)^3 = \frac{444}{2401}$$

b) Pour réaliser E_n il faut finir par la séquence $I_{n-1} \cap P_n$ et ne jamais avoir de séquence $(I_k \cap P_{k+1})$ avant. Donc dès qu'à un moment avant le $(n-1)^{\text{ème}}$ on obtient un résultat impair, il faut obtenir un résultat impair jusqu'au rang $(n-2)$ (donc jusqu'au rang $(n-1)$). Ainsi le cas général est une succession de résultats pairs, puis une succession de résultats impairs et enfin la finale $I_{n-1}P_n$.

Ainsi, en détaillant et en notant l'intersection par simple juxtaposition pour gagner de la place :

$$E_n = I_1 \dots I_{n-1}P_n \cup P_1I_2 \dots I_{n-1}P_n \cup \dots \cup P_1 \dots P_{i-1}I_iI_{i+1} \dots I_{n-1}P_n \cup \dots \cup P_1P_2 \dots P_{n-2}I_{n-1}P_n$$

Par conséquent par incompatibilité, puis indépendance des événements, on a :

$$P(E_n) = \left(\frac{3}{7}\right)^{n-1}\times\frac{4}{7}+\frac{4}{7}\times\left(\frac{3}{7}\right)^{n-2}\times\frac{4}{7}+\left(\frac{4}{7}\right)^2\times\left(\frac{3}{7}\right)^{n-1}\times\frac{4}{7}+..+\left(\frac{4}{7}\right)^{n-2}\times\left(\frac{3}{7}\right)\times\frac{4}{7}$$

Soit, en regroupant :

$$P(E_n) = \sum_{k=1}^{n-1}\left(\frac{4}{7}\right)^k\times\left(\frac{3}{7}\right)^{n-k}$$

c) Donc en transformant la formule pour se ramener à la somme des premiers termes termes d'une suite géométrique :

$$P(E_n) = \left(\frac{3}{7}\right)^n\sum_{k=1}^{n-1}\left(\frac{4}{3}\right)^k = \left(\frac{3}{7}\right)^n\times\frac{4}{3}\sum_{h=0}^{n-2}\left(\frac{4}{3}\right)^h = \left(\frac{3}{7}\right)^n\times\frac{4}{3}\times\frac{\left(\frac{4}{3}\right)^{n-1}-1}{\frac{4}{3}-1}$$

Soit :

$$P(E_n) = 4\times\left(\frac{3}{7}\right)^n\times\left[\left(\frac{4}{3}\right)^{n-1}-1\right]$$

Variables aléatoires réelles

13

RÉPARTITION DES EXERCICES

Exercices de niveau 1	**13.01 → 13.05**
Exercices de niveau 2	**13.06 → 13.09**
Pour aller plus loin	**13.10 → 13.13**

I. ÉNONCÉS DES EXERCICES

13.01 Une urne contient n jetons numérotés de 1 à n, $n \in \mathbb{N}$, $n \geqslant 2$. On effectue 2 tirages successifs d'un jeton de cette urne et on note X (respectivement Y) le plus grand (respectivement le plus petit) des numéros obtenus.

1°) On suppose que les tirages se font sans remise. On note X_1 (resp. X_2) le résultat aléatoire du premier (resp. du second) tirage.

a) Soit $k \in X(\Omega)$, expliciter l'événement $(X = k)$ à l'aide des événements $(X_1 = k)$, $(X_2 \leqslant k-1)$, $(X_1 \leqslant k-1)$, $(X_2 = k)$ et en déduire la loi de probabilité de la variable X.

b) Déterminer la loi de probabilité de la variable Y.

2°) On suppose que les tirages se font avec remise.

a) Déterminer pour $k \in X(\Omega)$, $P(X \leqslant k)$ et en déduire la loi de probabilité de X.

b) Déterminer la loi de probabilité de Y.

◇

13.02 Soient $n \in \mathbb{N}^*$, et β un nombre réel et X une variable aléatoire à valeurs dans $[\![0, n]\!]$ telle que :

$$\forall\, k \in [\![0, n]\!], P(X = k) = \binom{n}{k} \times \frac{\beta}{k+1}$$

Déterminer β et calculer $E(X)$ et $V(X)$.

◇

13.03 Une urne contient n boules numérotées de 1 à n, on effectue des tirages successifs d'une boule de cette urne, avec remise de la boule obtenue à un tirage quelconque avant le tirage suivant.

Soit B_k le numéro de la $k^{\text{ème}}$ boule tirée, on décide d'arrêter les tirages dès que $B_k \geqslant B_{k-1}$.
Soit X la variable aléatoire égale au nombre de tirages effectués.

1°) Définir la fonction de répartition de X.

2°) Déterminer la loi de probabilité de X et calculer son espérance.

◇

13.04 Une secrétaire effectue une série de n appels téléphoniques vers n correspondants distincts, $n \in \mathbb{N}$, $n \geqslant 2$. On admet que les n appels constituent n expériences indépendantes et que la probabilité d'obtenir à chaque essai le correspondant demandé est p, avec $p \in]0, 1[$, donc que la probabilité de ne pas l'obtenir est $q = 1 - p$.

On note X la variable aléatoire égale au nombre de correspondants obtenus.

1°) Quelle est la loi de X ? Calculer son espérance et sa variance.

2°) Après ses n premières tentatives, la secrétaire demande une deuxième fois, et dans les mêmes conditions, chacun des $n - X$ correspondants qu'elle n'a pas obtenus la première fois.

On note Z la variable égale au nombre de correspondants obtenus à l'issue des deux séries d'appels.

Déterminer la loi de probabilité de Z, en déduire $E(Z)$ et $V(Z)$.

◇

13.05 Une urne contient 12 boules blanches et 8 boules noires. On extrait successivement de cette urne 25 boules en opérant de la façon suivante :

⋆ après chaque tirage la boule tirée est remise dans l'urne ;

⋆ on ajoute de plus dans cette urne x boules de la couleur de la boule qui vient d'être remise.

1°) On suppose que $x = 0$ et on note X le nombre total de boules blanches tirées au cours des 25 tirages. Déterminer $P(X = 2)$ et $P(X \geqslant 3)$.

2°) On suppose que x est un entier naturel quelconque. On note : B_i : « la $i^{\text{ème}}$ boule tirée est blanche » et N_i : « la $i^{\text{ème}}$ boule tirée est noire ».
Calculer $P(B_2)$ et $P(N_2)$.

3°) On choisit x au hasard parmi les chiffres $\{0, 1, 2\}$. Calculer la probabilité que x soit égal à 0 sachant que :

i) B_1 est réalisé.

ii) B_2 est réalisé.

iii) $B_1 \cap B_2$ est réalisé.

◇

13.06 Une urne contient des boules blanches en proportion $p \in]0, 1[$ et des boules noires. Soit n un entier naturel non nul.
On effectue une succession de n tirages, avec remise, d'une boule de cette urne, et on note X le nombre aléatoire de boules blanches obtenues.

Le résultat de l'expérience s'affiche sur un compteur détraqué :
$\rightarrow$ Si X prend une valeur non nulle, alors le compteur affiche la bonne valeur ;
$\rightarrow$ Si X prend la valeur 0, alors le compteur affiche au hasard un nombre entre 1 et n.
Soit Y la valeur affichée. Déterminer la loi de Y et calculer son espérance.

◇

13.07 Soient n et p deux entiers naturels strictement positifs tels que $2 \leqslant p \leqslant n$. On considère une urne contenant n boules numérotées de 1 à n, on extrait au hasard une poignée de p boules et on note X la variable aléatoire égale au plus grand numéro obtenu, et Y au plus petit.

1°) Déterminer la loi de probabilité de X et celle de Y.

2°) Calculer l'espérance et la variance de X.

3°) En posant $Z = n + 1 - X$ en déduire l'espérance et la variance de Y.

◇

13.08 Un marchand de téléviseurs reçoit $2n$ téléviseurs ($n > 1$), n téléviseurs couleurs et n téléviseurs noirs et blancs, il les contrôle un à un en les choisissant au hasard et sans remise, on suppose l'équiprobabilité des choix. Soit X_n la variable aléatoire égale au rang d'apparition du dernier téléviseur couleur controlé.

1°) Déterminer la loi de probabilité de X_n.

2°) Calculer l'espérance de X_n.

◇

13.09 On considère les matrices A, J et K suivantes :

$$A = \frac{1}{3}\begin{pmatrix} 0 & 2 & 0 & 1 \\ 1 & 0 & 2 & 0 \\ 0 & 1 & 0 & 2 \\ 2 & 0 & 1 & 0 \end{pmatrix}, J = \frac{1}{2}\begin{pmatrix} 1 & 0 & 1 & 0 \\ 0 & 1 & 0 & 1 \\ 1 & 0 & 1 & 0 \\ 0 & 1 & 0 & 1 \end{pmatrix},$$

$$K = \frac{1}{2}\begin{pmatrix} 1 & 0 & -1 & 0 \\ 0 & 1 & 0 & -1 \\ -1 & 0 & 1 & 0 \\ 0 & -1 & 0 & 1 \end{pmatrix}$$

1°) a) Déterminer deux réels α et β tels que $A^2 = \alpha J + \beta K$.

b) Calculer K^2, J^2, JK et KJ.

c) Montrer que : $\forall\, n \in \mathbb{N}^*, A^{2n} = J + (-1)^n \left(\frac{1}{9}\right)^n K$.

d) En déduire l'existence de deux suites $(u_n)_{n \geq 0}$ et $(v_n)_{n \geq 0}$ telles que :

$$\forall\, n \in \mathbb{N}, A^{2n} = \begin{pmatrix} u_n & 0 & v_n & 0 \\ 0 & u_n & 0 & v_n \\ v_n & 0 & u_n & 0 \\ 0 & v_n & 0 & u_n \end{pmatrix}$$ et déterminer ces suites.

2°) Soit p un réel appartenant à l'intervalle $]0,1[$. Un point lumineux Q se déplace sur les sommets d'un carré. Les sommets sont notés S_1, S_2, S_3, S_4 dans le sens trigonométrique.

• A l'instant $t = 0$, le point Q se trouve en S_1 avec la probabilité $\frac{1}{2}$ ou en S_2 avec la probabilité $\frac{1}{3}$ ou en S_3 avec la probabilité $\frac{1}{6}$.

• Soit $n \geqslant 0$. Entre les instants n et $n+1$ il se déplace d'un sommet S_i au sommet S_{i+1}, $i \in \{1,2,3\}$ et de S_4 vers S_1, avec la probabilité p, alors qu'il se déplace d'un sommet S_j au sommet S_{j-1}, $j \in \{4,3,2\}$ et de S_1 vers S_4 avec la probabilité $1-p$.

Pour $n \in \mathbb{N}$, on note X_n la variable aléatoire égale au numéro du sommet sur lequel se trouve le point Q à l'instant n.

On note également U_n la matrice colonne $U_n = \begin{pmatrix} P(X_n = 1) \\ P(X_n = 2) \\ P(X_n = 3) \\ P(X_n = 4) \end{pmatrix}$.

a) Soit $j \in \{1,2,3,4\}$, déterminer une relation entre $P(X_{n+1} = j)$ et les $P(X_n = k)$ avec $k \in \{1,2,3,4\}$.

b) En déduire l'existence et la valeur d'une matrice $B \in \mathcal{M}_4(\mathbb{R})$ telle que : $\forall n \in \mathbb{N}$, $U_{n+1} = BU_n$.

c) En déduire l'expression de U_{2n} en fonction de B et de U_0, U_0 matrice colonne que l'on déterminera.

3°) On se place dans cette question dans le cas particulier où $p = \frac{1}{3}$.

a) Déduire des questions précédentes l'expression de U_{2n} en fonction de n.

b) En déduire l'expression en fonction de n de : $P(X_{2n} = 1)$, $P(X_{2n} = 2)$, $P(X_{2n} = 3)$ et $P(X_{2n} = 4)$.

c) En déduire la valeur de $\lim\limits_{n\to\infty} P(X_{2n} = 1)$, $\lim\limits_{n\to\infty} P(X_{2n} = 2)$, $\lim\limits_{n\to\infty} P(X_{2n} = 3)$, et $\lim\limits_{n\to\infty} P(X_{2n} = 4)$.

◇

13.10 Deux urnes A et B, initialement vides, peuvent contenir chacune n boules ($n \geqslant 1$). On s'intéresse à l'expérience suivante :

→ On choisit au hasard et de façon équiprobable l'une des deux urnes et on y met une boule.

→ On répète cette épreuve autant de fois qu'il est nécessaire pour que l'une des urnes A ou B soit pleine, les choix des urnes étant mutuellement indépendants d'une épreuve à l'autre.

Dans toute la suite du problème, on notera pour $k \in \mathbb{N}^*$, A_k l'événement : « à la $k^{\text{ème}}$ épreuve on met une boule dans l'urne A » et $B_k = \overline{A_k}$.

On note R_n la variable aléatoire égale au nombre (éventuellement nul) de boules contenues dans l'urne qui n'est pas pleine, à l'issue de l'expérience.

1°) Cas où $n = 1$: déterminer la loi de R_1.

2°) Cas où $n = 2$: expliciter l'événement $(R_2 = 0)$, à l'aide des événements A_1, A_2, B_1 et B_2 et en déduire la loi de probabilité de R_2.

3°) Cas où $n = 3$.

a) Montrer que $P(R_3 = 0) = \dfrac{1}{4}$.

b) Expliciter l'événement $(R_3 = 1)$, à l'aide des événements A_i et B_i pour $1 \leqslant i \leqslant 4$ et montrer que $P(R_3 = 1) = \dfrac{3}{8}$.

c) En déduire la loi de probabilité de la variable R_3.
Calculer l'espérance de R_1, R_2 et R_3.
Dans toute la suite de l'exercice, on suppose $n \geqslant 2$.

4°) a) Quel est l'ensemble $R_n(\Omega)$ des valeurs prises par la variable R_n ?

b) Soit k appartenant à l'univers image $R_n(\Omega)$. Calculer la probabilité de l'événement U^A_{n-1+k} = «à l'issue du $(n-1+k)^{\text{ème}}$ tirage, l'urne A contient $n-1$ boules et l'urne B contient k boules». On définit de façon similaire l'événement U^B_{n-1+k}.
Exprimer l'événement $(R_n = k)$ à l'aide des événements U^A_{n-1+k}, U^B_{n-1+k}, A_{n+k} et B_{n+k} puis en déduire que :
$P(R_n = k) = \dbinom{n-1+k}{k}\left(\dfrac{1}{2}\right)^{n+k-1}$.

5°) Vérifier que :

$$\forall k \in [\![0, n-2]\!], 2(k+1)P(R_n = k+1) = (n+k)P(R_n = k).$$

6°) En déduire que : $E(R_n) = n - (2n-1)P(R_n = n-1)$.

7°) Montrer que : $\forall k \in \mathbb{N}$, tel que $0 \leqslant k \leqslant n-2$:

$$2(k+1)^2 P(R_n = k+1) = (k+1)(n+k)P(R_n = k)$$

en déduire que $E(R_n^2) = (2n+1)E(R_n) - n(n-1)$ (on sera amené à utiliser l'égalité $(2n-1)P(R_n = n-1) = n - E(R_n)$).

8°) Montrer que $V(R_n) = (2n+1)E(R_n) - [E(R_n)]^2 - n(n-1)$.

◇

13.11 On lance indéfiniment une pièce donnant Pile avec la probabilité p et Face avec la probabilité $q = 1 - p$. On suppose que $p \in]0, 1[$ et on admet que les résultats des lancers sont mutuellement indépendants.
Pour tout entier naturel k, supérieur ou égal à 2, on dit que le $k^{\text{ème}}$ lancer est un changement s'il amène un résultat différent de celui du $(k-1)^{\text{ème}}$ lancer. On note P_k (resp. F_k) l'événement : «on obtient Pile (resp. Face) au $k^{\text{ème}}$ lancer». Pour ne pas surcharger l'écriture on écrira, par exemple, P_1F_2 à la place de $P_1 \cap F_2$. Pour tout entier naturel n supérieur ou égal à 2, on note X_n la variable aléatoire égale au nombre de changements survenus durant les n premiers lancers.

A. *Etude du cas $p \neq q$*
Dans cette partie, n désigne un entier naturel supérieur ou é gal à 2.

1°) Exprimer $P(X_n = 0)$ en fonction de p, q et n.

2°) Montrer que : $P(X_n = 1) = \dfrac{2pq}{q-p}(q^{n-1} - p^{n-1})$.

3°) En distinguant les cas n pair et n impair, exprimer $P(X_n = n-1)$ en fonction de p et q.

B. *Etude du cas* $p = q = \dfrac{1}{2}$

1°) Vérifier que X_2 et X_3 suivent chacune une loi binômiale.

2°) Montrer que, pour tout entier naturel n supérieur ou égal à 2, X_n suit une loi binômiale dont on donnera les paramètres.

◇

13.12 Une personne lance, au hasard, successivement n boules numérotées vers N cases numérotées, $N \geqslant 2$. On suppose que les différents lancers de boules sont indépendants et que la probabilité pour qu'une boule tombe dans une case donnée est $\dfrac{1}{N}$. (Chaque case peut contenir toutes les boules).

On étudie la variable aléatoire T_n, égale au nombre de cases non vides à l'issue des n lancers.

1°) Déterminer en fonction de n et N les valeurs prises par T_n.

2°) Donner les lois de T_1 et T_2.

3°) a) Déterminer, lorsque $n \geqslant 2$, la probabilité des événements $(T_n = 1)$, $(T_n = 2)$ et $(T_n = n)$.

b) Vérifier que si $n \leqslant N$, $P(T_{n+1} = n+1) = \dfrac{N-n}{N} P(T_n = n)$.

4°) Montrer que, pour tout entier k tel que $1 \leqslant k \leqslant n$:

$$P(T_{n+1} = k) = \frac{k}{N} P(T_n = k) + \frac{N-k+1}{N} P(T_n = k-1).$$

5°) Afin de calculer l'espérance $E(T_n)$ de la variable T_n, on considère le polynôme $G_n = \sum\limits_{k=1}^{n} P(T_n = k) X^k$.

a) Quelle est la valeur de $G_n(1)$?

b) Exprimer $E(T_n)$ en fonction de $G'_n(1)$.

c) Montrer que : $\forall x \in \mathbb{R}, G_{n+1}(x) = \dfrac{1}{N}(x - x^2)G'_n(x) + xG_n(x)$.

d) En déduire que : $E(T_{n+1}) = \left(1 - \dfrac{1}{N}\right)E(T_n) + 1$.

e) Prouver enfin que l'espérance de la variable T_n est donnée par : $\forall n \geqslant 2$, $E(T_n) = N\left[1 - \left(1 - \dfrac{1}{N}\right)^n\right]$.

◇

13.13 On considère une urne U_n contenant n boules numérotées de 1 à n. On tire une boule au hasard dans U_n et on note k le numéro de cette boule.

- Si $k = 1$, on arrête les tirages.

• Si $k \geqslant 2$, on enlève de U_n les boules numérotées de k à n (il reste donc les boules numérorées de 1 à $k-1$), et on effectue à nouveau un tirage dans l'urne.
On répète ces tirages jusqu'à l'obtention de la boule numéro 1, on note X_n la variable aléatoire égale au nombre de tirages nécessaires pour l'obtention de la boule numéro 1 et Y_n la variable aléatoire égale à la somme des numéros des boules tirées.
On note enfin $E(X_n)$ et $V(X_n)$ (resp. $E(Y_n)$ et $V(Y_n)$) l'espérance et la variance de X_n (resp. de Y_n)

Partie 1

On note I_n la variable aléatoire égale au numéro de la première boule tirée dans l'urne U_n.

1°) a) Déterminer la loi de probabilité de I_n, la reconnaître.

b) Déterminer la valeur de $P_{(I_n=1)}(X_n = 1)$ et $P_{(I_n=1)}(X_n = k)$ pour $k \neq 1$.

c) Si $n \geqslant 2$, montrer que :
$\forall j \in \mathbb{N}^*, \forall k \in [\![2, n]\!], P_{(I_n=k)}(X_n = j) = P(X_{k-1} = j-1)$.

2°) a) On se place dans le cas particulier où $n = 1$. Quelle est la loi de X_1 ? Calculer $E(X_1)$ et $V(X_1)$.

b) On se place dans la cas particulier où $n = 2$. Quelle est la loi de X_2 ? Calculer $E(X_2)$ et $V(X_2)$.

c) On se place dans le cas particulier où $n = 3$.
Calculer $P_{(I_3=1)}(X_3 = 2)$, $P_{(I_3=2)}(X_3 = 2)$ et $P_{(I_3=3)}(X_3 = 2)$. En déduire la loi de probabilité de X_3, ainsi que son espérance et sa variance.

On revient maintenant au cas général.

3°) a) Déterminer $X_n(\Omega)$.

b) i) Déterminer $P(X_n = 1)$.

ii) Montrer que $P(X_n = n) = \dfrac{1}{n!}$.

c) Soient $n \geqslant 2$ et $j \geqslant 2$, montrer la relation :
$$P(X_n = j) = \frac{1}{n} \sum_{k=1}^{n-1} P(X_k = j-1).$$

d) Si $n \geqslant 2$ et $j \in \mathbb{N}$, $1 \leqslant j \leqslant n$, montrer que :
$$P(X_n = j) = \frac{n-1}{n} P(X_{n-1} = j) + \frac{1}{n} P(X_{n-1} = j-1).$$

4°) a) Si $n \geqslant 2$, montrer que : $E(X_n) = E(X_{n-1}) + \dfrac{1}{n}$.

b) Montrer que $E(X_n) = \displaystyle\sum_{k=1}^{n} \frac{1}{k}$.

5°) a) Si $n \geqslant 2$, montrer que $E(X_n^2) = E(X_{n-1}^2) + \dfrac{2}{n} E(X_{n-1}) + \dfrac{1}{n}$.

b) i) Montrer que : $\forall k \geqslant 2, V(X_k) = V(X_{k-1}) + \dfrac{1}{k} - \dfrac{1}{k^2}$.

ii) En déduire : $V(X_n) = \sum\limits_{k=1}^{n} \frac{1}{k} - \sum\limits_{k=1}^{n} \frac{1}{k^2}$.

6°) Soit $(T_i)_{i\geq 1}$ une suite de variables aléatoires indépendantes telle que, pour tout i, T_i suit la loi de Bernoulli de paramètre $\frac{1}{i}$. On pose $S_n = \sum\limits_{i=1}^{n} T_i$.

a) Vérifier que X_1 et T_1 ont la même loi.

b) i) Montrer en utilisant la formule des probabilités totales que :
$\forall j \in [\![1, n-1]\!], P(S_n = j) = \frac{1}{n}P(S_{n-1} = j-1) + \frac{n-1}{n}P(S_{n-1} = j)$.

ii) Vérifier que l'égalité précédente est encore vraie aux rangs $j = 0$ puis $j = n$.

iii) En déduire que S_n et X_n ont la même loi.

Partie 2

1°) Donner la loi de Y_1.

2°) Déterminer la loi de Y_2.

3°) a) Si $n \geqslant 2$, montrer que :
$\forall j \in \mathbb{N}^*, \forall k \in \mathbb{N}, k \geqslant 2 : P_{(I_n=k)}(Y_n = j) = P(Y_{k-1} = j - k)$.

b) Montrer que
$P(Y_n = j) = \frac{n-1}{n}P(Y_{n-1} = j) + \frac{1}{n}P(Y_{n-1} = j - n)$.

c) i) Comparer $Y_n(\Omega)$ et $[\![1, \frac{n(n+1)}{2}]\!]$.

ii) Montrer que :
$\sum\limits_{j=1}^{n(n+1)/2} jP(Y_{n-1} = j - n) = \sum\limits_{k=1}^{n(n-1)/2} (k+n)P(Y_{n-1} = k)$ et
$\sum\limits_{j=1}^{n(n+1)/2} jP(Y_{n-1} = j) = \sum\limits_{j=1}^{n(n-1)/2} jP(Y_{n-1} = j)$.

iii) En déduire que pour $n \geqslant 2$: $E(Y_n) = E(Y_{n-1}) + 1$.

iiii) En déduire l'expression de $E(Y_n)$ en fonction de n, pour $n \geqslant 1$.

II. INDICATIONS

1) Rappels des principales méthodes d'étude

❑ Soit $(\Omega, \mathcal{P}(\Omega), P)$ un espace probabilisé fini. Une variable aléatoire réelle (en abrégé v.a.r.) X est une application de Ω dans $\mathbb{R}$.
L'application F_X définie sur $\mathbb{R}$ par $F_X(x) = P\big(X^{-1}(]-\infty, x])\big)$ est la fonction de répartition de la v.a.r. X.
Pour abréger les notations, on pose : $P\big(X^{-1}(]-\infty, x])\big) = P(X \leqslant x)$ et de même on pose $P\big(X^{-1}(x)\big) = P(X = x)$,...
Si X prend les valeurs $x_1, \ldots, x_n$, avec les probabilités respectives $p_1, \ldots, p_n$ (*i.e.* $\forall i, p_i = P(X = x_i)$), la famille $(x_i, p_i)_{1\leq i\leq n}$ est appelée la loi de X.

❑ Pour montrer que $(x_i, p_i)_{1 \leq i \leq n}$ est une loi de v.a.r., il suffit de vérifier que $\forall i, p_i \geqslant 0$ et que $\sum_{i=1}^{n} p_i = 1$.

❑ Si X est une v.a.r. discrète de loi $(x_i, p_i)_{1 \leq i \leq n}$, l'**espérance** $E(X)$ de X est définie par : $E(X) = \sum_{i=1}^{n} x_i p_i$. De même la **variance** $V(X)$ de X est le nombre $V(X) = E\left[\left(X - E(X)\right)^2\right]$; $\sigma_X = \sqrt{V(X)}$ est alors l'**écart-type** de X.

On a la **formule de Huygens** : $V(X) = E(X^2) - [E(X)]^2$.

❑ **Principales lois discrètes finies**

Loi uniforme sur $[\![1, n]\!]$:

$X \hookrightarrow \mathcal{U}([\![1, n]\!])$ si $X(\Omega) = [\![1, n]\!]$ et $\forall k \in [\![1, n]\!], P(X = k) = \dfrac{1}{n}$

On a alors $E(X) = \dfrac{n+1}{2}$, $V(X) = \dfrac{n^2 - 1}{12}$

Loi binomiale : soit $n \in \mathbb{N}^*$ et $p \in [0, 1]$,

$X \hookrightarrow \mathcal{B}(n, p)$, si $X(\Omega) = [\![0, n]\!]$ et $\forall k \in [\![0, n]\!], P(X = k) = \binom{n}{k} p^k (1-p)^{n-k}$

On a alors $E(X) = np$ et $V(X) = np(1 - p)$.

Loi hypergéométrique : soit $N \in \mathbb{N}$ tel que $N \geqslant 2$, $n \in [\![1, N]\!]$, $p \in]0, 1[$, on note $q = 1 - p$, et on suppose que $Np \in \mathbb{N}$, $Nq \in \mathbb{N}$,

$X \hookrightarrow \mathcal{H}(N, n, p)$, si $X(\Omega) = [\![\max(0, n - Nq), \min(n, Np)]\!] \subset [\![0, n]\!]$ et :

$$\forall k \in X(\Omega), P(X = k) = \frac{\binom{Np}{k}\binom{Nq}{n-k}}{\binom{N}{n}}$$

On a alors $E(X) = np$ et $V(X) = npq\,\dfrac{N - n}{N - 1}$.

(pas explicitement au programme, mais à connaître car c'est la loi du nombre de boules blanches obtenues lorsque l'on extrait une poignée de n boules d'une urne contenant au départ Np boules blanches et Nq boules noires.)

❑ **Théorème de transfert** :

Si X est une variable aléatoire de loi (x_i, p_i) et si $Y = \varphi(X)$, alors on a :

$$E(Y) = \sum_i \varphi(x_i) p_i.$$

❑ Si X et Y sont indépendantes, alors :

$$[X \hookrightarrow \mathcal{B}(n_1, p) \text{ et } Y \hookrightarrow \mathcal{B}(n_2, p)] \implies X + Y \hookrightarrow \mathcal{B}(n_1 + n_2, p).$$

---

2) Indications spécifiques à chaque exercice

13.01. Penser que dans les lois de « inf » ou de « sup », il est souvent plus facile de déterminer d'abord la fonction de répartition, pour en déduire la loi.

13.02. Utiliser $\sum_{k=0}^{n} P(X = k) = 1$ et pour le calcul de $V(X)$ on calculera $E(X(X + 1))$.

13.03. Réaliser $(X > k)$ c'est dire que les k premiers résultats forment une liste strictement décroissante, bien définie par les éléments qui la constitue.

13.04. $n - Z$ est le nombre de personnes ne répondant pas deux fois de suite.

13.05. Utiliser la formule de Bayes.

13.06. Utiliser la formule des probabilités totales à l'aide du système complet issu de la variable aléatoire X.

13.07. **1)** Compter les poignées favorables. **2)** Utiliser la formule dite «loi des colonnes» : $\sum_{k=p}^{n} \binom{k}{p} = \binom{n+1}{p+1}$. **3)** On montrera que les var Z et Y ont la même loi de probabilité.

13.08. Reprenez les résultats connus sur la loi hypergéométrique.

13.09. **2)** Utiliser la formule des probabilités totales avec le système complet $\{(X_n = k), k \in \{1, 2, 3, 4\}\}$. **3)** Remarquer que $B^{2n} = A^{2n}$.

13.10. **1)** Expliciter les événements utiles à l'aide des A_i et B_i. **4)** Penser à dénombrer les épreuves qui amènent k boules dans l'urne B juste avant l'épreuve qui remplit l'urne A.

13.11. **A)** On se ramène à chaque fois aux événements P_k et F_k ... Pour **3)** distinguer les cas n pair et n impair.

13.12. **1)** On sera amené à comparer n et N. **3)** Pour le calcul de $P(T_n = n)$ on étudiera encore les 2 cas $n > N$ et $n \leqslant N$. **4)** Ajouter une boule peut faire que le nombre de cases occupées reste le même ou augmente d'une unité.

13.13. **I. 2)** Utiliser la formule des probabilités totales en distinguant selon les valeurs prises par I_3. **3)** Voir comment on peut être le plus rapide possible, ou le plus lent possible... et pour **c)** utiliser la formule des probabilités totales avec le système $\{(I_n = k), 1 \leqslant k \leqslant n\}$ pour **d)** montrer la relation demandée pour $j \geqslant 2$ et $n \geqslant 3$ et la vérifier pour les cas particuliers restants. **6)** Utiliser le système complet issu de la variable aléatoire S_{n-1}.

II. 3) Ne pas chercher à déterminer toutes les valeurs prises par Y_n : ce n'est pas utile pour faire les calculs.

III. CORRIGÉS DÉTAILLÉS DES EXERCICES

Corrigé 13.01

Notons X_1 (resp. X_2) le résultat aléatoire du premier (resp. du second) tirage.

1°) *Cas du tirage sans remise.*

a) Les deux numéros obtenus étant différents, on a clairement $X(\Omega) = [\![2, n]\!]$ et $Y(\Omega) = [\![1, n-1]\!]$.

Pour $k \in [\![2, n]\!]$, on peut écrire :

$$(X = k) = [(X_1 = k) \cap (X_2 \leqslant k-1)] \cup [(X_1 \leqslant k-1) \cap (X_2 = k)]$$

et la réunion étant disjointe :

$$P(X = k) = P[(X_1 = k) \cap (X_2 \leqslant k-1)] + P[(X_1 \leqslant k-1) \cap (X_2 = k)].$$

Comme $(X_2 \leqslant k-1) = \bigcup_{i=1}^{k-1} (X_2 = i)$, la réunion étant disjointe, il vient :

$$P(X = k) = \sum_{i=1}^{k-1} P[(X_1 = k) \cap (X_2 = i)] + \sum_{i=1}^{k-1} P[(X_1 = i) \cap (X_2 = k)]$$

Or pour $i \neq j$, on a :

$$P[(X_1 = i) \cap (X_2 = j)] = P(X_1 = i) P_{(X_1 = i)}(X_2 = j) = \frac{1}{n} \times \frac{1}{n-1}$$

Donc :

$$\boxed{\forall k \in [\![2,n]\!], P(X=k) = 2\sum_{i=1}^{k-1} \frac{1}{n(n-1)} = \frac{2(k-1)}{n(n-1)}}$$

b) De la même façon, pour $k \in [\![1, n-1]\!]$, on a :

$(Y=k) = \Big(\bigcup_{i=k+1}^{n} (X_1 = k) \cap (X_2 = i)\Big) \cup \Big(\bigcup_{i=k+1}^{n} (X_1 = i) \cap (X_2 = k)\Big)$,

donc :

$$P(Y=k) = \sum_{i=k+1}^{n} P[(X_1 = k) \cap (X_2 = i)] + \sum_{i=k+1}^{n} P[(X_1 = i) \cap (X_2 = k)]$$

Ce qui donne :

$$\boxed{\forall k \in [\![1, n-1]\!], P(Y=k) = \frac{2(n-k)}{n(n-1)}}$$

[On aurait pu se contenter de dire qu'ici, Ω est l'ensemble des parties à deux éléments de $[\![1,n]\!]$, donc est de cardinal $\frac{n(n-1)}{2}$ et de lister alors à chaque fois les cas favorables.]

2°) *Cas du tirage sans remise.*

a) On a donc ici $X(\Omega) = Y(\Omega) = [\![1,n]\!]$.

Pour $k \in [\![1,n]\!]$, $(X \leqslant k) = (X_1 \leqslant k) \cap (X_2 \leqslant k)$.

Les tirages se faisant avec remise, les événements $(X_1 \leqslant k)$ et $(X_2 \leqslant k)$ sont, dans ce cas, indépendants donc :

$$P(X \leqslant k) = P(X_1 \leqslant k)P(X_2 \leqslant k) = \left(\frac{k}{n}\right)\left(\frac{k}{n}\right) = \frac{k^2}{n^2}$$

Cette formule étant valide pour $k = 0$.

Or, $\forall\, k \in [\![1,n]\!]$ (même pour $k = 1$) : $(X \leqslant k) = (X = k) \cup (X \leqslant k-1)$, cette réunion étant disjointe. Donc :

$$P(X \leqslant k) = P(X = k) + P(X \leqslant k-1)$$

Par conséquent : $P(X = k) = P(X \leqslant k) - P(X \leqslant k-1) = \frac{k^2}{n^2} - \frac{(k-1)^2}{n^2}$,

et :

$$\boxed{\forall\, k \in [\![1,n]\!], P(X=k) = \frac{k^2 - (k-1)^2}{n^2} = \frac{2k-1}{n^2}}$$

b) Comme Y est le plus petit des numéros obtenus on s'intéresse plutôt à l'événement $(Y \geqslant k)$:

on a : $\forall\, k \in [\![1,n]\!], (Y \geqslant k) = (Y_1 \geqslant k) \cap (Y_2 \geqslant k)$ et par indépendance :

$$P(Y \geqslant k) = P(Y_1 \geqslant k)P(Y_2 \geqslant k) = (1 - P(Y_1 \leqslant k-1))^2 = \frac{(n-k+1)^2}{n^2}$$

Cette formule restant valide pour $k = n+1$.

Or $\forall\, k \in [\![1,n]\!]$ (même pour $k = n$), $(Y \geqslant k) = (Y = k) \cup (Y \geqslant k+1)$, la réunion étant disjointe.

Donc :

$$P(Y=k) = P(Y \geqslant k) - P(Y \geqslant k+1) = \frac{(n-k+1)^2 - (n-k)^2}{n^2}$$

$$\boxed{P(Y=k) = \frac{2(n-k)+1}{n^2}}$$

Corrigé 13.02

$\star$ Déjà $P(X \geqslant k) \geqslant 0$ si et seulement si $\beta \geqslant 0$ et donc X est bien une variable aléatoire si et seulement si $\beta \geqslant 0$ et $\sum\limits_{k=0}^{n} P(X=k)=1$, c'est-à-dire si et seulement si : $\beta \sum\limits_{k=0}^{n} \dfrac{1}{k+1}\dbinom{n}{k}=1$ (ce qui donne bien une valeur de β positive).

Or $\dfrac{1}{k+1}\dbinom{n}{k}=\dfrac{1}{k+1}\times\dfrac{k+1}{n+1}\dbinom{n+1}{k+1}$ (car pour $u,v\in\mathbb{N}^*$, $\dbinom{u}{v}=\dfrac{u}{v}\dbinom{u-1}{v-1}$)
donc :

$$\sum_{k=0}^{n}\frac{1}{k+1}\binom{n}{k}=\frac{1}{n+1}\sum_{k=0}^{n}\binom{n+1}{k+1}=\frac{1}{n+1}\Big(\sum_{i=0}^{n+1}\binom{n+1}{i}-\binom{n+1}{n+1}\Big)$$
$$=\frac{2^{n+1}-1}{n+1}$$

Par conséquent X est une variable aléatoire réelle si et seulement si $\beta=\dfrac{n+1}{2^{n+1}-1}$.

$\star$ Calculons plutôt $E(X+1)$:

$E(X+1)=\sum\limits_{k=0}^{n}(k+1)P(X=k)=\beta\sum\limits_{k=0}^{n}\dbinom{n}{k}=\beta(1+1)^n=\dfrac{(n+1)2^n}{2^{n+1}-1}$,

d'où :

$$\boxed{E(X)=E(X+1)-1=\frac{2^n(n-1)+1}{2^{n+1}-1}}$$

$\star$ Pour calculer la variance, calculons d'abord $E(X(X+1))$:

$$E(X(X+1))=\sum_{k=0}^{n}k(k+1)P(X=k)=\beta\sum_{k=0}^{n}k\binom{n}{k}=\beta\sum_{k=1}^{n}k\binom{n}{k}$$
$$=\beta\sum_{k=1}^{n}n\binom{n-1}{k-1}=n\beta\sum_{i=0}^{n-1}\binom{n-1}{i}=n\beta\times 2^{n-1}$$
$$E(X(X+1))=\frac{n(n+1)2^{n-1}}{2^{n+1}-1}$$

On a alors $E(X^2)=E(X(X+1))-E(X)$, puis par application de la formule de Koening-Huygens :

$V(X)=E\left(X(X+1)\right)-E(X)-E(X)^2=E\left(X(X+1)\right)-E(X)(E(X)+1)$.

C'est-à-dire : $V(X)=\dfrac{(n+1)n2^{n-1}}{2^{n+1}-1}-\dfrac{2^n(n-1)+1}{2^{n+1}-1}\times\dfrac{(n+1)2^n}{2^{n+1}-1}$

Soit, tous calculs faits :

$$\boxed{V(X)=\frac{(n+1)2^{n-1}(2^{n+1}-n-2)}{(2^{n+1}-1)^2}}$$

Corrigé 13.03

1°) On fait au minimun 2 tirages (si le numéro obtenu au second tirage est supérieur ou égal au premier), et au maximun $n+1$ tirages (dans le cas où on tire successivement et dans cet ordre les boules numérotées : $n, n-1, n-2, \ldots,$ 3, 2, 1 le tirage suivant le $(n+1)^{\text{ème}}$ amenant un numéro supérieur ou égal à 1 qui provoque l'arrêt).

Toute situation intermédiaire étant possible, on a donc $X(\Omega) = [\![2, n+1]\!]$.

La fonction de répartition F de X est une fonction en escalier et il suffit de calculer $F(k) = P(X \leqslant k)$, pour k entier tel que $2 \leqslant k \leqslant n+1$.
En fait, il est plus facile de calculer $P(X > k)$. En effet, dire que $X > k$ est réalisé, c'est dire que les résultats des k premiers tirages vont en décroissant strictement (et le processus se poursuit donc encore).

Pour $k \in [\![1, n]\!]$, il existe n^k façons de tirer k fois une boule, avec remise, de l'urne, toutes ces façons étant équiprobables et parmi celles-ci il en existe $\binom{n}{k}$ pour lesquelles les tirages vont en décroissant strictement (en effet, un tel tirage constitue alors une partie à k éléments de $[\![1, n]\!]$ et on énonce cette partie dans l'ordre décroissant de ses éléments).

Ainsi, pour $k \in [\![1, n]\!], P(X > k) = \binom{n}{k}\frac{1}{n^k}$ (la formule est valable pour $k = n+1$, avec la convention habituelle : $\binom{n}{n+1} = 0$).
Par conséquent :

$$\forall k \in [\![1, n+1]\!], P(X \leqslant k) = 1 - P(X > k) = 1 - \binom{n}{k}\frac{1}{n^k}$$

2°) Comme $(X > k-1) = (X = k) \cup (X > k)$, cette réunion étant disjointe, on en déduit :
$\forall k \in [\![2, n+1]\!], P(X = k) = P(X > k-1) - P(X > k)$, soit pour $k \neq n+1$:

$$\begin{aligned}
P(X = k) &= \binom{n}{k-1}\frac{1}{n^{k-1}} - \binom{n}{k}\frac{1}{n^k} = \frac{1}{n^k}\Big[n\binom{n}{k-1} - \binom{n}{k}\Big].\\
&= \frac{1}{n^k}\Big[\frac{n.n!}{(k-1)!(n-k+1)!} - \frac{n!}{k!(n-k!}\Big] = \frac{n!(nk-(n-k+1))}{n^k k!(n-k+1)!}\\
&= \frac{n!(nk-n+k-1)}{n^k k!(n-k+1)!} = \frac{(n+1)!(k-1)}{n^k k!(n-k+1)!}
\end{aligned}$$

On peut donc aussi écrire :

$$\boxed{\forall k \in [\![2, n]\!], P(X = k) = \frac{k-1}{n^k}\binom{n+1}{k}}$$

Comme $P(X = n+1) = P(X > n) = \dfrac{1}{n^n}$, on constate que la formule précédente est valable aussi pour $k = n+1$.

• On a $E(X) = \sum\limits_{k=2}^{n+1} kP(X = k) = \sum\limits_{k=2}^{n+1} \frac{1}{n^k}k(k-1)\binom{n+1}{k}$

Or : $k\binom{n+1}{k} = (n+1)\binom{n}{k-1}$, puis $k(k-1)\binom{n+1}{k} \doteq (n+1)n\binom{n-1}{k-2}$,
d'où :

$$\begin{aligned}
E(X) &= (n+1)n\sum_{k=2}^{n+1}\frac{1}{n^k}\binom{n-1}{k-2} = \frac{n(n+1)}{n^2}\sum_{i=0}^{n-1}\binom{n-1}{i}\frac{1}{n^i}\\
&= \frac{n(n+1)}{n^2}\sum_{i=0}^{n-1}\binom{n-1}{i}\left(\frac{1}{n}\right)^i(1)^{n-1-i} = \frac{n+1}{n}\left(1+\frac{1}{n}\right)^{n-1}
\end{aligned}$$

et finalement :

$$\boxed{E(X) = \left(\frac{n+1}{n}\right)^n}$$

Corrigé 13.04

1°) X est le nombre de succès dans une succession de n épreuves indépendantes, chaque épreuve n'ayant que 2 issues possibles, le succès (le correspondant est obtenu) ou l'echec (dans le cas contraire).

Donc :

$$\boxed{X \hookrightarrow \mathcal{B}(n,p) \text{ et } E(X)=np,\, V(X)=npq}$$

2°) On peut dire que la secrétaire appelle chaque correspondant deux fois : pour ceux qui ont été obtenus au premier appel elle raccroche sans attendre la sonnerie et pour ceux qui n'ont pas été joints au premier essai elle laisse le téléphone sonner. Ainsi Z est le nombre aléatoire de correspondants atteints en une ou en deux fois. Par conséquent $n-Z$ est le nombre de correspondants absents deux fois de suite. Pour chaque correspondant ceci se produit avec la probabilité q^2 (deux échecs consécutifs et indépendance des essais), donc $n - Z \hookrightarrow \mathcal{B}(n, q^2)$.

Soit :

$$\boxed{Z \hookrightarrow \mathcal{B}(n, 1-q^2),\, E(Z)=nq^2,\, V(Z)=nq^2(1-q^2)}$$

Corrigé 13.05

1°) Si $x=0$, on est dans la situation classique où on fait des tirages successifs avec remise, donc X suit la loi binomiale de paramètres $n=25$ et $p=\frac{12}{20}=\frac{3}{5}$. Ainsi :

$$\begin{aligned} P(X=2) &= \binom{25}{2}(\tfrac{3}{5})^2(\tfrac{2}{5})^{23} \simeq 7.6\times 10^{-8}, \\ P(X \geqslant 3) &= 1 - P(X=0) - P(X=1) - P(X=2) \\ &= 1 - \left[(\tfrac{2}{5})^{25} + 25(\tfrac{3}{5})^1(\tfrac{2}{5})^{24} + \tfrac{25\times 24}{2}(\tfrac{3}{5})^2(\tfrac{2}{5})^{23}\right] \\ &\simeq 1 - 7,7.10^{-8} \simeq 1 \end{aligned}$$

2°) On applique la formule des probabilités totales avec le système complet $\{B_1, N_1\}$:

$$P(B_2) = P(N_1)P_{N_1}(B_2) + P(B_1)P_{B_1}(B_2)$$

Or $P(B_1)=\frac{3}{5}$, $P(N_1)=\frac{2}{5}$,

et en suivant le contenu de l'urne : $P_{N_1}(B_2) = \dfrac{12}{20+x}$ et $P_{B_1}(B_2) = \dfrac{12+x}{20+x}$,

donc :

$$P(B_2) = \frac{12}{20+x}\times\frac{2}{5} + \frac{12+x}{20+x}\times\frac{3}{5} = \frac{3}{5} \text{ et } P(N_2) = 1 - \frac{3}{5} = \frac{2}{5}$$

3°) Le chiffre x est choisit au hasard parmi 0, 1, 2. On notera Z l'événement « on a choisi le chiffre zéro ».

i) $P_{B_1}(Z) = \frac{1}{3}$ car pour le premier tirage le choix de la valeur de x est vraiment de peu d'intérêt !

ii) On utilise la formule de Bayes : $P_{B_2}(Z) = \dfrac{P(Z\cap B_2)}{P(B_2)} = \dfrac{P(Z)P_Z(B_2)}{P(B_2)}$

On a vu que la valeur de $P(B_2)$ était indépendante de la valeur prise par x, donc $P_Z(B_2) = \frac{3}{5} = P(B_2)$ et ainsi $P_{B_2}(Z) = P(Z) = \frac{1}{3}$.

iii) On évalue $P(B_1 \cap B_2)$ à l'aide de la formule des probabilités totales, le système complet utilisé étant $\{(x=0), (x=1), (x=2)\}$ et :

$$P_{(B_1\cap B_2)}(x=0)=\frac{P(x=0)P_{(x=0)}(B_1\cap B_2)}{\sum\limits_{i=0}^{2}P(x=i)P_{(x=i)}(B_1\cap B_2)}$$

et :

$P(x=0)=P(x=1)=P(x=2)=\frac{1}{3}$; $P_{(x=0)}(B_1\cap B_2)=\frac{12}{20}\times\frac{12}{20}$;

$P_{(x=1)}(B_1\cap B_2)=\frac{12}{20}\times\frac{13}{21}$; $P_{(x=2)}(B_1\cap B_2)=\frac{12}{20}\times\frac{14}{22}$

Ainsi tous calculs faits, on a :

$$P_{(B_1\cap B_2)}(x=0)=\frac{693}{2143}\simeq 0,323<\frac{1}{3}$$

[On peut remarquer l'indépendance de $(x=0)$ par rapport aux événements B_1 et B_2 mais les trois événements ne sont pas mutuellement indépendants puisque $(x=0)$ et $B_1\cap B_2$ ne sont pas indépendants.]

Corrigé 13.06

On sait que $X\hookrightarrow\mathcal{B}(n,p)$.

$\star$ Y ne peut pas prendre la valeur 0, mais peut prendre toutes les valeurs de $[\![1,n]\!]$, et la règle d'affichage du compteur récalcitrant se traduit par :

$$\forall k\in[\![1,n]\!], P_{(X=k)}(Y=i)=\begin{cases}1 & \text{si } i=k\\ 0 & \text{si } i\neq k\end{cases}, P_{(X=0)}(Y=i)=\begin{cases}1/n & \text{si } i\neq 0\\ 0 & \text{si } i=0\end{cases}$$

Par la formule des probabilités totales, il vient, pour tout i de $[\![1,n]\!]$:

$$\begin{aligned}P(Y=i)&=\sum_{k=0}^{n}P(X=k)P_{(X=k)}(Y=i)\\&=P(X=0)P_{(X=0)}(Y=i)+\sum_{k=1}^{n}P(X=k)P_{(X=k)}(Y=i)\\&=P(X=0)P_{(X=0)}(Y=i)+P(X=i)P_{(X=i)}(Y=i)\\&=P(X=0)\times\frac{1}{n}+P(X=i)\times 1\end{aligned}$$

Soit : $P(Y=i)=\binom{n}{0}p^0(1-p)^n\times\frac{1}{n}+\binom{n}{i}p^i(1-p)^{n-i}$

$$\boxed{\forall i\in[\![1,n]\!], P(Y=i)=\frac{1}{n}(1-p)^n+\binom{n}{i}p^i(1-p)^{n-i}}$$

$\star$ On a : $E(Y)=\sum\limits_{i=1}^{n}i.P(Y=i)$, soit :

$$\begin{aligned}E(Y)&=\frac{(1-p)^n}{n}\sum_{i=1}^{n}i+\sum_{i=1}^{n}i\binom{n}{i}p^i(1-p)^{n-i}\\&=\frac{(1-p)^n}{n}\times\frac{n(n+1)}{2}+\sum_{i=0}^{n}i\binom{n}{i}p^i(1-p)^{n-i}\end{aligned}$$

On reconnaît la somme restante : elle a pour valeur l'espérance de X, donc vaut np et :

$$\boxed{E(Y)=\frac{n+1}{2}(1-p)^n+np}$$

Corrigé 13.07

1°) $\star$ La plus petite valeur de X est obtenue si l'on obtient les numéros $\{1,2,\ldots,p\}$ et on a alors $X=p$, tandis que la plus grande valeur que peut prendre X est n.

Toutes les situations intermédiaires étant possibles, on a : $X(\Omega) = [\![p, n]\!]$.

$\star$ De même si Y le plus petit des numéros des p boules tirées, la plus grande valeur de Y est obtenue si l'on obtient les numéros $\{n, n-1, \ldots, n-p+1\}$ et on a alors $Y = n - p + 1$, la plus petite valeur possible est 1, et toutes les valeurs intermédiaires sont possibles. Donc $Y(\Omega) = [\![1, n-p+1]\!]$.

Notons enfin qu'il existe $\binom{n}{p}$ façons de tirer une poignée de p boules de l'urne, supposées toutes équiprobables.

$\star$ *Loi de probabilité de X.*

Soit $k \in [\![p, n]\!]$, réaliser $(X = k)$ c'est obtenir une poignée de $p - 1$ boules dont les numéros sont compris entre 1 et $k - 1$, ce qui peut s'obtenir de $\binom{k-1}{p-1}$ façons, et adjoindre à cette poignée la boule portant le numéro k, ce qui peut se faire d'une seule façon. Ainsi :

$$\boxed{\forall k \in [\![p, n]\!], P(X = k) = \frac{\binom{k-1}{p-1}}{\binom{n}{p}}}$$

(formule valide même pour $p = 1$)

$\star$ *Loi de probabilité de Y.*

Soit $k \in [\![1, n-p+1]\!]$. Réaliser $(Y = k)$ c'est obtenir une poignée de $p-1$ boules dont les numéros sont compris entre $k + 1$ et n, ce qui peut se faire de $\binom{n-k}{p-1}$ façons et adjoindre à cette poignée la boule numéro k. Ainsi :

$$\boxed{P(Y = k) = \frac{\binom{n-k}{p-1}}{\binom{n}{p}}}$$

(formule valide même pour $p = 1$)

2°) $\star$ *Espérance de X.*

$E(X) = \sum\limits_{k=p}^{n} kP(X = k) = \sum\limits_{k=p}^{n} k\frac{\binom{k-1}{p-1}}{\binom{n}{p}} = \frac{1}{\binom{n}{p}} \sum\limits_{k=p}^{n} k\binom{k-1}{p-1}$;

or $k\binom{k-1}{p-1} = k\frac{(k-1)!}{(p-1)!(p-k)!} = p\frac{k!}{p!(p-k)!} = p\binom{k}{p}$. Donc :

$$E(X) = \frac{p}{\binom{n}{p}} \sum_{k=p}^{n} \binom{k}{p}$$

Il nous faut revenir alors sur une formule classique, dite « formule ou loi des colonnes du triangle de Pascal ». Détaillons :

pour $p \leqslant n$, on a par la formule de Pascal :

$\binom{n+1}{p+1} = \binom{n}{p} + \binom{n}{p+1}$, puis $\binom{n}{p+1} = \binom{n-1}{p} + \binom{n-1}{p+1}$,

donc : $\binom{n+1}{p+1} = \binom{n}{p} + \binom{n-1}{p} + \binom{n-1}{p+1}$, puis

$\binom{n+1}{p+1} = \binom{n}{p} + \binom{n-1}{p} + \binom{n-2}{p} + \binom{n-2}{p+1}$ et ainsi de suite, jusqu'à :

$$\binom{n+1}{p+1} = \binom{n}{p} + \binom{n-1}{p} + \cdots + \binom{p+1}{p} + \binom{p+1}{p+1}$$

et comme $\binom{p+1}{p+1} = \binom{p}{p}$, il vient finalement la formule espérée :

$$\sum_{k=p}^{n} \binom{k}{p} = \binom{n+1}{p+1},$$

et donc :

$$\boxed{E(X) = \frac{p}{\binom{n}{p}}\binom{n+1}{p+1} = p\frac{(n+1)!}{(p+1)!(n-p)!}\times\frac{p!(n-p)!}{n!} = \frac{(n+1)p}{p+1}}$$

⋆ *Variance de* X.

On calcule $E(X^2)$ en évaluant tout d'abord :

$$E(X(X+1)) = \sum_{k=p}^{n} k(k+1)\frac{\binom{k-1}{p-1}}{\binom{n}{p}} = \frac{1}{\binom{n}{p}}\sum_{k=p}^{n} k\,(k+1)\binom{k-1}{p-1}$$

Soit en raisonnant comme précédemment, c'est-à-dire en réutilisant la formule :

$$\begin{aligned} E(X(X+1)) &= \frac{1}{\binom{n}{p}}\sum_{k=p}^{n} p(k+1)\binom{k}{p} = \frac{1}{\binom{n}{p}}\sum_{k=p}^{n} p\,(p+1)\binom{k+1}{p+1} \\ &= \frac{p(p+1)}{\binom{n}{p}}\sum_{k=p}^{n}\binom{k+1}{p+1} = \frac{p(p+1)}{\binom{n}{p}}\binom{n+2}{p+2} \\ &= \frac{p(p+1)p!(n-p)!}{n!}\times\frac{(n+2)!}{(p+2)!\,(n-p)!} = \frac{(n+2)(n+1)p}{p+2} \end{aligned}$$

Puis :

$$\begin{aligned} V(X) &= E(X(X+1)) - E(X) - [E(X)]^2 \\ &= \frac{(n+2)(n+1)p}{p+2} - \frac{(n+1)p}{p+1} - \left(\frac{(n+1)p}{p+1}\right)^2. \end{aligned}$$

Ce qui donne, après réduction au même dénominateur :

$$\boxed{V(X) = \frac{(n+1)p(n-p)}{(p+2)(p+1)^2}}$$

3°) Soit $Z = n+1-X$, comme $X(\Omega) = [\![p,n]\!]$, on a $Z(\Omega) = [\![1, n-p+1]\!]$ et :

$$\forall k \in Z(\Omega), P(Z=k) = P(X = n+1-k) = \frac{\binom{n-k}{p-1}}{\binom{n}{p}} = P(Y=k)$$

Les deux variables aléatoires Z et Y ont donc la même loi de probabilité, d'où : $E(Y) = E(Z)$ et $V(Y) = V(Z)$.

Or $E(Z) = E(n+1-X) = (n+1) - E(X) = (n+1) - \dfrac{(n+1)p}{p+1} = \dfrac{n+1}{p+1}$

et $V(Z) = V(n+1-X) = V(X)$. Donc :

$$\boxed{E(Z) = \frac{n+1}{p+1} \text{ et } V(Z) = \frac{(n+1)p(n-p)}{(p+2)(p+1)^2}}$$

Corrigé 13.08

1°) Le marchand peut contrôler d'abord tous les téléviseurs couleurs, auquel cas $(X_n = n)$ est réalisé, ou il peut contrôler d'abord tous les téléviseurs noirs et

blancs, auquel cas $(X_n = 2n)$ est réalisé. Toutes les situations intermédiaires étant possibles, on a donc $X_n(\Omega) = [\![n, 2n]\!]$.
Soit $k \in X_n(\Omega)$. Considérons l'événement $(X_n = k)$: il signifie que sur les $(k-1)$ premiers téléviseurs controlés, il y a eu $(n-1)$ téléviseurs couleurs et $(k-n)$ téléviseurs noirs et blancs : événement noté A, le $k^{\text{ème}}$ téléviseur controlé étant un téléviseur couleur : événement noté B.
Donc $P(X_n = k) = P(A \cap B) = P(A)P_A(B)$.
$\star$ $P(A) = \dfrac{\binom{n}{n-1}\binom{n}{k-n}}{\binom{2n}{k-1}}$ (phénomène hypergéométrique : on extrait une « poignée » de $k-1$ téléviseurs d'un stock contenant n téléviseurs de chaque type et on obtient $n-1$ téléviseurs couleurs).
$\star$ $P_A(B) = \dfrac{1}{2n-k+1}$ (il reste alors 1 téléviseur couleur parmi $2n-(k-1)$ téléviseurs)
D'où :

$$\begin{aligned} P(X_n = k) &= n \times \frac{n!}{(2n-k)!(k-n)!} \times \frac{(k-1)!(2n-k+1)!}{(2n)!} \times \frac{1}{2n-k+1} \\ &= n \times \frac{n!}{(2n)!} \times \frac{(k-1)!}{(k-n)!} = \frac{n!n!}{(2n)!} \times \frac{(k-1)!}{(k-n)!(n-1)!} \end{aligned}$$

$$\boxed{\forall k \in [\![n, 2n]\!], P(X_n = k) = \frac{\binom{k-1}{n-1}}{\binom{2n}{n}}}$$

2°) On écrit :

$$E(X_n) = \sum_{k=n}^{2n} kP(X_n = k) = \sum_{k=n}^{2n} k \frac{\binom{k-1}{n-1}}{\binom{2n}{n}} = \frac{1}{\binom{2n}{n}} \sum_{k=n}^{2n} k\binom{k-1}{n-1}$$

Comme $k\binom{k-1}{n-1} = n\binom{k}{n}$, il vient : $E(X_n) = \dfrac{n}{\binom{2n}{n}} \displaystyle\sum_{k=n}^{2n} \binom{k}{n}$.

Or $\displaystyle\sum_{k=n}^{2n} \binom{k}{n} = \binom{2n+1}{n+1}$ (loi des colonnes du triangle de Pascal : voir l'exercice précédent), donc :

$$\boxed{E(X_n) = \frac{n}{\binom{2n}{n}} \binom{2n+1}{n+1} = \frac{n.n!n!}{(2n)!} \times \frac{(2n+1)!}{(n+1)!n!} = \frac{n(2n+1)}{n+1}}$$

Corrigé 13.09

1°) a) On a :

$$A^2 = \frac{1}{9}\begin{pmatrix} 4 & 0 & 5 & 0 \\ 0 & 4 & 0 & 5 \\ 5 & 0 & 4 & 0 \\ 0 & 5 & 0 & 4 \end{pmatrix}, \alpha J + \beta K = \frac{1}{2}\begin{pmatrix} \alpha+\beta & 0 & \alpha-\beta & 0 \\ 0 & \alpha+\beta & 0 & \alpha-\beta \\ \alpha-\beta & 0 & \alpha+\beta & 0 \\ 0 & \alpha-\beta & 0 & \alpha+\beta \end{pmatrix}$$

Ainsi $A^2 = \alpha J + \beta K$ si et seulement si $\dfrac{\alpha+\beta}{2} = \dfrac{4}{9}$ et $\dfrac{\alpha-\beta}{2} = \dfrac{5}{9}$, d'où $\alpha = 1$ et $\beta = -\dfrac{1}{9}$. Donc :

$$A^2 = J - \frac{1}{9}K$$

b) $K^2 = \frac{1}{4}\begin{pmatrix} 2 & 0 & -2 & 0 \\ 0 & 2 & 0 & -2 \\ -2 & 0 & 2 & 0 \\ 0 & -2 & 0 & 2 \end{pmatrix} = \frac{1}{2}\begin{pmatrix} 1 & 0 & -1 & 0 \\ 0 & 1 & 0 & -1 \\ -1 & 0 & 1 & 0 \\ 0 & -1 & 0 & 1 \end{pmatrix} = K$

$$J^2 = \frac{1}{4}\begin{pmatrix} 2 & 0 & 2 & 0 \\ 0 & 2 & 0 & 2 \\ 2 & 0 & 2 & 0 \\ 0 & 2 & 0 & 2 \end{pmatrix} = J.$$

$$JK = \frac{1}{4}\begin{pmatrix} 1 & 0 & 1 & 0 \\ 0 & 1 & 0 & 1 \\ 1 & 0 & 1 & 0 \\ 0 & 1 & 0 & 1 \end{pmatrix}\begin{pmatrix} 1 & 0 & -1 & 0 \\ 0 & 1 & 0 & -1 \\ -1 & 0 & 1 & 0 \\ 0 & -1 & 0 & 1 \end{pmatrix} = \begin{pmatrix} 0 & 0 & 0 & 0 \\ 0 & 0 & 0 & 0 \\ 0 & 0 & 0 & 0 \\ 0 & 0 & 0 & 0 \end{pmatrix} = 0.$$

$$KJ = \frac{1}{4}\begin{pmatrix} 1 & 0 & -1 & 0 \\ 0 & 1 & 0 & -1 \\ -1 & 0 & 1 & 0 \\ 0 & -1 & 0 & 1 \end{pmatrix}\begin{pmatrix} 1 & 0 & 1 & 0 \\ 0 & 1 & 0 & 1 \\ 1 & 0 & 1 & 0 \\ 0 & 1 & 0 & 1 \end{pmatrix} = \begin{pmatrix} 0 & 0 & 0 & 0 \\ 0 & 0 & 0 & 0 \\ 0 & 0 & 0 & 0 \\ 0 & 0 & 0 & 0 \end{pmatrix} = 0.$$

$$K^2 = K, J^2 = J, JK = KJ = 0$$

c) Soit $n \geqslant 1$. On a $A^{2n} = (A^2)^n = (J - \frac{1}{9}K)^n$.

Pour évaluer cette somme, comme $JK = KJ$, on peut utiliser la formule du binôme de Newton :

$$\begin{aligned} A^{2n} &= \sum_{k=0}^{n} \binom{n}{k} J^k (-\tfrac{1}{9}K)^{n-k} \\ &= \binom{n}{0}(-\tfrac{1}{9}K)^n + \sum_{k=1}^{n-1} \binom{n}{k} J^k (-\tfrac{1}{9}K)^{n-k} + \binom{n}{n} J^n. \end{aligned}$$

Comme $JK = 0$, si $n \geqslant 2$, tous les termes de la somme centrale sont nuls, puisqu'ils contiennent le facteur JK et si $n = 1$ cette somme disparait.
Comme $K^2 = K$ et $J^2 = J$ donnent $K^n = K$ et $J^n = J$, il reste :

$$A^{2n} = (-\tfrac{1}{9}K)^n + J^n = (-1)^n(\tfrac{1}{9})^n K + J$$

Comme $K + J = I$, la formule reste valide pour $n = 0$.

d) Matriciellement l'égalité précédente devient :

$$A^{2n} = (-1/9)^n \begin{pmatrix} 1/2 & 0 & -1/2 & 0 \\ 0 & 1/2 & 0 & -1/2 \\ -1/2 & 0 & 1/2 & 0 \\ 0 & -1/2 & 0 & 1/2 \end{pmatrix} + \begin{pmatrix} 1/2 & 0 & 1/2 & 0 \\ 0 & 1/2 & 0 & 1/2 \\ 1/2 & 0 & 1/2 & 0 \\ 0 & 1/2 & 0 & 1/2 \end{pmatrix},$$

qui est bien de la forme annoncée, avec :

$$\forall n \in \mathbb{N}, u_n = \frac{1}{2}(-\frac{1}{9})^n + \frac{1}{2} \text{ et } v_n = \frac{1}{2} - \frac{1}{2}(-\frac{1}{9})^n$$

2°) a) Par hypothèse sur la position du point Q à l'instant $t = 0$, on a :

$$P(X_0 = 1) = \frac{1}{2}, P(X_0 = 2) = \frac{1}{3}, P(X_0 = 3) = \frac{1}{6} \text{ et } P(X_0 = 4) = 0$$

D'autre part les règles de déplacements donnent :

$\star$ $P_{(X_n=4)}(X_{n+1} = 1) = p$ et si $i \in \{1, 2, 3\}$, $P_{(X_n=i)}(X_{n+1} = i + 1) = p$,

$\star$ $P_{(X_n=1)}(X_{n+1} = 4) = 1-p$ et si $j \in \{2, 3, 4\}$, $P_{(X_n=j)}(X_{n+1} = j-1) = 1-p$

toutes les autres probabilités conditionnelles étant nulles.

$\{(X_n = 1), (X_n = 2), (X_n = 3), (X_n = 4)\}$ est un système complet et en utilisant la formule des probabilités totales avec ce système, on a pour $k \in \{1, 2, 3, 4\}$:

$$P(X_{n+1} = k) = \sum_{i=1}^{4} P_{(X_n=i)}(X_{n+1} = k)P(X_n = i)$$

c'est-à-dire :

$$\begin{cases} P(X_{n+1} = 1) = P_{(X_n=2)}(X_{n+1} = 1)P(X_n = 2) + P_{(X_n=4)}(X_{n+1} = 1)P(X_n = 4) \\ P(X_{n+1} = 2) = P_{(X_n=1)}(X_{n+1} = 2)P(X_n = 1) + P_{(X_n=3)}(X_{n+1} = 2)P(X_n = 3) \\ P(X_{n+1} = 3) = P_{(X_n=2)}(X_{n+1} = 3)P(X_n = 2) + P_{(X_n=4)}(X_{n+1} = 3)P(X_n = 4) \\ P(X_{n+1} = 4) = P_{(X_n=1)}(X_{n+1} = 4)P(X_n = 1) + P_{(X_n=3)}(X_{n+1} = 4)P(X_n = 3) \end{cases}$$

b) Comme on connaît toutes les probabilités de transition, on interprète matriciellement le système précédent en l'écrivant :

$$U_{n+1} = \begin{pmatrix} 0 & 1-p & 0 & p \\ p & 0 & 1-p & 0 \\ 0 & p & 0 & 1-p \\ 1-p & 0 & p & 0 \end{pmatrix} U_n$$

donc :

$$B = \begin{pmatrix} 0 & 1-p & 0 & p \\ p & 0 & 1-p & 0 \\ 0 & p & 0 & 1-p \\ 1-p & 0 & p & 0 \end{pmatrix}$$

c) On montre facilement par l'argument de récurrence habituel que :

$$\forall n \in \mathbb{N}, U_{2n} = B^{2n}U_0, \text{ où } U_0 = \begin{pmatrix} P(X_0 = 1) \\ P(X_0 = 2) \\ P(X_0 = 3) \\ P(X_0 = 4) \end{pmatrix} = \begin{pmatrix} 1/2 \\ 1/3 \\ 1/6 \\ 0 \end{pmatrix}.$$

3°) Si $p = \frac{1}{3}$ alors $1 - p = \frac{2}{3}$ et $B = \begin{pmatrix} 0 & 1-p & 0 & p \\ p & 0 & 1-p & 0 \\ 0 & p & 0 & 1-p \\ 1-p & 0 & p & 0 \end{pmatrix} = A.$

a) Ainsi, avec les notations de **1°) d)** : $B^{2n} = A^{2n} = \begin{pmatrix} u_n & 0 & v_n & 0 \\ 0 & u_n & 0 & v_n \\ v_n & 0 & u_n & 0 \\ 0 & v_n & 0 & u_n \end{pmatrix}$

et $U_{2n} = A^{2n}U_0$ donne : $U_{2n} = \begin{pmatrix} \frac{1}{2}u_n + \frac{1}{6}v_n \\ \frac{1}{3}u_n \\ \frac{1}{2}v_n + \frac{1}{6}u_n \\ \frac{1}{3}v_n \end{pmatrix} = \begin{pmatrix} P(X_{2n} = 1) \\ P(X_{2n} = 2) \\ P(X_{2n} = 3) \\ P(X_{2n} = 4) \end{pmatrix}$

b) On déduit donc de la question précédente la loi de probabilité de la variable aléatoire X_{2n} :

$$\begin{cases} P(X_{2n}=1)=\frac{1}{2}u_n+\frac{1}{6}v_n=\frac{1}{6}(-\frac{1}{9})^n+\frac{1}{3} \\ P(X_{2n}=2)=\frac{1}{3}u_n=\frac{1}{6}(-\frac{1}{9})^n+\frac{1}{6} \\ P(X_{2n}=3)=\frac{1}{2}v_n+\frac{1}{6}u_n=\frac{1}{3}-\frac{1}{6}(-\frac{1}{9})^n \\ P(X_{2n}=4)=\frac{1}{3}v_n=\frac{1}{6}-\frac{1}{6}(-\frac{1}{9})^n \end{cases}$$

c) Comme $\lim\limits_{n\to\infty}(-\frac{1}{9})^n=0$, il vient :

$\lim\limits_{n\to\infty} P(X_{2n}=1)=1/3$, $\lim\limits_{n\to\infty} P(X_{2n}=2)=1/6$

$\lim\limits_{n\to\infty} P(X_{2n}=3)=1/3$, $\lim\limits_{n\to\infty} P(X_{2n}=4)=1/6.$

(la somme est bien égale à 1 !)

Corrigé 13.10

1°) Comme $n=1$, A et B peuvent contenir au plus une boule, donc dès la première manoeuvre une des deux urnes est pleine et l'autre est vide. Ainsi :

$$R_1(\Omega)=\{0\} \text{ et } P(R_1=0)=1$$

2°) Si $n=2$ alors $R_2(\Omega)=\{0,1\}$ et $(R_2=0)=(A_1\cap A_2)\cup(B_1\cap B_2)$, donc par incompatibilité et indépendance :

$P(R_2=0)=(\frac{1}{2})^2+(\frac{1}{2})^2=\frac{1}{2}$ et $P(R_2=1)=1-P(R_2=0)=\frac{1}{2}.$

3°) a) On a : $(R_3=0)=(A_1\cap A_2\cap A_3)\cup(B_1\cap B_2\cap B_3)$, donc toujours par incompatibilité puis indépendance :

$$P(R_3=0)=(\frac{1}{2})^3+(\frac{1}{2})^3=\frac{1}{4}$$

b) Pour alléger les écritures, notons l'intersection par simple juxtaposition : réaliser $(R_3=1)$ c'est effectuer 4 épreuves : parmi les trois premières épreuves, deux placent une boule dans une des deux urnes, une dans l'autre et enfin la quatrième épreuve achève de remplir l'urne contenant déjà deux boules, donc :

$(R_3=1)=A_1A_2B_3A_4\cup A_1B_2A_3A_4\cup B_1A_2A_3A_4$
$\cup B_1B_2A_3B_4\cup B_1A_2B_3B_4\cup A_1B_2B_3B_4$

D'où :

$$P(R_3=1)=6\times(\frac{1}{2})^4=\frac{3}{8}$$

c) On en déduit la loi de probabilité de R_3 :

$R_3(\Omega)=\{0,1,2\}$ et $P(R_3=0)=\frac{1}{4}, P(R_3=1)=\frac{3}{8}, P(R_3=2)=\frac{3}{8}$

On a donc :

$E(R_1)=0\,; E(R_2)=P(R_2=1)=\frac{1}{2}$ et

$E(R_3)=P(R_3=1)+2P(R_3=2)=\frac{3}{8}+\frac{6}{8}=\frac{9}{8}.$

4°) a) $R_n(\Omega)=[\![0,n-1]\!]$.

b) Soit $k\in\mathbb{N}$, tel que $1\leqslant k\leqslant n-1$, considérons l'événement U^A_{n-1+k} : les $n-1+k$ premiers épreuves amènent k boules dans l'urne B et $n-1$ boules dans A. Nous sommes en présence d'un phénomène binomial : on fait $n-1+k$ épreuves indépendantes, la probabilité du succès à chaque épreuve (disons mettre une boule dans B) valant $\frac{1}{2}$ et on obtient k succès, donc :

$$P(U^A_{n-1+k}) = \binom{n-1+k}{k}\left(\frac{1}{2}\right)^k\left(\frac{1}{2}\right)^{n-1} = \binom{n-1+k}{k}\left(\frac{1}{2}\right)^{n-1+k}$$

Or :

$$(R_n = k) = (U^A_{n-1+k} \cap A_{n+k}) \cup (U^B_{n-1+k} \cap B_{n+k})$$

(en effet conclure en laissant k boules dans l'urne non pleine, c'est faire $n-k$ épreuves : à l'avant dernière épreuve l'une des urnes (A ou B) contient $n-1$ boules, l'autre k et on achève en ajoutant une $n^{\text{ème}}$ boule dans l'urne que l'on remplit. Donc, par incompatibilité :

$$P(R_n = k) = P(U^A_{n-1+k} \cap A_{n+k}) + P(U^B_{n-1+k} \cap B_{n+k})$$

et par indépendance des résultats des différentes épreuves :

$$P(R_n = k) = \binom{n-1+k}{k}\left(\frac{1}{2}\right)^{n-1+k}\left(\frac{1}{2}\right) + \binom{n-1+k}{k}\left(\frac{1}{2}\right)^{n-1+k}\left(\frac{1}{2}\right)$$

donc

$$\boxed{P(R_n = k) = \binom{n-1+k}{k}\left(\frac{1}{2}\right)^{n-1+k}}$$

5°) Soit $k \in [\![0, n-2]\!]$, $2(k+1)P(R_n = k+1) = 2(k+1)\binom{n+k}{k+1}\left(\frac{1}{2}\right)^{n+k}$

or $\binom{n+k}{k+1} = \frac{n+k}{k+1}\binom{n-1+k}{k}$, donc :

$$\begin{aligned}2(k+1)P(R_n = k+1) &= 2(n+k)\binom{n-1+k}{k}\left(\frac{1}{2}\right)^{n+k}\\ &= (n+k)\binom{n-1+k}{k}\left(\frac{1}{2}\right)^{n+k-1}, \text{ soit :}\end{aligned}$$

$$\boxed{2(k+1)P(R_n = k+1) = (n+k)P(R_n = k)}$$

6°) Par sommation on a :

$\sum\limits_{k=0}^{n-2} 2(k+1)P(R_n = k+1) = \sum\limits_{k=0}^{n-2}(n+k)P(R_n = k)$, soit :

$\sum\limits_{i=1}^{n-1} 2iP(R_n = i) = n\sum\limits_{k=0}^{n-2} P(R_n = k) + \sum\limits_{k=0}^{n-2} kP(R_n = k)$ c'est-à-dire :

$$\sum_{i=1}^{n-1} iP(R_n = i) = n\sum_{k=0}^{n-2} P(R_n = k) - (n-1)P(R_n = n-1)$$

$$\sum_{i=1}^{n-1} iP(R_n = i) = n\left(\sum_{k=0}^{n-1} P(R_n = k) - P(R_n = n-1)\right) - (n-1)P(R_n = n-1)$$

$$\sum_{i=1}^{n-1} iP(R_n = i) = n\sum_{k=0}^{n-1} P(R_n = k) - (2n-1)P(R_n = n-1)$$

Et en reconnaissant les personnages :

$$\boxed{E(R_n) = n - (2n-1)P(R_n = n-1)}$$

7°) Soit $k \in [\![0, n-2]\!]$, on a par le résultat de la question **5°)** :

$$\begin{aligned}2(k+1)^2P(R_n = k+1) &= (k+1)[2(k+1)P(R_n = k+1)]\\ &= (k+1)(n+k)P(R_n = k)\end{aligned}$$

et en faisant la somme des égalités précédentes :

$\sum_{k=0}^{n-2} 2(k+1)^2 P(R_n = k+1) = \sum_{k=0}^{n-2} (k+1)(n+k)P(R_n = k)$, c'est-à-dire :

$$\sum_{i=1}^{n-1} 2i^2 P(R_n = i) = n \sum_{k=0}^{n-2} (k+1)P(R_n = k) + \sum_{k=0}^{n-2} k(k+1)P(R_n = k)$$

Ainsi :

$$\begin{aligned}
2E(R_n^2) &= n \sum_{k=0}^{n-2} kP(R_n = k) + n \sum_{k=0}^{n-2} P(R_n = k) + \sum_{k=0}^{n-2} k(k+1)P(R_n = k) \\
&= n\big[E(R_n) - (n-1)P(R_n = n-1)\big] + n\big[1 - P(R_n = n-1)\big] \\
&\qquad + \sum_{k=0}^{n-2} k(k+1)P(R_n = k) \\
&= nE(R_n) - n^2 P(R_n = n-1) + n + \sum_{k=0}^{n-2} k(k+1)P(R_n = k) \\
&= nE(R_n) - n^2 P(R_n = n-1) + n + \sum_{k=0}^{n-1} k(k+1)P(R_n = k) \\
&\qquad - n(n-1)P(R_n = n-1) \\
&= nE(R_n) - n^2 P(R_n = n-1) + n + E(R_n(R_n+1)) \\
&\qquad - n(n-1)P(R_n = n-1) \\
&= nE(R_n) - (2n^2 - n)P(R_n = n-1) + n + E(R_n^2) + E(R_n)
\end{aligned}$$

Soit :

$E(R_n^2) = (n+1)E(R_n) - (2n^2 - n)P(R_n = n-1) + n$, et enfin :

$$\boxed{E(R_n^2) = (n+1)E(R_n) - n(2n-1)P(R_n = n-1) + n}$$

or on a vu en **6°)** que $(2n-1)P(R_n = n-1) = n - E(R_n)$, donc :

$$E(R_n^2) = (n+1)E(R_n) - n^2 + nE(R_n) + n$$

donc

$$\boxed{E(R_n^2) = (2n+1)E(R_n) - n(n-1)}$$

8°) Comme $V(R_n) = E(R_n^2) - E(R_n)^2$, on a :

$$\boxed{V(R_n) = (2n+1)E(R_n) - n(n-1) - E(R_n)^2}$$

[On pourrait donc remplacer $P(R_n = n-1)$ par sa valeur et expliciter ainsi l'espérance puis la variance de R_n. Nous vous laissons faire ce travail à titre d'exercice de pur calcul]

Corrigé 13.11

A. 1°) Réaliser $(X_n = 0)$ c'est n'obtenir aucun changement de résultat, donc obtenir n fois de suite le même résultat, soit par incompatibilité puis indépendance :

$$P(X_n = 0) = P(P_1P_2\dots P_n \cup F_1F_2\dots F_n) = p^n + q^n$$

2°) Réaliser $(X_n = 1)$ c'est obtenir un changement de résultat et un seul, qui peut donc arriver à un rang k quelconque compris entre 2 et n, donc obtenir du rang 1 au rang $k-1$ un même résultat et du rang k au rang n le résultat contraire. Soit :

$P(X_n = 1) = P(A \cup B)$, avec :

$$A = \bigcup_{k=2}^{n} P_1P_2\dots P_{k-1}F_kF_{k+1}\dots F_n,\ B = \bigcup_{k=2}^{n} P_1P_2\dots P_{k-1}F_kF_{k+1}\dots F_n$$

et toujours par incompatibilité puis indépendance :

$$P(X_n = 1) = P(A) + P(B) = \sum_{k=2}^{n} p^{k-1}q^{n-k+1} + \sum_{k=2}^{n} q^{k-1}p^{n-k+1}$$

Dans la dernière somme on effectue le changement d'indice $h = n + 2 - k$:

$$P(X_n = 1) = \sum_{k=2}^{n} p^{k-1}q^{n-k+1} + \sum_{h=2}^{n} q^{n+2-h-1}p^{n-(n+2-h)+1}$$

$$P(X_n = 1) = \sum_{k=2}^{n} p^{k-1}q^{n-k+1} + \sum_{h=2}^{n} p^{h-1}q^{n-h+1} = 2\sum_{k=2}^{n} p^{k-1}q^{n-k+1}$$

$$= 2q^n \sum_{k=2}^{n} \left(\frac{p}{q}\right)^{k-1} = 2pq^{n-1} \sum_{k=2}^{n} \left(\frac{p}{q}\right)^{k-2}$$

$$= 2pq^{n-1} \times \frac{1 - \left(\frac{p}{q}\right)^{n-1}}{1 - \frac{p}{q}} = 2pqq^{n-1} \times \frac{1 - \left(\frac{p}{q}\right)^{n-1}}{q - p}$$

$$\boxed{P(X_n = 1) = \frac{2pq}{q-p}(q^{n-1} - p^{n-1})}$$

3°) Réaliser $(X_n = n - 1)$ c'est obtenir un changement à tous les rangs compris entre 2 et n, donc :

$\star$ $P(X_{2m} = 2m - 1) = P(P_1F_2P_3F_4 \dots P_{2m-1}F_{2m} \cup F_1P_2 \dots F_{2m-1}P_{2m})$

et, toujours par incompatibilité puis indépendance :

$$\boxed{P(X_{2m} = 2m - 1) = pqpq \dots pq + qpqp \dots qp = 2p^m q^m}$$

$\star$ Tandis que :

$P(X_{2m+1} = 2m) = P(P_1F_2 \dots P_{2m-1}F_{2m}P_{2m+1} \cup F_1P_2 \dots F_{2m-1}P_{2m}F_{2m+1})$

d'où :

$$\boxed{P(X_{2m+1} = 2m) = p^m q^{m+1} + q^m p^{m+1} = p^m q^m (p + q) = p^m q^m}$$

B. 1°) $\star$ X_2 prend les valeurs 0 et 1 et :

$P(X_2 = 0) = P(P_1P_2) + P(F_1F_2) = \frac{1}{4} + \frac{1}{4} = \frac{1}{2}$, $P(X_2 = 1) = \frac{1}{2}$ donc :

$$X_2 \hookrightarrow \mathcal{B}(1/2) = \mathcal{B}(1, 1/2)$$

$\star$ X_3 prend les valeurs $0, 1$ et 2, et :

$$P(X_3 = 0) = P(P_1P_2P_3 \cup F_1F_2F_3) = \left(\frac{1}{2}\right)^3 + \left(\frac{1}{2}\right)^3 = \frac{1}{4}$$

$$P(X_3 = 2) = P(P_1F_2P_3 \cup F_1P_2F_3) = \left(\frac{1}{2}\right)^3 + \left(\frac{1}{2}\right)^3 = \frac{1}{4}$$

donc $P(X_3 = 1) = \frac{1}{2}$

On remarque alors que X_3 suit la loi binomiale $\mathcal{B}(2, 1/2)$.

2°) Plus généralement, comme $p = q = \frac{1}{2}$, à chaque lancer, à partir du deuxième, la probabilité d'obtenir un changement est de $\frac{1}{2}$ quels que soient les résultats obtenus antérieurement.

Donc le nombre de changements en n lancers suit la loi binomiale de paramètres $n - 1$ et $\frac{1}{2}$.

Corrigé 13.12

L'univers Ω associé à cette expérience est $[\![1, N]\!]^n$ de cardinal N^n (Ω correspond à l'ensemble des applications des n boules vers l'ensemble des N cases) et parler du hasard c'est munir Ω de l'équiprobabilité.

1°) On étudie deux cas :
$\star$ Si $n < N$, le nombre de cases non vides (*i.e.* de cases occupées) vaut au moins 1 et au plus n, toutes les situations intermédiaires étant possibles, donc $T_n(\Omega) = [\![1, n]\!]$ (on ne peut pas occuper plus de cases qu'il n'y a de boules !).

$\star$ Si $n \geqslant N$, alors $T_n(\Omega) = [\![1, N]\!]$ (on ne peut pas occuper plus de cases qu'il n'y a de cases !).

2°) $\star$ Si on lance une boule, on occupe une case : T_1 est la variable aléatoire certaine égale à 1.

$\star$ On lance deux boules et il y a au moins deux cases disponibles, donc T_2 peut prendre les valeurs 1 et 2.
On réalise $(T_2 = 1)$ lorsque la deuxième boule arrive dans la case occupée par la première, ce qui se produit avec la probabilité $\frac{1}{N}$, donc :

$$P(T_2 = 1) = \frac{1}{N} \text{ et } P(T_2 = 2) = 1 - P(T_2 = 1) = \frac{N-1}{N}$$

3°) a) Soit $n \geqslant 2$.
$\star$ Réaliser $(T_n = 1)$ c'est mettre toutes les boules dans la même case. Comme il y a N cases, ceci peut se réaliser de N façons et donc :

$$\boxed{P(T_n = 1) = \frac{N}{N^n} = \frac{1}{N^{n-1}}}$$

$\star$ Réaliser $(T_n = 2)$ c'est placer les n boules dans exactement deux cases : on choisit ces deux cases i et j de $\binom{N}{2}$ façons, on place les n boules dans ces deux cases, ce qui peut se faire de 2^n façons, mais il ne faut pas que toutes les boules arrivent dans la case i ou arrivent toutes dans la case j, et il n'y a donc que $2^n - 2$ façons de placer toutes les boules dans les cases i et j en occupant les deux cases.
Ainsi :

$$\boxed{P(T_n = 2) = \binom{N}{2}(2^n - 2)\times\frac{1}{N^n} = \frac{(N-1)(2^{n-1}-1)}{N^{n-1}}}$$

$\star$ • Pour réaliser $(T_n = n)$, avec $n \leqslant N$, on choisit les n cases occupées de $\binom{N}{n}$ façons et chacune de ces cases reçoit donc exactement une boule, il y a donc $n!$ façons « d'appliquer » les n boules vers les n cases choisies, donc :

$$\boxed{P(T_n = n) = \binom{N}{n} n!\times\frac{1}{N^n} = \frac{N!}{N^n(N-n)!}}$$

• Si $n > N$, alors l'événement $(T_n = n)$ est l'événement impossible, donc : $P(T_n = n) = 0$.

b) Comme $n \leqslant N$, on a :

$$P(T_{n+1}=n+1)=\frac{N!}{N^{n+1}(N-n-1)!}=\frac{N!(N-n)}{N^{n+1}(N-n)!}$$
$$=\frac{N!}{N^n(N-n)!}\times\frac{N-n}{N}, \text{ donc :}$$

$$\boxed{P(T_{n+1}=n+1)=\frac{N-n}{N}P(T_n=n)}$$

4°) ⋆ On a $P(T_{n+1}=1)=\frac{1}{N^n}$, $P(T_n=1)=\frac{1}{N^{n-1}}$ et comme $P(T_n=0)=0$, la formule annoncée est vraie au rang 1.

⋆ Supposons donc $2 \leqslant k \leqslant n$.

Lorsque l'on place la $(n+1)^{\text{ème}}$ boule, soit elle occupe une nouvelle case, soit elle arrive dans une case déjà occupée. Ce qui se traduit par l'inclusion :

$$(T_{n+1}=k)\subset(T_n=k)\cup(T_n=k-1)$$

Donc :

$$(T_{n+1}=k)=[(T_n=k)\cap(T_{n+1}=k)]\cup[(T_n=k-1)\cap(T_{n+1}=k)]$$

et, par incompatibilité :

$$P(T_{n+1}=k)=P(T_n=k)P_{(T_n=k)}(T_{n+1}=k)+P(T_n=k-1)P_{(T_n=k-1)}(T_{n+1}=k)$$

→ Si $(T_n=k)$ est réalisé, réaliser $(T_{n+1}=k)$ c'est placer la $(n+1)^{\text{ème}}$ boule dans l'une des k cases déjà occupées sur les N cases possibles, donc :

$$P_{(T_n=k)}(T_{n+1}=k)=\frac{k}{N}$$

→ Si $(T_n=k-1)$ est réalisé, réaliser $(T_{n+1}=k)$ c'est placer la $(n+1)^{\text{ème}}$ boule dans l'une des $N-(k-1)$ cases libres, donc :

$$P_{(T_n=k-1)}(T_{n+1}=k)=\frac{N-k+1}{N}$$

Ainsi :

$$\boxed{P(T_{n+1}=k)=\frac{k}{N}\times P(T_n=k)+\frac{N-k+1}{N}\times P(T_n=k-1)}$$

Finalement la formule annoncée est vraie pour $k\in[\![1,n]\!]$.

5°) On considère le polynôme $G_n(X)=\sum_{k=1}^{n}P(T_n=k)X^k$.

a) T_n prenant ses valeurs entre 1 et n, on a : $G_n(1)=\sum_{k=1}^{n}P(T_n=k)=1$.

b) $E(T_n)=\sum_{k=1}^{n}k.P(T_n=k)$ et $G_n'(X)=\sum_{k=1}^{n}k.P(T_n=k)X^{k-1}$, donc :

$$\boxed{G_n'(1)=E(T_n)}$$

c) $\forall x\in\mathbb{R}$, $G_{n+1}(x)=\sum_{k=1}^{n}P(T_{n+1}=k)x^k+P(T_{n+1}=n+1)x^{n+1}$, donc en utilisant les résultats de la question **4°)** et de la question **3°) b)**, il vient :

$$G_{n+1}(x)=\sum_{k=1}^{n}\left[\frac{k}{N}.P(T_n=k)+\frac{N-k+1}{N}P(T_n=k-1)\right]x^k$$
$$+\frac{N-n}{N}.P(T_n=n).x^{n+1}$$

$$\begin{aligned} G_{n+1}(x) = \frac{1}{N}\sum_{k=1}^{n} k\,P(T_n = k)x^k + \sum_{k=1}^{n} P(T_n = k-1)x^k \\ - \frac{1}{N}\sum_{k=1}^{n}(k-1)P(T_n = k-1)x^k + \frac{N-n}{N}.P(T_n = n).x^{n+1} \\ = \frac{x}{N}G_n'(x) + \sum_{j=0}^{n-1} P(T_n = j)\,x^{j+1} - \sum_{j=0}^{n-1}\frac{j}{N}P(T_n = j)x^{j+1} \\ + P(T_n = n)x^{n+1} - \frac{n}{N}.P(T_n = n)x^{n+1} \\ = \frac{x}{N}G_n'(x) + \sum_{j=0}^{n} P(T_n = j)x^{j+1} - \sum_{j=0}^{n}\frac{j}{N}P(T_n = j)x^{j+1} \end{aligned}$$

donc : $G_{n+1}(x) = \frac{x}{N}G_n'(x) + xG_n(x) - \frac{x^2}{N}G_n'(x)$, soit finalement :

$$\boxed{\forall x \in \mathbb{R}, G_{n+1}(x) = xG_n(x) + \frac{x - x^2}{N}G_n'(x)}$$

d) En dérivant, on a :

$\forall x \in \mathbb{R}, G_{n+1}'(x) = G_n(x) + x\,G_n'(x) + \frac{1-2x}{N}G_n'(x) + \frac{x-x^2}{N}G_n''(x)$

soit $G_{n+1}'(1) = G_n(1) + \left(1 - \frac{1}{N}\right)G_n'(1)$, donc :

$$\boxed{E(T_{n+1}) = 1 + \left(1 - \frac{1}{N}\right)E(T_n)}$$

e) La suite $(E(T_n))_{n\in\mathbb{N}^*}$ est une suite arithmético-géométrique de raison $\left(1 - \frac{1}{N}\right)$ de premier terme $E(T_1) = 1$.

Le point fixe ℓ de cette récurrence est défini par : $\ell = 1 + \left(1 - \frac{1}{N}\right)\ell$, soit $\ell = N$.

Ce qui donne :

$$\begin{aligned} E(T_n) - N &= \left(1 - \frac{1}{N}\right)^{n-1}(E(T_1) - N) = \left(1 - \frac{1}{N}\right)^{n-1}(1 - N) \\ &= N\left(1 - \frac{1}{N}\right)^{n-1}\left(\frac{1}{N} - 1\right) \end{aligned}$$

Ainsi :

$$\boxed{\forall n \in \mathbb{N}^*, E(T_n) = N\left[1 - \left(1 - \frac{1}{N}\right)^n\right]}$$

Corrigé 13.13

Partie 1

1°) a) Le hasard étant ici synonyme de l'équiprobabilité, on a évidemment :

$$I_n \hookrightarrow \mathcal{U}([\![1, n]\!])$$

b) Si l'événement $(I_n = 1)$ est réalisé, la boule 1 est obtenue au premier tirage et le jeu s'arrête, donc :

$$P_{(I_n=1)}(X_n = 1) = 1 \text{ et } \forall\, k > 1,\ P_{(I_n=1)}(X_n = k) = 0$$

c) Soit $n \geqslant 2, j \in \mathbb{N}^*$ et $2 \leqslant k \leqslant n$. Si la première boule obtenue est la boule k, le deuxième tirage est effectué dans une urne ne contenant que les boules numérotées de 1 à $k-1$, donc obtenir, dans une urne contenant initialement n boules, la boule 1 au $j^{\text{ème}}$ tirage, sachant que le premier tirage amène la boule k revient, en reprenant le départ après le premier tirage, à effectuer $j-1$ tirages pour obtenir la boule 1, et ceci à partir d'une urne contenant $k-1$ boules, donc en résumé :

$$\boxed{P_{(I_n=k)}(X_n=j)=P(X_{k-1}=j-1)}$$

2°) a) Si $n=1$, l'urne ne contient au départ qu'une seule boule, c'est la boule numéro 1, que l'on obtient nécessairement au premier tirage donc X_1 est la variable certaine égale à 1, d'espérance 1 et de variance nulle.

b) Si $n=2$, l'urne contient au départ deux boules numérotées 1 et 2.
→ Le premier tirage amène la boule 1 avec la probabilité $1/2$ et on s'arrête alors, réalisant $(X_2=1)$;
→ Sinon, le premier tirage amène la boule 2, ce qui se produit avec la probabilité $1/2$, on effectue alors un deuxième tirage dans une urne qui ne contient plus que la boule 1 et on s'arrête, réalisant $(X_2=2)$.
Ainsi :

$$X_2 \hookrightarrow \mathcal{U}([\![1,2]\!]),\ E(X_2)=\frac{3}{2},\ V(X_2)=\frac{1}{4}$$

c) Par les résultats **1°) b)** et **c)** :
⋆ $P_{(I_3=1)}(X_3=2)=0$.
⋆ $P_{(I_3=2)}(X_3=2)=P(X_1=1)=1$; $P_{(I_3=3)}(X_3=2)=P(X_2=1)=\frac{1}{2}$.
En considérant le système complet $\{(I_3=1),(I_3=2),(I_3=3)\}$ et en utilisant la formule des probabilités totales, on a :

$$P(X_3=k)=\sum_{j=1}^{3}P(I_3=j)P_{(I_3=j)}(X_3=k)=\frac{1}{3}\sum_{j=1}^{3}P_{(I_3=j)}(X_3=k)$$

ainsi :

$$P(X_3=2)=\frac{1}{3}\left(1+\frac{1}{2}\right)=\frac{1}{3}\times\frac{3}{2}=\frac{1}{2}\ ;\ P(X_3=1)=\frac{1}{3}\text{ donc}$$
$$P(X_3=3)=1-\left(\frac{1}{2}+\frac{1}{3}\right)=\frac{1}{6}.$$

et par des calculs simples :

$$E(X_3)=\frac{11}{6}\text{ et }V(X_3)=\frac{17}{36}$$

3°) a) La boule 1 peut être obtenue dès le premier tirage, réalisant $(X_n=1)$, mais on peut aussi obtenir au premier tirage la boule n, obtenir au deuxième la boule $n-1,\ldots$, obtenir au $n^{\text{ème}}$ la boule 1, et on s'arrête réalisant alors $(X_n=n)$. Toute situation intermédiaire étant possible, on a :

$$X_n(\Omega)=[\![1,n]\!]$$

b) i) La boule 1 est obtenue au premier tirage avec la probabilité $\frac{1}{n}$, et c'est la seule façon de s'arrêter dès le premier tirage. Ainsi :

$$P(X_n=1)=\frac{1}{n}$$

ii) A chaque tirage on élimine au moins une boule (celle que l'on vient d'obtenir), donc il n'y a qu'une façon de réaliser $(X_n=n)$: il faut être le plus lent possible : obtenir la boule n au premier tirage,la boule $n-1$ au deuxième, ..., la boule 1 au $n^{\text{ème}}$. Soit en notant $(B_k=j)$ l'événement : « on obtient la boule j au $k^{\text{ème}}$ tirage » :

$$(X_n = n) = (B_1 = n) \cap (B_2 = n-1) \cap \cdots \cap (B_{n-1} = 2) \cap (B_n = 1)$$

on utilise alors la formule des probabilités composées, en suivant le contenu de l'urne au cours du temps :

$$P(X_n = n) = P(B_1 = n) P_{(B_1=n)}(B_2 = n-1) P_{(B_1=n)\cap(B_2=n-1)}(B_3 = n-2) \cdots P_{(B_1=n)\cap\cdots\cap(B_{n-1}=2)}(B_n = 1)$$

$$= \frac{1}{n} \times \frac{1}{n-1} \times \cdots \times \frac{1}{2} \times \frac{1}{1}$$

$$P(X_n = n) = \frac{1}{n!}$$

c) Par la formule des probabilités totales, le système complet adéquat étant $\{(I_n = k), 1 \leqslant k \leqslant n\}$, pour $j \geqslant 2$:

$$P(X_n = j) = \sum_{k=1}^{n} P(I_n = k) P_{(I_n=k)}(X_n = j)$$

$$= P(I_n = 1) P_{(I_n=1)}(X_n = j) + \sum_{k=2}^{n} P(I_n = k) P_{(I_n=k)}(X_n = j)$$

$$= \frac{1}{n} \sum_{k=2}^{n} P_{(I_n=k)}(X_n = j)$$

Ainsi, par le résultat **1°) c)** :

$$\boxed{P(X_n = j) = \frac{1}{n} \sum_{k=1}^{n-1} P(X_k = j-1)}$$

d) Soit $n \geqslant 3$, $j \geqslant 2$, on a :

$$nP(X_n = j) - (n-1)P(X_{n-1} = j) = \sum_{k=1}^{n-1} P(X_k = j-1) - \sum_{k=1}^{n-2} P(X_k = j-1)$$

$$= P(X_{n-1} = j-1)$$

Donc pour $n \geqslant 3$ et $2 \leqslant j \leqslant n-1$,

$$P(X_n = j) = \frac{n-1}{n} P(X_{n-1} = j) + \frac{1}{n} P(X_{n-1} = j-1)$$

Il reste donc à vérifier cette égalité pour les cas particuliers suivants : $n = 2$ et $j = 1$ puis $n = 2$ et $j = 2$ et pour $j = n$:

→ Si $n = 2$ et $j = 1$: $P(X_n = j) = P(X_2 = 1) = \frac{1}{2}$ et

$$\frac{n-1}{n} P(X_{n-1} = j) + \frac{1}{n} P(X_{n-1} = j-1) = \frac{1}{2} P(X_1 = 1) + \frac{1}{2} P(X_1 = 0) = \frac{1}{2}$$

d'où l'égalité.

→ Si $n = 2$ et $j = 2$: $P(X_n = j) = P(X_2 = 2) = \frac{1}{2}$ et

$$\frac{n-1}{n} P(X_{n-1} = j) + \frac{1}{n} P(X_{n-1} = j-1) = \frac{1}{2} P(X_1 = 2) + \frac{1}{2} P(X_1 = 1) = \frac{1}{2}$$

d'où l'égalité.

→ Si $j = n$: $P(X_n = j) = P(X_n = n) = \frac{1}{n!}$ et

$$\frac{n-1}{n} P(X_{n-1} = j) + \frac{1}{n} P(X_{n-1} = j-1) = \frac{n-1}{n} P(X_{n-1} = n) + \frac{1}{n} P(X_{n-1} = n-1)$$

$$= \frac{n-1}{n} \times 0 + \frac{1}{n} \times \frac{1}{(n-1)!} = \frac{1}{n!},$$ d'où l'égalité.

Les cas particuliers rejoignent donc le cas générique, et pour tout $n \geqslant 2$ et tout j de $[\![1, n]\!]$:

$$\boxed{P(X_n = j) = \frac{n-1}{n} P(X_{n-1} = j) + \frac{1}{n} P(X_{n-1} = j-1)}$$

4°) a) Soit $n \geqslant 2$,

$$\begin{aligned}
E(X_n) &= \sum_{j=1}^{n} j\, p(X_n = j) = \sum_{j=1}^{n} j\big[\frac{n-1}{n} P(X_{n-1} = j) + \frac{1}{n} P(X_{n-1} = j-1)\big] \\
&= \frac{n-1}{n} \sum_{j=1}^{n} jP(X_{n-1} = j) + \frac{1}{n} \sum_{j=1}^{n} jP(X_{n-1} = j-1) \\
&= \frac{n-1}{n} \sum_{j=1}^{n-1} jP(X_{n-1} = j) + \frac{1}{n} \sum_{i=0}^{n-1} (1+i) P(X_{n-1} = i)
\end{aligned}$$

(car $P(X_{n-1} = n) = 0$)

$$\begin{aligned}
&= \frac{n-1}{n} E(X_{n-1}) + \frac{1}{n} \sum_{i=0}^{n-1} P(X_{n-1} = i) + \frac{1}{n} \sum_{i=0}^{n-1} iP(X_{n-1} = i) \\
&= \frac{n-1}{n} E(X_{n-1}) + \frac{1}{n} + \frac{1}{n} E(X_{n-1})
\end{aligned}$$

donc

$$\boxed{E(X_n) = E(X_{n-1}) + \frac{1}{n}}$$

b) On en déduit :

$$\boxed{E(X_n) = \sum_{k=2}^{n} \frac{1}{k} + E(X_1) = \sum_{k=1}^{n} \frac{1}{k}}$$

5°) a) De même :

$$\begin{aligned}
E(X_n^2) &= \sum_{j=1}^{n} j^2 P(X_n = j) \\
&= \sum_{j=1}^{n} j^2 \big[\frac{n-1}{n} P(X_{n-1} = j) + \frac{1}{n} P(X_{n-1} = j-1)\big] \\
&= \frac{n-1}{n} \sum_{j=1}^{n-1} j^2 P(X_{n-1} = j) + \frac{1}{n} \sum_{j=1}^{n} j^2 P(X_{n-1} = j-1) \\
&= \frac{n-1}{n} E(X_{n-1}^2) + \frac{1}{n} \sum_{i=0}^{n-1} (1+i)^2 P(X_{n-1} = i) \\
&= \frac{n-1}{n} E(X_{n-1}^2) + \frac{1}{n} \sum_{i=1}^{n-1} (1 + 2i + i^2) P(X_{n-1} = i), \text{ donc :}
\end{aligned}$$

$$\boxed{E(X_n^2) = E(X_{n-1}^2) + \frac{1}{n} + \frac{2}{n} E(X_{n-1})}$$

b) i) Ainsi :

$$\begin{aligned}
V(X_k) &= E(X_k^2) - E(X_k)^2 = \big[E(X_{k-1}^2) + \frac{1}{k} + \frac{2}{k} E(X_{k-1})\big] - \big[E(X_{k-1}) + \frac{1}{k}\big]^2 \\
&= \big[E(X_{k-1}^2) + \frac{1}{k} + \frac{2}{k} E(X_{k-1})\big] - \big[E(X_{k-1})^2 + \frac{1}{k^2} + \frac{2}{k} E(X_{k-1})\big]
\end{aligned}$$

$$\boxed{V(X_k) = V(X_{k-1}) + \frac{1}{k} - \frac{1}{k^2}}$$

ii) D'où : $V(X_n) = V(X_1) + \sum_{k=1}^{n} \frac{1}{k} - \sum_{k=1}^{n} \frac{1}{k^2} = \sum_{k=1}^{n} \frac{1}{k} - \sum_{k=1}^{n} \frac{1}{k^2}$

6°) a) La variable T_1 suit la loi de Bernoulli de paramètre 1, la variable T_1 est donc la variable certaine prenant la valeur 1, elle suit bien la même loi que la variable X_1.

b) i) $S_n = \sum_{k=1}^{n} T_k = 1 + \sum_{k=2}^{n} T_k$ prend ses valeurs dans $[\![1, n]\!]$, donc le système $\{S_{n-1} = k, 1 \leqslant k \leqslant n-1\}$ est un système complet.

Par application de la formule des probabilités totales, on a pour $1 \leqslant j \leqslant n-1$:

$$P(S_n = j) = \sum_{k=1}^{n-1} P(S_{n-1} = k) P_{(S_{n-1}=k)}(S_n = j)$$

Mais $S_n - S_{n-1} = T_n$ qui ne prend que les valeurs 0 et 1, donc il reste simplement

$$P(S_n = j) = \sum_{k=j-1}^{j} P(S_{n-1} = k) P_{(S_{n-1}=k)}(S_n = j)$$

De plus

$P_{(S_{n-1}=j-1)}(S_n = j) = P(T_n = 1) = \frac{1}{n}$ et $P_{(S_{n-1}=j)}(S_n = j) = 1 - \frac{1}{n}$, donc :

$$\boxed{P(S_n = j) = \frac{1}{n} P(S_{n-1} = j-1) + \frac{n-1}{n} P(S_{n-1} = j)}$$

ii) $\star$ On a $(S_n = 0) = (S_{n-1} = 0) \cap (T_n = 0)$, donc par indépendance :

$$P(S_n = 0) = P(S_{n-1} = 0) P(T_n = 0) = \frac{n-1}{n} P(S_{n-1} = 0)$$

la relation précédente est donc bien vérifiée car $P(S_{n-1} = -1) = 0$.

$\star$ De même $(S_n = n) = (S_{n-1} = n-1) \cap (T_n = 1)$

$$P(S_n = n) = P(S_{n-1} = n-1) P(T_n = 1) = \frac{1}{n} P(S_{n-1} = n-1)$$

la relation précédente est donc bien vérifiée car $P(S_{n-1} = n) = 0$.

iii) D'après les questions **3°) d) ii)** et **6°) b) iii)**, les lois des deux suites de variables S_n et X_n vérifient la même relation de récurrence et comme S_1 a même loi que X_1, on en déduit par récurrence que :

$$\boxed{\text{les variables } S_n \text{ et } X_n \text{ suivent la même loi}}$$

Partie 2

1°) Il n'y a dans l'urne que la boule 1, donc $Y_1(\Omega) = \{1\}$ et $P(Y_1 = 1) = 1$.

2°) L'urne contient au départ deux boules, soit on tire la boule 1 du premier coup (avec la probabilité $\frac{1}{2}$) et alors on réalise $(Y_2 = 1)$, soit on tire d'abors la boule 2 puis la boule 1, réalisant ainsi $(Y_2 = 3)$. Soit :

$$Y_2(\Omega) = \{1, 3\}, P(Y_2 = 1) = P(Y_2 = 3) = \frac{1}{2}$$

3°) a) Si la première boule tirée est la boule k, au deuxième tirage on se trouve dans une « nouvelle » situation initiale, avec une l'urne ne contenant que les boules numérotées de 1 à $k-1$ et on a déjà un total de points obtenus valant k.

Donc si le total des points obtenus est j, il reste à obtenir un nouveau total de $j - k$ à partir de cette nouvelle situation initiale. Ainsi :

$$\boxed{P_{(I_n=k)}(Y_n = j) = P(Y_{k-1} = j - k)}$$

b) Par la formule des probabilités totales, on a :

$P(Y_n = j) = P(I_n = n)P_{(I_n=n)}(Y_n = j) + P(I_n \neq n)P_{(I_n \neq n)}(Y_n = j)$.

$\star$ Pour $k \in [\![1, n-1]\!]$:

$$P_{(I_n \neq n)}(I_n = k) = \frac{P((I_n \neq n) \cap (I_n = k))}{P(I_n \neq n)} = \frac{P(I_n = k)}{P(I_n \neq n)} = \frac{\frac{1}{n}}{1 - \frac{1}{n}} = \frac{1}{n-1}$$

Ainsi si on réalise $(I_n \neq n)$ tout se passe comme si on effectuait le premier tirage dans une urne contenant au départ $n-1$ boules numérotées de 1 à $n-1$ et la suite de l'épreuve se poursuit de la même façon (normal non ?).

En d'autres termes, pour tout j, $P_{(I_n \neq n)}(Y_n = j) = P(Y_{n-1} = j)$. Ainsi :

$$\boxed{P(Y_n = j) = \frac{1}{n}P(Y_{n-1} = j - n) + \frac{n-1}{n}P(Y_{n-1} = j)}$$

c) i) On peut tirer la boule 1 du premier coup, réalisant $(Y_n = 1)$ et on peut aussi tirer dans cet ordre les boules $n, n-1, \ldots, 1$ réalisant $(Y_n = \frac{n(n+1)}{2})$ (somme des n premiers entiers). Ainsi :

$$\boxed{Y_n(\Omega) \subset [\![1, \frac{n(n+1)}{2}]\!]}$$

On peut remarquer que l'égalité n'est pas nécessairement acquise. On a par exemple $Y_2(\Omega) = \{1, 3\} \neq [\![1, 3]\!]$.

ii) Posons $k = j - n$, alors :

$$\sum_{j=1}^{n(n+1)/2} jP(Y_{n-1} = j - n) = \sum_{k=1-n}^{n(n-1)/2} (k+n)P(Y_{n-1} = k)$$

Donc : $$\sum_{j=1}^{n(n+1)/2} jP(Y_{n-1} = j - n) = \sum_{k=1}^{n(n-1)/2} (k+n)P(Y_{n-1} = k).$$

et en tenant encore compte des événements impossibles :

$$\sum_{j=1}^{n(n+1)/2} j\,P(Y_{n-1} = j) = \sum_{j=1}^{n(n-1)/2} j\,P(Y_{n-1} = j)$$

iii) On a :

$$\begin{aligned} E(Y_n) &= \sum jP(Y_n = j) \\ &= \frac{1}{n}\sum_{j=1}^{n(n+1)/2} jP(Y_{n-1} = j - n) + \frac{n-1}{n}\sum_{j=1}^{n(n+1)/2} jP(Y_{n-1} = j) \\ &= \frac{1}{n}\sum_{k=1}^{n(n-1)/2} (k+n)\,P(Y_{n-1} = k) + \frac{n-1}{n}\sum_{j=1}^{n(n-1)/2} jP(Y_{n-1} = j) \\ &= \frac{1}{n}\sum_{k=1}^{n(n-1)/2} kP(Y_{n-1} = k) + \sum_{k=1}^{n(n-1)/2} P(Y_{n-1} = k) \\ &\qquad + \frac{n-1}{n}\sum_{j=1}^{n(n-1)/2} jP(Y_{n-1} = j) \end{aligned}$$

ainsi :

$E(Y_n) = \frac{1}{n}E(Y_{n-1}) + 1 + \frac{n-1}{n}E(Y_{n-1})$ donc

$$E(Y_n) = E(Y_{n-1}) + 1$$

iiii) Comme $E(Y_1) = 1$, on conclut :

$$\boxed{\forall n \in \mathbb{N}^*, E(Y_n) = n}$$

Cet ouvrage a été achevé d'imprimer en avril 2014
sur les presses de Normandie Roto Impression s.a.s.
61250 Lonrai
N° d'imprimeur : 1401342
dépôt légal : avril 2014

Imprimé en France